Moderne Probleme der Metallphysik

Erster Band

Fehlstellen, Plastizität, Strahlenschädigung und Elektronentheorie

Herausgegeben von

Alfred Seeger

a.o. Professor für Festkörperphysik
an der Technischen Hochschule Stuttgart,
Wissenschaftliches Mitglied und Leiter
einer selbständigen Abteilung
des Max-Planck-Instituts für Metallforschung, Stuttgart

Mit 192 Abbildungen

Springer-Verlag Berlin Heidelberg GmbH
1965

ISBN 978-3-662-35899-3 ISBN 978-3-662-36729-2 (eBook)
DOI 10.1007/978-3-662-36729-2

Library of Congress Catalog Card Number 64-8712

Ursprünglich erschienen bei Springer-Verlag. Berlin · Heidelberg 1965
Softcover reprint of the hardcover 1st edition 1965

Herrn Professor Dr.-Ing. Dr. rer. nat. h. c.

Ulrich Dehlinger

als einem der Wegbereiter der Metallphysik gewidmet

Vorwort

Die rasche Entwicklung der Metallphysik, die sie mit anderen Zweigen der Festkörperphysik gemeinsam hat, macht das Fehlen moderner zusammenfassender Darstellungen dieses Gebiets verständlich. Anläßlich des 60. Geburtstages von Professor Dr. U. DEHLINGER, dem das vorliegende Werk gewidmet ist, fand in Stuttgart eine zweitägige Vortragsveranstaltung statt mit dem Ziele, die auf Nachbargebieten oder in Industrielaboratorien tätigen Fachgenossen sowie Studenten höherer Semester mit den Fortschritten und den Problemen metallphysikalischer Forschung vertraut zu machen. Im Anschluß an diese Veranstaltung wurde von verschiedenen Seiten an den Unterzeichneten der Wunsch nach einer ausführlichen Darstellung herangetragen. Die Vortragenden des Stuttgarter Symposiums haben diesem Wunsche gern entsprochen; als Ergebnis wird nunmehr der erste Band des zweibändigen Werkes „Moderne Probleme der Metallphysik" vorgelegt.

Die ursprüngliche Auswahl der Themenkreise wurde beibehalten, wenn auch natürlich der Umfang des behandelten Stoffs sehr erweitert und die Darstellungsweise vertieft wurde. Bei der Stoffauswahl hatten wir die Interessen und Bedürfnisse verschiedener Benutzergruppen im Auge. Vorausgesetzt wird, daß der Leser eine erste elementare Einführung in die Festkörperphysik erhalten hat, wie sie heute an den meisten Universitäten und Technischen Hochschulen gelehrt wird. Derjenige, der weiter in das Gebiet eindringen will, findet die Grundbegriffe der Theorie der Versetzungen im ersten Kapitel, eine elementare Behandlung der atomaren Fehlstellen in Metallen im fünften Kapitel und die Grundlagen der Elektronentheorie der Metalle in den ersten Abschnitten des sechsten Kapitels. Ergänzt werden diese Abschnitte im vierten bzw. zweiten Kapitel durch einfache Darstellungen der Methodik der Durchstrahlung dünner Schichten im Elektronenmikroskop und der plastischen Verformung von Einkristallen, zweier Gebiete, die für die experimentelle Untersuchung der Versetzungen und ihrer Wirkung auf makroskopische Eigenschaften wichtig sind.

Die weiterführenden Abschnitte des Buches sollen einerseits zur Vertiefung des elementaren Stoffes, andererseits als geschlossene Darstellungen von Teilgebieten dienen, für die es an Zusammenfassungen fehlt. Es lag nahe, hierfür Gebiete auszuwählen, auf denen die einzelnen Autoren besondere Sachkenntnis besitzen und zu denen sie möglichst selbst Wesentliches beigetragen haben. So enthält das erste Kapitel von E. KRÖNER einen Abriß der Theorie kontinuierlicher Versetzungsverteilungen in linearer Näherung. Das zweite Kapitel bringt eine zusammenfassende Darstellung des plastischen Verhaltens kubisch-flächenzentrierter und hexagonaler Metallkristalle, wobei besonders Wert gelegt wurde auf die Fortschritte seit dem Erscheinen der „Kristallplastizität" im Band VII/2 des Handbuchs der Physik, die in gewissem Sinne hier weitergeführt wird.

Am schwierigsten war die Stoffauswahl bei dem umfangreichen Gebiet der elektronischen Eigenschaften der Metalle. Die wichtigen Fragen der chemischen Bindung und der Kohäsionsenergie wurden in den zweiten Band verwiesen, um dort gemeinsam mit der Elektronentheorie des Ferromagnetismus besprochen zu werden. Im vorliegenden Band wurden zwei Gebiete herausgegriffen, in denen in den letzten Jahren große Fortschritte erzielt worden sind und die besonders eng mit dem übrigen Stoff des ersten Bandes zusammenhängen: die Leitfähigkeitseigenschaften der (normalleitenden) Metalle und die Elektronenstruktur der Gitterfehler in Metallen. Ein tiefergehendes theoretisches Verständnis der Eigenschaften atomarer Fehlstellen in Metallen kann letztlich nur von einer elektronentheoretischen Behandlung erwartet werden; der vierte Abschnitt des sechsten Kapitels unterrichtet über die auf diesem Wege bis jetzt erzielten Ergebnisse. Die Messung der elektrischen Leitfähigkeit stellt nach wie vor das praktisch wichtigste Verfahren zur Untersuchung atomarer Fehlstellen dar; dies hat zu einem Wiedererwachen des Interesses an den Transportvorgängen auch der idealen Metalle geführt, das im dritten Abschnitt des sechsten Kapitels seinen Niederschlag gefunden hat.

Wie der Titel zum Ausdruck bringt, sollen im vorliegenden Werk nicht nur allgemein akzeptierte Ergebnisse, sondern auch offene Probleme zur Sprache kommen. Autoren und Herausgeber hoffen, auf diese Weise über die Konsolidierung des schon Erreichten hinaus auch auf die künftige Entwicklung fördernd und anregend einzuwirken. Als Beispiele erwähnen wir die Strahlenschädigung der Edelmetalle, die Verfestigung der kubisch-flächenzentrierten Metalle und die Anwendung der Durchstrahlungselektronenmikroskopie auf die plastische Verformung, also durchweg Gebiete, die im Mittelpunkt des derzeitigen Interesses stehen. Es war naturgemäß nicht möglich, die vielfältigen – oft rasch wechselnden – während der Abfassung und Drucklegung des Bandes publizierten Ansichten zu diesen Problemen vollständig zu registrieren und zu behandeln. Wir haben es statt dessen vorgezogen, jeweils einen einheitlichen und möglichst breit fundierten Standpunkt einzunehmen und zu zeigen, wie von diesem aus die Erscheinungen verstanden oder, wo nötig, weiter erforscht werden können.

Rückblickend darf wohl gesagt werden, daß sich die hier getroffene Wahl als recht glücklich erwiesen hat. Der hinsichtlich der Wanderung von Leerstellen in Edelmetallen vertretene Standpunkt ist in der Zwischenzeit fast allgemein angenommen worden. Von verschiedenen Seiten durchgeführte neuere Experimente sprechen für die Richtigkeit unserer Ansichten über die Wanderung der Zwischengitteratome. Das von der Strahlenschädigung und Verfestigung durch Reaktorbestrahlung entworfene Bild, in dessen Mittelpunkt die „verdünnten Zonen“ stehen, hat in der jüngsten Zeit sich ebenfalls bestens bewährt und eine Reihe experimenteller Bestätigungen erfahren.

Bei der Durchstrahlungselektronenmikroskopie dünner Schichten haben wir uns konsequent auf den Standpunkt gestellt, daß wesentliche Beiträge zum Verständnis der Einkristallverfestigungskurven nur dann von Untersuchungen an dünnen Schichten erwartet werden dürfen, wenn diese in definierter und den kristallographischen Gegebenheiten der Gleitung Rechnung tragender Weise aus Einkristallen herauspräpariert worden sind. Dabei muß die Möglichkeit größerer Änderungen der Versetzungsstruktur während des Präparierens im Auge behalten und durch geeignetes Vorgehen eingeschränkt werden. Die Ziffern 3.3 und 3.4 des vierten Kapitels bringen Beispiele für dieses Verfahren, das in der Zwischenzeit bei der Mehrzahl der auf diesem Gebiet arbeitenden Fachgenossen Anerkennung gefunden hat und für die zukünftigen Untersuchungen richtungsweisend sein dürfte. Zum Vergleich mit der Theorie der plastischen Verformung, die im dritten Kapitel unter Aufnahme unveröffentlichter neuerer Ergebnisse ausführlich entwickelt wird, haben wir uns solche experimentellen Verfahren ausgewählt, die sich in methodisch einwandfreier Weise mit den Verfestigungsmessungen in Verbindung bringen lassen. Unter anderem gehören hierzu Gleitlinienuntersuchungen sowie die oben erwähnten neueren Durchstrahlungsaufnahmen an Einkristallpräparaten.

Wir haben uns bemüht, das vorliegende Werk in sich möglichst abgeschlossen zu machen. Um den Umfang in vernünftigen Grenzen zu halten, haben wir jedoch gelegentlich bei Gebieten, für die es ausreichende und bequem zugängliche zusammenfassende Darstellungen gibt, auf diese verwiesen. Zusammenfassungen und Bücher sind in den Literaturverzeichnissen durch einen Stern gekennzeichnet.

Es bleibt mir die angenehme Pflicht, allen Mitarbeitern unseres Instituts, die zum Gelingen des Werkes beigetragen haben, herzlich zu danken. Mit Namen möchte ich hier nur die selbstlose Mithilfe von Herrn Dr. M. Wilkens erwähnen. Zuletzt sei dem Verlag für die vorbildliche Ausstattung des Werkes und die allezeit erfreuliche und entgegenkommende Zusammenarbeit bestens gedankt.

Stuttgart, im Oktober 1964

A. Seeger

Autoren:

Dr. rer. nat. Rolf Berner, Wissenschaftlicher Mitarbeiter am Max-Planck-Institut für Metallforschung, Stuttgart; jetzt Robert Bosch GmbH, Stuttgart.

Dr. rer. nat. Helmut Bross, Dozent für theoretische Physik an der Technischen Hochschule Stuttgart.

Dr. rer. nat. Jörg Diehl, Wissenschaftlicher Mitarbeiter am Max-Planck-Institut für Metallforschung, Stuttgart.

Prof. Dr. rer. nat. Ekkehart Kröner, ord. Professor für theoretische Physik an der Bergakademie Clausthal, Technische Hochschule, Clausthal-Zellerfeld.

Dr. rer. nat. Helmut Kronmüller, Wissenschaftlicher Mitarbeiter am Max-Planck-Institut für Metallforschung, Stuttgart.

Dr. rer. nat. Siegfried Mader, Wissenschaftlicher Assistent am Institut für theoretische und angewandte Physik der Technischen Hochschule Stuttgart; jetzt IBM Research Center, Yorktown Heights, N. Y., USA.

Inhaltsverzeichnis

Drittes Kapitel

Viertes Kapitel

Fünftes Kapitel

Sechstes Kapitel

Erstes Kapitel

Versetzungen in Kristallen

Von

E. Kröner

Mit 8 Figuren

1. Grundbegriffe der Versetzungstheorie

1.1. Historische Einleitung

Es ist eine der grundlegenden Erkenntnisse der modernen Festkörperphysik, daß die Eigenschaften der Festkörper und damit ihr Verhalten in irgendwelchen physikalischen Situationen durch ihren kristallinen Aufbau einerseits, durch die Störungen in diesem periodischen Aufbau, die sog. Gitterfehler, andererseits bestimmt sind. Unter diesen Gitterfehlern kommt der Versetzung eine überragende Rolle zu. Mit ihrer Einführung im Jahre 1934 hat die Festkörperphysik einen außerordentlichen Aufschwung genommen. Um dessen Ausmaß zu erkennen und zugleich in eine geeignete Ausgangsposition zu kommen, sei zuerst kurz auf die Situation vor 1934 eingegangen.

Im Jahre 1912 hatte die Hypothese vom regelmäßigen atomaren Aufbau unserer Festkörper ihre glanzvolle Bestätigung durch die große Entdeckung v. Laues erhalten. Es war möglich geworden, mit Hilfe von Röntgenstrahlen in das Innere eines für das Auge undurchsichtigen Körpers hineinzusehen und dessen atomaren Aufbau zu studieren. Es ist wohl gerecht, dieses Datum als die Geburtsstunde unserer heutigen Festkörperphysik zu bezeichnen. Als eines der wichtigsten Ergebnisse wurde in der Folgezeit gefunden, daß die weitaus meisten unserer heutigen Gebrauchswerkstoffe, darunter alle Metalle, aus einem Haufwerk kleinster Kriställchen (den sog. Kristalliten oder Körnern) aufgebaut sind, was schon auf Grund metallographischer Studien vermutet worden war.

Wollte man hiernach die Eigenschaften und das Verhalten solcher Festkörper erklären, so hatte man offenbar zweierlei Probleme zu studieren:

a) Die Eigenschaften und das Verhalten der einzelnen Kristallite,

b) das Zusammenwirken der Kristallite im Vielkristallverband.

Den Untersuchungen zu Punkt a) stand im Jahre 1912 das große Hindernis im Wege, daß uns die Natur die meisten festen Stoffe, darunter alle Metalle, nur in Form von Vielkristallen, sehr selten aber einen einzelnen Kristall (Einkristall) liefert. Die heute viel verwendete Methode der Züchtung künstlicher Einkristalle, die insbesondere von CZOCHRALSKI, BRIDGMAN und HAUSSER in den Jahren bis 1925 entwickelt wurde, stellte damals einen entscheidenden Fortschritt und zugleich einen Triumph der Experimentierkunst dar.

Die nun folgenden Messungen, insbesondere der mechanischen Eigenschaften von Einkristallen, regten ihrerseits die Theoretiker zur Deutung an. In einer vielbeachteten Arbeit berechnete FRENKEL [*1*] im Jahre 1926 die kritische Schubspannung eines Kristalls unter der durch die Gleitlinienbilder auf Kristalloberflächen nahegelegten Vorstellung, daß unter dieser Schubspannung zwei benachbarte Atomebenen übereinander hinweg gleiten sollten. Bei einem Gleitschritt um einen Atomabstand muß bei einer Schubverzerrung ε von größenordnungsmäßig $\frac{1}{2}$ eine Energieschwelle überwunden werden. Setzen wir (unter Verwendung des Hookeschen Gesetzes) die zur Verschiebung in diese Schwellenposition notwendige Schubspannung $\tau = 2G\varepsilon$ der gesuchten kritischen Schubspannung gleich, so erhalten wir für diese $\tau_{\mathrm{kr}} = G$. FRENKELs etwas detailliertere Betrachtung ergab $\alpha G/2\pi$, wo $\alpha \approx \frac{2}{3}$ etwas mit der Poisson-Zahl variiert. Dieser Wert war um einen Faktor 100 bis 10000 zu groß. Damit stand fest, daß das Bild starr übereinander hinweggleitender Atomebenen nicht dem tatsächlichen Vorgang der plastischen Verformung entsprach, eine Entdeckung, die damals die Festkörperphysiker sehr beschäftigte.

Es gab eine Reihe weiterer physikalischer Erscheinungen bei ein- oder vielkristallinen Stoffen, die sich nicht mit den Vorstellungen fehlerlos aufgebauter Kristallite erklären ließen. So zeigt z.B. der Effekt der elastischen Nachwirkung, daß eine belastete Probe nach der Entlastung nicht sofort in einen undeformierten Zustand zurückgeht. Vielmehr bleiben zunächst sog. innere oder Eigenspannungen bestehen, die erst allmählich abgebaut werden. Ähnliches hat man bei der Erscheinung der Rekristallisation. Durch starke plastische Verformung werden in der Probe Eigenspannungen erzeugt. Diese können dann bei hinreichend hoher Temperatur dadurch beseitigt werden, daß neue, spannungsfreie Körner wachsen. Die damals zu überwindende große Schwierigkeit war, daß es nach dem Kirchhoffschen Eindeutigkeitssatz der Elastizitätstheorie in einem einfach zusammenhängenden Kontinuum und, wie man sich leicht klar machen kann, in einem fehlerlos aufgebauten, sog. Idealkristall keine Eigenspannungen geben sollte.

Die eben geschilderten Unstimmigkeiten, die sich beliebig vermehren lassen, zeigten, daß man sich etwas prinzipiell Neues einfallen lassen mußte. Von den Autoren, die sich darum bemühten, möchte ich drei erwähnen, deren Arbeiten kurz nacheinander im Jahre 1928 erschienen. In seiner Arbeit „Über die Bedeutung der Kristallbaufehler für das Verständnis der technisch beeinflußbaren Werkstoffeigenschaften" gab SMEKAL [2] eine heute noch als grundlegend empfundene Einteilung der Werkstoffeigenschaften in „beeinflußbare" und „unbeeinflußbare" Eigenschaften und begründete, daß im Gegensatz zu den letzteren die ersteren außerordentlich empfindlich gegen Störungen des Kristallbaus sein mußten. Heute werden die Bezeichnungen „störungsempfindlich" und „störungsunempfindlich" vorgezogen. Als typische Beispiele für beide Gruppen von Eigenschaften seien die *Plastizität*, die erst durch die Gitterstörungen überhaupt ermöglicht wird, und die *Elastizität* genannt, die von Kristallbaufehlern weitgehend unbeeinflußt bleibt.

Unabhängig voneinander beschrieben PRANDTL [3] in der Arbeit „Ein Gedankenmodell zur kinetischen Theorie der festen Körper" und DEHLINGER [4] in der Arbeit „Die Rekristallisation der Metalle" einen konkreten Typ von Gitterfehlern, den wir mit DEHLINGER als „Verhakung" bezeichnen wollen. Wir sehen eine solche Verhakung in Fig. 1, die der Originalarbeit von DEHLINGER entnommen ist. Man sieht einen unteren Gitterbereich, auf den von einem vereinfacht als starr angenommenen oberen Gitterbereich ein periodisches Potential wirkt. Bei Gleitung der beiden Kristallbereiche übereinander kann es vorkommen, daß ein Atom des unteren Bereichs seine Potentialmulde verläßt und über eine Potentialschwelle in die Nachbarmulde gerät, so daß diese nun mit zwei Atomen besetzt ist. Die nähere Betrachtung DEHLINGERs ergab, daß zwar *eine* solche Atomfiguration normalerweise nicht stabil ist, daß jedoch in einer Reihe längs einer Geraden angeordnete Verhakungen sich gegenseitig stabilisieren konnten. Da jede Verhakung natürlich eine Deformation des Gitters in ihrer Umgebung hervorruft, war damit gezeigt, daß in einem Kristall tatsächlich Eigenspannungen möglich sind. Die Quellen dieser Spannungen waren in DEHLINGERs Bild die Verhakungen; allgemeiner sieht man heute die Gesamtheit der Gitterfehler als die Eigenspannungsquellen an.

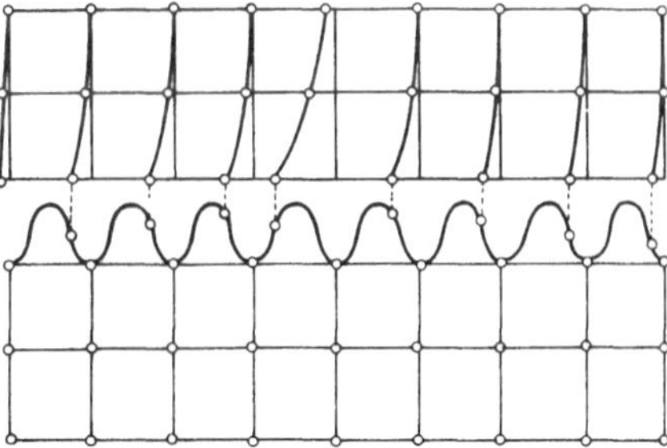
Fig. 1. Eine Verhakung (nach U. DEHLINGER)

In dieser Weise konnte DEHLINGER den bei der Rekristallisation erfolgenden Spannungsausgleich der mit der Temperatur zunehmenden Instabilität der bei der plastischen Verformung in großer Zahl geschaffenen Verhakungen zuordnen und die Temperaturabhängigkeit der Rekristallisation qualitativ richtig beschreiben. Andererseits gelang es

Prandtl mit ähnlichen Vorstellungen, gewisse Züge der elastischen Nachwirkungen richtig darzustellen.

1.2. Versetzungen und der Mechanismus der plastischen Verformung

Mit den in Ziff. 1.1 aufgeführten Arbeiten war die Bedeutung der Gitterfehler für die störungsempfindlichen Eigenschaften eindrucksvoll dargelegt. Unbeantwortet blieb jedoch nach wie vor die Frage nach dem elementaren Mechanismus der plastischen Verformung und der niedrigen experimentellen kritischen Schubspannung. Diese Frage wurde im Jahre 1934 gleichzeitig und unabhängig von Orowan, Polanyi und Taylor in den Arbeiten [5] bis [7] „Zur Kristallplastizität“ (O); „Über eine Art Gitterstörung, die einen Kristall plastisch machen könnte“ (P); „Der Mechanismus der plastischen Verformung“ (T) gelöst. Wir können diesen Überschriften entnehmen, worum es sich handelt: Es war die Gitterstörung gefunden worden, deren Bewegung die plastische Verformung der Kristalle bedeutet. Man nennt diese Fehler heute Versetzungen (Dislokationen). Tatsächlich sind sie nahe verwandt mit den Verhakungen (man könnte diese als zwei dicht beieinander liegende Versetzungen entgegengesetzten Vorzeichens beschreiben).

Stellen wir uns vor, daß die Verhakung in Fig. 1 sich nicht auf die gezeichnete Atomebene beschränkt, sondern senkrecht zur Zeichenebene beiderseits durch den Kristall hindurchgeht. Nehmen wir dann von den beiden halben Netzebenen, die zusammen in einer Potentialmulde enden, die eine aus dem Kristall heraus, so verbleiben wir mit dem „Versetzung“ genannten linienförmigen Gitterfehler. Dem Kristall fehlt also jetzt im unteren Gitterbereich eine halbe Atomebene. Es kommt auf dasselbe heraus, wenn wir sagen, er hat im oberen Gitterbereich eine halbe Netzebene zuviel. Man benützt die letztere Aussage heute gern zur Definition der sog. Stufenversetzung: Diese wird definiert als die Randlinie einer im Innern des Kristalls aufhörenden Atomebene.

Fig. 2, die der Arbeit von Taylor entnommen ist, zeigt (zweidimensional) links oben einen kubisch primitiven Idealkristall, in der Mitte oben denselben Kristall nach Einwanderung einer Versetzung von links her. Man sieht, daß eine Netzebene im Innern aufhört. Rechts oben sieht man, was nach Auswanderung der Versetzung nach rechts übrig bleibt: Der Kristall ist nach dem Durchwandern der Versetzung um einen Atomabstand abgeschert. Die untere Bildreihe zeigt den gleichen Vorgang, nur daß hier die Versetzung von rechts nach links wandert. Entsprechend liegt die aufhörende Netzebene hier im unteren Gitterbereich.

In der Wanderung der Versetzung sehen wir heute den elementaren Mechanismus der plastischen Verformung. Entsprechend einem fundamentalen Naturgesetz findet diese Verformung deshalb statt, weil dabei die an den Körper angelegten Kräfte Arbeit leisten können. Die Versetzung spürt den Angriff der äußeren Kräfte über das von diesen hervorgerufene Spannungsfeld. Für die in Fig. 2 dargestellte Wanderung sind offenbar Schubkräfte verantwortlich. Man sagt, daß die Versetzungen durch genügend große Spannungsfelder zur Wanderung angetrieben werden. Hierfür wird später noch eine quantitative Formulierung gegeben.

Nachträglich kann man es den Kristallen in Fig. 2 rechts nicht mehr ansehen, daß ihre beiden Teile nicht starr, wie man früher annahm,

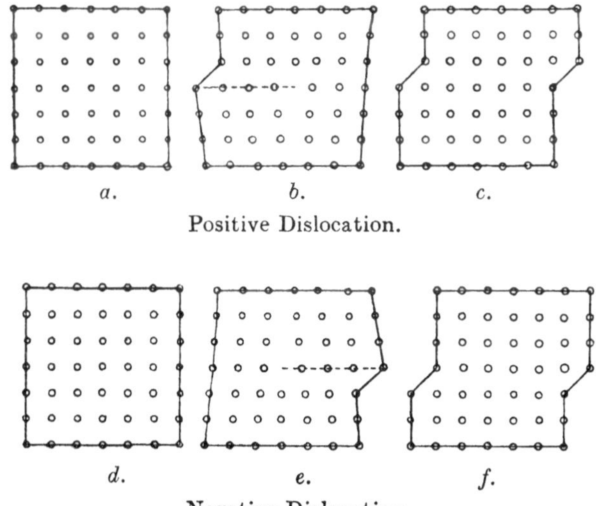

Fig. 2a—f. Positionen der Atome während des Durchgangs einer Versetzung (nach G.I. TAYLOR)

sondern durch Vermittlung der Versetzungen stückweise übereinander hinweggeglitten sind. Deutlich erkennen wir aber, daß diese zweite Art von Abscherung bedeutend weniger Kräfte bzw. Schubspannungen benötigt, als die erste. Hiermit war tatsächlich der Schlüssel gefunden, die im Vergleich zur theoretischen so niedrige experimentelle kritische Schubspannung zu verstehen

Die mittleren Bilder in Fig. 2 zeigen zugleich anschaulich, daß man für die Versetzung eine wesentlich größere Stabilität als für die Verhakung zu erwarten hat, so daß schon das Vorkommen einzelner Versetzungen durchaus möglich erscheint. Natürlich ist das Gitter in der Umgebung der Versetzung merklich deformiert. Die dabei gespeicherte elastische Energie wird beim Austritt der Versetzung aus dem Kristall abgegeben. Dies zeigt, daß auch die Versetzung nicht als stabil, sondern nur als metastabil zu betrachten ist. [Eine nähere Untersuchung ergibt, daß der mit der Unordnung der Atome am Ort der Versetzung verbundene Entropiegewinn bei dieser Stabilitätsfrage – jedenfalls hinreichend weit unterhalb des Schmelzpunktes – nicht ins Gewicht fällt, so daß die Versetzungen nicht im *thermischen* (wohl aber im mechanischen) Gleichgewicht vorhanden sind. Dasselbe gilt für Anordnungen von vielen Versetzungen.]

1.3. Definitionen und Grundeigenschaften der Versetzungen

Die Ebene, längs derer die Versetzung durch einen Kristall gewandert ist, wird als Gleitebene bezeichnet. In dem vielverwendeten Symbol der Stufenversetzung $\perp$ gibt der waagerechte Strich die Gleitebene, der senkrechte die aufhörende Netzebene an. Die relative Gleitung der beiden durch die Gleitebene getrennten Kristallbereiche ist durch Richtung und Betrag, also durch einen Vektor, zu kennzeichnen. Man nennt ihn den Gleitvektor $\mathfrak{g}$. Dabei benützt man die folgende Vorzeichenkonvention:

Man wählt willkürlich eine Richtung der Linie ($\mathfrak{t}$) als positiv. Nun charakterisiert man einen der beiden Teile der Gleitebene, die von der Versetzungslinie berandet werden, durch einen Normalvektor $\mathfrak{n}$, so daß $\mathfrak{t}$ Rechtsschraubenrandlinie zu $\mathfrak{n}$ wird. Konventionell ist dann bei der *zuvor* erfolgt gedachten Wanderung der Versetzung längs der Fläche $\mathfrak{n}$ der Kristallbereich, nach dem $\mathfrak{n}$ weist, um den Gleitvektor $\mathfrak{g}$ gegenüber dem Bereich auf der anderen Seite der Gleitebene (plastisch) verschoben worden.

Es ist leicht zu sehen, daß die Versetzung durch Angabe von Linienvektor $\mathfrak{t}$ und Gleitvektor $\mathfrak{g}$ vollständig charakterisiert ist. Die Gleitebene braucht nicht angegeben zu werden, da sie ihrerseits aus $\mathfrak{t}$ und $\mathfrak{g}$ folgt. Denn es gilt, wie man aus Fig. 2 abliest, $\mathfrak{n} \sim \mathfrak{t} \times \mathfrak{g}$. In Worten: Die Gleitebene wird von $\mathfrak{t}$ und $\mathfrak{g}$ aufgespannt. Es ist wichtig zu bemerken, daß im Falle der Stufenversetzungen Gleitvektor und Linienvektor senkrecht aufeinander stehen. Aus der Beschreibung der Versetzung durch den Randvektor einer Fläche ergibt sich sofort, daß die Versetzung im Innern eines Kristalls nicht aufhören kann.

Außer der eben besprochenen Gleitfähigkeit hat die Stufenversetzung noch eine andere Möglichkeit, sich zu bewegen, jedoch nur bei Temperaturen, die eine Diffusion von Atomen erlauben. In diesem Fall können Atome an die Versetzung hin oder von ihr wegdiffundieren und so die Extranetzebene vergrößern oder verkleinern. Diese Bewegung wird „Klettern der Versetzung“ genannt. Sie spielt insbesondere für gewisse Erholungsvorgänge eine wichtige Rolle. Durch Kombination von Gleiten und Klettern kann sich die Stufenversetzung, jedenfalls makroskopisch gesehen, in jeder Richtung senkrecht zum Linienverlauf bewegen. Bei der Kletterbewegung wird das makroskopische Volumen der Probe verändert; bedeutet doch einmaliges Durchklettern der Versetzung durch einen Kristall die Erzeugung oder Vernichtung einer Netzebene, somit eine makroskopische Verlängerung oder Verkürzung der Probe. Daher wird die Kletterbewegung auch *nicht-konservativ* genannt. Es ist leicht zu sehen, daß eine solche Bewegung nur von Zug- bzw. Druckspannungen erzwungen werden kann. Bei Zimmertemperatur spielt das Klettern in den meisten Metallen eine untergeordnete Rolle.

Die Vorstellung der genannten Autoren war es nun, daß die makroskopisch beobachtete plastische Verformung das Resultat von Gleitbewegungen einer großen Zahl von Versetzungen sein mußte. Indessen

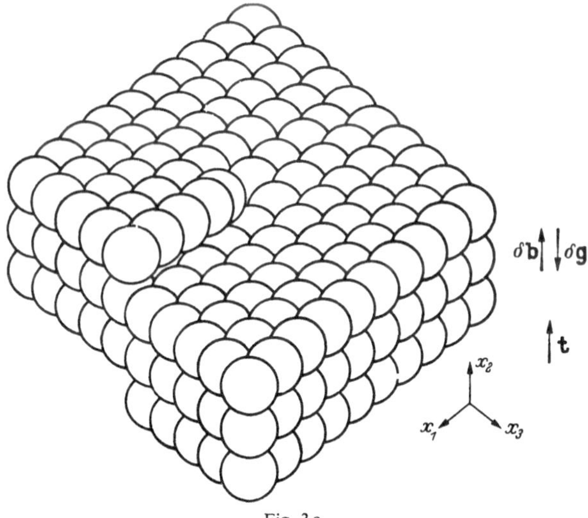

Fig. 3a.

Fig. 3a—c. Zur Schraubenversetzung

kann man nicht erwarten, daß eine Versetzung als starre Linie durch den Kristall wandert, ihre Bewegung wird vielmehr z.B. dort schneller sein, wo sie von stärkeren Schubspannungen angetrieben wird. Infolgedessen wird man mit Ausbauchungen der Versetzunglinie rechnen müssen. An den betreffenden Stellen bleibt aber dann der Linienvektor nicht mehr senkrecht zum Gleitvektor, es kann einen spitzen oder stumpfen Winkel geben, und im Grenzfall wird man sogar $\mathfrak{t} \parallel \mathfrak{g}$ erwarten. Diese Möglichkeit war in der Konzeption von 1934 nicht enthalten. Die Versetzung mit $\mathfrak{t} \parallel \mathfrak{g}$ wurde erst im Jahre 1939 von Burgers [*8*] entdeckt und heißt heute „Schraubenversetzung". Dieser Name ist sofort verständlich, wenn man sich diese Gitterstörung aufzeichnet (Fig. 3a). Die Schraubenversetzung bewirkt, daß die im idealen Kristall parallelen Netzebenen jetzt nach Art einer Schraubenfläche zusammenhängen, deren Achse definitionsgemäß Schraubenversetzung heißt.

Fig. 3b und c zeigen den Kristall nach Auswanderung der Schraubenversetzung in zwei verschiedenen Richtungen. Im Unterschied zur Stufenversetzung kann sich die Schraubenversetzung offenbar in zwei zueinander senkrechten Richtungen ohne Atomdiffusion, also konservativ bewegen (d.h. gleiten). Dabei werden die zwei durch die Gleitfläche getrennten Kristallbereiche gegeneinander um den Gleitvektor $\mathfrak{g}$ abgeschert, der jetzt in die Linienrichtung fällt. Durch die Überlagerung von Bewegungen in den genannten Richtungen kann die Schraubenversetzung, makroskopisch betrachtet, in jeder Richtung senkrecht zu ihrem Linienverlauf gleiten, d.h. jede Ebene, welche die Versetzungslinie enthält, kann Gleitebene sein. Die schon für die Stufenversetzung angegebene Formel $\mathfrak{n} \sim \mathfrak{t} \times \mathfrak{g}$ gilt auch hier als Grenzfall ($\mathfrak{n}$ ist senkrecht zu $\mathfrak{t}$ und zu $\mathfrak{g}$), woraus ihre Gültigkeit auch für den Fall erschlossen werden kann, in dem $\mathfrak{t}$ und $\mathfrak{g}$ einen beliebigen Winkel einschließen. Somit gilt allgemein der Satz, daß jede Ebene, die $\mathfrak{t}$ und $\mathfrak{g}$ enthält, Gleitebene sein kann. Man kann eine Versetzung, deren Gleitvektor weder parallel noch senkrecht zum Linienvektor steht, für viele Zwecke als Überlagerung einer Stufen- und Schraubenversetzung auffassen und sagt, sie hätte gemischten Stufen- und Schraubencharakter. Normalerweise sind

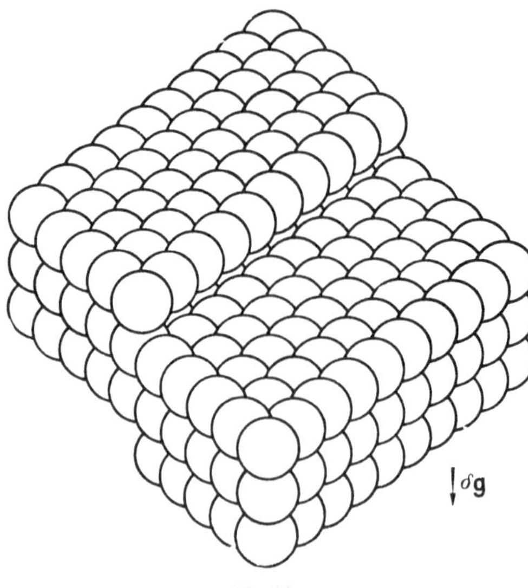

Fig. 3b.

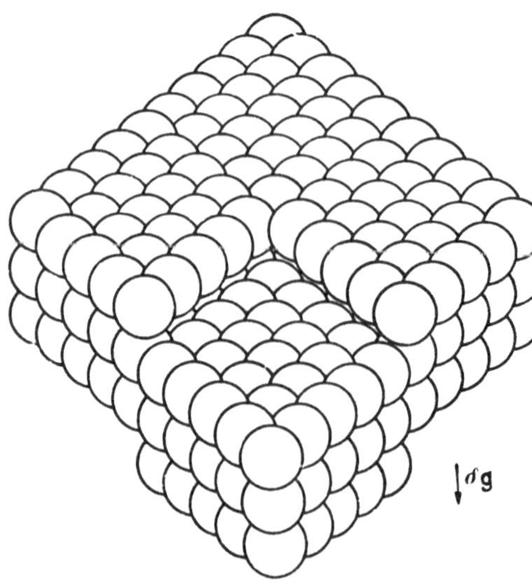

Fig. 3c.

Stufen- und Schraubenversetzungen an der plastischen Verformung etwa zu gleichen Maßen beteiligt.

Neben der den bisherigen Betrachtungen zugrundegelegten Definition der Versetzung als der Randlinie einer Gleitfläche oder allgemeiner einer Schnittfläche, längs derer man die beiden Schnittufer plastisch relativ zueinander verschiebt, wird gern eine zweite Definition benützt, die auf Frank (1951) zurückgeht [9].

Fig. 4 zeigt nebeneinander einen Idealkristall (hier auch Bildkristall genannt) und einen Realkristall mit einer Stufenversetzung. In letzterem bezeichnet man als „schlechtes Gebiet" (in bezug auf die Kristallstruktur) die unmittelbare Umgebung der Versetzung, während die Bereiche in größerem Abstand, in denen man sozusagen wieder rechts, links, oben, unten unterscheiden kann, „gutes Gebiet" genannt wird. Man macht nun zwei vergleichende Umläufe, einen im guten Bereich des Realkristalls und einen im Bildkristall, indem man von zwei korrespondierenden Punkten ausgeht und in beiden Kristallen immer gleichzeitig die gleichen Schritte macht (etwa 3 Schritte nach rechts, 5 Schritte nach oben usw.). Führt man den im Rechtsschraubensinn zur Richtung $\mathfrak{t}$ der Versetzung orientierten Umlauf im Realkristall wieder zum Ausgangspunkt (P') zurück, so ist man im Bildkristall bei P, und zwar dann und nur dann nicht gleichzeitig am Ausgangspunkt, wenn der Umlauf im Realkristall eine Versetzung umfaßt hat. Der Schließungsfehler, der Vektor $\mathfrak{b}$ in Fig. 4, charakterisiert die vom Umlauf erfaßte Versetzung und wird Burgers-Vektor genannt, da er von Burgers [8] schon 1939 in anderer Weise eingeführt worden war.

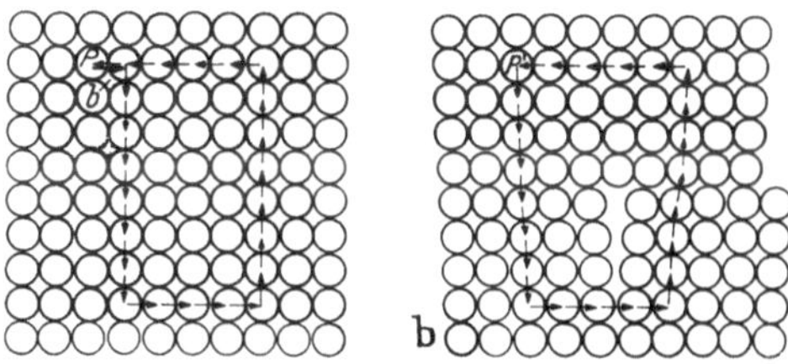

Fig. 4a u. b. Zur Frankschen Definition der Versetzung

Im Falle einer umlaufenen Schraubenversetzung erhält man natürlich ein entsprechendes Ergebnis. Man sieht sofort, daß Burgers-Vektor und Gleitvektor in Betrag und Richtung übereinstimmen; an Hand unserer beiden heute weitgehend angenommenen Vorzeichenkonventionen prüft man leicht nach, daß $\mathfrak{b} = -\mathfrak{g}$ gilt.

Es sei nun kurz auf den schon erwähnten Zusammenhang zwischen den an einem Körper angelegten Kräften und der daraufhin erfolgenden Versetzungsbewegung eingegangen. Da diese Kräfte bei der plastischen Verformung Arbeit leisten können, fühlt sich ein Linienelement $d\mathfrak{l}$ einer Versetzung zur Wanderung durch den Kristall angetrieben, und zwar durch die Spannungen $\boldsymbol{\sigma}$, welche von den äußeren Kräften an seinem Ort erzeugt werden. Bei der Wanderung von $d\mathfrak{l}$ um ein Stück $d\mathfrak{r}$

(Fig. 5), bei der ein Flächenelement $d\mathfrak{f}=d\mathfrak{r}\times d\mathfrak{l}$ überstrichen wird, leisten die Kräfte $d\mathfrak{f}\cdot\boldsymbol{\sigma}$ die Arbeit $dA=d\mathfrak{f}\cdot\boldsymbol{\sigma}\cdot\mathfrak{g}$ (=Kraft mal plastischer Weg) $=-(d\mathfrak{r}\times d\mathfrak{l})\cdot\boldsymbol{\sigma}\cdot\mathfrak{b}=-d\mathfrak{r}\cdot(d\mathfrak{l}\times\boldsymbol{\sigma}\cdot\mathfrak{b})$. Demnach kann

$$d\mathfrak{K}=-d\mathfrak{l}\times\boldsymbol{\sigma}\cdot\mathfrak{b} \tag{1.1}$$

als Kraft auf das Linienelement $d\mathfrak{l}$ einer Versetzung vom Burgers-Vektor $\mathfrak{b}$ im Spannungsfeld $\boldsymbol{\sigma}$ aufgefaßt werden. Diese von Peach und Koehler 1950 [*10*] gefundene Formel ist fundamental in der Versetzungstheorie. Man sieht sofort, daß die Kraft immer senkrecht auf dem Linienelement der Versetzung steht. Für eine Schubspannung $\tau=\sigma_{21}$ folgt aus Gl. (1) z. B. sofort für die Kraft pro Linienelement auf eine in x_3-Richtung verlaufende Stufenversetzung mit Burgers-Vektor in x_1-Richtung (Fig. 2) oder auf eine in x_1-Richtung verlaufende Schraubenversetzung (Fig. 3)

$$|dK/dl|=\tau b; \tag{1.2}$$

als Richtung der Kraft erhält man dabei die Richtung senkrecht zur Versetzungslinie in der Gleitebene. Gl. (2) wurde schon vor der Entdeckung der Peach-Koehlerschen Formel viel benützt.

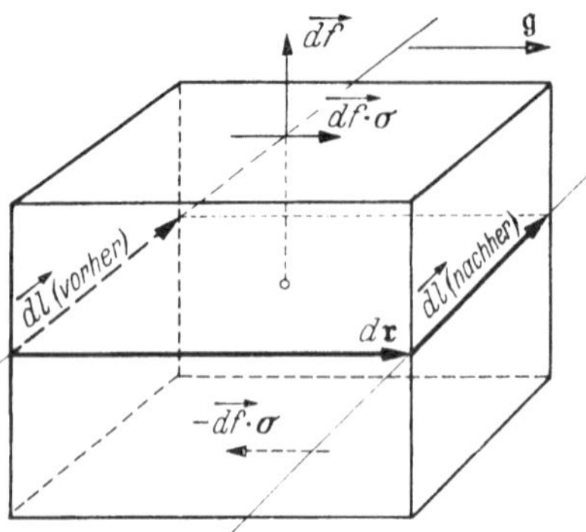

Fig. 5. Zur Kraft auf das Linienelement einer Versetzung

Um so wichtige Erscheinungen wie die Verfestigung und Rekristallisation erklären zu können, hat man sich mit den durch die Versetzungen hervorgerufenen Gitterdeformationen und den zugehörigen Eigenspannungen zu beschäftigen. Wie Taylor bemerkte, stimmen die Fernfelder der Deformationen und Spannungen mit denen überein, die bereits Volterra zu Beginn des Jahrhunderts im Zusammenhang mit seinen „Distorsionen erster Art" untersucht hatte. Das Herausnehmen einer halben Netzebene aus einem Idealkristall bei der Herstellung einer Stufenversetzung und die Relativverschiebung zweier benachbarter halber Netzebenen um einen Atomabstand parallel zu ihrer Randlinie bei der Herstellung einer Schraubenversetzung entspricht genau den Schneideoperationen Volterras am elastischen Kontinuum. Volterra hatte Hohlzylinder aufgeschnitten, die Schnittflächen gegeneinander verschoben und wieder zusammengeschweißt, wobei gegebenenfalls zuvor neue Materie eingefügt oder alte entfernt wurde (entsprechend den halben Netzebenen im Kristall). Da das Spannungsfeld einer solchen Volterraschen Distorsion erster Art mit dem reziproken Abstand ϱ^{-1} vom Zentrum des Hohlzylinders abfällt (wir denken dessen inneren und äußeren Radius gegen

0 bzw. ∞ gehend), muß dasselbe für das Spannungsfeld der Versetzung gelten; mit andern Worten, man kann die weitreichenden Teile des Spannungsfeldes der Versetzungen rein kontinuumsmechanisch ausrechnen, wie es von TAYLOR schon bis zu einem gewissen Grade durchgeführt wurde. Es ist evident, daß für den sog. Versetzungskern, der von den Atomen am Orte der Versetzung gebildet wird, und auch für dessen unmittelbare Umgebung eine Kontinuumsrechnung keine gute Näherung mehr geben wird. Hier müssen gittertheoretische Methoden verwandt werden, die wesentlich komplizierter sind. Glücklicherweise genügt es für die meisten Zwecke, den weitreichenden Anteil des Spannungsfeldes zu kennen, da dieser nach Abschätzungen für etwa 90% der Versetzungsenergie verantwortlich ist.

Mit diesen weitreichenden Spannungsfeldern erklärte TAYLOR schon 1934 die Verfestigung: Während der plastischen Verformung sollte die Zahl der Versetzungen stark zunehmen und letztere sich durch ihre Spannungsfelder in ihrer Bewegung gegenseitig hemmen. Damit war die Hauptursache der Verfestigung richtig erkannt, wenn auch noch ein weiter Weg zu einer detaillierten oder gar quantitativen Beschreibung blieb, an dessen Ende wir heute noch nicht angekommen sind (vgl. Kap. 2 und 3).

Im Laufe dieser Untersuchungen tauchte eine Menge von Einzelproblemen auf, die teilweise zur Bildung wichtiger neuer Begriffe führten. Es soll davon in Ziff. 1.4 das Wichtigste herausgegriffen werden, besonders im Hinblick auf das in Kap. 2 und 3 Benötigte. Wegen ausführlicherer Darstellungen hierzu wie auch zu dem Vorstehenden vgl. etwa die zusammenfassenden Darstellungen [*11*] bis [*15*].

1.4. Spezielle Probleme

a) Auswahl von Gleitebenen und Gleitrichtungen, Versetzungsreaktionen

Wie man heute gut versteht, ist es für den metallischen Zustand typisch, daß die Atome eine möglichst hohe Raumerfüllung anstreben. Sie kristallisieren deshalb überwiegend im kubisch-flächenzentrierten, kubisch-raumzentrierten oder hexagonal dichtest gepackten Gitter. Von diesen Metallen sind bis heute die erstgenannten am besten untersucht. Experimentell war lange bekannt, daß bei ihnen die Gleitung vornehmlich längs $\{111\}$-Ebenen in $\langle 110\rangle$-Richtungen erfolgt. Das erste Ergebnis bedeutet, daß die gleitenden Versetzungen in den $\{111\}$-Ebenen des Kristalls liegen. Daß hier gerade die $\{111\}$-Ebenen so bevorzugt erscheinen, liegt zwar insofern nahe, als diese als die dichtest gepackten Ebenen ausgezeichnet sind, ist jedoch bisher nicht in befriedigender Weise theoretisch abgeleitet worden. (Noch schwieriger sind die Verhältnisse im kubisch-raumzentrierten Gitter, in dem mehrere Gleitebenentypen gleichzeitig beobachtet werden).

Dagegen läßt sich das oben genannte Ergebnis über die Gleitrichtung theoretisch gut verstehen. Dazu brauchen wir zunächst den wichtigen Begriff der Versetzungsreaktion.

Diesem liegt die folgende Vorstellung zugrunde: Der Burgers-Vektor einer sich sonst im idealen Gitter befindenden Versetzung muß nach Fig. 4 ein Gittervektor sein, d.h. von einem Atom zu einem anderen weisen. Einer zusätzlichen Beschränkung unterliegt er rein geometrisch jedenfalls nicht. Unter allen Gittervektoren sind nun die kürzesten, d.h. die primitiven, Gittervektoren des zu der betreffenden Struktur gehörigen Bravais-Gitters durch besondere Stabilität der zugehörigen Versetzung ausgezeichnet, weil die mit einer Versetzung verbundene elastische Energie — jedenfalls in der für unsere Zwecke ausreichenden Näherung der linearen Elastizitätstheorie — mit dem Quadrat des Burgers-Vektors geht. Eine geometrisch mögliche Versetzung mit einem nicht primitiven Gittervektor $\mathfrak{b}$ als Burgers-Vektor wird daher im allgemeinen in zwei (oder mehr) Versetzungen mit kleinerem Burgers-Vektor nach der Formel

$$\mathfrak{b}=\mathfrak{b}_1+\mathfrak{b}_2 \tag{1.3}$$

zerfallen, sofern es einen geometrisch zulässigen Satz $\mathfrak{b}_1$, $\mathfrak{b}_2$ gibt. Man nennt diesen Vorgang eine Versetzungsreaktion. Bei ihr muß stets der Gesamt-Burgers-Vektor erhalten bleiben, was unmittelbar aus dem erwähnten Satz folgt, daß Versetzungen im Innern eines Körpers nicht aufhören.

Wegen Gl. (3) ist die Energie der ursprünglichen Versetzung proportional zu $\mathfrak{b}_1^2+\mathfrak{b}_2^2+2\,\mathfrak{b}_1\cdot\mathfrak{b}_2$, während die Energie der durch die Reaktion entstehenden Versetzungen proportional zu $\mathfrak{b}_1^2+\mathfrak{b}_2^2+2\,\mathfrak{b}_1\cdot\mathfrak{b}_2\cdot\alpha$ ist, wo $\alpha<1$ und um so kleiner ist, je weiter sich die Versetzungen voneinander entfernen, denn um so mehr nimmt ihre Wechselwirkung ab. Nun ist $\mathfrak{b}_1\cdot\mathfrak{b}_2$ stets positiv, wenn $|\mathfrak{b}|$ größer als $|\mathfrak{b}_1|$ und $|\mathfrak{b}_2|$ ist, so daß die Aufspaltung tatsächlich erfolgt, wenn sie geometrisch möglich ist. Dies ist der Grund dafür, daß trotz so vieler geometrisch möglicher Versetzungstypen, die sich durch ihren Burgers-Vektor unterscheiden, in Wirklichkeit nur einige wenige Grundtypen von Versetzungen tatsächlich auftreten.

Im kubisch-flächenzentrierten Gitter gibt es z.B. praktisch nur Versetzungen mit einem Burgers-Vektor, der von einem Atom zu seinem nächsten Nachbarn, d.h. in eine $\langle 1\,1\,0\rangle$-Richtung zeigt, womit die experimentell beobachtete Gleitrichtung erklärt ist.

b) Stapelfehler und unvollständige Versetzungen

Eine weitere eigenartige Versetzungsreaktion spielt im kubisch-flächenzentrierten und hexagonalen Gitter eine wichtige Rolle. Beide Gitter sind nahe verwandt, da die $\{111\}$- bzw. (0001)-Ebenen in beiden Fällen dichtest gepackt, d.h. völlig gleich gebaut sind. Mit solchen Ebenen kann man räumlich dichteste Kugelpackungen aufbauen, indem man die Ebenen so aufeinander stapelt, daß jeweils die Atome der oberen Ebene in die von je drei Atomen gebildeten Mulden der unteren Ebene zu liegen kommen. Das kubisch flächenzentrierte Gitter erhält man, wenn man in einer Dreischichtfolge *ABCABCABC*... stapelt, wobei die Atome der durch denselben Buchstaben gekennzeichneten Ebene senkrecht übereinander liegen sollen. Das hexagonal dichtest gepackte Gitter ist dagegen eine Zweischichtfolge *ABABABAB*....

Es kann nun vorkommen, daß die regelmäßige Stapelung im Kristall an einer Stelle gestört ist, daß man also z.B. *ABCABABC*... hat. Einen solchen Fehler in der Stapelfolge nennt man einen Stapelfehler und die ihm zuzuschreibende Erhöhung der inneren Energie pro Flächeneinheit die Stapelfehlerenergie γ. Offenbar kann man den Stapelfehler auch als eine dünne hexagonale Schicht im sonst kubisch flächenzentrierten Kristall beschreiben, woraus erhellt, daß man solche Stapelfehler besonders zahlreich in der Nähe von Umwandlungspunkten kubisch flächenzentriert-hexagonal zu erwarten hat. In ähnlicher Weise kann man sich natürlich auch dünne kubisch flächenzentrierte Schichten als Stapelfehler im hexagonalen Kristall vorstellen.

Wir werden noch sehen, daß das makroskopische Verhalten eines Metalls von seiner Stapelfehlerenergie stark abhängt. Die Einführung dieses Begriffes ist daher von großer Bedeutung für das Verständnis des Festkörpers.

Die oben genannte eigenartige Versetzungsreaktion besteht nun darin, daß die, jetzt „vollständig" zu nennende, Versetzung des kubisch flächenzentrierten Kristalls in zwei sog. Shockleysche unvollständige oder Halbversetzungen nach der Reaktionsgleichung für die Burgers-Vektoren ([*11*] bis [*15*])

$$[110]/2=[211]/6+[12\bar{1}]/6 \qquad (1.4)$$

aufspaltet. Wir wollen dies an Hand der Stufenversetzung besprechen; für die Schraubenversetzung gilt ein analoges Ergebnis.

Die aufhörenden Netzebenen sind $\{110\}$-Ebenen, da auf diesen der Burgers-Vektor senkrecht steht. Die Dicke einer solchen Ebene ist, wie man geometrisch leicht überlegt, gleich der halben Länge des Burgers-Vektors, so daß die vollständige Versetzung die Randlinien *zweier* nebeneinander liegender aufhörender Netzebenen bildet. Dies ist in der linken

Hälfte von Fig. 6 gezeichnet. Man sieht ihr die Instabilität der Anordnung geradezu an. Tatsächlich kann man zeigen, daß die Versetzung, wie in der rechten Hälfte von Fig. 6 dargestellt, aufspaltet. Dabei entsteht ein Stapelfehler in der Gleitebene der Versetzung, der von den beiden genannten Halbversetzungen begrenzt wird. Da für diese offenbar $\mathfrak{b}_1 \cdot \mathfrak{b}_2$ positiv ist, stoßen sie sich nach unseren früheren Stabilitätsbetrachtungen ab (allgemein ausgedrückt: Versetzungen gleichen Vorzeichens stoßen sich ab, entgegengesetzten Vorzeichens ziehen sich an). Andererseits besteht aber auch eine Anziehungskraft zwischen ihnen, da die Energieerhöhung durch den Stapelfehler mit zunehmendem Abstand der Ver-

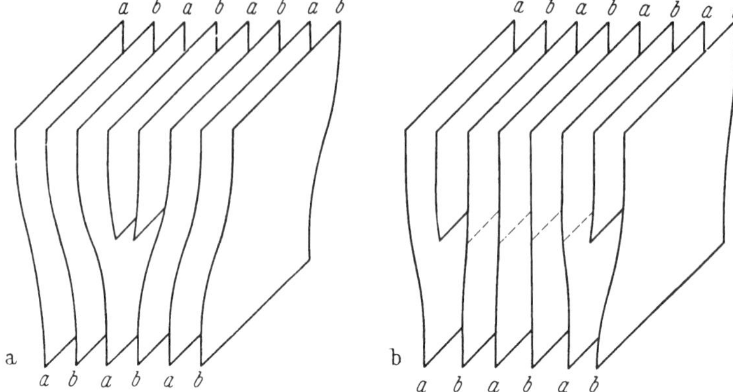

Fig. 6a u. b. Schematische Darstellung einer Stufenversetzung im kubisch-flächenzentrierten Gitter (a). Diese spaltet unter Bildung eines Stapelfehlers in zwei Halbversetzungen auf (b). Mit der Markierung *ababab* ... ist angedeutet, daß die gezeichneten {1 1 0}-Ebenen eine Zweischichtfolge darstellen

setzungen anwächst. Man erwartet also einen Gleichgewichtsabstand, der im wesentlichen durch die Stapelfehlerenergie bestimmt ist.

Unvollständige Versetzungen sind geometrisch nur in Verbindung mit Stapelfehlern erlaubt, sie sind im Sinne der Frankschen Definition überhaupt keine Versetzungen, da man um eine von ihnen allein keinen geschlossenen Umlauf nur im „guten" Kristallbereich legen kann: Der Umlauf muß ja immer den Stapelfehler durchstoßen. Andererseits können die unvollständigen Versetzungen im Sinn der zu Anfang gebrachten Randliniendefinition doch als Versetzungen betrachtet werden. Mithin zeigt sich, daß die beiden Definitionen nur dann miteinander konsistent sind, wenn man bei letzterer hinzufügt, daß es sich um die Randlinie von Netzebenen in einem „sonst guten Kristallbereich" handelt.

Die Eigenschaften der unvollständigen sind großenteils die gleichen wie diejenigen der vollständigen Versetzungen, insbesondere kann man ihre elastischen Spannungsfelder in gleicher Weise berechnen. Daß in gewissen Fällen jedoch auch wichtige Besonderheiten auftreten können, sei an folgendem Beispiel gezeigt:

Eine im kubisch-flächenzentrierten Kristall eingeschobene $\{111\}$-Netzebene ändert die Stapelfolge, sie bedeutet also einen Stapelfehler; demnach ist ihre Randlinie eine unvollständige Versetzung mit einem Burgers-Vektor $\langle 111\rangle/3$. Nach unserer früheren Vorschrift $\mathfrak{n} \sim \mathfrak{t} \times \mathfrak{b}$ sollte sie in $\langle 111\rangle$-Richtung gleiten können. Tatsächlich kann sie es jedoch nicht, weil sie sich von ihrem Stapelfehler nicht lösen kann, der an seine Ebene fest gebunden ist. Da auch keine anderen Gleitmöglichkeiten bestehen, nennt man diese sog. Franksche Versetzung auch seßhaft (sessile), im Gegensatz zu den Shockleyschen Halbversetzungen, die gleitfähig (glissile) sind.

Seßhafte Versetzungen können schwer überwindbare Hindernisse für die Bewegung anderer Versetzungen bilden. Das wichtigste Beispiel ist die sog. Lomer-Cottrell-Versetzung ([*11*] bis [*15*]), die entsteht, wenn zwei aufgespaltene Versetzungen auf zwei sich schneidenden Gleitebenen einander so nahe kommen, daß ihre zunächst liegenden Halbversetzungen eine Reaktion machen. Diese Reaktion ist stark exotherm, d.h. die Lomer-Cottrell-Versetzung, bestehend aus drei Teilversetzungen und zwei Stapelfehlern in zwei verschiedenen Ebenen, ist sehr stabil. Sie spielt in der Theorie der Verfestigung eine bedeutende Rolle als Hindernis für die Gleitung anderer Versetzungen.

An drei Beispielen sei nun die wichtige Rolle der Stapelfehler für die Eigenschaften der Festkörper erläutert ([*11*] bis [*15*]). Quantitative Einzelheiten zu den beiden erstgenannten Problemkreisen werden in den Kapiteln 2 und 3 mitgeteilt werden.

A. Es würde eine große Behinderung für die plastische Verformung darstellen, wenn Versetzungen bei ihrer Bewegung sich nicht gegenseitig schneiden könnten. Nähere Betrachtungen zeigen, daß Voraussetzung für das Schneiden zweier Versetzungen ist, daß an der Schnittstelle die Aufspaltung rückgängig gemacht wird. Die Bildung einer solchen Einschnürung (Konstriktion), die mit Hilfe thermischer Aktivierung erfolgen kann, wird nun offensichtlich um so schwieriger, je größer die Aufspaltung, je kleiner also die Stapelfehlerenergie ist. Auf Grund dieses Effekts erwartet man starke Unterschiede im plastischen Verhalten verschiedener kubisch-flächenzentrierter Metalle bei tiefen Temperaturen.

B. Die Schraubenversetzung im kubisch-flächenzentrierten Gitter kann, im Gegensatz zur Stufenversetzung, in mehreren Ebenen vom Typ $\{111\}$ gleiten. Wird sie an einem Hindernis, z.B. einer Lomer-Cottrell-Versetzung aufgehalten, so ist sie bestrebt, dieses Hindernis durch Gleitung in einer anderen Ebene zu umgehen. Um jedoch die Gleitebene zu wechseln, muß zuvor mit Hilfe thermischer Aktivierung die Aufspaltung über eine gewisse Länge rückgängig gemacht werden, was wieder um so schwieriger geht, je kleiner die Stapelfehlerenergie ist. Da diese eben geschilderte „Quergleitung“ (cross slip) die Verfestigung bei größeren Verformungen maßgeblich bestimmt, erwartet man auch hier größere Unterschiede zwischen den kubisch flächenzentrierten Metallen verschiedener Stapelfehlerenergie (zur weiteren Veranschaulichung siehe Kap. 2, Ziff. 5.2d).

C. Die Stapelfehler sind die Keime für die Umwandlung kubisch flächenzentriert-hexagonal (z. B. bei Kobalt). Je näher man der Umwandlungstemperatur kommt, desto geringer wird die Stapelfehlerenergie, desto größer mithin der Abstand der begrenzenden Halbversetzungen, so daß schließlich der Stapelfehler eine ganze Netzebene umfaßt. Falls durch eine Schraubenversetzung die ursprünglich parallelen Netzebenen zu einer Schraubenfläche geworden sind, kann der Stapelfehler weiter wachsen und allmählich einen größeren Kristallbereich vom kubisch-flächenzentrierten in das hexagonale Gitter überführen, wie unabhängig von Basinski und Christian [*16*] und von Seeger [*17*] gezeigt wurde.

c) Die Entstehung der Versetzungen

Eine wichtige Frage, die wir jetzt zu besprechen haben, betrifft den Ursprung der Versetzungen. Es ist klar, daß nur durch das Zusammenwirken von sehr vielen Versetzungen die makroskopisch beobachtete plastische Verformung zustande kommen kann.

Diese Frage wird heute wie folgt beantwortet: Bereits beim Wachstum der Kristalle entstehen Gitterfehler, insbesondere Versetzungen in größerer Zahl. Es ist sogar so, daß im allgemeinen die Gitterfehler als Kristallisationskeime benötigt werden, wenn der Kristall wachsen soll. Einen vollkommen fehlerfreien Kristall, den Idealkristall, scheint es in der Natur nicht zu geben*. Vielmehr sind die Kristalle, die uns für unsere Untersuchungen zur Verfügung stehen, von mehr oder weniger vielen Versetzungen durchzogen, deren Verteilung man im allgemeinen als statistisch ansehen kann. Man spricht von einem Netzwerk der Versetzungen, da aus Stabilitätsgründen angenommen werden muß, daß die Versetzungen nicht einzeln unberührt von der Anwesenheit der anderen Versetzungen im Kristall verlaufen, sondern vielfach in sog. Knoten zusammentreffen, die dann infolge von Versetzungsreaktionen besonders stabile, im allgemeinen nicht gleitfähige und oft auch nicht kletterfähige Punkte darstellen.

Da eine statistisch regellose Netzwerkanordnung der Wirklichkeit sicherlich nahekommt, ist der Zustand des Kristalls im wesentlichen

* Es werden heute große Anstrengungen unternommen, solche Idealkristalle zu züchten. Mit den sog. „Whiskers“, das sind fadenförmige Kristalle mit Durchmessern von etwa 10^{-4} cm, ist das zu einem gewissen Grade gelungen. Man kann bei solchen Kristallen tatsächlich die anfangs errechnete theoretische Schubfestigkeit erreichen.

durch die Dichte des Netzwerks bestimmt. Man mißt diese in etwas pauschaler Weise, indem man angibt, wie viele Versetzungen eine Fläche von einem cm^2 durchstoßen. Die Zahl N, gemessen pro cm^2, wird dann als Versetzungsdichte bezeichnet. Als ebenfalls gebrauchte, hiervon etwas verschiedene Beschreibung gibt man auch die Länge der Versetzungen an, die in einem cm^3 enthalten sind. Für einen sorgfältig gezüchteten kubischflächenzentrierten Metallkristall ist $N = 10^7/cm^2$ eine typische Versetzungsdichte. Man kann sich nun geometrisch klarmachen, daß eine solche Versetzungszahl nicht genügt, um eine nennenswerte plastische Verformung zu bewirken. Infolgedessen müssen während des Verformungsvorgangs neue Versetzungen in großer Zahl erzeugt werden. Einen besonders wichtigen Mechanismus hierfür haben FRANK und READ 1950 angegeben [*18*]. Er beruht auf dem Effekt der Linienspannung der Versetzung.

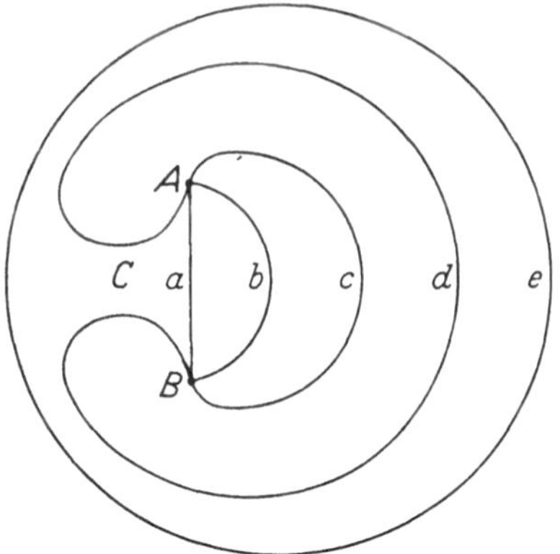

Fig. 7. Zur Erzeugung eines Versetzungsringes mit Hilfe des Frank-Read-Mechanismus. Die Versetzungsstücke bei C haben entgegengesetztes Vorzeichen und ziehen sich daher an

Diese ist durchaus analog zur Linienspannung einer Saite. Bei der Verlängerung einer beidseitig festgehaltenen Saite durch Ausbeulen muß Arbeit gegen die Linienspannung geleistet werden. Das gleiche gilt im Fall der Versetzung. Fig. 7 zeigt das Wesentliche: Ein etwa durch zwei Knoten A, B an seinen Enden verankertes Versetzungsstück beult sich unter der angelegten Spannung immer weiter aus (Fig. 7a, b, c, ...). Die Linienspannung bewirkt, daß in der Stellung C sich schließlich ein geschlossener Versetzungsring e ablöst und dasselbe Spiel von neuem beginnen kann. In dieser Weise kann eine Frank-Read-Quelle in größerer Anzahl Versetzungen aussenden, ähnlich wie man mit einem Strohhalm unter Mitwirkung der Oberflächenspannung Seifenblasen erzeugt.

Bleibt die vorderste dieser Versetzungen an einem Hindernis liegen, so können natürlich auch die folgenden Versetzungen nicht weiter. Sie werden von der Schubspannung, die sie erzeugt hat, vorwärts gepreßt; wegen ihrer gegenseitigen Abstoßung (gleiches Vorzeichen!) müssen sie andererseits untereinander Abstand halten. So entsteht eine sog. Aufstauung von Versetzungen, die schließlich so stark auf die Versetzungsquelle zurückwirkt, daß diese zum Erliegen kommt. Man bezeichnet den Bereich, in dem solche Gleitung stattgefunden hat, auch als Gleitzone. Die ausführliche quantitative Anwendung dieser Überlegungen auf die Theorie der Verfestigung findet sich in Kapitel 3.

d) *Versetzungen und Korngrenzen*

Wir kommen jetzt zu einer Fundamentaleigenschaft der Versetzungen, die praktisch und theoretisch gleich interessant ist. Versetzungen vermögen nach Burgers [*8*] und Bragg [*19*] mit nur geringem Energieaufwand Orientierungsänderungen im Gitter zu vermitteln. Fig. 8 zeigt dies für eine Anordnung von Stufenversetzungen. Diese sind so aufgereiht, daß sich ihre weitreichenden Spannungsfelder großenteils annihilieren. Jede Versetzung bewirkt ja auf einer Seite der Gleitebene (in Fig. 4 oberhalb) eine Kompression, auf der anderen Seite eine Dilatation des Gitters. Die Anordnung der Versetzungen in Fig. 8 ist nun so, daß sich die Kompressions- und Dilatationsgebiete der verschiedenen Versetzungen weitgehend überlagern, wodurch gerade die weitreichenden Anteile der Spannungsfelder verschwinden, somit nur ein Rest von Energie übrig bleibt. Solange der Orientierungsunterschied noch so klein ist, daß die Versetzungen deutlich getrennt bleiben, spricht man von „Kleinwinkelkorngrenzen". Bei den Großwinkelkorngrenzen ist ein Aufbau aus einzelnen Versetzungen nicht mehr erkennbar.

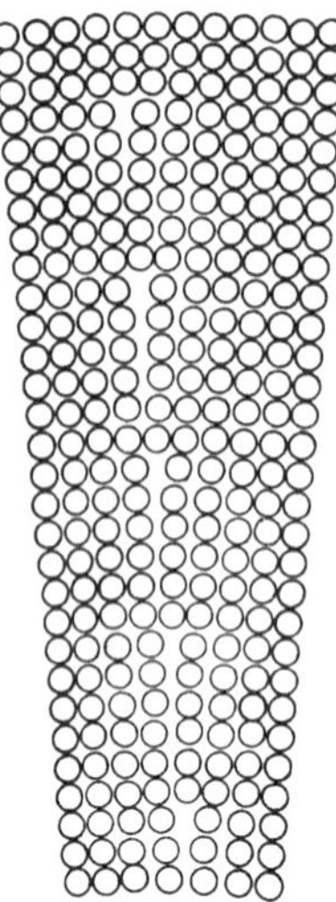

Fig. 8. Feinkorngrenze erster Art (tilt boundary). Die Feinkorngrenze zweiter Art (twist boundary) ist schlecht zu zeichnen. Der Orientierungsunterschied zwischen den verdrehten Kristallbereichen ist $|\mathfrak{b}|/d$, wenn d der Abstand der Versetzungen ist

Eine beleibige Anordnung von Versetzungen kann bei hinreichender Beweglichkeit ihre Gesamtenergie merklich vermindern, wenn die Versetzungen in Korngrenzenanordnungen übergehen, ein Vorgang, der als „Polygonisierung" bekannt ist und einen der wichtigsten Erholungsvorgänge im Festkörper darstellt (vgl. Kap. 4, Ziff. 3.1). Als der von der obigen Korngrenze wesentlich verschiedene Typ ist die von gekreuzten Schraubenversetzungen gebildete Grenze zu nennen, die eine schlecht zu zeichnende schraubenartige Verdrehung zweier Gitterbereiche gegeneinander vermittelt.

e) *Die elastizitätstheoretische Beschreibung der Versetzungen*

Im Verlaufe dieser Ausführungen wurde immer wieder auf die Wichtigkeit der Eigenspannungsfelder der Versetzungen für das Geschehen im Festkörper hingewiesen. Es besteht daher großes Interesse an einer „Elastizitätstheorie" oder allgemeiner „Kontinuumstheorie der Versetzungen", über deren Begriffsbildungen und Konzeptionen im vorliegenden Abschnitt qualitativ berichtet werden soll. Eine ausführlichere Behandlung mit einer Zusammenstellung der wichtigsten Formeln wird im Teil 2 dieses Kapitels gegeben.

Ein Teil dieser Theorie, den man vielleicht als „Elastizitätstheorie singulärer Versetzungen" bezeichnen könnte, wurde von BURGERS [*8*] im Jahre 1939 geschaffen. Insbesondere gelang es BURGERS, die wichtigen Formeln für das elastische Verschiebungsfeld $\mathfrak{s}(\mathfrak{r})$ an einem Punkt $\mathfrak{r}$ in der weiteren Umgebung der Versetzungen abzuleiten. Zugleich erkannte BURGERS, daß man durch Addition der Verschiebungsdifferenzen $d\mathfrak{s}$ je zweier Punkte längs eines die Versetzung umfassenden Umlaufs einen für die Versetzung charakteristischen Vektor erhält, nämlich den Burgers-Vektor (oder Gleitvektor)

$$\mathfrak{b} = \oint d\mathfrak{s}, \qquad (1.5)$$

den wir in Ziff. 1.3 unabhängig von irgendwelchen Vorstellungen über Elastizität definiert hatten. Demnach ist Gl. (1.5) nicht etwa eine Definition, sondern eine grundlegende Gleichung, die den durch $\mathfrak{b}$ beschriebenen Gitterdefekt mit dem durch $d\mathfrak{s}$ beschriebenen elastischen Verhalten der Materie zusammenbringt.

Die von BURGERS für singuläre Versetzungen gefundene Gl. (1.5) ist später für die Behandlung makroskopisch kontinuierlich erscheinender Versetzungsanordnungen in der „Kontinuumstheorie der Versetzungen" verwertet worden, deren Grundzüge jetzt kurz erläutert werden sollen (vgl. hierzu insbesondere die zusammenfassende Darstellung in [*20*]).

In den Anfängen der Mechanik, etwa zur Zeit NEWTONs, befaßte man sich mit idealisierten Körpern, nämlich mit starren Körpern oder Massenpunkten, die man mit dem Newtonschen Grundgesetz beschrieb. In der d'Alembertschen Auffassung beinhaltet dieses Gesetz das Gleichgewicht verschiedener Arten von Kräften. Ohne Zweifel enthält dieses Gesetz auch in einer das Relativitätsprinzip berücksichtigenden Verallgemeinerung nicht die gesamte Mechanik. Dies bemerkt man sofort, wenn man versucht, die Massenpunkte zu einem Kontinuum zusammenzufassen. Es ist genau der Begriff „Kontinuum", der in der alten Mechanik nicht enthalten war und der die Einführung einer neuen, jetzt geometrischen Konzeption verlangt, die an Bedeutung den statisch-dynamischen Konzeptionen der älteren Mechanik nicht nachsteht. Neben das statisch-dynamische Grundgesetz (Gleichgewicht) tritt also jetzt als den Ablauf der Dinge mitbestimmend das geometrische Grundgesetz (Kontinuität), dessen Erfüllung gewährleistet, daß der Körper während der Verformung die Eigenschaft, Kontinuum zu sein, nicht verliert.

Dieses Gesetz wurde in der linearisierten, d.h. auf kleine Verformungen beschränkten Form von DE ST. VENANT 1861 angegeben und ist als Kompatibilitätsgesetz (Verträglichkeitsgesetz) bekannt. Anders ausgedrückt: Die elastische Deformation $\boldsymbol{\epsilon}_{el}(\mathfrak{r})$ eines Kontinuums muß kompatibel sein, wenn es Kontinuum bleiben soll. Oder: Die Inkompatibilität (Ink) der elastischen Deformation muß verschwinden (Ink $\boldsymbol{\epsilon}_{el}=0$).

In der elementaren Elastizitätstheorie wird gezeigt, daß die Einschränkung auf kompatible elastische Deformationen bedeutet, daß man diese aus einem elastischen Verschiebungsfeld ableiten kann, das als Vektorfeld drei unabhängige Komponenten oder, wie wir besser sagen, funktionale Freiheitsgrade hat. Kennt man noch das Materialgesetz, welches bestimmt, wie der Körper auf elastische Deformationen reagiert, d.h. welche Spannungen zu gegebenen Deformationen gehören (etwa das Hookesche Gesetz), so kann man offenbar aus dem elastischen Verschiebungsfeld alle gewünschten Informationen über den Zustand des Körpers gewinnen.

Erleidet der Körper gleichzeitig elastische und plastische Deformationen, so muß ein Kompatibilitätsgesetz für die Gesamtdeformation gelten. Soweit man sich auf eine lineare Beschreibung beschränkt, gilt das Superpositionsprinzip und man hat

$$\text{Ink}\,\boldsymbol{\epsilon}_{el} = -\text{Ink}\,\boldsymbol{\epsilon}_{pl} \equiv \boldsymbol{\eta}\,. \tag{1.6}$$

Dies bedeutet, daß man zwar noch die Gesamtdeformation aus einem Verschiebungsfeld ableiten kann, nicht aber die elastische oder plastische Deformation für sich allein. Die Nicht-Eindeutigkeit des Verschiebungsfeldes einer Versetzung gemäß Gl. (1.5) zeigt, daß solche Überlegungen für ein Kontinuum mit Versetzungen wichtig sein werden.

Wir zeigen dies anschaulich wie folgt: Wir zerschneiden das Kontinuum in seine Volumelemente und ordnen jedem Element am Ort $\mathfrak{r}$ eine plastische Deformation $\boldsymbol{\epsilon}_{pl}(\mathfrak{r})$ zu, die durch Versetzungswanderung zu realisieren sei. Da wir $\boldsymbol{\epsilon}_{pl}$ keiner Kompatibilitätsbedingung unterwerfen wollen, geht die Kontinuumseigenschaft unserer Sammlung von Volumelementen verloren: Wir stellen fest, daß diese nach der plastischen Verformung nicht mehr lückenlos aneinander passen. Der Inkompatibilitätstensor $\boldsymbol{\eta}$ in Gl. (1.6) ist ein Maß für Größe und Verteilung der Lücken. Um die Elemente wieder passend zu machen, können wir sie elastisch derart verformen, daß Gl. (1.6) erfüllt wird. Danach denken wir die Volumelemente wieder zusammengewachsen.

Eines der Hauptziele unserer Theorie ist die Bestimmung der elastischen Deformationen und Spannungen zu einer gegebenen Versetzungsverteilung, wobei wir auch Anordnungen vieler Versetzungen zulassen wollen, die zu einer Versetzungsdichte zusammengefaßt werden können. Die hier benötigte, von NYE [*21*] gegebene Definition der Versetzungsdichte weicht von der früher im Zusammenhang mit dem Versetzungsnetzwerk gebrachten dadurch ab, daß jetzt nur die Überschußversetzungen eines Vorzeichens gezählt werden. Wir nennen $\Delta\mathfrak{b}$ den Gesamt-Burgers-Vektor aller ein Flächenelement $\Delta\mathfrak{F}$ durchstoßenden Versetzungen. Dann mißt der durch $\Delta\mathfrak{b} = \Delta\mathfrak{F} \cdot \boldsymbol{\alpha}$ definierte asymmetrische Tensor 2. Stufe $\boldsymbol{\alpha}(\mathfrak{r})$ den „Versetzungsfluß" $\Delta\mathfrak{b}$ durch $\Delta\mathfrak{F}$, ähnlich wie der Stromdichtevektor $\mathfrak{j}$ in der Beziehung $\Delta i = \Delta\mathfrak{F} \cdot \mathfrak{j}$ den Fluß des elektrischen Stroms Δi durch $\Delta\mathfrak{F}$ mißt. In Analogie zu den elektrischen Verhältnissen heißt $\boldsymbol{\alpha}$ der „Tensor der Versetzungsdichte". Wir können ihn für unsere Aufgabe als gegeben ansehen. Man zeigt leicht, daß die Diagonalkomponenten von $\boldsymbol{\alpha}$ Schraubenversetzungen, die übrigen Komponenten Stufenversetzungen beschreiben.

Wie man von der Burgersschen Beziehung (1.5) ausgehend zeigt, gewinnt man den Inkompatibilitätstensor $\boldsymbol{\eta}$ aus $\boldsymbol{\alpha}$ durch Differentiation. Ist aber $\boldsymbol{\eta}$ bekannt, so kann ein gut durchgearbeiteter Formalismus zur Berechnung der Spannungen, elastischen Deformationen und Energien einsetzen. Zum Beispiel erhält man als wichtiges Teilergebnis das weitreichende Spannungsfeld einer singulären, beliebig verlaufenden Versetzung durch Differentiation des längs der Versetzungslinie zu erstreckenden Integrals $\int r\, d\mathfrak{l}$, wo r den Abstand zwischen einem Punkt der Versetzung und dem Aufpunkt bedeutet, an dem man sich für die Spannung interessiert [s. Gl. (2.40)]. Da dieses Integral im Zeitalter der Rechenautomaten zu bewältigen ist, hat unser Formalismus relativ gute Aussichten bei der Behandlung aller Probleme, die nicht zu viele einzelne Versetzungen betreffen.

Nur andeutungsweise soll hier auf die hochinteressante Weiterentwicklung der Theorie in Richtung auf große Verformungen hingewiesen werden. Ausgehend von der fundamentalen Entdeckung von KONDO sowie BILBY, BULLOUGH und SMITH (1953/55) [*22*], [*23*], wonach der Franksche Burgers-Umlauf mit dem von CARTAN schon 1922 eingeführten, nach ihm benannten Umlauf zur Definition der sog. „Torsion" eines geometrischen Raumes identisch ist, wurde eine differentialgeometrische Theorie entwickelt, in der das geometrische Grundgesetz in einer Form erscheint, die abgesehen von der Zeitkoordinate vollständig mit den Einsteinschen Gleichungen der allgemeinen Relativitätstheorie übereinstimmt ([*24*] bis [*26*]). In dieser Auffassung betrachtet man das Kontinuum als eine Art Universum, als dessen „Sterne" die Fremdatome unter dem Einfluß der elastischen Spannungen (anstelle von Gravitationsspannungen) dahinziehen. Dieses Universum ist allgemeiner als das Einsteinsche Weltall durch das Auftreten der Cartanschen Torsion (= Versetzungsdichte).

2. Kontinuumstheorie der Versetzungen in linearer Näherung

2.1. Tensoren

Die in Abschnitt 1.4e) mehr qualitativ beschriebene Kontinuumstheorie der Versetzungen soll in der vorliegenden Ziff. 2 in linearer Näherung quantitativ gefaßt werden. Die interessierenden Größen,

Spannungen, Deformationen, Versetzungsdichten usw. sind tensorielle Größen; daher ist eine gewisse Kenntnis an Tensoranalysis zu einem wirklichen Verständnis kaum erläßlich. Das Auftreten tensorieller Größen in allen physikalischen Theorien liegt bekanntlich darin begründet, daß die Naturgesetze „Gesetze an sich" sind, die unabhängig von unserer Beobachtung und Beschreibung bestehen, insbesondere also auch unabhängig davon, in welchem Koordinatensystem wir sie formulieren. Physikalische Größen, die eine solche Bedeutung „an sich" haben, nennt man Tensoren. Wir nehmen für das Folgende an, daß dem Leser der Tensorbegriff als solcher bekannt ist und beschränken uns auf einige Bemerkungen hierzu.

In dem betrachteten Kontinuum hängen die interessierenden Größen, somit die zu ihrer Beschreibung verwendeten Tensoren, im allgemeinen vom Ort $\mathfrak{r}$ ab, der etwa in einem vorgegebenen Koordinatensystem x^i $(i=1, 2, 3)$ beschrieben sei. Man spricht deswegen auch gern von Tensor-*feldern**. In der Beschreibung mit Hilfe dieses Koordinatensystems besteht jeder Tensor am Orte x^i aus einem Schema von 3^n Komponenten, die durch Anhängen von n Indizes an einen für den betreffenden Tensor kennzeichnenden „Kernbuchstaben" unterschieden werden, wobei jeder Index der Werte 1, 2, 3 fähig ist. Der Tensor 0-ter Stufe, der Skalar, hat $3^0=1$ Komponenten ohne Index. Der Tensor 1-ter Stufe, der Vektor hat $3^1=3$ Komponenten mit je einem Index, der Tensor 2-ter Stufe $3^2=9$ Komponenten mit je zwei Indizes usw.

Die sich auf verschiedene Koordinatensysteme beziehenden Komponenten desselben Tensors kann man entweder in den Indizes oder im Kernbuchstaben unterscheiden. Wir benützen die letztere Möglichkeit und wählen irgendeinen einfachen Kernbuchstaben für die Komponenten eines Tensors im Koordinatensystem x^i. Die Komponenten desselben Tensors in einem von x^i verschiedenen Koordinatensystem $\bar{x}^i$ sollen dann konventionell aus denjenigen des Systems x^i durch Überstreichen des betreffenden Kernbuchstabens hervorgehen.

Zwischen den überstrichenen und nicht überstrichenen Komponenten eines beliebigen Tensors besteht ein ganz bestimmtes Transformationsgesetz, das den Tensor als solchen definiert und bewirkt, daß jede nur Tensoren enthaltende Gleichung invariant gegen diese Transformation

* Im folgenden werden die Indizes scheinbar willkürlich, zum Teil als obere, zum Teil als untere Indizes geschrieben. Der mit der Tensoranalysis weniger vertraute Leser mag diesen Unterschied mißachten, z.B. alle Indizes als untere lesen. Die Gleichungen gelten dann nur für sog. orthonormale Koordinatensysteme, das sind solche, deren Basisvektoren $\mathfrak{e}_i$ paarweise aufeinander senkrecht stehen ($\mathfrak{e}_i \cdot \mathfrak{e}_j=0$ für $i \neq j$) und auf 1 normiert sind ($\mathfrak{e}_i \cdot \mathfrak{e}_j=1$ für $i=j$). Für den Leser, der den Unterschied zwischen oberen und unteren Indizes gemäß den allgemeinen Vorschriften der Tensoranalysis kennt, gelten die Gleichungen in beliebigen krummlinigen und schiefwinkligen Koordinaten.

ist. Der Übergang von der Beschreibung im x^i-System zu derjenigen im $\bar{x}^i$-System kann einfach durch Überstreichen der Kernbuchstaben vollzogen werden.

Anstelle der Beschreibung eines Tensors durch seine Komponenten in irgendeinem Koordinatensystem verwenden wir öfter die symbolische Schreibweise. Wir nehmen jeweils für Tensoren 2-ter und höherer Stufe einen fettgedruckten Buchstaben, für Vektoren einen Frakturbuchstaben, für Skalare einen lateinischen oder griechischen Buchstaben in normalen (d.h. nicht fetten) Druck.

Bei einer Multiplikation zweier Tensoren hat man drei Fälle zu unterscheiden, die schon bei der Multiplikation zwischen zwei Vektoren auftreten, die tensorielle (a), die vektorielle (b) und die skalare (c) Multiplikation. Man definiert sie am einfachsten, indem man die Komponenten des Produkts angibt. Man hat dann als Komponenten der drei Produkte zweier Vektoren

$$\text{(a)}\quad a^i b^j, \qquad \text{(b)}\quad \sum_{jk} \epsilon_{ijk} a^j b^k, \qquad \text{(c)}\quad \sum_i a_i b^i. \tag{2.1}$$

Hier sind ϵ_{ijk} die Komponenten des total antisymmetrischen Tensors 3-ter Stufe, definiert durch

$$\frac{\epsilon_{ijk}}{\sqrt{\det(\mathfrak{e}_i \cdot \mathfrak{e}_j)}} = \begin{cases} 1 & \text{für } i, j, k \text{ gerade Permutation von } 1, 2, 3, \\ -1 & \text{für } i, j, k \text{ ungerade Permutation von } 1, 2, 3, \\ 0 & \text{für } i, j, k \text{ weder gerade noch ungerade Permutation} \\ & \text{von } 1, 2, 3. \end{cases}$$

Für orthonormale Koordinatensysteme wird die Determinante und damit die Wurzel gleich 1.

Für die Produkte selbst schreiben wir symbolisch

$$\text{(a)}\quad \mathfrak{a}\mathfrak{b}, \qquad \text{(b)}\quad \mathfrak{a} \times \mathfrak{b}, \qquad \text{(c)}\quad \mathfrak{a} \cdot \mathfrak{b}. \tag{2.2}$$

Es liegt auf der Hand, daß die obigen Definitionen auf Multiplikationen von Tensoren beliebiger Stufe erweitert werden können. Wichtig ist dabei vor allem der Fall der Multiplikation eines Tensors beliebiger Stufe mit dem sog. Nablaoperator ∇, der durch die Beziehung

$$d f(\mathfrak{r}) = d\mathfrak{r} \cdot \nabla f(\mathfrak{r}) \tag{2.3}$$

definiert wird, wo $f(\mathfrak{r})$ irgendeine, gegebenenfalls auch tensorielle, Funktion des Ortes $\mathfrak{r}$ ist. Man entnimmt der Definition (2.3) sofort, daß ∇ ein Vektor ist, der in einem beliebigen orthonormalen Koordinatensystem x, y, z die Komponenten $\partial/\partial x$, $\partial/\partial y$, $\partial/\partial z$ hat. Die symbolische Schreibweise $\nabla = d/d\mathfrak{r}$ bringt die Bedeutung von ∇ ganz gut zum Ausdruck.

Anwendung des Nablaoperators bedeutet also neben einer Multiplikation zugleich eine Differentiation.

Je nachdem, ob man die eben genannte Multiplikation tensoriell, vektoriell oder skalar durchführt, spricht man auch von Gradienten-, Rotations- oder Divergenzbildung. Von den verschiedenen sich hierbei ergebenden Produkten sind für unsere Theorie insbesondere die folgenden wichtig:

(a′) Der Gradient (Grad) eines Vektorfeldes,

(b′) die Rotation (Rot) eines Tensorfeldes 2-ter Stufe,

(c′) die Divergenz (Div) eines Tensorfeldes 2-ter Stufe.

In Anlehnung an die Symbolik von Gl. (2.2) schreiben wir

$$(a') \quad \operatorname{Grad} \mathfrak{a} \equiv \nabla \mathfrak{a}, \qquad (b') \quad \operatorname{Rot} \boldsymbol{b} \equiv \nabla \times \boldsymbol{b}, \qquad (c') \quad \operatorname{Div} \boldsymbol{b} \equiv \nabla \cdot \boldsymbol{b}, \tag{2.4}$$

und die Komponenten dieser Produkte sind analog zu (1) durch

$$(a') \quad \nabla^i a^j, \qquad (b') \quad \sum_{jk} \epsilon_{ijk} \nabla^j b^{kl}, \qquad (c') \sum_i \nabla_i b^{ij} \tag{2.5}$$

definiert. Am Schluß dieses Kapitels (Ziff. 2.5) geben wir die Komponenten explizit in kartesischen Koordinaten.

Man entnimmt den Ausdrücken (2.5), daß (a′) und (b′) die Komponenten eines im allgemeinen asymmetrischen Tensors 2-ter Stufe sind, während (c′) Vektorkomponenten sind. Man verifiziert weiterhin leicht die aus den Vektorfeldtheorien (z.B. Elektrodynamik) bekannten fundamentalen Identitäten

$$\operatorname{Div} \operatorname{Rot} \equiv 0, \qquad \operatorname{Rot} \operatorname{Grad} \equiv 0. \tag{2.6}$$

Es gilt analog zu einem bekannten Satz für Vektorfelder, daß jedes Tensorfeld 2-ter Stufe in der Form

$$\operatorname{Grad} \mathfrak{a} + \operatorname{Rot} \boldsymbol{b} \tag{2.7}$$

dargestellt werden kann. Die Zerlegung ist im unendlichen Medium eindeutig, wenn die beteiligten Felder im Unendlichen verschwinden.

Für die in der Kontinuumsmechanik auftretenden besonders wichtigen *symmetrischen* Tensorfelder 2-ter Stufe sind zwei weitere mit Hilfe des Nablaoperators durchzuführende Operationen wichtig, die gewissermaßen die symmetrisierten Operationen Grad und Rot darstellen. Es handelt sich dabei um die Deformations- und Inkompatibilitätsbildung. Der Ursprung der Bezeichnungen kommt aus der Elastizitätstheorie und wird aus den späteren Betrachtungen klar werden. Wir schreiben symbolisch

$$(a'') \quad \operatorname{Def} \mathfrak{a} \equiv \tfrac{1}{2}(\nabla \mathfrak{a} + \mathfrak{a} \nabla), \qquad (b'') \quad \operatorname{Ink} \boldsymbol{b} = \nabla \times \boldsymbol{b} \times \nabla. \tag{2.8}$$

Die zugehörigen Tensorkomponenten sind

$$(\mathrm{a}'') \quad \tfrac{1}{2}(\nabla^i a^j + \nabla^j a^i), \qquad (\mathrm{b}'') \quad \sum_{jkmn} \epsilon_{ijk}\epsilon_{lmn}\nabla^j\nabla^n b^{km}. \tag{2.9}$$

In (2.9) sind (a'') die Komponenten eines symmetrischen Tensors 2-ter Stufe, (b'') ebenso, wenn $\boldsymbol{b}$ symmetrisch ist. Man verifiziert leicht die fundamentalen identischen Beziehungen

$$\operatorname{Div}\operatorname{Ink} \equiv 0, \qquad \operatorname{Ink}\operatorname{Def} \equiv 0, \tag{2.10}$$

die in einer Theorie mit symmetrischen Tensoren eine ähnliche Rolle spielen wie die Beziehungen (2.6) in einer Theorie mit Vektoren oder asymmetrischen Tensoren. Insbesondere gilt der Satz, daß jedes symmetrische Tensorfeld 2-ter Stufe nach der Formel

$$\operatorname{Def}\mathfrak{a} + \operatorname{Ink}\boldsymbol{b} \tag{2.11}$$

zerlegt werden kann. Die Zerlegung ist im unendlichen Medium eindeutig, wenn die beteiligten Felder im Unendlichen verschwinden.

2.2. Geometrie

Nach den Vorbereitungen der Ziff. 2.1 sind wir in der Lage, die Kontinuumstheorie der Versetzungen in linearer Näherung mathematisch übersichtlich zu formulieren*, wobei wir mit der Geometrie beginnen.

Die gegenseitige Lage zweier Punkte in einem am Ort $\mathfrak{r}$ gelegenen Volumelement des Kontinuums sei durch $d\mathfrak{r}$ beschrieben. $d\mathfrak{s}$ sei der Unterschied in der Verschiebung, welche die beiden Punkte bezogen auf einen gewissen Bezugs- oder Anfangszustand erlitten haben. Nehmen wir die Volumelemente klein genug an, so können wir den Zustand des Volumelements als homogen betrachten, d.h. $d\mathfrak{s}$ als proportional zu $d\mathfrak{r}$ ansetzen. Wir schreiben

$$d\mathfrak{s} = d\mathfrak{r} \cdot \boldsymbol{\beta}, \tag{2.12}$$

wo $\boldsymbol{\beta}$ ein im allgemeinen asymmetrischer Tensor ist, den wir als Distorsionstensor bezeichnen. Offenbar ist $\boldsymbol{\beta}$ ein Maß dafür, wie sich die gegenseitige Lage der Punkte im Volumelement gegenüber derjenigen im Anfangszustand geändert hat. Wegen der genannten Homogenität im Volumelement ist $\boldsymbol{\beta}$ innerhalb desselben konstant, Gl. (2.12) also

* Allgemeine Richtlinien für eine Kontinuumstheorie der Versetzungen wurden zuerst von MORIGUTI 1947 [*27*] in Anlehnung an die Helmholtzsche Wirbeltheorie gegeben. Da MORIGUTIs fundamentale Arbeit auf japanisch geschrieben war, wurde ihr Inhalt erst kürzlich in vollem Umfang bekannt. Unabhängig von dieser Arbeit wurde die Kontinuumstheorie der Versetzungen ab 1953 durch KONDO, NYE, BILBY, BULLOUGH, SMITH, KRÖNER u.a. bis auf ihren heutigen Stand entwickelt. Wegen der zugehörigen Zitate vgl. etwa die Darstellung in [*20*].

im Volumelement integrabel. Durch Vergleich mit Gl. (2.3) erhalten wir

$$\boldsymbol{\beta} = \operatorname{Grad} \mathfrak{s} \quad \text{(im Volumelement)}. \tag{2.13}$$

Spalten wir $\boldsymbol{\beta}$ in einen symmetrischen Teil $\boldsymbol{\epsilon}$ und einen antisymmetrischen Teil $\boldsymbol{\omega}$ auf,

$$\boldsymbol{\beta} = \boldsymbol{\epsilon} + \boldsymbol{\omega}, \tag{2.14}$$

so erhalten wir für die betreffenden Komponenten

$$\varepsilon_{ij} = \tfrac{1}{2}(\nabla_i s_j + \nabla_j s_i), \qquad \omega_{ij} = \tfrac{1}{2}(\nabla_i s_j - \nabla_j s_i), \tag{2.15}$$

insbesondere also

$$\boldsymbol{\epsilon} = \operatorname{Def} \mathfrak{s} \quad \text{(im Volumelement)}. \tag{2.16}$$

Wir sehen, daß der symmetrische Teil von $\boldsymbol{\beta}$ eine Deformation, der antisymmetrische Teil eine Drehung des Volumelements beschreibt.

Wir wollen jetzt die Frage beantworten, ob oder unter welchen Umständen die Distorsion bzw. Deformation nicht nur im Volumenelement, sondern im ganzen Kontinuum als Gradient bzw. Deformator dargestellt werden können. Da Gl. (2.16) aus (2.13) folgt, genügt es, letztere zu betrachten.

Wir sehen, wenn wir diese Gleichung mit Gl. (2.3) vergleichen, daß erstere im Gesamtkontinuum dann und nur dann gelten kann, wenn $\int d\mathfrak{s}$ vom Weg unabhängig ist, wenn also $\oint d\mathfrak{s} = 0$ für einen beliebigen geschlossenen Weg gilt. Dies ist zugleich die Bedingung für die Existenz eines eindeutigen, stetigen Verschiebungsfeldes, welches die Punkte des Kontinuums vom Anfangs- in den Endzustand bringt. Man macht sich leicht klar, daß die Existenz eines solchen Verschiebungsfeldes notwendig und hinreichend dafür ist, daß das Kontinuum beim Übergang vom Anfangs- in den Endzustand ein Kontinuum bleibt, also nicht etwa Lücken oder Risse bekommt. Tatsächlich würde einer Unstetigkeit im Verschiebungsfeld längs einer Fläche ein Riß im Kontinuum des Endzustands entsprechen. Eine solche Unstetigkeit beinhaltet zugleich, daß auf der betreffenden Fläche die Verschiebungen nicht mehr eindeutig sind.

Die hier zu entwerfende Theorie soll die Theorie einer gleichzeitig stattfindenden plastischen und elastischen Verformung sein. Die Verschiebung der Punkte des Kontinuums erfolgt also zum Teil durch plastische Verformung, d.h. durch die Wanderung von Versetzungen, zum anderen Teil durch elastische Verformung. Verlangen wir für die kombinierte Verformung die Wahrung der Kontinuität, so ist dies gleichbedeutend mit der Forderung der Eindeutigkeit und Stetigkeit der Gesamtverschiebung $\mathfrak{s}_{\text{ges}}$ im Kontinuum. Wir schreiben daher jetzt

$$\oint d\mathfrak{s}_{\text{ges}} = 0 \tag{2.17}$$

und sehen diese Gleichung als die Integralform des geometrischen Grundgesetzes oder Kompatibilitätsgesetzes an, welches die Wahrung der Kontinuität des Kontinuums bei der kombinierten plastisch-elastischen Verformung beinhaltet.

Gleichwertig mit (2.17) sind für sich die beiden Aussagen

$$\boldsymbol{\beta}_{ges} = \text{Grad}\, \mathfrak{s}_{ges}, \qquad \boldsymbol{\epsilon}_{ges} = \text{Def}\, \mathfrak{s}_{ges}, \tag{2.18}$$

die letztere deswegen, weil $\boldsymbol{\omega}_{ges}$ aus $\boldsymbol{\epsilon}_{ges}$ über $\mathfrak{s}_{ges}$ bis auf eine im ganzen Kontinuum konstante Drehung berechnet werden kann. Wegen der Identitäten (2.6), (2.10) und wegen (2.7), (2.11) sind den Beziehungen (2.18) umkehrbar eindeutig die beiden Systeme von Differentialgleichungen

$$\text{Rot}\, \boldsymbol{\beta}_{ges} = 0, \qquad \text{Ink}\, \boldsymbol{\epsilon}_{ges} = 0 \tag{2.19}$$

zugeordnet, die wir einzeln als die Differentialform des geometrischen Grundgesetzes ansehen. Wir können diesen Gesetzen noch eine detaillierte Form geben, indem wir die Aufteilung der Gesamtverformung in ihre plastischen und elastischen Anteile berücksichtigen, also

$$\boldsymbol{\beta}_{ges} = \boldsymbol{\beta}_{pl} + \boldsymbol{\beta}_{el}, \qquad \boldsymbol{\epsilon}_{ges} = \boldsymbol{\epsilon}_{pl} + \boldsymbol{\epsilon}_{el} \tag{2.20}$$

einführen. Wir erhalten so

$$\text{Rot}\, \boldsymbol{\beta}_{el} = -\text{Rot}\, \boldsymbol{\beta}_{pl} \equiv \boldsymbol{\alpha} \tag{2.21}$$

$$\text{Ink}\, \boldsymbol{\epsilon}_{el} = -\text{Ink}\, \boldsymbol{\epsilon}_{pl} \equiv \boldsymbol{\eta}\,. \tag{2.22}$$

Diese Formen des Grundgesetzes zeigen, daß die elastische und plastische Verformung für sich allein nicht dem Kompatibilitätsgesetz unterworfen zu sein brauchen. Physikalisch bedeutet das z.B.: Ordnen wir jedem Volumelement eine plastische Deformation zu, so werden die Elemente nach Durchführung dieser Verformung im allgemeinen nur dann wieder lückenlos zusammenpassen, wenn sich gleichzeitig die richtigen elastischen Deformationen ausbilden. Letzteres wird tatsächlich durch die Kohäsionskraft des Körpers erzwungen, solange man unterhalb der Bruchspannungen bleibt.

Es soll nun gezeigt werden, daß das im allgemeinen asymmetrische Tensorfeld 2-ter Stufe $\boldsymbol{\alpha}$ als Tensorfeld der Versetzungsdichte zu verstehen ist. Tatsächlich ist die in (2.21) enthaltene Definition von $\boldsymbol{\alpha}$ die Kontinuumsversion der früher gebrachten Definition der Versetzung als Randlinie einer Fläche, längs derer eine plastische Verformung (Gleitung oder Klettern) stattgefunden hat. Wir wollen dies im folgenden nicht benützen, sondern uns an die Franksche Definition der Versetzung mit Hilfe des vergleichenden Umlaufs im Ideal- und Bildkristall (Fig. 4) halten.

Dazu denken wir uns jetzt innerhalb des eine Fläche $\Delta\mathfrak{F}$ berandenden Umlaufs im Bildkristall mehrere Versetzungen enthalten, die von außen her eingewandert sein sollen, wobei jeweils die beiden Ufer der Wanderfläche relativ zueinander um den Gleitvektor verschoben wurden. Der Gesamt-Burgers-Vektor dieser Versetzungen ergibt sich dann als negative Summe über alle diese Gleitvektoren $\mathfrak{g}$.

Der Übergang zur kontinuierlichen Versetzungsverteilung im Kontinuum ist nun offenbar so zu vollziehen, daß man die Zahl der Versetzungen, die $\Delta\mathfrak{F}$ durchstoßen, gegen unendlich und gleichzeitig ihre Gleitvektoren betragsmäßig gegen Null gehen läßt. Den letzten Übergang beschreiben wir durch $-\mathfrak{g}\rightarrow d\mathfrak{s}_{\mathrm{pl}}$. Aus der Summe über die $\mathfrak{g}$-Vektoren wird dann ein Integral über die Vektoren $d\mathfrak{s}_{\mathrm{pl}}$ und mit Hilfe des Stokesschen Satzes

$$\Delta\mathfrak{b}=\oint d\mathfrak{s}_{\mathrm{pl}}=\oint d\mathfrak{r}\cdot\boldsymbol{\beta}_{\mathrm{pl}}=\iint_{\Delta\mathfrak{F}} d\mathfrak{F}\cdot\operatorname{Rot}\boldsymbol{\beta}_{\mathrm{pl}}\equiv\iint d\mathfrak{F}\cdot\boldsymbol{\alpha}, \tag{2.23}$$

letzteres in Übereinstimmung mit der Definition von $\boldsymbol{\alpha}$ in (2.21). Nehmen wir $\Delta\mathfrak{F}$ klein genug, so wird $\boldsymbol{\alpha}$ konstant über $\Delta\mathfrak{F}$ und

$$\Delta\mathfrak{b}=\Delta\mathfrak{F}\cdot\boldsymbol{\alpha}. \tag{2.24}$$

Wir erhalten somit $\boldsymbol{\alpha}$ als Maß für den Gesamt-Burgers-Vektor aller ein Flächenelement $\Delta\mathfrak{F}$ durchstoßenden Versetzungen, d.h. als Maß für den Versetzungsfluß durch $\Delta\mathfrak{F}$. In Anlehnung an ähnliche Verhältnisse in der Elektrodynamik (vgl. Ziff. 1.4e) bezeichnen wir $\boldsymbol{\alpha}$ als das Tensorfeld der Versetzungsdichte.

Die Bedeutung der Komponenten des Versetzungstensors $\boldsymbol{\alpha}$ folgt sofort aus der zu (2.24) gehörigen Komponentengleichung

$$\Delta b^i=\sum_j \alpha^i_j \Delta F^j. \tag{2.25}$$

Für $i=j$ sind die Richtung von Δb^i und diejenige von ΔF^j, die zugleich die Linienrichtung der Versetzungen ist, parallel, α^i_i beschreibt also in x^i-Richtung verlaufende Schraubenversetzungen. Für $i\neq j$ hat Δb^i keine Komponente in Richtung des Linienverlaufs: α^i_j mit $i\neq j$ beschreibt also Stufenversetzungen, die in x^j-Richtung verlaufen und deren Burgers-Vektor in x^i-Richtung zeigt. Wegen der Identität (2.6) gilt weiterhin

$$\operatorname{Div}\boldsymbol{\alpha}=0, \tag{2.26}$$

worin wir die Kontinuumsversion des früher erwähnten Satzes erkennen, daß Versetzungslinien im Innern eines Körpers nicht aufhören.

Ist die Versetzungsdichte $\boldsymbol{\alpha}$ gegeben, so läßt sich hieraus leicht das Tensorfeld $\boldsymbol{\eta}$ berechnen. Wir nennen $\boldsymbol{\eta}$ den Inkompatibilitätstensor, weil er ein Maß für die Inkompatibilität der Deformation ist (die Gleichungen Ink $\boldsymbol{\epsilon}_{el}=0$ wurden ursprünglich von DE ST. VENANT als Kompatibilitätsbedingungen für die *elastischen* Deformationen gefunden). Der Zusammenhang zwischen $\boldsymbol{\eta}$ und $\boldsymbol{\alpha}$ ergibt sich wie folgt: Wir schreiben Gl. (2.21) in der Form

$$\nabla \times \boldsymbol{\beta} = \boldsymbol{\alpha} \tag{2.27}$$

und bilden von rechts die Rotation. Mit $\boldsymbol{\beta}=\boldsymbol{\epsilon}+\boldsymbol{\omega}$ und (2.22) wird dann

$$\nabla \times \boldsymbol{\epsilon} \times \nabla + \nabla \times \boldsymbol{\omega} \times \nabla = \boldsymbol{\eta} + \nabla \times \boldsymbol{\omega} \times \nabla = \boldsymbol{\alpha} \times \nabla\,. \tag{2.28}$$

Hier ist $\boldsymbol{\eta}$ ein symmetrischer Tensor, $\nabla \times \boldsymbol{\omega} \times \nabla$ antisymmetrisch. Wir können daher den letzten Ausdruck eliminieren, indem wir den symmetrischen Teil der Tensorgleichung (2.28) nehmen:

$$\boldsymbol{\eta} = \mathrm{Sym}\{\boldsymbol{\alpha} \times \nabla\}. \tag{2.29}$$

In Komponentenschreibweise:

$$\eta_{hi} = \Big(\sum_{jk} \epsilon_{ijk} \nabla^k \alpha_h^{\,j}\Big)_{(hi)},$$

wo mit (hi) angedeutet ist, daß der symmetrische Teil bezüglich der Indizes h, i zu nehmen ist.

2.3. Statik

Die *statische* Beschreibung des Kontinuums mit Versetzungen ist wesentlich einfacher als die *Geometrie*. Ist $d\mathfrak{p}$ die Resultierende der Kräfte, die man an einer Schnittfläche $d\mathfrak{F}$ im deformierten Kontinuum anzubringen hat, wenn bei dem Schnitt die Schnittufer keine Verschiebung erleiden sollen, so ist durch

$$d\mathfrak{p} = d\mathfrak{F} \cdot \boldsymbol{\sigma} \tag{2.30}$$

der Spannungstensor $\boldsymbol{\sigma}$ definiert, dessen Symmetrie bekanntlich aus der Forderung nach Momentengleichgewicht folgt. $\boldsymbol{\sigma}$ genügt, sofern keine äußeren Kräfte und Trägheitskräfte an dem Körper angreifen, den Gleichgewichtsbedingungen für die Kräfte

$$\mathrm{Div}\, \boldsymbol{\sigma} = 0 \tag{2.31}$$

und hat als symmetrischer Tensor wegen (2.10), (2.11) die Form

$$\boldsymbol{\sigma} = \mathrm{Ink}\, \boldsymbol{\chi}\,. \tag{2.32}$$

Die Komponenten des Tensorfeldes $\boldsymbol{\chi}$ werden als Spannungsfunktionen bezeichnet. Ein Anteil der Form Def $\mathfrak{a}$ im Spannungsfunktionsfeld trägt wegen (2.10) zu den Spannungen nichts bei, daher kann man das Feld $\boldsymbol{\chi}$ zusätzlichen Bedingungen unterwerfen, die es dann gegebenenfalls eindeutig festlegen. [Es sei an die Befriedigung der Gleichung div $\mathfrak{B}=0$

in der Elektrodynamik durch den Ansatz $\mathfrak{B} = \text{rot}\,\mathfrak{A}$ erinnert. Hier darf das Vektorpotential $\mathfrak{A}$ ebenfalls zusätzlichen Bedingungen (z. B. $\text{div}\,\mathfrak{A} = 0$) unterworfen werden.] Um die in der Versetzungstheorie wichtigste Nebenbedingung für $\boldsymbol{\chi}$ zu formulieren, führen wir den Hilfstensor $\boldsymbol{\chi}'$ durch

$$2G\boldsymbol{\chi}' = \boldsymbol{\chi} - \frac{\nu}{1+2\nu}\chi_I \boldsymbol{I}, \qquad \boldsymbol{\chi} = 2G\left(\boldsymbol{\chi}' + \frac{\nu}{1-\nu}\chi_I' \boldsymbol{I}\right) \tag{2.33}$$

ein, wo G der Schubmodul, ν die Poisson-Zahl des elastisch isotrop gedachten Kontinuums ist, und ferner $\boldsymbol{I}$ den Einheitstensor 2-ter Stufe, χ_I, χ_I' die Spuren der Tensoren $\boldsymbol{\chi}, \boldsymbol{\chi}'$ bedeuten. Verwendet man als Elastizitätsgesetz das Hookesche Gesetz

$$2G\boldsymbol{\epsilon} = \boldsymbol{\sigma} - \frac{\nu}{1+\nu}\sigma_I \boldsymbol{I}, \qquad \boldsymbol{\sigma} = 2G\left(\boldsymbol{\epsilon} + \frac{\nu}{1-2\nu}\varepsilon_I\right) \tag{2.34}$$

und ersetzt man hiermit im Kompatibilitätsgesetz (2.22) zunächst die elastischen Deformationen durch die Spannungen, danach diese gemäß Gl. (2.32) durch die Spannungsfunktionen, so erhält man mit $\Delta \equiv \nabla \cdot \nabla$ die Gleichung

$$\Delta\Delta\boldsymbol{\chi}' = \boldsymbol{\eta}, \tag{2.35}$$

wenn $\boldsymbol{\chi}'$ der Nebenbedingung [*28*], [*20*]

$$\text{Div}\,\boldsymbol{\chi}' = 0 \tag{2.36}$$

genügt. Diese Gleichungen gestatten, das zu einer gegebenen Versetzungsverteilung (aus der $\boldsymbol{\eta}$ folgt) gehörige Spannungsfunktionsfeld, aus dem nach (2.32) das Spannungsfeld folgt, im unendlichen Medium eindeutig zu bestimmen. Als allgemeine Lösung von (2.35)* hat man

$$\boldsymbol{\chi}(\mathfrak{r}) = -\frac{1}{8\pi}\iiint |\mathfrak{r} - \mathfrak{r}'|\,\boldsymbol{\eta}(\mathfrak{r}')\,dV'. \tag{2.37}$$

Gl. (2.36) ist gleichzeitig erfüllt, da von Gl. (2.22) wegen (2.10)

$$\text{Div}\,\boldsymbol{\eta} = 0 \tag{2.38}$$

folgt.

Im endlichen Medium ist eine Lösung der Bipotentialgleichungen $\Delta\,\Delta\boldsymbol{\chi}' = 0$ zu addieren, die für die Erfüllung der Randbedingungen sorgt. Glücklicherweise ist die Annahme eines unendlich ausgedehnten Mediums für die typischen Fragestellungen der Festkörperphysik meist eine ausreichende Näherung.

Als besonders wichtige Anwendung der Gl. (2.37) berechnen wir das Spannungsfunktionsfeld einer längs einer Kurve $\mathfrak{L}$ im unendlichen Me-

* Eine ähnliche Gleichung, die das zu einem gegebenen η-Feld gehörige Gesamt-Verschiebungsfeld liefert, hat INDENBOM abgeleitet [*29*].

dium verlaufenden Versetzungslinie vom Burgers-Vektor $\mathfrak{b}$. Zunächst ersetzen wir in Gl. (2.37) $\boldsymbol{\eta}$ durch $\boldsymbol{\alpha}$ gemäß Gl. (2.29), wobei wir zur Komponentenschreibweise übergehen und uns einfachheitshalber auf kartesische Koordinaten beziehen ($\nabla' \equiv d/d\mathfrak{r}'$)

$$\left.\begin{aligned} \chi'_{ij}(\mathfrak{r}) &= -\frac{1}{8\pi}\iiint \eta_{ij}(\mathfrak{r}')\,|\mathfrak{r}-\mathfrak{r}'|\,dV' \\ &= \frac{1}{8\pi}\iiint \sum_{kl} \epsilon_{jkl}(\nabla'_k \alpha_{il}(\mathfrak{r}'))\,|\mathfrak{r}-\mathfrak{r}'|\,dV'_{(ij)} \\ &= \frac{1}{8\pi}\sum_{kl}\epsilon_{jkl}\nabla_k \iiint \alpha_{il}(\mathfrak{r}')\,|\mathfrak{r}-\mathfrak{r}'|\,dV'_{(ij)}, \end{aligned}\right\} \tag{2.39}$$

letzteres nach partieller Integration, da im unendlichen Bereich die Oberflächenintegrale verschwinden und im übrigbleibenden Volumintegral die Differentiationen nach $\mathfrak{r}'$ mit solchen nach $\mathfrak{r}$ unter Vorzeichenwechsel vertauschbar sind, womit das Differentiationssymbol vor das Integral gezogen werden kann. Für die singuläre Versetzung setzen wir in Erinnerung an die Bedeutung der Komponenten des Versetzungstensors $\alpha_{il} = t_i b_l\, \delta(x')\, \delta(y')$. Hier seien t_i die Komponenten des Einheitsvektors längs der Linie $\mathfrak{L}$, x', y' zwei Koordinaten senkrecht zur Versetzungslinie und schließlich $\delta(x')$ die Diracsche Deltafunktion, deren Auftreten hier besagt, daß die Versetzungsdichte auf eine Linie beschränkt wird. Mit $dV' = dl'\,dx'\,dy'$ und $dl'_i \equiv t_i\,dl'$ erhalten wir, da b_l längs der Linie konstant ist [*20*],

$$\chi'_{ij}(\mathfrak{r}) = \frac{1}{8\pi}\sum_{kl}\Big(\epsilon_{jkl} b_l \nabla_k \int_{\mathfrak{L}} |\mathfrak{r}-\mathfrak{r}'|\,dl'_i\Big)_{(ij)}. \tag{2.40}$$

Das Spannungsfunktionsfeld und damit das Spannungsfeld einer längs einer Kurve $\mathfrak{L}$ verlaufenden Versetzungslinie wird also durch das längs $\mathfrak{L}$ zu nehmende Linienintegral $\int |\mathfrak{r}-\mathfrak{r}'|\,d\mathfrak{l}'$ bestimmt. Dieses ergibt sich für Polygonzüge, insbesondere für gerade Linien, elementar; für Kurven zweiten Grades erhält man elliptische Integrale.

Wegen Details und Beispielen, auch zu Gl. (2.40), sowie wegen weiterer Ergebnisse der Kontinuumstheorie der Versetzungen sei auf die Literatur [*20*], [*30*], [*31*] verwiesen. Eine sehr wichtige Anwendung wird die Theorie in Kapitel 8, Ziff. 6 bei der Behandlung der Wechselwirkung zwischen inneren Spannungen und Magnetisierung finden.

2.4. Energie von Versetzungsanordnungen

Wir beschließen unsere Übersicht über die Kontinuumstheorie der Versetzungen mit einer kurzenBemerkung zu der mit einer Versetzungsverteilung verbundenen elastischen Energie. Die bekannte Formel für den elastischen Energieinhalt E eines Mediums mit Spannungen $\boldsymbol{\sigma}$ und elastischen Deformationen $\boldsymbol{\epsilon}$

$$E=\tfrac{1}{2}\sum_{ij}\iiint \sigma^{ij}\varepsilon_{ij}\,dV \tag{2.41}$$

kann bei Abwesenheit äußerer Kräfte leicht in eine die Spannungsfunktionen χ^{ij} und Inkompatibilitäten η_{ij} enthaltende Form gebracht werden, indem man σ_{ij} nach Gl. (2.32) durch die Spannungsfunktionen ersetzt und zweimal partiell integriert, wonach Gl. (2.22) angewandt werden kann. Sofern die dabei auftretenden Oberflächenintegrale verschwinden, wofür die Beziehung $\mathfrak{n}\cdot\boldsymbol{\eta}=0$ nötig ist ($\mathfrak{n}$ = Normalen-Einheitsvektor der Oberfläche), ergibt sich die Energie zu [*32*], [*33*]

$$E=\tfrac{1}{2}\sum_{ij}\iiint \chi^{ij}\eta_{ij}\,dV. \tag{2.42}$$

Insbesondere gilt diese Formel stets im unendlichen Medium, wenn die beteiligten Felder im Unendlichen verschwinden. Aus Gl. (2.42) kann man z.B. ähnlich wie im Fall von Gl. (2.37) Formeln für die Energie einzelner Versetzungen und für die Wechselwirkungsenergie verschiedener Versetzungen ableiten. Man definiert dann analog zu dem bekannten Vorgehen in der Elektrodynamik (tensorielle) Selbst- und Gegeninduktivitäten (z.B. $\boldsymbol{M}^{AA}$ im ersten, $\boldsymbol{M}^{AB}$ im zweiten Fall), die im wesentlichen aus rein geometrischen Linienintegralen über die beteiligten Linien bestehen und erhält die aus Selbst- und Wechselwirkungsenergien bestehende Gesamtenergie einer Anordnung von vielen Versetzungen zu

$$E=\tfrac{1}{2}\sum_{AB}\mathfrak{b}^{A}\cdot\boldsymbol{M}^{AB}\cdot\mathfrak{b}^{B}, \tag{2.43}$$

wobei beide Summationen über alle Versetzungen mit den Burgers-Vektoren $\mathfrak{b}^{A}$ bzw. $\mathfrak{b}^{B}$ gehen.

Die vorstehend skizzierte Theorie wurde von SEEGER und KRONMÜLLER [*34*] auf die Berechnung der Energie von Versetzungsaufstauungen angewendet (s. auch Kapitel 3.).

2.5. Anhang: Tensorielle Differentialoperatoren in kartesischen Koordinaten

Wir bringen als Anhang die wichtigen Operationen Grad, Rot, Div. Def, Ink in kartesischen Koordinaten x, y, z. Es ist mit $\partial_x \equiv \partial/\partial x$ usw.

$$\operatorname{Grad}\mathfrak{a}=\begin{pmatrix}\partial_x a_x, & \partial_x a_y, & \partial_x a_z\\ \partial_y a_x, & \partial_y a_y, & \partial_y a_z\\ \partial_z a_x, & \partial_z a_y, & \partial_z a_z\end{pmatrix}$$

$$\operatorname{Rot} \boldsymbol{b} = \begin{pmatrix} \partial_y b_{zx} - \partial_z b_{yx}, & \partial_y b_{zy} - \partial_z b_{yy}, & \partial_y b_{zz} - \partial_z b_{yz} \\ \partial_z b_{xx} - \partial_x b_{zx}, & \partial_z b_{xy} - \partial_x b_{zy}, & \partial_z b_{xz} - \partial_x b_{zz} \\ \partial_x b_{yx} - \partial_y b_{xx}, & \partial_x b_{yy} - \partial_y b_{xy}, & \partial_x b_{yz} - \partial_y b_{xz} \end{pmatrix}$$

$$\operatorname{Div} \boldsymbol{b} = \begin{pmatrix} \partial_x b_{xx} + \partial_y b_{yx} + \partial_z b_{zx} \\ \partial_x b_{xy} + \partial_y b_{yy} + \partial_z b_{zy} \\ \partial_x b_{xz} + \partial_y b_{yz} + \partial_z b_{zz} \end{pmatrix}$$

$$\operatorname{Def} \mathfrak{a} = \begin{pmatrix} \partial_x a_x, & \tfrac{1}{2}(\partial_x a_y + \partial_y a_x), & \tfrac{1}{2}(\partial_x a_z + \partial_z a_x) \\ \tfrac{1}{2}(\partial_x a_y + \partial_y a_x), & \partial_y a_y, & \tfrac{1}{2}(\partial_y a_z + \partial_z a_y) \\ \tfrac{1}{2}(\partial_x a_z + \partial_z a_x), & \tfrac{1}{2}(\partial_y a_z + \partial_z a_y), & \partial_z a_z \end{pmatrix}$$

$$(\operatorname{Ink} \boldsymbol{b})_{xx} = -\partial_y \partial_y b_{zz} - \partial_{zz} b_{yy} + 2 \partial_y \partial_z b_{yz}$$

$$(\operatorname{Ink} \boldsymbol{b})_{xy} = -\partial_z(-\partial_z b_{xy} + \partial_x b_{yz} + \partial_y b_{zx})$$

usw. mit zyklischer Vertauschung der Indizes.

Literatur

[1] Frenkel, J.: Z. Physik **37**, 572 (1926).
[2] Smekal, A.: Metallwirtschaft **28**, 776 (1928).
[3] Prandtl, L.: Z. angew. Math. Mech. **8**, 85 (1928).
[4] Dehlinger, U.: Metallwirtschaft **28**, 1172 (1928).
[5] Orowan, E.: Z. Physik **89**, 605 (1934).
[6] Polanyi, M.: Z. Physik **89**, 660 (1934).
[7] Taylor, G.I.: Proc. Roy. Soc. (London) A **145**, 363 (1934).
[8] Burgers, J.M.: Proc. Koninkl. Ned. Akad. Wetenschap. **42**, 293 (1939).
[9] Frank, F.C.: Phil. Mag. **42**, 1014 (1951).
[10] Peach, M.O., and J.S. Koehler: Phys. Rev. **80**, 436 (1950).
[11]* Bueren, H.G. van: Imperfections in Crystals. Amsterdam: North-Holland Publishing Company 1960.
[12]* Cottrell, A.H.: Dislocations and Plastic Flow in Crystals. Oxford: Clarendon Press 1953.
[13]* Friedel, J.: Les dislocations. Paris: Gauthier-Villars 1956.
[14]* Read, W. T.: Dislocations in Crystals. New York-London-Toronto: McGraw-Hill Book Co. 1953.
[15]* Seeger, A.: Theorie der Gitterfehlstellen; Kristallplastizität. In: Handbuch der Physik, Bd. VII/1, 2. Berlin-Göttingen-Heidelberg: Springer 1955/58.
[16] Basinski, Z., and J.W. Christian: Phil. Mag. **44**, 791 (1953).
[17] Seeger, A.: Z. Metallk. **44**, 247 (1953).
[18] Frank, F.C., and W. T. Read: Phys. Rev. **79**, 722 (1950).
[19] Bragg, W. L.: Proc. Phys. Soc. (London) **52**, 54 (1940).
[20]* Kröner, E.: Kontinuumstheorie der Versetzungen und Eigenspannungen. Ergeb. angew. Math. **5**. Berlin-Göttingen-Heidelberg: Springer 1958.
[21] Nye, J.F.: Acta Met. **1**, 153 (1953).

[22] KONDO, K.: Memoirs of the Unifying Study of the Basic Problems in Engineering Sciences by Means of Geometry, vol. I. Tokyo: Gakujutsu Bunken Fukyu-Kay 1955.

[23] BILBY, B. A., R. BULLOUGH and E. SMITH: Proc. Roy. Soc. (London) A **231**, 263 (1955).

[24] KRÖNER, E., and A. SEEGER: Arch. Rat. Mech. Analys. **3**, 97 (1959).

[25] PFLEIDERER, H., A. SEEGER u. E. KRÖNER: Z. Naturforsch. **15a**, 758 (1960).

[26]* KRÖNER, E.: Arch. Rat. Mech. Analys. **7**, 78 (1961).

[27] MORIGUTI, S.: Oyo Sugaku Rikigaku (Appl. Math. Mech.) **1**, 29, 87 (1947).

[28] MARGUERRE, K.: Z. angew. Math. Mech. **35**, 242 (1955).

[29] INDENBOM, W. L.: Doklady Akad. Nauk S.S.S.R. **128**, 906 (1959).

[30]* WIT, R. DE: Solid State Phys. **10**, 249 (1960).

[31] INDENBOM, W. L.: Itogi Nauki, Phys. Math. Wiss. **3**, 117 (1960).

[32] SOUTHWELL, R. V.: Proc. Roy. Soc. (London) A **154**, 4 (1936).

[33]* ESHELBY, J. D.: The Continuum Theory of Lattice Defects. Solid State Phys. (herausgeg. von A. SEITZ u. D. TURNBULL), Bd. 3, S. 79. New York: Academic Press 1956.

[34] SEEGER, A., and H. KRONMÜLLER: Phil. Mag. **7**, 897 (1962).

Zweites Kapitel

Plastische Verformung von Einkristallen

Von

R. BERNER und H. KRONMÜLLER

Mit 68 Figuren

1. Einleitung

Seit Jahrzehnten ist der wichtigste experimentelle Ausgangspunkt zum Studium der Vorgänge, die sich bei der plastischen Verformung im Innern der Kristalle abspielen, die Verformung von Einkristallen im Zugversuch. Zahlreiche Arbeiten in der Literatur geben davon Zeugnis [*1*]. Aus der Fülle des dabei gewonnenen Beobachtungsmaterials konnte man sich jedoch erst im letzten Jahrzehnt mit Hilfe der Versetzungstheorie ein vernünftiges Bild machen, das den atomistischen Vorgängen im Innern des Kristalls gerecht wurde. Die Ergebnisse der Kristallplastizitätsforschung einschließlich ihrer Deutung mit Hilfe der Versetzungstheorie bis zum Stand von 1956/57 sind von SEEGER [*2*], [*3*] sehr ausführlich dargestellt worden. Als weitere Zusammenfassungen, die in den letzten Jahren erschienen und die sich hauptsächlich auf eine Zusammenstellung der experimentellen Ergebnisse beschränken, seien die Arbeiten von CLAREBROUGH und HARGREAVES [*4*] und von HONEYCOMBE [*5*] erwähnt.

Die *hexagonalen Metalle* und hierbei vor allem das Zink spielten in den Anfängen der Erforschung der Kristallplastizität eine große Rolle. Eine eindeutige physikalische Deutung konnte aber zu jener Zeit nicht gegeben werden. Die Plastizitätsforschung wandte sich dann in den letzten 10 bis 15 Jahren hauptsächlich den *kubisch-flächenzentrierten Metallen und Legierungen* zu, die vor allem aus technologischen Gründen mehr interessierten als die hexagonalen Metalle. Obwohl bei den kubisch-flächenzentrierten Metallen die plastischen Erscheinungen wesentlich komplizierter und vielfältiger sind, gelang es doch, das Verfestigungsverhalten dieser Metalle weitgehend einer theoretischen Erklärung zugänglich zu machen. Durch diese Entwicklung geriet natürlich das Interesse an den hexagonalen Metallen etwas in den Hintergrund. Erst in den letzten Jahren wurde dann versucht, durch neue Experimente, die mit derselben Methode wie bei den kubisch-flächenzentrierten Metallen durchgeführt wurden, auch das plastische Verhalten der hexagonalen Metalle, speziell dasjenige des Zinks, einem theoretischen Verständnis näher zu bringen.

2. Untersuchungsmethoden

2.1. Allgemeines

Wie schon in der Einleitung erwähnt wurde, geht man zur Untersuchung des plastischen Verhaltens von Einkristallen in den meisten Fällen von mechanischen Verformungsexperimenten aus, insbesondere von der Messung der sog. Verfestigungskurve im Zugversuch. Hierbei werden stabförmige Einkristalle axial gedehnt; die dazu notwendige Kraft

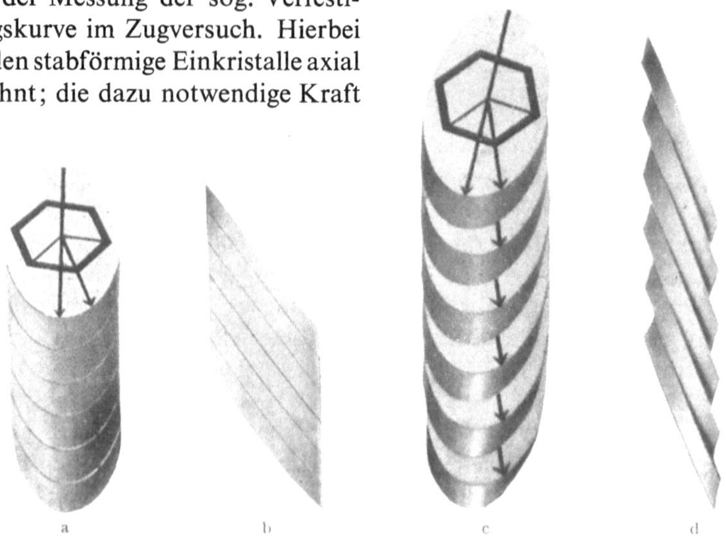

a b c d

Fig. 1a—d. Holzscheibenmodell zur Darstellung des Gleitvorgangs. a) und b) Modell des unverformten Kristalls. c) und d) Modell des verformten Kristalls

wird in Abhängigkeit von der Dehnung gemessen. Der Kristall zeigt bei dieser Beanspruchung auf der Oberfläche ellipsenförmige Linien („Gleitlinien"), die zueinander parallel sind. Das Entstehen dieser Linien wird mit dem in Fig. 1 dargestellten Holzscheibenmodell nach Mark, Polanyi und Schmid [*6*] veranschaulicht (s. [*1*]). Danach werden Schichten des Kristalls, deren Orientierung durch dichtest besetzte Gitteratome definiert ist — beim kubisch-flächenzentrierten Gitter sind dies $\{111\}$-Ebenen, beim hexagonalen Gitter Basisebenen — gegeneinander verschoben. Diese Ebenen bezeichnet man als *Gleitebenen.* Ferner nennt man die relative Verschiebung zweier solcher Schichten im Abstand 1 *Abgleitung* oder *plastische Scherung* des Kristalls und gibt dieser Größe das Symbol a (in der angelsächsischen Literatur ε, was jedoch gelegentlich zu Verwechslungen mit der *Dehnung* Anlaß geben kann).

Die Abgleitung erfolgt in einer bestimmten Richtung, der sog. Gleitrichtung. Diese ist im allgemeinen eine dichtest besetzte Gittergerade, beim kubisch-flächenzentrierten Gitter also eine $\langle 110 \rangle$- und beim hexagonalen Gitter eine $\langle 11\bar{2}0 \rangle$-Richtung. Gleitrichtung und Gleitebene bilden zusammen das sog. *Gleitsystem*. Wie leicht einzusehen ist, gibt es bei der kubisch-flächenzentrierten Struktur *zwölf* und beim hexagonalen Gitter *drei* Gleitsysteme. Das Gleitsystem, das infolge seiner Orientierung bei einer äußeren Beanspruchung des Kristalls zuerst betätigt wird, bezeichnet man als *Hauptgleitsystem* oder primäres Gleitsystem. Die Gesamtheit der übrigen Gleitsysteme nennt man *sekundäre Gleitsysteme*. Bei den Gleitebenen unterscheidet man im kubisch-flächenzentrierten Gitter zwischen *Hauptgleitebene*, *konjugierter*, *unerwarteter* und *Quergleitebene*. Einzelheiten hierzu findet man in der Arbeit von DIEHL, KRAUSE, STAUBWASSER und OFFENHÄUSSER [7].

Trägt man die infolge einer mechanischen Verformung im betätigten Gleitsystem wirkende Schubspannung τ in Abhängigkeit von der Abgleitung a in einem rechtwinkligen Koordinatensystem auf, so erhält man die eingangs erwähnte *Verfestigungskurve* des betreffenden Kristalls.

2.2. Versuchsanordnungen

a) Zugversuch

Den meisten Verformungsexperimenten liegt der bereits oben erwähnte Zugversuch zugrunde. Hierbei werden stabförmige Einkristalle, meist mit rechteckigem oder kreisförmigem Querschnitt, axial auf Zug beansprucht.

Die plastische Dehnung kann mit zwei verschiedenen Versuchsführungen vorgenommen werden; wird während der Verformung die Schubspannung im Gleitsystem konstant gehalten, so spricht man von *statischer* Versuchsführung, hält man dagegen die Abgleitgeschwindigkeit ($\dot{a} = da/dt$) konstant, so bezeichnet man dies mit *dynamischer* Versuchsführung.

In Fig. 2 ist schematisch ein Verformungsapparat dargestellt, wie er bei der dynamischen Versuchsführung im allgemeinen Verwendung findet. Die zu verformende Probe wird mit Hilfe spezieller Fassungen in der Apparatur befestigt. Während eine Kristallhalterung über eine Spindel mit konstanter Geschwindigkeit — was in erster Näherung auch einer konstanten Abgleitgeschwindigkeit entspricht — bewegt wird, ist die andere Kristallhalterung an einem Meßglied aufgehängt, dessen elastische Deformation ein Maß für die Last ist. Früher wurde zur Kraftmessung vielfach die Durchbiegung einer Feder registriert, während man heutzutage die Widerstandsänderung von sog. Dehnungsmeßstreifen* der Kraftmessung zugrunde legt. Die Dehnung des Kristalls wird durch Messung der Kristallverlängerung ermittelt; diese Verlängerung kann auf einfache Weise zusammen mit der auf den Kristall wirkenden Kraft registriert werden. Aus dem auf diese Weise gefundenen Zusammenhang

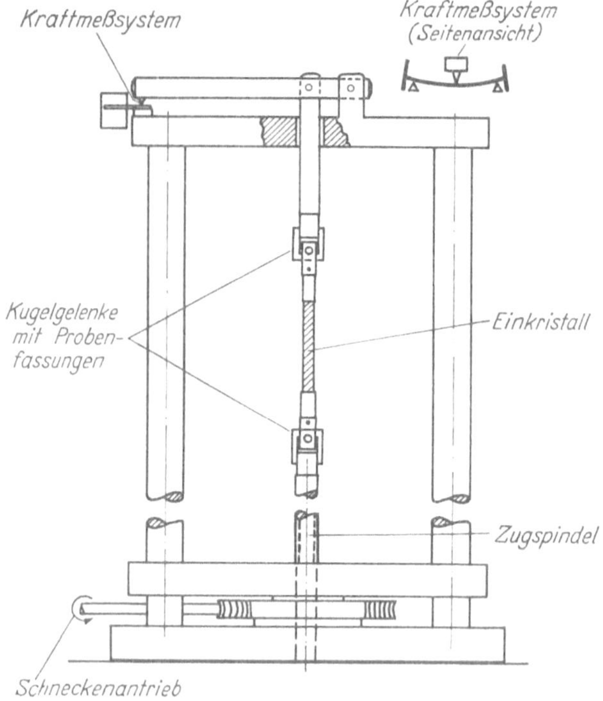

Fig. 2. Schematische Darstellung einer Verformungsapparatur (Polanyi-Maschine) nach DIEHL

von Kraft und Dehnung bzw. Verlängerung läßt sich dann mit Hilfe der in Abschnitt 2.5 beschriebenen Umrechnungsbeziehungen die sog. Verfestigungskurve ermitteln.

Ein nicht unwesentliches Problem bei der Verformung von Einkristallen ist die Fassung der Proben. Hierbei spielt die bei der Verformung auftretende Orientierungsänderung (s. Abschnitt 2.4) und die damit verknüpfte Verbiegung des Kristalls in Fassungsnähe, wie DIEHL und KOCHENDÖRFER [*8*] zeigen konnten, eine weniger große Rolle als der beim Anbringen der Fassungen an den Kristall ausgeübte thermische oder mechanische Einfluß, der in vielen Fällen zu einer undefinierten Vorverformung des Kristalls führen kann.

* Eine moderne Zusammenfassung über das Gebiet der Kraftmessung mit Dehnungsmeßstreifen geben K. FINK und C. ROHRBACH im Handbuch der Spannungs- und Dehnungsmessung, VDI-Verlag Düsseldorf, 1958.

In der statischen Versuchsführung, bei der die Schubspannung konstant gehalten werden soll, belastet man den Kristall durch Gewichte und mißt die sich einstellende Dehnung bzw. Abgleitung oder auch die Dehnungs- bzw. Abgleitgeschwindigkeit in Abhängigigkeit von der Zeit. Diese Versuchsführung wird auch als *Kriechversuch* bezeichnet. Bringt man die Last stufenweise an und wartet nach jeder neuen Belastung das Abklingen der Dehngeschwindigkeit auf einen bestimmten Endwert ab, so läßt sich auch mit dieser Versuchsführung die Verfestigungskurve ermitteln. Diese „statische" Verfestigungskurve unterscheidet sich etwas von der dynamisch gemessenen Kurve, da beim Kriechversuch die Abgleitgeschwindigkeit sich innerhalb jeder Laststufe stark ändert. Das oben bei der dynamischen Versuchsführung über die Umrechnung von Kraft und Schubspannung usw. und ferner über das Problem der Probenfassung Gesagte gilt auch für den Kriechversuch.

b) Scherversuch

Um die beim Zugversuch auftretende Orientierungsänderung des Kristalls (s. Abschnitt 2.4), die je nach Ausgangsorientierung früher oder später zu einer Mehrfachgleitung führt, zu verhindern, kann man nach BAUSCH [*9*] den Kristall in einem Scher- oder Schubversuch verformen, wobei, wie Fig. 3 zeigt, die Gleitebenen parallel zur Fassungsbegrenzung angeordnet sind. Die Fassungen werden dabei parallel zu den angedeuteten Gleitebenen gegeneinander bewegt. Diese Anordnung hat den Vorteil, daß einerseits nur ein Gleitsystem betätigt wird und andererseits unabhängig von der Vorverformung durch Drehen des Kristalls in den Fassungen andere Gleitsysteme betätigt werden können. Nachteilig wirkt sich bei dieser Verformungsanordnung aus, daß bei zu kurzen Kristallen, wie SCHOLL [*10*] gezeigt hat, der Fassungseinfluß eine sehr große Rolle spielt und zur Mehrfachgleitung Anlaß gibt. Bei zu langen Proben, bei denen der Fassungseinfluß vernachlässigt werden könnte, wird dann meistens der Kristall an den Fassungen verbogen und der Kristall dann ähnlich wie im Zugversuch beansprucht. In verschiedenen Arbeiten [*10*], [*11*], [*12*] werden diese Nachteile mehr oder weniger eliminiert.

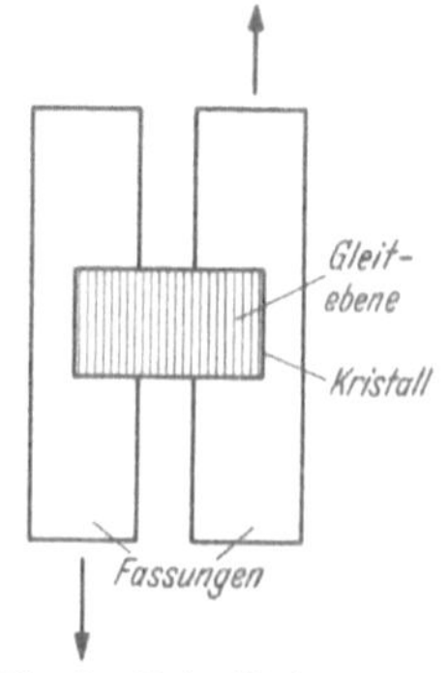

Fig. 3. Kristallhalterung nach BAUSCH (schematisch)

Auch bei dieser Anordnung kann der Verformungsversuch statisch oder dynamisch geführt werden. Bei den hier zitierten Arbeiten handelt es sich allerdings ausschließlich um *dynamische* Scherbeanspruchung; den Verfassern sind bis dato keine Kriechversuche mit der sog. *Bausch-Anordnung* bekannt.

Im vorliegenden Kapitel werden wir bei der Besprechung der Verfestigungsmessungen auf die Ergebnisse der Scherversuche nicht eingehen; es sei deshalb an dieser Stelle auf verschiedene Originalarbeiten [*13*], [*14*], [*15*] hingewiesen.

c) Oberflächenuntersuchungen

Da bei der mechanischen Beanspruchung auf der Oberfläche die in 2.1 erwähnten Gleitlinien auftreten, erwies es sich als zweckmäßig, gleichzeitig mit der Untersuchung der mechanischen Verfestigung Beobachtungen dieser Oberflächenerscheinungen mit Hilfe der Licht- und vor allem der Elektronenmikroskopie anzustellen.

Auf die experimentelle Methodik der Lichtmikroskopie brauchen wir nicht näher einzugehen. Das Auflösungsvermögen des Lichtmikroskops reicht für die im allgemeinen sehr feinen Gleitlinien, die im Anfangsbereich der Verformung eine Stufenhöhe von etwa 20 bis 40 Å haben, nicht aus. Die Anwendung des Elektronenmikroskops ist hier unumgänglich.

Zur Herstellung elektronenmikroskopischer Bilder der Kristalloberfläche müssen durchstrahlungsfähige Abdrücke dieser Oberfläche gemacht werden. Hierzu wird im Vakuum auf die zuvor polierte Probe Kohle oder Siliziumoxyd aufgedampft. Zur Ablösung vom Kristall wird diese Aufdampfschicht mit einem leicht löslichen Lack verstärkt; nach der Ablösung wird dann der Abdruck zur Kontraststeigerung noch mit einem Schwermetall, wie z.B. Palladium, schräg bedampft. Einzelheiten zu dieser Technik werden ausführlich von MADER [*16*], [*17*] besprochen.

Über die Ergebnisse der Elektronenmikroskopie wird in einem speziellen Abschnitt (Ziff. 4) berichtet werden.

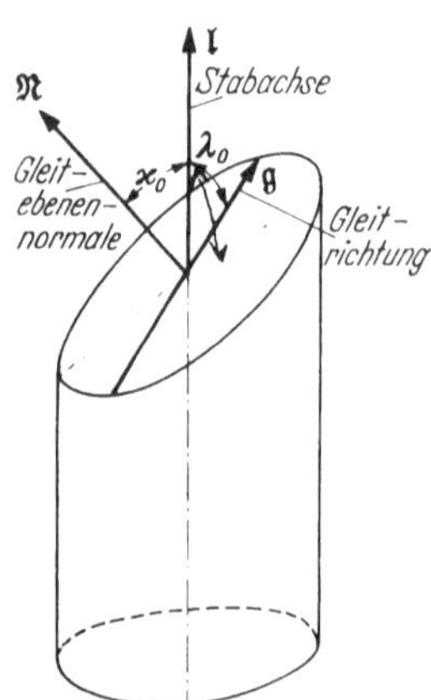

Fig. 4. Zur Definition der Kristallorientierung

2.3. Versuchsparameter

Folgende drei Parameter haben auf die Verformung, und zwar speziell beim Zugversuch, entscheidenden Einfluß:

1. Die Orientierung der Stabachse des unverformten Kristalls; diese wird durch das Winkelpaar $\varkappa_0$ und λ_0 beschrieben, dessen Definition aus Fig. 4 zu entnehmen ist;

2. die Temperatur T und

3. die Abgleitgeschwindigkeit $\dot{a}$.

Die Kristallorientierung wird im allgemeinen röntgenographisch mit dem *Laue-Rückstrahlverfahren* ermittelt. Man trägt dann üblicherweise

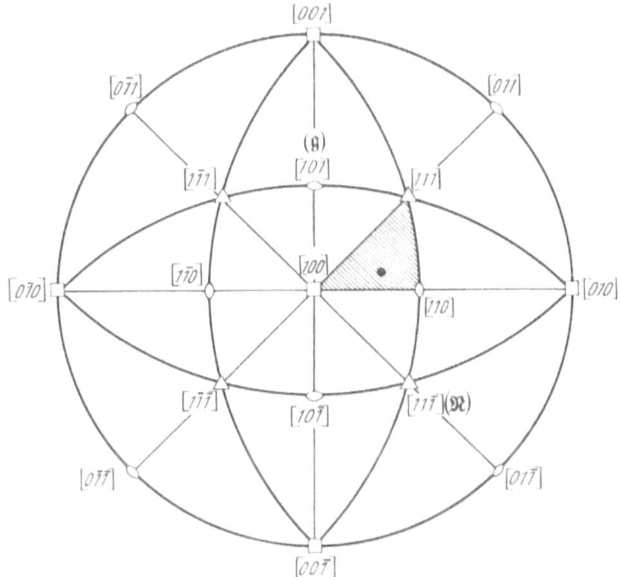

Fig. 5. Stereographische Projektion (in [100]-Richtung) des kubisch-flächenzentrierten Gitters. Die Standardkristallorientierung für den Zugversuch ist durch einen Punkt bezeichnet (s. unten). Für die in dem schraffierten Bereich liegenden Orientierungen sind die Gleitrichtung 𝔤 und die Gleitebenennormale 𝔑 des Hauptgleitsystems angegeben

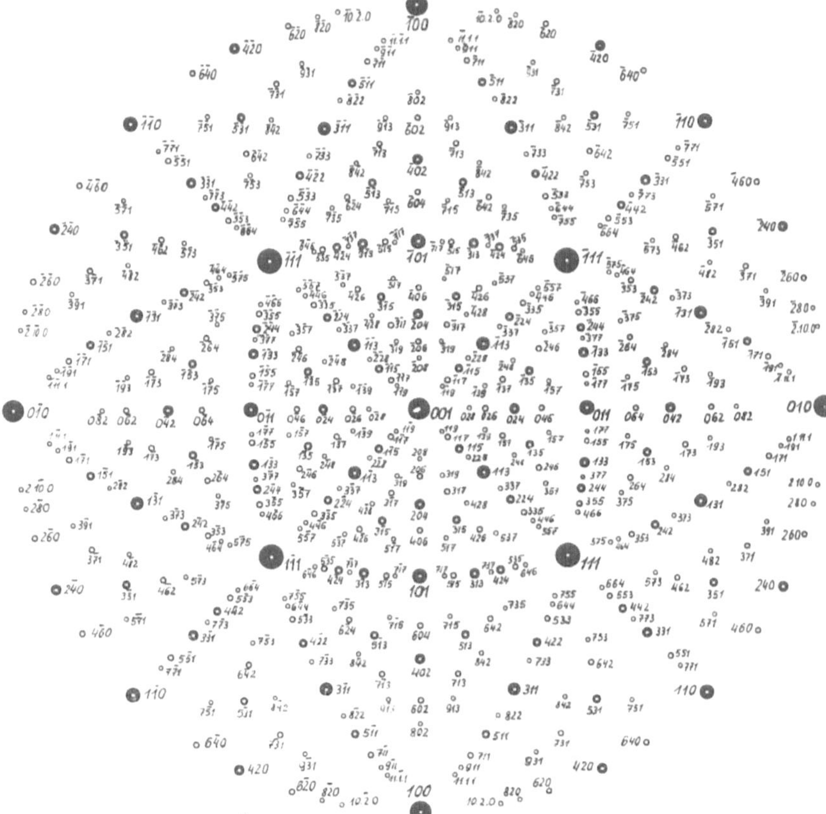

a

Fig. 6a—c. Polfiguren des kubischen Gitters mit a) [011]-Richtung, b) [110]-Richtung und c) [111]-Richtung als Zonenachse

die Orientierung in der stereographischen Projektion einer sog. Polfigur auf (s. Fig. 5). Unter einer Polfigur versteht man die stereographische Projektion der sog. Polkugel. Letztere stellt die Gesamtheit aller Durchstoßpunkte der Ebenennormalen des Kristallgitters durch die Einheitskugel dar. Dabei denkt man sich die Kristallebenen durch den Mittelpunkt

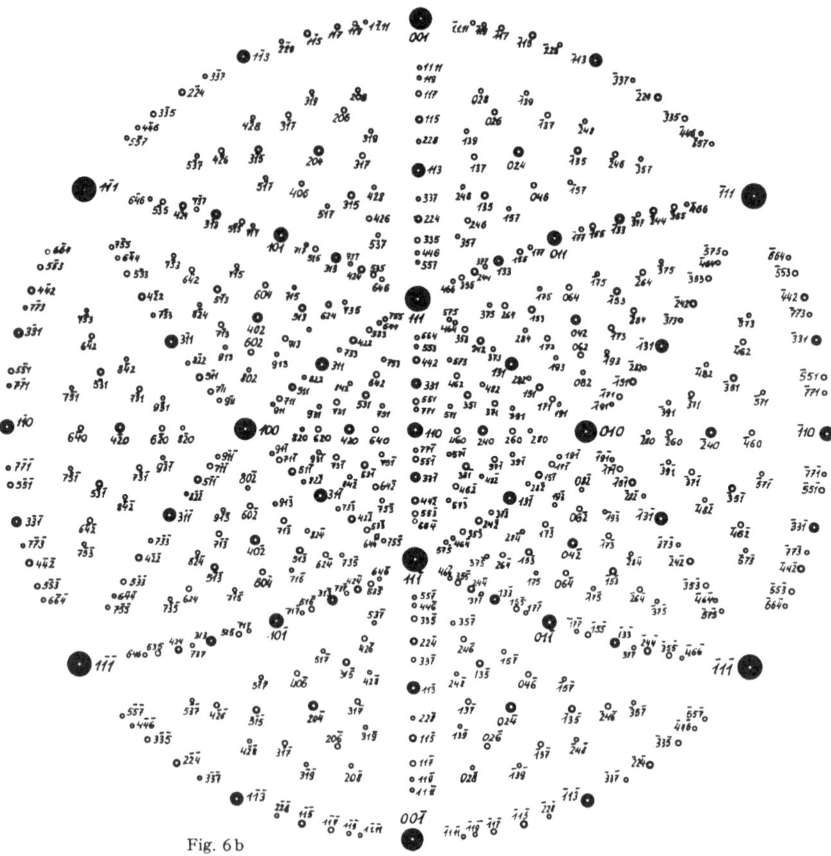

Fig. 6b

dieser Polkugel gelegt. Verschiedene Polfiguren für das kubisch-flächenzentrierte Gitter sind in Fig. 6 zusammengestellt.

Die Orientierung der Stabachse bleibt während des Zugversuchs nicht konstant, sondern ändert sich aus geometrischen Gründen, wie in Abschnitt 2.4 näher beschrieben wird, kontinuierlich mit der Verformung.

Soll die Abhängigkeit der Verfestigung von den oben genannten Parametern (Orientierung, Temperatur und Abgleitgeschwindigkeit) untersucht werden, so hält man stets zwei dieser drei Parameter konstant, während man den dritten von einer Verfestigungskurve zur andern variiert.

Wie später noch gezeigt wird, enthält die Fließspannung einen Anteil, der thermisch aktivierbar ist, d.h., der also durch Gitterschwingungen teilweise aufgebracht werden kann. Dieser Anteil hängt naturgemäß von

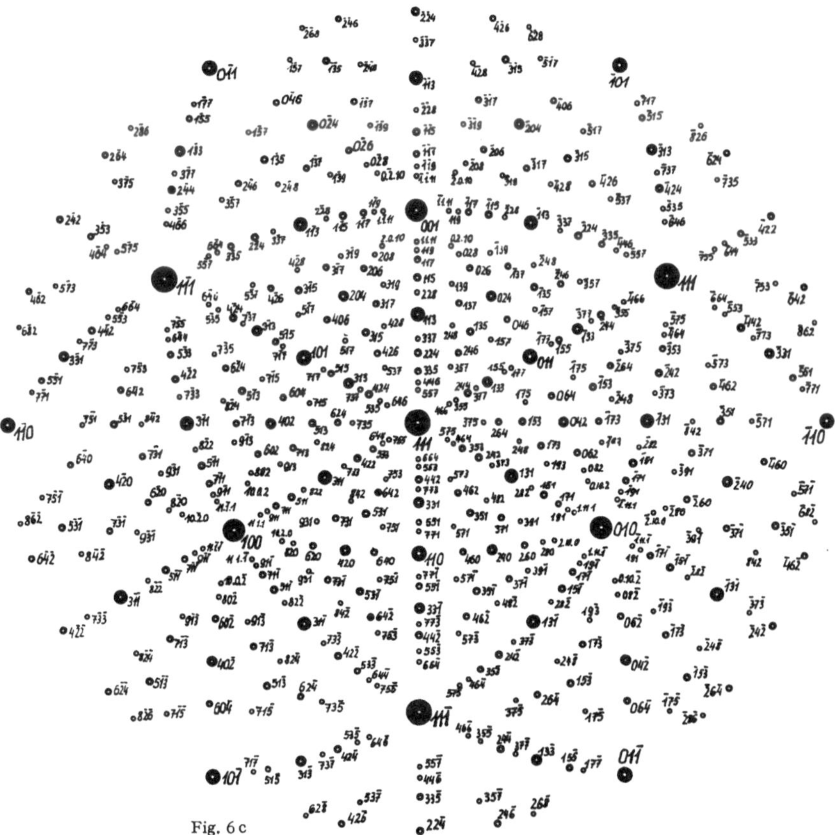

Fig. 6c

der Temperatur und der Verformungsgeschwindigkeit ab (letztere über eine Arrheniussche Beziehung zwischen Geschwindigkeit und Temperatur). Durch Wechseln der Verformungstemperatur bzw. der Verformungsgeschwindigkeit während des Versuchs kann man aus den hierbei auftretenden Fließspannungsänderungen, wie sie Fig. 7 schematisch zeigt, den thermisch aktivierbaren Anteil ermitteln, da sich ja bei einem solchen Wechsel nur der thermisch aktivierbare Anteil ändert. Außerdem kann man aus solchen Wechselversuchen, wenn es sich z.B. um Temperaturwechsel handelt, auf die Temperaturabhängigkeit der Fließspannung des vorverfestigten Kristalls schließen, was man aus isothermen Verfestigungsmessungen nicht entnehmen kann, da hier bei gleicher Abgleitung, aber verschiedener Verformungstemperatur, im allgemeinen nicht derselbe Verformungszustand erreicht wird.

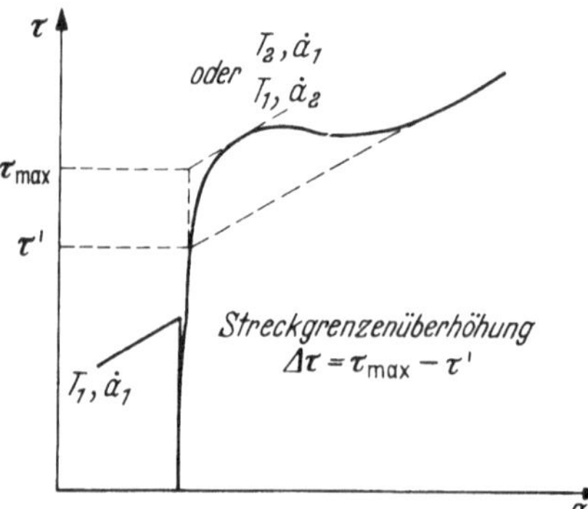

Fig. 7. Zum Streckgrenzeneffekt bei Temperatur- oder Geschwindigkeitswechsel

2.4. Geometrie der Gleitung

Infolge der Verschiebung der Gleitebenen gegeneinander drehen sich, wie in Fig. 8 gezeigt wird, bei der Verformung von Einkristallen im Zugversuch die Gleitebenen mit zunehmender Verformung zur Kristallachsenrichtung hin, oder anders ausgedrückt: Der Kristall ändert während der Verformung seine Orientierung. Da Kristallachse und Gleitrichtung bei der Verformung in einer Ebene liegen, muß in der stereographischen

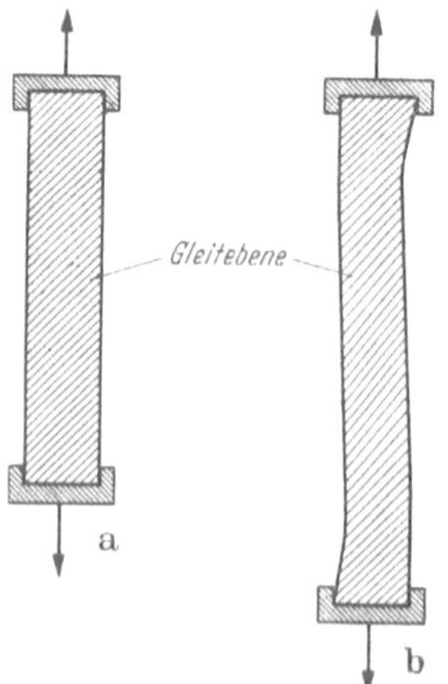

Fig. 8a u. b. Orientierungsänderung des Kristalls beim Zugversuch (schematisch). a) Unverformter Kristall, b) verformter Kristall

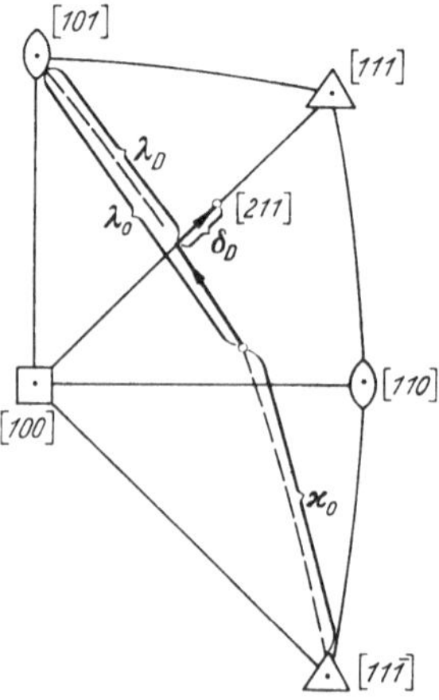

Fig. 9. Stereographische Projektion der Orientierungsänderung der Stabachse beim Zugversuch. Erklärung der Winkel $\varkappa_0$, λ_0, λ_D und δ_D s. Text bzw. Fig. 4

Projektion der Pol der Kristallachse auf einem Großkreis auf den der Gleitrichtung entsprechenden Pol, beim kubisch-flächenzentrierten Gitter also den [101]-Pol zuwandern (Fig. 9). Erreicht die Stabachse die *Symmetrale* (das ist im vorliegenden Falle der durch die Pole [100] und [111] gehende Großkreis), dann wird das Gleitsystem (1$\bar{1}$1), [110] mit dem ursprünglichen (11$\bar{1}$), [101], wie in Fig. 9 zu sehen ist, in Bezug auf die Zugrichtung gleichberechtigt. Sind nun beide Gleitsysteme seither gleich stark verfestigt worden, so findet die weitere Verformung als sog. *symmetrische Doppelgleitung* statt. Die Stabachse bleibt dann auf der Symmetralen und wandert auf den [2 1 1]-Pol, die aus der Überlagerung von [1 0 1] und [1 1 0] resultierende Gleitrichtung, zu. Aus Fig. 10 ist zu entnehmen, daß die Orientierung der Stabachse bei symmetrischer Doppelgleitung diese resultierende Gleitrichtung nur *asymptotisch* erreichen kann, da die Kristalle hierbei unendlich lang werden müßten.

Ist beim Erreichen der Symmetrale durch die Stabachse die Verfestigung im konjugierten Gleitsystem (die „latente“ Verfestigung) größer als

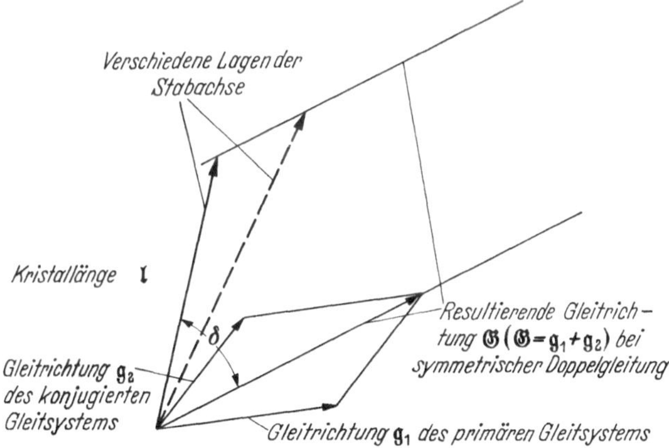

Fig. 10. Zur Geometrie der Doppelgleitung. Die Kristallänge ist durch einen Vektor 𝔩 in der von den beiden Gleitrichtungen $\mathfrak{g}_1$ und $\mathfrak{g}_2$ aufgespannten Ebene dargestellt

im primären, dann läuft die Stabachse solange auf dem Großkreis durch [1 0 1] weiter, bis beide Gleitsysteme spannungsmäßig gleichberechtigt sind; man bezeichnet dieses Überschreiten der Symmetralen als *Überschießen.*

2.5. Umrechnungsbeziehungen

Wie schon oben erwähnt wurde, mißt man beim Zugversuch die am Kristall wirkende Kraft P in Abhängigkeit von der Dehnung ε. Der Zusammenhang zwischen P und der im Gleitsystem [das durch die Winkel $\varkappa_0$ und λ_0 (Fig. 4) definiert ist] wirkenden Schubspannung τ sowie zwischen der Dehnung ε und der Abgleitung a wurde erstmals von v. Göler und Sachs [*18*] ausgerechnet. Im folgenden sind diese Umrechnungsbeziehungen zusammengestellt. Für die Einfachgleitung gilt:

$$a = \frac{1}{\cos \varkappa_0} \left[\sqrt{(1+\varepsilon)^2 - \sin^2 \lambda_0} - \cos \lambda_0\right], \tag{2.1}$$

$$\tau = P \frac{\cos \varkappa_0}{q_0} \cdot \frac{\sqrt{(1+\varepsilon)^2 - \sin^2 \lambda_0}}{1+\varepsilon}. \tag{2.2}$$

q_0 ist hierbei der Kristallquerschnitt bei Beginn der Verformung; die übrigen Größen wurden schon oben definiert.

Führt man in Gl. (2.2) einerseits die für die Orientierungsänderung gültigen Beziehungen ($\varkappa$ und λ charakterisieren analog zu $\varkappa_0$ und λ_0 die jeweilige Orientierung der Stabachse des verformten Kristalls)

$$1+\varepsilon=\frac{\sin\lambda_0}{\sin\lambda} \quad \text{und} \quad 1+\varepsilon=\frac{\cos\varkappa_0}{\cos\varkappa} \tag{2.3a}$$

und andererseits die für die Verformung in erster Näherung gültige Bedingung der Volumkonstanz

$$q_0(1+\varepsilon)=q \tag{2.4}$$

ein, so folgt für die Schubspannung τ die Gleichung

$$\tau=\frac{P}{q}\cos\varkappa\cdot\cos\lambda=\sigma\cos\varkappa\cos\lambda\,. \tag{2.5}$$

Hierbei ist σ die (auf den veränderlichen Querschnitt bezogene) Normalspannung und das Produkt der beiden Kosinus der sog. *Orientierungsfaktor*.

Für die im Abschnitt 2.4 besprochene Doppelgleitung läßt sich ebenfalls die Verfestigungskurve berechnen, sofern es sich um die sog. symmetrische Doppelgleitung handelt, bei der also beide zur Abgleitung beitragende Gleitsysteme gleichberechtigt sind. In diesem Falle — das gilt allgemein für alle Arten von gleichberechtigter Mehrfachgleitung — erhält man nach v. Göler und Sachs [*18*] die Gesamtabgleitung durch algebraische und nicht, wie man vielleicht vermuten könnte, durch vektorielle Addition der Abgleitungen in den einzelnen Gleitsystemen *.

Zur Berechnung des Doppelgleitungsbeginns folgt aus Gl. (2.3a) die Beziehung

$$1+\varepsilon_D=\frac{\sin\lambda_0}{\sin\lambda_D}\,. \tag{2.6}$$

(Der Index D bezieht sich auf den Beginn der Doppelgleitung.) Der Winkel λ_D, dessen Bedeutung in Fig. 9 angegeben ist, kann zusammen mit λ_0 und $\varkappa_0$ bei der Orientierungsbestimmung ermittelt werden. Für die Abgleitung und die Schubspannung bei symmetrischer Doppelgleitung gilt dann:

$$a=\frac{\sin(\lambda_0-\lambda_D)}{\cos\varkappa_0\sin\lambda_D}+\sqrt{6}\ln\frac{1+\frac{\sqrt{2}}{C_1}\sqrt{(1+\varepsilon)^2-C_1^2}}{1+\frac{\sqrt{2}}{C_1}\sqrt{(1+\varepsilon_D)^2-C_1^2}} \tag{2.7}$$

---

* Nach Diehl [*19*] ist bei der nach v. Göler und Sachs definierten Gesamtabgleitung die Fläche unter der Verfestigungskurve gleich der am Kristall pro Volumeinheit geleisteten Arbeit der äußeren Kraft.

und
$$\tau = C_2 \cdot P \cdot \frac{1}{1+\varepsilon} \sqrt{(1+\varepsilon)^2 - C_1^2} \left(1 + \frac{\sqrt{2}}{C_1} \sqrt{(1+\varepsilon)^2 - C_1^2}\right). \tag{2.8}$$

Hierbei sind die Konstanten C_1 und C_2 wie folgt definiert:

$$C_1 = \frac{\sqrt{3}}{6 q_0} C_2 \tag{2.9}$$

und

$$C_2 = \frac{\sin \lambda_0 \sin \delta_D}{\sin \lambda_D}. \tag{2.10}$$

Der Winkel δ_D ist, wie aus Fig. 9 zu entnehmen ist, der Winkel, den die Stabachse bei Erreichen der Symmetralen mit der $\langle 112 \rangle$-Richtung — also der resultierenden Richtung der beiden gleichberechtigten Gleitrichtungen — einschließt. Man kann diesen Winkel auch graphisch bei der Orientierungsbestimmung ermitteln; es ist aber ratsam, nur einen der beiden Winkel λ_D und δ_D messend zu ermitteln und den anderen nach der Beziehung

$$\cos \lambda_D = \frac{\sqrt{3}}{2} \cos \delta_D \tag{2.11}$$

zu berechnen.

2.6. Einkristallherstellung

Man pflegt metallische Einkristalle, die plastisch verformt werden sollen, im allgemeinen in Form von zylindrischen Stäben mit kreisförmigem oder rechteckigem Querschnitt nach dem von Bridgman angegebenen Schmelzflußverfahren herzustellen. Hierbei wird bei Metallen, deren Schmelzpunkt unter 1100° C liegt, das Ausgangsmaterial in einem zylindrisch ausgebohrten Graphittiegel mittels eines vertikal aufgestellten Widerstandsofens aufgeschmolzen. Graphit hat hierbei den Vorteil, daß eine Oxydation der Schmelze durch die stark reduzierende Wirkung des Kohlenstoffs beinahe ausgeschlossen ist. Nach dem Aufschmelzen läßt man den Tiegel langsam (mit etwa 5 bis 10 cm/Std) in die kälteren Zonen des Ofens sinken. Die Schmelze beginnt dann von unten her zu kristallisieren; sofern diese Kristallisation von einem Keim aus erfolgt, wächst ein Einkristall durch die Probe hindurch.

Bei hoch schmelzenden Metallen, wie Ni, Co usw. und Legierungen hiervon, ferner bei sehr reinen Metallen mit Reinheitsgraden von 99,999% wird zur Verhinderung einer Oxydation das Metall im Hochvakuum aufgeschmolzen. Als Tiegelmaterial bei den hochschmelzenden Metallen wie Ni, Co findet Al_2O_3 Verwendung. Ein auf Meissner [*20*] zurückgehendes Verfahren hat sich hier als sehr zweckmäßig erwiesen: Der Rohling wird durch festgestampftes, sehr feinkörniges Aluminiumoxydpulver von einem längs gespaltenen Sinterkorundrohr getrennt. Hiermit ist es möglich, den Kristall nach dem Züchten ohne jede mechanische Beschädigung vom Tiegelmaterial zu lösen.

Um bei Untersuchungen der Temperatur- und Geschwindigkeitsabhängigkeit der Verfestigung unabhängig von anderen Parametern zu sein, müssen Einkristalle mit einheitlicher Orientierung hergestellt werden. Hierzu wird ein kleines Stück von einem bereits vorhandenen Einkristall der gewünschten Orientierung als Impfling unterhalb des Rohlings angesetzt und dieses dann nur zur Hälfte aufgeschmolzen. Ist ein Kristall der gewünschten Orientierung nicht vorhanden, so wird diese durch Schrägimpfen mit zufällig gewachsenen Kristallen hergestellt. Durch die Tiegelanordnung bedingt, lassen sich allerdings beim einmaligen Schrägimpfen nur Winkeländerungen von etwa 5° durchführen. Bei größeren Winkelunterschieden erfolgt die Schrägimpfung in mehreren Schritten. Als Einheitsorientierung wurde bei den Stuttgarter Untersuchungen eine auf DIEHL *[19]* zurückgehende Mittelorientierung (in Fig. 5 eingetragen) gewählt, die spannungsmäßig insofern günstig liegt, als sie bei gegebener äußerer Spannung die größtmögliche Schubspannungskomponente im Hauptgleitsystem ergibt.

3. Verfestigungsmessungen

3.1. Kubisch-flächenzentrierte Metalle

a) Allgemeines

In den Fig. 11 und 12 ist eine Auswahl von Verfestigungskurven zusammengestellt. Auf Grund der hier gezeichneten und den zahlreichen

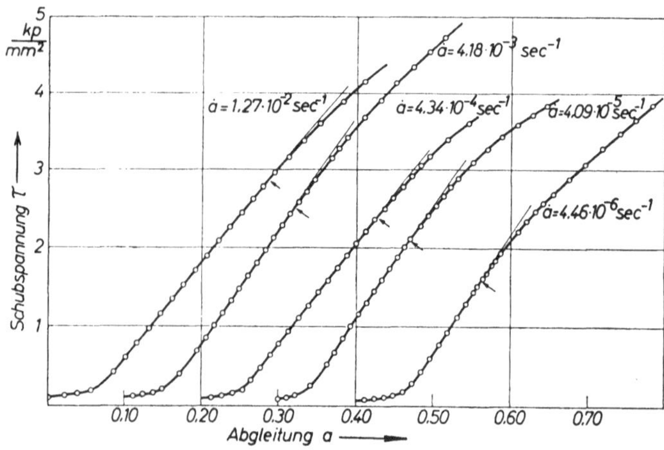

Fig. 11. Verfestigungskurven von Kupfereinkristallen für verschiedene Abgleitgeschwindigkeiten bei Raumtemperatur *[21]*. Die Kristallorientierung ist die in Fig. 5 eingezeichnete Standardorientierung

weiteren in der Literatur angegebenen Kurven kann gesagt werden, daß die Verfestigungskurven der kubisch-flächenzentrierten Metalle und

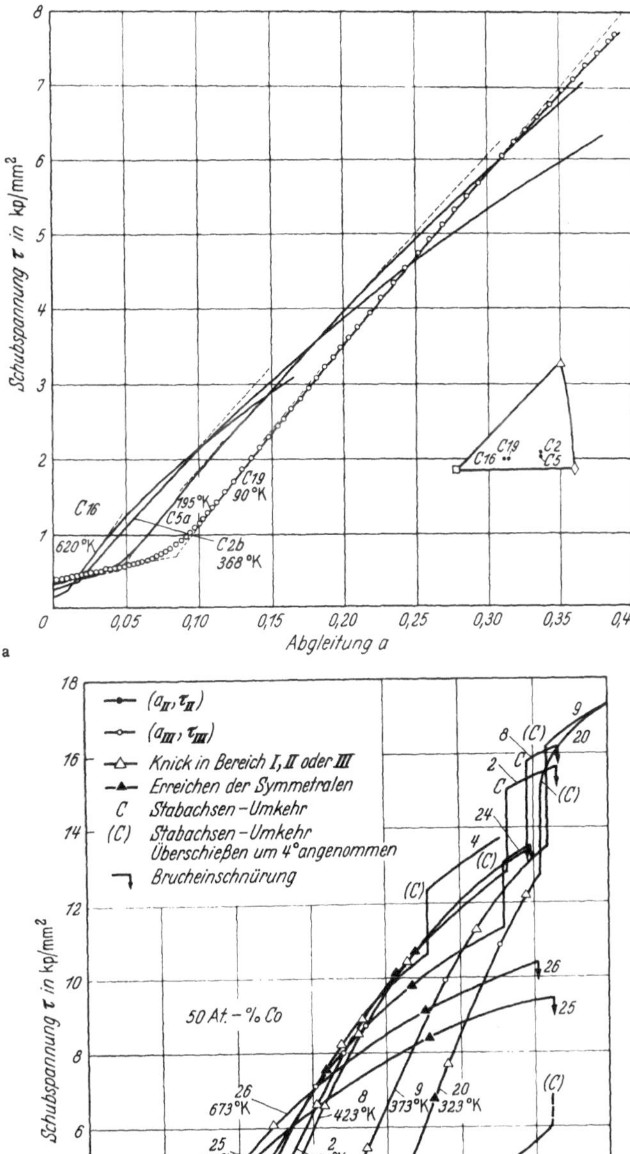

Fig. 12a u. b. Einkristallverfestigungskurven im System NiCo von a) Ni und b) Ni+50% Co-Kristallen bei verschiedenen Temperaturen. a) Ni [22], Abgleitgeschwindigkeit $\dot{a} = 1{,}5 \cdot 10^{-3}\,\mathrm{sec}^{-1}$; b) Ni+50% Co [23], Abgleitgeschwindigkeit $\dot{a} = 10^{-3}\,\mathrm{sec}^{-1}$

Legierungseinkristalle verschiedener Orientierung bei allen untersuchten Verformungsgeschwindigkeiten und über einen weiten Temperaturbereich eine typische Dreiteilung zeigen; auf diese Dreiteilung wurde erstmals von DIEHL [*19*] bei Messungen an Kupfer hingewiesen. Die Kurven beginnen jeweils mit einem verhältnismäßig flachen und linearen Anfangsteil, den man mit Bereich I bezeichnet (englisch easy-glide region), gehen dann über in einen wesentlich steileren, aber ebenfalls linearen Mittelteil (Bereich II)

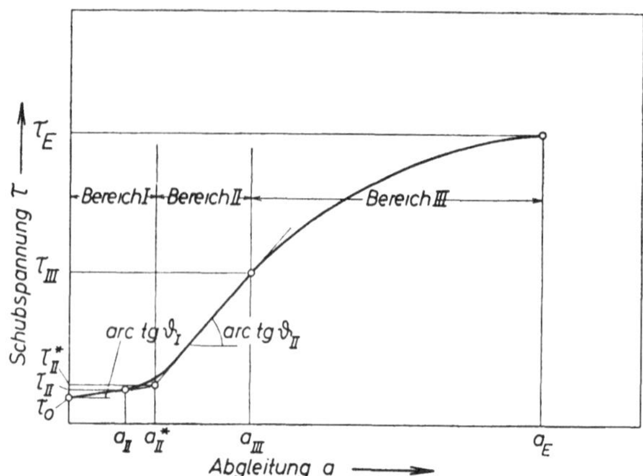

Fig. 13. Schematische Verfestigungskurve kubisch-flächenzentrierter Einkristalle mit eingezeichneten Verfestigungskenngrößen

und endigen mit einem allmählich flacher werdenden und schwach gekrümmten Kurventeil, der im Anschluß an die beiden anderen Kurventeile mit Bereich III bezeichnet wird.

Die charakteristischen Züge der Verfestigungskurve sind in Fig. 13 wiedergegeben. Zur Kennzeichnung der einzelnen Bereiche und der Gestalt der Kurven werden sog. Verfestigungskenngrößen eingeführt; die gebräuchlichsten dieser Kenngrößen sind in Fig. 13 zusammengestellt.

Eine der wichtigsten Kenngrößen ist die sog. *kritische Schubspannung* τ_0. Sie wird als diejenige Schubspannung definiert, bei der die plastische Verformung einsetzt. Da in vielen Fällen, besonders bei sehr reinen Metallen, der Übergang von der elastischen zur plastischen Verformung nicht plötzlich stattfindet, sondern sich in einer mehr oder weniger starken Krümmung der Kraft-Dehnungskurve äußert, ist es üblich, den τ_0-Wert durch Extrapolation des linearen Bereichs I in der (τ, a)-Kurve bis zur Abgleitung $a=0$ zu bestimmen.

Der *Übergang* von Bereich I zu Bereich II wird durch den Punkt a_{II}, τ_{II} festgelegt, der die Stelle angibt, an der die erste Abweichung von der Linearität des Bereichs I festzustellen ist; gelegentlich wird dieser sog. „zweite Knick" auch durch die Kenngrößen a_{II}^*, τ_{II}^* gekennzeichnet, die in der in Fig. 13 angegebenen Weise durch Extrapolation der linearen Bereiche I und II definiert werden.

Weitere wichtige Kenngrößen sind die *Steigungen* ϑ_i der linearen Bereiche. In der Literatur werden diese Steigungen vielfach auch als Verfestigungskoeffizienten bezeichnet. Der Bereich III zeigt gelegentlich bei relativ hohen Temperaturen ebenfalls einen linearen Teil; die Steigung dieser Geraden wird dann — in Analogie zu den Steigungen der Bereiche I und II — mit ϑ_{III} benannt.

Schließlich sind noch Kenngrößen für den Übergang von Bereich II und III und für die Brucheinschnürung einzuführen. Man bezeichnet den Punkt, bei dem die Verfestigungskurve vom linearen Mittelteil abbiegt, mit a_{III}, τ_{III} und das Ende der Kurve mit a_E, τ_E.

Bei Kriechversuchen von Kupfer und Nickel wurde von MICHELITSCH [*24*] beobachtet, daß der Bereich II nicht streng linear, sondern anfangs etwas steiler ist. Dieser Befund wurde neuerdings auch bei einigen dynamischen Versuchen [*21*], [*22*], [*23*] bestätigt. Da diese Erscheinung aber bei der dynamischen Versuchsführung nur gelegentlich zu beobachten war, soll auf eine genauere Beschreibung verzichtet und statt dessen auf die angegebene Literatur verwiesen werden.

b) Orientierungsabhängigkeit

Die Orientierungsabhängigkeit der Verfestigungskurve kubisch-flächenzentrierter Metalleinkristalle wurde in einer großen Zahl von Arbeiten bisher an folgenden Elementen untersucht: Kupfer [*19*], [*25*] bis [*28*], Aluminium [*29*] bis [*36*], Nickel [*37*], Blei [*38*] und Gold [*39*]. Die Mehrzahl dieser Arbeiten wird in der eingangs zitierten Zusammenfassung von SEEGER [*2*] ausführlich besprochen. Kurz zusammengefaßt kann man auf Grund der oben angegebenen Arbeiten folgendes sagen:

Die Verfestigungskurven der kubisch-flächenzentrierten *reinen Metalle* zeigen eine ausgeprägte Abhängigkeit von der Kristallorientierung. Die Aussage des sog. erweiterten Schmidschen Schubspannungsgesetzes, wonach nicht nur die kritische Schubspannung [*40*], sondern auch die Verfestigungskurve unabhängig von der Orientierung sein soll, ist demnach bei kubisch-flächenzentrierten Kristallen nicht einmal näherungsweise richtig. Im einzelnen ist noch zu bemerken, daß die Werte für die Kenngrößen τ_0, ϑ_I, ϑ_{II} und τ_{III} am kleinsten sind für Kristalle, deren Orientierung im mittleren Teil des stereographischen Orientierungsdreiecks liegt. Umgekehrt verhält sich die Kenngröße für die Ausdehnung des Bereichs I (a_{II}); sie ist für mittlere Orientierungen am größten, nimmt für Orientierungen im Randgebiet des Orientierungsdreiecks stark ab und wird für typische Eckorientierungen sogar zu Null.

Während sich die Kenngrößen a_{II} und ϑ_I bei der Orientierungsabhängigkeit um beinahe eine Größenordnung ändern, beträgt die Variation der übrigen Kenngrößen nur etwa einen Faktor 2.

Über die Orientierungsabhängigkeit von kubisch-flächenzentrierten *Legierungen* liegen aus früheren Arbeiten keine expliziten Ergebnisse vor. Es wurde zwar von Sachs und Weerts [*41*] das System Ag—Au, von Osswald [*42*] dasjenige von Cu—Ni ausführlich untersucht; außerdem gibt es über das System Cu—Zn [*43*] bis [*49*] eine große Zahl von Arbeiten. Alle diese Untersuchungen beschäftigen sich jedoch in erster

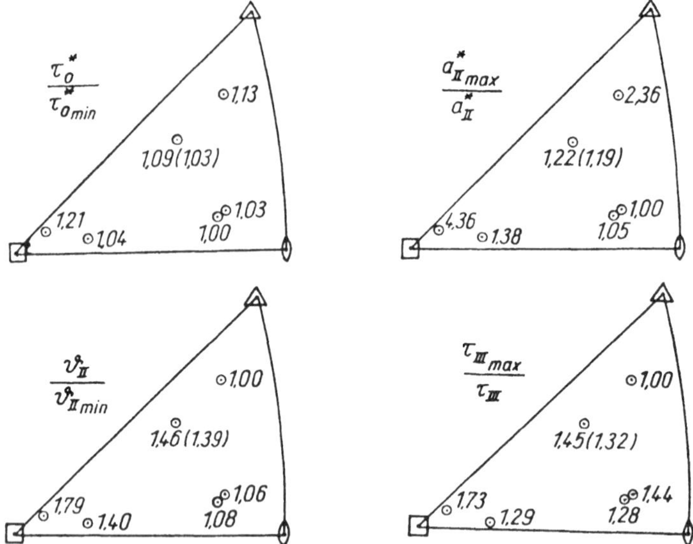

Fig. 14. Orientierungsabhängigkeit einiger Kenngrößen bei Ni+40% Co nach Pfeiffer und Seeger [*50*] (Raumtemperaturverformung). Die im Orientierungsdreieck eingetragenen Zahlenangaben sind Relativwerte

Linie mit der Abhängigkeit der Verfestigung von der *Konzentration*. Auf Grund der bis jetzt vorliegenden Verfestigungskurven kann man jedoch sagen, daß die *Orientierungsabhängigkeit* der Verfestigungskenngrößen dieser Legierungen relativ gering ist.

Neuere Untersuchungen von Pfeiffer und Seeger [*50*] am System Ni—Co zeigen im Gegensatz zu den obigen Legierungen eine relativ starke Orientierungsabhängigkeit (s. Fig. 14). Bemerkenswert hierbei ist, daß die Orientierungsabhängigkeit dieser Legierung sowohl qualitativ als auch quantitativ weitgehend mit der an reinen Kupfereinkristallen (vgl. Diehl [*19*]) übereinstimmt. Dies hängt, wie später diskutiert werden wird, mit dem Umstand zusammen, daß sich in den Ni—Co-Kristallen die Konzentrationsabhängigkeit im wesentlichen auf dem Wege über die Stapelfehlerenergie auswirkt.

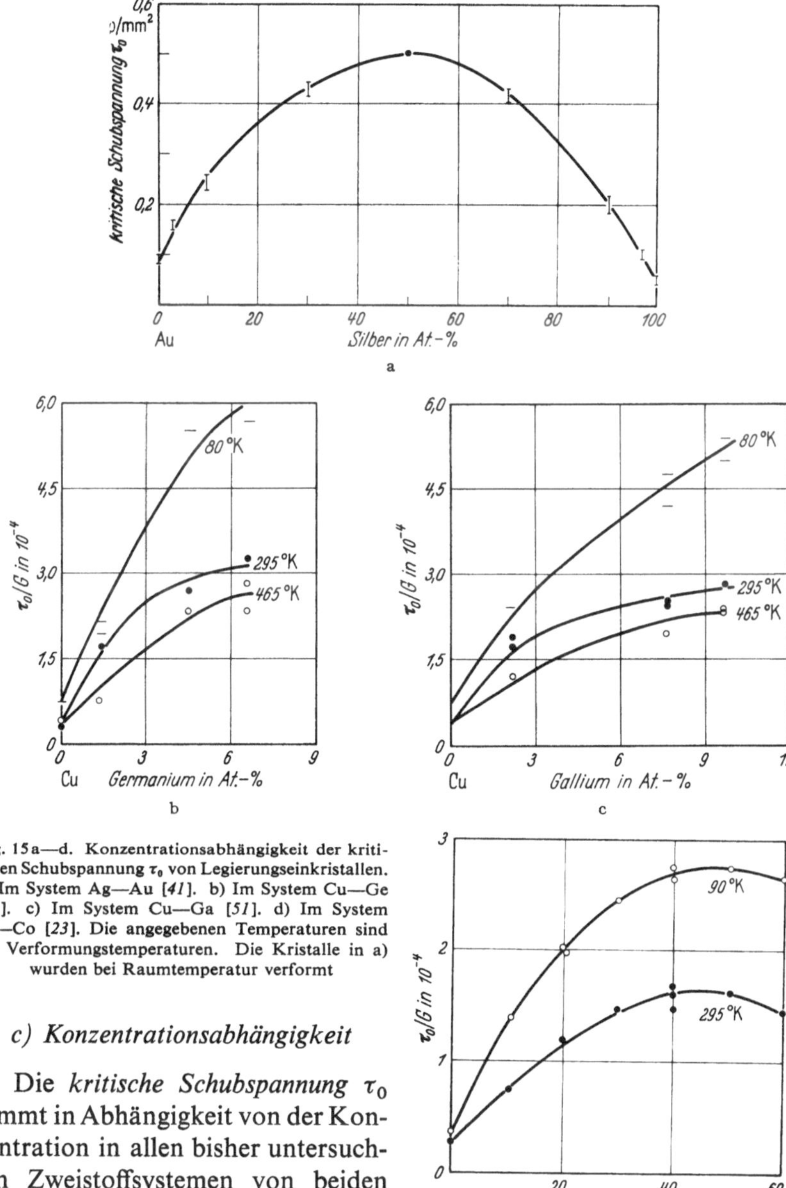

Fig. 15a—d. Konzentrationsabhängigkeit der kritischen Schubspannung τ_0 von Legierungseinkristallen. a) Im System Ag—Au [*41*]. b) Im System Cu—Ge [*51*]. c) Im System Cu—Ga [*51*]. d) Im System Ni—Co [*23*]. Die angegebenen Temperaturen sind die Verformungstemperaturen. Die Kristalle in a) wurden bei Raumtemperatur verformt

c) Konzentrationsabhängigkeit

Die *kritische Schubspannung* τ_0 nimmt in Abhängigkeit von der Konzentration in allen bisher untersuchten Zweistoffsystemen von beiden Seiten her mit wachsender Zulegierung zu. Bei den homogenen Mischkristallen ist der Verlauf von $\tau_0(c)$ hierbei in grober Näherung, wie in der Fig. 15 am Beispiel des Systems Ag—Au zu sehen ist, parabelförmig. Der Verlauf dieser Parabel ist im allgemeinen um so symmetrischer, je ähnlicher sich die beiden Elemente der Legierung in ihrer Atomgröße und in ihrem chemischen Verhalten sind.

Wie die Untersuchungen von ROSI [*25*], ANDRADE und HENDERSON [*39*], HAASEN und KING [*51*] und SCHÜLE, BUCK und KÖSTER [*52*] zeigen, ergeben geringe Verunreinigungen bei den Edelmetallen Abweichungen von dieser parabolischen Konzentrationsabhängigkeit. Hierbei verändern bereits Konzentrationen von 10^{-5} bis 10^{-4} die kritische Schubspannung etwa um den Faktor 2 bis 3. Nach SEEGER [*53*] handelt es sich hierbei um einen indirekten Legierungseffekt, der sich bereits beim Kristallwachstum in der Versetzungsstruktur auswirkt.

Die *Ausdehnung des Bereichs I* der Verfestigungskurven (Kenngröße a_{II}) wird mit zunehmendem Legierungsanteil größer (dies gilt für beide Seiten des Legierungssystems), während die *Steigung* ϑ_I dieses Bereichs hierbei kleiner wird. Der *Anstieg des Bereichs II* (ϑ_{II}) ist beim System Ag—Au ziemlich unabhängig von der Konzentration, dagegen nimmt er beim System Cu—Zn von der Kupferseite her gesehen mit zunehmendem Zn-Gehalt ab. Die *Spannung* τ_{III} wird im System Ag—Au mit zunehmendem Ag-Gehalt, im System Ni—Cu mit zunehmendem Ni-Gehalt, im System Cu—Zn mit steigendem Zn-Gehalt und im System Ni—Co mit größer werdender Co-Konzentration zu höheren Werten hin verschoben. Von der *Bruchspannung* τ_E liegen außer bei Ni—Co [*23*] keine zusammenhängenden Ergebnisse über die Konzentrationsabhängigkeit vor. Nach den bisher untersuchten Kurven hat es den Anschein, als ob sich die Spannung τ_E in Abhängigkeit von der Legierungskonzentration ähnlich wie τ_{III} verhält.

d) Temperaturabhängigkeit

α) Kritische Schubspannung. Die Ergebnisse, die in den letzten Jahren über die Temperaturabhängigkeit der kritischen Schubspannung an verschiedenen kubisch-flächenzentrierten Metallen gewonnen wurden, sind in Fig. 16 zusammengestellt. Für die meisten Ergebnisse ist es typisch, daß der Temperaturkoeffizient der kritischen Schubspannung $d\tau_0/dT$ für tiefe Temperaturen größer ist als für höhere Temperaturen. In einigen Fällen kann dem Übergang des Temperaturkoeffizienten vom größeren zum kleineren Wert eine bestimmte charakteristische Temperatur zugeordnet werden. Diese charakteristische Temperatur scheint zumindest im Falle von Kupfer von Verunreinigungen abzuhängen.

Bei den Untersuchungen an Silber wurde von AHLERS und HAASEN [*54*] sowie von BÜHLER und LÜCKE [*55*] ebenso wie bei den früheren Messungen von ANDRADE und HENDERSON [*39*] kein Knick im Temperaturgang von τ_0 festgestellt; die kritische Schubspannung nimmt hier mit zunehmender Temperatur etwas ab. (Bei ANDRADE und HENDERSON ist allerdings diese Abnahme wegen den relativ starken Streuungen nicht zu erkennen.) Man darf hier vor allem auf Grund theoretischer Betrachtungen (s. Kapitel 3) annehmen, daß die oben erwähnte charakteristische

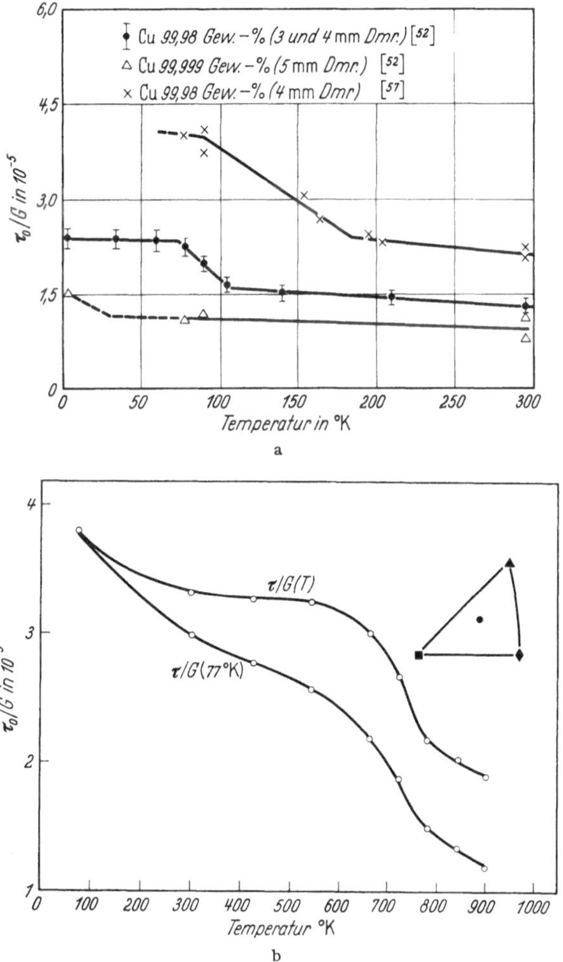

Fig. 16a—d. Temperaturabhängigkeit der kritischen Schubspannung von Einkristallen bei a) Kupfer, b) Aluminium [56]

Temperatur in der Nähe oder oberhalb der Temperatur des Schmelzpunktes liegt und somit nicht beobachtet werden kann. Dasselbe gilt für Gold; auch hier ist kein Knick zu erkennen. Bei diesem Metall ist bei den Messungen von Berner [21], zum Teil durch die starke Streuung der einzelnen Meßwerte bedingt, kaum eine Temperaturabhängigkeit festzustellen.

Die Verschiebung des Knickpunktes zu höheren Temperaturen hängt, wie in Kapitel 3 gezeigt wird, mit der Größe von γ/Gb zusammen, wobei G der Schubmodul, b der Burgers-Vektor und γ die Stapelfehlerenergie, auf die in Abschnitt 5 noch näher eingegangen wird, ist. Je niedriger der Wert von γ/Gb ist, um so höher ist die kritische Temperatur, bei welcher der steilere Ast des Temperaturverlaufs von τ_0 in den flacheren

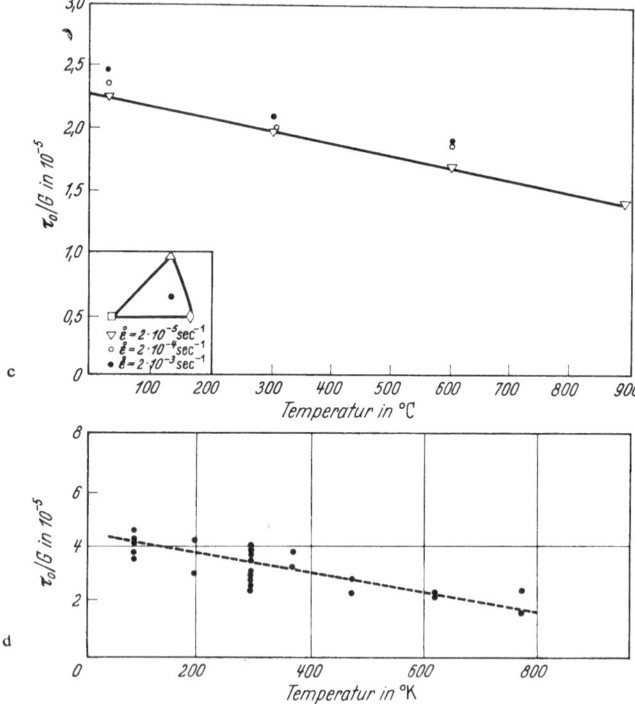

Fig. 16c u. d. c) Silber [55], d) Nickel [22]

übergeht. Für Gold und Silber müßte auf Grund der hier vorliegenden Ergebnisse dieses dimensionslose Maß für die Stapelfehlerenergie wesentlich kleiner sein als dasjenige für Kupfer, Nickel und Aluminium; dies ist, wie in Abschnitt 5.2e noch ausführlich gezeigt wird, tatsächlich der Fall. Beim Temperaturverlauf von τ_0 von Aluminiumeinkristallen, der von Howe, Liebmann und Lücke [56] bis in die Nähe des Schmelzpunktes gemessen wurde, ist auffallend, daß außer dem ersten Abfall der kritischen Schubspannung bei etwa 300° K noch ein zweiter und außerdem wesentlich stärkerer Abfall im Temperaturbereich von 550° K bis 900° K auftritt. Ein solcher zweiter Spannungsabfall ist bei Silber, das ebenfalls fast bis zur Temperatur des Schmelzpunktes untersucht wurde [55], nicht festzustellen.

β) Ausdehnung des Bereichs I. Wie schon GARSTONE et al. [*28*] an Kupfer beobachtet haben, nimmt für alle bisher untersuchten kubisch-flächenzentrierten Metalle mit abnehmender Temperatur die Ausdehnung des Bereichs I, die durch die Kenngröße a_{II} charakterisiert wird, stark zu. Da der Verlauf dieser Größe a_{II} (bzw. a_{II}^*) für alle kubisch-flächenzentrierten Metalle und Legierungen ziemlich ähnlich ist, sind in der Fig. 17 nur die Metalle Kupfer und Nickel als Vertreter der kubisch-flächenzentrierten Metalle herausgegriffen worden.

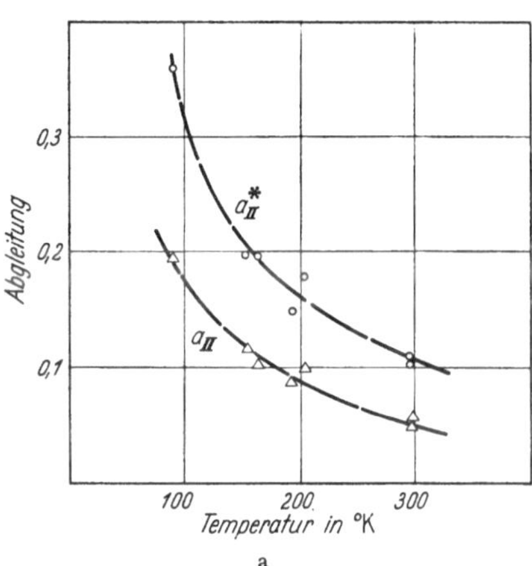

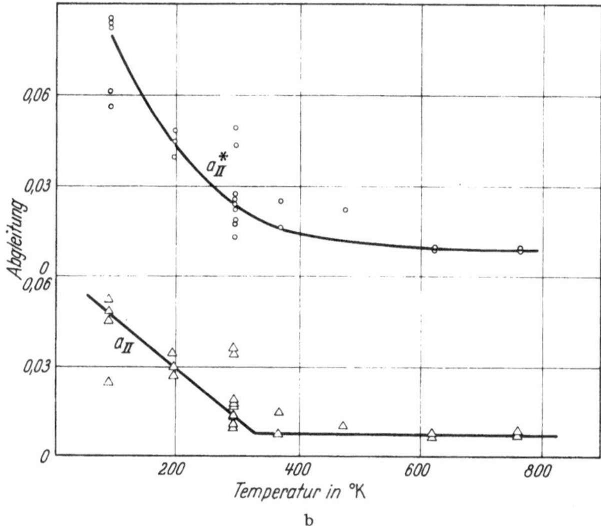

Fig. 17a u. b. Ausdehnung des Bereichs I als Funktion der Temperatur für a) Cu-Einkristalle (nach DIEHL und BERNER [*57*], zum Teil unveröffentlicht); b) Ni-Einkristalle (nach MADER, SEEGER und LEITZ [*22*], zum Teil unveröffentlicht)

γ) Anstieg des Bereichs I. Der Verfestigungskoeffizient ϑ_I, der den Anstieg des Bereichs I angibt, ist wohl die unsicherste Kenngröße der Verfestigungskurve. Diese Unsicherheit zeigt sich in den starken Streuungen und den zum Teil uneinheitlichen Ergebnissen bei den Messungen zur Temperaturabhängigkeit dieser Größe. In Fig. 18 ist für zwei kubisch-flächenzentrierte Metalle ϑ_I als Funktion der Temperatur aufgetragen. Im allgemeinen nimmt ϑ_{I} bzw. die dimensionslose Größe ϑ_{I}/G mit zunehmender Temperatur schwach zu. Wie der Verlauf von $\vartheta_{\mathrm{I}}(T)$ bei Kupfer zeigt, hat auch hier der Reinheitsgrad einen verhältnismäßig großen Einfluß.

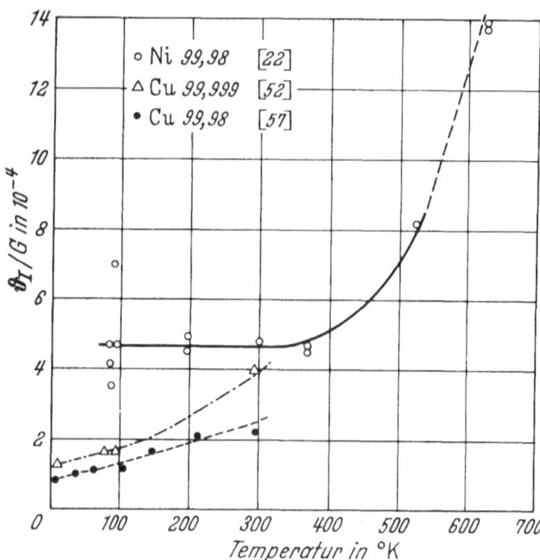

Fig. 18. Verfestigungskoeffizient ϑ_{I} des Bereichs I als Funktion der Temperatur für Kupfer und Nickel

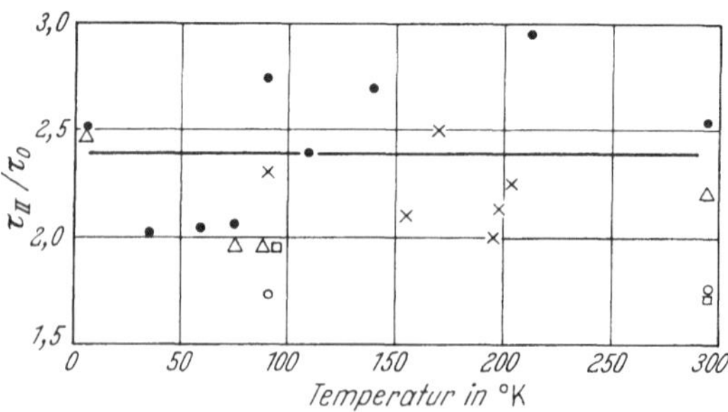

Fig. 19. Temperaturabhängigkeit von $\tau_{\mathrm{II}}/\tau_0$ für Kupfer. ● Cu 99,98 Gew.-% [*52*]; △ Cu 99,999 Gew.-% [*52*]; × Cu 99,98 Gew.-% [*57*]; ○ Ni 99,8 Gew.-% [*22*]; □ Ni+40% Co [*23*]

δ) Bereich II. Der Beginn von Bereich II wird, wie aus Fig. 13 zu entnehmen ist, durch die Größen a_{II} und τ_{II} beschrieben. Die Kenngröße a_{II} wurde, da sie ja die Ausdehnung des Bereichs I charakterisiert, schon im Abschnitt γ besprochen. Der Temperaturverlauf von τ_{II} ist in den meisten bisher untersuchten Fällen demjenigen der kritischen Schubspannung ziemlich ähnlich. Diese Ähnlichkeit hat zur Folge, daß bei der Auftragung des Verhältnisses $\tau_{\mathrm{II}}/\tau_0$ über T ein monotoner Verlauf ohne Knick zustande kommt. Für Kupfer [*57*], Ni—50% Co [*23*] und Ni—60% Co [*23*] ist dieses Verhältnis in Figur 19 dargestellt.

Der dimensionslose Verfestigungskoeffizient $\vartheta_{\mathrm{II}}/G$, der dem Anstieg des Bereichs II zu entnehmen ist, zeigt in allen untersuchten Fällen praktisch keine Temperaturabhängigkeit. Von besonderer Bedeutung für die Theorie ist es vor allem, daß diese Größe, wie aus Fig. 20 zu ersehen ist, für ziemlich alle bisher untersuchten kubisch-flächenzentrierten Metalle und Legierungen (Gold macht eine kleine Ausnahme) in erster Näherung gleich ist.

ε) Bereich III. Die Ausdehnung des Bereichs III wächst mit zunehmender Temperatur auf Kosten des Bereichs II. Das bedeutet, daß a_{III} und τ_{III}, also die Parameter, die den Beginn dieses Bereichs definieren, mit steigender Temperatur kleiner werden. Auf die Darstellung von a_{III}-T-Diagrammen soll, da sie für die Theorie ohne Bedeutung sind, verzichtet werden; in Fig. 21 sind die bisher untersuchten τ_{III}-T-Diagramme zusammengestellt. Nach einem Vorschlag von HAASEN [37] er-

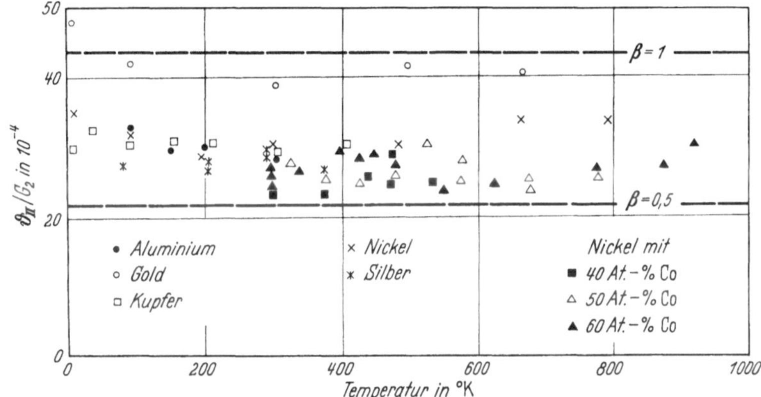

Fig. 20. Temperaturabhängigkeit des Verfestigungskoeffizienten im Bereich II für einige kubisch-flächenzentrierte Metalle und Legierungen nach [58]. Die Angabe der Größe β bezieht sich auf die theoretische Diskussion in Kap. 3, Ziff. 4.5

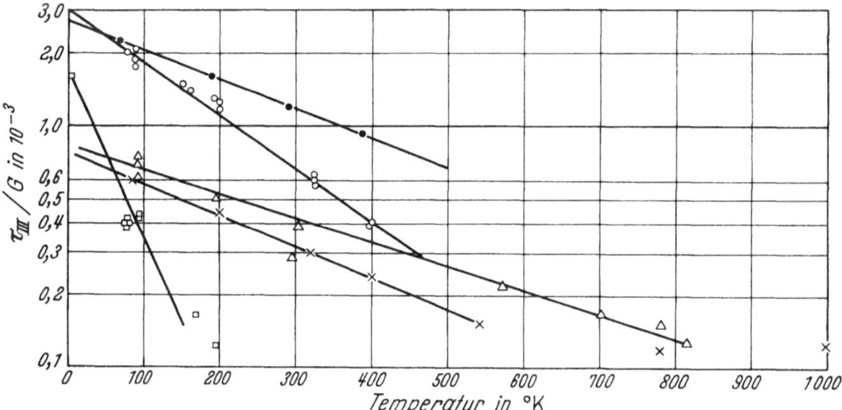

Fig. 21. τ_{III}/G als Funktion der Temperatur für einige kubisch-flächenzentrierte Metalle. ○ Cu [21]; ● Ag [54]; □ Al [21]; × Ni [22]; △ Au [21], [39]

hält man bei der τ_{III}-T-Darstellung Geraden, wenn man die Schubspannung τ_{III} logarithmisch aufträgt. Wie man später bei der Besprechung der Versuchsergebnisse noch sieht, wird die Annäherung dieser ln τ_{III}-T-Darstellung an eine Gerade noch besser, wenn man die Temperaturskala nach Gl. (5.11) (s. Abschnitt 5.2e) mit Hilfe einer Größe, die sich aus der Temperaturabhängigkeit der elastischen Konstanten errechnet, korrigiert.

In den meisten Fällen liegen bei den tieferen Temperaturen die Meßpunkte bei dieser Darstellung mit guter Näherung auf Geraden. Bei höheren Temperaturen weichen sie teils nach oben, teils nach unten von der Geradenform ab. Das Abweichen nach oben ist im Einklang mit der Theorie (vgl. Abschnitt 5.2e). Bei Nickel sind die Abweichungen allerdings größer als nach der Theorie erwartet wird, jedoch sind gerade bei diesem Metall die Hochtemperaturergebnisse sehr unsicher; die Ausdehnung des Bereichs II ist hier so gering und die Kenngrößen τ_{II} und

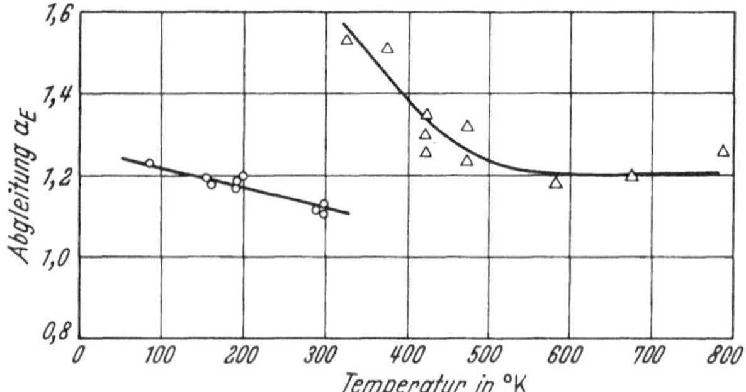

Fig. 22. Temperaturabhängigkeit von a_E. ○ Cu (99,98 Gew.-%) [21]; △ Ni+50% Co [23]

τ_{III} liegen so nahe beieinander, daß es sehr schwierig wird, sie mit ausreichender Genauigkeit anzugeben.

Nach PFAFF [23] findet man bei Ni—50% Co und Ni—60% Co bei höherer Temperatur einen sehr starken Abfall von τ_{III}. Parallel laufende Oberflächenuntersuchungen (s. Abschnitt 4.2a) haben hierbei aber gezeigt, daß diese zusätzliche Entfestigung durch einen anderen als den

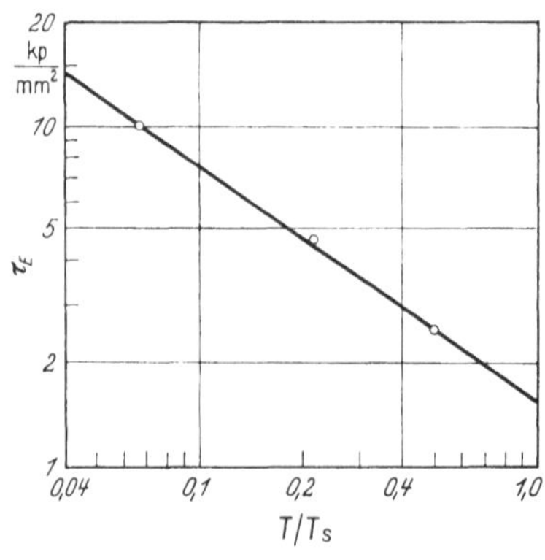

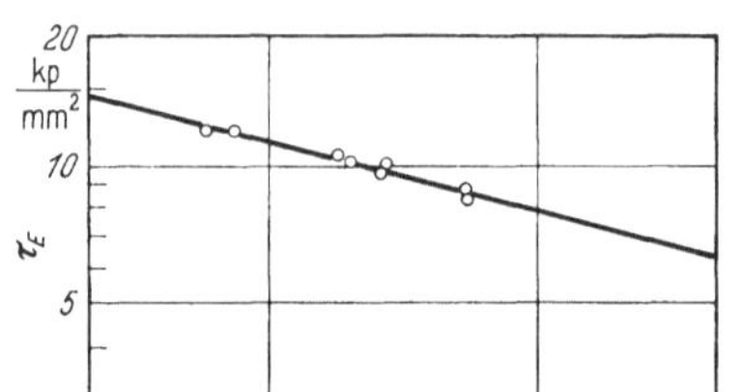

Fig. 23a u. b. Temperaturabhängigkeit von τ_E. a) Bei Gold; b) bei Kupfer. Nach R. BERNER [21]

normalerweise für τ_{III} charakteristischen Prozeß verursacht wird („Auffächerung der Gleitlinien", „Klettern von Stufenversetzungen", vgl. Ziff. 5.3c).

ζ) Brucheinschnürung. Die Brucheinschnürung wird, wie aus Fig. 13 zu entnehmen ist, durch die Größen a_E und τ_E definiert. Interessant ist die Beobachtung, daß bei kubisch-flächenzentrierten Einkristallen der Gesamtverformungsgrad bis zum Bruch, also die Größe a_E, entgegen den allgemeinen technologischen Erfahrungen mit steigender Temperatur kleiner wird (s. Fig. 22). Die Bruchspannung τ_E wird ebenfalls, wie man aus den zahlreichen bei ANDRADE und HENDERSON [*39*] und den in Fig. 23 angeführten Beispielen ersehen kann, mit zunehmender Temperatur kleiner. In Fig. 23 wurden die Maßstäbe sowohl für τ_E als auch für T logarithmisch aufgetragen; bei dieser Auftragungsweise lassen sich nämlich, wie man an den angeführten Beispielen sieht, recht gut Geraden durch die Meßpunkte legen.

e) Geschwindigkeitsabhängigkeit

Obwohl SCHMID und BOAS [*1*] an hexagonalen Metallen schon sehr früh Untersuchungen über die Geschwindigkeitsabhängigkeit der Verfestigungskurven angestellt haben, wurden solche Untersuchungen an kubisch-flächenzentrierten Einkristallen, nämlich an Kupfer [*21*], an Silber [*54*] und an der Ni—40% Co-Legierung [*59*], erst in den letzten Jahren mit Systematik durchgeführt.

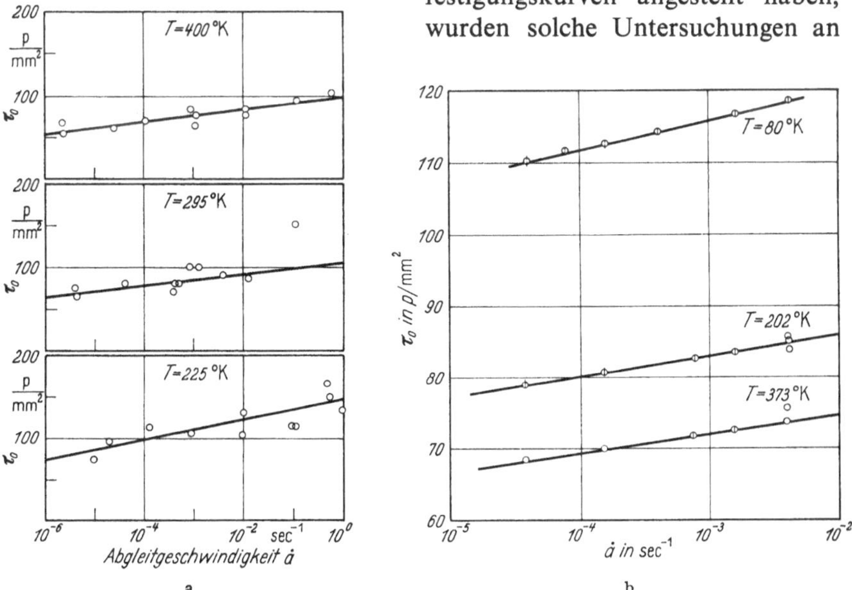

Fig. 24a u. b. Geschwindigkeitsabhängigkeit der kritischen Schubspannung von Einkristallen. a) Bei Kupfer [*21*]; b) bei Silber [*54*]

Wie in Kapitel 3 im einzelnen besprochen wird, finden bei der Versetzungsbewegung thermisch aktivierte Vorgänge statt, die die Abgleitgeschwindigkeit $\dot{a}$ in guter Näherung durch eine Arrheniussche Beziehung bestimmen. Löst man diese Beziehung nach der Aktivierungsenergie U auf, so gilt

$$U = kT \ln \dot{a}_0/\dot{a}, \tag{3.1}$$

wobei $\dot{a}_0$ eine von der geometrischen Konfiguration der Versetzungen abhängige Konstante ist. Man sieht aus dieser Gleichung, daß eine Änderung der Abgleitgeschwindigkeit die Aktivierungsenergie im entgegengesetzten Sinne ändert wie eine gleichsinnige Änderung der Temperatur. Eine genauere Betrachtung zeigt, daß man wegen der logarithmischen Geschwindigkeitsabhängigkeit in Gl. (3.1) bei einer Variation von $\dot{a}$ die Abgleitgeschwindigkeit um mehrere Zehnerpotenzen verändern muß, um merkliche Effekte zu erzielen. Aus diesem Grunde wird bei manchen Untersuchungen auf die genaue Angabe der Verformungsgeschwindigkeit verzichtet.

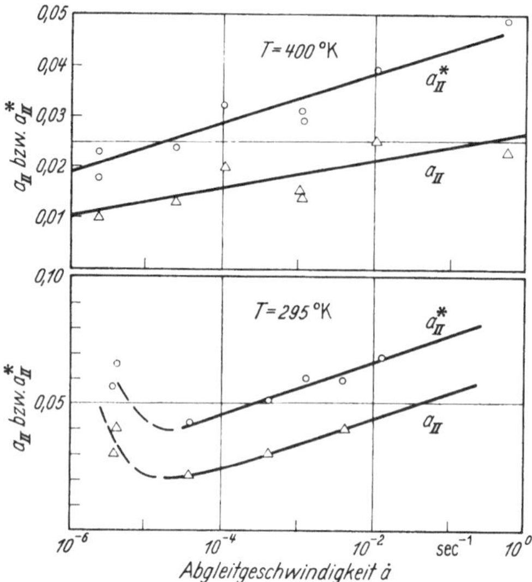

Fig. 25. Geschwindigkeitsabhängigkeit von a_{II} und a_{II}^* von Kupfereinkristallen für verschiedene Temperaturen [21]

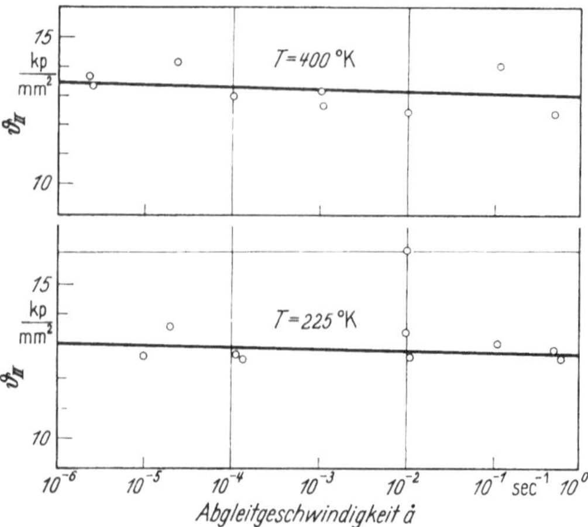

Fig. 26. Geschwindigkeitsabhängigkeit von ϑ_{II} von Kupfereinkristallen für verschiedene Temperaturen [21]

In Fig. 24 ist die Geschwindigkeitsabhängigkeit der kritischen Schubspannung für Kupfer und für Ni—40% Co für verschiedene Temperaturen aufgetragen. Wie aus diesen Ergebnissen zu entnehmen ist, besteht zwischen τ_0 und $\ln \dot{a}$ recht gut ein linearer Zusammenhang.

Die Ausdehnung von Bereich I nimmt, wie man aus Fig. 25 ersehen kann, mit zunehmender Geschwindigkeit zu, wogegen der Anstieg des Bereichs II, entsprechend der fehlenden Temperaturabhängigkeit, unabhängig von der Abgleitgeschwindigkeit ist (Fig. 26).

In Fig. 27 ist für verschiedene Metalle und Legierungen die Geschwindigkeitsabhängigkeit der Kenngröße τ_{III} zusammengestellt. Hier zeigt sich, daß bei logarithmischer Auftragung in recht guter Näherung

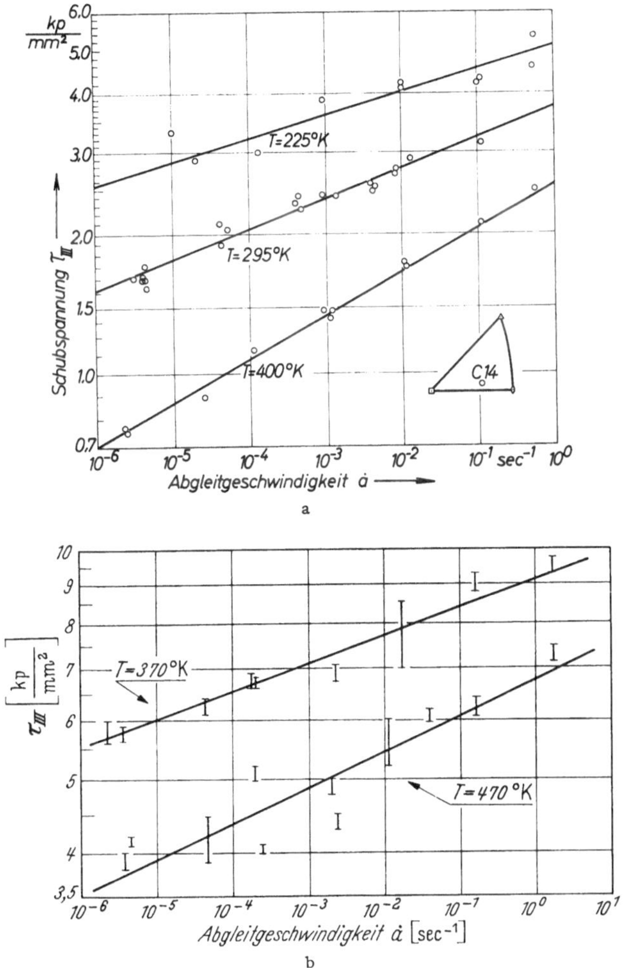

Fig. 27a u. b. Geschwindigkeitsabhängigkeit von τ_{III} für verschiedene Temperaturen bei a) Kupfereinkristallen [*21*], b) Ni-40% Co-Einkristallen [*59*]

ein linearer Zusammenhang zwischen $\ln \tau_{III}$ und $\ln \dot{a}$ besteht. Dieses Ergebnis ist für die theoretische Interpretation (s. Abschnitt 5.2e) von großer Bedeutung.

Auf die Darstellung von weiteren Kenngrößen soll verzichtet werden, da die übrigen Kenngrößen keine Besonderheiten aufweisen und die Geschwindigkeitsabhängigkeit dieser Größen ja auf Grund der bereits bekannten Temperaturabhängigkeit zumindest qualitativ vorausgesagt werden kann. Im übrigen sei hierzu auf die Originalarbeiten [*21*], [*54*], [*59*] verwiesen.

f) Abhängigkeit von Probenform und Kristalldicke

Viele Unterschiede des Verfestigungsverhaltens im Bereich I von Kristallen mit gleicher Orientierung, gleicher Reinheit und gleicher Verformungstemperatur lassen sich auf Einflüsse der äußeren Form und der Kristalldicke zurückführen.

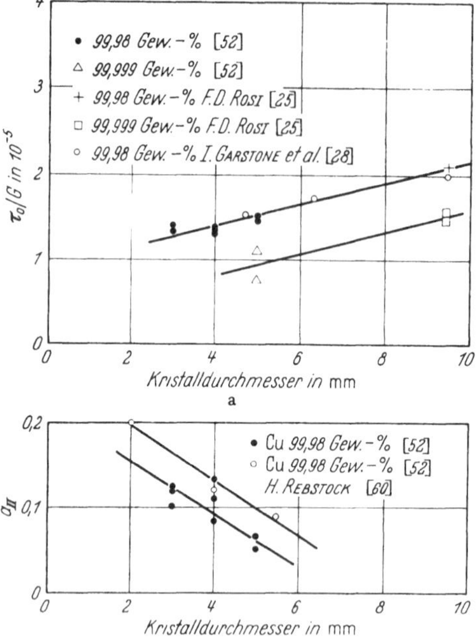

Fig. 28a u. b. Kritische Schubspannung (a) und Ausdehnung des Bereichs I (b) von Kupfereinkristallen bei Raumtemperatur in Abhängigkeit von Probendurchmesser und Reinheitsgrad nach Schüle, Buck und Köster [*52*]

Systematische Untersuchungen hierzu wurden erstmals von Suzuki et al. [*27*] an Kupfereinkristallen mit Eckorientierung durchgeführt. Neuere Messungen an Kupferkristallen mittlerer Orientierung von Schüle, Buck und Köster [*52*], deren Ergebnisse zur Dickenabhängigkeit in Fig. 28 zusammengestellt sind, bestätigen die Messungen von Suzuki et al. weitgehend. In Fig. 28 sind außerdem noch die Messungen von Garstone et al. [*28*], Rosi [*25*] und Rebstock [*60*] mit einbezogen worden. Wie man sieht, hängt die kritische Schubspannung vom Kristalldurchmesser nur relativ schwach ab; wesentlich stärker wirkt sich, wie aus Fig. 28 zu entnehmen ist, der Reinheitsgrad aus. Im Gegensatz zur kritischen Schubspannung ist die Ausdehnung des Bereichs I (a_{II}) wesentlich empfindlicher gegen die äußere Form der Kristalle; so ändert sich diese Größe zwischen 2 mm und 6 mm dicken Kristallen rund um den Faktor drei. Neuere Messungen der Dicken- und Orientierungsabhängigkeit der Verfestigungskurve wurden von Sumino und Yamamoto [*61*] an dünnen, 10 bis 50 μm dicken Kupfertexturkristallen durchgeführt. Im Einklang mit den Messungen von Schüle, Buck und Köster [*52*] zeigen die dünnen Proben einen längeren Bereich I als die dickeren. Ferner ergab sich auch hier, daß die kritische Schubspannung τ_0 praktisch nicht von der Probendicke abhängt. SUMINO und YAMAMOTO [*61*] haben außerdem auch die Orientierungsabhängigkeit untersucht und dabei wie DIEHL [*19*] festgestellt, daß der Verfestigungskoeffizient ϑ_{I} mit zunehmender Annäherung an die $\langle 100 \rangle$-Orientierung stark anwächst. Interessant ist auch die Beobachtung, die WU und SMOLUCHOWSKY [*62*] an rechteckigen Aluminiumkristallen (Seitenverhältnis 1:10) machten; sie fanden, daß bei solchen Kristallen nicht das Gleitsystem mit der größten Schubspannungskomponente als erstes betätigt wurde, sondern jenes, das die geringste Längsausdehnung aufwies. Die Verfasser bezeichneten deshalb das betätigte System als das Gleitsystem mit dem geringsten „Gleitweg".

g) Überschießen

Bei der Besprechung der Geometrie der Gleitung in Abschnitt 2.4 wurde bereits auf die Möglichkeit des „Überschießens" hingewiesen. Dieser Effekt wurde bei zahlreichen kubisch-flächenzentrierten Metallen wie Ni [*42*], Cu [*41*], [*42*], Ag [*41*], Au [*41*], [*21*] und vielen Legierungen wie z.B. Ag—Au [*41*], α-Messing [*45*], [*47*], [*63*], Ni—Co [*20*], [*23*], [*50*], [*59*] festgestellt.

Zur Beobachtung des Überschießens und vor allem zur Feststellung des Umkehrpunktes der Stabachse bedient man sich vier verschiedener Methoden, die häufig miteinander kombiniert werden:

A. Röntgenmethode. Hierzu eignet sich besonders das Drehkristallverfahren, da wegen des ellipsenförmigen Querschnitts des verformten Kristalls die jeweiligen Reflexe (z.B. die $\langle 111 \rangle$-Reflexe) beim Erreichen der Symmetralen nicht exakt zusammenfallen. Man kann dann leicht aus der relativen Lage der zusammengehörigen Reflexe feststellen, ob der Kristall diesseits oder jenseits der Symmetralen liegt. Aus Symmetriegründen ließe sich dies aus einer Laue-Aufnahme nicht entnehmen.

B. Beobachtung der Gleitspuren. Aus der Beobachtung der Gleitspuren an der Kristalloberfläche läßt sich vor allem recht gut feststellen, wann der Umkehrpunkt erreicht ist. Am Umkehrpunkt wird die Gleitung beinahe vollständig vom sog. konjugierten Gleitsystem übernommen; die Gleitlinienstreifung ist dann vom Umkehrpunkt an anders orientiert.

C. Unregelmäßigkeiten in der Kraft-Dehnungs-Kurve. Wie schon von PIERCY et al. [*49*] an α-Messing festgestellt wurde, zeigt die Kraft-Dehnungs-Kurve bei der Umkehr des Achsenpfades einen Knick. Nach PFEIFFER und SEEGER [*50*] ist dieser Knick bei Ni—Co-Legierungen nicht sehr ausgeprägt; man kann ihn jedoch feststellen, wenn man die Kurventeile vor und nach dem Umbiegen der Kraft-Dehnungs-Kurve linear extrapoliert.

D. Unregelmäßigkeiten in der Verfestigungskurve. Nimmt man bei der Berechnung der Verfestigungskurve aus der Kraft-Dehnungs-Kurve an, daß bei Erreichen der Symmetralen die Gleitung mit symmetrischer Doppelgleitung fortgeführt wird, so biegt die berechnete Verfestigungskurve nach *oben* um, wenn die Stabachse tatsächlich überschießt.

Als Maß für das Überschießen gibt man die dimensionslose Größe *ü* an, die wie folgt definiert ist:

$$ü = \frac{\tau_{ko} - \tau_0}{\tau_{pr} - \tau_0}. \tag{3.2}$$

Der Zähler dieses Ausdrucks stellt die sog. latente und der Nenner die sog. primäre Verfestigung dar; dabei bedeuten τ_{ko} die Schubspannung im konjugierten und τ_{pr} die Schubspannung im primären Gleitsystem, jeweils gemessen am Umkehrpunkt. An Stelle von *ü* wird gelegentlich auch das Verhältnis τ_{ko}/τ_{pr} angegeben. Näherungsweise sind diese beiden Werte einander gleich.

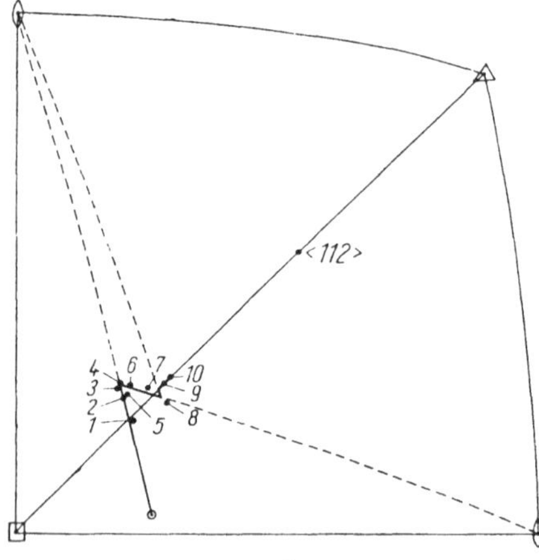

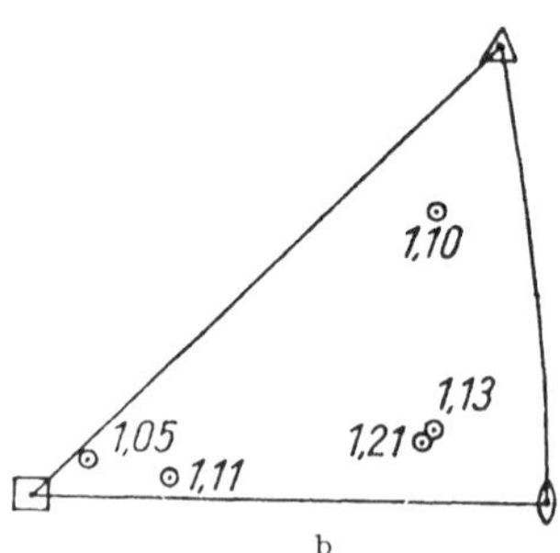

Fig. 29a u. b. Achsenpfad (a) und Orientierungsabhängigkeit des Verfestigungsverhältnisses *ü* (b) beim Überschießen für Raumtemperaturverformung von Ni+40% Co-Einkristallen [*50*]

In jüngster Zeit wurde das Überschießen vorwiegend am System Ni—Co untersucht. In Fig. 29a ist der typische Verlauf des Achsenpfads eines Ni—40% Co-Einkristalls aufgezeichnet. Dieses Bild stammt ebenso wie Fig. 29b aus der Arbeit von PFEIFFER und SEEGER [*50*], in der hauptsächlich die Orientierungsabhängigkeit der Raumtemperaturverfestigungskurve von Ni—Co-Kristallen untersucht wurde. Die Ergebnisse über die Orientierungsabhängigkeit des Verfestigungsverhältnisses *ü* für Ni—40% Co-Kristalle sind in Fig. 29b dargestellt.

Über die Temperatur- und Konzentrationsabhängigkeit des Überschießens kann man auf Grund der Ergebnisse von MEISSNER [*20*], PFAFF [*23*], PFEIFFER und SEEGER [*50*] folgendes sagen:

Oberhalb Raumtemperatur ist das Verfestigungsverhältnis $\ddot{u}$ nahezu konstant, unterhalb Raumtemperatur nimmt es dagegen mit abnehmender Temperatur etwas zu; dieses Ergebnis ist im Einklang mit Beobachtungen an reinen Kupferkristallen. Während Kupfer bei Raumtemperatur nur wenig überschießt [*41*], [*42*], [*64*], finden Buck und Essmann [*65*] bei der Temperatur des flüssigen Heliums relativ große Werte für $\ddot{u}$ ($\ddot{u} = 1{,}25 - 1{,}3$).

Im Gegensatz zu den Beobachtungen an Au—Ag-Kristallen [*41*] finden die genannten Verfasser [*20*], [*23*], [*50*] für das System Ni—Co bei den untersuchten Temperaturen keine ausgeprägte Konzentrationsabhängigkeit des Überschießens.

3.2. Hexagonale Kristalle

a) Zur Kristallographie der plastischen Verformung und der Versetzungsstruktur der hexagonalen Kugelpackung

Schon vor mehreren Jahren wurde von Mott [*66*], [*67*] und Seeger [*2*], [*3*], [*53*], [*68*] darauf hingewiesen, daß das plastische Verhalten hexagonal dichtest gepackter Kristalle, verglichen mit demjenigen kubisch-flächenzentrierter und kubisch-raumzentrierter Kristalle, in gewisser Hinsicht besonders einfach sein sollte. Hexagonale Kristalle sind deshalb sehr geeignet, die bei der plastischen Verformung maßgebenden Grundprozesse zu untersuchen. Wie sich zeigen wird, gilt dies besonders im Bereich tiefer Temperaturen, bei denen eine enge Verwandtschaft zwischen der Verformung hexagonaler Kristalle durch Basisgleitung und dem Bereich I der kubisch-flächenzentrierten Kristalle besteht.

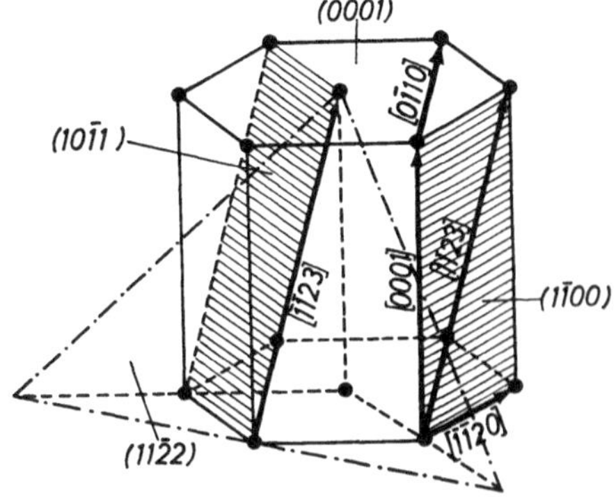

Fig. 30. Zur Veranschaulichung der in hexagonalen Metallen auftretenden Gleitebenen und Burgers-Vektoren. Die Atome der zwischen den beiden gezeichneten Ebenen liegenden Basisebenen sind der Übersichtlichkeit wegen weggelassen

Diese ausgezeichnete Stellung der hexagonalen Metalle ist eng mit der Kristallstruktur der hexagonalen Kugelpackung und den in ihr auftretenden Gleitsystemen verknüpft. Zunächst wollen wir die möglichen Gleitrichtungen und Gleitebenen betrachten. Experimentell werden folgende in Fig. 30 eingezeichneten und in Tabelle 1 aufgeführten Gleitrichtungen bzw. Burgers-Vektoren beobachtet:

$$\tfrac{1}{3}\langle\bar{2}110\rangle, \quad \langle 10\bar{1}0\rangle, \quad \langle 0001\rangle, \quad \tfrac{1}{3}\langle 11\bar{2}3\rangle.$$

Aus energetischen Gründen treten für eine vorgegebene Gleitrichtung bevorzugt diejenigen Versetzungen auf, die die kürzesten Burgers-Vektoren besitzen. Die Abstände kristallographisch gleichwertiger Atome für die oben angegebenen Gleitrichtungen, d.h. die Längen der kürzesten Burgers-Vektoren, sind ebenfalls in Tabelle 1 angeführt. In Tabelle 1 bedeutet a den nächsten Abstand zwischen den Atomen der Basisebene* und c den Abstand zwischen übernächsten Basisebenen. Es ist üblich,

Tabelle 1. *Gleitrichtungen, Gleitebenen und Zwillingsebenen in hexagonalen Metallen*

Gleitrichtung bzw. Burgers-Vektor		$\frac{1}{3}\langle\bar{2}110\rangle$	$\langle 10\bar{1}0\rangle$	$\langle 0001\rangle$	$\frac{1}{3}\langle 11\bar{2}3\rangle$	
Länge des Burgers-Vektors		a	$a\cdot\sqrt{3}$	c	$\sqrt{a^2+c^2}$	Zwillings-ebenen
beob-achtete Gleit-ebenen	$c/a=$ Zn 1,856	$(0001), \{01\bar{1}0\}$			$\{\bar{1}\bar{1}22\}$	$\{10\bar{1}2\}$
	Cd 1,886	$(0001), \{01\bar{1}0\}$			$\{\bar{1}\bar{1}22\}$	$\{10\bar{1}2\}$
	Mg 1,623	$(0001), \{01\bar{1}0\}$	$\{10\bar{1}1\}$, $\{11\bar{2}2\}$			$\{10\bar{1}2\}$
	Co 1,623	(0001)			$\{\bar{1}\bar{1}22\}$	$\{11\bar{2}1\}, \{11\bar{2}2\}, \{10\bar{1}2\}, \{11\bar{2}2\}, \{11\bar{2}4\}$
	Ti 1,587	$\{10\bar{1}0\}, \{10\bar{1}1\}, (0001)$				$\{11\bar{2}1\}, \{10\bar{1}2\}, \{11\bar{2}2\}, \{11\bar{2}3\}, \{11\bar{2}4\}$
	Be 1,568	$(0001), \{10\bar{1}0\}$				

die Versetzungen mit Burgers-Vektoren $\langle\bar{2}110\rangle$ als $\boldsymbol{a}$-Versetzungen und die Versetzungen mit Burgers-Vektoren $[0001]$ als $\boldsymbol{c}$-Versetzungen [*2*] zu bezeichnen. Kennzeichnend für die $\boldsymbol{a}$- und $\boldsymbol{c}$-Versetzungen ist, daß sie nicht miteinander reagieren, da ihre Burgers-Vektoren senkrecht aufeinander stehen und deshalb von ihnen auch keine nichtgleitfähigen Versetzungen, wie z.B. die Lomer-Cottrell-Versetzungen bei den kubisch-flächenzentrierten Metallen, gebildet werden können. Dagegen können Versetzungen mit Burgers-Vektoren $\frac{1}{3}\langle 11\bar{2}3\rangle$ unter Energiegewinn mit den $\boldsymbol{a}$- oder $\boldsymbol{c}$-Versetzungen reagieren, z.B. nach der Reaktionsgleichung

$$\tfrac{1}{3}[11\bar{2}3]+\tfrac{1}{3}[\bar{1}\bar{1}20]=[0001].$$

Derartige Versetzungen vermögen somit stabile Versetzungsknoten mit $\boldsymbol{a}$- oder $\boldsymbol{c}$-Versetzungen zu bilden. Wenn jedoch die Versetzungen mit den verhältnismäßig langen $\frac{1}{3}\langle 11\bar{2}3\rangle$-Burgers-Vektoren keine Rolle spie-

* Eine Verwechslung mit der Abgleitung a ist wohl nicht möglich.

len (wofür die energetischen Überlegungen von Kap. 1, Ziff. 1.4a sprechen), so besteht die Versetzungsstruktur der hexagonalen Metalle aus zwei nicht miteinander durch stabile Knoten verbundenen Netzwerken der $\boldsymbol{c}$- und $\boldsymbol{a}$-Versetzungen.

Neben dem Burgers-Vektor ist das Gleitsystem noch durch die dazugehörige Gleitebene festgelegt. Erfahrungsgemäß treten als Gleitebenen die dichtest gepackten Netzebenen in Erscheinung. Da bei hexagonalen Metallen für übernormale Achsenverhältnisse $c/a > \sqrt{8/3}$ die Basisebenen (0001) und für unternormale Achsenverhältnisse $c/a < \sqrt{8/3}$ die Prismenebenen erster Art $\{10\bar{1}0\}$ die am dichtesten mit Atomen belegten Ebenen sind, besteht eine Abhängigkeit der betätigten Gleitebenen vom Achsenverhältnis c/a. Hierauf wurde besonders von Rosi, Dube und Alexander [*69*] hingewiesen. Ein weiterer bei der Auswahl der Gleitebenen mitwirkender Faktor ist nach Seeger [*70*] die Stapelfehlerenergie γ in der Basisebene, denn bei Metallen mit niedriger Stapelfehlerenergie sind die in der Basisebene liegenden $\boldsymbol{a}$-Versetzungen in unvollständige Versetzungen aufgespalten. Da in Prismenebenen eine Aufspaltung der Versetzungen nicht möglich ist, benachteiligt dieser Umstand Versetzungen in den Prismenebenen in energetischer Hinsicht gegenüber denjenigen in der Basisebene. Es ist deshalb zu erwarten, daß auch bei Metallen mit mittleren Achsenverhältnissen, z.B. Magnesium und Kobalt (beide mit $c/a \approx 1{,}63 = \sqrt{8/3}$), wie bei Zink und Kadmium, die beide ein stark übernormales Achsenverhältnis besitzen, die Basisgleitung vorherrschend ist. Neben der Basisebene und den Prismenebenen werden aber auch die Pyramidenebenen erster Art und erster Ordnung $\{10\bar{1}1\}$ und die Pyramidenebenen zweiter Art und zweiter Ordnung $\{11\bar{2}2\}$ als Gleitebenen beobachtet (s. Fig. 30).

Welche der hier erwähnten vier Gleitebenenscharen tatsächlich gefunden werden, hängt von einer Reihe von Faktoren ab.

A. Zunächst ist der schon erwähnte Einfluß der Packungsdichte zu berücksichtigen, der aus sterischen Gründen für $c/a \gtrless \sqrt{\frac{8}{3}}$ Basisebene bzw. Prismenebene erster Art begünstigt. Unter den Pyramidenebenen sind immer die Pyramidenebenen erster Art und erster Ordnung $\{10\bar{1}1\}$ die dichtest gepackten Ebenen.

B. Die Gleitung auf durchlaufend mit Atomen belegten Gleitebenen (Basisebene, Pyramidenebene $(11\bar{2}2)$) ist gegenüber derjenigen auf gewellten Prismenebenen $\{10\bar{1}0\}$ und den ebenfalls gewellten Pyramidenebenen $\{10\bar{1}1\}$ begünstigt.

C. Wie bei den kubischen Metallen findet die Abgleitung bevorzugt in den Gleitsystemen mit der größten Schubspannung statt.

D. Da wohl in der Basisebene, nicht aber in den Prismenebenen erster und zweiter Art sowie in den Pyramidenebenen erster Art eine

Aufspaltung der Versetzungen in unvollständige Versetzungen unter Energiegewinn möglich ist, sind die Versetzungen in der Basisebene energetisch bevorzugt. Eine Aufspaltung in unvollständige Versetzungen ist auch in der $\{11\bar{2}2\}$-Pyramidenebene möglich, worüber weiter unten berichtet werden wird.

Der Einfluß der Kristallorientierung wird besonders bei der Gleitung auf Prismen- und Pyramidenebenen deutlich. Gleitung auf Prismenebenen wurde vor allem von Gilman [*71*], Bell und Cahn [*72*], Cahn, Bear und Bell [*73*] bei Zink und von Gilman [*74*] bei Kadmium untersucht. Diese Metalle besitzen ein stark übernormales Achsenverhältnis (Zn: $c/a=1{,}856$; Cd: $c/a=1{,}886$). Für mittlere Orientierungen (d.h. Stabachse weder ungefähr parallel noch ungefähr senkrecht zur hexagonalen Achse — s. Fig. 31f) tritt deshalb ganz überwiegend Basisgleitung auf. Bei den von Gilman [*71*], [*74*] untersuchten Kristallen lag die Basisebene jedoch genau parallel zur Zugachse. In diesem Falle verschwindet aber die Schubspannung in der Basisebene, so daß die Basisgleitung unterdrückt wird und die plastische Verformung durch Prismengleitung $\{10\bar{1}0\}$ $\langle 1\bar{2}10\rangle$ erfolgt.

Gleitung auf der Pyramidenebene zweiter Art $\{11\bar{2}2\}$ mit $\langle 11\bar{2}3\rangle$-Gleitrichtung wurde bei Zink von Bell und Cahn [*72*] und bei Cd von Price [*75*] sowie Stoloff und Gensamer [*76*] gefunden. Das Auftreten der Pyramidenebene zweiter Art ist besonders interessant, da die Pyramidenebenen erster Art dichter gepackt sind und deshalb eigentlich auch in Erscheinung treten sollten. Nach Price [*77*] ist dieser scheinbare Widerspruch möglicherweise auf die energetische Bevorzugung der Versetzungen in den $\{11\bar{2}2\}$-Ebenen zurückzuführen, denn in diesen wenig gewellten Pyramidenebenen ist eine Aufspaltung in unvollständige Versetzungen unter Energiegewinn denkbar [*78*]. In diesem Zusammenhang wurde von Rosenbaum und Kronberg [*79*] ein Modell für die Gleitung auf der Pyramidenebene $\{11\bar{2}2\}$ diskutiert, das von einer Aufspaltung der Versetzung in drei Teilversetzungen in drei aufeinanderfolgenden $\{11\bar{2}2\}$-Ebenen ausgeht. Eine derartige Versetzungskonfiguration ist verhältnismäßig leicht gleitfähig, da sie die gegenseitige Behinderung der Atome beim Gleiten verringern kann. Möglicherweise ist auf diesen rein sterischen Einfluß die Betätigung der $\{11\bar{2}2\}$-Gleitebene zurückzuführen.

Unter welchen Bedingungen Prismen- oder Pyramidengleitung auftritt, ist bisher noch nicht systematisch untersucht worden. Es scheint jedoch der genaue Wert des Winkels zwischen Zugachse und Basisebene hierbei eine wichtige Rolle zu spielen, denn bei der von Gilman [*71*], [*74*] beobachteten Prismengleitung in Zn und Cd betrug dieser Winkel 0°, während bei Bell und Cahn [*72*] und Stoloff und Gensamer [*76*], die Pyramidengleitung gefunden haben, dieser Winkel 1,5° bis 4° betrug.

Bei Magnesium wurden die oben erwähnten Pyramidenebenen erster Art $\{10\bar{1}1\}$ oberhalb 225° C und unter besonderen Zwangsbedingungen gefunden ([*80*] bis [*83*]). Prismengleitung $\{10\bar{1}0\}$ $\langle 1\bar{2}10\rangle$ spielt bei Mg mit abnehmender Temperatur für Orientierungen in der Umgebung des Großkreises $\langle 10\bar{1}0\rangle$—$\langle 11\bar{2}0\rangle$ (Basisebene) eine zunehmende Rolle [*83*]. Als wichtigste Gleitebene tritt jedoch auch bei Mg, vor allem bei mittleren Orientierungen, die Basisebene in Erscheinung.

Bei den Metallen Titan ($c/a = 1{,}587$) und Beryllium ($c/a = 1{,}568$), die beide ein stark unternormales Achsenverhältnis aufweisen, sind die Prismenebenen erster Art $\{10\bar{1}0\}$ die wichtigsten Gleitebenen, wie auch auf Grund der vorstehend diskutierten theoretischen Vorstellungen zu erwarten ist.

Unsere bisherigen Ausführungen bezogen sich auf die plastische Verformung durch *Gleitung* auf den Basis-, Prismen- und Pyramidenebenen. Außer durch Gleitung können sich die hexagonalen Metalle auch durch *Zwillingsbildung* plastisch verformen. Diese spielt, wie wir sehen werden, vor allem bei Orientierungen, die einen kleinen Winkel mit der hexagonalen Achse oder der Basisebene einschließen, eine wichtige Rolle. Fassen wir einen Zug- oder Druckversuch ins Auge, so ist bei Orientierungen in der Nähe der hexagonalen Achse die Schubspannung sowohl in der Basisebene als auch in den Prismenebenen sehr klein, so daß die zur Betätigung der Versetzungsgleitung erforderliche kritische Schubspannung in diesen kristallographischen Ebenen oft nicht erreicht wird. Es ist jedoch möglich, daß die Schubspannung in den Zwillingssystemen ausreicht, um Zwillingsbildung hervorzurufen. Bei Kristallorientierungen, die in der Nähe der Basisebene liegen, ist wiederum die Schubspannungskomponente in der Basisebene sehr klein, während in den Prismen- und Pyramidenebenen je nach Orientierung eine mehr oder weniger große Schubspannungskomponente wirkt. Die kritische Schubspannung für die Gleitung auf Prismen- und Pyramidenebenen [*71*], [*74*], [*76*] ist jedoch so groß, daß an der plastischen Verformung auch hier, wenn auch zu einem geringeren Teil, Zwillingsbildung beteiligt sein kann.

Ein Zwilling wird von zwei aneinandergrenzenden Kristallbereichen gebildet, die durch Spiegelung an einer Ebene oder an einer Geraden ineinander übergeführt werden können (s. Fig. 31a). Zwillinge sind durch ihre Gleitfläche, auch Zwillingsebene genannt, ihre Gleitrichtung und ihre Scherung s gekennzeichnet. Die Bedeutung dieser sog. Zwillingselemente wird am übersichtlichsten an Hand des Holzscheibenmodells verständlich. In diesem Modell kann man sich die für die Zwillinge charakteristische Lage der beiden benachbarten Kristallbereiche durch Verschieben der Netzebenen des einen Kristallteils um einen linear mit wachsendem Abstand von der Trennungsfläche zunehmenden Betrag entstanden denken. Der abgeglittene Kristallbereich erfährt dabei eine homogene Scherung s, die der Abgleitung a in diesem Kristallbereich entspricht. Die Richtung, in welcher die Verschiebung der Netzebenen erfolgt, bezeichnet man als die Gleitrichtung des Zwillings.

Die Verwachsungsfläche der beiden Kristallbereiche ist häufig mit der Gleitfläche des Zwillings identisch. Zwillinge können bereits beim Wachsen des Kristalls entstehen, man spricht dann von Wachstumszwillingen, oder aber sie werden bei der plastischen Verformung gebildet.

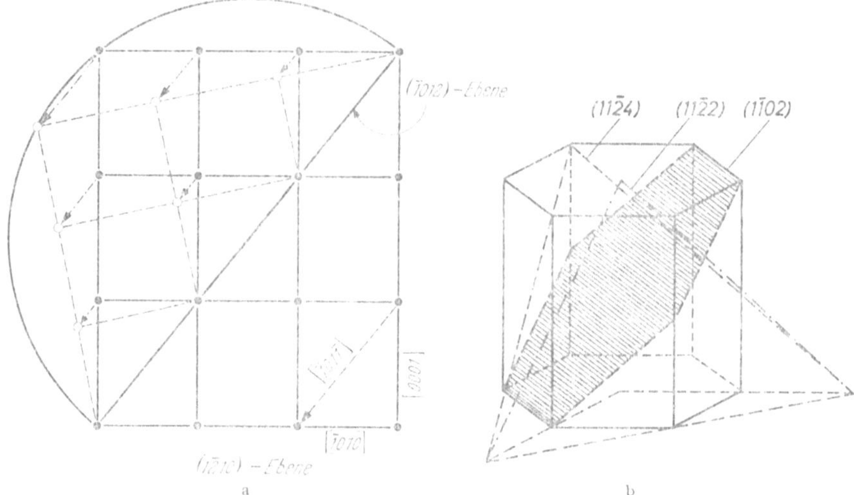

Fig. 31a—f. Zur Zwillingsbildung. a) Verschiebung der Atome bei der normalen Zwillingsbildung in hexagonalen Metallen für $c/a > \sqrt{3}$. Es sind jeweils die Eckatome der Elementarzelle in der $(1\bar{2}10)$-Ebene eingezeichnet. ● Atomlage vor der Verschiebung. ○ Atomlage nach der Verschiebung. Die Lage der verschobenen Atome erhält man durch Spiegelung der unverschobenen Atome an der $(\bar{1}012)$-Ebene, die in diesem Fall auch Verwachsungsebene beider Kristallteile ist. b) Die wichtigsten in hexagonalen Metallen auftretenden Zwillingsebenen

Wegen einer gründlichen Behandlung der Kristallographie der Zwillingsbildung sei auf die Bücher von Schmid und Boas [*1*] und von Hall [*84*] verwiesen. Im folgenden werden wir vor allem das Auftreten der Zwillingsbildung beim Zug- oder Stauchversuch an Einkristallen diskutieren.

Als Zwillingsebenen kommen bei den hexagonalen Metallen die Pyramidenebenen erster und zweiter Art in Frage, wobei noch verschiedene Ordnungen auftreten können (s. Fig. 31b). Man bezeichnet die am häufigsten beobachtete Zwillingsbildung in der $\{10\bar{1}2\}$-Ebene (Pyramidenebene erster Art, zweiter Ordnung) mit $\langle 10\bar{1}1\rangle$-Gleitrichtung als die normale Zwillingsbildung und die Zwillingsbildung auf den Pyramidenebenen zweiter Art und n-ter Ordnung $\{11\bar{2}n\}$ nach Hall [*84*] als die anomale Zwillingsbildung. Zu jedem hier angeführten Typus der Zwillingsbildung gehören infolge der hexagonalen Symmetrie sechs kristallographisch gleichwertige Zwillingssysteme. Welche dieser zahlreichen

Zwillingssysteme bei der plastischen Verformung betätigt werden, hängt von verschiedenen Faktoren ab. Eine vorläufige Auswahl erfolgt durch die Art des Verformungsversuchs. Beim Zugversuch können nur diejenigen Zwillingssysteme, die zu einer Verlängerung des Kristalls führen, angeregt werden, während umgekehrt beim Stauchversuch die betätigten Zwillingssysteme eine Verkürzung des Kristalls hervorrufen müssen. Einen wichtigen Einfluß haben ferner das Achsenverhältnis c/a und die kristallographische Orientierung der Zug- oder Druckrichtung. Dies wollen wir an Hand der normalen Zwillingsbildung, die bereits von SCHMID und BOAS [*1*] ausführlich behandelt wurde, diskutieren.

Nach SCHMID und BOAS [1] beträgt die Scherung bei der normalen Zwillingsbildung

$$s=[(c/a)^2-3]\,a/3c\,. \qquad (3.3)$$

Wir entnehmen Gl. (3.3), daß die Scherung s bei $c/a=\sqrt{3}$ ihr Vorzeichen wechselt. Um übersichtliche Verhältnisse zu bekommen, betrachten wir zunächst nur den Fall $c/a>\sqrt{3}$. Die Berechnung der mit der Zwillingsbildung verknüpften Abgleitung ist mit Hilfe der Scherung s und den von SCHMID und BOAS [*1*] angegebenen Beziehungen möglich. So ergibt die Betätigung sämtlicher 6 normalen Zwillingssysteme bei Orientierungen in der Nähe der hexagonalen Achse eine Verkürzung des Kristalls, während bei Orientierungen in der Nähe der Basisebene eine Verlängerung eintritt. Dementsprechend tritt die normale Zwillingsbildung im Zugversuch bei Orientierungen in der Nähe der Basisebene und im Stauchversuch bei Orientierungen in der Nähe der hexagonalen Achse auf. Zwischen diesen zwei extremen Orientierungsbereichen, die wir als die Bereiche I und IV bezeichnen wollen, liegen die Übergangsbereiche II und III, die in Fig. 31c für den Fall des Zinks nach SCHMID und BOAS [*1*] eingezeichnet sind. Im Bereich II liefern 2 Zwillingssysteme eine Verlängerung und 4 eine Verkürzung, während im Bereich III 4 Systeme eine Verlängerung und 2 Systeme eine Verkürzung des Kristalls ergeben. Bei Achsenverhältnissen $c/a<\sqrt{3}$ sind im vorstehenden die Worte Verkürzung und Verlängerung sowie Stauchversuch und Zugversuch miteinander zu vertauschen.

Die nach HALL als anomal bezeichnete Zwillingsbildung in den Pyramidenebenen zweiter Art wurde neben der normalen Zwillingsbildung vor allem bei Metallen mit einem unternormalen Achsenverhältnis gefunden. So berichten ROSI, ALEXANDER und DUBE [*69*], LIU und STEINBERG [*85*] und RAPPERPORT und HARTLEY [*86*] über anomale Zwillingsbildung in Titan bzw. Zirkon. DAVIS und TEGHTSOONIAN [*87*] finden in Kobalt nach Zugverformung bei —196° C die $\{11\bar{2}1\}$ Zwillingsebene, während SEEGER u. Mitarb. [*88*] nach Zugverformung bei Raumtemperatur in Kobalt die $\{11\bar{2}2\}$- und die $\{11\bar{2}4\}$-Zwillingsebene finden.

Die anomale Zwillingsbildung auf den Zwillingsebenen $\{11\bar{2}2\}$ und $\{11\bar{2}4\}$ wurde von SEEGER u. Mitarb. [*88*] für Kobalt genauer diskutiert. Nach HALL [*84*] tritt bei der $\{11\bar{2}2\}$-Zwillingsebene als Gleitrichtung $\langle\bar{1}\bar{1}2\bar{3}\rangle$ auf. Die Scherung beträgt für dieses Zwillingssystem

$$s=(1-a^2/c^2)\,c/a\,. \tag{3.4}$$

Im Falle der $\{11\bar{2}4\}$-Zwillingsbildung ist die Gleitrichtung $\langle\bar{2}\bar{2}43\rangle$; die Scherung lautet

$$s=(c^2/a^2-4)\,a/2c\,. \tag{3.5}$$

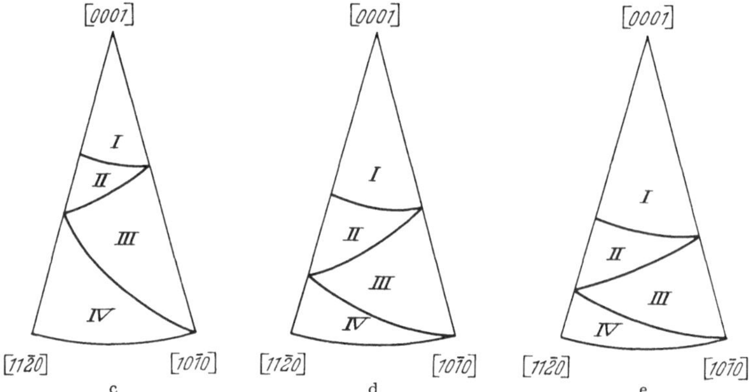

Fig. 31 c—e. c) Orientierungsabhängigkeit der normalen Zwillingsbildung bei Zug- und Druckverformung für Zn-Einkristalle, $c/a=1{,}856$ (nach SCHMID und BOAS [*1*]). Diskussion s. Text. d) Orientierungsabhängigkeit der anomalen Zwillingsbildung bei Zug- und Druckverformung für die $\{11\bar{2}2\}$-Zwillingsebene in Kobalt, $c/a=1{,}623$ (nach SEEGER u. Mitarb. [*88*]). e) Wie d), jedoch für die $\{11\bar{2}4\}$-Zwillingsebene.

Den Beziehungen (3.4) und (3.5) ist zu entnehmen, daß eine Umkehrung der Abhängigkeit vom Zug- und Stauchversuch, wie bei der normalen Zwillingsbildung, für die bei den hexagonalen Metallen vorkommenden Achsenverhältnisse c/a nicht eintritt, da der Vorzeichenwechsel der Scherungen bei der $\{11\bar{2}2\}$-Zwillingsbildung schon bei $c/a=1$ und bei der $\{11\bar{2}4\}$-Zwillingsbildung erst bei $c/a=2$ erfolgt. Bei der anomalen Zwillingsbildung braucht deshalb die Abhängigkeit vom Achsenverhältnis nicht gesondert betrachtet zu werden. Nach SEEGER u. Mitarb. [*88*] zerfällt das Orientierungsdreieck wie bei der normalen Zwillingsbildung sowohl bei der $\{11\bar{2}2\}$- als auch bei der $\{11\bar{2}4\}$-Zwillingsbildung wiederum in 4 Bereiche, wie Fig. 31d und Fig. 31e zu entnehmen ist. Im Bereich I in der Nähe der hexagonalen Achse liefern sämtliche 6 Systeme eine Verkürzung des Kristalls. In den anschließenden Bereichen II und III ergeben vier Systeme eine Verkürzung und zwei Systeme eine Verlängerung, bzw. zwei Systeme eine Verkürzung und vier Systeme eine Verlängerung des Kristalls. Im Bereich IV schließlich liefern sämtliche 6 Systeme eine Verlängerung des Kristalls.

Auf Grund dieser Ergebnisse erwartet man die anomale Zwillingsbildung im Stauchversuch für Orientierungen in der Umgebung der hexagonalen Achse und beim Zugversuch für Orientierungen in der Nähe der Basisebene. Zusammenfassend kann gesagt werden, daß man beim Zugversuch die anomale Zwillingsbildung bei Metallen mit einem Achsenverhältnis $c/a<\sqrt{3}$ bei Orientierungen in der Umgebung der Basisebene findet und daß mit abnehmendem Achsenverhältnis die Zahl der beobachteten Zwillingsebenen zunimmt.

Neben der Zwillingsbildung tritt bei Orientierungen in der Nähe der c-Achse eine weitere Ausnahmeerscheinung auf, die man nach SCHMID und BOAS [*1*] als geometrische Entfestigung bezeichnet. Bei diesen Kristallen ist im Zugversuch die Schubspannungskomponente in der Basisebene und in den Prismenebenen sehr klein. Die kritische Schubspannung wird deshalb erst bei großen angelegten Zugspannungen erreicht. Sobald das Gleiten von Versetzungen einsetzt, wird der Winkel zwischen c-Achse und Stabachse rasch größer, so daß nun die zur Weiterverformung aufzuwendende Zugkraft abnimmt, falls die durch die Verfestigung bedingte Spannungszunahme kleiner ist als die durch die Winkeländerung und die Querschnittsverminderung hervorgerufene Abnahme. Die Verformung ist dann nicht mehr stabil gegen Einschnürungen und verläuft häufig inhomogen. Steht die Stabachse zu Beginn des Zugversuchs genau senkrecht auf der Basisebene, so verschwindet die Schubspannungskomponente in der Basisebene vollkommen und die Kristalle brechen spröde mit der Basisebene als Bruchfläche, sofern sich der Kristall nicht in einer der oben diskutierten Weisen durch Zwillingsbildung verlängern kann.

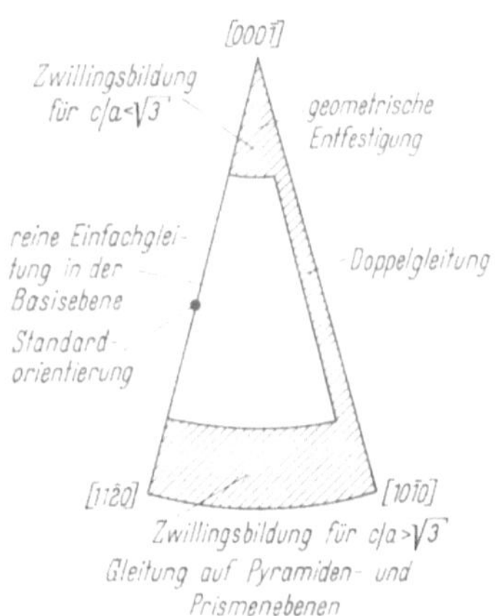

Fig. 31 f. Orientierungsdreieck hexagonaler Kristalle mit Standardorientierung und Angabe der Ausnahmeorientierungen (Zugversuch)

Betrachtet man den Einfluß der Orientierung auf das Fließverhalten der hexagonalen Kristalle im Zusammenhang, so wird man zu der von SEEGER [*2*], [*89*] vorgenommenen Einteilung der Kristallorientierungen in vier Gruppen geführt, die in Fig. 31f für den Fall des Zugversuchs angegeben sind.

Die erste Gruppe enthält alle Kristallorientierungen in der Nähe des Großkreises $\langle 10\bar{1}0\rangle$—$\langle 11\bar{2}0\rangle$ (Basisebene). In diesem Orientierungsbereich findet nach unseren obigen Ausführungen Gleitung auf Prismen- und Pyramidenebenen sowie für Achsenverhältnisse $c/a>\sqrt{3}$ Zwillingsbildung statt.

Eine zweite Gruppe von Kristallorientierungen umfaßt alle Orientierungen in der Nähe der c-Achse. Kennzeichen dieser Gruppe ist die geometrische Entfestigung, ferner bei Metallen mit Achsenverhältnissen $c/a<\sqrt{3}$ die Zwillingsbildung und bei Achsenverhältnissen $c/a>\sqrt{3}$ der Sprödbruch.

In der dritten Gruppe sind alle Orientierungen enthalten, die in der Umgebung der Symmetralen $\langle 0001\rangle$—$\langle 10\bar{1}0\rangle$ liegen, bei denen also zwei Basisgleitsysteme nahezu gleichberechtigt sind und deshalb Doppelgleitung auftritt.

Die vierte Gruppe umfaßt schließlich alle Kristalle, die nicht zu nahe an der Symmetralen $\langle 0001\rangle$—$\langle 10\bar{1}0\rangle$ und dem Großkreis $\langle 11\bar{2}0\rangle$—$\langle 10\bar{1}0\rangle$ liegen. In Metallen mit normalem oder übernormalem Achsenverhältnis verformen sich Kristalle in diesem Orientierungsbereich (in Fig. 31f unschraffiert) durch Einfachgleitung auf der Basisebene. In Analogie zu den kubisch-flächenzentrierten Kristallen, die ja ebenfalls für bestimmte Orientierungen Einfachgleitung zeigen, bezeichnen wir die hexagonalen Kristalle dieses Orientierungsbereichs als mittelorientiert. Auf diese Kristallorientierungen bezog sich die Bemerkung zu Beginn dieses Abschnittes über den besonders einfachen Charakter der Verformung hexagonaler Metalle. Dieser rührt vor allem davon her, daß die Dichte der $\boldsymbol{c}$-Versetzungen während der Verformung praktisch nicht zunimmt und somit die Zahl der Schneidprozesse unabhängig von der Abgleitung ist. Ähnliche Verhältnisse liegen bekanntlich auch im Bereich I der kubisch-flächenzentrierten Metalle vor (s. Kapitel 3), so daß eine enge Verwandtschaft zwischen dem Bereich I und der Verformung hexagonaler Metalle besteht. Wie in Abschnitt 5.3c ausgeführt wird, werden jedoch bei höheren Temperaturen diese einfachen Verhältnisse zum Teil wieder durch andere Erscheinungen, z. B. das Klettern der Stufenversetzungen, kompliziert, da die hexagonalen Metalle (Zn, Cd, Mg) eine kleinere Selbstdiffusionsenergie besitzen als die meist untersuchten kubischen Metalle. Atomare Fehlstellen können deshalb bei Zn, Cd und Mg schon bei verhältnismäßig tiefen Temperaturen einen deutlichen Einfluß auf die plastische Verformung ausüben.

b) Auswahl der Kristallorientierungen

Um möglichst übersichtliche Bedingungen bei der plastischen Verformung zu schaffen, muß die Orientierung der zu untersuchenden Kristalle entsprechend den in Abschnitt a) diskutierten Gesichtspunkten sorgfältig ausgewählt werden. Um reine Einfachgleitung in der Basisebene zu untersuchen, muß Doppelgleitung, Gleitung auf Prismen- und Pyramidenebenen sowie Zwillingsbildung unterdrückt werden. Dies ist für Metalle wie Zn, Cd, Mg und Co bei der in Fig. 31f gekennzeichneten

Standardorientierung der Fall. Zum Studium der Prismengleitung sind Orientierungen auf dem Großkreis $\langle 11\bar{2}0\rangle$—$\langle 10\bar{1}0\rangle$ zu verwenden und zur Untersuchung der Pyramidengleitung können schließlich Kristalle, deren Stabachse einen kleinen Winkel mit der Basisebene einschließt, benützt werden. In den folgenden Ausführungen werden wir uns im wesentlichen auf die Basisgleitung beschränken und nur im Fall der kritischen Schubspannung die von GILMAN [*71*], [*74*] gemessenen τ_0-Werte für reine Prismengleitung bei Zn und Cd mitteilen.

c) Die Verfestigungskurve

Wie bei den kubischen Metallen ist die Untersuchung der Verfestigungskurve hexagonaler Kristalle die notwendige Voraussetzung zu einem Verständnis der Verfestigungsmechanismen. Neben der Abhängigkeit der Verfestigungskurve und ihrer Kenngrößen von Temperatur und Abgleitgeschwindigkeit erlauben es die in Abschnitt 2.3 erwähnten Temperatur- und Geschwindigkeitswechselversuche, Aussagen über die während der Verformung ablaufenden thermisch aktivierten Prozesse zu machen. Diese Methode wurde vor allem von CONRAD u. Mitarb. [*90*], [*91*], [*92*] auf Magnesium und von SEEGER und TRÄUBLE [*89*] auf Zink angewandt. Bei diesen Untersuchungen [*89*] hat sich gezeigt, daß das Verfestigungsverhalten bei Metallen mit einem relativ niedrigen Schmelzpunkt, wie Zn, Cd und Mg, bereits bei Raumtemperatur ziemlich kompliziert ist. Dies hängt mit thermisch aktivierten Erholungsprozessen zusammen, die während der Verformung ablaufen. Entsprechend den niedrigen Selbstdiffusionsenergien (Zn: 0,95 eV; Cd: 0,79 eV; Mg: 1,4 eV; alle Werte beziehen sich auf die Diffusion parallel zur hexagonalen Achse) dieser Metalle können die bei der plastischen Verformung entstehenden Fehlstellen schon bei verhältnismäßig tiefen Temperaturen ausheilen und hierbei die Versetzungsstruktur wesentlich verändern.

In Analogie zu den kubisch-flächenzentrierten Metallen bezeichnen wir die z.B. bei der Raumtemperaturverfestigungskurve von Zink erkennbaren drei Bereiche [*89*], [*93*], [*94*], [*95*] (vgl. Fig. 32a) mit A, B und C. Die Bezeichnung A, B, C wurde gewählt, um die verschiedenen Verfestigungsbereiche hexagonaler Metalle von den Bereichen I, II und III kubisch-flächenzentrierter Kristalle zu unterscheiden, da die Vorgänge in den Bereichen A, B, C einen verschiedenen Charakter von denen in den Bereichen I, II, III besitzen können.

Am ausführlichsten wurden bisher die Verfestigungskurven von Zink und Cd untersucht. Die ersten Ergebnisse wurden von SCHMID und FAHRENHORST [*96*], [*97*] über Zink und von BOAS und SCHMID [*98*], [*99*] über Cd mitgeteilt. Diese und die daran anschließenden Untersuchungen, auch über Legierungskristalle, sind bei SCHMID und BOAS [*1*] ausführlich besprochen. Neuere Experimente an Zink wurden von LÜCKE, MASING und SCHRÖDER [*93*], MASING und SCHRÖDER [*100*], SEEGER und TRÄUBLE [*89*] sowie BOČEK u. Mitarb. [*94*], [*95*], [*101*], [*102*] veröffentlicht.

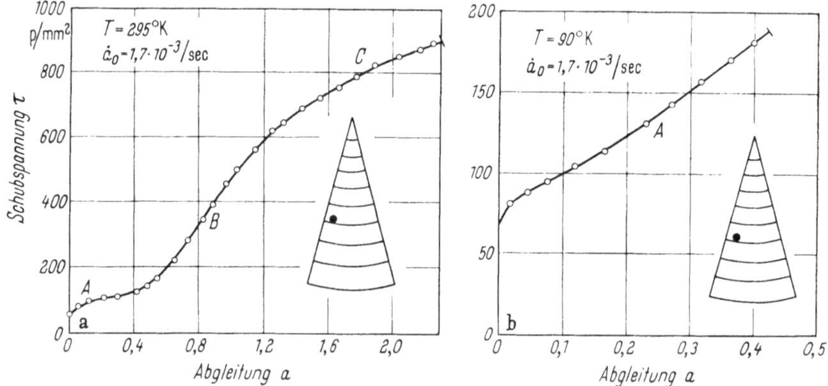

Fig. 32a u. b. Verfestigungskurven plastisch verformter Zn-Einkristalle nach [*85*]; $\dot{a}_0$ bedeutet die Abgleitgeschwindigkeit zu Beginn der plastischen Verformung. a) Verformungstemperatur 295° K; b) Verformungstemperatur 90° K

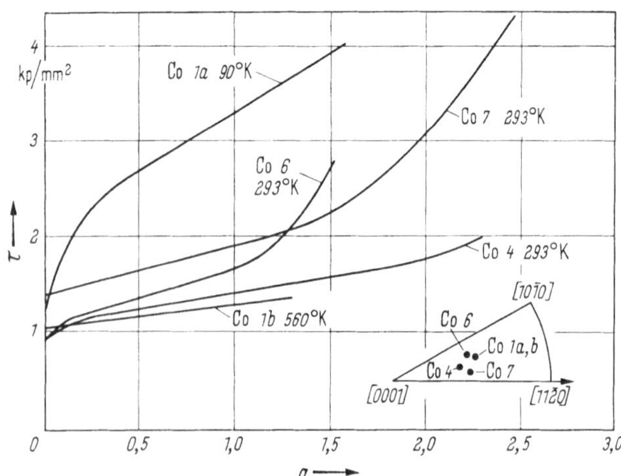

Fig. 33. Verfestigungskurven hexagonaler Kobalteinkristalle bei verschiedenen Temperaturen. Anfangsabgleitgeschwindigkeit $\dot{a}_0 = 1{,}6 \cdot 10^{-3}$ [sec^{-1}]

Fig. 32a zeigt eine Verfestigungskurve, wie sie von SEEGER und TRÄUBLE [*89*] bei Raumtemperatur gemessen wurde. Die oben erwähnte Dreiteilung der Verfestigungskurve ist gut erkennbar. Demgegenüber weist die in Fig. 32b dargestellte Verfestigungskurve eines bei tiefen Temperaturen verformten Einkristalls bis zum Bruch des Kristalls nur einen Bereich A auf.

Während sich die früheren Untersuchungen auf die hexagonalen Metalle Zn, Cd und Mg mit einem relativ niedrigen Schmelzpunkt beschränkten, ist es neuerdings gelungen, auch stabförmige hexagonale Einkristalle des hochschmelzenden Kobalts im Bridgman-Verfahren herzustellen [*88*]. Abgesehen von dem hohen Schmelzpunkt und der großen Selbstdiffusionsenergie (2,94 eV) ist das Studium der Kobaltkristalle dadurch besonders interessant, daß ihre ferromagnetischen Eigenschaften verformungsabhängig sind und deren Messung weitere Auskunft über die Versetzungsstruktur zu geben vermag (s. hierzu Kapitel 9). In Fig. 33 sind Kobalt-Verfestigungskurven für verschiedene Verformungstemperaturen angegeben. Man erkennt einen bei allen Temperaturen sehr ausgedehnten Bereich A und bei höheren Temperaturen auch den Beginn von Bereich B. Auffallend groß ist die kritische Schubspannung von Kobalt, verglichen mit derjenigen anderer hexagonaler und kubisch-flächenzentrierter Metalle*.

d) Die kritische Schubspannung

Die kritische Schubspannung τ_0 hexagonaler Metalle bestimmen wir an Hand des τ-a-Diagramms analog wie diejenige der kubisch-flächenzentrierten Metalle als den Schnittpunkt der Verlängerung des Bereichs A mit der τ-Koordinate bei $a=0$, vgl. Ziff. 3.1 a). Die Temperaturabhängigkeit von τ_0 bei reiner Basisgleitung ist in Fig. 34a bis d für mehrere hexagonale Metalle angegeben. Sämtliche Kurven besitzen denselben qualitativen Verlauf. Von tiefen Temperaturen kommend fällt die kritische Schubspannung zunächst ab und bleibt ab einer bestimmten Temperatur T_0 praktisch konstant. Diese Temperatur T_0 ist von Metall zu Metall verschieden. Im Falle von Mg geben CONRAD u. Mitarb. [*91*] nur den temperaturabhängigen Anteil τ_S der kritischen Schubspannung an. Der dazugehörige τ_G-Anteil war von der Größenordnung $\tau_G \approx 40$ [p/mm^2] (wegen der τ_S-τ_G-Terminologie vgl. Ziff. 5.1).

In Fig. 34e ist die von GILMAN [*71*], [*74*] gemessene Temperaturabhängigkeit der kritischen Schubspannung bei reiner Prismengleitung

* Die kritische Schubspannung der untersuchten Kobalteinkristalle beträgt bei Raumtemperatur $\tau_0 \approx 1$ kp/mm^2. Verglichen mit der kritischen Schubspannung von Nickel ($\tau_0 = 200$ p/mm^2), das einen vergleichbar großen Schubmodul besitzt, ist dies ein hoher Wert. Er dürfte vor allem darauf zurückzuführen sein, daß die Kobalteinkristalle *unterhalb* 417° C angelassen werden müssen, um die oberhalb 417° C einsetzende Umwandlung ins kubisch-flächenzentrierte Gitter zu vermeiden. Bei diesen niedrigen Anlaßtemperaturen kann jedoch die beim Züchten entstandene Versetzungsgrundstruktur bei weitem nicht so gut ausgeheilt werden wie z.B. in den kubischflächenzentrierten Metallen beim Anlassen bei höheren Temperaturen. Die Folge ist eine große Versetzungsdichte der unverformten Kristalle, evtl. zusätzlich vergrößert durch die verhältnismäßig starke Verunreinigung der Kristalle.

für die Metalle Zn und Cd dargestellt. Verglichen mit der kritischen Schubspannung bei Basisgleitung ist τ_0 für die Prismengleitung bei Raumtemperatur etwa um einen Faktor 10 bis 20 größer; ferner besitzt die Temperaturabhängigkeit einen wesentlich anderen Verlauf.

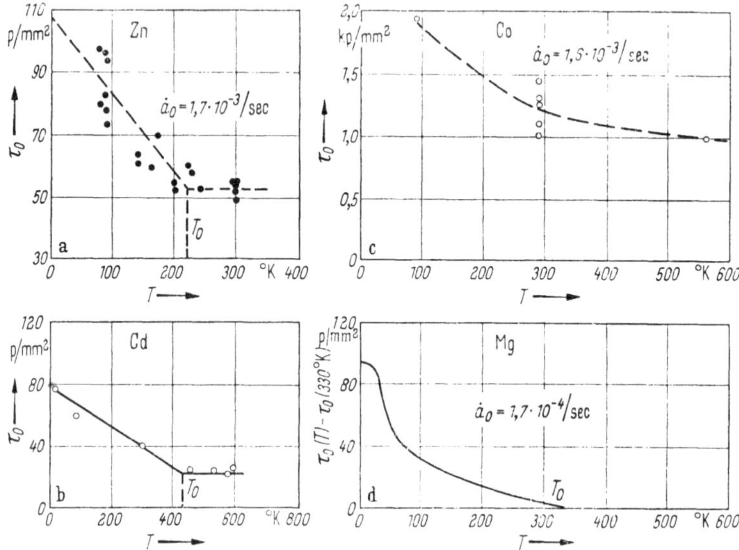

Fig. 34a—d. Die Temperaturabhängigkeit der kritischen Schubspannung für Basisgleitung: a) Zn [89]; b) Cd [103]; c) Mg [91]; d) Co [88]

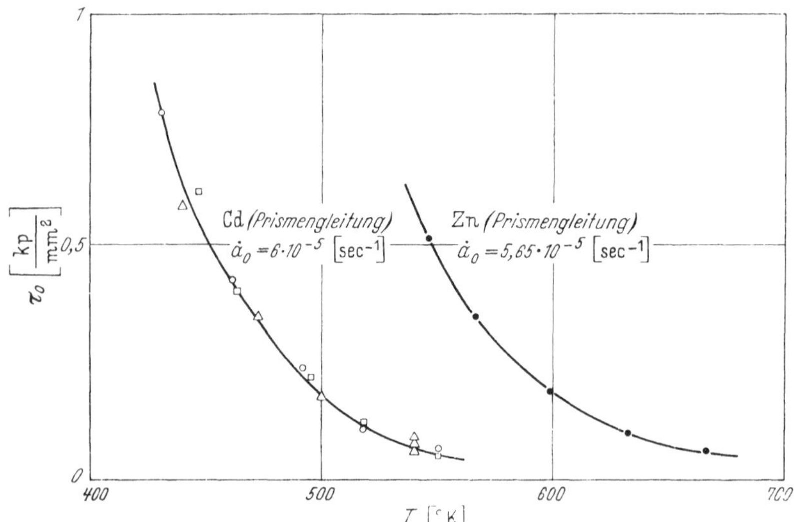

Fig. 34e. Die Temperaturabhängigkeit der kritischen Schubspannung für Prismengleitung bei Zn und Cd (nach Gilman [71], [74]). Anfangsabgleitgeschwindigkeit $\dot{a}_0 \approx 6 \cdot 10^{-5}$ [sec^{-1}]

e) Der Verfestigungskoeffizient

Die Temperaturabhängigkeit des Verfestigungskoeffizienten ϑ_A mehrerer hexagonaler Metalle ist in Fig. 35 dargestellt. $\vartheta_A(T)$ besitzt bei allen untersuchten Metallen denselben charakteristischen Verlauf. Fig. 35 ist zu entnehmen, daß der Verfestigungskoeffizient ϑ_A in der Umgebung einer für jedes Metall charakteristischen Temperatur von seinem hohen, konstanten Tieftemperaturwert rasch auf einen niedrigeren Wert abfällt, um bei höheren Temperaturen schließlich ganz zu verschwinden.

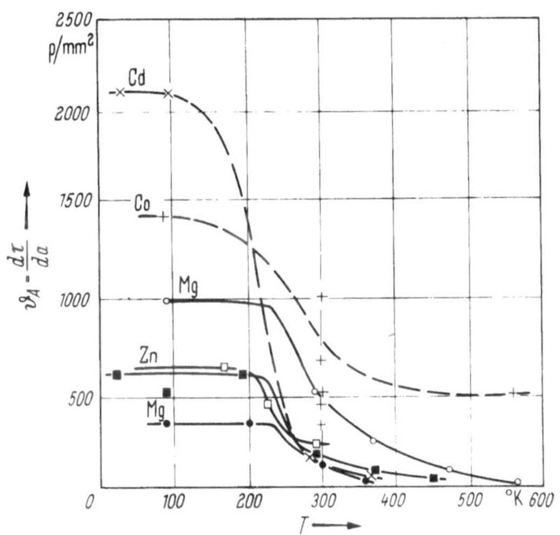

Fig. 35. Die Temperaturabhängigkeit des Verfestigungsanstiegs ϑ_A hexagonaler Metalle. × Cd [99]; + Co [88]; ○ Mg [104]; ● Mg [90]; □ Zn [89]; ■ Zn [97]

Über die Temperaturabhängigkeit der Verfestigungskoeffizienten ϑ_B und ϑ_C ist bisher nur wenig bekannt. Die starke Temperaturabhängigkeit des Verfestigungskoeffizienten ϑ_A bei höheren Temperaturen weist darauf hin, daß hier thermisch aktivierte Prozesse eine Rolle spielen, wie schon in Abschnitt c) erwähnt. Dies wird besonders deutlich in der für Zink in Fig. 36 dargestellten Abhängigkeit des Verfestigungskoeffizienten von der Abgleitgeschwindigkeit bei Raumtemperatur. Bei kleinen Abgleitgeschwindigkeiten kann sich der Kristall noch während der Abgleitung erholen, so daß die inneren Spannungen weitgehend abgebaut werden, während dies bei größeren Abgleitgeschwindigkeiten nicht mehr der Fall ist und sich der Verfestigungskoeffizient einem konstanten Wert nähert.

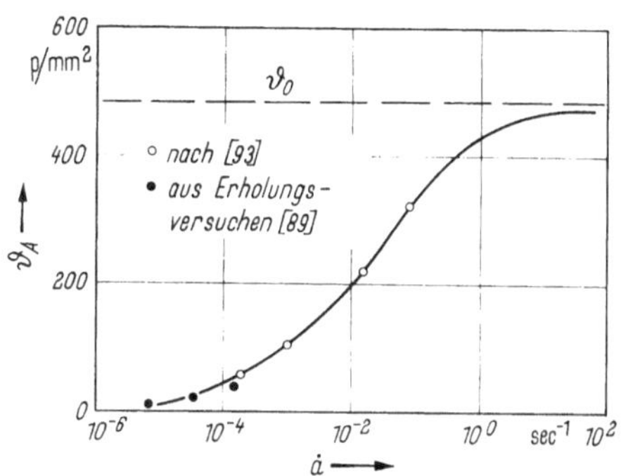

Fig. 36. Abhängigkeit des Verfestigungsanstiegs ϑ_A von Zinkeinkristallen bei Raumtemperatur von der Abgleitgeschwindigkeit, nach LÜCKE, MASING und SCHRÖDER [93] und SEEGER und TRÄUBLE [89]

f) Temperaturwechsel-, Geschwindigkeitswechsel- und Erholungsversuche

In Kapitel 3 wird ausführlich dargelegt, wie aus Geschwindigkeits- und Temperaturwechselversuchen Aussagen über die Aktivierungsenergie der thermisch aktivierten Schneidprozesse und damit über deren Mechanismus gewonnen werden können. Diese Wechselversuche müssen entweder bei tiefen Temperaturen oder in kleinem zeitlichen Abstand nacheinander vorgenommen werden, um den Einfluß der in Abschnitt 3.2c erwähnten Erholungsprozesse zu unterdrücken. Über die an Mg von CONRAD u. Mitarb. [90], [91], [92] durchgeführten Wechselversuche und ihre Ergebnisse wird in Kapitel 3 ausführlich berichtet. Als einer der

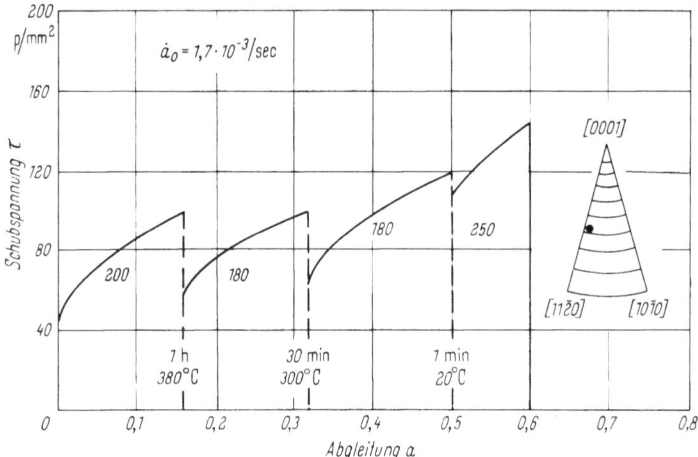

Fig. 37. Statische Erholung von Zinkeinkristallen im Bereich A nach SEEGER und TRÄUBLE [89]. Die Verformung wurde bei Zimmertemperatur vorgenommen. Die Zahlen an den Verfestigungskurven geben den Verfestigungsanstieg in [p/mm²] an

wichtigsten experimentellen Befunde ergab sich hierbei, daß der Spannungssprung $\Delta\tau$ beim Geschwindigkeitswechselversuch unabhängig vom Verformungsgrad ist.

An dem ebenfalls ausführlich untersuchten Zink wurden von LÜCKE, MASING und SCHRÖDER [93] sowie SEEGER und TRÄUBLE [89] Erholungsexperimente in Verbindung mit Geschwindigkeits- und Temperaturwechselversuchen durchgeführt. SEEGER und TRÄUBLE [89] fanden dabei folgende wesentliche Unterschiede im Erholungsverhalten der Bereiche A und B:

1. Die Fließspannung τ erholt sich im Bereich A bei Raumtemperatur innerhalb von 24 Std vollständig. Kurzfristige Erholung im Bereich A führt ferner zu einer *Zunahme* des Verfestigungskoeffizienten (s. Fig. 37). Im Gegensatz dazu ist im Bereich B bei Raumtemperatur keine vollständige Erholung der kritischen Schubspannung mehr möglich und der Verfestigungskoeffizient ϑ_B erhöht sich in geringerem Maße als im Bereich A.

2. Bei der Temperatur des flüssigen Sauerstoffs findet im Bereich A keine Erholung mehr statt und die Spannungssprünge infolge Tempera-

turwechsel entsprechen den auf Grund der Temperaturabhängigkeit der kritischen Schubspannung zu erwartenden Spannungssprüngen (s. Fig. 38). Andererseits ist der Temperatursprung im Bereich B wesentlich größer

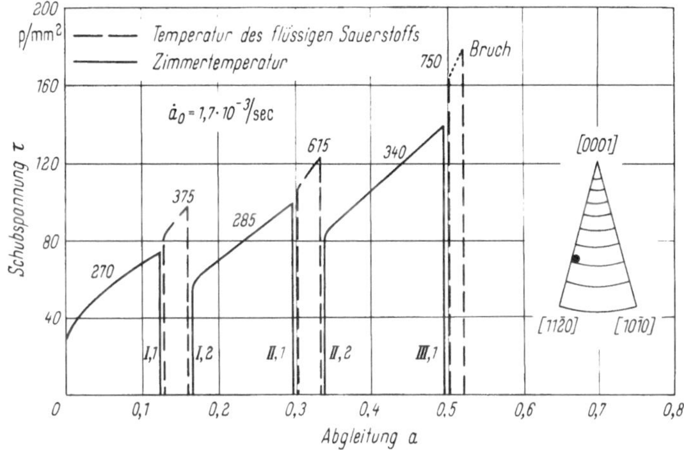

Fig. 38. Temperaturwechselversuche beim Durchlaufen der Verfestigungskurve zwischen Zimmertemperatur und 90° K (nach SEEGER und TRÄUBLE [89]). Die angeschriebenen Zahlenwerte geben den Verfestigungsanstieg in [p/mm²] an

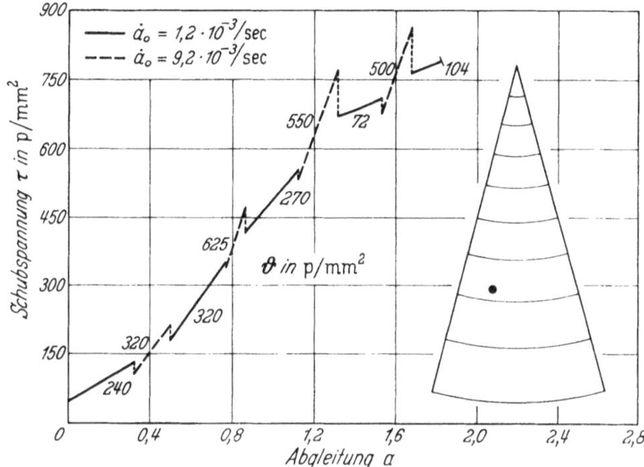

Fig. 39. Geschwindigkeitswechselversuche beim Durchlaufen einer Verfestigungskurve bei Zimmertemperatur (nach SEEGER und TRÄUBLE [89])

als der durch $\tau_0(T)$ gegebene. Dies weist darauf hin, daß im Bereich B ein anderer Verfestigungsmechanismus als im Bereich A vorliegt. Fig. 38 entnehmen wir ferner, daß der Verfestigungskoeffizient bei Raumtemperatur im Bereich A durch eine Zusatzverformung bei 90° K nicht beeinflußt wird, während umgekehrt eine deutliche Abhängigkeit besteht, und zwar in der Weise, daß der Verfestigungskoeffizient bei 90° K um so größer ist, je höher die Vorabgleitung bei Raumtemperatur war.

3. Geschwindigkeitswechselversuche an Zink [*89*] haben weiter ergeben, daß der Erholungseinfluß auf den Verfestigungsanstieg in den Bereichen A und B gleich groß ist, jedoch in Bereich C das Verfestigungsverhalten entscheidend beeinflußt (s. Fig. 39).

g) Der Einfluß von Verunreinigungen

Die Wirkung von Verunreinigungen auf die Verfestigungskurve von Zinkeinkristallen wurde ausführlich von Boček u. Mitarb. [*94*], [*95*], [*101*], [*102*] untersucht. Qualitativ lassen sich die Ergebnisse dieser Autoren folgendermaßen beschreiben:

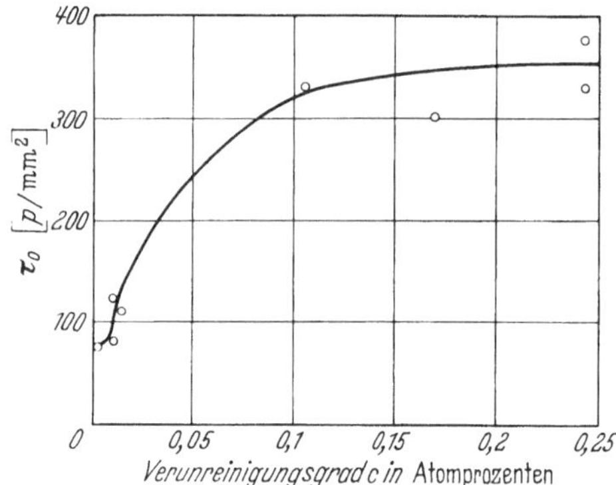

Fig. 40. Die Abhängigkeit der kritischen Schubspannung vom Fremdstoffgehalt (nach Boček und Lukáč [*102*])

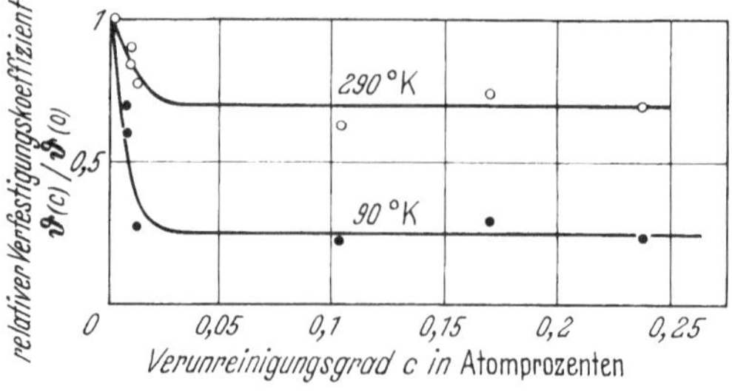

Fig. 41. Die Abhängigkeit des Verfestigungskoeffizienten ϑ_A vom Fremdstoffgehalt c (nach Boček und Lukáč [*102*])

1. Die kritische Schubspannung wächst mit zunehmendem Fremdstoffgehalt bis zu etwa 0,05 Atomprozenten zunächst rasch an und nimmt dann nur noch schwach zu (s. Fig. 40).

2. Der Verfestigungskoeffizient ϑ_A nimmt bis etwa 0,025 Atomprozenten rasch ab und erreicht dann einen vom Fremdstoffgehalt unabhängigen Wert. Die Änderung der Verfestigungskoeffizienten mit dem Fremdstoffgehalt ist bei Raumtemperatur größer als bei 90° K (siehe Fig. 41).

4. Oberflächenuntersuchungen

4.1. Allgemeines

Als Ergänzung der Verfestigungsmessungen werden, wie in Abschnitt 2.2c bereits ausgeführt wurde, an einzelnen Kristallen Oberflächenuntersuchungen angestellt. Die ursprünglich mit dem Lichtmikroskop durchgeführten Experimente erwiesen sich als wenig brauchbar, um quantitative Aussagen über Versetzungsdichte und Versetzungsstruktur zu machen. Zuverlässige Angaben hierüber waren erst möglich, nachdem elektronenmikroskopische Gleitlinienaufnahmen vorlagen. Dies ist darauf zurückzuführen, daß im Lichtmikroskop die Feinstruktur der Gleitbänder, die aus einer Vielzahl einzelner Gleitlinien bestehen, nicht aufgelöst werden kann. Nach MADER [*16*] erweist sich die bei lichtmikroskopischen Untersuchungen von BLEWITT, COLTMAN und REDMAN [*105*], von DIEHL und REBSTOCK [*106*] und von REBSTOCK [*60*] benutzte Methode, den Kristall schrittweise zu verformen und hierbei vor jeder Verformung neu zu polieren, auch beim Arbeiten mit dem Elektronenmikroskop als sehr vorteilhaft. Diese Methode gewährleistet, daß einerseits der Untergrund der von der vorangehenden Verformung her vorhandenen Gleitlinien nicht in Erscheinung tritt und daß andererseits die neu entstandenen Gleitlinien, die sog. aktiven Gleitlinien, dem jeweiligen Verformungszustand einwandfrei zugeordnet werden können. Soll eine bestimmte Gleitlinie über mehrere Verformungsintervalle fortlaufend beobachtet werden, so wird zwischen aufeinanderfolgenden Verformungsstufen nicht poliert. Das Gleitlinienbild hängt natürlich von der Orientierung der Kristalloberfläche ab. Als besonders ausgezeichnete Stellen der Oberflächen untersucht man meist entweder die Stirn- oder Scheitelfläche, die die Scheitel der Gleitellipsen * enthält, oder die Seitenfläche, die der Gleitrichtung parallel ist.

Wie an Hand von Fig. 62 (Abschnitt 5.2c) noch gezeigt werden wird, geben *Länge L* und *Stufenhöhe h* der Gleitlinien sowie der *mittlere senkrechte Gleitebenenabstand x* wichtige Aufschlüsse über die Versetzungsstruktur der verformten Kristalle. Man kann diese Größen aus den Oberflächenbildern relativ leicht ermitteln.

Für die Messung der *Stufenhöhe* gibt es zwei Verfahren:

A. Man erhält einen Mittelwert für diese Größe, indem man die Gleitliniendichte bestimmt, d.h. also die Gleitlinien pro Längeneinheit, und zwar am Scheitel, zählt. Kennt man die makroskopische Abgleitung und die Orientierung des Kristalls, so läßt sich die *mittlere Abgleitung pro Gleitstufe* angeben.

B. Die *Höhen der einzelnen Stufen* lassen sich unter günstigen Umständen auch direkt messen. Hierbei werden sog. Latexkugeln, die auf etwa 2% genau einen Durchmesser von etwa 0,1 bis 0,2 μm besitzen, auf die vom Kristall abgenommene Abdruckfolie gebracht und zusammen mit der Folie unter einem verhältnismäßig flachen Winkel mit Palladium bedampft. Falls es nun möglich ist, durch geschickte Manipulationen die Kugeln nach dem Beschatten vom Präparat zu entfernen,

* Unter dem Scheitel einer Gleitellipse versteht man jene beiden Stellen des Umfangs, an denen die Gleitellipse senkrecht zur Gleitrichtung verläuft (vgl. Fig. 1), die Gleitstufen also am höchsten sind.

kann man, wie in Fig. 42 angedeutet, aus der Messung der Schattenlänge die Stufenhöhe berechnen. Im allgemeinen läßt sich jedoch der Winkel der Aufdampfrichtung nicht sehr exakt angeben; man führt dann eine Vergleichsmessung durch, wobei als Normal ein Schatten dient, der in einem gleitlinienfreien oder gleitlinienarmen Gebiet liegt. Dieses Verfahren wurde von WILSDORF und KUHLMANN-WILSDORF [*107*] angegeben und von WILSDORF und FOURIE [*108*] auf Messing und später von BERNER [*21*] auf Gold und von MADER, SEEGER und LEITZ [*22*] auf Nickel mit Erfolg angewandt. Die Fig. 43 und 44 zeigen solche Stufenhöhenmessungen an Gold und Nickel. — Bei der Messung der *Gleitlinienlänge* ist zu beachten, daß in den meisten Fällen das Gesichtsfeld des Elektronenmikroskops um mindestens eine Zehnerpotenz kleiner ist als die Länge der längsten Gleitlinien. Zur Messung der Gleitlinienlänge

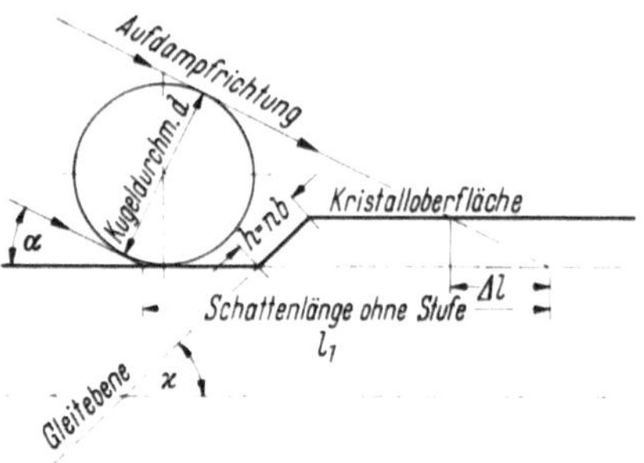

Fig. 42. Bestimmung der Stufenhöhe von Gleitlinien mit Latexkugeln. Δl = Verkürzung der Schattenlänge durch die Gleitstufe. Die Angaben über die Stufenhöhe h und den Winkel zwischen Gleitebene und Oberfläche beziehen sich auf den Scheitel einer Gleitellipse

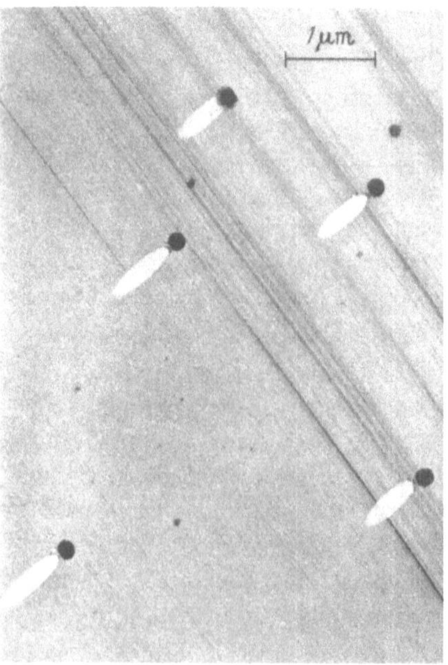

Fig. 43. Stufenhöhenmessungen an Gold [*21*] (×11000)

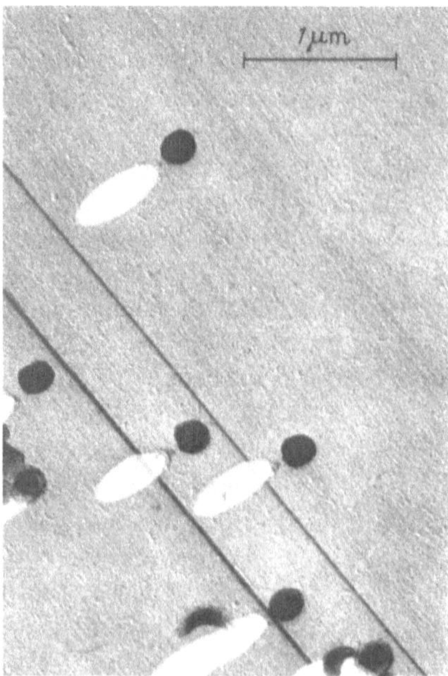

Fig. 44. Stufenhöhenmessungen an Nickel [*22*] (a=0,125; Zusatzabgleitung a=0,042; ×19000)

muß man dann entweder mehrere Aufnahmen eines Gebietes aneinanderreihen oder aber statistisch vorgehen, wobei man die auf einem Bild endenden Linien zählt und aus dieser Angabe auf die Länge der Linien schließt.

Der *mittlere Gleitlinienabstand* x wird durch Auszählen der eine Einheitslänge auf der Kristalloberfläche schneidenden Gleitlinien bestimmt.

Eine wichtige Voraussetzung für diese Oberflächenuntersuchung ist natürlich, daß das elektronenmikroskopisch bestimmte Gleitlinienbild typisch ist für die Vorgänge im Kristallinnern, die ja das Verfestigungsverhalten in erster Linie bestimmen. Auf Grund der bis heute gewonnenen Erkenntnisse darf diese Voraussetzung als richtig angesehen werden. Eine ausführliche Behandlung dieser Frage geben ESSMANN und KRONMÜLLER [*109*].

4.2. Kubisch-flächenzentrierte Metalle

a) Gleitlinienbeobachtungen

Bei den Oberflächenuntersuchungen an kubisch-flächenzentrierten Einkristallen zeigt es sich, daß den verschiedenen Bereichen der Ver-

Fig. 45. Gleitlinien im Bereich I auf Kupfer [*16*] (a=0,094; ×9000)

festigungskurve bestimmte Gleitlinienbilder zugeordnet werden können. Fig. 45 zeigt ein typisches Gleitlinienbild für den Bereich I. Die Gleitlinien sind hier sehr lang, in der Größenordnung von etwa 1 mm; die

Höhe der Gleitlinien beträgt im Mittel etwa 12 Atomabstände. Man spricht hier von gleichmäßiger Feingleitung im Gegensatz zur strukturierten Feingleitung, mit der man das Gleitlinienbild im Bereich II charakterisiert [*16*] (Fig. 46). Die Gleitliniendichte schwankt hier räumlich relativ stark; außerdem treten einzelne Gleitlinien etwas stärker

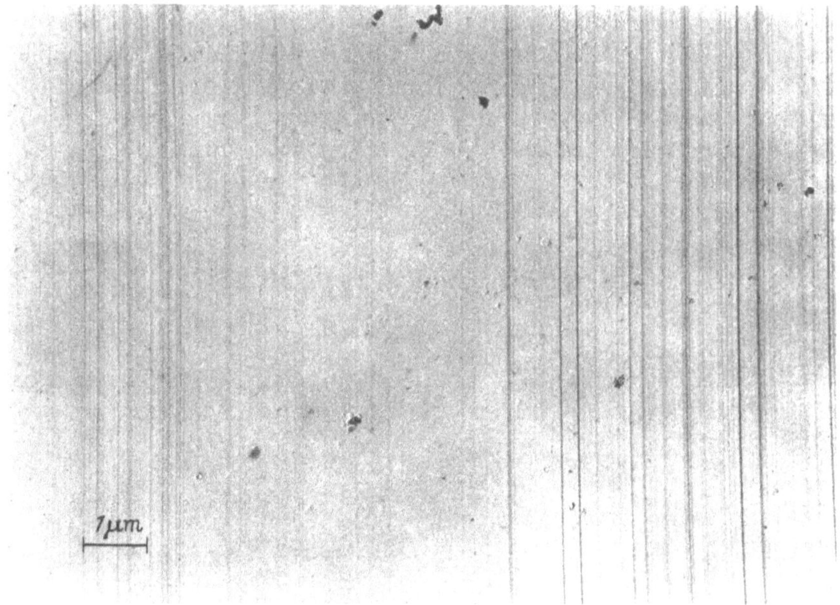

Fig. 46. Gleitlinien im Bereich II auf Gold [*21*] (×9000)

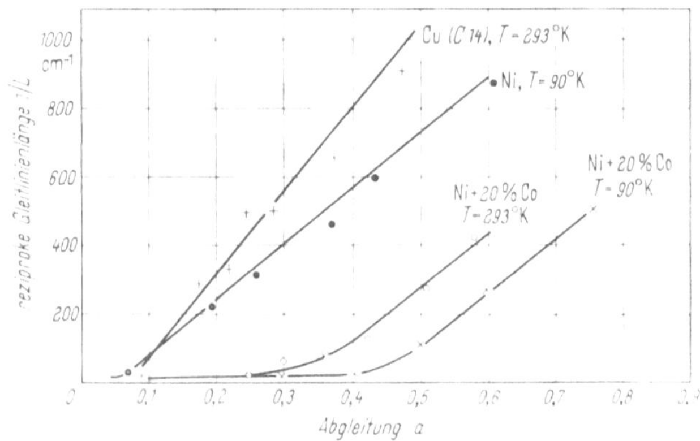

Fig. 47. Reziproke Länge der aktiven Gleitlinien nach Mader [*16*] (Cu), Kronmüller [*110*] (Ni und Ni + 20% Co) (Stirnfläche)

hervor. Die Stufenhöhe ist im Durchschnitt um einen Faktor 2 bis 4 (je nach Material) größer als im Bereich I. Bei sämtlichen genauer untersuchten kubisch-flächenzentrierten Metallen und Legierungen wurde gefunden, daß die Länge der bei zusätzlicher Verformung neu entstehenden Gleitlinien mit wachsender Verformung im Bereich II abnimmt. In Fig. 47 ist die reziproke Gleitlinienlänge über der Abgleitung aufgetragen. Wie aus den Kurven, die aus verschiedenen Arbeiten stammen (vgl. [*17*]), zu entnehmen ist, gilt hier ein Gesetz von der Form

$$L = \frac{\Lambda}{a - a^*}. \quad (4.1)$$

L ist die Länge der aktiven Gleitlinien, Λ und a^* sind Materialkonstanten, wobei a^* etwa von derselben Größe ist wie die Ausdehnung des Bereichs I.

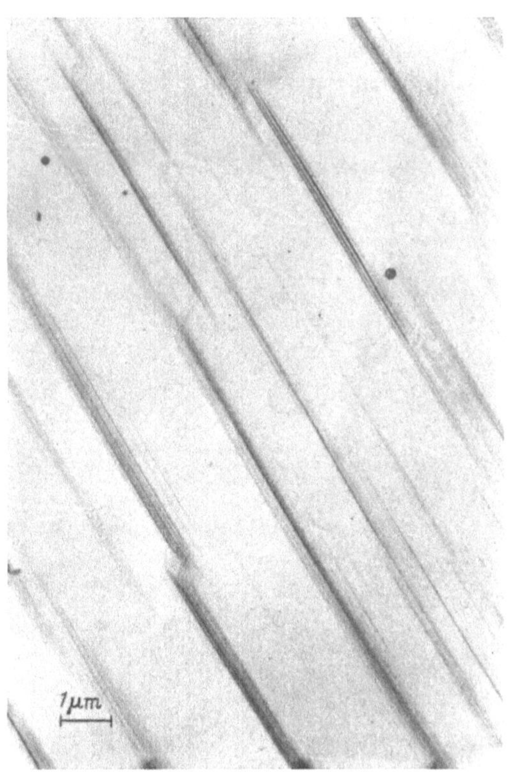

Fig. 48. Gleitlinien im Bereich III auf Kupfer [*112*] (a=0,59; Zusatzabgleitung Δa=0,1; ×7000) (Stirnfläche)

Das Gleitlinienbild in Fig. 48 entstammt dem Bereich III der Verfestigungskurve. Die Gleitlinien bündeln sich hier zu Gleitbändern. Ferner beobachtet man sog. Quergleitung. Darunter versteht man den Vorgang, der Anlaß zu den die Gleitbänder verbindenden Linien gibt, die sehr genau der Spur der sog. Quergleitebene (s. Ziff. 5.2d sowie Kap. 1, Ziff. 1.4b) folgen. Diese Quergleitung nimmt an Häufigkeit mit wachsender Abgleitung zu. Die Stufenhöhe der einzelnen Gleitlinien beträgt etwa 100 Atomabstände; ferner nimmt die Länge der aktiven Gleitlinien mit zunehmender Verformung weiterhin ab.

In der Nähe der Seitenfläche beobachtet man bei hohen Temperaturen und großen Verformungen manchmal ein von der Quergleitung zu unterscheidendes Oberflächenbild, das sog. Auffächern der Gleitlinien (Beispiele: Ni-50% [*23*], Ni-60% Co [*23*], Cu (verformt bei 500° C) [*111*]). Da das Auffächern bei den hexagonalen Metallen eine größere Rolle als bei den kubisch-flächenzentrierten Metallen spielt, verweisen wir wegen einer genaueren Beschreibung auf Ziff. 4.3.

b) Störung des normalen Gleitlinienbildes

Wie wir schon im letzten Abschnitt gesehen haben, konnten den verschiedenen Bereichen der Verfestigungskurve charakteristische Gleitlinienbilder zugeordnet werden. Nach MADER und SEEGER [*112*] wurden die hierzu angeführten Bilder als „normale Gleitlinienbilder" bezeichnet; man versteht darunter das Gleitlinienbild, das in dem relativ kleinen Gesichtsfeld des Elektronenmikroskops am häufigsten zu sehen ist.

Fig. 49. Strukturierte Gleitung im Bereich II mit Striemen (auf den Striemen zeigen sich Gleitlinien der Quergleitebene) [*112*] (a=0,43; Zusatzabgleitung Δa=0,16; ×300)

Neben dem normalen Gleitlinienbild treten nun auch spezielle Störungen desselben auf. Die zwei häufigsten Arten dieser Störungen sind *Striemen* und *Knickbänder*. Nach HONEYCOMBE [*113*] und CAHN [*114*] versteht man unter Striemen streifenartige Oberflächengebiete, die ungefähr parallel zu den primären Gleitlinien verlaufen und sekundäre Gleitspuren enthalten (Fig. 49). Die zweite Art von Störung, die Knickbänder, die erstmals von CAHN [*114*] beobachtet wurden, sind Oberflächengebiete, in denen die Gleitlinien S-förmig gekrümmt verlaufen (Fig. 50). In Fig. 51, die LEITZ (unveröffentlicht) an Nickel aufgenommen hat, sind sowohl Striemen als auch Knickbänder zu erkennen. Die Verbiegung der Gleitlinien in den Knickbändern entsteht dadurch, daß die durch die plastische Verformung hervorgerufene Gitterdrehung in den Knickbändern geringer ist als im übrigen Kristall.

In der Arbeit von MADER und SEEGER [*112*] wurde versucht, diese Störungen der normalen Gleitung, insbesondere die Knickbänder, den verschiedenen Bereichen der Verfestigungskurve zuzuordnen. Hierzu wurde die Knickbanddichte durch Auszählen der Knickbänder über den Mittelteil verformter Kristalle in Abhängigkeit von der Dehnung ermittelt (Fig. 52). Wie Fig. 52 zu entnehmen ist, zeigen diese Kurven für Kristalle mittlerer Orientierung eine Ähnlichkeit zu entsprechenden Verfestigungskurven. Im Bereich I finden sich praktisch keine Knickbänder. Während dann im Bereich II die Knickbanddichte langsam zunimmt, wächst sie mit Beginn des Bereichs III auf einen hohen Wert an.

Fig. 50

Fig. 51

Fig. 50. Knickbänder im Bereich III an Kupfer [*112*] ($a = 0{,}39$; Zusatzabgleitung $\Delta a = 0{,}125$; $\times$ 300)

Fig. 51. Knickbänder und Striemen auf Nickel ($a = 0{,}125$; Zusatzabgleitung $\Delta a = 0{,}042$; $\times$ 120)

Einzelne Knickbänder, die schon im Bereich II entstanden sind, werden im Bereich III sehr breit; im Gegensatz hierzu sind die im Bereich III entstehenden Knickbänder schmal. (Fig. 50 zeigt beide Arten von Knickbänder.)

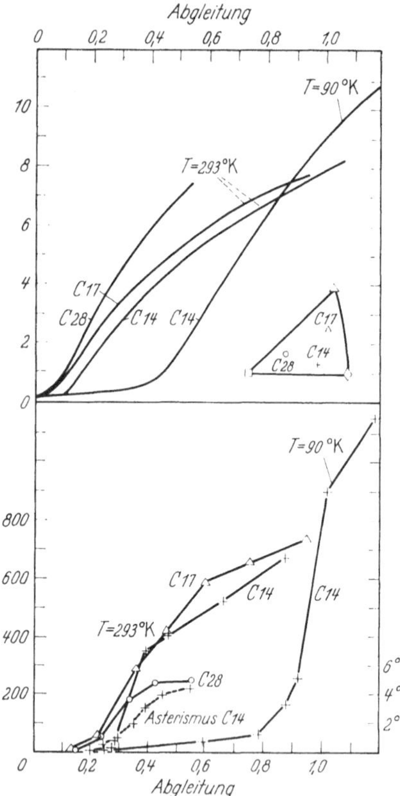

Fig. 52. Verfestigungskurve (oben, Schubspannung in kp/mm²), Knickbanddichten (unten, in cm^{-1}) und Asterismus (gestrichelte Kurve, rechter Maßstab) als Funktion der Abgleitung für Kupfereinkristalle. Verformungstemperaturen $T=293°$ K und $T=90°$ K. Nach MADER und SEEGER [*112*]

4.3. Hexagonale Metalle

Auf Grund unserer Ausführungen in Abschnitt 3.2 erwarten wir bei hexagonalen Metallen für die in Fig. 31f gekennzeichnete Orientierung reine Einfachgleitung. Dies wurde von SEEGER und TRÄUBLE [*89*] bei Zink sowie von SEEGER, KRONMÜLLER, BOSER und RAPP [*88*] bei Kobalt tatsächlich gefunden. Fig. 53 zeigt die für den Bereich A charakteristische Feingleitung eines bei 90° K verformten Zinkeinkristalls mit sehr langen Gleitlinien ohne Enden, die praktisch um den ganzen Kristall herumgehen. Bei Temperaturen oberhalb 220° K erfolgt bei Zink die Abgleitung nicht mehr homogen, sondern beginnt sich von einzelnen Stellen aus über den ganzen Kristall auszubreiten, bis die Oberfläche gleichmäßig mit Gleitlinien bedeckt ist. Ein Beispiel hierfür wird in Fig. 54 gezeigt. Fig. 55 zeigt die Gleitlinienaufnahmen fünf aufeinanderfolgender Verformungsstufen eines bei Raumtemperatur plastisch verformten Kobalteinkristalls. Die einzelnen Aufnahmen wurden an derselben Stelle der Kristalloberfläche aufgenommen. Man erkennt, daß etwa ab 15% bis 20% Abgleitung keine neuen Gleitlinien mehr auftreten. Ob die inhomogene Anfangsabgleitung bei Kobalt und bei Zink auf dieselben Ursachen zurückzuführen ist, oder ob die bei Kobalt zweifellos größeren inneren Spannungen der Versetzungsgrundstruktur eine besondere Rolle spielen, ist bis jetzt noch nicht mit Sicherheit entschieden worden.

Die quantitativen Ergebnisse der Auswertung der Gleitlinienbilder von Zink und Kobalt sind in Tabelle 2 zusammengefaßt. Den Angaben in Tabelle 2 entnimmt man, daß im Bereich A bis auf einen Anfangsteil der Gleitlinienabstand x und die Gleitlinienlänge L konstant bleiben.

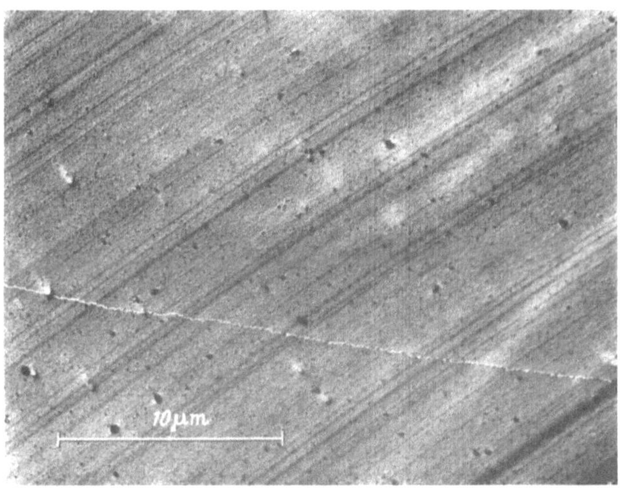

Fig 53. Gleitlinien eines bei 90° K verformten Zinkeinkristalls nach SEEGER und TRÄUBLE [89] (a = 0,07; ×3000)

Fig. 54. Gleitlinien und Gleitlinienbündel eines bei Zimmertemperatur verformten Zinkeinkristalls nach SEEGER und TRÄUBLE [89] (a = 0,20; ×4300)

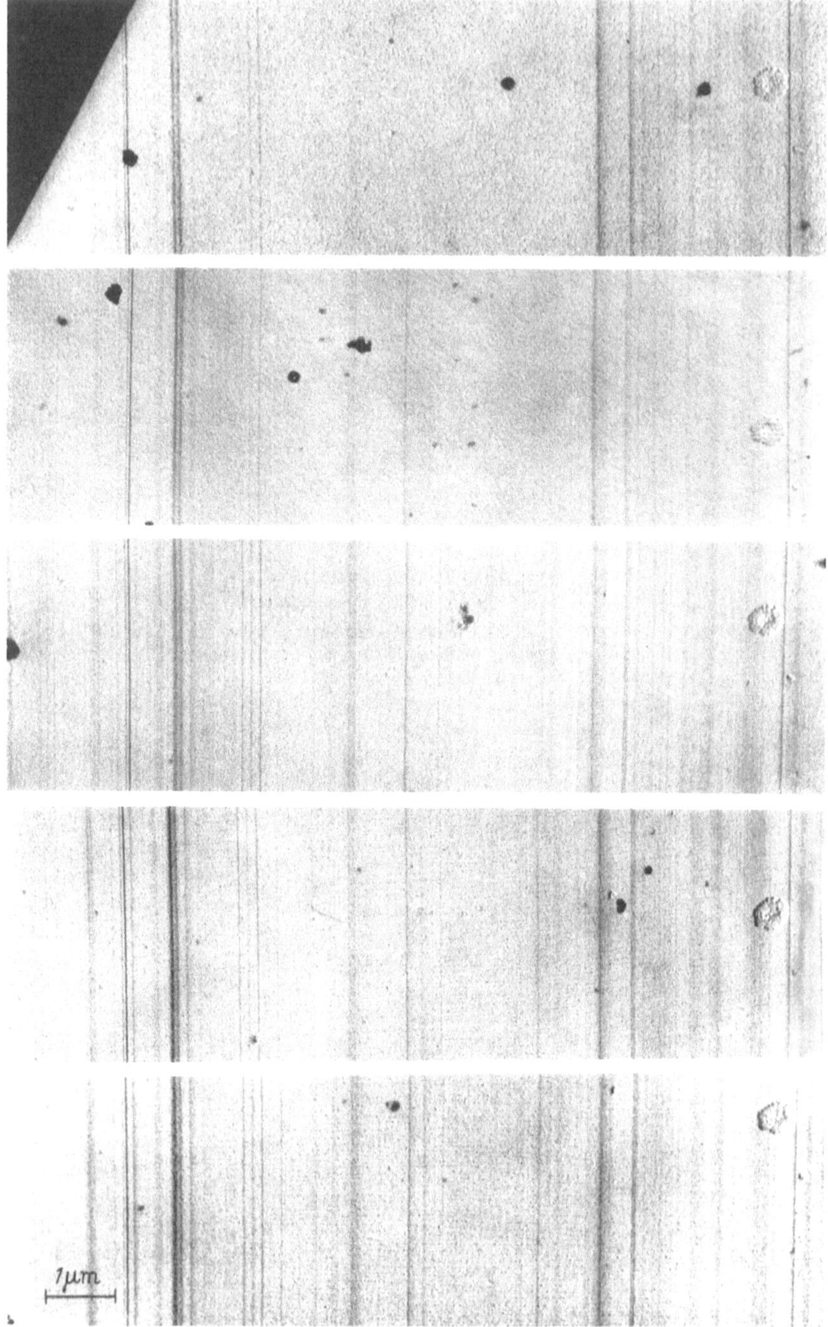

Fig. 55. Gleitlinienaufnahmen von derselben Stelle eines bei Raumtemperatur verformten Co-Einkristalls für fünf aufeinanderfolgende Verformungsstufen (×9500). Nach SEEGER, KRONMÜLLER, BOSER und RAPP [88]. Die Abgleitung der einzelnen Verformungsstufen beträgt von oben nach unten: $a_1 = 0{,}106$; $a_2 = 0{,}166$; $a_3 = 0{,}222$; $a_4 = 0{,}256$; $a_5 = 0{,}340$

Dem entspricht eine lineare Zunahme der Anzahl n von Versetzungen pro Gleitlinie mit der Abgleitung. Anders liegen die Verhältnisse im Bereich B der Verfestigungskurve. Aus Tabelle 2 ist ersichtlich, daß im Bereich B die Gleitlinien mit zunehmender Abgleitung kürzer werden

Tabelle 2. *Quantitative Auswertung der Gleitliniendaten für die Basisgleitung hexagonaler Metalleinkristalle*

Metall Verformungs-temperatur	Abgleitungs-intervall		Mittlerer senkrechter Gleitebenen-abstand x in [Å]	Gleitlinienlänge L [mm]	Versetzungen n pro Stufe
	von	bis			
	0	0,07	1100	keine Enden	33
Zn	0	0,15	700	keine Enden	46
90° K	0	0,22	600	keine Enden	64
Bereich A	0	0,26	710	keine Enden	53
	0	0,43	570	keine Enden	73
	0	0,05	3000	keine Enden	24
Zn 293° K Bereich A	0	0,11	650	10	22
	0	0,16	450	2,8	25
	0,39	0,56	600	0,56	28,8
	0,60	0,73	—	0,21	—
	0,75	0,84	—	0,35	22,5
	0,75	0,93	—	0,29	18
Zn 293° K Bereich B	0,95	1,08	40	0,195	16
	0,95	1,13	—	0,155	—
	1,83	1,99	400	0,106	34
	0	4,65	630		11,8
Co	4,65	10,6	830	0,3 (für die drei Zeilen)	35,2
293° K:	10,60	16,6	550		36,5
Bereich A	16,6	22,6		0,35	29,4
	22,6	29,6	325 (für die drei Zeilen)	—	38,5
	29,6	34,0		0,25	44,2

und die Zahl der Versetzungen pro Gleitlinie konstant bleibt. Die Abnahme der Gleitlinienlänge gehorcht derselben Gesetzmäßigkeit

$$L = \frac{\Lambda}{a - a^*}, \tag{4.2}$$

wie sie auch in Abschnitt 4.2a für kubisch-flächenzentrierte Metalle gefunden wurde. Für Λ ergibt sich bei Zink $\Lambda = 1{,}75 \cdot 10^{-2}$ cm, also ein etwa 40mal größerer Wert als für Kupfer. Es ist bemerkenswert, daß die Gleitlinienlänge bei den hexagonalen Metallen in Bereich A und B dasselbe qualitative Verhalten zeigt wie in den Bereichen I und II der kubisch-flächenzentrierten Metalle.

Eine weitere für die Verformung bei Zimmertemperatur charakteristische Erscheinung ist das Auffächern der Gleitlinien im Bereich B.

Darunter versteht man die Verzweigung meist starker Gleitlinien in eine große Anzahl feinerer Linien. Derartige Auffächerungen sind in Fig. 56

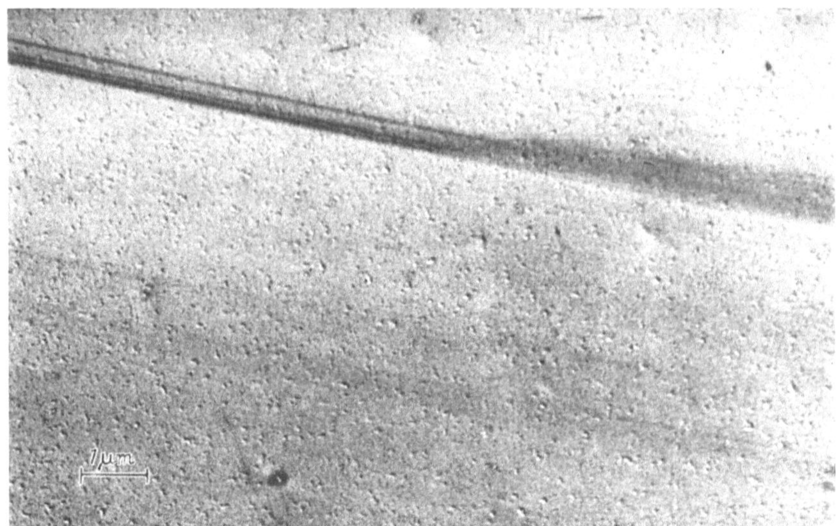

Fig. 56. Auffächern von Gleitlinien in Zink bei Raumtemperaturverformung nach [89] (a=0,06; Zusatzabgleitung Δa= 0,08; ×9000)

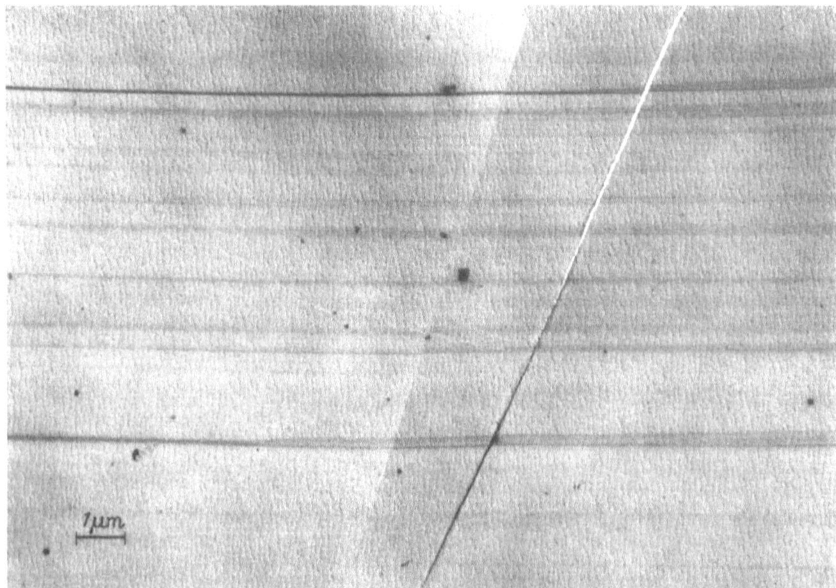

Fig. 57. Auffächern von Gleitlinien in Kobalt bei Raumtemperaturverformung nach [88] (a=2,00; × 7000)

zu erkennen. Sie treten bevorzugt an den Seitenflächen der Kristalle auf. Die Auffächerung erweist sich nach SEEGER und TRÄUBLE [*89*] als verformungsabhängig, und zwar nimmt mit wachsender Verformung die Zahl und die Größe der Auffächerungen zu. Von SEEGER, KRONMÜLLER, BOSER und RAPP [*88*] wurden derartige Auffächerungen auch auf Kobaltkristallen beobachtet (Fig. 57).

5. Deutung der Verfestigungserscheinungen

5.1. Allgemeine Diskussion

In den folgenden Abschnitten soll versucht werden, die vielfältigen Erscheinungen der Einkristallplastizität mit Hilfe der Vorstellungen, die man auf Grund der Versetzungstheorie in den letzten Jahren über die Plastizität gewonnen hat, zu deuten. Wegen der versetzungstheoretischen Grundlagen vergleiche man die Kapitel 1 und 3; ferner sei auf die ausführlichen und zusammenfassenden Darstellungen von SEEGER [*2*], [*3*] hingewiesen.

Man darf heute, bekräftigt durch zahlreiche direkte Beobachtungen (s. Kapitel 4) annehmen, daß jeder unverformte Einkristall mit einem räumlichen Netzwerk von Versetzungen durchzogen ist. Diese Versetzungen liegen bei den hier betrachteten Kristallen hauptsächlich in dichtest gepackten Netzebenen, bei den hexagonalen Metallen also in der Basisebene und bei den kubisch-flächenzentrierten Elementen in den $\{111\}$-Ebenen (sog. Oktaederebenen). Wird der Kristall durch äußere Kräfte beansprucht, so setzen sich im kubisch-flächenzentrierten Gitter bei steigender Last zuerst die Versetzungen derjenigen Gleitsysteme in Bewegung, in denen die größte Schubspannungskomponente wirkt; um eine makroskopisch beobachtbare Abgleitung zu erhalten, muß diese Schubspannungskomponente einen bestimmten kritischen Wert, die sog. *kritische Schubspannung* überschreiten, der sich aus der Versetzungsanordnung des unverformten Kristalls (der sog. Versetzungsgrundstruktur) bestimmt. Dasjenige Gleitsystem, in dem sich die Versetzungen mit wachsender Spannung zuerst über makroskopische Entfernungen und damit am leichtesten bewegen, nennt man das *Hauptgleitsystem*, die zugehörige Gleitebene die *Hauptgleitebene*. Unter der Schar kristallographisch gleichwertiger Gleitsysteme ist das Hauptgleitsystem immer dasjenige mit der größten Schubspannungskomponente. Bei den hexagonalen Metallen sind die Verhältnisse dadurch etwas anders gelagert, daß die verschiedenen möglichen Gleitebenen (vgl. Tabelle 1) kristallographisch *nicht* alle gleichwertig sind. Bei der Standardorientierung (Fig. 31f) ist die Basisebene die Hauptgleitebene.

Die makroskopisch zu beobachtende plastische Verformung entsteht dadurch, daß infolge der Wanderung der Versetzungen Kristallschichten entlang der Gleitebene gegeneinander verschoben werden. Gelangt eine Versetzung an die Oberfläche, so entsteht, wenn es sich um eine Stufenversetzung handelt, eine Stufe von atomarer Höhe*. Im allgemeinen tritt an derselben Stelle eine ganze Gruppe von 10 bis 100 Versetzungen aus und erzeugt somit eine entsprechend höhere Stufe, die man dann Gleitlinie nennt und die im Elektronenmikroskop sichtbar gemacht werden kann. Bei starker Bündelung dieser Gleitlinien mit zunehmender Verformung können diese auch mit dem Lichtmikroskop und schließlich mit dem bloßen Auge wahrgenommen werden.

Die Versetzungen in den oben erwähnten dichtest gepackten Gleitebenen sind im allgemeinen aus energetischen Gründen in sog. *Halb-* oder *Teilversetzungen* aufgespalten. Diese Teilversetzungen unterscheiden sich von den vollständigen Versetzungen durch ihre Burgers-Vektoren: Während bei der vollständigen Versetzung der Burgers-Vektor ein Gittervektor im Bravais-Gitter ist, wird diese Bedingung für die Teilversetzungen nicht erfüllt (s. Kapitel 1, Abschnitt 1.4b).

Bei der Aufspaltung in Teilversetzungen entsteht zwischen den letzteren ein sog. *Stapelfehlerband.* Wie in Kapitel 1 ausgeführt wurde, bezeichnet man als Stapelfehler eine Störung der sog. Stapelfolge; unter Stapelfolge versteht man die Anordnung, mit der hexagonal dichtest gepackte Kugelebenen zu einer sog. dichtesten Kugelpackung übereinander angeordnet werden können. Beim hexagonalen Gitter lautet die Stapelfolge $ABABAB\ldots$, während sie bei der kubisch-flächenzentrierten Struktur mit $ABCABCABC\ldots$ bezeichnet wird. Ohne die dichteste Kugelpackung zu zerstören, können Fehler in die reguläre Stapelordnung gebracht werden. Zum Beispiel im kubischen Fall

$$\underset{\uparrow}{A\,B\,C\,A\,B}\,A\,B\,C\,A\,B\,C \quad \ldots$$

oder im hexagonalen Fall

$$A\,B\,A\,\underset{\uparrow}{B}\,C\,A\,C\,A\,C \quad \ldots .$$

Bei diesen Beispielen bezeichnet man die mit Pfeilen angedeuteten Stellen als Stapelfehler. Man definiert die zur Bildung eines Stapelfehlers notwendige freie Energie je Flächeneinheit als *Stapelfehlerenergie.* In der Literatur wird diese Größe meistens mit γ bezeichnet und in $\mathrm{erg/cm^2}$ angegeben. Vielfach benützt man auch die dimensionslose Größe $\gamma/G\,b$, wo G der Schubmodul und b der Burgers-Vektor der vollständigen Versetzungen ist.

* Hat die austretende Versetzung nicht reinen Stufencharakter (d.h. tritt sie *nicht* am Scheitel aus), so ist die Höhe der entstehenden Stufe entsprechend kleiner.

Wie bei der Aufspaltung in Teilversetzungen ein Stapelfehler entsteht, wird in Fig. 58 veranschaulicht. Es wird dort eine Stufenversetzung senkrecht zu ihrer Gleitebene gezeigt. Es sind zwei Netzebenen eingezeichnet, nämlich die Gleitebene mit ausgefüllten Kreisen und die darunter liegende Ebene mit offenen Kreisen. In der Abbildung sollen die vollen Kreise Atome der A-Lage und die offenen Kreise die der B-Lage repräsentieren. Die Atome der B-Lage springen nun bei der Ausführung eines Gleitschrittes nicht direkt in die nächste benachbarte B-Lage, sondern benützen den günstigeren Weg über die C-Lage. In der Abbildung

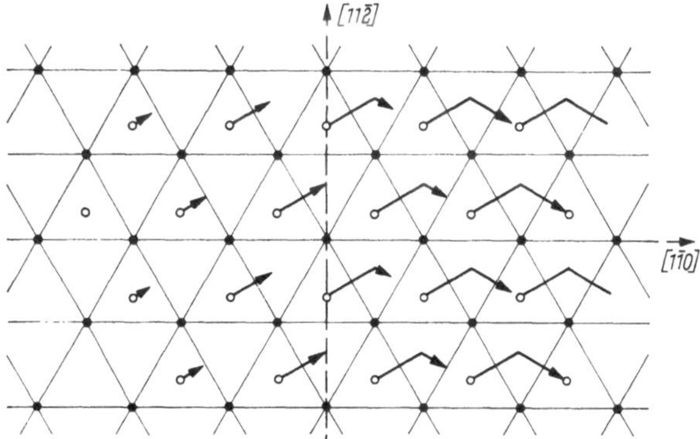

Fig. 58. Schematische Darstellung des Gleitschritts für eine aufgespaltene Stufenversetzung auf der (1 1 1)-Ebene des kubisch-flächenzentrierten Gitters

ist dieser Weg durch Pfeile angedeutet. Die Pfeilspitzen geben den Platz der B-Atome für eine ruhende Versetzung an. Wie man aus dieser Darstellung sieht, ist im Zentrum dieser Störung die Stapelfolge nicht mehr kubisch-flächenzentriert, sondern hexagonal (die B-Atome sind auf C-Plätze gewandert). Die Berandungen dieser Störung bezeichnet man als Halbversetzungslinien.

Da die Aufspaltung einer Versetzung in Halbversetzungen unter Energiegewinn vor sich geht, stoßen die Halbversetzungen einander ab. Diese Abstoßung wirkt aber der Oberflächenspannung des Stapelfehlerbands entgegen. Für die Weite der Aufspaltung ergibt sich ein Gleichgewichtswert; es ist leicht einzusehen, daß für große Stapelfehlerenergien die Aufspaltungsweiten der Versetzungen gering sind und umgekehrt. Da bei sehr vielen Versetzungsreaktionen, die bei der Gleitung stattfinden, die Aufspaltung größtenteils, meist sogar vollständig, rückgängig gemacht werden muß, wird verständlich, daß die Stapelfehlerenergie eine für die plastische Verformung wichtige Materialkonstante darstellt.

Die nach dem Beginn der plastischen Verformung zur Aufrechterhaltung der Gleitung notwendige *Fließspannung* ist ebenfalls wie die kritische Schubspannung durch den Einfluß der jeweiligen Versetzungsanordnung auf die Versetzungen der betätigten Gleitebene bedingt. Da nämlich die wandernden Versetzungen teilweise an Hindernissen aufgehalten werden, nimmt die Versetzungsdichte und damit auch das Spannungsfeld im Kristall mit wachsender Abgleitung zu; die Versetzungen der Gleitebene müssen aber zur Aufrechterhaltung der plastischen Verformung dieses Spannungsfeld überwinden. Mit zunehmender Verformung wird deshalb eine immer größere Fließspannung benötigt. Man bezeichnet das mit wachsender Verformung Größerwerden der Fließspannung als *Verfestigung* des Kristalls. Als Maß für diese Verfestigung dient entweder die Differenz zwischen der jeweiligen Fließspannung und der kritischen Schubspannung, also $\tau - \tau_0$, oder auch der sog. *Verfestigungskoeffizient*; dieser wird als Differentialquotient $d\tau/da$ definiert.

Außer der elastischen Wechselwirkung der Versetzungen geben auch noch die sog. *Schneidprozesse* der Versetzungen einen Beitrag zur Fließspannung. Die Versetzungen der Hauptgleitebene müssen nämlich bei ihrer Bewegung den sog. *Versetzungswald* – das sind die in anderen Gleitebenen liegenden Versetzungen, die die Hauptgleitebene durchstoßen – durchschneiden. Auf Grund dieser Vorstellung teilt man die Fließspannung nach SEEGER [*70*] auf in

$$\tau = \tau_G + \tau_S . \tag{5.1}$$

Das erste Glied soll den Anteil der elastischen Wechselwirkung enthalten, das zweite den der Schneidprozesse; ferner soll der Index G beim ersten Glied ausweisen, daß dieser Anteil nur über die elastischen Konstanten (Schubmodul G) von der Temperatur abhängt. Wegen der geringen Temperaturabhängigkeit der elastischen Konstanten ist somit das erste Glied praktisch temperaturunabhängig. Im Gegensatz hierzu zeigt das zweite Glied eine relativ starke Abhängigkeit von T, da bei den Schneidprozessen die Aufspaltung der Versetzungen rückgängig gemacht werden muß und die erforderliche Energie ja teilweise durch thermische Schwankungen aufgebracht werden kann.

Nach ADAMS und COTTRELL [*115*] und COTTRELL und STOKES [*116*] kann dieser temperaturabhängige Fließspannungsanteil, der außerdem auch von der Verformungsgeschwindigkeit abhängt, durch sog. Wechselversuche, wie sie schon in Abschnitt 2.3 erwähnt wurden, ermittelt werden. Man mißt hierbei die Fließspannungsänderung $\Delta\tau$, die sich einstellt, wenn man einen bei der Temperatur T_1 bzw. der Verformungsgeschwindigkeit $\dot{a}_1$ bis zur Spannung τ_1 verformten Kristall bei der Temperatur T_2 bzw. der Geschwindigkeit $\dot{a}_2$ weiterverformt. Da sich bei einem solchen Wechsel der Temperatur bzw. der Geschwindigkeit in Gl. (5.1) praktisch nur der τ_S-Anteil ändert, kann man hieraus diesen Fließspannungsanteil ermitteln. Nach den Messungen von COTTRELL u.a. [*115*], [*116*] soll das Verhältnis dieses Anteils zu τ_G unabhängig vom Verformungsgrad sein (Cottrell-Stokes-Gesetz). In den angeführten Arbeiten wurde nämlich festgestellt, daß das bei Temperaturwechselversuchen auftretende Verhältnis τ_1/τ_2 unabhängig von der Spannung ist. Es kann gezeigt werden, daß dieser Befund gleichbedeutend damit ist, daß τ_S/τ_G unabhängig vom Verformungsgrad ist. BASINSKI [*117*], ferner HIRSCH [*118*], [*119*] und MOTT [*120*] haben auf Grund dieses Ergebnisses Verfestigungstheorien vorgeschlagen, nach welchen die Wald-

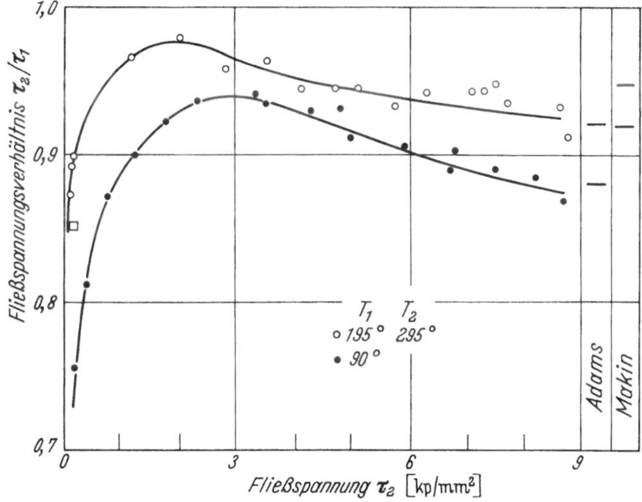

Fig. 59. Fließspannungsverhältnis τ_2/τ_1 von Kupfereinkristallen bei Temperaturwechsel in Abhängigkeit von der Fließspannung τ_2 bei Raumtemperatur. Nach [*57*]

versetzungen, also die zu durchschneidenden Versetzungen, für beide Anteile τ_S und τ_G maßgebend sind. Diese Auffassung steht im Widerspruch zu der von SEEGER [*2*], [*3*] u.a. vertretenen Vorstellung, nach welcher die weitreichenden elastischen Wechselwirkungen der wandernden Versetzungen mit steckengebliebenen Versetzungen des Hauptgleitsystems den Hauptbeitrag zur Verfestigung liefern.

Wegen dieser Diskrepanz der theoretischen Auffassungen wurden von DIEHL und BERNER [*57*] ebenfalls Temperaturwechselversuche an Kupfer durchgeführt. In Fig. 59 ist für zwei Temperaturen das Fließspannungsverhältnis τ_2/τ_1 als Funktion der einen der beiden Schubspannungen (τ_2) aufgetragen. Wie aus dieser Figur zu entnehmen ist, kann von einer Konstanz dieses Schubspannungsverhältnisses nicht gesprochen werden. Nur im Bereich III kann man eventuell, da die Kurven sich einem Grenzwert nähern, τ_2/τ_1 näherungsweise als konstant ansehen. Aus diesen Messungen konnte ferner, ebenso wie aus den früheren Untersuchungen von REBSTOCK [*60*], entnommen werden, daß der Anteil τ_S an der Gesamtfließspannung im Bereich I etwa von derselben Größenordnung wie τ_G ist. Der Verlauf von τ_S und τ_G als Funktion der Abgleitung a ist qualitativ in Fig. 60 aufgetragen. Wie man sieht, ist in den Verfestigungsbereichen II und III $\tau_S \ll \tau_G$. Eine weitergehende Diskussion dieses Sachverhalts findet sich in Kapitel 3.

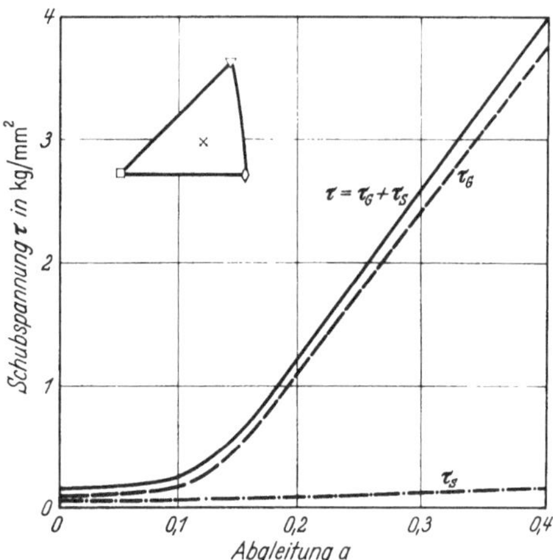

Fig. 60. Aufteilung der Verfestigungskurve in τ_G und τ_S für Tieftemperaturverformung von Cu-Einkristallen [*143*]

Einen weiteren Widerspruch zu den Verfestigungstheorien der oben zitierten Autoren ([*117*] bis [*120*]) liefern die Messungen von Ahlers und Haasen [*121*]. Bei einer Dominanz der Schneidprozesse, wie sie von Hirsch [*118*], [*119*] und Mott [*120*] angenommen wird, müßten nämlich auch in den sekundären Gleitsystemen Abgleitungen in derselben Größenordnung wie im Hauptgleitsystem auftreten. Zur Prüfung dieser Vorstellung haben Ahlers und Haasen [*121*] unter der Annahme, daß nur Einfachgleitung stattfindet, aus der Orientierungsänderung der

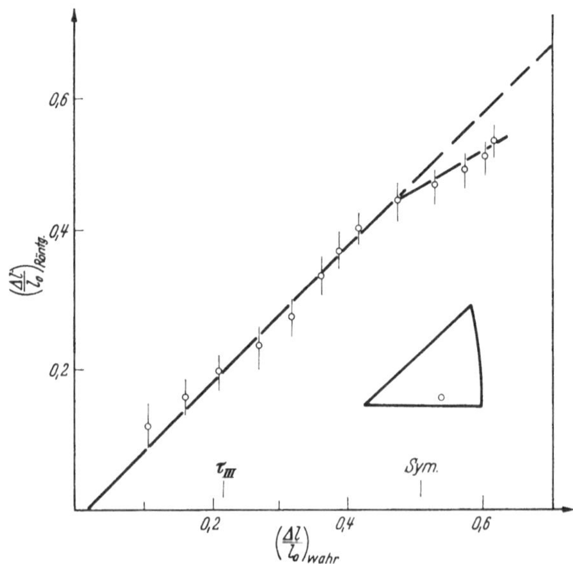

Fig. 61. $(\Delta l/l_0)_{\text{Röntg}}$ (aus Orientierungsänderung unter Annahme von Einfachgleitung errechnete Dehnung) als Funktion der gemessenen Dehnung $(\Delta l/l_0)_{\text{wahr}}$ für einen Silbereinkristall bei Raumtemperaturverformung im Zugversuch [*121*]. τ_{III} gibt den Beginn von Bereich III an

Stabachse, die sie röntgenographisch verfolgten, die Dehnung $(\Delta l/l)_{\text{röntg}}$ des Kristalls ermittelt und diese Größe dann über der direkt gemessenen Dehnung $(\Delta l/l)_{\text{wahr}}$ aufgetragen (Fig. 61). Tritt bei der Verformung des Kristalls nur Einfachgleitung auf, so müssen diese Meßpunkte auf einer Geraden mit der Steigung 1 liegen. Dies ist nach Fig. 61 in guter Näherung der Fall; erst bei sehr hohen Dehnungen weichen die Meßpunkte merklich von der eingezeichneten Geraden ab. Die Streuung der Meßpunkte um die Gerade mit Steigung 1 beträgt etwa 6 bis 11%. Dieser Betrag, der durch Mehrfachgleitung zustande gekommen sein könnte, ist aber nach den Angaben der Verfasser zu klein, um mit den Verfestigungstheorien von BASINSKI, HIRSCH und MOTT im Einklang zu sein.

5.2. Kubisch-flächenzentrierte Metalle und Legierungen

a) Kritische Schubspannung

Auf eine über das in Abschnitt 5.1 Gesagte hinausgehende Diskussion der quantitativen Zusammenhänge bei der kritischen Schubspannung an dieser Stelle soll verzichtet werden, da in Kapitel 3 sehr ausführlich hierauf eingegangen wird.

b) Bereich I

Im Bereich I ist, wie man aus den Verfestigungskurven in den Fig. 11 und 12 entnehmen kann, der Verfestigungsanstieg ϑ_{I} im allgemeinen sehr gering. Nach SEEGER [*2*], [*3*] werden die Versetzungen der Hauptgleitebene nur ab und zu in den Potentialmulden des durch das Versetzungsnetzwerk bedingten Spannungsfeldes eingefangen. Da auf diese Weise nur sehr wenig Versetzungen aufgehalten werden können, ist der Laufweg derselben sehr groß. Diese Tatsache wurde durch elektronenmikroskopische Beobachtungen der Gleitspuren (Fig. 45) sehr gut bestätigt. Eine quantitative Behandlung des Verfestigungsanstiegs von Bereich I wird in Kapitel 3 gegeben.

Die Variation der übrigen Kenngrößen von Bereich I, nämlich τ_{II} und a_{II}, mit der Temperatur, der Abgleitgeschwindigkeit und dem Legierungsgehalt lassen sich relativ leicht verstehen. Die Schubspannung τ_{II}, bei der Bereich II beginnt, ist grob gesprochen (unter Vernachlässigung der Verfestigung der latenten Gleitsysteme) die kritische Schubspannung eines der sekundären Gleitsysteme. Diese Spannung variiert deshalb mit T, $\dot{a}$ und dem Legierungsgehalt analog zur kritischen Schubspannung des Hauptgleitsystems. Sie wird dementsprechend mit abnehmender Temperatur und zunehmender Abgleitgeschwindigkeit größer.

Für die Größe a_{II}, die für die Ausdehnung des Bereichs I repräsentativ ist, kann auf Grund der Definitionen in Fig. 13 von a_{II}, ϑ_{I} und τ_{II}

folgende Gleichung angeschrieben werden:

$$a_{II} = (\tau_{II} - \tau_0)/\vartheta_I . \tag{5.2}$$

Da der Zähler dieses Ausdrucks mit steigendem T bzw. fallendem $\dot{a}$ abnimmt, während der Nenner zunimmt bzw. im ungünstigsten Fall konstant bleibt, ergibt sich für a_{II} mit steigendem T bzw. kleiner werdendem $\dot{a}$ eine Abnahme von a_{II}.

Das Längerwerden des Bereichs I beim Zulegieren kann mit derselben Argumentation erklärt werden wie die Temperatur- und Geschwindigkeitsabhängigkeit. Da nämlich geringe Verunreinigungen oder Legierungszusätze die kritische Schubspannung erhöhen *, gilt dies auch für τ_{II}.

c) Bereich II

Die starke Zunahme des Verfestigungsanstiegs beim Übergang von Bereich I zu Bereich II kommt dadurch zustande, daß auch in den sekundären Gleitsystemen die Spannung so groß geworden ist, daß ein Mitgleiten dieser Systeme stattfinden kann. Dabei haben die Versetzungen jener sekundären Gleitsysteme die Möglichkeit, zusammen mit den Versetzungen des Hauptgleitsystems sog. Lomer-Cottrell-Versetzungen zu bilden; das sind Versetzungen, deren Burgers-Vektor weder in der einen noch in der anderen Gleitebene liegt und die folglich nicht gleitfähig sind und daher die weitere Versetzungsbewegung in der Hauptgleitebene sehr stark behindern.

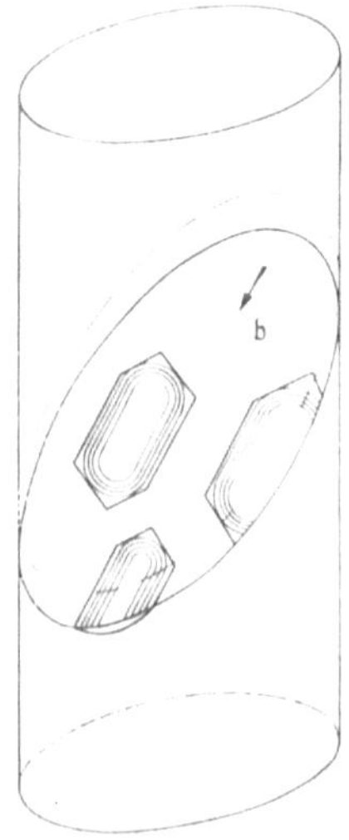

Fig. 62. Schematische Darstellung der Gleitzonen im verformten Kristall [*112*]

Die Versetzungen der Hauptgleitebene werden dann allseitig von solchen nicht gleitfähigen Versetzungen umgeben. In Fig. 62 ist die entstehende Konfiguration in schematischer Weise veranschaulicht. Die nicht gleitfähigen Versetzungen liegen in $\langle 110 \rangle$-Richtungen, da sie ja durch Schnitt von $\{111\}$-Ebenen entstehen. Die durch den Frank-Read-Mechanismus erzeugten Versetzungen stauen sich dann in Gruppen von etwa 10 bis 100 Ringen an diesen Hindernissen auf. Sie bestimmen durch ihre elastischen Spannungsfelder den starken Anstieg der Verfestigung im Bereich II. Man nennt die durch die nicht gleitfähigen Versetzungen berandeten Gebiete Gleitzonen.

* Nach SEEGER [*53*], [*3*] ist die Erhöhung der kritischen Schubspannung kubisch-flächenzentrierter Kristalle durch geringe Verunreinigungen überwiegend ein indirekter Effekt, der von der Erhöhung der Versetzungsdichte beim Wachstum verunreinigter Kristalle herrührt (vgl. Ziff. 3.1 c).

Die Fig. 62 mit den Gleitzonen ist auch sehr instruktiv für die Deutung der Gleitlinienbeobachtungen. Man sieht hieraus, daß die Gleitlinien Schnittlinien dieser Gleitzonen mit der Kristalloberfläche sind. Die Länge der Gleitlinien gibt ungefähr den Laufweg der Versetzungen an. Die Stufenhöhe der Gleitlinien ist proportional zu der Anzahl der innerhalb der Gleitzone aufgestauten Versetzungen. Ferner sieht man, daß am Scheitel des Kristalls die Stufenanteile der Versetzungsringe aus dem Kristall ausgetreten sind und die Schraubenanteile sich vom Ende der Gleitlinien aus in das Innere des Kristalls erstrecken, während auf der Seitenfläche die Schraubenanteile ausgetreten sind und die Stufenanteile in den Kristall hineinragen. Die in Fig. 62 dargestellte Form der Zonen mit dem Seitenverhältnis von ungefähr 1:2 oder 1:3 ergab sich aus Gleitlinienlängenmessungen am Scheitel und auf der Seite.

Typisch für den Bereich II ist, daß der dimensionslose Verfestigungskoeffizient ϑ_{II}/G näherungsweise für alle bisher untersuchten Metalle gleich groß ist (Fig. 20). Dieses Gesetz bekräftigt die Vorstellung, daß im Bereich II die Schneidprozesse nur einen sehr geringen Anteil an der Verfestigung bzw. an der Fließspannung haben; bei einer Dominanz der Schneidprozesse müßte nämlich die Größe ϑ_{II}/G wegen des Einflusses der Stapelfehlerenergie auf die Schneidprozesse eine je nach Material mehr oder weniger starke Temperaturabhängigkeit zeigen. Eine ausführliche theoretische Interpretation von ϑ_{II} wird in Kapitel 3 gegeben.

d) Bereich III

Der Bereich III zeichnet sich gegenüber dem linearen Bereich II durch einen allmählich kleiner werdenden Verfestigungskoeffizienten aus. Diese plötzliche Abnahme des Anstiegs kann nach der eben besprochenen Vorstellung nur so erklärt werden, daß die in Gruppen aufgestauten Versetzungen auf irgendeine Weise wieder abgebaut werden. Für diesen Abbau wurde von Diehl, Mader und Seeger [*122*] die sog. *Quergleitung von Schraubenversetzungen* vorgeschlagen. Die Schraubenversetzungen sind ja, da ihr Burgers-Vektor parallel zur Versetzungslinie ist, nicht an eine bestimmte Gleitebene gebunden. In einer Aufstauung können deshalb die Schraubenkomponenten das Hindernis umgehen, indem sie eine andere $\{111\}$-Ebene – man nennt diese Ebene die *Quergleitebene* – benützen und dann in einem bestimmten Abstand, bei dem der Einfluß des Hindernisses nicht mehr sehr groß ist, in einer zur ursprünglichen Gleitebene parallelen Ebene weitergleiten (Mechanismus der doppelten Quergleitung, Fig. 63).

Den experimentellen Beweis für die Richtigkeit dieser Auffassung liefern die Gleitlinienbilder in Fig. 64, die mit Hilfe der Zielpräparation von ein und derselben Stelle des Kristalls bei Beginn des Bereichs III aufgenommen wurden. Die rechte Aufnahme entstand, nachdem der Kristall nach der ersten Aufnahme nochmals einer kleinen Zusatzverformung unterworfen worden war. Betrachtet man die feine Gleitlinie, die im linken Bild in der Mitte des eingezeichneten Kreises endet, so kann man feststellen, daß sich diese Linie auch im rechten Bild wiederfindet; allerdings ist sie hier wesentlich stärker und zeigt an der Stelle, wo sie im linken Bild zu Ende war, ein plötzliches Abbiegen nach rechts, das sich dann in einer zur ursprünglichen Gleitlinie parallelen Linie fortsetzt. Kristallographisch läßt sich nachweisen, daß die zu dieser speziellen Gleitlinie gehörige Gleitebene ebenfalls eine $\{111\}$-Ebene ist und zwar die schon oben erwähnte Quergleitebene des Hauptgleitsystems.

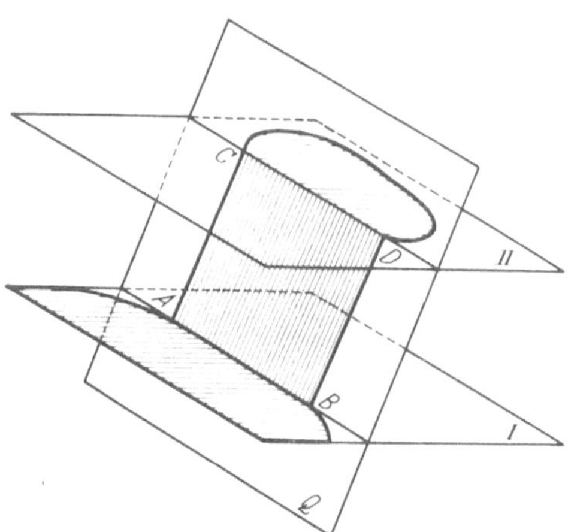

Fig. 63. Schematisches Bild der doppelten Quergleitung nach [122]. Die Gleitung wird von der Hauptgleitebene I auf die Hauptgleitebene II übertragen (Q = Quergleitebene). Die von der quergleitenden Versetzung überstrichene Fläche ist schraffiert gezeichnet

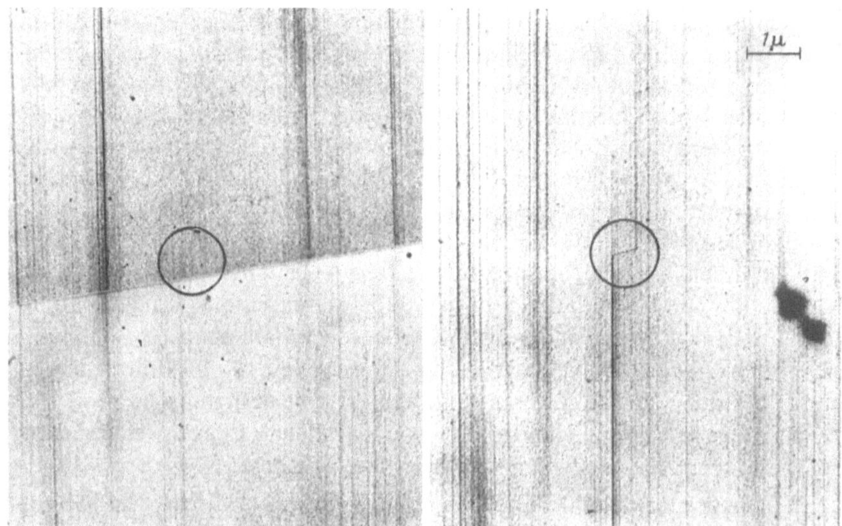

Fig. 64. Quergleitung und Wachstum einzelner Gleitstufen am Anfang von Bereich III nach [16] (Kupfereinkristalle, Raumtemperaturverformung)

Da die Versetzungen in Halbversetzungen aufgespalten sind, liegen die Verhältnisse bei der Quergleitung in Wirklichkeit nicht ganz so einfach, wie sie eben beschrieben wurden. Eine aufgespaltene und damit flächenhafte Schraubenversetzung kann nämlich aus atomistischen Gründen nicht ohne weiteres in die Quergleitebene überwechseln. Quergleitung ist in diesem Falle nur möglich, wenn die Aufspaltung an der betreffenden Stelle rückgängig gemacht wird, d.h. wenn die Teilversetzungen wieder zu einer vollständigen Versetzung zusammengepreßt werden (vgl. Kapitel 1, Abschnitt 1.4b). In Fig. 65 wird dieser Vorgang etwas veranschaulicht. Eine aufgespaltene Schraubenversetzung ist hier bereits über eine bestimmte Länge $2l_0$ zusammengeschnürt (Fig. 65a). Diese vollständige Versetzung kann sich dann in der anderen $\{111\}$-Ebene, die den Burgers-Vektor enthält, wieder aufspalten, wie Fig. 65b zeigt, und wird sich schließlich unter dem Einfluß der in der Quergleitebene wirkenden Spannung wegbewegen (Fig. 65c).

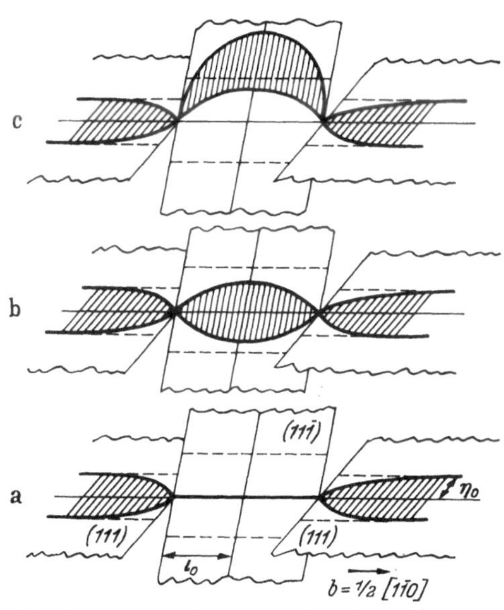

Fig. 65a–c. Quergleitung einer aufgespaltenen Versetzung

Die zur Quergleitung erforderliche Einschnürung wird einerseits durch die wirkende Schubspannung und andererseits durch thermische Gitterschwingungen aufgebracht. Auf den Einfluß der thermischen Aktivierung bei der Quergleitung weist vor allem die starke Temperaturabhängigkeit des Beginns von Bereich III hin (Fig. 21). Da die Aufspaltungsweite der Versetzungen, wie oben gezeigt wurde, eine Funktion der Stapelfehlerenergie γ ist, wird verständlich, daß auch die Schubspannung τ_{III}, die durch den Beginn der Quergleitprozesse bestimmt ist, von der Stapelfehlerenergie abhängt. Im Abschnitt e) wird ein quantitativer Zusammenhang zwischen τ_{III} und γ angegeben, der es ermöglicht, aus τ_{III}-Messungen die Stapelfehlerenergie experimentell zu ermitteln.

Über die Vorgänge, die beim *Bruch* bzw. bei der *Brucheinschnürung* des Einkristalls ablaufen, hat man bis heute noch keine definierten Vorstellungen. Schon früher wurde erwähnt [*21*], daß für die Metalle Kupfer und Gold bei der Auftragung von lg τ_E über lg T/T_s sich mit guter Näherung Geraden durch die Meßpunkte legen lassen (Fig. 23), wobei die

Anstiege dieser Geraden proportional zu $A/G b^3$ sind; A ist hier eine spezifische Konstante, die im Zusammenhang mit der Quergleitung von Schraubenversetzungen auftritt und von der Stapelfehlerenergie abhängt (s. Ziff. e).

An Blei wurden von BOLLING, HAYS und WIEDERSICH [*123*] ähnliche Beobachtungen angestellt. In Tabelle 3 sind die Proportionalitätsfaktoren $(G b^3/A)(d \ln \tau_E / d \ln T)$, die von BERNER [*21*] an Kupfer und Gold und von den zitierten Autoren [*123*] an Pb gemessen wurden, zusammengestellt.

Der Zusammenhang von τ_E mit der Konstante A könnte zu der Vermutung Anlaß geben, daß bei der Brucheinschnürung ähnliche Vorgänge ablaufen wie bei der Quergleitung von Schraubenversetzungen. Zu einer Klärung dieser Verhältnisse wären weitere Untersuchungen an einer Reihe von kubisch-flächenzentrierten Metallen notwendig.

Tabelle 3. *Temperaturabhängigkeit der Spannung für die Brucheinschürung*

	$\frac{d \ln \tau_E}{d \ln (T/T_S)}$	$\frac{G b^3}{A}$	$\frac{d \ln \tau_E}{d \ln (T/T_S)} \cdot \frac{G b^3}{A}$
Kupfer [*21*]	0,239	11,3	2,7
Gold [*21*]	0,693	4,06	2,81
Blei [*123*]	0,372	7,7	2,86

Bemerkenswert ist die Tatsache, daß es sich bei der Bruchspannung τ_E um eine wohldefinierte und reproduzierbare Größe handelt, die für den gesamten Kristall gilt und nicht etwa nur an der mehr oder weniger vom Zufall abhängenden lokalen Ausbildung der Brucheinschnürung in Erscheinung tritt. Für diese Aussage sprechen folgende Beobachtungen:

MICHELITSCH [*24*] stellte bei Kriechversuchen an Kupfer fest, daß das im allgemeinen beobachtete Übergangskriechen lange Zeit, bevor die Brucheinschnürung zu bemerken war, ins stationäre und schließlich ins beschleunigte Kriechen überwechselte; das bedeutet aber, daß sich bei einer definierten Spannung ein bestimmter Zustand über den gesamten Kristall ausbreitet, der dann an einer prädeterminierten Stelle schließlich zur Brucheinschnürung führt. Zur selben Folgerung führen die Beobachtungen von DIEHL und BERNER [*57*]. Wird ein bereits gebrochener Kristall weiterverformt, so zeigt sich keinerlei Verfestigung mehr; bei Erreichen der Bruchspannung, bei der der Kristall zuvor bereits gebrochen ist, tritt an einer anscheinend beliebigen Stelle abermals Brucheinschnürung auf; dieser Vorgang kann mehrmals wiederholt werden. Wird jedoch nach einem bei der Temperatur T_1 vorausgegangenen Bruch anschließend bei tieferer Temperatur T_2 weiter verformt, dann verfestigt sich der Kristall bei der Weiterverformung so lange, bis die für die Temperatur T_2 typische Bruchspannung erreicht ist.

e) Experimentelle Bestimmung der Stapelfehlerenergie

In Abschnitt 5.1 wurde bereits auf den großen Einfluß der Stapelfehlerenergie bei der plastischen Verformung hingewiesen (s. auch Kapitel 1, Abschnitt 1.4b). Da bisher die Stapelfehlerenergie theoretisch nicht mit Erfolg berechnet werden konnte (s. Kapitel 6, Ziff. 4.3), sind vor allem experimentelle Bestimmungsmethoden von Bedeutung. Im folgenden sollen deshalb einige Methoden zur Ermittlung dieser spezifischen Energie kurz zusammengestellt werden.

A. Da die Breite des Stapelfehlerbandes eine bekannte Funktion der Stapelfehlerenergie ist, bietet sich als erstes Verfahren die direkte Beobachtung und Ausmessung aufgespaltener Versetzungen an. Dieses Verfahren, das mit Hilfe des Elektronenmikroskops möglich ist (vgl. Kapitel 4), wurde erstmals von SIEMS u. Mitarb. an Stoffen mit extrem niedriger Stapelfehlerenergie, wie z.B. Graphit, durchgeführt [*124*]. In diesen Fällen sind die Versetzungen stark genug aufgespalten, um ein Ausmessen der Breite des Stapelfehlerbandes bei der elektronenmikroskopischen Beobachtung zu ermöglichen. In Metallen ist die Aufspaltung jedoch nur etwa 5 bis 50 Å, und da der Verzerrungskontrast eine Versetzung mit etwa 50 Å Breite abbildet, kann in diesen Fällen die Aufspaltung der Versetzungen in Teilversetzungen nicht mehr aufgelöst werden*. Die Aufspaltungsweite vergrößert sich jedoch sehr stark und ist unter günstigen Bedingungen meßbar, wie WHELAN [*126*] zeigen konnte, an sog. Versetzungsknoten; dies sind Stellen, an denen drei in einer Ebene liegende Versetzungen zusammenlaufen. Wegen weiterer Einzelheiten und Ergebnisse dieses Verfahrens sei auf Kapitel 4 und die ausführliche Arbeit von MADER [*17*] verwiesen.

B. In einem zweiten Verfahren, das etwas ausführlicher beschrieben werden soll, tritt die Stapelfehlerenergie nur indirekt in Erscheinung, und zwar wird in diesem Verfahren die Einschnürung von Versetzungen bei der Quergleitung von Schraubenversetzungen zu Grunde gelegt ([*37*], [*127*], [*128*], [*129*]).

Bei dem thermisch aktivierten Prozeß der Quergleitung von Schraubenversetzungen nimmt man für die Häufigkeit ν der pro Zeiteinheit stattfindenden Quergleitprozesse die Arrheniussche Beziehung an:

$$\nu = \nu_0 \exp[-U(\tau)/kT]. \tag{5.3}$$

$U(\tau)$ ist hier die bei der Spannung τ für den Quergleitprozeß notwendige Aktivierungsenergie; ν_0 ist ein temperaturunabhängiger Frequenz- und Entropiefaktor, der mit der Debye-Frequenz zusammenhängt; k ist die

* In bestimmten Legierungen, z.B. Ni+67% Co, ist die Aufspaltungsweite jedoch so groß, daß die beiden Halbversetzungen getrennten Kontrast geben (vgl. [*125*], Fig. 10).

Boltzmannsche Konstante. Die Spannung τ_{III}, die ein Anzeichen für die Quergleitung ist, wird beobachtet, wenn ν einen bestimmten kritischen Betrag, den wir mit ν_{krit} bezeichnen, überschreitet. Für den Beginn der Quergleitung gilt dann

$$\nu_{krit} = \nu_0 \exp[-U(\tau_{III})/kT]. \tag{5.4}$$

Wie SCHOECK und SEEGER [*127*] in erster Näherung und WOLF [*129*] in einer verfeinerten Theorie fanden, besteht zwischen der Aktivierungsenergie U der Quergleitung und der Schubspannung τ in der Gleitebene näherungsweise folgender logarithmischer Zusammenhang

$$U = -A \ln \tau/G + C. \tag{5.5}$$

In Gl.(5.5) ist G der Schubmodul, A und C sind Konstanten. Führen wir die Spannung $\tau_{III}(T)$ in obige Gleichung ein und wählen dann die übrigbleibende Konstante so, daß die Aktivierungsenergie für $T=0°$ K verschwindet, so erhalten wir folgende Beziehung:

$$U = -A \ln\left[\frac{\tau_{III}/G}{\tau_{III}(0)/G(0)}\right]. \tag{5.6}$$

Hier sind $\tau_{III}(0)$ und $G(0)$ die Werte für $T=0°$ K.

Es ist verhältnismäßig leicht einzusehen, daß die Frequenz ν, mit der die Quergleitprozesse erfolgen, der jeweiligen vorgegebenen Abgleitgeschwindigkeit $\dot{a}$ proportional ist; damit ergibt sich für die Abgleitgeschwindigkeit $\dot{a}$ ein zu ν analoger Ausdruck:

$$\dot{a} = \dot{a}_0 \exp\{-U(\tau_{III})/kT\}. \tag{5.7}$$

$\dot{a}_0$ ist hier eine Bezugskonstante, die von geometrischen Faktoren abhängt und außerdem der Debye-Frequenz des jeweils betrachteten Materials proportional ist. Setzt man den Wert für U aus Gl.(5.6) in Gl.(5.7) ein, so ergibt sich folgender Zusammenhang:

$$\ln \frac{\tau_{III}/G}{\tau_{III}(0)/G(0)} = \frac{kT}{A} \ln \frac{\dot{a}}{\dot{a}_0}. \tag{5.8}$$

Die in Gl.(5.8) enthaltenen Größen A und $\dot{a}_0$ sind zunächst unbekannt und stehen in keinem direkten Zusammenhang mit der Verfestigungskurve wie etwa τ_{III}, T und $\dot{a}$. Für die Größen $\tau_{III}(0)$ und A läßt sich theoretisch in Verbindung mit der Aufspaltung der Versetzungen die Abhängigkeit von der Stapelfehlerenergie und von der Anzahl n der an einem Hindernis aufgestauten Schraubenversetzungen angeben. Für $\tau_{III}(0)$ gilt nach SEEGER [*3*]

$$\tau_{III}(0) = \frac{2G(0)}{n}(0{,}056 - \gamma/G\,b). \tag{5.9}$$

Der Zusammenhang von A mit γ und n konnte allerdings nicht in expliziter Form angegeben werden, sondern wurde numerisch von WOLF [*129*] berechnet. Es zeigte sich hier, daß man die Abhängigkeit $A(n)$ für kleine Werte von n vernachlässigen kann und daß die Größe A somit in erster Linie eine Funktion von γ ist. Bei der Funktion $\tau_{III}(n, \gamma)$ ist es umgekehrt; $\tau_{III}(0)$ hängt in erster Linie von n ab. Die Größe n ist im Hinblick auf Oberflächenbeobachtungen sehr wichtig, da sich das aus $\tau_{III}(0)$ zu berechnende n im Oberflächenbild wiederfinden lassen muß.

Die Größe A tritt in der von WOLF [*129*] ermittelten theoretischen Abhängigkeit von der Stapelfehlerenergie in der Kombination $A/G\,b^3$ auf. Aus der Messung der Geschwindigkeitsabhängigkeit von τ_{III} erhält man nach Gl. (5.8) die Größe A allein. Um eine eventuelle Temperaturabhängigkeit der Kombination $A/G\,b^3$ erkennen zu können, muß man die durch die Größen G und b hervorgerufene Temperaturabhängigkeit eliminieren. Man schreibt deshalb

$$A = A(0) \cdot F(T)\,. \tag{5.10}$$

$F(T)$ ist hierbei eine dimensionslose Temperaturfunktion von der Form

$$F(T) = \frac{G(T) \cdot b^3(T)}{G(0) \cdot b^3(0)} \tag{5.11}$$

und $A(0)$ der am absoluten Nullpunkt gültige Wert für A. Unter Berücksichtigung von Gl. (5.10) folgt dann für Gl. (5.8)

$$\ln \frac{\tau_{III}/G}{\tau_{III}(0)/G(0)} = \frac{kT}{A(0) \cdot F(T)} \cdot \ln \frac{\dot{a}}{\dot{a}_0} \tag{5.12}$$

bzw. in etwas umgeschriebener Form

$$\ln \frac{\tau_{III}}{G} = \ln \frac{\tau_{III}(0)}{G(0)} - \left\{ \frac{k}{A(0)} \ln \frac{\dot{a}_0}{\dot{a}} \right\} \frac{T}{F(T)}\,. \tag{5.13}$$

Zur experimentellen Nachprüfung dieser theoretisch hergeleiteten Beziehung wurden von verschiedenen kubisch-flächenzentrierten Metallen erstens die Temperaturabhängigkeit und zweitens die Geschwindigkeitsabhängigkeit der Kenngröße τ_{III} gemessen. Wenn $A/G\,b^3$ temperaturunabhängig ist, so müßte sich im ersten Fall nach Gl. (5.13) ein linearer Zusammenhang zwischen $\ln(\tau_{III}/G)$ und $T/F(T)$ und im zweiten Fall ein solcher zwischen $\ln \tau_{III}$ und $\ln \dot{a}$ ergeben. Diese Relationen konnten, wie die Fig. 21 und 27 zeigen, recht gut bestätigt werden.

Bei der Auftragung von $\ln \tau_{III}$ gegen $\ln \dot{a}$ ergibt sich der Anstieg der experimentell gefundenen Geraden zu kT/A (vgl. Fig. 67). Da der Zusammenhang von A mit der Stapelfehlerenergie γ aus der Theorie bekannt ist, bietet sich somit ein Verfahren an, das die experimentelle Ermittlung von γ erlaubt.

Durch Messung der Temperatur- und der Geschwindigkeitsabhängigkeit von τ_{III} eines Metalls läßt sich die Konstante $\dot{a}_0$ experimentell ermitteln. Seeger, Berner und Wolf [*128*] nahmen an, daß diese Größe für alle kubisch-flächenzentrierten Metalle näherungsweise dieselbe ist. Auf diese Weise kann die Stapelfehlerenergie auch ermittelt werden, wenn für ein bestimmtes Metall nur Messungen der Temperaturabhängigkeit von τ_{III} vorliegen. In Tabelle 4 sind alle bisher mit der oben beschriebenen Methode ermittelten Stapelfehlerenergien aufgeführt. Der Wert für Silber gilt nur für das Temperaturintervall von 200 bis 300° K, er fällt dann bis 370° K scheinbar auf (16 ± 9) erg/cm^2 ab. Die Autoren [*54*] vermuten, daß sich bei dieser Temperatur bereits andere Erholungsvorgänge der dynamischen Erholung überlagern und somit den Wert für γ verfälschen. Neuere Messungen [*130*] zeigen jedoch keinen so starken Abfall.

Tabelle 4. *Stapelfehlerenergien verschiedener kubisch-flächenzentrierter Metalle*

Metall	Au	Ag		Cu	Ni	Al
$10^3 \cdot \gamma/Gb$	1,5	7,0—8,8	4,5	15,4	16,2	34
γ [erg/cm^2]	10	51—65	33	163	300	238
Quelle	[*21*]	[*54*]	[*130*]	[*21*]	[*22*], [*37*]	[*21*]

Ein zum Silber analoges Verhalten zeigen Nickel-Kobalt-Legierungen [*23*]. Von etwa 525° K an würde hier die Stapelfehlerenergie scheinbar erniedrigt werden. Bei Gleitlinienbeobachtungen fand man hier außer der Quergleitung auch aufgefächerte Linien, die durch Klettern von Stufenversetzungen zustande kommen (vgl. Ziff. 4.2a und 5.3c).

Im Hinblick auf die Stapelfehlerenergie und ihre Konzentrationsabhängigkeit wurde in verschiedenen Arbeiten [*17*], [*22*], [*23*], [*59*] die kubisch-flächenzentrierte Ni—Co-Legierungsreihe untersucht. Die Ergebnisse sind in Fig. 66 zusammengefaßt. Hier ist die Stapelfehlerenergie über der Zulegierung von Co im System Ni—Co aufgetragen. Die durch offene Kreise dargestellten Meßpunkte wurden mit der oben besprochenen dynamischen Methode, also durch Messung der Temperatur- bzw. Geschwindigkeitsabhängigkeit von τ_{III} gewonnen, während die durch Dreiecke bezeichneten Punkte durch Abmessung von Versetzungsknoten von Mader [*17*] ermittelt wurden. Ferner ist in dieser Figur noch ein Punkt enthalten, der mit der in *F* näher beschriebenen Methode ermittelt wurde (voller Kreis). Es ist erfreulich, daß die drei völlig verschiedenen Meßmethoden ein ziemlich einheitliches Bild ergeben.

Im folgenden sollen kurz noch einige weitere Verfahren erwähnt werden, die eine experimentelle Abschätzung der Stapelfehlerenergie erlauben:

C. Ein Stapelfehler im kubisch-flächenzentrierten Gitter kann als eine dünne Schicht eines hexagonal dichtest gepackten Kristalls aufgefaßt werden. Ist die Enthalpiedifferenz zwischen der kubisch-flächenzentrierten und der hexagonalen Struktur bekannt, so kann die Stapelfehlerenergie abgeschätzt werden [*131*]. Von SEEGER [*132*] wurde auf diese Weise für die Stapelfehlerenergie des hexagonalen Kobalts bei Raumtemperatur der Wert 9 erg/cm^2 erhalten.

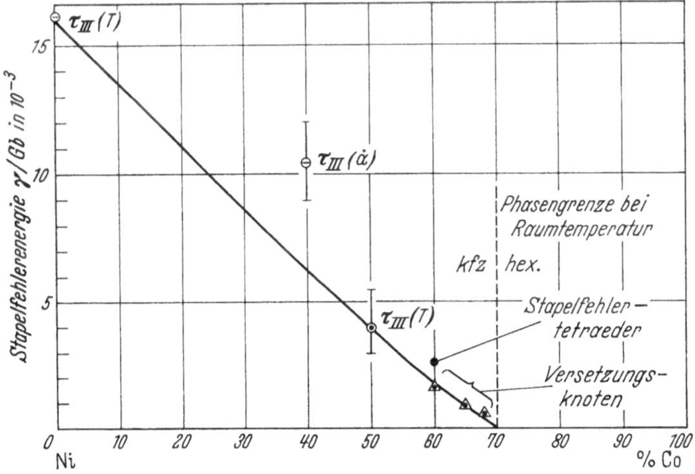

Fig. 66. Stapelfehlerenergie im System Ni—Co nach verschiedenen Bestimmungsmethoden

D. Von FULLMAN [*133*] wurde auf indirekte Weise (durch Vergleich mit der durchschnittlichen Korngrenzenenergie von Großwinkelkorngrenzen) erstmals die Energie von kohärenten Zwillingsgrenzen in kubisch-flächenzentrierten Metallen bestimmt, z.B. in Cu zu 21 erg/cm^2. Von SEEGER und SCHÖCK [*134*] wurde unter der Annahme, daß die Bindung in Metallen quantitativ durch Bindungsstriche zwischen nächsten und übernächsten Nachbarn dargestellt werden kann, auf Grund von diesen Messungen der Energie von Zwillingskorngrenzen als Stapelfehlerenergie von Cu $\gamma = 40$ erg/cm^2 und von Al $\gamma = 200$ erg/cm^2 vorgeschlagen. Die hierbei gemachten Annahmen über die chemische Bindung von Metallen sind jedoch sehr speziell. In der Tat haben elektronentheoretische Behandlungen der Stapelfehlerenergie der Edelmetalle den benutzten Zusammenhang Zwillingsenergie und Stapelfehlerenergie (Stapelfehlerenergie $\gamma =$ zweifache Energie kohärenter Zwillingsgrenzen) *nicht* bestätigt [*135*], [*135a*]. Der Wert von $\gamma = 40$ erg/cm^2 bei Kupfer besitzt damit zur Zeit keinerlei experimentelle Stütze. Dies wird dadurch illustriert, daß nach INMAN und KHAN [*136*] ein verbesserter Wert für die Energie kohärenter Zwillingsgrenzen in Kupfer 10 erg/cm^2 beträgt. Wären die oben erwähnten Überlegungen von SEEGER und SCHÖCK anwendbar, so würde sich $\gamma = 20$ erg/cm^2 ergeben, ein Wert, der für Kupfer zweifellos zu niedrig ist und mit allen anderen Abschätzungen im Widerspruch steht.

E. Zurückgehend auf Untersuchungen von SUZUKI und BARRETT [*137*] kann nach HAASEN und KING [*51*] und nach VENABLES [*138*] die Stapelfehlerenergie aus der Spannung abgeschätzt werden, bei der bei tiefen Temperaturen die mechanische Zwillingsbildung einsetzt. Dieses Verfahren ist nur für relativ kleine γ-Werte anwendbar; außerdem ist die zugehörige Theorie noch unvollständig, so daß die mit diesem Verfahren ermittelten Stapelfehlerenergien im allgemeinen nicht sehr genau sind.

F. In einem weiteren Verfahren wird die Stapelfehlerenergie aus der elektronenmikroskopischen Beobachtung von sog. Stapelfehlertetraedern (das sind spezielle Leerstellenkondensate, die beim Anlassen abgeschreckter Metalle entstehen können) gewonnen. Nähere Einzelheiten und elektronenmikroskopische Aufnahmen von solchen Tetraedern finden sich im Kapitel 4 dieses Buches. CZJZEK, SEEGER und MADER [*139*] untersuchten theoretisch die Stabilitätsverhältnisse solcher Tetraeder als Funktion der Stapelfehlerenergie. Diese Verfasser haben aus Beobachtungen solcher Tetraeder in Au und in Ni + 60% Co-Legierungen die folgenden Werte für die Stapelfehlerenergie abgeschätzt:

$$\text{Au:} \quad \gamma = 1{,}3 \cdot 10^{-3}\,Gb;$$

$$\text{Ni} + 60\%\,\text{Co:} \quad \gamma = 2{,}7 \cdot 10^{-3}\,Gb.$$

Diese Werte liegen nahe bei den mit anderen Methoden ermittelten Größen (s. Tabelle 4 und Fig. 66). Ähnliche Betrachtungen kann man auch an die Stabilität der in abgeschreckten Metallen beobachteten Versetzungsringe (vgl. Kapitel 4) anknüpfen.

Bei der Herleitung der Temperaturabhängigkeit von τ_{III} wurde davon ausgegangen, daß es sich bei der Quergleitung um einen einzigen thermisch aktivierten Prozeß mit einer bestimmten Aktivierungsenergie handle. Es wäre auch der allgemeinere Fall denkbar, daß die Quergleitung nicht nach einem eindeutigen Reaktionsweg erfolgt, sondern daß eine Vielzahl solcher Wege zur Quergleitung beiträgt. Den Zusammenhang zwischen $\dot{a}$ und τ_{III} könnte man dann in der Form

$$\dot{a} = \sum_i \dot{a}_i \exp\{-U(\tau)/kT\} = \sum_i \dot{a}_{0\,i} \left[\frac{\tau_{\text{III}}/G}{\tau_{\text{III}}(0)/G(0)}\right]^{A_i/kT} \tag{5.14}$$

oder durch das entsprechende Integral anschreiben. Die Tatsache, daß bei einer festen Temperatur die Gl. (5.8) gilt, ist mit einem Ansatz dieser Form immer noch verträglich.

Es würden dann bei tiefen Temperaturen Glieder mit kleinem A_i und großem $\dot{a}_{0i}$ dominieren, während bei hohen Temperaturen das Umgekehrte der Fall ist. Ob nun die Vermutung, daß die Quergleitung nach einem eindeutigen Reaktionsweg erfolgt, richtig oder falsch ist, kann man feststellen, wenn man aus Gl. (5.14) den Ausdruck $d\ln\tau_{\mathrm{III}}/d\ln\dot{a}$ berechnet. Wir finden hierfür

$$\frac{d\ln\tau_{\mathrm{III}}}{d\ln\dot{a}}=kT\frac{\sum_i \dot{a}_{0i}\left[\frac{\tau_{\mathrm{III}}/G}{\tau_{\mathrm{III}}(0)/G(0)}\right]^{A_i/kT}}{\sum_i \dot{a}_{0i}A_i\left[\frac{\tau_{\mathrm{III}}/G}{\tau_{\mathrm{III}}(0)/G(0)}\right]^{A_i/kT}}\equiv\frac{kT}{A'}. \tag{5.15}$$

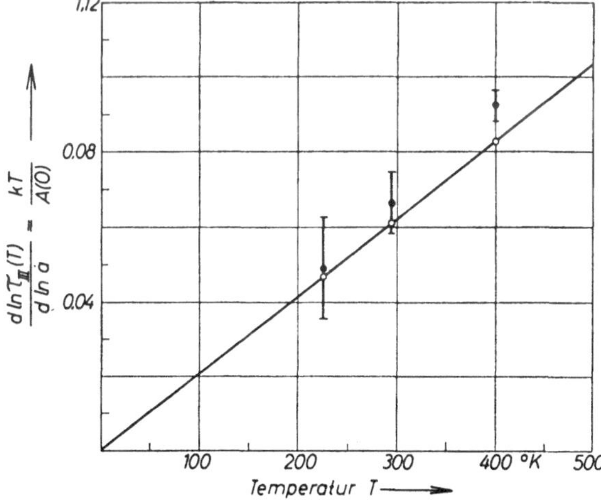

Fig. 67. Darstellung von $d\ln\tau_{\mathrm{III}}/d\ln\dot{a}$ über T zur Demonstration der Temperaturunabhängigkeit von A/Gb^3. ● Unmittelbare Meßwerte mit Angabe der Streubreite; ○ unter Berücksichtigung der Temperaturabhängigkeit der elastischen Konstanten korrigierte Werte für kT/A (Cu)

Liegt ein eindeutiger Reaktionsweg vor, so dominiert in Gl. (5.15) für alle Temperaturen ein und dasselbe Glied und wir erhalten

$$\frac{d\ln\tau_{\mathrm{III}}}{d\ln\dot{a}}=\frac{kT}{A_i}, \tag{5.16}$$

wobei A_i eine von der Temperatur unabhängige Konstante sein muß. Tragen aber in Gl. (5.15) mehrere Glieder zur Quergleitung bei, dann müßte sich die Größe A' wegen der sich mit der Temperatur ändernden Gewichtsfaktoren $[(\tau_{\mathrm{III}}/G)/(\tau_{\mathrm{III}}(0)/G(0)]^{A_i/kT}$ als temperaturabhängig erweisen.

Zur Prüfung dieses Sachverhalts wurden von Berner [*21*] an Kupfer und Berner und Lutz [*59*] an Ni+40% Co die Konstanten A in Abhängigkeit von der Temperatur gemessen. Es ergab sich, daß bei der Auftragung von $kT/A(0)$ über T in beiden Fällen mit guter Näherung die Meßpunkte auf einer Ursprungsgeraden liegen wie Fig. 67 am Beispiel von Cu zeigt. Damit ist als erwiesen anzusehen, daß es sich bei der Quergleitung um einen einzigen thermisch aktivierten Prozeß handelt.

f) Störungen des normalen Gleitlinienbildes

Nach Müller [*141*] und Staubwasser [*36*] nimmt man an, daß im Bereich I und II die Knickbänder aus Versetzungswänden von der Art der Kleinwinkelkorngrenzen entstehen, die schon im unverformten Kristall vorhanden sind.

Die starke Zunahme der Knickbanddichte im Bereich III wird nach Mader und Seeger [*112*] in Zusammenhang mit aufgestauten Versetzungsgruppen gebracht. In den Ringen der aufgestauten Gruppen

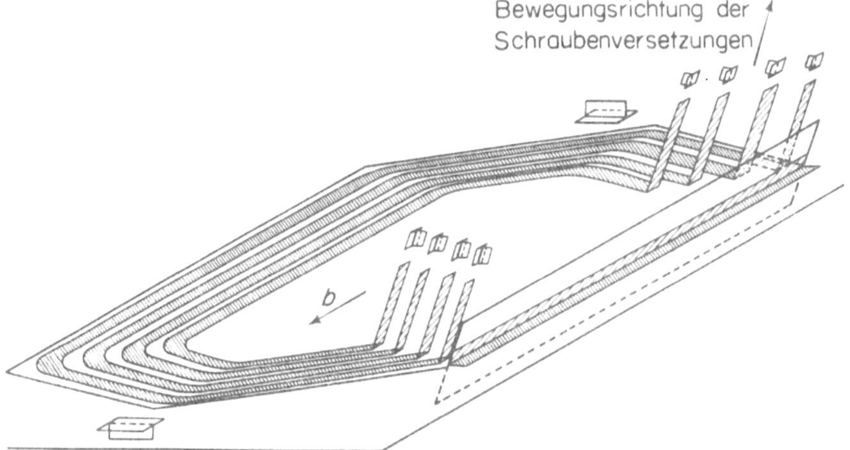

Fig. 68. Zum Mechanismus der Bildung von Kleinwinkelkorngrenzen durch Quergleitung [*112*]

bleibt nämlich nach der Quergleitung von Schraubenversetzungen ein Überschuß von Stufenversetzungen. Diese Stufenversetzungen ordnen sich dann aus energetischen Gründen in Wänden an und bilden somit Keime für Knickbänder. Infolge ihres Spannungsfeldes begrenzen diese Versetzungswände ähnlich wie die Lomer-Cottrell-Versetzungen den Laufweg der Versetzungen des Hauptgleitsystems und geben damit Anlaß zum Wachsen des Knickbandes senkrecht zur Gleitebene.

Bei der Quergleitung von Schraubenversetzungen werden nicht nur in der primären Gleitebene, sondern, wie Fig. 68 zeigt, auch in der Quergleitebene Stufenversetzungen zurückgelassen. Diese rückbleibenden Stufenversetzungen sind ähnlich den Versetzungen in einer Kleinwinkelkorngrenze angeordnet und sind nach Mader und Seeger [*112*] für die sog. Zellbildung, über die Hirsch [*142*] und zahlreiche andere Autoren Untersuchungen angestellt haben, verantwortlich. Als Hauptargument hierfür kann angeführt werden, daß die Erscheinung der Zellbildung parallel zum Auftreten der Quergleitung geht.

5.3. Hexagonale Metalle

Die Diskussion der bei hexagonalen Metallen vorliegenden experimentellen Ergebnisse hat von denselben grundsätzlichen Überlegungen wie bei den kubisch-flächenzentrierten Metallen auszugehen. In diesem Sinne haben SEEGER [*2*], [*3*] und SEEGER u. Mitarb. [*143*], [*144*] die Verfestigungseigenschaften bei der Basisgleitung hexagonaler Metalle theoretisch behandelt. Die theoretischen Grundlagen der nun folgenden Ausführungen werden eingehend in Kapitel III besprochen.

a) Die kritische Schubspannung

Die Diskussion der kritischen Schubspannung der hexagonalen Metalle ist besonders einfach, da die bei endlicher Abgleitung einsetzenden Erholungsvorgänge der erzeugten Punktfehlstellen zu Beginn der plastischen Verformung noch keine Rolle spielen. Die Fließspannung setzt sich gemäß

$$\tau = \tau_G + \tau_S \tag{5.1}$$

aus einem von der elastischen Wechselwirkung zwischen parallelen Versetzungen herrührenden Anteil τ_G und einem auf thermisch aktivierte Schneidprozesse zurückzuführenden Anteil τ_S zusammen. Die Aufgabe der Theorie besteht darin, die quantitativen Anteile von τ_S und τ_G zur Gesamtspannung sowie den maßgebenden thermisch aktivierten Schneidprozeß zu ermitteln. Zur Klärung dieser Fragen kann vor allem die Temperaturabhängigkeit der kritischen Schubspannung herangezogen werden. Der Verlauf der kritischen Schubspannung als Funktion der Temperatur ist in Fig. 34a bis d für mehrere hexagonale Metalle dargestellt. Sämtliche Kurven besitzen die Eigenschaft, oberhalb einer für jedes Metall charakteristischen Temperatur T_0 in eine Waagrechte überzugehen. Nach den Ausführungen in Kapitel 3 bedeutet dies, daß oberhalb der Temperatur T_0 der Beitrag der Schneidprozesse zur kritischen Schubspannung praktisch verschwindet und diese allein vom τ_G-Anteil bestimmt wird. Für Temperaturen unterhalb T_0 nimmt τ_S nach der in Kapitel 3, Gl. (2.26) angegebenen Temperaturabhängigkeit zu. Man erhält somit sofort die Zerlegung der kritischen Schubspannung in die Anteile τ_S und τ_G, wenn wir den waagerechten Teil der $\tau_0(T)$-Kurve nach tiefen Temperaturen hin verlängern (vgl. Kapitel 3, Fig. 15). Zur Ermittlung des wirksamen Schneidprozesses knüpfen wir an die von SEEGER [*2*], [*3*] gegebene Darstellung an. Zunächst fällt auf, daß die Temperaturabhängigkeit der kritischen Schubspannung der hexagonalen Metalle der des kubisch-flächenzentrierten Aluminiums (Fig. 16b) entspricht, wenn man von der Umgebung des Schmelzpunktes absieht. Nach SEEGER [*3*] spielen bei Aluminium infolge seines großen γ/Gb-

Wertes allein die Schneidprozesse zwischen Stufenversetzungen der Primärgleitebene mit den Schraubenversetzungen des Versetzungswaldes eine Rolle. Die hexagonalen Metalle Mg, Zn und Cd dürften ebenfalls verhältnismäßig große γ/Gb-Werte besitzen, so daß dieselben Verhältnisse wie bei kubisch-flächenzentrierten Metallen großer Stapelfehlerenergie vorliegen. Als geschwindigkeitsbestimmender Prozeß kommt die Bildung von Versetzungssprüngen in $\boldsymbol{a}$-Versetzungen mit überwiegendem Stufencharakter beim Durchschneiden von $\boldsymbol{c}$-Versetzungen in Frage. Das Vorherrschen eines einzigen thermisch aktivierten Prozesses wurde von CONRAD u. Mitarb. [*91*], [*92*] bei Magnesium experimentell nachgewiesen. Wie sich die bei Mg gemessene Aktivierungsenergie von $U_0 \doteq 0{,}75$ eV aus Sprungbildungsenergie und Einschnürungsenergie zusammensetzt, wird in Kapitel 3, Abschnitt 2.7 besprochen werden.

Unsere Ausführungen zur kritischen Schubspannung treffen auch auf die *Fließspannung* bei tiefen Temperaturen zu, denn unterhalb 240° K (im Falle von Zn) finden nach Abschnitt 3.2 keine Erholungsprozesse statt. Anders liegen die Verhältnisse bei höheren Temperaturen, wenn Punktfehlstellen diffundieren können und hierdurch die Versetzungsstruktur beeinflußt wird. Es ist deshalb zweckmäßig, zwischen Tieftemperatur- und Hochtemperaturverfestigung zu unterscheiden und beide Temperaturbereiche getrennt zu behandeln.

b) Die Tieftemperaturverfestigung

Den Verlauf der Fließspannung als Funktion der Abgleitung a beschreiben wir durch den Verfestigungskoeffizienten $\vartheta = d\tau/da$. Unter Berücksichtigung von Gl. (5.1) erhalten wir:

$$\vartheta = \vartheta_S + \vartheta_G , \tag{5.17}$$

wo

$$\vartheta_S = \frac{d\tau_S}{da} \quad \text{und} \quad \vartheta_G = \frac{d\tau_G}{da}$$

die Verfestigungsanstiege infolge zunehmender Schneidprozesse bzw. infolge innerer weitreichender Spannungsfelder bedeuten. Da bei der Tieftemperaturverformung durch Basisgleitung die Dichte des Versetzungswaldes konstant bleibt, ist hier der Verfestigungskoeffizient $\vartheta_S \equiv 0$ zu setzen; der Verfestigungskoeffizient ist allein auf das Anwachsen der inneren Spannungsfelder zurückzuführen. Die Konstanz der Versetzungswalddichte mit der Verformung wurde von CONRAD u. Mitarb. bei Mg [*90*] bis [*92*] und von ROBERTS und BROWN [*145*] bei Zn durch Messungen des Aktivierungsvolumens nachgewiesen, das sich als unabhängig von der plastischen Verformung ergab. Wie im Bereich I kubisch-flächenzentrierter Kristalle spielt bei der Berechnung des Verfestigungskoeffizienten ϑ_G hexagonaler Metalle allein die elastische Wechselwirkung zwischen einzelnen Versetzungen eine Rolle, da die Abstände zwischen den aktiven Gleitebenen kleiner sind als die Ausdehnung der Gleitzonen (s. hierzu Abschnitt 4.3). Für den Verfestigungskoeffizienten ϑ_G gilt demnach die im Bereich I kubisch-flächenzentrierter Metalle anzuwendende Beziehung (vgl. Kapitel 3, Ziff. 4.4)

$$\vartheta_G = \frac{8\,G}{9\pi}\left(\frac{x}{L}\right)^{\frac{3}{4}}. \tag{5.18}$$

Die nach Gl. (5.18) berechneten Werte des Verfestigungskoeffizienten für Zn und Co unter Zugrundelegung der in Tabelle 2 angegebenen Werte für x und L werden in Kapitel 3, Fig. 27 mit den experimentellen Werten verglichen. Dieser Vergleich ergibt im Rahmen der Genauigkeit des Auswerteverfahrens eine befriedigende Übereinstimmung.

c) *Die Hochtemperaturverfestigung*

In Abschnitt 3.2f wurde geschildert, wie in Zinkeinkristallen bei höheren Temperaturen Erholungsprozesse das Verfestigungsverhalten mitbestimmen. Detaillierte Messungen an anderen hexagonalen Metallen liegen bisher nicht vor, so daß sich unsere Ausführungen im wesentlichen auf die von Seeger und Träuble [*89*] an Zink durchgeführten Experimente beschränken werden.

Da Erholungsprozesse thermisch aktivierte Vorgänge sind, ist nun im Gegensatz zur Tieftemperaturverfestigung in Gl. (5.17) ϑ_S nicht mehr Null zu setzen. Während ϑ_G immer positiv ist, kann ϑ_S sowohl positive als auch negative Werte annehmen, je nachdem, ob die Zahl der thermisch aktivierten Prozesse mit der plastischen Verformung zu- oder abnimmt oder möglicherweise sogar innere Spannungen schon während der plastischen Verformung abgebaut werden. Folgende zwei Prozesse spielen hierbei eine wichtige Rolle:

1. Durch Agglomeration von Punktfehlern entstehen Versetzungsringe (vgl. Kap. 5, Ziff. 3.2d, γ), die einerseits die Zahl der Schneidprozesse erhöhen und zum andern die Versetzungslaufwege beschränken können.

2. Punktfehlstellen veranlassen Versetzungen zum Klettern, wodurch innere Spannungsfelder abgebaut werden und möglicherweise eine Annihilation der Versetzungen eintritt.

Der erste dieser zwei Prozesse wurde ursprünglich von Seeger und Träuble [*89*] zur Erklärung der Hochtemperaturverfestigung postuliert. Die in Kapitel 4 zu besprechenden Durchstrahlungsexperimente haben diese Hypothese vollauf bestätigt. Der zweite Prozeß wurde von Seeger und Träuble [*89*] an Hand der Gleitlinienaufnahmen (s. Abschnitt 4.3), die eine deutliche Auffächerung mit zunehmender Verformung aufwiesen, experimentell nachgewiesen und genauer untersucht. Eine *quantitative* Formulierung des Einflusses der Erholung auf die Verfestigungskurve ist im Bereich B möglich, da hier die in Tabelle 2 mitgeteilten Messungen des Gleitlinienbildes vorliegen. Jedoch ist eine *qualitative* Behandlung der Bereiche A und C an Hand der oben angeführten thermisch aktivierten Prozesse möglich.

α) Bereich A. Die Temperaturabhängigkeit des Verfestigungskoeffizienten ϑ_A besitzt bei allen der in Fig. 35 dargestellten Kurven bei höheren Temperaturen einen steilen Abfall, den wir auf Grund der in Abschnitt 3.2f mitgeteilten Experimente der Diffusion von Punktfehlern zuschreiben, die an Versetzungen ausheilen und dadurch eine Kletterbewegung der Stufenversetzungen hervorrufen, welche bis zur gegenseitigen Annihilation der Versetzungen führen kann. Die in Fig. 36 dargestellte Abhängigkeit des Verfestigungskoeffizienten von der Abgleitgeschwindigkeit ist auf dieselbe Weise zu erklären. Bei kleinen Abgleitgeschwindigkeiten können die Punktfehler noch während der Verformung ausheilen und hierbei die inneren Spannungen reduzieren, während bei großen Verformungsgeschwindigkeiten der Aufbau des Spannungsfeldes so schnell erfolgt, daß es durch die Diffusion der Punktfehler nicht mehr abgebaut werden kann.

Neben diesem rein entfestigend wirkenden Prozeß des Ausheilens von Leerstellen an Versetzungen kommt es im Bereich A durch Agglomeration von Punktfehlern auch zur Bildung von Versetzungsringen, die verfestigend wirken. Dies wird besonders deutlich im Falle der kurzfristigen Erholung bei Raumtemperatur und anschließender Verformung bei 90° K (s. Fig. 38). Die gemessene Erhöhung des Verfestigungskoeffizienten muß in diesem Falle auf eine Verkürzung der Versetzungslaufwege durch die neugebildeten Versetzungsringe zurückgeführt werden.

Unseren bisherigen Ausführungen ist zu entnehmen, daß die diffundierenden Punktfehler sowohl eine Entfestigung (Klettern) als auch eine Verfestigung hervorrufen können (Agglomeration). Welcher dieser beiden Prozesse die entscheidende Rolle spielt, hängt sowohl von der Konzentration der Punktfehlstellen als auch der der Versetzungen ab. Bei kleinen Konzentrationen der Punktfehlstellen werden diese bevorzugt an Versetzungen ausheilen, während bei großen Konzentrationen der Punktfehler und nicht zu großen Versetzungsdichten vorwiegend die Bildung von Versetzungsringen durch Agglomeration stattfinden wird. Mit zunehmender Verformung wird demnach die Bildung von Versetzungsringen eine immer größere Rolle spielen, bis schließlich bei einer bestimmten kritischen Konzentration der Punktfehler die Zahl der gebildeten Versetzungsringe so groß wird, daß eine Verkürzung der Versetzungslaufwege stattfindet. An dieser Stelle der Verfestigungskurve erfolgt definitionsgemäß der Übergang von Bereich A in den Bereich B, dessen Diskussion wir uns nun zuwenden wollen.

β) Bereich B. Die Wirkung der Versetzungsringe im Bereich B äußert sich vor allem in einer Verkürzung der Versetzungslaufwege entsprechend Gl. (4.2) und einem dadurch hervorgerufenen größeren Verfestigungskoeffizienten im Vergleich zum Bereich A. Die Versetzungsringe haben eine ähnliche Wirkung wie die Lomer-Cottrell-Versetzungen bei kubischflächenzentrierten Metallen und beeinflussen in erster Linie den athermischen Anteil des Verfestigungskoeffizienten. Wir führen also die Zunahme des Verfestigungsanstiegs im Bereich B auf die weitreichenden Spannungsfelder zurück. Setzen wir voraus, daß auch im Bereich B die bei der Ableitung von Gl. (5.18) gemachte Voraussetzung der Wechselwirkung zwischen einzelnen Versetzungen (und nicht zwischen Versetzungsgruppen) zutrifft, was auf Grund der nach Tabelle 2 zu berechnenden Verhältnisse x/L sicher berechtigt ist, so dürfen wir Gl. (5.18) auch im Bereich B anwenden. Da im Bereich B die Zahl n konstant ist, ist zur Berechnung von x Gl. (3.9) von Kapitel 3 zu benützen. Zusammen mit Gl. (4.2) erhalten wir dann für den zusätzlichen Verfestigungsanstieg im Bereich B

$$\vartheta_{G,B} = \frac{8G}{9\pi}\left(\frac{n\,b}{\Lambda}\right)^{\frac{1}{2}}. \tag{5.19}$$

Die numerische Auswertung von Gl. (5.19) mit Hilfe der von SEEGER und TRÄUBLE [*89*] aus Gleitlinienbeobachtungen ermittelten Werte für n (s. Tabelle 2) und Λ ergibt

$$\vartheta_{G,B} = 500\left[\frac{P}{\mathrm{mm}^2}\right].$$

Dieser Wert für $\vartheta_{G,B}$ ist zwar etwas kleiner als der experimentell gemessene Verfestigungskoeffizient $\vartheta_B = 700\ \mathrm{p/mm^2}$, jedoch darf der Vergleich zwischen Experiment und Theorie durchaus als befriedigend angesehen werden.

γ) Bereich C. Im Bereich C kommt es zu einer erneuten Erniedrigung des Verfestigungskoeffizienten, der wieder wie in Bereich A auf das Ausheilen der Punktfehler an Versetzungen zurückzuführen ist. Die Versetzungsdichte ist nun wohl so groß, daß die Punktfehler, bevor es zur Agglomeration kommt, an einer Versetzung ausheilen können. Dies wird vor allem durch die Gleitlinienaufnahmen gestützt, die im Bereich C ein starkes Anwachsen der Zahl der beobachteten Auffächerungen zeigen. Wie Temperatur- und Geschwindigkeitswechselversuche ergaben, ist im Bereich C der τ_S-Anteil der Fließspannung wesentlich größer als in den Bereichen A und B. Inwiefern dieser τ_S-Anteil allein auf die in den Bereichen A und B gebildeten Versetzungsringe zurückgeht, oder ob hier auch die neuerdings von SEEGER und TRÄUBLE [89] beobachtete Quergleitung in Zn eine Rolle spielt, kann mit dem zur Verfügung stehenden experimentellen Material nicht eindeutig entschieden werden.

Die hier mitgeteilten Ergebnisse beziehen sich zunächst im wesentlichen auf Zink. Es ist jedoch zu erwarten, daß dieselben Gesichtspunkte auch bei den anderen Metallen mit niedriger Selbstdiffusionsenergie anzuwenden sind, da in diesen grundsätzlich ähnliche Erscheinungen auftreten können wie die hier geschilderten. Als wesentlicher Unterschied zu den bei Raumtemperatur verformten kubisch-flächenzentrierten Kristallen sei noch einmal betont, daß bei Zink in diesem Temperaturbereich bereits Erholungsprozesse ablaufen, die einen entscheidenden Einfluß auf die Verfestigungseigenschaften besitzen. Dieser Einfluß besteht vor allem in einer Veränderung der während der Verformung entstandenen Versetzungsstruktur.

Literatur

[1]* SCHMID, E., u. W. BOAS: Kristallplastizität. Berlin: Springer 1935.

[2]* SEEGER, A.: Kristallplastizität. In: Handbuch der Physik, Bd. VII/2. Berlin-Göttingen-Heidelberg: Springer 1958.

[3]* SEEGER, A.: The Mechanism of Glide and Work-Hardening in Face-Centred Cubic and Hexagonal Close-Packed Metals, Dislocations and Mechanical Properties of Crystals, p. 243. New York: John Wiley & Sons 1957.

[4]* CLAREBROUGH, L. M., and M. E. HARGREAVES: Work-Hardening of Metals. Progr. in Metal Phys. **8** (1959).

[5]* HONEYCOMBE, R. W. K.: The Effect of Temperature and Alloying Additions on the Deformation of Metal Crystals. Progr. in Material Sci. **9** (1961).

[6] MARK, H., M. POLANYI u. E. SCHMID: Z. Physik **12**, 58 (1922).

[7] DIEHL, J., M. KRAUSE, W. OFFENHÄUSER u. W. STAUBWASSER: Z. Metallk. **45**, 489 (1954).

[8] DIEHL, J., u. A. KOCHENDÖRFER: Z. angew. Phys. **4**, 241 (1952).

[9] BAUSCH, K.: Z. Physik **93**, 479 (1935).

[10] SCHOLL, H.: Z. Metallk. **48**, 258 (1957).

[11] PARKER, E.R., and J. WASHBURN: Modern Research Techniques in Physical Metallurgy. Amer. Soc. of Metals 1953, S. 186.

[12] SAWKILL, J., and R.W. HONEYCOMBE: Acta Met. **2**, 854 (1954).

[13] KOCHENDÖRFER, A.: Z. Krist. **97**, 263 (1937).

[14] HELD, H.: Z. Metallk. **32**, 201 (1940).

[15] WEINBERG, E.S.: J. Appl. Phys. **24**, 734 (1951).

[16] MADER, S.: Z. Physik **149**, 73 (1957).

[17]* MADER, S.: Electron Microscopy and Strength of Crystals, herausgeg. von J. WASHBURN und G. THOMAS, Kap. 4. New York: Interscience 1963.

[18] GÖLER, K.F.v., u. G. SACHS: Z. Physik **41**, 103 (1929).

[19] DIEHL, J.: Z. Metallk. **47**, 331, 412 (1956).

[20] MEISSNER, J.: Z. Metallk. **50**, 207 (1959).

[21] BERNER, R.: Z. Naturforsch. **15**a, 689 (1960).

[22] MADER, S., A. SEEGER and CHR. LEITZ: J. Appl. Phys. **34**, 3368 (1963).

[23] Pfaff, F.: Z. Metallk. **53**, 411, 466 (1962).
[24] Michelitsch, M.: Z. Metallk. **50**, 548 (1959).
[25] Rosi, F.D.: J. Metals **6**, 1009 (1954).
[26] Paterson, M.S.: Acta Met. **3**, 491 (1955).
[27] Suzuki, H., S. Ikeda and S. Takeuchi: J. Phys. Soc. Japan **11**, 382 (1956).
[28] Garstone, J., R. W. Honeycombe and K. Greetham: Acta Met. **4**, 485 (1956).
[29] Masing, G., u. J. Raffelsieper: Z. Metallk. **41**, 65 (1950).
[30] Lücke, K., u. H. Lange: Z. Metallk. **43**, 55 (1952).
[31] Lange, H., u. K. Lücke: Z. Metallk. **44**, 183 (1953).
[32] Jaoul, B., et I. Bricot: Rev. met. **52**, **659** (1955).
[33] Jaoul, B.: J. Mech. and Phys. Solids **5**, 95 (1957).
[34] Sosin, A., and J.S. Koehler: Phys. Rev. **101**, 972 (1956).
[35] Noggle, T.S., and J.S. Koehler: J. Appl. Phys. **28**, 53 (1957).
[36] Staubwasser, W.: Acta Met. **7**, 43 (1959).
[37] Haasen, P.: Phil. Mag. **3**, 384 (1958).
[38] Feltham, P., and J.D. Meakin: Acta Met. **5**, 555 (1957).
[39] Anrade, E.N. da C., and C. Henderson: Phil. Trans. Roy. Soc. (London) **244**, 177 (1951).
[40] Schmid, E.: Proc. Internat. Congr. Appl. Mech. Delft 1924, S. 342.
[41] Sachs, G., u. J. Weerts: Z. Physik **62**, 473 (1930).
[42] Osswald, E.: Z. Physik **83**, 55 (1933).
[43] Elam, C.F.: Proc. Roy. Soc. (London) A **115**, 148 (1927).
[44] Masima, M., u. G. Sachs: Z. Physik **50**, 161 (1928); **54**, 666 (1929).
[45] Göler, K.F.v., u. G. Sachs: Z. Physik **55**, 581 (1929).
[46] Maddin, R., C.H. Mathewson and W. R. Hibbard: Trans. Am. Inst. Mining Met. Engrs. **185**, 527 (1949).
[47] Murphy, H.M., and E.A. Calnan: Acta Met. **3**, 331 (1955).
[48] Kimura, H.: J. Phys. Soc. Japan **11**, 53 (1956).
[49] Piercy, G.R., R.W. Cahn and A.H. Cottrell: Acta Met. **3**, 331 (1955).
[50] Pfeiffer, W., u. A. Seeger: Phys. stat. sol. **2**, 668 (1962).
[51] Haasen, P., u. A. King: Z. Metallk. **51**, 722 (1960).
[52] Schüle, W., O. Buck u. W. Köster: Z. Metallk. **53**, 172 (1962).
[53] Seeger, A.: Z. Naturforsch. **11**a, 985 (1956).
[54] Ahlers, M., u. P. Haasen: Z. Metallk. **53**, 302 (1962).
[55] Bühler, S.E., u. K. Lücke: Z. Metallk. **55**, 331 (1964).
[56] Howe, S., B. Liebmann and K. Lücke: Acta Met. **9**, 625 (1961).
[57] Diehl, J., u. R. Berner: Z. Metallk. **51**, 522 (1960).
[58]* Seeger, A., S. Mader and H. Kronmüller: Electron Microscopy and Strength of Crystals, herausgeg. von J. Washburn u. G. Thomas, Kap. 14. New York: Interscience 1963.
[59] Berner, R., u. K.F. Lutz: Veröffentlichung demnächst.
[60] Rebstock, H.: Z. Metallk. **48**, 206 (1957).
[61] Sumino, K., and M. Yamamoto: Proc. Int. Conf. Cryst. Latt. Defects 1962: J. Phys. Soc. Japan **18**, Suppl. I, 73 (1963); — Acta Met. **11**, 1123 (1963).
[62] Wu, T.W., and R. Smoluchowsky: Phys. Rev. **78**, 468 (1950).
[63] Murphy, H.M., and E.A. Calnan: Acta Met. **3**, 268 (1955).
[64] Berner, R.: Unveröffentlichte Ergebnisse.
[65] Buck, O., u. U. Essmann: Acta Met., demnächst.
[66] Mott, N.F.: Phil. Mag. **43**, 1151 (1952).
[67] Mott, N.F.: Phil. Mag. **44**, 742 (1953).
[68] Seeger, A.: Z. Naturforsch. **9**a, 870 (1954).

[69] Rosi, F. D., C. A. Dube and B. H. Alexander: Trans. Am. Inst. Mining Met. Engrs. **197**, 257 (1953).

[70] Seeger, A.: Phil. Mag. **46**, 1194 (1955).

[71] Gilman, J. J.: Trans. Am. Inst. Mining. Met. Engrs. **206**, 1326 (1956).

[72] Bell, R. L., and R. W. Cahn: Proc. Roy. Soc. (London) **239** A, 494 (1957).

[73] Cahn, R. W., I. J. Bear and R. L. Bell: J. Inst. Metals **82**, 481 (1953).

[74] Gilman, J. J.: Trans. Am. Inst. Mining Met. Engrs. **221**, 456 (1961).

[75] Price, P. B.: J. Appl. Phys. **32**, 1750 (1961).

[76] Stoloff, N. S., and M. Gensamer: Trans. Am. Inst. Mining. Met. Engrs. **224**, 732 (1962).

[77] Price, P. B.: Phil. Mag. **5**, 873 (1960).

[78] Frank, F. C., and J. F. Nicholas: Phil. Mag. **44**, 1213 (1953).

[79] Rosenbaum, H. S., and M. L. Kronberg: General Electric Research Laboratory Rep. No. 63-RL-3228 M (1963).

[80] Schmid, E.: Z. Elektrochem. **37**, 447 (1931).

[81] Burke, E. C., and W. R. Hibbard jr.: Trans. Am. Inst. Mining Met. Engrs. **194**, 295 (1952).

[82] Bakarian, P. W., and C. W. Mathewson: Trans. Am. Inst. Mining Met. Engrs. **152**, 226 (1943).

[83] Reed-Hill, R. E., and W.D. Robertson: Trans. Am. Inst. Mining Met. Engrs. **209**, 496 (1957).

[84]* Hall, E. O.: Twinning and Diffusionless Transformations in Metals. London: Butterworths Sci. Publications 1954.

[85] Liu, S., and M. A. Steinberg: J. Metals **4**, 1043 (1952).

[86] Rapperport, E. J., and C. S. Hartley: Trans. Am. Inst. Mining Met. Engrs. **218**, 869 (1960).

[87] Davis, K. G., and E. Teghtsoonian: Acta Met. **10**, 1189 (1962).

[88] Seeger, A., H. Kronmüller, O. Boser u. M. Rapp: Phys. stat. sol. **3**, 1107 (1963).

[89] Seeger, A., u. H. Träuble: Z. Metallk. **51**, 435 (1960).

[90] Conrad, H., and W.D. Robertson: Trans. Am. Inst. Mining Met. Engrs. **209**, 503 (1957).

[91] Conrad, H., H. Armstrong, H. Wiedersich and G. Schöck: Phil. Mag. **6**, 177 (1961).

[92] Conrad, H., L. Hays, G. Schöck and H. Wiedersich: Acta Met. **9**, 367 (1961).

[93] Lücke, K., G. Masing u. K. Schröder: Z. Metallk. **46**, 792 (1955).

[94] Boček, M.: Czechoslov. J. Phys. B **10**, 841 (1960).

[95] Boček, M.: Czechoslov. J. Phys. B **10**, 830 (1960).

[96] Schmid, E.: Z. Physik **40**, 54 (1926).

[97] Fahrenhorst, W., u. E. Schmid: Z. Physik **64**, 845 (1930).

[98] Boas, W., u. E. Schmid: Z. Physik **54**, 16 (1929).

[99] Boas, W., u. E. Schmid: Z. Physik **61**, 767 (1929).

[100] Masing, G., u. K. Schröder: Z. Metallk. **46**, 860 (1955).

[101] Boček, M., P. Kratochvíl u. P. Lukáč: Czechoslov. J. Phys. B **11**, 674 (1961).

[102] Boček, M., u. P. Lukáč: Phys. stat. sol. **2**, 439 (1962).

[103] Boas, W., u. E. Schmid: Z. Physik **57**, 575 (1929).

[104] Schmid, E.: Z. Elektrochem. **37**, 447 (1931).

[105] Blewitt, T. H., R. R. Coltman and J. K. Redman: Report Conf. on Defects in Crystaline Solids, London: The Physical Society 1955, S. 369.

[106] Diehl, J., u. H. Rebstock: Z. Naturforsch. **11** a, 169 (1956).

[107] Wilsdorf, H., u. D. Kuhlmann-Wilsdorf: Z. angew. Phys. **4**, 418 (1956).

[108] Wilsdorf, H., and J. T. Fourie: Acta Met. **4**, 271 (1956).

[109] ESSMANN, U., and H. KRONMÜLLER: Acta Met. **11**, 611 (1963).
[110] KRONMÜLLER, H.: Z. Physik **154**, 574 (1959).
[111] SEEGER, A., u. U. ESSMANN: Rendiconti della Scuola Internationale di Fisica „Enrico-Fermi", XVIII Corso, S. 717. New York-London: Academic Press (1963).
[112] MADER, S., and A. SEEGER: Acta Met. **8**, 513 (1960).
[113] HONEYCOMBE, R.W. K.: J. Inst. Metals **80**, 49 (1951).
[114] CAHN, R.W.: J. Inst. Metals **79**, 129 (1951).
[115] ADAMS, M.A., and A.H. COTTRELL: Phil. Mag. **46**, 1187 (1955).
[116] COTTRELL, A.H., and R.J. STOKES: Proc. Roy. Soc. (London) A **233**, 17 (1955).
[117] BASINSKI, Z.S.: Phil. Mag. **40**, 393 (1959).
[118] HIRSCH, P.B.: Internal Stresses and Fatigue in Metals, herausgeg. von G.M. RASSWEILER and W. L. GRUBE, S. 139. Amsterdam: Elsevier Publishing Comp. 1959.
[119] BAILEY, J., and P.B. HIRSCH: Phil. Mag. **5**, 485 (1960).
[120] MOTT, N.F.: Trans. Am. Inst. Mining Met. Engrs. **218**, 962 (1960).
[121] AHLERS, M., and P. HAASEN: Acta Met. **10**, 977 (1963).
[122] DIEHL, J., S. MADER u. A. SEEGER: Z. Metallk. **46**, 650 (1955).
[123] BOLLING, G.F., L.E. HAYS and H.W. WIEDERSICH: Acta Met. **10**, 185 (1962).
[124] SIEMS, R., P. DELAVIGNETTE u. S. AMELINCKX: Z. Physik **165**, 502 (1961).
[125] MADER, S., A. SEEGER and H.-M. THIERINGER: J. Appl. Phys. **34**, 3376 (1963).
[126] WHELAN, M.J.: Proc. Roy. Soc. (London) A **249**, 114 (1958).
[127] SCHÖCK, G., and A. SEEGER: Rep. Conf. Defects in Solids. Phys. Soc. Lond. 1955, S. 340.
[128] SEEGER, A., R. BERNER u. H. WOLF: Z. Physik **155**, 247 (1959).
[129] WOLF, H.: Z. Naturforsch. **15**a, 180 (1960).
[130] BÜHLER, S.E., K. LÜCKE u. F.W. ROSENBAUM: Phys. stat. sol. **3**, 886 (1963).
[131] HEIDENREICH, R.D., and W. SHOCKLEY: Rep. Conf. Strength of Solids. Phys. Soc. Lond. 1948, S. 57.
[132]* SEEGER, A.: Theorie der Gitterfehlstellen. In: Handbuch der Physik, Bd. VII/1, insbes. Ziff. 90. Berlin-Göttingen-Heidelberg: Springer 1955.
[133] FULLMANN, R. L.: J. Appl. Phys. **22**, 448 (1951).
[134] SEEGER, A., and G. SCHÖCK: Acta Met. **1**, 519 (1953).
[135] STATZ, H.: Z. Naturforsch. **17**a, 906 (1962).
[135a] SEEGER, A.: Unveröffentlichte Ergebnisse.
[136] INMAN, M.C., and A.R. KHAN: Phil. Mag. **6**, 937 (1961).
[137] SUZUKI, H., and C.S. BARRETT: Acta Met. **6**, 156 (1958).
[138] VENABLES, J.A.: Phil. Mag. **6**, 379 (1961).
[139] CZJZEK, G., A. SEEGER u. S. MADER: Phys. stat. sol. **2**, 558 (1962).
[140] MADER, A., A. SEEGER u. E. SIMSCH: Z. Metallk. **52**, 785 (1961).
[141] MÜLLER, H.: Z. Metallk. **50**, 165 (1959).
[142]* HIRSCH, P.B.: Progr. in Metal Phys. **6**, 236 (1956).
[143] SEEGER, A., J. DIEHL, S. MADER and H. REBSTOCK: Phil. Mag. **2**, 323 (1957).
[144] SEEGER, A., H. KRONMÜLLER, S. MADER and H. TRÄUBLE: Phil. Mag. **6**, 639 (1961).
[145] ROBERTS, J.M., and N. BROWN: Acta Met. **11**, 7 (1963).

Drittes Kapitel

Theorie der plastischen Verformung

Von

H. KRONMÜLLER

Mit 29 Figuren

1. Einleitung

In diesem Kapitel soll die von A. SEEGER [1], [2] entwickelte Theorie der plastischen Verformung von Einkristallen zusammenfassend dargestellt werden. Die Hauptaufgabe dieser Theorie wird hierbei darin bestehen, die in Kapitel 2 mitgeteilten experimentellen Ergebnisse zu deuten.

Zusätzlich zu früheren Ergebnissen werden außerdem einige neu gewonnene Erkenntnisse, insbesondere die statistische Behandlung der Versetzungswechselwirkung, eine einheitliche Darstellung der Verfestigungstheorie und die quantitativen Zusammenhänge zwischen Versetzungswalddichte und Verfestigungseigenschaften, behandelt werden.

Die Grundaufgabe einer Theorie der Verfestigung ist die Berechnung der kritischen Schubspannung τ, die bei gegebener Versetzungsanordnung aufzuwenden ist, um eine bleibende Verformung hervorzurufen. Die Versetzungsanordnung geht hierbei als entscheidender Faktor in die Theorie ein. Deshalb ist jedes Versetzungsmodell, das der Theorie zugrundegelegt wird, experimentell auf seine Gültigkeit hin zu prüfen. Unter Berücksichtigung dieser Gesichtspunkte wird versucht werden, die Vielfalt der Experimente durch eine einheitliche Theorie zu deuten.

Bei bekanntem Versetzungsmodell, dem als wesentliches Merkmal das Auftreten der Versetzungsgleitung in dichtest gepackten Ebenen zugrundeliegt, darf die Theorie der Verfestigung nur noch störungsunempfindliche Materialkonstanten des betreffenden Metalls enthalten. Hierbei handelt es sich um den Burgers-Vektor der Versetzungen, die elastischen Konstanten c_{ik}, die sich im elastisch isotropen Fall auf den Schubmodul G und die Poissonsche Zahl ν reduzieren, ferner die die Aufspaltung in Halbversetzungen bestimmende Stapelfehlerenergie γ (bei den dichtest gepackten Metallen), auf deren Rolle als „versteckter" Parameter SEEGER [3], [4] sowie SCHÖCK und SEEGER [5] hingewiesen haben, und die Aktivierungsenergien U thermisch aktivierter Prozesse, z.B. die Bildungsenergie von Versetzungssprüngen, Leerstellen und

Zwischengitteratomen, deren spezielle Entstehungsweise an bewegten Versetzungen von SEEGER [6] zusammenfassend dargestellt wurde.

Während der Burgers-Vektor und die elastischen Konstanten Eigenschaften des gesamten Kristalls sind und deshalb von Metall zu Metall nur wenig variieren, kann sich die Stapelfehlerenergie γ, welche mit der chemischen Bindung der Atome in Zusammenhang steht, von Metall

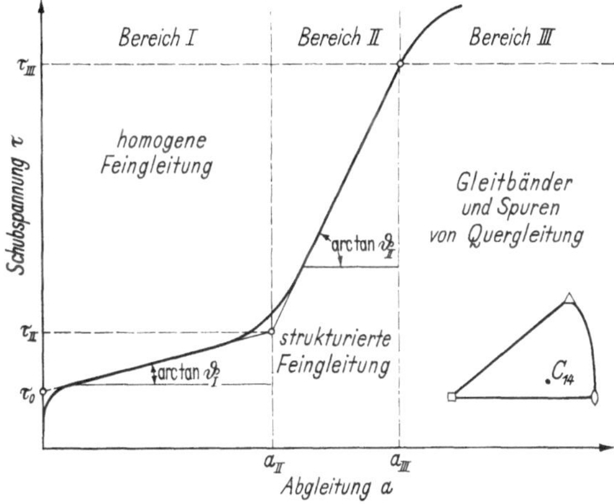

Fig. 1. Verfestigungskurve und Gleitlinienstruktur mittelorientierter kubisch-flächenzentrierter Einkristalle bei konstanter Abgleitgeschwindigkeit mit eingetragener Standardorientierung

zu Metall stark verändern. Alle die soeben erwähnten Materialkonstanten besitzen im allgemeinen keine starke Temperaturabhängigkeit, so daß stark temperaturabhängige Verfestigungseigenschaften immer auf thermisch aktivierte Prozesse zurückzuführen sind.

Entsprechend unseren Ausführungen erwarten wir einmal Verfestigungsgrößen, welche von der Vorgeschichte des Kristalls, also der Versetzungs-Grundstruktur und den Verunreinigungen, abhängen, zum andern Eigenschaften, die nur von den Materialkonstanten abhängen, und schließlich solche, die stark temperaturabhängig sind und mit der Bildung von Versetzungssprüngen, Leerstellen und Zwischengitteratomen in Zusammenhang stehen. Betrachten wir die in Fig. 1 definierten Kenngrößen der Verfestigungskurve kubisch-flächenzentrierter Metalle, so gilt in der Reihenfolge obiger Aufzählung folgende Zuordnung:

1. Kritische Schubspannung τ_0, Verfestigungskoeffizient ϑ_I, die die Ausdehnung des Bereichs I charakterisierenden Parameter a_{II} und τ_{II} und die den Beginn des Bereichs III kennzeichnende Spannung τ_{III}.

2. Der Verfestigungskoeffizient ϑ_{II} beträgt bei den kubisch-flächenzentrierten Metallen einheitlich $\vartheta_{II} \simeq G/300$.

3. Diese Prozesse spielen besonders bei der kritischen Schubspannung τ_0, bei τ_{III} und im ganzen Bereich III eine Rolle.

Experimentelle Grundlage zur Untersuchung der unter 1. bis 3. aufgezählten Eigenschaften ist die Messung der in Fig. 1 schematisch dargestellten Verfestigungskurve plastisch verformter Einkristalle. Die Verfestigungskurve stellt den Zusammenhang zwischen der im Gleitsystem angelegten Schubspannung τ und der von ihr erzeugten plastischen Verformung dar, welche durch die Abgleitung a beschrieben wird. Der Zusammenhang zwischen Schubspannung und Abgleitung ist jedoch noch von der Abgleitgeschwindigkeit $\dot{a}$ und der Temperatur T abhängig, so daß allgemein gilt:

$$\tau = \tau(a, \dot{a}, T). \tag{1.1}$$

Da die plastische Verformung ein irreversibler Vorgang ist, ist der Verfestigungszustand nur dann vollkommen definiert, wenn mit der Angabe der Zustandsgrößen, τ, a, $\dot{a}$, T auch der Weg, auf dem man zu diesen Werten kam, bekannt ist. Bei den üblichen Verformungsexperimenten zur Erforschung der kritischen Schubspannung wird entweder $\dot{a}$ und T konstant gehalten (man spricht dann vom dynamischen Zugversuch und findet die in Fig. 1 dargestellte Verfestigungskurve $\tau = \tau(a)$), oder man führt einen statischen Zugversuch aus, wobei τ und T konstant gehalten werden und erhält dann die sog. Kriechkurven $a = a(t)$. Eine dritte Gruppe von Experimenten besteht in sog. Relaxationsmessungen, bei denen die Abgleitung a konstant gehalten wird und die zeitliche Änderung der wirkenden Schubspannung verfolgt wird. Eine vierte Gruppe von Experimenten umfaßt Temperaturwechselversuche, bei denen entweder $\dot{a}$ oder τ konstant gehalten wird; eine weitere Gruppe besteht schließlich in Dehnungsgeschwindigkeitswechselversuchen oder Lastwechselversuchen bei konstanter Temperatur. Durch Kombination all dieser Experimente sollen die die kritische Schubspannung, oder allgemeiner, alle die Fließspannung bestimmenden Prozesse ermittelt werden. Im folgenden Abschnitt über die kritische Schubspannung und die Fließspannung werden wir uns eingehend mit diesen bei der plastischen Verformung auftretenden Prozessen befassen.

2. Kritische Schubspannung, Fließspannung und Kriechen

Unter der kritischen Schubspannung τ_0 wird diejenige Schubspannung verstanden, die erstmals eine bleibende Verformung hervorruft. Diese Spannung stimmt näherungsweise mit der durch Extrapolation des Bereichs I auf $a = 0$ erhaltenen Fließspannung τ_0 überein. Als Fließspannung τ bezeichnet man die an jedem Punkt der Verfestigungskurve zur plastischen Weiterverformung benötigte Schubspannung. Die folgenden Ausführungen beziehen sich sowohl auf die kritische Schubspannung als auch auf die Fließspannung.

2.1. Die Bedeutung der Grundstruktur

Die auffallendste Eigenschaft der Kristallplastizität, die leichte Verformbarkeit vieler Kristalle, wird verständlich, wenn man davon ausgeht, daß selbst in gut ausgeglühten Kristallen noch Versetzungen vorhanden sind, die sich durch den Kristall hindurch bewegen können und dadurch eine erhebliche plastische Verformung hervorrufen. Diese Versetzungen der sog. Grundstruktur bilden nach FRANK [*7*] und MOTT [*8*] ein Netzwerk nahezu geradliniger Versetzungsstücke, die durch Dreierknoten miteinander verbunden sind. Die einzelnen Versetzungsstücke zwischen den Knoten besitzen eine mittlere Maschenlänge l_0, deren Größe von den Kristallzuchtbedingungen und der Vorbehandlung des Kristalls abhängt. Für die Bewegung der Versetzungen ist der mittlere Abstand l_w der Versetzungen, die sog. Maschenweite, der entscheidende Parameter. Die Verhältnisse wurden von SEEGER [*2*] ausführlich diskutiert. Da die Versetzungen unter dem Einfluß einer angelegten Schubspannung an der Oberfläche austreten können und dann nichts mehr zur Abgleitung beitragen, müssen zur Aufrechterhaltung der Verformung im Innern des Kristalls laufend neue Versetzungen gebildet werden. Eine derartige fortlaufende Erzeugung von Versetzungen kann durch die sog. Frank-Read-Quelle erfolgen, welche zuerst von FRANK und READ [*9*] beschrieben wurde. Der Mechanismus der Frank-Read-Quellen ist folgendermaßen zu verstehen: Die zunächst aus energetischen Gründen geradlinigen Versetzungslinien der Länge l_0 zwischen den Knoten bauchen sich unter dem Einfluß einer äußeren Schubspannung τ aus. Der Krümmungsradius ϱ der Versetzungslinie lautet

$$\varrho = \frac{E_L}{b\,\tau}, \tag{2.1a}$$

wenn E_L die Linienspannung der Versetzungslinie bedeutet. Diese beträgt näherungsweise $E_L = (1/2)\,G b^2$. Aus Gl. (2.1a) erhalten wir somit

$$\varrho = \frac{G\,b}{2\tau}. \tag{2.1b}$$

Der Versetzungsbogen wird instabil und bildet spontan einen geschlossenen Versetzungsring, wenn der Krümmungsradius $\varrho = l_0/2$ wird (s. Fig. 2). Dies bedeutet, daß die Frank-Read-Quelle selbsttätig arbeitet, falls die Aktivierungsspannung

$$\tau_{\text{F.R.}} = \frac{G\,b}{l_0} \tag{2.2}$$

erreicht wird. Inwiefern die kritische Schubspannung τ_0 durch $\tau_{\text{F.R}}$ bestimmt wird, hängt davon ab, wie groß l_w, der Abstand zwischen den Versetzungen, ist. Die Annahme, daß in plastisch verformten Metallen die Versetzungen durch Frank-Read-Quellen erzeugt werden, gestattet eine einfache Erklärung des experimentellen Befundes diskret betätigter Gleitebenen und der daraus resultierenden Gleitlinien. Auf die Bildung kleiner Versetzungsringe, sog. Dipolen, durch betätigte Frank-Read-Quellen, deren Verankerungspunkte nicht auf derselben Gleitebene liegen, wurde neuerdings von SEEGER und MADER [10] hingewiesen.

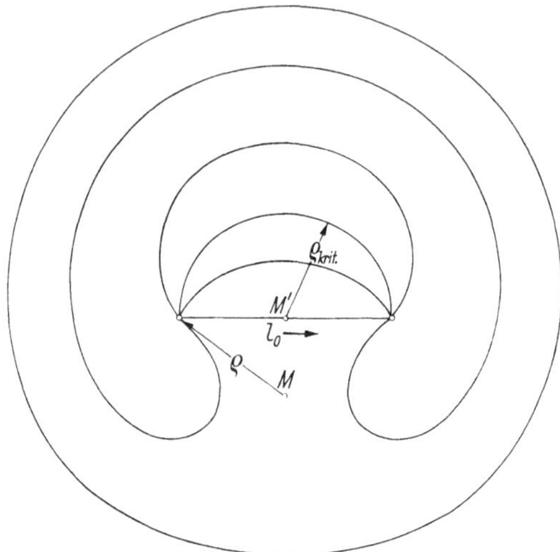

Fig. 2. Frank-Read-Quelle in Tätigkeit

2.2. Elastische Wechselwirkung zwischen parallelen Versetzungen

Eine aus parallelen Versetzungen gebildete Versetzungsstruktur erzeugt nach SEEGER [1], [2] ein Spannungsfeld, dessen Spannungsmaxima eine Wellenlänge von der Größenordnung des Versetzungsabstandes R_0' besitzen. Die Größe des Spannungsmaximums nimmt wie $1/R_0'$ mit wachsendem R_0' ab und wird deshalb in Analogie zu elektrostatischen Kräften als weitreichende elastische Spannung bezeichnet. Um eine Stufenversetzung entsprechend Fig. 3 zwischen zwei gleichnamigen Versetzungen hindurchzubewegen, deren Abstand R_0' beträgt, ist eine Schubspannung

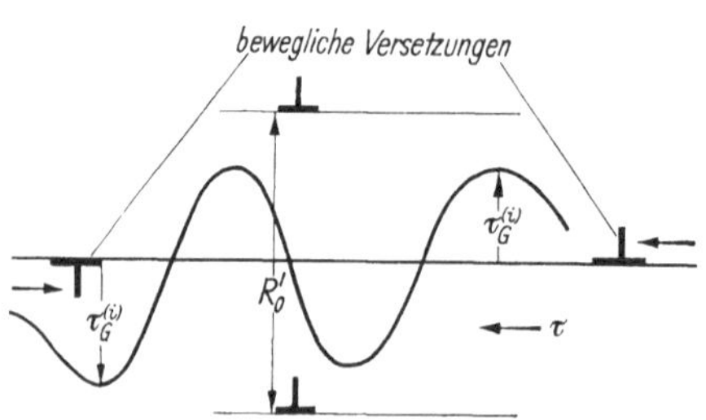

Fig. 3. Zur weitreichenden Wechselwirkung zwischen parallelen Versetzungen

$$\tau = \tau_G^{(i)} = \frac{G}{2\pi(1-\nu)} \frac{b}{R_0'} \tag{2.3}$$

aufzuwenden.

Im Falle der Schraubenversetzungen gilt:

$$\tau = \tau_G^{(i)} = \frac{G}{2\pi} \frac{b}{R_0'} . \tag{2.4}$$

2.3. Einfluß der Versetzungsrekombinationen

Bereits von READ [*11*] wurde darauf hingewiesen, daß eine Versetzung von anderen Versetzungen, welche ihre Gleitebene schneiden, angezogen oder abgestoßen wird. HIRSCH [*12*], FRIEDEL [*13*] und WHELAN [*14*] haben diesen Gedanken aufgegriffen und die stückweise Rekombination

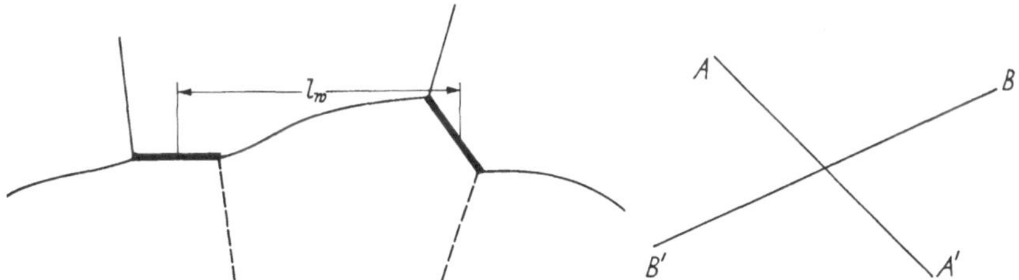

Fig. 4. Teilweise Rekombination zweier sich schneidender Versetzungen

Fig. 5. Zwei kreuzende Versetzungen auf parallelen Gleitebenen

der Versetzungen im Falle der Anziehung diskutiert. Die Verhältnisse sind qualitativ in Fig. 4 dargestellt. Von SAADA [*15*], [*16*] wurden die Rekombinationen quantitativ untersucht. Seine Ergebnisse lassen sich dahingehend zusammenfassen, daß zur Überwindung einer anziehenden Waldversetzung eine größere Spannung aufzuwenden ist als zur Überwindung einer abstoßenden Versetzung. Beträgt der mittlere Abstand ungleichnamiger Waldversetzungen l_w, so ergibt sich nach SAADA [*16*] für die aufzuwendende Schubspannung:

$$\tau_G^{(w)} = \frac{1}{5} \frac{b\,G}{l_w} . \tag{2.5}$$

Der obere Index w wurde eingeführt, um diesen ebenfalls zum Schubmodul G proportionalen Anteil von dem durch Gl. (2.3) und (2.4) definierten Anteil $\tau_G^{(i)}$ paralleler Versetzungen unterscheiden zu können. Da sowohl $\tau_G^{(i)}$ als auch $\tau_G^{(w)}$ proportional zum Schubmodul sind, können diese beiden Beiträge durch Messung der Temperaturabhängigkeit nicht voneinander getrennt werden. Der Spezialfall sich kreuzender Versetzungen auf parallelen Gleitebenen und die dabei mögliche Dipolbildung entsprechend Fig. 5 bis 7 wurde neuerdings von TETELMAN [*18*] studiert. Danach ist es für die beiden Versetzungen energetisch günstiger, sich längs einer Strecke l_R parallel zu legen (Fig. 6), da hierbei die weitreichenden Spannungsfelder abgebaut werden. Der in Fig. 6

dargestellte Zwischenzustand ist nicht gleitfähig. Durch Quergleitung an den Punkten P und P' kann jedoch die in Fig. 7 dargestellte Anordnung erzeugt werden, in der die beiden infolge der Quergleitung mit je einem Versetzungssprung versehenen Versetzungslinien AB' und $A'B$ nun gleitfähig sind und nur der neugebildete Versetzungsdipol zwischen den beiden Versetzungen eine schwer bewegliche Versetzung bildet.

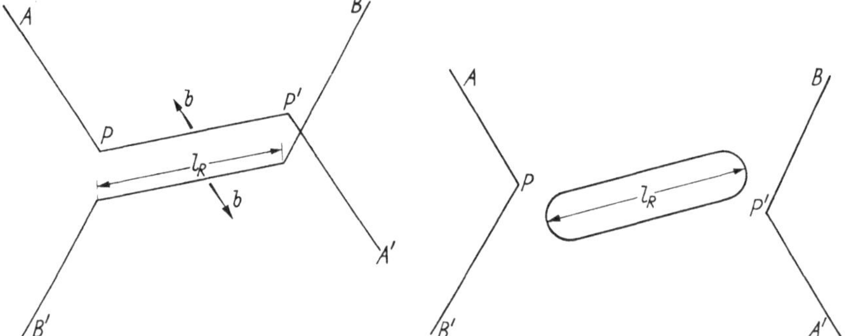

Fig. 6. Zwischenzustand mit teilweise parallel verlaufenden Versetzungsteilstücken, die durch Aneinanderlegen der beiden Versetzungen von Fig. 5 entstanden sind

Fig. 7. Die Bildung eines nicht gleitfähigen Versetzungsdipols aus dem Zwischenzustand von Fig. 6 durch Quergleitung bei P und P' (nach TETELMAN [*18*])

2.4. Schneidprozesse und Bildung atomarer Fehlstellen

Als weiteren Beitrag zur kritischen Schubspannung müssen wir die bei Schneidprozessen auftretenden kurzreichenden Kräfte besprechen. Da sich die Schneidprozesse im Gegensatz zu der in Gl. (2.3) und (2.4) beschriebenen elastischen Wechselwirkung in atomaren Dimensionen abspielen, kann die zum Durchschneiden erforderliche Energie U zum Teil auch durch die thermischen Schwingungen des Kristalls aufgebracht werden. Dies bedeutet, daß mit zunehmender Temperatur die Schneidprozesse leichter ablaufen und der Verformungsprozeß immer mehr von den weitreichenden Spannungsfeldern beherrscht wird. Die bei Schneidprozessen aufzuwendenden Kräfte haben folgende Ursachen:

1. Bildung von Durchschneidungssprüngen;

2. Bildung von Leerstellen und Zwischengitteratomen durch bewegte Versetzungssprünge in Versetzungen mit überwiegendem Schraubencharakter;

3. Bildung von Einschnürungen in aufgespaltenen Versetzungen.

Diese drei Prozesse stehen in engem Zusammenhang miteinander, wodurch die bei der Analyse der kritischen Schubspannung τ_0 auftretenden Schwierigkeiten bedingt sind. Die genaue Konfiguration der Durchschneidungssprünge wurde von SEEGER [6] sowie SEEGER und BLANK [19] untersucht. Die Vorgänge bei der Bildung von Zwischengitteratomen und Leerstellen an Durchschneidungssprüngen in Versetzungen mit Schraubencharakter wurden besonders von SEITZ [20], SEEGER [21] und FRIEDEL [22] diskutiert. Die Linienenergie von Sprunglinien in einwertigen Metallen wurde von SEEGER und BROSS [23] elektronentheoretisch abgeschätzt. Dabei ergab sich, daß derartige Sprunglinien praktisch nicht auftreten, also die Einschnürung der Versetzungssprünge immer vollkommen sein wird, da die Linienenergie der Sprunglinien zu groß ist, um einen nennenswerten Einfluß auf die Sprungenergie zu besitzen.

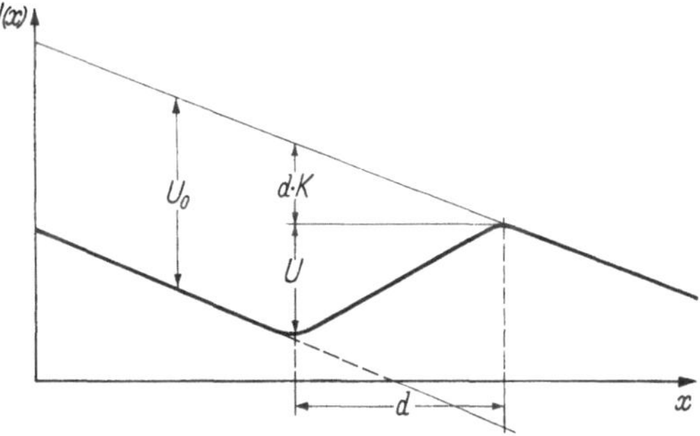

Fig. 8. Der Potentialverlauf $U(x)$ beim Schneidprozeß

Die beim Durchschneiden einer Versetzungslinie aufzuwendende Energie U ist eine Funktion der am Durchschneidungspunkt wirkenden Kraft K. Die Kraft K bewirkt nach MOTT [24] und COTTRELL [27] eine Erniedrigung der gesamten beim Durchschneiden aufzuwendenden Energie. Wenn wir nur die beiden ersten Glieder einer Taylor-Entwicklung betrachten, so erhalten wir:

$$U(K) = U_0 - d \cdot K. \tag{2.6}$$

In Gl. (2.6) bedeutet $d \cdot K$ die von der wirkenden Kraft K an der Versetzungslinie pro Schneidprozeß geleistete Arbeit; d hat die Bedeutung eines effektiven Durchmessers des Hindernisses. Sofern d unabhängig von K ist, entspricht Gl. (2.6) dem in Fig. 8 dargestellten Stufenpotential. Zur Berechnung der durch die Schneidprozesse bestimmten Abgleitung gehen wir davon aus, daß die Zahl der Schneidprozesse durch eine Arrhenius-Gleichung gegeben ist, da die Energie $U(K)$ durch thermische Schwingungen aufgebracht werden muß. Dann können wir für die Abgleitgeschwindigkeit schreiben:

$$\dot{a} = \dot{a}_0 \cdot e^{-\frac{U(K)}{kT}}, \tag{2.7}$$

wobei

$$\dot{a}_0 = N\, F\, b\, \nu_0\, e^{S/k}, \tag{2.8}$$

N die Zahl der Schneidprozesse pro cm^3, F die von der Versetzungslinie pro Schneidprozeß überstrichene Fläche, b der Burgers-Vektor, S die Entropie des Schneidprozesses und ν_0 eine Schwingungsfrequenz ist, die etwa zwei Größenordnungen kleiner ist als die Debye-Frequenz. Die an der Versetzung angreifende Kraft K ist eine Funktion der lokal wirkenden Schubspannung τ_S, wobei τ_S nach SEEGER [1], [2] die Differenz zwischen angelegter Schubspannung τ und den weitreichenden Spannungsfeldern τ_G ist, so daß definitionsgemäß gilt:

$$\tau_S = \tau - \tau_G . \tag{2.9a}$$

Entsprechend seiner Definition ist τ_S auf die bei Schneidprozessen auftretenden kurzreichenden Kräfte zurückzuführen. τ_S spielt deshalb immer dann eine Rolle, wenn Versetzungsbewegungen atomarer Größenordnung betrachtet werden. τ_S und τ_G unterscheiden sich besonders in ihrer Temperaturabhängigkeit, denn während τ_G proportional zum Schubmodul G und deshalb nur geringfügig temperaturabhängig ist, ist τ_S stark temperaturabhängig, da hierbei thermisch aktivierte Schneidprozesse eine Rolle spielen. Unter τ_G wollen wir im folgenden alle jene Beiträge zur Fließspannung verstehen, deren Temperaturabhängigkeit durch die der elastischen Moduln gegeben ist. Hierzu gehört demnach auch der Anteil $\tau_G^{(w)}$ der Rekombinationen. Allgemein lautet somit der gesamte τ_G-Anteil:

$$\tau_G = \tau_G^{(i)} + \tau_G^{(w)} . \tag{2.9b}$$

2.5. Die Aktivierungsenergie und das Aktivierungsvolumen

a) Die Energie der Versetzungssprünge und der Einschnürungen

In Gl. (2.6) entspricht U_0 derjenigen Energie, die von den thermischen Schwingungen beim Schneidprozeß aufgebracht werden muß, wenn keine äußeren Kräfte wirksam sind. Im Falle aufgespaltener Versetzungen

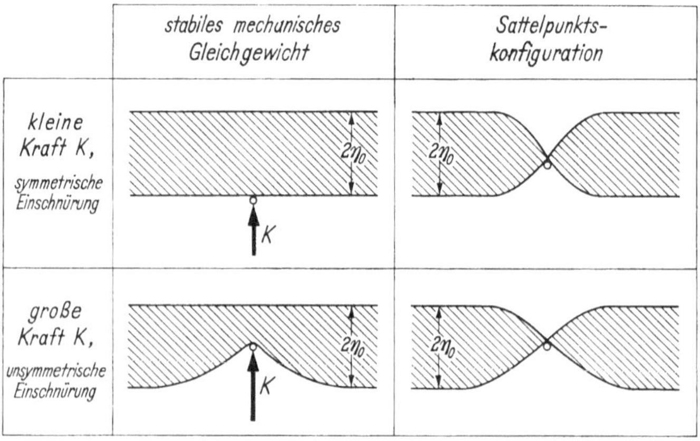

Fig. 9. Die Einschnürung des Stapelfehlerbandes für große und kleine Kräfte

setzt sich U_0 aus zwei Anteilen zusammen, nämlich einem Anteil U_γ, welcher von der Einschnürung der in der Gleitebene aufgespaltenen Versetzung herrührt und einem Anteil U_j, welcher zur Bildung des Versetzungssprungs aufgebracht werden muß. Die von SEEGER [25] abgeschätzte Energie des Versetzungssprungs beträgt:

$$U_j = \tfrac{1}{10} G b^2 \Delta l_j, \quad (2.10)$$

wenn Δl_j die Verlängerung der Versetzungslinie infolge des Versetzungssprungs bedeutet. Bei bekanntem U_j und mit der experimentell bestimmten Aktivierungsenergie U_0 kann somit gemäß

$$U_\gamma = U_0 - U_j \quad (2.11)$$

die Einschnürungsenergie U_γ und damit die Stapelfehlerenergie des betreffenden Metalls bestimmt werden, sofern es gelingt, U_γ theoretisch als Funktion von γ zu berechnen. SEEGER und WOLF [26a] (s. auch SEEGER [26b]) haben für folgendes einfache Modell U_γ als Funktion von γ und der wirkenden Kraft K berechnet: Es wird vorausgesetzt, daß nur die schneidende Versetzung in der Gleitebene aufgespalten ist und die geschnittene Versetzung senkrecht auf der Gleitebene steht. Ferner wird die bei hexagonalen Metallen berechtigte Annahme gemacht, daß keine Rekombination im Sinne von Abschnitt 2.3 stattfindet und die Einschnürung beim Schneidprozeß vollkommen ist. In Fig. 9 werden verschiedene

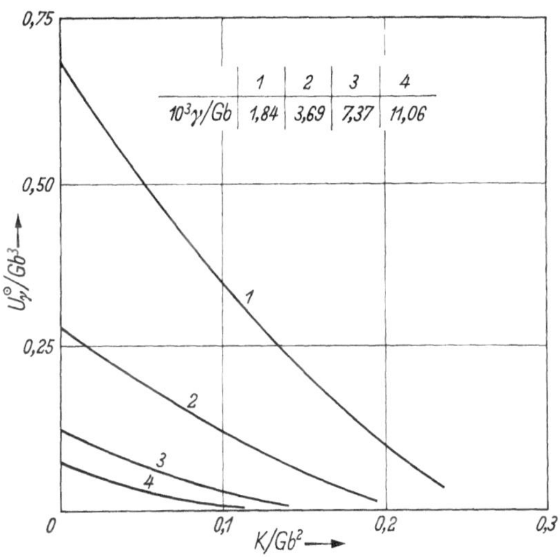

Fig. 10. Die Einschnürungsenergie des Stapelfehlerbandes bei Schraubenversetzungen als Funktion der wirkenden Kraft

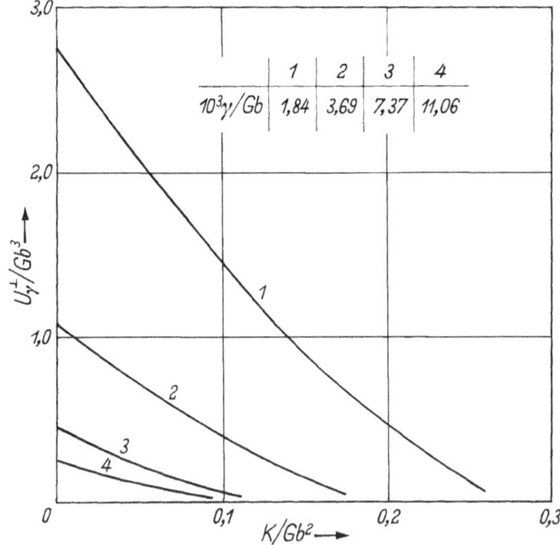

Fig. 11. Die Einschnürungsenergie des Stapelfehlerbandes bei Stufenversetzungen als Funktion der wirkenden Kraft

Sattelpunktskonfigurationen der Einschnürung des Stapelfehlerbandes gezeigt und in Fig. 10 und Fig. 11 der Zusammenhang zwischen U_γ und der äußeren Kraft K für verschiedene Werte von γ bei Schrauben- und Stufenversetzungen. Es ist ersichtlich, daß die Entwicklung (2.6) bei kleinen Kräften brauchbar ist und erst bei großen Kräften Abweichungen vom linearen Verlauf auftreten.

Für den linearen Bereich der $U_\gamma(K)$-Kurve wurde von SEEGER und WOLF [26a] folgende Näherung für $U_\gamma(K)$ angegeben:

$$\left.\begin{aligned} U_\gamma^\odot(K) = G\,b^2\,\eta_0^\odot \left\{\left(11{,}7 + \frac{0{,}93\cdot\eta_0^\odot}{b} - \frac{2{,}32\,b}{\eta^\odot}\right)\cdot 10^{-2} - \right. \\ \left. -\left(0{,}67 + 0{,}12\,\frac{b}{\eta_0^\odot}\right)\frac{K}{G\,b^2}\right\} \end{aligned}\right\} \tag{2.12a}$$

für Schraubenversetzungen und

$$\left.\begin{aligned} U_\gamma^\perp(K) = G\,b^2\,\eta_0^\perp \left\{\left(10{,}3 + \frac{0{,}44\cdot\eta_0^\perp}{b} + 6{,}0\,\frac{b}{\eta_0^\perp}\right)\cdot 10^{-2} - \right. \\ \left. -\left(0{,}67 + 0{,}72\,\frac{b}{\eta_0^\perp}\right)\frac{K}{G\,b^2}\right\} \end{aligned}\right\} \tag{2.12b}$$

für Stufenversetzungen. Hierbei bedeutet $2\eta_0^{\odot,\perp}$ die Aufspaltungsweite des Stapelfehlerbandes bei Schrauben- bzw. Stufenversetzungen. Die Beziehungen (2.12a) und (2.12b) gelten für kleine Stapelfehlerenergien $\frac{10^3\gamma}{Gb} < 12$. Da die Stufenversetzungen eine größere Aufspaltung erfahren, weil die elastische Wechselwirkung der beiden Halbversetzungen um den Faktor $\frac{1}{1-\nu}$ größer ist als bei Schraubenversetzungen, ist die Durchschneidungsenergie bei Stufenversetzungen größer als bei Schraubenversetzungen. Fig. 10 und Fig. 11 entnehmen wir, daß $U_\gamma^\perp \sim 4\,U_\gamma^\odot$ gilt.

b) Das Aktivierungsvolumen

Der für die Berechnung der Aktivierungsenergie erforderliche effektive Durchmesser d der schneidenden Versetzung kann den Gln. (2.12a) und (2.12b) entnommen werden. Er beträgt bei Schraubenversetzungen:

$$d^\odot = 0{,}67\,\eta_0^\odot + 0{,}12\,b \tag{2.13a}$$

und bei Stufenversetzungen:

$$d^\perp = 0{,}67\,\eta_0^\perp + 0{,}72\,b\,. \tag{2.13b}$$

Zur Berechnung der auf die Versetzung wirkenden Kraft K knüpfen wir an unsere in Abschnitt 2.4 gemachten Ausführungen über die lokal wirkende Schubspannung τ_S an, die bei Schneidprozessen als treibende Schubspannung einzusetzen ist. Im Fall geradliniger Versetzungsstücke der Länge l_0 (s. Fig. 12a) lautet demnach die Kraft K:

$$K = l_0\, b \cdot \tau_S\,. \tag{2.14}$$

Zusammen mit Gl. (2.6) erhalten wir nun die ursprünglich von MOTT [*24*], COTTRELL [*27*] und SEEGER [*28a*], [*28b*] angegebene Beziehung:

$$U(K) = U(\tau_S) = U_0 - v\,\tau_S\,, \tag{2.15}$$

wobei

$$v = d \cdot l_0 \cdot b \tag{2.16}$$

das sog. Aktivierungsvolumen des Prozesses bedeutet. Von FRIEDEL [*13*], [*29*] wurde darauf hingewiesen, daß sich die zwischen den Versetzungsknoten liegenden Versetzungsstücke der Länge l_0 unter dem

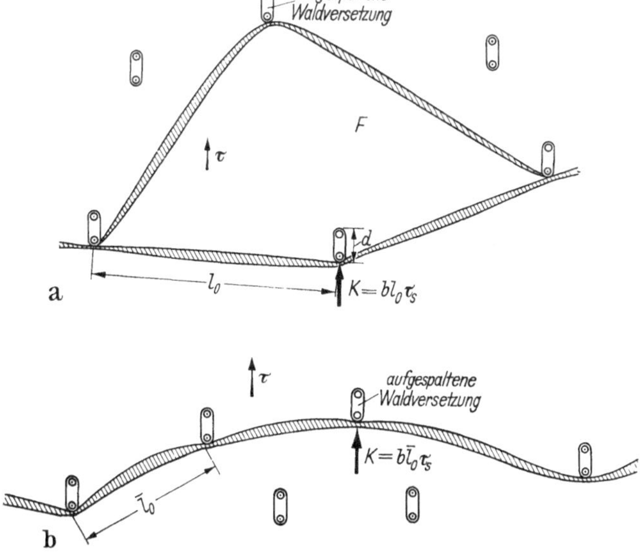

Fig. 12a u. b. Zur Definition der beim Schneidprozeß auftretenden Parameter. a gradlinige Versetzungen ($l_0 < l_m$) (kleine Spannungen). b ausgewölbte Versetzungen ($l_0 > l_m$) (große Spannungen)

Einfluß einer wirkenden Schubspannung τ_S entsprechend Fig. 12b auswölben. Durch die Auswölbung der Versetzungen erhöht sich die Wahrscheinlichkeit $W(l_0)$, eine Waldversetzung anzutreffen; $W(l_0)$ ist gleich dem Verhältnis aus der überstrichenen Fläche und der auf eine Waldversetzung entfallenden mittleren Fläche l_w^2, wenn l_w der mittlere Abstand zwischen den Waldversetzungen ist. Die Auswölbung hat demnach eine Verkürzung der mittleren Länge l_0 zwischen den Durchschneidungspunkten zur Folge. Für die vom Versetzungsbogen überstrichene Fläche können wir näherungsweise schreiben $F \sim k h \sim \frac{l_0 h}{2}$, wo k die in Fig. 13 eingezeichnete Sehne bedeutet.

Für die Wahrscheinlichkeit $W(l_0)$ erhalten wir somit:

$$W(l_0) = \frac{l_0 h}{2 l_w^2} \sim \frac{k h}{l_w^2}. \tag{2.17}$$

Zwischen dem Krümmungsradius $\varrho = \frac{G b}{2 \tau_S}$ der Versetzungslinie und k und h besteht der mit Hilfe des Kathetensatzes abzuleitende geometrische Zusammenhang: $2h\varrho = k^2 \sim \frac{l_0^2}{4}$. Mit diesen Beziehungen lautet Gl. (2.17)

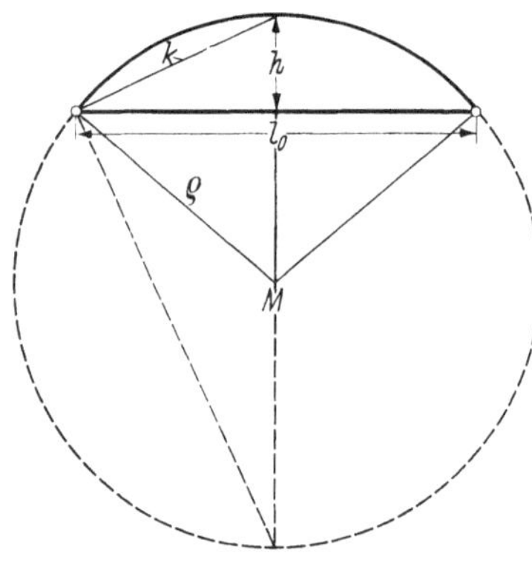

Fig. 13. Zur quantitativen Berechnung einer ausgewölbten Versetzung

$$W(l_0) = \frac{\tau_S l_0^3}{8 G b (l_w)^2} \tag{2.18a}$$

für

$$l_0 \leqq 2 \cdot \sqrt[3]{\frac{l_w^2 G b}{\tau_S}} = l_m$$

und

$$W(l_0) = 1 \tag{2.18b}$$

für

$$l_0 \geqq l_m.$$

Gl. (2.18a) hat den Vorteil, auch bei großen Auswölbungen noch einigermaßen genau zu sein. Ist die Auswölbung ein Halbkreis, so gilt Gl. (2.18a) sogar exakt. Zur Berechnung einer mittleren Länge $\bar{l}_0$ der Versetzungsstücke rechnen wir mit einem einheitlichen Waldversetzungsabstand l_w. Es gilt dann

$$\bar{l}_0 = \int_0^{l_m} l_0 \, dW(l_0) = \frac{3}{2} \sqrt[3]{\frac{G b l_w^2}{\tau_S}}, \tag{2.19}$$

für

$$l_0 \leqq l_m$$

und

$$\bar{l}_0 = l_0, \tag{2.20}$$

für

$$l_0 \geqq l_m.$$

Ersetzen wir in Gl. (2.19) l_w^2 durch die Flächendichte $N^{(w)}$ der Waldversetzungen gemäß $N^{(w)} = 1/l_w^2$ und in Gl. (2.14) l_0 durch $\bar{l}_0$, so erhalten wir für die Aktivierungsenergie nach Gl. (2.6):

$$U = U_0 - \frac{3}{2} d b \sqrt[3]{\frac{G b}{\tau_S N^{(w)}}} \cdot \tau_S. \tag{2.21}$$

Vergleicht man mit Gl. (2.15), so erscheint in Gl. (2.21) das Aktivierungsvolumen als eine von der Schubspannung τ_S abhängige Größe, selbst wenn die Versetzungswalddichte $N^{(w)}$ von der Verformung unabhängig ist. Anstelle des Aktivierungsvolumens

$$v = \frac{3}{2}\, d\, b \sqrt[3]{\frac{G\, b}{\tau_S N^{(w)}}} \tag{2.22}$$

ist es üblich, ein differentielles Aktivierungsvolumen

$$v' = -\left.\frac{\partial U}{\partial \tau_S}\right|_T = k T \cdot \left.\frac{\partial \ln(\dot{a}/\dot{a}_0)}{\partial \tau}\right|_T \tag{2.23}$$

zu definieren, für das gilt

$v' = v$, falls v durch Gl. (2.16) gegeben ist und von τ_S unabhängig ist, und

$$v' = b\, d \sqrt[3]{\frac{G\, b}{\tau_S N^{(w)}}} = \frac{2}{3}\, v\,, \tag{2.24}$$

falls für das Aktivierungsvolumen Gl. (2.22) zugrundegelegt wird. Bei der Ableitung von Gl. (2.24) ist zu beachten, daß bei einem Spannungswechselversuch bei konstanter Temperatur im Augenblick der Spannungsänderung die Versetzungsstruktur nicht verändert wird, also die Waldversetzungsdichte $N^{(w)}$ konstant bleibt und deshalb bei der Differentiation von Gl. (2.21) allein die explizite τ_S-Abhängigkeit zu berücksichtigen ist.

Das differentielle Aktivierungsvolumen v' kann nach Gl. (2.23) experimentell aus Geschwindigkeitswechselversuchen bei dynamischer Versuchsführung oder aus Lastwechselversuchen beim plastischen Kriechen bestimmt werden. Nach diesen Methoden haben Basinski [*30*], Michelitsch [*31*], Conrad und Robertson [*32*], Conrad u. Mitarb. [*33a*], [*33b*], [*34a*], [*34b*], Kronmüller u. Mitarb. [*35a*] (s. auch Seeger [*35b*]) sowie Ahlers und Haasen [*36*] das differentielle Aktivierungsvolumen von Magnesium, Kupfer und Silber als Funktion von τ bzw. τ_S gemessen.

Die experimentell gefundene τ_S-Abhängigkeit von v' steht im Gegensatz zu der von Thornton und Hirsch [*37*] vertretenen Ansicht, daß das Aktivierungsvolumen bei Cu spannungsunabhängig sei, jedoch über eine Temperaturabhängigkeit der Stapelfehlerenergie und damit des Parameters d stark temperaturabhängig sein kann. Die Messungen an Mg [*32*], [*33a, b*] zeigen vielmehr eindeutig, daß U und v' keine direkten Funktionen der Temperatur sind. Es ist daher naheliegend, die von Thornton und Hirsch [*37*] gemessene Temperaturabhängigkeit von U einer τ_S-Abhängigkeit von v' zuzuschreiben, da bei hohen Temperaturen τ_S klein und v' groß ist, während umgekehrt bei tiefen Temperaturen τ_S groß und v' klein ist, wie man mit Hilfe von Gl. (2.24) sofort einsieht.

Eine Prüfung der oben entwickleten Theorie ist mit Hilfe der von CONRAD und ROBERTSON [*32*] sowie CONRAD u. Mitarb. [*33*] an Mg durchgeführten Messungen möglich. Nach Gl. (2.21) erwartet man für die Aktivierungsenergie U eine Abhängigkeit $U \sim \tau_S^{\frac{2}{3}}$, sofern die Waldversetzungsdichte unabhängig von der Verformung ist. Diese Forderung erfüllen nach SEEGER [*2*] besonders jene hexagonalen Metalle, bei denen die plastische Verformung überwiegend in der Basisebene stattfindet. Die hexagonalen Metalle Mg, Cd, Zn, Co sind deshalb besonders zur Nachprüfung der Theorie geeignet. In Fig. 14 sind die gemessenen U-Werte von Mg ([*32*], [*33a*]) gegen $\tau_S^{\frac{2}{3}}$ aufgetragen. Aus dem linearen Verlauf dieser Kurven können wir auf die Gültigkeit der Beziehung (2.21) bei hexagonalen Metallen schließen. Gleichzeitig bestätigt der lineare Verlauf die oben gemachte Voraussetzung, daß bei hexagonalen Metallen die Dichte $N^{(w)}$ des Versetzungswaldes als unabhängig von der Verformung betrachtet werden darf. Diese Tatsache wurde in Kapitel 2, insbesondere in Abschnitt 5.3 b ausführlich besprochen. Aus den in Fig. 14 dargestellten Geraden könne wir U_0 als Ordinatenabschnitt und die Steigung m der Geraden bestimmen. Diese beträgt nach Gl. (2.21)

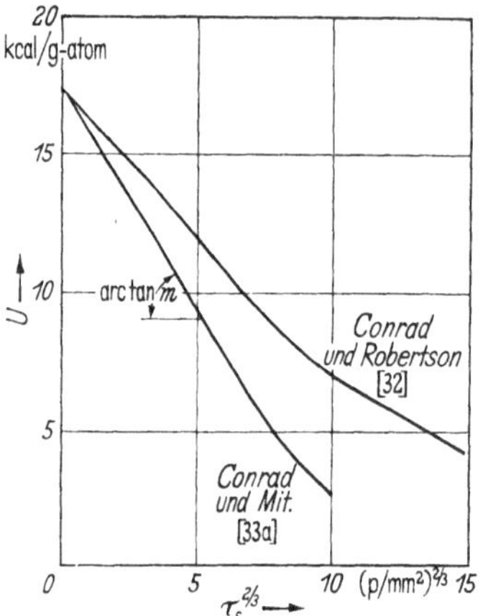

Fig. 14. Die gemessene Aktivierungsenergie von Magnesium gegen $\tau_S^{\frac{2}{3}}$ aufgetragen

$$m = -\frac{3}{2} d\, b \sqrt[3]{\frac{G\, b}{N^{(w)}}}$$

und kann zur Berechnung der Versetzungswalddichte herangezogen werden. Für die von CONRAD u. Mitarb. [*33a*] bestimmte $U(\tau_S)$-Kurve finden wir: $U_0 = 0{,}75$ eV und $m = 0{,}52 \cdot 10^{-16}\,[\mathrm{erg}^{\frac{1}{3}}\,\mathrm{cm}^2]$. Denselben U_0-Wert liefern die Messungen von CONRAD und ROBERTSON [*32*], jedoch ergibt sich ein anderer m-Wert. Dies ist in Einklang mit unseren Vorstellungen, wonach U_0 eine störungsempfindliche Größe ist, aber m von der Vorgeschichte des Kristalls abhängt. Die Energie U_0 ist die beim Schneidprozeß bei 0° K aufzubringende Energie. Sie setzt sich nach Gl. (2.11) gemäß $U_0 = U_\gamma + U_j$ aus der Einschnürungsenergie U_γ und der Bildungsenergie U_j des Versetzungssprungs zusammen. U_j kann nach Gl. (2.10) abgeschätzt werden. Dabei ist nach SCHOECK [*38a*] $\Delta l_j = 0{,}9\,a$ zu setzen, wenn a der Abstand zwischen nächsten Nachbarn in der Basisgleitebene ist. Mit $G = c_{44} = 0{,}185 \cdot 10^{12}\,[\mathrm{erg\,cm}^{-3}]$ und $a = 3{,}203 \cdot 10^{-8}$ [cm] erhalten wir $U_j = 0{,}37$ [eV]. Für die Einschnürungsenergie U_γ

ergibt sich nach Gl. (2.11) $U_\gamma = U_0 - U_j = 0{,}38$ eV. Mit diesem Wert für U_γ berechnen wir aus Gl. (2.12a) für die Stapelfehleraufspaltung $2\eta_0^\odot = 2{,}96\,a$. $\eta_0^\odot$ kann dazu benützt werden, aus den von SEEGER und SCHOECK [*38b*] berechneten $\frac{U_\gamma}{c_{44}\,b}$-Kurven als Funktion von $\eta_0^\odot$ die Stapelfehlerenergie γ zu bestimmen, die sich zu $\frac{\gamma}{c_{44}\,b} = 10^{-2}$, oder $\gamma = 53$ [erg cm^{-2}] ergibt. Weiter ist es nun möglich, die Versetzungswalddichte $N^{(w)}$ zu ermitteln. Allgemein gilt

$$N^{(w)} = \frac{27}{4}\,\frac{1}{m^3}\,d^3\,b^4\,c_{44},$$

wobei nach Gl. (2.13a) $d^\odot = 1{,}71\,a$ gilt. Die Rechnung liefert $N^{(w)} = 8 \cdot 10^8$ cm^{-2} und für den mittleren Abstand der Waldversetzungen

$$l_w = \frac{1}{\sqrt{N^{(w)}}} = 0{,}35 \cdot 10^{-4}\,\text{cm}.$$

2.6. Die Temperaturabhängigkeit der kritischen Schubspannung

Zur Berechnung der Fließspannung setzen wir in Gl. (2.7) die Beziehungen (2.15) und 2.21) für $U(\tau_S)$ ein und lösen die Gleichung dann nach τ_S auf. Im Falle des konstanten Aktivierungsvolumens der Gl. (2.15) finden wir das früher von SEEGER [*1*], [*2*] abgeleitete Ergebnis

$$\tau_S = \frac{U_0 - kT\ln\frac{\dot{a}_0}{\dot{a}}}{v}. \tag{2.25}$$

Benützen wir zur Berechnung der Schubspannung τ_S Gl. (2.21) und tragen so der τ_S-Abhängigkeit des Aktivierungsvolumens infolge Auswölbung der Versetzungen Rechnung, so ergibt sich:

$$\tau_S = \left[\frac{U_0 - kT\ln\frac{\dot{a}_0}{\dot{a}}}{\frac{3}{2}\,b\,d\,\sqrt[3]{\frac{G\,b}{N^{(w)}}}}\right]^{\frac{3}{2}}. \tag{2.26}$$

Aus Gl. (2.25) und (2.26) kann die Folgerung gezogen werden, daß oberhalb einer Temperatur

$$T_0 = \frac{U_0}{k\ln\frac{\dot{a}_0}{\dot{a}}}, \tag{2.27}$$

$$\tau_S \equiv 0 \tag{2.28}$$

gilt, so daß also für $T > T_0$ die Fließspannung allein durch die weitreichenden Spannungsfelder $\tau_G^{(i)}$ bestimmt wird. Dies gilt allerdings nur näherungsweise, da bei der Ableitung von Gl. (2.25) und (2.26) aus Gl. (2.7) die bei kleinen $v\tau_S$ ins Gewicht fallenden rückläufigen Schneidprozesse vernachlässigt wurden. Diese rückläufigen Schneidprozesse beginnen nach ALEFELD [*50a*] erst für $v\tau_S < kT$ eine Rolle zu spielen und können deshalb im allgemeinen vernachlässigt werden, da diese Bedingung nur für $T \gtrsim T_0$ erfüllt ist. Oberhalb der Temperatur T_0 ist die Fließspannung demnach allein durch den nur über den Schubmodul G temperaturabhängigen Spannungsanteil τ_G bestimmt. Man sollte also in diesem Temperaturbereich für τ/G entsprechend Fig. 15 eine waagrechte Linie erhalten.

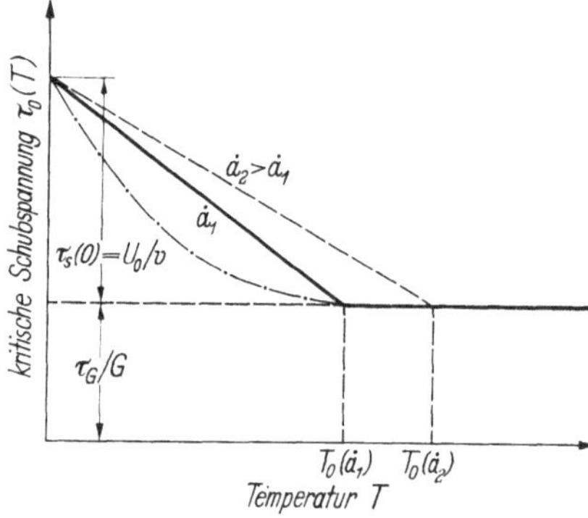

Fig. 15. Die Temperaturabhängigkeit der kritischen Schubspannung τ_0 bei einem einzigen wirksamen Schneidprozeß (hohe Stapelfehlerenergie) nach Gl. (2.25) (------) und Gl. (2.26) (-·-·-·-)

Dieses Verhalten wurde bei Al [*39*], [*40*] und den hexagonalen Metallen Zn [*41*], [42], Mg [*32*], [*33a, b*], Cd [*43*], Co (vgl. Fig. 34, Kapitel 2) und Bi [*44*] gefunden. Bei diesen Metallen ist die Größe $\frac{\gamma}{G\,b}$ relativ groß, also die Aufspaltung der Versetzungen gering und deshalb die beim Schneidprozeß aufzubringende Einschnürungsenergie U_γ nicht dominierend.

Da die in Schraubenversetzungen vorhandenen Versetzungssprünge sich nur unter Bildung von Leerstellen und Zwischengitteratomen bewegen können und die Aktivierungsenergie hierfür groß ist, nimmt SEEGER

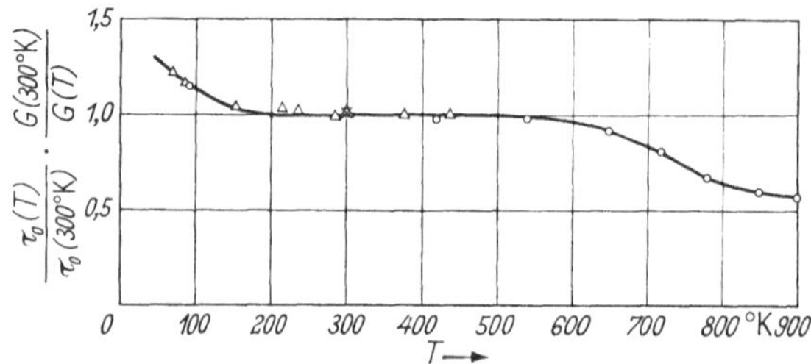

Fig. 16 Die Temperaturabhängigkeit der kritischen Schubspannung von Aluminium. Nach [*39*] und [*40*]

([*1*], [*2*], [*4*]) an, daß bei Metallen mit großen γ/Gb-Werten die Sprungbildung in Stufenversetzungen die kritische Schubspannung bestimmt. Diese Überlegungen sollten grundsätzlich auf alle Metalle mit großen γ/Gb-Werten zutreffen. Bei den kubisch-flächenzentrierten Metallen eignet sich besonders Al mit seiner großen Stapelfehlerenergie zu einer Prüfung dieser Vorstellungen. Die von HOWE, LIEBMAN und LÜCKE [*40*], sowie COTTRELL und STOKES [*39*] gemessene Temperaturabhängigkeit der kritischen Schubspannung ist in Fig. 16 in reduzierten Einheiten angegeben. Zunächst entnehmen wir Fig. 16, daß τ_0/G unterhalb einer Temperatur $T_0 \simeq 150°$ K anwächst und daß oberhalb der Temperatur T_0 bis etwa 550° K, wie bei den hexagonalen Metallen, τ_0/G temperaturunabhängig wird. Der Anstieg bei tiefen Temperaturen ist nach SEEGER [*1*], [*2*] wiederum der Sprungbildung in Stufenversetzungen zuzuschreiben, denn die Einschnürungsenergie U_γ spielt bei Metallen mit großer Stapelfehlerenergie keine Rolle. Das Plateau oberhalb T_0 entspricht dem reinen τ_G-Anteil der kritischen Schubspannung. Der bei Temperaturen größer als 550° K einsetzende starke Abfall der τ_0/G-Kurve ist wahrscheinlich auf die bei hohen Temperaturen, im Gebiet der Selbstdiffusion, unter dem Einfluß einer Spannung mögliche Kletterbewegung der Versetzungen zurückzuführen.

Als wesentlich komplizierter erweist sich die Temperaturabhängigkeit der kritischen Schubspannung bei Metallen mit niedriger Stapelfehlerenergie. Vergleichen wir die in Fig. 16c, Kapitel 2, dargestellte, von BÜHLER und LÜCKE [*45*] gemessene Temperaturabhängigkeit der kritischen Schubspannung des Silbers mit der von Aluminium, so erkennt man folgende Eigenschaften:

1. Bei hohen Temperaturen erfolgt kein Abfall der kritischen Schubspannung. Dieses im Vergleich zu Al andersartige Verhalten ist nach SEEGER u. Mitarb. [*46*] auf die Stapelfehlerenergie zurückzuführen, da in Ag mit seiner kleinen Stapelfehlerenergie die beim Klettern erforderliche Einschnürungsenergie des Stapelfehlerbandes sehr groß ist und deshalb die Kletterbewegung gehemmt wird.

2. Es gibt keinen Temperaturbereich mit temperaturunabhängigem τ_0/G. Dies bedeutet, daß die Temperatur T_0 oberhalb des Schmelzpunktes liegt.

Aus der von BÜHLER und LÜCKE [*45*] gemessenen Abhängigkeit der kritischen Schubspannung von der Verformungsgeschwindigkeit ist zu schließen, daß auch bei hohen Temperaturen ein von thermisch aktivierten Prozessen abhängiger τ_0-Anteil vorhanden ist. Dieser temperaturabhängige Anteil der τ_0/G-Kurve wird von SEEGER [*1*], [*2*] der Sprungbildung in Schraubenversetzungen zugeschrieben. Um den Einfluß der Schraubenversetzungen auf die kritische Schubspannung zu verstehen, müssen wir beachten, daß bei Metallen mit kleiner Stapelfehlerenergie die Einschnürungsenergie U_γ einen nicht zu vernachlässigenden Anteil der gesamten Schneidenergie U_0 ausmacht. Diese Einschnürungsenergie

U_γ ist nach den in Abschnitt 2.5a gemachten Ausführungen bei Stufenversetzungen etwa 4mal so groß als bei Schraubenversetzungen. Demnach ist der Anteil der Schraubenversetzungen zur kritischen Schubspannung nach Gl. (2.25) quantitativ kleiner als der der Stufenversetzungen. Nach Gl. (2.27) bedeutet dies ferner, daß die Temperatur T_0 nun nicht mehr für Stufen- und Schraubenversetzungen annähernd dieselbe ist, wie bei den Metallen mit großer Stapelfehlerenergie, sondern die Bedingung $T_0^{\odot} < T_0^{\perp}$ gültig ist. Die Aufspaltung der kritischen Tem-

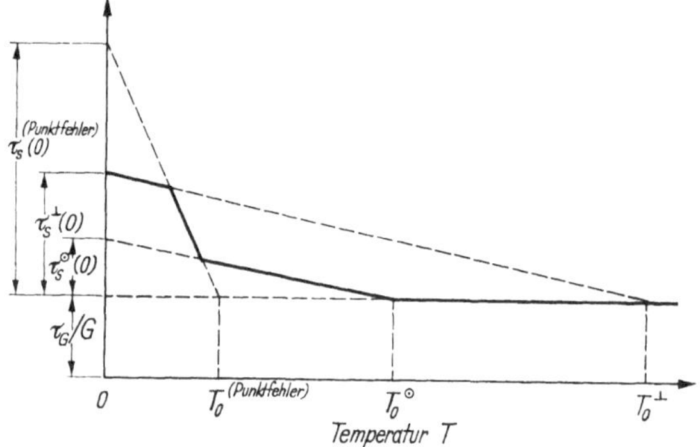

Fig. 17. Die Temperaturabhängigkeit der kritischen Schubspannung bei kubisch-flächenzentrierten Metallen mit kleiner Stapelfehlerenergie (nach Seeger [2])

peratur T_0 in zwei Temperaturen $T_0^{\odot}$ und $T_0^{\perp}$ für Schrauben- und Stufenversetzungen ist in Fig. 17 dargestellt. Die Neigung der $\tau_S(T)$-Kurve für Stufen- und Schraubenversetzungen ist etwa gleich groß. Im Übergangsgebiet zwischen tiefen und hohen Temperaturen spielt nach Seeger [2], [4] die Leerstellenbildung durch bewegte Versetzungssprünge in Schraubenversetzungen eine Rolle. Der Schneidprozeß der Schraubenversetzungen ist deshalb ein von der Leerstellenbildung abhängiger Prozeß. Die Neigung $\frac{d\tau_0}{dT}$ des von der Leerstellenbildung an Versetzungssprüngen herrührenden Anteils der kritischen Schubspannung ist größer als die Neigung der von Schneidprozessen herrührenden Beiträge, da das Aktivierungsvolumen bei der Bildung von Leerstellen sehr klein ist. Infolge der Kopplung der Schneidprozesse der Schraubenversetzungen mit der Leerstellenbildung durch Sprünge wird bei tiefen Temperaturen der Anteil der Schraubenversetzungen zu τ_0 größer als der Anteil der Stufenversetzungen. Der Beitrag der Leerstellenbildung zu τ_0 ist in Fig. 17 eingezeichnet. Die kritische Schubspannung wird nun jeweils durch denjenigen Prozeß bestimmt, der die kleinste kritische Schubspannung aufweist. Für die Temperaturabhängigkeit der kritischen Schubspannung bei Metallen mit kleiner Stapelfehlerenergie erwartet man demnach den in Fig. 17 gekennzeichneten Verlauf. Entsprechend unseren

Ausführungen wird also der charakteristische Verlauf der Temperaturabhängigkeit von τ_0 indirekt durch die Stapelfehlerenergie bestimmt. Experimentelle Werte der Stapelfehlerenergie sind der Arbeit von BERNER [*47*] und Kapitel 2 zu entnehmen. Der Verlauf der Temperaturabhängigkeit von τ_0 wurde erstmals von SEEGER [*4*] theoretisch abgeleitet und die Messungen an Kupferkristallen bestätigen in der Tat die in Fig. 17 eingezeichnete $\tau_0(T)$-Kurve, wie ein Vergleich mit den in Fig. 16a, Kapitel 2, dargestellten experimentellen $\tau_0(T)$-Kurven zeigt. In Fig. 16a, Kapitel 2, ist gleichzeitig die Temperaturabhängigkeit von τ_0 bei Cu als Funktion verschiedener Reinheitsgrade angegeben.

Eine quantitative Theorie der kritischen Schubspannung und der Bildung punktförmiger Fehlstellen aus bewegten Versetzungssprüngen wurde bisher nicht gegeben. Rechnungen in dieser Richtung müssen berücksichtigen, daß die durch Schneidprozesse entstandenen Sprünge nicht im thermischen Gleichgewicht sind [*2*], [*48*], sondern versuchen werden, sich gegenseitig zu annihilieren. Hierzu müssen die in gleicher Zahl erzeugten Sprünge beiderlei Vorzeichens entlang der Versetzungslinie laufen. Diese Bewegung der Versetzungssprünge wird sicherlich durch die Spannungsfelder anderer Versetzungen und durch Fremdatome gehemmt, zu deren Überwindung eine bestimmte Aktivierungsenergie aufzubringen ist. Deshalb ist zu erwarten, daß der auf die Bildung punktförmiger Fehlstellen an Versetzungssprüngen zurückzuführende Anteil der kritischen Schubspannung stark vom Verformungsgrad und von Verunreinigungen abhängig ist. Da demnach die Verunreinigungen die Zahl der Versetzungssprünge wesentlich beeinflussen, gelangt man zu einem qualitativen Verständnis des von KÖSTER [*49*] als Funktion der Temperatur und des Verunreinigungsgrades gemessenen Verlaufs der kritischen Schubspannung.

2.7. Bestimmung der Aktivierungsenergie und Berechnung der Schubspannung τ_S

a) Theoretische Grundlagen

Die experimentelle Bestimmung der Aktivierungsenergie $U(\tau_S)$ wird durch die Temperaturabhängigkeit der Schubspannung τ besonders erschwert. Die damit zusammenhängenden Schwierigkeiten bei der Analyse von Temperaturwechsel- und Kriechversuchen wurden ausführlich von CONRAD u. Mitarb. [*33a, b*], [*34a, b*] diskutiert. Führen wir z. B. einen Temperaturwechselversuch bei konstanter Schubspannung τ aus, so ist zu beachten, daß infolge der Temperaturänderung auch $\tau_S = \tau - \tau_G$ geändert wird, da τ_G proportional zum Schubmodul ist, der seinerseits wieder temperaturabhängig ist.

Am einfachsten liegen die Verhältnisse bei einem Lastwechselversuch bei konstanter Temperatur. Für eine derartige Versuchsführung gilt nach Gl. (2.7) [s. auch Gl. (2.23)] bei konstantem $\dot{a}_0$:

$$\left.\frac{\partial \ln \dot{a}}{\partial \tau}\right|_{T,a} = -\frac{1}{kT}\left.\frac{\partial U}{\partial \tau_S}\right|_{a,T} = \frac{v'}{kT}. \tag{2.29}$$

Im Augenblick der Laständerung wird die gesamte von außen angelegte Zusatzlast τ_z von τ_S ausgeglichen. Dies erfolgt über die in Abschnitt 2.5b beschriebene Auswölbung der Versetzungslinien. Es gilt also die Beziehung

$$\tau_z = \Delta\tau_S \tag{2.30a}$$

oder

$$\frac{\partial}{\partial \tau} = \frac{\partial}{\partial \tau_S} = -\frac{\partial}{\partial \tau_G}. \tag{2.30b}$$

Mit zunehmender Abgleitung wird die Versetzungsdichte im primären Gleitsystem erhöht, wodurch τ_G anwächst und gleichzeitig τ_S kleiner wird.

Die quantitative Formulierung des oben erwähnten Temperaturwechselversuchs bei konstanter angelegter Schubspannung τ ergibt sich aus Gl. (2.7) durch Differentiation nach der Temperatur T. Hierbei ist nach CONRAD u. Mitarb. [*33a, b*] die durch τ_G bedingte Temperaturabhängigkeit der Aktivierungsenergie $U(\tau—\tau_G)$ zu berücksichtigen. Aus Gl. (2.7) erhält man:

$$\left.\frac{\partial \ln \dot{a}}{\partial T}\right|_{\tau} = \frac{1}{kT^2}\cdot U(\tau-\tau_G) - \frac{1}{kT}\left.\frac{\partial U}{\partial \tau_G}\right|_{T,a}\cdot\left.\frac{\partial \tau_G}{\partial T}\right|_{\tau}. \tag{2.31a}$$

Gl. (2.31a) können wir bei Berücksichtigung von Gl. (2.30b) und der Beziehung $\tau_G \sim G$ folgendermaßen umformen:

$$\left.\frac{\partial \ln \dot{a}}{\partial T}\right|_{\tau} = \frac{1}{kT^2}\,U(\tau_S) - \frac{1}{kT}\,v'\frac{\tau_G}{G}\cdot\frac{dG}{dT}. \tag{2.31b}$$

Hieraus folgt

$$U(\tau) = kT^2\left(\left.\frac{\partial \ln \dot{a}}{\partial T}\right|_{a,\tau} + \frac{v'\tau_G}{kT}\cdot\frac{dG}{dT}\right). \tag{2.31c}$$

Gl. (2.31c) entnehmen wir, daß bei Vernachlässigung der Temperaturabhängigkeit von τ_G eine zu große Aktivierungsenergie gemessen wird, da $\frac{dG}{dT}<0$ gilt. Da die linke Seite von Gl. (2.31b) experimentell bestimmt werden kann, v' ebenfalls leicht meßbar ist und $\frac{dG}{dT}$ bekannt ist, ist zur Berechnung von $U(\tau_S)$ nur noch die Kenntnis von τ_G erforderlich. Eine Methode zur Bestimmung von τ_G besteht im Prinzip in der Messung der Temperaturabhängigkeit der kritischen Schubspannung τ_0. Wie in Abschnitt 2.6 ausgeführt wurde, gibt es eine Temperatur T_0, oberhalb der $\tau_S \sim 0$ gilt und τ_0/G eine Gerade liefert (s. Fig. 15). Diese Methode konnte von CONRAD u. Mitarb. [*33a, b*] im Falle von Mg angewandt werden. Sie ist jedoch nur brauchbar, sofern T_0 unterhalb der Schmelztemperatur des betreffenden Metalls liegt. Wie im folgenden Abschnitt 2.8 näher ausgeführt werden wird, erfolgt im Bereich II der Verfestigungskurve kubisch-flächenzentrierter Kristalle die Spannungszunahme im wesentlichen durch τ_G, und τ_S beträgt nur wenige Prozent der Gesamtspannung. Wir können in diesem Fall für τ_G die Näherung $\tau_G \sim \tau$ in Gl. (2.31c) einsetzen und $U(\tau)$ somit berechnen, da

$$\left.\frac{\partial \ln \dot{a}}{\partial T}\right|_{a,\tau} \quad \text{und} \quad \left.\frac{\partial \ln \dot{a}}{\partial \tau}\right|_{a,T}$$

als Funktion von τ bekannt sind. Zur Bestimmung von τ_S gehen wir davon aus, daß die experimentell gemessene Abhängigkeit der Aktivierungsenergie und des differentiellen Aktivierungsvolumens nach Gl. (2.21) und (2.24) mit τ_S und der Versetzungswalddichte verknüpft sind. Die Bestimmungsgleichungen für τ_S und $N^{(w)}$ lauten somit folgendermaßen:

$$U(\tau) = U_0 - \frac{3}{2}\, d\, b \sqrt[3]{\frac{G\, b}{\tau_S N^{(w)}}}\, \tau_S \tag{2.32a}$$

und

$$\left.\frac{\partial U}{\partial \tau}\right|_T = v'(\tau) = d\, b \sqrt[3]{\frac{G\, b}{\tau_S N^{(w)}}}. \tag{2.32b}$$

In diesen Gleichungen ist jeweils die linke Seite als Funktion der Fließspannung oder Abgleitung bekannt. Wir werden im folgenden sehen, daß die Auflösung dieses Gleichungssystems besonders einfach wird, falls es gelingt, die zunächst noch unbekannten Werte für U_0 und den effektiven Versetzungsdurchmesser d aus anderen Messungen zu entnehmen.

Bisher haben wir als Verfahren zur Bestimmung der Aktivierungsenergie nur Kriechversuche besprochen. Äquivalente Versuche können im dynamischen Zugversuch ausgeführt werden, wobei nun aber beim Temperaturwechselversuch nicht τ, sondern $\dot{a}$ konstant gehalten wird. Schreiben wir Gl. (2.7) in der Form

$$U(\tau_S) = -kT \ln \frac{\dot{a}}{\dot{a}_0}, \tag{2.33}$$

so können wir hieraus durch Differentiation nach T folgende Beziehung ableiten:

$$\left.\frac{\partial U(\tau_S)}{\partial \tau_S}\right|_T \cdot \left.\frac{\partial \tau_S}{\partial T}\right|_{\dot{a}} = -k \ln \frac{\dot{a}}{\dot{a}_0}, \tag{2.34a}$$

für die wir bei Berücksichtigung von Gl. (2.29) auch

$$\left.\frac{\partial \tau_S}{\partial T}\right|_{\dot{a}} = \frac{k}{v'} \ln \frac{\dot{a}}{\dot{a}_0} \tag{2.34b}$$

schreiben können. Wie in Gl. (2.29) haben wir bei der Ableitung von Gl. (2.34a, b) wiederum vorausgesetzt, daß $\dot{a}_0$ von der Temperatur unabhängig ist. Ersetzen wir in Gl. (2.34a) $\ln \frac{\dot{a}}{\dot{a}_0}$ gemäß Gl. (2.33) durch $U(\tau_S)$ und $\frac{d\tau_S}{dT}$ durch $\frac{d\tau}{dT} - \frac{d\tau_G}{dT}$, so gilt

$$U(\tau) = -\left(\frac{d\tau}{dT}\bigg|_{\dot{a},a} - \frac{\tau_G}{G}\cdot\frac{dG}{dT}\right) v' T. \tag{2.35}$$

In Gl. (2.35) ist auf der rechten Seite alles bekannt bis auf τ_G, für dessen Bestimmung wiederum die oben angeführten Gesichtspunkte maßgebend sind.

Zum Schluß unserer theoretischen Betrachtungen sei noch auf eine allgemeine Beziehung zwischen den Differentialquotienten hingewiesen. Durch Subtraktion der beiden Gleichungen (2.31) und (2.35) ergibt sich:

$$\frac{\partial \ln \dot{a}}{\partial T}\bigg|_{\tau,a} + \frac{\partial \ln \dot{a}}{\partial \tau}\bigg|_{T,a} \cdot \frac{\partial \tau}{\partial T}\bigg|_{\dot{a},a} = 0. \tag{2.36}$$

Gl. (2.36) kann z.B. zur Berechnung des Differentialquotienten $\frac{\partial \tau}{\partial T}\Big|_{\dot{a},a}$ herangezogen werden, falls die beiden andern aus Temperatur- und Spannungswechselversuchen bereits bekannt sind. Weitere Zusammenhänge zwischen verschiedenen bei Kriech- und Temperaturwechselversuchen auftretenden Differentialquotienten werden von ALEFELD [*50b*] diskutiert.

b) Anwendung auf die Bereiche I und II der Verfestigungskurve

Nach den theoretischen Ausführungen über die Bestimmung der Aktivierungsenergie in Abschnitt a) wenden wir uns nun der quantitativen Auswertung der von MICHELITSCH [*31*] und KRONMÜLLER u. Mitarb. [*35a*] an Kupfereinkristallen durchgeführten Experimente zu.

Tabelle 1. *Kenngrößen des differentiellen Aktivierungsvolumens von Kupfer (Reinheit 99,98%)*

v'_{I} [cm³]	R (eV)	S [Kp/mm²]	Autor
$2{,}7 \cdot 10^{-19}$	9,3	0,5	MICHELITSCH [*31*]
$4{,}3 \cdot 10^{-19}$	13,1	0,25	KRONMÜLLER u. Mitarb. [*35a*]

Die Meßergebnisse dieser Autoren stimmen qualitativ miteinander überein (s. Fig. 18) und liefern im Bereich I ein konstantes Aktivierungsvolumen v'_{I} und im Bereich II eine stetige Abnahme des differentiellen Aktivierungsvolumens, die sich, wie Fig. 18 zu entnehmen ist, durch ein Gesetz der Form

$$v' = \frac{R}{\tau + S} \tag{2.37}$$

darstellen läßt. Die Konstanten v'_{I}, R und S sind in Tabelle 1 zusammengestellt. Die zwischen den Konstanten beider Messungen auftretenden Unterschiede sind vermutlich auf die verschiedenen Grundstrukturen der untersuchten zwei Kristalle zurückzuführen. Die Messungen von

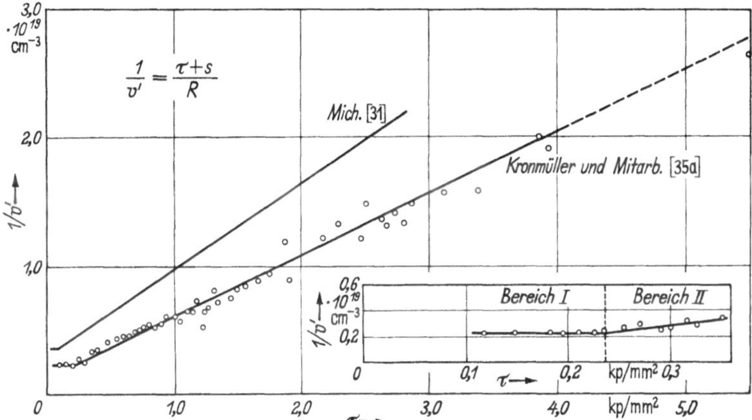

Fig. 18. Das reziproke differentielle Aktivierungsvolumen von Kupfer bei Raumtemperatur als Funktion der plastischen Verformung. $\dot{a} = 6 \cdot 10^{-7}$ [sec^{-1}]

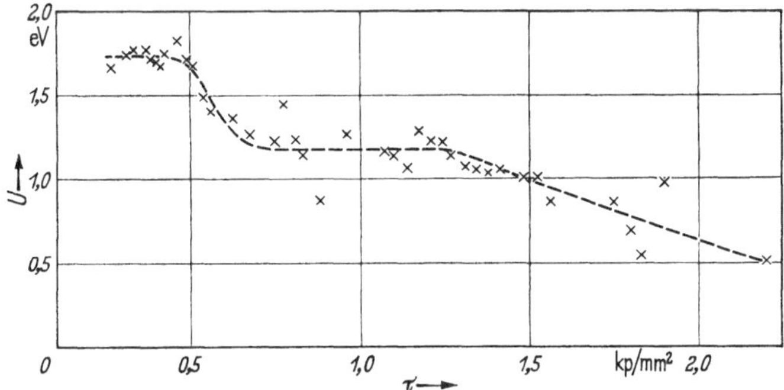

Fig. 19. Die Aktivierungsenergie von Kupfer bei Raumtemperatur in Abhängigkeit von der plastischen Verformung [*35a*]. $\dot{a} = 6 \cdot 10^{-7}$ [sec^{-1}]

Kronmüller und Mitarbeiter [*35a*] zeigen, daß Gl. (2.37) auch im Bereich III der Verfestigungskurve gültig ist. Aus der Gültigkeit eines einheitlichen Gesetzes über einen weiten Spannungsbereich schließen wir auf das Vorherrschen eines einzigen die Abgleitgeschwindigkeit bestimmenden Prozesses.

Im Bereich II der Verfestigungskurve wurde von Kronmüller u. Mitarb. [*35a*] eine Aktivierungsenergie $U_{\mathrm{II}} = 1{,}2$ eV gemessen (s. Fig. 19). Mit den nunmehr bekannten Ergebnissen für das Aktivierungsvolumen und die Aktivierungsenergie können wir die beiden Gln. (2.32a) und (2.32b) zur Bestimmung von τ_S und $N^{(w)}$ im Bereich II verwenden und erhalten

$$\tau_S = C_1(\tau + S) \tag{2.38}$$

und

$$N^{(w)} = C_w(\tau + S)^2, \tag{2.39}$$

wobei

$$C_1 = \frac{2}{3}\,\frac{U_0 - U_{II}}{R} \tag{2.40}$$

und

$$C_w = \frac{3}{2}\,\frac{G\,b^4\,d^3}{R^2(U_0 - U_{II})} \tag{2.41}$$

bedeutet.

Der durch Gl. (2.38) gegebene lineare Zusammenhang zwischen dem thermischen Spannungsanteil und der Gesamtspannung τ wurde bereits früher von Seeger u. Mitarb. [*51*], Rebstock [*52*] sowie von Haasen [*53*] aus Temperaturwechselversuchen empirisch gewonnen.

Unsere bisherigen Ausführungen beziehen sich zunächst nur auf den Bereich II der Verfestigungskurve. Zur Behandlung des Bereichs I gehen wir davon aus, daß das differentielle Aktivierungsvolumen v'_I eine Konstante ist. Diese Tatsache wird am einfachsten verständlich, wenn wir annehmen, daß $N^{(w)}$ und τ_S im Bereich I unabhängig von der Verformung sind, also konstant bleiben, wobei die eine Voraussetzung die andere mit einschließt. Da τ_S und v'_I vom Bereich I stetig in den Bereich II übergehen müssen, liefern die Gleichungen (2.38) und (2.39) für den Beginn des Bereichs II auch die Werte für den Bereich I. Ersetzen wir also in diesen beiden Gleichungen jeweils $\tau + S$ durch τ_S/C_1, so erhalten wir folgende Gesetzmäßigkeiten, die sowohl im Bereich I als auch im Bereich II Gültigkeit besitzen:

$$v' = \frac{A}{\tau_S}, \tag{2.42}$$

$$N^{(w)} = \frac{G\,b^4\,d^3}{A^3}\,\tau_S^2, \tag{2.43}$$

wobei

$$A = \tfrac{2}{3}(U_0 - U_{II}) \tag{2.44}$$

gesetzt wurde. Insbesondere erhalten wir nun im Bereich I

$$\tau_{S,I} = \frac{A}{v'_I} \tag{2.45a}$$

und

$$N_I^{(w)} = \frac{G\,b^4\,d^3}{A(v'_I)^2}. \tag{2.45b}$$

Um quantitative Berechnungen für die Bereiche I und II durchführen zu können, müssen die in Gl. (2.38) bis (2.45) eingehenden Konstanten A und d bekannt sein. Die Konstante A kann aus Messungen des zeitlichen Verlaufs der Kriechkurven ermittelt werden, und zwar besteht zwischen A und dem in Bereich II gemessenen Kriechexponenten m (der nicht mit dem Anstieg m in Fig. 14 verwechselt werden darf) folgender Zusammenhang:

$$U_0 - U = \frac{m\,kT}{2(m-1)}\,.$$

Diese Beziehung wird in Abschnitt 2.9c abgeleitet. Für Raumtemperatur und den von MICHELITSCH [*31*] und KRONMÜLLER u. Mitarb. [*35a*] bestimmten mittleren Exponenten $m=1{,}06$ erhalten wir:

$$A = 0{,}133\ \text{eV}.$$

Zur Berechnung des effektiven Versetzungsdurchmessers d benützen wir Gl. (2.13a) und den von BERNER [*47*] aus Messungen der Temperaturabhängigkeit von τ_{III} ermittelten Wert für die Aufspaltungsweite $2\eta^{\odot}$ der Schraubenversetzungen, die sich zu $2\eta^{\odot}=1{,}5\,b$ ergab. Aus Gl. (2.13a) folgt dann für den effektiven Versetzungsdurchmesser

$$d^{\odot} = 0{,}62\,b\,.$$

Unter Zugrundelegung der oben berechneten Werte für A und d ergibt sich aus Gl. (2.45a) und (2.45b):

$$\tau_{S,\text{I}} = 5\left[\frac{\text{p}}{\text{mm}^2}\right], \qquad N_{\text{I}}^{(w)} = 1{,}75\cdot 10^7\,[\text{cm}^{-2}]\,.$$

Die bei Raumtemperatur von KRONMÜLLER u. Mitarb. [*35a*] gemessene kritische Schubspannung betrug $\sim 120\ \text{p/mm}^2$. Der Anteil der thermisch aktivierten Schneidprozesse zur kritischen Schubspannung beträgt demnach für den untersuchten Kupferkristall bei Raumtemperatur nur etwa 4%.

Ähnlich liegen die Verhältnisse im Bereich II. Für das Verhältnis von τ_S zur Gesamtspannung erhalten wir aus Gl. (2.38) und (2.40)

$$C_1 = 0{,}01\,.$$

Demnach entfallen im Bereich II nur 1% der Gesamtspannung auf τ_S. Dies ist eine nachträgliche Rechtfertigung für die bei der Bestimmung der Aktivierungsenergie gemachte Näherung $\tau_G \sim \tau$. Für die Konstante C_w liefert die Rechnung

$$C_w = 7{,}95\cdot 10^7\left[\frac{\text{cm kp}}{\text{mm}^2}\right]^{-2}.$$

Die aus Gl. (2.39) berechnete Waldversetzungsdichte ist um den Faktor 10 geringer als die Versetzungsdichte im primären Gleitsystem. Um den Anteil der Versetzungsrekombinationen zur Verfestigung im Bereich II zu berechnen, muß $\tau_G^{(w)}$ nach Gl. (2.5) mit $N^{(w)}=C_w(\tau+S)^2$ bestimmt werden. Mit dem oben ermittelten Wert für C_w ergibt sich

$$\tau_G^{(w)}=0{,}145(\tau+S).$$

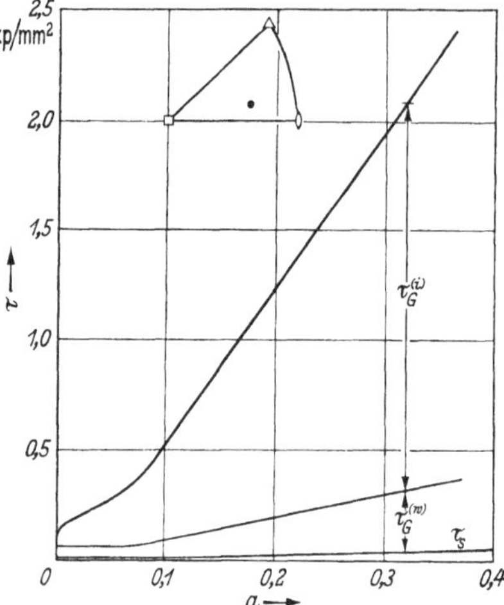

Fig. 20. Die Zerlegung der Fließspannung von Kupfer in ihre drei Anteile $\tau_G^{(i)}$, $\tau_G^{(w)}$ und τ_S (Raumtemperatur; $\dot{a}=6\cdot10^{-7}$ [sec^{-1}])

Das Verhältnis des Anteils der Waldversetzungen zur Gesamtspannung lautet nun

$$\frac{\tau_G^{(w)}+\tau_S}{\tau}=0{,}155. \qquad (2.46)$$

Demnach sind im Bereich II mehr als 84% der Schubspannung auf die weitreichenden Spannungsfelder paralleler Versetzungen zurückzuführen. Auf die Berechnung dieses die Verfestigung bestimmenden Anteils $\tau_G^{(i)}$ wird in Abschnitt 4 ausführlich eingegangen werden. Die Aufteilung der Fließspannung τ in ihre drei Anteile ist in Fig. 20 entsprechend unserer Rechnung durchgeführt. Man erkennt, daß der Anteil der Waldversetzungen im Bereich I am größten ist und im Bereich II nur noch eine geringe Rolle spielt.

2.8. Zur Analyse von τ_G und τ_S

Für die Verfestigungstheorie ist es wichtig, die relative Größe der Beiträge von τ_G und τ_S zur Gesamtspannung genau zu kennen. τ_G und τ_S unterscheiden sich im wesentlichen in ihrer Temperaturabhängigkeit. Wie bereits in Abschnitt 2.2 mitgeteilt wurde, ist die Temperaturabhängigkeit von τ_G durch den Schubmodul G gegeben, während τ_S entsprechend Gl. (2.25) oder (2.26) von der Temperatur abhängt. Da $\tau_G^{(w)}$ nach Gl. (2.5) ebenfalls proportional zu G ist, denken wir uns $\tau_G^{(w)}$ zu $\tau_G^{(i)}$ hinzu addiert, so daß gilt:

$$\tau_G=\tau_G^{(i)}+\tau_G^{(w)}, \qquad (2.9\,\mathrm{b})$$

$$\tau=\tau_S+\tau_G. \qquad (2.9\,\mathrm{a})$$

SAADA [*16*], [*17*] hat gezeigt, daß die hier vorgenommene Aufspaltung der beim Schneidprozeß aufzuwendenden Spannung in einem Anteil τ_S und $\tau_G^{(w)}$ berechtigt ist, obwohl $\tau_G^{(w)}$ nicht einem weitreichenden Spannungsanteil entspricht. Eine Trennung des τ_S- und τ_G-Anteils ist am einfachsten über Temperaturwechselversuche möglich. Ermittelt man im dynamischen Zugversuch bei konstanter Abgleitgeschwindigkeit den bei einer Temperaturänderung auftretenden Spannungssprung $\Delta\tau$, so kann hieraus eine untere Grenze für den τ_S-Anteil bestimmt werden. Bei dem soeben beschriebenen Experiment wird sich der τ_G-Anteil entsprechend der Temperaturabhängigkeit des Schubmoduls G verändern. Abweichungen von der bekannten Temperaturabhängigkeit des Schubmoduls sind also auf

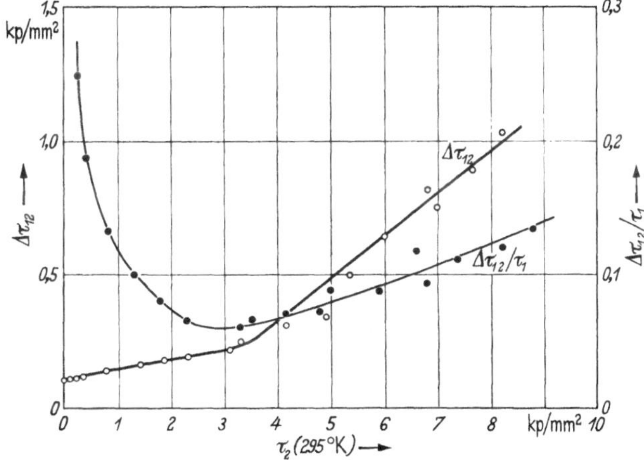

Fig. 21. Die Fließspannungsdifferenz $\Delta\tau_{12}$ und das Verhältnis $\Delta\tau_{12}/\tau_1$ bei Temperaturwechselversuchen an Kupfer zwischen 295° C und 90° C als Funktion der Fließspannung τ_2 (nach DIEHL und BERNER [*48*])

τ_S zurückzuführen. Sind τ_1 und τ_2 die bei zwei aufeinander folgenden Verformungstemperaturen gemessenen Schubspannungen, so gilt nach DIEHL und BERNER [*48*]:

$$\frac{\partial\,\Delta\tau_{12}}{\partial\tau_2}=b=\frac{G_1-G_2}{G_2}+\frac{\partial}{\partial\tau_2}\left(\tau_{S_1}-\frac{G_1}{G_2}\tau_{S_2}\right), \tag{2.47}$$

wo $\Delta\tau_{12}=\tau_1-\tau_2$ gesetzt wurde.

In Fig. 21 sind die Ergebnisse von DIEHL und BERNER [*48*] für $\Delta\tau_{12}$ bei Cu als Funktion von τ_2 angegeben. Aus dem Kurvenverlauf entnehmen wir, daß in den Bereichen I und II ein linearer Zusammenhang zwischen $\Delta\tau_{12}$ und τ_2 besteht. Dasselbe Ergebnis wurde bereits von REBSTOCK [*52*] bei Cu und von HAASEN [*53*] bei Ni gefunden. Die aus den $\Delta\tau_{12}-\tau_2$-Kurven berechenbaren Werte von b lassen keine Abweichungen von $\frac{G_1-G_2}{G_2}$ erkennen, so daß angenommen werden muß, daß der von τ_S herrührende Verfestigungsbeitrag, verglichen mit demjenigen von τ_G, mit der Verformung nur geringfügig zunimmt. Zu dieser Schlußfolgerung haben unsere Ergebnisse in Abschnitt 2.7 ebenfalls geführt. Dort wurde gezeigt, daß im Bereich I der Verfestigungskurve τ_S mit der plastischen Verformung nicht zunimmt und im Bereich II nur 1% der gesamten Fließspannung beträgt. In Einklang mit dieser Vorstellung ist auch der in Fig. 21 mit eingezeichnete Kurvenverlauf der Größe $\frac{\Delta\tau_{12}}{\tau_1}$. Der starke Abfall von $\frac{\Delta\tau_{12}}{\tau_1}$ im Bereich I und Bereich II ist auf die Zunahme des τ_G-Anteils mit wachsender Verformung zurückzuführen, während der mit τ_S vergleichbare Schubspannungssprung $\Delta\tau_{12}$ nur geringfügig zunimmt.

Messungen des temperaturabhängigen Spannungsanteils τ_S als Funktion der Fließspannung wurden von ADAMS und COTTRELL [*54*], REBSTOCK [*52*], HAASEN [*53*], MAKIN [*55*], BASINSKI [*30*] sowie DIEHL und BERNER [*48*] durchgeführt. Das von ADAMS und COTTRELL [*54*] und anderen Autoren [*30*] [*55*] gefundene sog. „Cottrell-Gesetz", welches besagt, daß das bei zwei aufeinanderfolgenden Verformungstemperaturen T_1 und T_2 gemessene Verhältnis τ_2/τ_1 der Fließspannungen unabhängig von der Schubspannung τ_1 sei, konnte weder von REBSTOCK [*52*] noch von DIEHL und BERNER [*48*] bestätigt werden. Die Gültigkeit des „Cottrell-Gesetzes" würde heißen, daß das Verhältnis τ_S/τ_G über den gesamten Verformungsbereich eine Konstante ist. Die darauf aufbauenden Theorien der Verfestigung, welche von BASINSKI [*30*] sowie BAILEY und HIRSCH [*56*] vertreten wurden, gingen von der falschen Annahme aus, daß das Verhältnis τ_S/τ_G konstant sei und τ_S und τ_G deshalb von denselben Versetzungen hervorgerufen werde. BAILEY und HIRSCH [*56*] sowie BASINSKI [*30*] nahmen deshalb an, daß die Verfestigung im wesentlichen auf die Waldversetzungen zurückzuführen ist. Die Messungen von DIEHL und BERNER [*48*] haben jedoch ergeben, daß das Verhältnis τ_2/τ_1 in keinem der hier interessierenden Verformungsbereiche konstant ist. Kapitel 2, Fig. 59, ist zu entnehmen, daß das Verhältnis τ_2/τ_1 mit wachsender Gesamtverformung zunächst zunimmt und mit dem Beginn des Bereichs III, welcher durch einsetzende thermisch aktivierte Quergleitung gekennzeichnet ist, wieder abnimmt. Die von anderen Autoren gefundene Konstanz von τ_2/τ_1 ist darauf zurückzuführen, daß diese Autoren bei großen Verformungsgraden nur einen kleinen Spannungsbereich untersucht haben. Ihre Ergebnisse sind in Fig. 59, Kapitel 2, mit eingetragen.

Im Gegensatz zur Basinski-Hirschschen Verfestigungstheorie vermag die von A. SEEGER u. Mitarb. [*51*] [*57*] entwickelte Theorie der Verfestigung den Verlauf von τ_2/τ_1 sehr gut zu erklären. Denn nach unseren Ergebnissen von Ziff. 2.7 ändert sich die Versetzungsdichte $N^{(w)}$ in den sekundären Gleitsystemen nur geringfügig, während die Dichte der Versetzungen im primären Gleitsystem sehr stark mit der

Verformung zunimmt. Man erwartet auf Grund dieses Verhaltens eine starke Abnahme des Verhältnisses τ_S/τ_G bzw. $\Delta\tau_{12}/\tau_1$ und eine entsprechend starke Zunahme des Verhältnisses τ_2/τ_1, was durch die in Fig. 59, Kapitel 2, mitgeteilten Messungen voll bestätigt wird. Die bei Beginn des Bereichs III wieder einsetzende Abnahme von τ_2/τ_1 ist auf die thermisch aktivierte Quergleitung von Schraubenversetzungen zurückzuführen.

2.9. Die Kriecherscheinungen

a) Allgemeine Theorie

Die erstmals von ANDRADE [*58*] vorgeschlagene Methode zur Untersuchung der plastischen Verformung unter einer konstanten von außen angelegten Fließspannung hat sich als ein zweckmäßiges Mittel zum Studium thermisch aktivierter Prozesse erwiesen. Die in den Abschnitten 2.4 bis 2.7 entwickelte Theorie der Fließspannung muß in der Lage sein, auch die Kriecherscheinungen, insbesondere deren Zeitabhängigkeit, zu deuten, wenn sie Anspruch auf allgemeine Gültigkeit erheben will.

Wir beschränken uns in diesem Abschnitt auf das sog. Übergangskriechen, bei dem die Kriechgeschwindigkeit mit zunehmender Abgleitung während einer Kriechstufe abnimmt. Zusammenfassende Darstellungen des stationären und des sog. tertiären Kriechens haben SEEGER [*2*] und FRIEDEL [*22*] gegeben.

Die Kriechkurven

$$\frac{da}{dt} = \dot{a}(t, a, T)$$

lassen sich nach einem Vorschlag von TYNDALL [*59*] für große Zeiten t in der Form

$$\dot{a} \sim t^{-m} \tag{2.48}$$

darstellen. In den drei Bereichen der Verfestigungskurve wurde von BLANK [*60*] und MICHELITSCH [*31*] bei Al, Cu und Ni verschiedenes Kriechverhalten festgestellt, nämlich im

Bereich I: Logarithmisches Kriechen, $m = 1$

Bereich II: Hyperbolisches Kriechen, $m > 1$

Bereich III: Parabolisches Kriechen, $m < 1$.

In Fig. 22 sind mehrere in den Bereichen I, II und III gemessene Kriechkurven eines Kupfereinkristalls angegeben.

Entsprechend unseren Ausführungen über die Fließspannung müssen wir die thermisch aktivierten Schneidprozesse zwischen den Versetzungen als die geschwindigkeitsbestimmenden Vorgänge betrachten. Um die Zeitabhängigkeit der Abgleitgeschwindigkeit $\dot{a}$ zu bestimmen, ist die

Kenntnis der a- oder τ_S-Abhängigkeit der Aktivierungsenergie U während einer Kriechstufe erforderlich. Beim Kriechversuch wird definitionsgemäß τ konstant gehalten. Im Laufe der Verformung wird τ_G nach SEEGER [2] infolge Neubildung von Versetzung im linearen Bereich der Verfestigungskurve linear mit der Abgleitungszunahme erhöht. Wir dürfen also setzen:

$$\tau_G = \tau_G^{(1)} + \vartheta \varDelta a\,. \quad (2.49)$$

Hierbei bedeutet $\tau_G^{(1)}$ die weitreichenden Spannungsfelder bei Beginn der Kriechstufe, ϑ den Verfestigungskoeffizienten und $\varDelta a$ die Abgleitungszunahme.

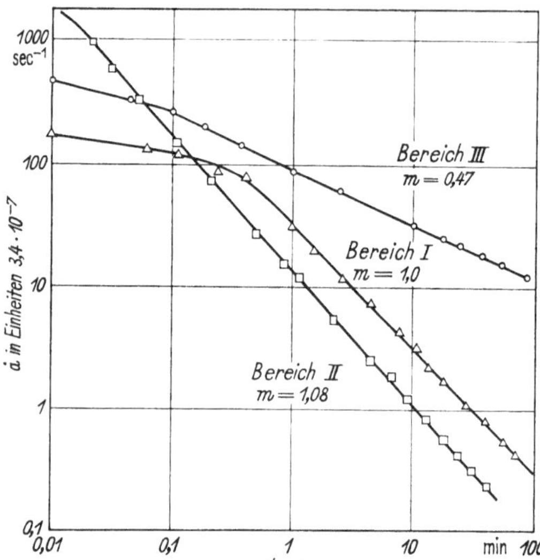

Fig. 22. Kriechkurven $\dot{a}(t)$ in den drei Bereichen der Verfestigungskurve von Kupfer (nach MICHELITSCH [31])

Zur Berechnung der Schubspannung τ_S während einer Kriechstufe knüpfen wir an Gl. (2.9a) an. Die während der Kriechstufe konstant gehaltene Schubspannung beträgt

$$\tau = \tau_z + \tau_G^{(1)} + \tau_S^{(1)}, \quad (2.50)$$

wo $\tau_G^{(1)}$ und $\tau_S^{(1)}$ die bei Beginn der Kriechstufe vorhandenen τ_G- und τ_S-Anteile bedeuten und τ_z die aufgebrachte Zusatzlast ist. Zusammen mit Gl. (2.50) und (2.49) folgt aus Gl. (2.9a)

$$\tau_S = \varDelta\tau^{(1)} - \vartheta \varDelta a\,, \quad (2.51\,a)$$

wo

$$\varDelta\tau^{(1)} = \tau_z + \tau_S^{(1)} \quad (2.51\,b)$$

gesetzt wurde. Gl. (2.51a) entnehmen wir, daß die wirkende Schubspannung τ_S mit zunehmender Verformung kleiner wird. Dem entspricht andererseits, daß mit wachsender Verformung die Zusatzspannung τ_z immer mehr durch die weitreichenden Spannungen τ_G aufgefangen wird. Gleichzeitig wird die bei Beginn der Kriechstufe auftretende große Auswölbung der Versetzungssegmente kleiner werden.

Zur Berechnung der Zeitabhängigkeit des plastischen Kriechens benützen wir die Grundgleichung (2.7), aus der wir durch Trennung der Variablen folgende Beziehung ableiten:

$$t = \int_{a_1}^{a} e^{\frac{U(\tau-\tau_G)}{kT}} \cdot \frac{da}{\dot{a}_0}\,. \quad (2.52)$$

Gl. (2.52) ist nur integrierbar, falls $U(\tau_S)$ und $\dot{a}_0$ als Funktion der Abgleitung bekannt sind. Unter Berücksichtigung der Auswölbung der Versetzungsbögen wurde in Abschnitt 2.5b für $U(\tau_S)$ die Beziehung

$$U(\tau_S) = U_0 - \frac{3}{2}\, d\, b \sqrt[3]{\frac{G\, b}{\tau_S\, N^{(w)}}}\, \tau_S \tag{2.53}$$

abgeleitet.

Für τ_S und $N^{(w)}$ sind in Gl. (2.53) die während einer Kriechstufe und in dem betrachteten Verfestigungsbereich gültigen Werte einzusetzen. Die Waldversetzungsdichte besitzt im Bereich I einen konstanten Wert und nimmt im Bereich II während einer Kriechstufe gemäß Gl. (2.39) wie

$$N^{(w)} = C_w (\tau^{(1)} + S + \vartheta\, \Delta a)^2 \tag{2.54}$$

zu.

b) Bereich I

Im Bereich I der Verfestigungskurve gilt nach Gl. (2.53) und (2.51a) bei konstanter Waldversetzungsdichte

$$U = U_0 - \frac{3}{2}\, d\, b \sqrt[3]{\frac{G\, b}{N^{(w)}}}\, (\Delta\tau^{(1)} - \vartheta_{\mathrm{I}}\, a)^{\frac{2}{3}}. \tag{2.55}$$

Durch Reihenentwicklung des Klammerausdrucks in Gl. (2.55) ergibt sich

$$U = U_0 - v_{\mathrm{eff}}\, \Delta\tau^{(1)} \left(1 - \frac{2}{3}\, \frac{\vartheta_{\mathrm{I}}\, a}{\Delta\tau^{(1)}} + \cdots\right), \tag{2.56}$$

wobei v_{eff} das Aktivierungsvolumen kurz nach Aufbringen der Last bedeutet und durch Gl. (2.22) gegeben ist. Zwischen v_{eff} und v_{I}' besteht nach Gl. (2.22) und (2.23) der Zusammenhang

$$v_{\mathrm{eff}} = \tfrac{3}{2}\, v_{\mathrm{I}}'. \tag{2.57}$$

Die Integration von Gl. (2.52) mit Hilfe von Gl. (2.56) bei konstant angenommenem $\dot{a}_0$ liefert nach SEEGER [2]:

$$\dot{a} = \frac{C_{\mathrm{I}}}{t + S_{\mathrm{I}}} \tag{2.58}$$

mit

$$C_{\mathrm{I}} = \frac{3\, k\, T}{2\, v_{\mathrm{eff}}\, \vartheta_{\mathrm{I}}} \tag{2.59}$$

und

$$S_{\mathrm{I}} = \frac{C_{\mathrm{I}}}{\dot{a}_0}\, e^{-\frac{U_0 - v_{\mathrm{eff}}\, \Delta\tau^{(1)}}{k\, T}}. \tag{2.60}$$

Gl. (2.59) gestattet eine Berechnung von v_{eff}, sofern C_{I} aus der Zeitabhängigkeit der Kriechkurve bestimmt werden kann. Ein Vergleich des so ermittelten Aktivierungsvolumens mit dem aus Spannungswechselversuchen gemäß Gl. (2.23) bestimmten Aktivierungsvolumen müßte die Beziehung (2.57) bestätigen. Dies konnte von KRONMÜLLER u. Mitarb. [*35a*] im Falle von Cu tatsächlich nachgewiesen werden. Unser Modell liefert demnach außer der richtigen Zeitabhängigkeit im Bereich I auch den richtigen Zusammenhang zwischen den nach zwei Methoden bestimmten Aktivierungsvolumina und bestätigt so nachträglich den Wölbmechanismus.

c) Bereich II

Im Gegensatz zum Bereich I müssen wir im Bereich II der Verformungsabhängigkeit der Waldversetzungsdichte Rechnung tragen. Die Aktivierungsenergie ergibt sich durch Integration des differentiellen Aktivierungsvolumens, das bei veränderlicher Waldversetzungsdichte

$$v' = b\,d \sqrt[3]{\frac{G\,b}{\tau_S N^{(w)}}} \left(1 - \frac{1}{2}\,\frac{\tau_S}{N^{(w)}}\,\frac{dN^{(w)}}{d\tau_S}\right) \tag{2.61}$$

beträgt. Setzen wir in Gl. (2.61) die durch Gl. (2.51a) und (2.54) gegebenen Werte für τ_S und $N^{(w)}$ ein, so erhalten wir nach Reihenentwicklung der Wurzel

$$v' = v'^{(1)} \cdot \frac{1}{1 - \left(\frac{\vartheta_{\text{II}}}{3\,\Delta\tau^{(1)}} - \frac{5\vartheta_{\text{II}}}{3(\tau^{(1)} + S)}\right) a}. \tag{2.62}$$

Daraus ergibt sich durch Integration nach a bei Berücksichtigung des Zusammenhangs

$$-\frac{dU}{d\tau_S} = \frac{dU}{d a} \cdot \frac{1}{\vartheta} \tag{2.63}$$

$$U = \frac{-3v'^{(1)}\Delta\tau^{(1)}}{1 - \frac{5\Delta\tau^{(1)}}{\tau^{(1)} + S}} \ln\left\{1 - \left(1 - \frac{5\Delta\tau^{(1)}}{\tau^{(1)} + S}\right) \frac{\vartheta_{\text{II}}\,a}{3\,\Delta\tau^{(1)}}\right\} \frac{1}{C}, \tag{2.64}$$

wobei C eine Integrationskonstante bedeutet.

Beachten wir, daß für $\tau_S^{(1)} \gg \tau_z$ nach Gl. (2.51b) und (2.38) $\Delta\tau^{(1)} \sim c_1(\tau^{(1)} + S) = \tau_S^{(1)}$ gilt und außerdem nach Gl. (2.21), (2.24), (2.44) und (2.51b) die Beziehung $v'^{(1)} \cdot \Delta\tau^{(1)} = A$ besteht, so lautet Gl. (2.64)

$$U = -A' \cdot \ln \frac{1}{C}(1 - \beta_1\,a) \tag{2.65}$$

mit

$$A' = \frac{3 \cdot A}{1 - 5\,C_1} \tag{2.66}$$

und

$$\beta_1 = \frac{(1 - 5\,C_1)}{3\,\Delta\tau^{(1)}}. \tag{2.67}$$

Die Konstante C bestimmt sich aus der Anfangsbedingung $U = U_{\mathrm{II}}$ für $a = 0$. Dann folgt aus Gl. (2.64)

$$\ln C = \frac{1 - 5\,C_1}{2}\,\frac{U_{\mathrm{II}}}{U_0 - U_{\mathrm{II}}} = (1 - 5\,C_1)\,\frac{U_{\mathrm{II}}}{3\,A}. \tag{2.68}$$

Die logarithmische Abhängigkeit (2.65) der Aktivierungsenergie von der Abgleitung wurde bereits früher von SEEGER [*2*] zur Erklärung des Exponenten $m = 1{,}1$ in Bereich II vorgeschlagen. Wird Gl. (2.65) in Gl. (2.52) eingesetzt, so erhalten wir folgende Integraldarstellung für die Zeitabhängigkeit des plastischen Kriechens im Bereich II:

$$t = \int_0^a \frac{1}{\dot{a}_0} \left(\frac{1 - \beta_1\,a}{C} \right)^{-A'/kT}. \tag{2.69}$$

Bei der Integration von Gl. (2.69) vernachlässigen wir die durch die Zunahme der Versetzungswalddichte im Bereich II bedingte Zunahme des Parameters $\dot{a}_0$, denn diese a-Abhängigkeit ist gering verglichen mit der des Exponenten in Gl. (2.69). Integration nach a liefert schließlich:

$$\dot{a} = \frac{C_{\mathrm{II}}}{(t + S_{\mathrm{II}})^m}. \tag{2.70}$$

Hierbei bedeutet

$$C_{\mathrm{II}} = \frac{m-1}{\beta_1} \left[\frac{\dot{a}_0 \cdot \beta_1}{(C)^{A'/kT}(m-1)} \right]^{1-m}; \tag{2.71}$$

$$m = \frac{1}{1 - \dfrac{kT}{A'}}; \tag{2.72}$$

$$S_{\mathrm{II}} = \frac{(C)^{-A'/kT}(m-1)}{\dot{a}_0 \cdot \beta_1}. \tag{2.73}$$

Zusammen mit Gl. (2.44) und (2.66) folgt nun aus Gl. (2.72) die bereits in Abschnitt 2.7b benützte Beziehung

$$U_0^{\odot} - U = \frac{m\,kT}{2(m-1)}. \tag{2.74}$$

Gl. (2.74) ermöglicht eine Berechnung der Aktivierungsenergie $U_0^{\odot}$, die bei verschwindender Schubspannung τ_S aufzubringen ist. Mit dem von KRONMÜLLER u. Mitarb. [*35 a*] bei Raumtemperatur gemessenen Wert $U^{\odot} = 1{,}2$ eV und $m = 1{,}06$ erhält man aus Gl. (2.74)

$$U_0^{\odot} = 1{,}4 \text{ eV}.$$

Diesen aus dem Experiment ermittelten Wert für U_0 können wir nun mit dem aus Gl. (2.12a) und (2.11) zu berechnenden theoretischen Wert U_0^{theo} vergleichen. Legen wir bei der Berechnung den von BERNER [*47*] bestimmten Wert für die Aufspaltung der Schraubenversetzungen $\eta^{\odot} = 0{,}75\,b$ zugrunde, so ergibt sich $U_0^{\text{theo}} = 0{,}95$ eV; also eine um 0,45 eV kleinere Aktivierungsenergie als experimentell gemessen wurde. Dies hängt vermutlich damit zusammen, daß die bei der Berechnung von $U_\gamma^{\odot}$ benützte Gl. (2.12a) nur die Einschnürungsenergie der schneidenden Versetzung berücksichtigt. In Wirklichkeit ist jedoch auch die geschnittene Waldversetzung aufgespalten, deren Einschnürungsenergie etwa gleich der der schneidenden Versetzung ist. Der gemessene Wert von $U_0 = 1{,}4$ eV ist somit durchaus im Einklang mit den theoretischen Vorstellungen über die Größe der Schneidenergien.

Da im allgemeinen die Bedingung $kT/A' \ll 1$ erfüllt ist, dürfen wir Gl. (2.72) entwickeln und erhalten

$$m = 1 + \frac{kT}{A'}. \tag{2.75}$$

Die nach Gl. (2.75) zu erwartende lineare Abhängigkeit des Kriechexponenten m von der Temperatur wurde von MICHELITSCH [*31*] experimentell tatsächlich gefunden. Der hieraus berechnete Wert für $U_0 - U$ ergibt sich wiederum von der Größenordnung $U_0 - U = 0{,}2$ eV.

Eine weitere Prüfung unserer Theorie ist an Hand der von MICHELITSCH [*31*] gemessenen Verformungsabhängigkeit der Konstanten C_{II} möglich. Entsprechend diesen Messungen, die in Fig. 23 wiedergegeben sind, wächst C_{II} im Bereich II linear mit der Schubspannung an. Nach Gl. (2.71) ist die theoretische Verformungsabhängigkeit durch

$$C_{\text{II}} \sim 1/\beta_1$$

gegeben. Mit Gl. (2.67), (2.51 b) und (2.38) folgt hieraus:

$$C_{\text{II}} \sim \Delta\tau^{(1)} \sim \tau_S^{(1)} = C_{\text{I}}\,(\tau^{(1)} + S).$$

Also auch hier besteht vollkommene Übereinstimmung zwischen Experiment und Theorie.

Abschließend kann gesagt werden, daß unser Versetzungsmodell außer der Zeitabhängigkeit auch die Verformungs- und die Temperaturabhängigkeit der Kriechkurven befriedigend zu erklären vermag. Mit Hilfe der hier gegebenen quantitativen Theorie der Zeitabhängigkeit beim Kriechversuch war es somit zum ersten Male möglich, für ein kubisch-flächenzentriertes Metall die Größe U_0 experimentell zu bestimmen.

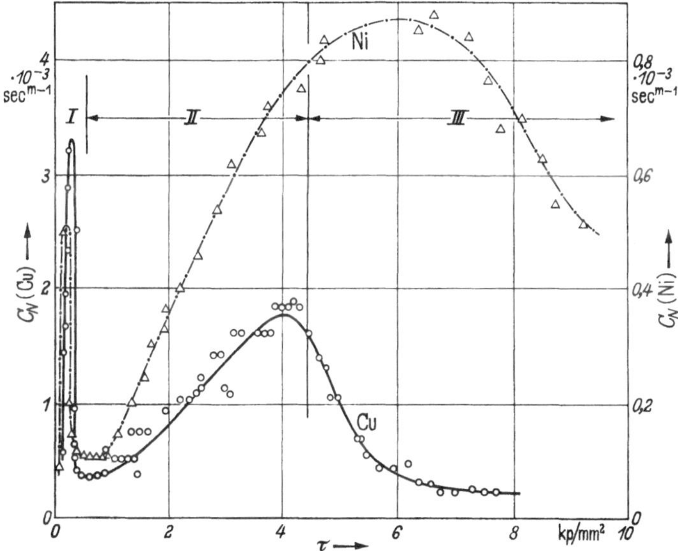

Fig.23. Die Verformungsabhängigkeit der Fließparameter C_{I}, C_{II} und C_{III} für Kupfer- und Nickeleinkristalle bei Raumtemperatur (nach MICHELITSCH [*31*])

3. Bestimmung der Versetzungsstruktur plastisch verformter Einkristalle

3.1. Die Geometrie der Versetzungsstruktur

Jede Theorie der Verfestigung setzt die Kenntnis der Versetzungsanordnung voraus. Wir werden uns deshalb in diesem und dem folgenden Abschnitt mit den zur Bestimmung der Versetzungsanordnung angewandten Methoden und ihren Ergebnissen beschäftigen.

Unter der Geometrie der Versetzungsstruktur wollen wir den Verlauf, die gegenseitige Anordnung und den Charakter der Versetzungen verstehen. Die Versetzungsstruktur ist demnach durch die Angabe der Linienrichtungen und der Burgers-Vektoren festgelegt. Als drittes Bestimmungsstück ist ferner die Kenntnis der durch Linienrichtung und Burgers-Vektor festgelegten Gleitebenen der Versetzungen von Bedeutung.

Am einfachsten liegen die Verhältnisse bei den hexagonalen Metallen, wo bei der plastischen Verformung für Achsenverhältnisse $c/a > \sqrt{\frac{8}{3}}$ im wesentlichen nur die in der Basisebene liegenden Gleitsysteme (sog. $\boldsymbol{a}$-Versetzungen) eine Rolle spielen. Die $\boldsymbol{a}$-Versetzungen besitzen den Burgers-Vektor $\mathfrak{b}=\frac{1}{3}\langle 2\bar{1}\bar{1}0\rangle$. Bei Achsenverhältnissen $c/a<\sqrt{\frac{8}{3}}$ ist die Prismenebene $\{10\bar{1}0\}$ die dichtest gepackte Ebene und tritt daher auch als häufigste Gleitebene auf. Die $\boldsymbol{a}$-Versetzungen bilden mit den sog. $\boldsymbol{c}$-Versetzungen, die den Burgers-Vektor $\mathfrak{c}=\langle 0001\rangle$ besitzen, keine stabilen Versetzungsknoten. Wie in Kapitel 2, Abschnitt 3.2a, ausgeführt wurde, sind jedoch Versetzungsreaktionen zwischen den $\boldsymbol{a}$-Versetzungen und den Versetzungen auf der Pyramidenebene 2. Art und 2. Ordnung mit Burgers-Vektor $\frac{1}{3}\langle 11\bar{2}3\rangle$ möglich. Bei Metallen wie Zn und Cd treten diese Versetzungen für mittlere Orientierungen bei plastischer Verformung nicht auf, so daß wir in diesem Fall den in Gl. (2.5) definierten Beitrag der Rekombinationen zur Fließspannung vernachlässigen dürfen.

Schwieriger sind die Verhältnisse bei den kubisch-flächenzentrierten Metallen, wo die $\{111\}$-Ebenen als Gleitebenen auftreten und deshalb vier verschiedene Gleitebenen vorhanden sind. Zur Vereinfachung der theoretischen Diskussionen kann man annehmen, daß drei Versetzungstypen in den $\{111\}$-Ebenen eine besonders wichtige Rolle spielen. Hierbei handelt es sich um Schraubenversetzungen in $\langle 110\rangle$-Richtung mit Burgers-Vektor $\frac{a}{2}\langle 110\rangle$, um Stufenversetzungen in $\langle 112\rangle$-Richtung mit Burgers-Vektor $\frac{a}{2}\langle 1\bar{1}0\rangle$ und um sog. 60°-Versetzungen mit Linienrichtung $\langle 1\bar{1}0\rangle$ und Burgers-Vektor $\frac{a}{2}\langle 101\rangle$. Von den insgesamt vier möglichen Gleitsystemen weist speziell jenes bevorzugt Versetzungsgleitung auf, in welchem die Schubspannung am größten ist. Man nennt dieses Gleitsystem primäres Gleitsystem und die restlichen drei Systeme Nebengleitsysteme. Durch bestimmte Wahl der Kristallorientierung kann erreicht werden, daß ein Gleitsystem gegenüber den andern ausgezeichnet wird, so daß, wie bei den hexagonalen Metallen, im wesentlichen nur in einem einzigen Gleitsystem Versetzungsbewegungen auftreten. Dies ist bei den sog. mittelorientierten Kristallen der Fall, die nach der Bezeichnungsweise von DIEHL *[61]* auch als C 14 Kristalle bezeichnet werden und deren Orientierung in Fig. 1 angegeben ist.

Zur Untersuchung der Versetzungsanordnung und ihrer Veränderung während der plastischen Verformung können verschiedene Methoden herangezogen werden:

a) Untersuchung der an der Oberfläche entstehenden Gleitlinien mit Hilfe des Elektronenmikroskops (vgl. Kapitel 2, Ziff. 4).

b) Herstellung dünner Folien des plastisch verformten Materials und Durchstrahlung im Elektronenmikroskop (vgl. Kapitel 4).

c) Analyse der in Abschnitt 2.7 und Abschnitt 2.8 behandelten Temperatur-, Geschwindigkeits- und Lastwechselversuche.

Die unter a) angeführte Methode wurde ursprünglich von BARRETT [*62*] angewandt und in der Folgezeit von HEIDENREICH und SHOCKLEY [*63*] sowie von BROWN [*64*] weiterentwickelt und von WILSDORF und KUHLMANN-WILSDORF [*65*], [*66*] zur Erforschung der sog. Mikrogleitung verwendet. Die Versetzungen, die an die Oberfläche austreten, hinterlassen dort eine Stufe (s. Fig. 42, Kapitel 2), die im Abdruckverfahren sichtbar gemacht werden kann und Gleitlinie genannt wird. Aus der Anordnung der Gleitlinien kann auf die betätigten Gleitebenen geschlossen werden. Die Untersuchungen haben gezeigt, daß bei mittelorientierten Kristallen auf der Oberfläche nur parallele Gleitlinien sichtbar sind, was beweist, daß nur ein einziges Gleitsystem angeregt wird, und zwar das Primärgleitsystem. Da die Stufen mindestens von etwa fünf an die Oberfläche ausgetretenen Versetzungen gebildet werden müssen, um sichtbar gemacht werden zu können, müssen wir annehmen, daß eine Gleitlinie aus mehreren Versetzungen entstanden ist, die entweder auf derselben Gleitebene oder auf nahe benachbarten Gleitebenen lagen. Dies läßt sich am einfachsten verstehen, wenn wir der Versetzungsvermehrung die in Abschnitt 2.1 beschriebene Frank-Read-Quelle zugrundelegen, die in der Lage ist, fortlaufend neue Versetzungen zu bilden. Über die Verteilung der Versetzungen innerhalb der Gleitebene geben die Gleitlinien praktisch keine Auskunft. Zu deren Erforschung kann die Methode b) herangezogen werden. Über die Durchstrahlung dünner Folien zwecks Untersuchung der Versetzungsstruktur wurde von HIRSCH [*12*], WHELAN [*14*], BAILEY [*67*], BOLLMANN [*68*], SWANN [*69*] und MADER [*70*] berichtet. Von MADER [*70*] (vgl. Kapitel 4) wurde die Frage diskutiert, inwiefern die in abpolierten Schichten ermittelte Versetzungsstruktur repräsentativ für die makroskopischen Proben ist. Insbesondere zwei Effekte wirken sich hierbei störend aus: 1. Bei dünnen Schichten besitzen die Bildkräfte eine Reichweite, die der Foliendicke entspricht und die von der Größenordnung der bei der plastischen Verformung angelegten Schubspannung sind. Derartig große Bildkräfte bewirken aber mit Sicherheit Versetzungsbewegungen, insbesondere Quergleitung von Schraubenversetzungen, wodurch die bei der plastischen Verformung entstandene Versetzungsstruktur zerstört wird. 2. Im Verlauf des Abpolierens werden Versetzungen entfernt. Dadurch verändert sich jedoch die auf die im Material verbleibenden Versetzungen wirkende Schubspannung, was ebenfalls Anlaß zu Versetzungsbewegungen sein kann. Untersuchungen an dünnen Folien zur Bestimmung der Versetzungsstruktur sollten deshalb an Metallen mit kleiner Stapelfehlerenergie durchgeführt werden, weil bei diesen Metallen infolge der Aufspaltung in Halbversetzungen die Quergleitung und das Klettern erschwert wird. Neuere Untersuchungen [*71a*] an NiCo-Legierungen, welche der Forderung kleiner Stapelfehlerenergie genügen, haben gezeigt, daß die Versetzungslinien bevorzugt die theoretisch erwartete Orientierung ⟨110⟩ und ⟨112⟩ besitzen. Es wurde ferner gefunden, daß bei mittelorientierten Kristallen praktisch nur ein einziges Gleitsystem angeregt wird und die Dichte der Waldversetzungen im Vergleich zur Versetzungsdichte im primären Gleitsystem nur wenig zunimmt. Der erste Befund ist in Übereinstimmung mit den Ergebnissen der elektronenmikroskopischen Gleitlinienbilder, auf denen bei mittelorientierten Einkristallen nur ein Gleitsystem beobachtet wird. Der zweite Befund ist in Übereinstimmung mit der Berechnung der Versetzungswalddichte in Abschnitt 2.7. Eine quantitative Auswertung dieser Durchstrahlungsaufnahmen wurde von Mader [*70*] (vgl. auch Kapitel 4) durchgeführt. Neuere Durchstrahlungsaufnahmen von Essmann [*71b*] an Kupfereinkristallen, die nach der plastischen Verformung zur Stabilisierung der Versetzungsanordnung im Reaktor bestrahlt worden waren, haben zu ganz ähnlichen Resultaten geführt.

3.2. Quantitative Bestimmung der Versetzungsdichte

Die Methode der Gleitlinien kann einerseits zur Bestimmung der Geometrie der Versetzungsstruktur herangezogen werden, mit ihrer Hilfe kann jedoch auch nach einer von Mader [*72*] und Mader und Seeger [*73*], [*74*] entwickelten Methode die Versetzungsdichte bestimmt werden. In Abschnitt 2.1 haben wir das Zustandekommen der plastischen Verformung auf Versetzungsbewegungen und auf die Neubildung von Versetzungen durch im Material vorhandene Versetzungsquellen zurückgeführt. In diesem Modell ist die Abgleitung a durch die Zahl N der angeregten Quellen, die Laufwege L der Versetzungen und die pro Quelle abgegebene Zahl von n Versetzungen bestimmt. Der quantitative Zusammenhang zwischen diesen Parametern und der Abgleitung a wurde von Seeger [*1*], [*2*] gegeben. Bezeichnen L_1^i und L_2^i die Laufwege der Schrauben- und Stufenversetzungen der i-ten Quelle, so gilt:

$$a=\alpha_L^2\,\alpha_F^2\, n\, b \sum_{i=1}^{N} L_1^i \cdot L_2^i\,. \tag{3.1a}$$

Die Summe in Gl. (3.1a) erstreckt sich über die Zahl N der Versetzungsgruppen pro cm^3. α_L und α_F sind von Kronmüller und Seeger [*75*] genauer diskutierte Faktoren, die der Geometrie der Versetzungsringe und der endlichen Aufstaulänge der Versetzungen Rechnung tragen. Häufig wird Gl. (3.1a) in aufsummierter Form angegeben:

$$a=\alpha_L^2\,\alpha_F^2\, n\, b\, L_1\, L_2\, N\,, \tag{3.1b}$$

wobei $L_1 L_2$ den Volummittelwert

$$L_1 L_2 = \frac{\sum_{i=1}^{N} L_1^i L_2^i}{N} \tag{3.2}$$

bedeutet. Die auf der Oberfläche auftretenden Gleitlinien können als die Spuren der von Versetzungsquellen abgegebenen Versetzungen aufgefaßt werden. Die Länge der Gleitlinien sind mit den Laufwegen der Versetzungen identisch. Aus der Zahl der Gleitlinien kann auf die Zahl der angeregten Versetzungsquellen geschlossen werden. Zwischen dem experimentell bestimmten mittleren senkrechten Abstand x der Gleitgebiete und der von den Versetzungen überstrichenen Gesamtfläche besteht der von SALTYKOV [*76*] und SMITH und GUTTMAN [*77*] abgeleitete Zusammenhang

$$\frac{1}{x} = \sum_{i=1}^{N} L_1^i L_2^i = L_1 L_2 N. \tag{3.3}$$

Gl. (3.1a, b) lautet also

$$a = \alpha_L^2 \alpha_F^2 \cdot \frac{n b}{x}. \tag{3.4}$$

Für die Volummittelwerte $\overline{(L_{1,2}^V)^2}$ und $\overline{L_{1,2}^V}$ der Versetzungslaufwege und den auf der Oberfläche bestimmbaren Mittelwert $\overline{L^0}$ der Gleitlinien wurden von ESSMANN und KRONMÜLLER [*78*] folgende Zusammenhänge abgeleitet:

$$\overline{(L_{1,2}^V)^2} = \overline{L_{1,2}^V} \cdot \overline{L_{1,2}^V}, \tag{3.5a}$$

$$L_1 L_2 = \overline{L_1^V \cdot L_2^V} = \overline{L_1^V} \cdot \overline{L_2^0} = \overline{L_1^0} \cdot \overline{L_2^V}. \tag{3.5b}$$

Gl. (3.5a, b) verknüpft die in Gl. (3.1b) auftretenden Volummittelwerte mit den experimentell meßbaren Oberflächenmittelwerten. Gl. (3.5b) gilt, sofern eine Beziehung der Form L_1 proportional zu L_2 besteht, L_1 und L_2 also nicht unabhängig voneinander sind.

Die Zahl n der Versetzungen pro Gleitlinie kann entweder mit Hilfe von Gl. (3.4), oder aber durch direkte Messung der Stufenhöhe h der Gleitlinie bestimmt werden. Diese Stufenhöhe ist ein ganzes Vielfaches des Burgers-Vektors b, so daß gilt:

$$h = n b. \tag{3.6}$$

Die Bestimmung von h ist mit einer von FOURIE und WILSDORF [*79*], MADER, SEEGER und LEITZ [*80*] und BERNER [*47*] beschriebenen Schattenmethode möglich.

Die elektronenmikroskopischen Gleitlinienaufnahmen erlauben es auch, die Änderung der Versetzungsstruktur mit der Verformung zu untersuchen. Die von MADER [*72*] angewandte Methode besteht darin, die Änderung der Größen x und L mit der plastischen Verformung zu verfolgen. Hierzu werden Zielpräparate für aufeinanderfolgende Verformungsstufen von derselben Stelle des Kristalls hergestellt und die Gleitlinienstrukturen miteinander verglichen. Diese Methode wurde besonders im Bereich I der Verfestigungskurve im Falle von Cu [*57*] und NiCo-Legierungen [*81*] angewandt. Die Ergebnisse sind in Tabelle 2 zusammengefaßt. Wir entnehmen Tabelle 2, daß im Bereich I sowohl

Tabelle 2. *Die Kenngrößen der Gleitlinienstruktur mehrerer Metalle und Legierungen im Bereich I der Verfestigungsstruktur*

Metall	Verformungs-temperatur °K	x [Å]	L_2 [μ]	$\vartheta_I \left[\frac{kp}{mm^2}\right]$	Autoren
Cu	90	386	600	0,70	[*57*]
Cu	90	330	620	0,70	[*57*]
Cu	90	322	660	0,70	[*57*]
Cu	90	380	700	0,77	[*57*]
Ni	90	820	1000	2,5	[*82*]
Zn	90	600	> 5000	0,4	[*42*]
Co	293	325	300	1,0	[*81a*]
Ni—20% Co	90	500	100	1,7	[*82*]
Ni—20% Co	293	510	100	2,1	[*82*]
Ni—50% Co	333	240	566	1,9	[*81*]
Ni—50% Co	293	188	420	1,3	[*81*]

der Gleitlinienabstand x als auch die Gleitlinienlänge L nahezu unabhängig von der Verformung ist. Dies bedeutet nach Gl. (3.3), daß die Zahl der betätigten Versetzungsquellen im Bereich I konstant bleibt. Die Konstanz der Laufwege können wir dahingehend deuten, daß die Zahl der für die Versetzungen unüberwindlichen Hindernisse unabhängig von der Verformung ist.

Zur Erforschung der Gleitlinien im Bereich II der Verfestigungskurve wurde von Mader [*72*] eine differentielle Methode entwickelt. Zwischen jeder Verformungsstufe wird der Kristall poliert, so daß nur die neu entstehenden Gleitlinien beobachtet werden. Für verschiedene Metalle und Legierungen wurde mit zunehmender Verformung eine Verkürzung der Laufwege festgestellt, die durch die Beziehung

$$\overline{L^0_{1,2}} = \frac{\Lambda_{1,2}}{a - a^*} \tag{3.7}$$

beschrieben wird.

Dabei ist a^* eine Konstante von der Größenordnung der Abgleitung a_{II}. Entsprechend Gl. (3.5) gelten für die Volummittelwerte $\overline{\Lambda^V_{1,2}}$ und den Oberflächenmittelwert $\Lambda_{1,2}$ die Beziehungen:

$$\overline{(\Lambda^V_{1,2})^2} = \overline{\Lambda^V_{1,2}}\,\Lambda_{1,2} \tag{3.8a}$$

und

$$\overline{\Lambda^V_1 \Lambda^V_2} = \overline{\Lambda^V_1}\,\Lambda_2 = \Lambda_1\,\overline{\Lambda^V_2}\,. \tag{3.8b}$$

Die an der Oberfläche gefundene Gesetzmäßigkeit (3.7) für die Verformungsabhängigkeit der Laufwege trifft auch für das Innere des verformten Einkristalls zu, jedoch sind die an der Oberfläche ermittelten Konstanten $\Lambda_{1,2}$ durch die Volummittelwerte $\overline{\Lambda_{1,2}^V}$ gemäß Gl. (3.8a, b) zu ersetzen. In Abschnitt 4.5 werden wir zeigen, daß es für die Berechnung des Verfestigungskoeffizienten genügt, die Oberflächenmittelwerte $\Lambda_{1,2}$ zu kennen.

Tabelle 3. *Vergleich zwischen dem mechanisch bestimmten Verfestigungskoeffizienten* ϑ_{II} *und dem aus Gleitlinienaufnahmen ermittelten*

Metall oder Legierung	Verformungstemperatur [°C]	n	Λ_2 [10^{-4} cm]	$\vartheta_{II}\left[\frac{\text{kp}}{\text{mm}^2}\right]$ theoretisch	$\vartheta_{II}\left[\frac{\text{kp}}{\text{mm}^2}\right]$ experimentell	Autoren
Cu	20	20	4	12	13,5	MADER [*72*]
Ni	—183	31	5,9	21	23	KRONMÜLLER [*82*]
Ni—20% Co	—183	32	6,2	21	23	KRONMÜLLER [*82*]
Ni—40% Co	20	25	6,5	20	23	MADER u. Mitarb. [*71a*]
Ni—50% Co	60	15	6	17,2	21	PFAFF [*81*]

Zur Bestimmung der Zahl der Versetzungen pro Gleitlinie differenzieren wir Gl. (3.1b) nach N und setzen sie in Gl. (3.3) ein. Dann ergibt sich für das Abgleitungsintervall von a bis $a+\Delta a$:

$$x\,\Delta a = n \cdot b\,\alpha_L^2\,\alpha_F^2\,. \tag{3.9}$$

Die Auswertung der Gleitlinienbilder mit Hilfe von Gl. (3.9) ergab

$$\frac{x \cdot \Delta a}{b} = n\,\alpha_L^2\,\alpha_F^2 = \text{const}\,.$$

Dies bedeutet, daß die Zahl der Versetzungen pro Gruppe im Bereich II unabhängig von der Verformung eine Konstante ist. Die aus Gleitlinienbeobachtungen ermittelten Werte von Λ_2 und n für die Metalle Cu [*72*], Ni [*82*] und die Legierungen Ni-20% Co [*82*], Ni-40% Co [*83*, *71a*] und Ni-50% Co [*81*] sind in Tabelle 3 zusammengestellt.

Den Zusammenhang zwischen der Versetzungsstruktur im Primärgleitsystem und der Dichte des Versetzungswaldes werden wir in Abschnitt 4.6 behandeln und dabei besonders von den Ergebnissen des Abschnitts 2.7 über die Fließspannung Gebrauch machen.

4. Theorie der Verfestigungskurve

4.1. Grundlagen

Die quantitative Analyse der Fließspannung in Abschnitt 2.7 hat gezeigt, daß in den Bereichen I und II der Verfestigungskurve vor allem die Wechselwirkungsspannung $\tau_G^{(i)}$ zwischen parallelen Versetzungen desselben Gleitsystems mit der plastischen Verformung zunimmt [s. Gl. (2.3)]. Dieses Ergebnis rückt von vorneherein bei der Berechnung der Fließspannung die weitreichenden Spannungsfelder der Versetzungen in den Vordergrund, während die bei den Schneidprozessen auftretenden kurzreichenden Kräfte bei der Berechnung des Verfestigungsanstiegs ϑ eine viel kleinere Rolle spielen. Nach SEEGER [*84*] sind zur Berechnung der Verfestigungskurve folgende drei Fragen zu beantworten:

1. Wie sind die Versetzungen in plastisch verformten Einkristallen angeordnet?

2. Wie ändern sich die Parameter des unter Punkt 1 angenommenen Versetzungsmodells mit der Verformung?

3. Welche Spannung muß angelegt werden, um eine Versetzung durch den Kristall hindurch zu bewegen?

Die Beantwortung der Frage 1 erlaubt es, die nach 3. benötigte Fließspannung zu berechnen. Mit Hilfe der Antwort auf Frage 2 kann dann der Verfestigungskoeffizient $\vartheta = d\tau/da$ berechnet werden. Die Fließspannung τ ergibt sich daraus als Integral:

$$\tau(a_0) = \tau_0 + \int_0^{a_0} \vartheta(a)\, da\,. \tag{4.1}$$

In der oben angeführten Reihenfolge wenden wir uns nun der Beantwortung dieser drei Fragen zu.

4.2. Das Versetzungsmodell

Die experimentellen Methoden zur Bestimmung der Versetzungsstruktur und ihre Ergebnisse sind in den Abschnitten 3.1 und 3.2 beschrieben worden. Auf Grund der Auswertung elektronenmikroskopischer Gleitlinien- und Durchstrahlungsaufnahmen ist sichergestellt, daß bei mittelorientierten Einkristallen bei nicht zu hohen Verformungsgraden im wesentlichen nur ein einziges Gleitsystem angeregt wird. Innerhalb der Gleitebene sind einige diskrete Richtungen der Versetzungen bevorzugt. Die Versetzungsstruktur legen wir durch die Angabe der Quellendichte N, der mittleren Versetzungslaufwege L_1 und L_2 der Schrauben- und Stufenversetzungen, sowie die Zahl n der pro Quelle abgegebenen Versetzungen fest. Ein wesentlicher Bestandteil unseres Versetzungsmodells ist ferner die Annahme, daß die Versetzungsbildung nach dem in Ziff. 2.1 beschriebenen Frank-Read-Mechanismus erfolgt. Frank-Read-Quellen werden bevorzugt an jenen Stellen des Kristalls betätigt, wo die von außen angelegte Schubspannung τ nicht vollkommen durch die benachbarten Versetzungen abgeschirmt wird. Da während des elementaren Prozesses der Neubildung einer Versetzung keine Änderungen der Versetzungsstruktur in der Nähe der Versetzungsquelle auftreten, ist die Änderung der am Ort der Quelle wirkenden Schubspannung τ_a allein durch die auf die Quelle wirkende Schubspannung τ_v der neugebildeten Versetzung gegeben. Damit die Frank-Read-Quelle in Tätigkeit bleibt, muß daher die Bedingung

$$\tau_a - \tau_v \geqq \tau_{\mathrm{F.R.}} \tag{4.2}$$

erfüllt sein. Hierbei bedeutet $\tau_{\mathrm{F.R.}}$ die in Gl. (2.2) definierte Aktivierungsspannung der Frank-Read-Quelle, die angelegt werden muß, damit die Versetzungsquelle gerade noch einen Versetzungsring abgibt. Falls der Laufweg der abgegebenen Versetzung groß gegen die Dimensionen der Quelle ist, können wir annehmen, daß der Versetzungsring aus geradlinigen Teilversetzungen besteht. Die von einer neugebildeten geraden Versetzung im Abstande L_0 von der Versetzungsquelle auf die Versetzungsquelle ausgeübte zusätzliche Schubspannung $\Delta\tau_v$ lautet

$$\Delta\tau_v = \frac{G\,b}{2\pi}\,\frac{1}{L_0}. \tag{4.3}$$

Damit die Versetzungsquelle in Tätigkeit bleibt, muß nach Gl. (4.2) für die Zunahme $\Delta\tau_a$ der wirkenden Schubspannung gelten:

$$\Delta\tau_a \geqq \frac{G\,b}{2\pi}\,\frac{1}{L_0}. \tag{4.4}$$

Falls der Laufweg L_0 der abgespaltenen Versetzungen von der Größenordnung der Quellenausdehnung ist, so daß wir es mit einem Versetzungsring von Radius L_0 zu tun haben, gilt nach einer von ESHELBY u. Mitarb. [*85*] und LEIBFRIED [*86*] durchgeführten Rechnung

$$\Delta\tau_v = \frac{\pi\,b\,G}{4L_0}. \tag{4.5}$$

4.3. Berechnung der Fließspannung

Der von einer Versetzungsquelle abgegebene Versetzungsring trifft nach Durchlaufen der Strecke L_0 auf in parallelen Gleitebenen liegende Versetzungen. Die Verfestigung wird nun durch diejenige Schubspannung bestimmt, welche zur Überwindung der ungünstigsten Versetzungsanordnung aufzuwenden ist. Diese Schubspannung wurde in Ziff. 2.2 für den Fall berechnet, daß sich eine Versetzung in der Mitte zwischen zwei gleichnamigen Versetzungen hindurchbewegt. Für den Fall, daß sich in den parallelen Gleitebenen aufgestaute Gruppen, bestehend aus n Versetzungen, befinden, wurde von SEEGER [*1*] für die aufzubringende Schubspannung diejenige einer Superversetzung vom Burgers-Vektor $n \cdot b$

zugrundegelegt. Die Zulässigkeit dieses Ansatzes wurde von KRONMÜLLER und SEEGER [75] in einer ausführlichen Rechnung gezeigt. Sie haben die maximal aufzuwendende Schubspannung $\tau_{G,\max}$ für folgendes Modell berechnet: Innerhalb der Strecke $2a$ sind n Versetzungen durch eine wirkende Schubspannung τ_a gegen ein Hindernis aufgestaut. Der Ver-

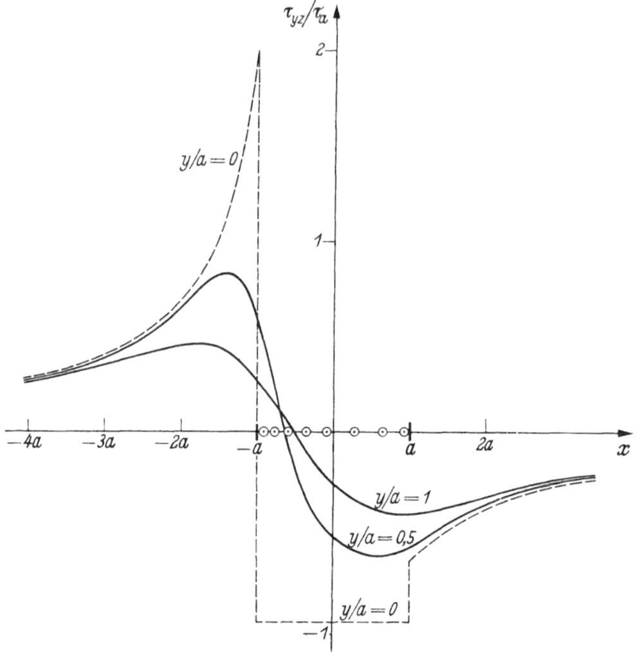

Fig. 24. Die Spannungskomponente τ_{xy} einer im Intervall $-a<x<a$ aufgestauten Versetzungsgruppe in zur Gleitebene parallelen Ebenen im Abstand y von der Gruppe. Als Bezugsgröße dient die auf die Gruppe wirkende Schubspannung τ_a

lauf der Versetzungsdichte innerhalb der Gruppe wurde von LEIBFRIED [86] sowie ESHELBY u. Mitarb. [85] berechnet. Die halbe Aufstaulänge a beträgt:

$$a^{(m)} = \frac{n\,b}{2\pi\,\tau_a\,K^{(m)}}\,. \tag{4.6}$$

Der obere Index m nimmt die Werte 1, 2, 3 an und bezieht sich in dieser Reihenfolge auf 90°-, 0°- und 60°-Versetzungen. $K^{(m)}$ ist der reziproke Schubmodul, der von SEEGER und SCHÖCK [38b] für anisotrope Medien angegeben wurde. Der Verlauf der Schubspannungskomponente τ_{yz} einer aufgestauten Schraubenversetzungsgruppe in zur Aufstauebene parallelen Gleitebenen ist Fig. 24 zu entnehmen. Für die maximal aufzuwendende Schubspannung $\tau_{G,\max}$, die erforderlich ist, um eine Versetzung in der Mitte zwischen zwei aufgestauten Versetzungsgruppen, deren Abstand y beträgt, hindurchzubewegen, ergab sich:

$$\tau_{G,\max}=\alpha^{(m)}(z^{(m)})\,\frac{n\,b}{2\pi\,y\,K^{(m)}}\,. \tag{4.7}$$

Der vom Verhältnis

$$z^{(m)}=\frac{y}{a^{(m)}} \tag{4.8}$$

abhängige Faktor $\alpha^{(m)}$ trägt der internen Struktur der Versetzungsgruppe Rechnung. Der Verlauf von $\alpha^{(m)}(z^{(m)})$ als Funktion von $z^{(m)}$ ist in Fig. 25 für $m=1, 2, 3$ dargestellt. In Fig. 25 fällt auf, daß bis herunter zu kleinen Verhältnissen $y/a^{(m)}\sim 0{,}3$ die Versetzungsgruppe praktisch wie eine Superversetzung vom Burgers-Vektor $\mathfrak{B}=n\cdot\mathfrak{b}$ behandelt werden darf, denn $\alpha^{(m)}(z^{(m)})$ beträgt dann erst 0,8 bis 0,9. Dies ist eine Bestätigung des alten Seegerschen Ansatzes [*1*] mit $\alpha^{(m)}(z^{(m)})=1$.

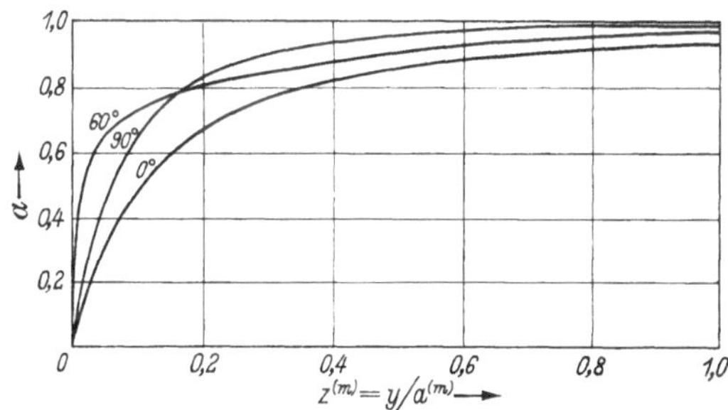

Fig. 25. Die Reduktionsparameter $\alpha^{(m)}(z)$ als Funktion des relativen Gleitebenenabstandes $y/a^{(m)}$

Zur weiteren Berechnung der Fließspannung müssen wir nun einen Zusammenhang zwischen y_0 und L_0 aufsuchen. Die Verknüpfung dieser beiden Größen ist mit Hilfe einer statistischen Betrachtung möglich. Der Zusammenhang zwischen y_0 und L_0 ist durch die Wahrscheinlichkeit gegeben, daß eine von der Frank-Read-Quelle abgegebene Versetzung nach Durchlaufen der Strecke L_0 eine Versetzung in einer benachbarten Gleitebene im Abstande y_0 antrifft. Diese Wahrscheinlichkeit wird durch zwei Ereignisse bestimmt:

1. Eine aktivierte Gleitebene im Abstande y_0 anzutreffen.

2. Auf dieser Gleitebene in den Wirkungsbereich des Spannungsfeldes der Gruppe zu gelangen, bevor eine Strecke R_0 zurückgelegt wurde.

Hierbei bedeutet

$$R_0=\frac{1}{(N\,\overline{L_1^V})^{\frac{1}{2}}} \tag{4.9}$$

den mittleren Abstand zwischen den Gruppen der Schraubenversetzungen eines Vorzeichens, so daß also jeweils nach Durchlaufen der Strecke R_0 eine gleichnamige Versetzungsgruppe angetroffen wird. Dabei ändert sich die auf die gleitende Versetzung wirkende Schubspannung, und der ganze Prozeß beginnt von neuem. In einer früheren Arbeit [57] wurde ausführlich dargelegt, daß die dem ersten Ereignis entsprechende Wahrscheinlichkeit

$$P_{y_0}=\frac{L_0\, y_0}{R_0^2} \tag{4.10a}$$

beträgt. Die Wahrscheinlichkeit für das Eintreten des zweiten Ereignisses ist:

$$P_v=\frac{n\, R_0}{2a}. \tag{4.10b}$$

Die Wahrscheinlichkeit für das Eintreten des Doppelereignisses lautet:

$$P_{y_0,v}=P_{y_0}\cdot P_v=\frac{n\, y_0\, L_0}{R_0\cdot 2a}. \tag{4.11}$$

Das Ereignis tritt ein, falls $P_{y_0,v}=1$. Somit ergibt sich aus Gl. (4.11) der gewünschte Zusammenhang zwischen y_0 und L_0 zu

$$y_0\, L_0=\frac{2\, R_0\, a}{n}. \tag{4.12}$$

Die in Gl. (4.11) vorhandene Möglichkeit, daß $P_{y_0,v}>1$ werden kann, ist nur durch unsere Näherung bedingt. In einer genauen Rechnung erhält man [57]

$$P_{y_0,v}=1-\exp\left(-\frac{n\, L_0\, y_0}{2\, R_0\, a}\right), \tag{4.13}$$

woraus durch Reihenentwicklung Gl. (4.12) folgt.

4.4. Anwendung auf Bereich I

a) Das Versetzungsmodell

In Abschnitt 3.2 haben wir mitgeteilt, daß die elektronenmikroskopischen Gleitlinienaufnahmen Konstanz der Quellendichte und der Versetzungslaufwege im Bereich I ergeben haben. Dies bedeutet, daß in Gl. (3.16) für die Abgleitung nur n, die pro Quelle abgegebene Anzahl Versetzungen, von der Verformung abhängt. Aus Gl. (3.1b) erhalten wir somit:

$$\frac{da}{dn}=\alpha_L^2\,\alpha_F^2\, L_1\, L_2\, N=\alpha_F^2\,\alpha_L^2\,\frac{b}{x}=\text{const}. \tag{4.14}$$

Gl. (4.14) entspricht der Beantwortung von Frage 3 nach der Änderung der Versetzungsstruktur mit der plastischen Verformung. Zur Bestimmung des Faktors $\alpha_L^2\,\alpha_F^2$ legen wir unserem Modell Rechteckschleifen zugrunde, so daß $\alpha_F^2 = 1$ gilt. Der Faktor α_L, welcher der Verteilung der Versetzungen in der Gleitebene Rechnung tragen soll, beträgt im Falle einer im Bereich $\frac{1}{2}L_1$ bzw. $\frac{1}{2}L_2$ aufgestauten Versetzungsgruppe $\frac{9}{16}$, denn nach Rechnungen von LEIBFRIED [*86*] und ESHELBY u. Mitarb. [*85*] befindet sich der Schwerpunkt einer aufgestauten Versetzungsgruppe im Abstande $\frac{3}{8}L_{1,2}$ von der Versetzungsquelle. Der effektive Laufweg der positiven und negativen Versetzungen beträgt also $L_{1,2}^{\text{eff}} = \frac{3}{4}L_{1,2}$ woraus $\alpha_L^2 = \frac{9}{16}$ folgt. Gl. (4.14) lautet dann:

$$\frac{da}{dn} = \frac{9}{16}\,\frac{b}{x}. \tag{4.15}$$

Als nächsten Schritt müssen wir nun die Gleitbedingung (4.4) auf den Bereich I anwenden. Da die Quelle während des ganzen Bereichs I in Tätigkeit bleibt, wird sich zwischen Versetzungsquelle und Umgebung ein *Gleichgewichtszustand* ausbilden. Damit eine Quelle gerade noch in Tätigkeit bleibt, muß die während der Abspaltung eines Versetzungsrings erfolgende Zunahme $\partial\tau/\partial n$ der äußeren Schubspannung mindestens gleich der Rückwirkung des Versetzungsrings sein. Als wirkende Schubspannung τ_a ist in Gl. (4.4) also $\tau_a = \partial\tau/\partial n$ einzusetzen, so daß gilt:

$$\frac{\partial\tau}{\partial n} \geqq \frac{G\,b}{2\pi}\,\frac{1}{L_0}. \tag{4.16}$$

Bei der Ableitung von Gl. (4.16) haben wir vorausgesetzt, daß die äußere Schubspannung τ am Ort der Quelle bis auf den Betrag $\partial\tau/\partial n$ vollkommen abgeschirmt wird. Dies ist kein Widerspruch zu der Annahme, daß Versetzungsquellen bevorzugt an Stellen entstehen, wo die äußere Spannung voll wirksam werden kann. Denn eine Quelle an dieser Stelle wird rasch nacheinander mehrere Versetzungen abstoßen, bis sich die Bedingung (4.16) selbsttätig eingestellt hat. Gl. (4.16) bringt ferner zum Ausdruck, daß die Versetzungen einen Mindestlaufweg L_0 zurücklegen müssen, damit die Quelle fortlaufend neue Versetzungsringe bilden kann und eine nennenswerte Abgleitung zustande kommt.

b) Berechnung der Fließspannung und des Verfestigungsanstiegs

Messungen der differentiellen magnetischen Suszeptibilität ([*82*], [*57*], vgl. auch Ziff. 5.4 und Kapitel 8) im Bereich I haben gezeigt, daß hier nur das Spannungsfeld von Einzelversetzungen wirksam wird. Dies ist darauf zurückzuführen, daß die Aufstaulänge $2a$ der Gruppen im Bereich I groß gegen den mittleren Abstand R_0 der Versetzungsgruppen ist und sich deshalb die Einzelversetzungen gegenseitig abschirmen. In Gl. (4.7) ist also $n=1$ zu setzen. Da wir ferner nur die Wechselwirkung zwischen zwei einzelnen Versetzungen betrachten, gilt $\alpha(z) = \frac{1}{2}$. Zur

Überwindung benachbarter Versetzungen ist demnach die Spannung

$$\tau_{G,\max}^{(i)} = \tau - \tau_0 = \frac{b\,G}{4\pi\, y_0} \tag{4.17}$$

aufzuwenden, unabhängig davon, ob die Versetzungen parallelen oder antiparallelen Burgers-Vektor besitzen. Falls sich zwei Versetzungen mit entgegengesetztem Burgers-Vektor unter einem kleineren Abstand als dem Gleichgewichtsabstand y_0 treffen, kommt es zur Bildung von *Versetzungsdipolen*, die in der Tat im Bereich I mit Hilfe der Durchstrahlungselektronenmikroskopie häufig beobachtet werden (Kapitel 4, Ziff, 3.3; [*71a*, *b*]. In Gl. (4.17) haben wir für $1/K^{(m)}$ den isotropen, für Schraubenversetzungen maßgeblichen Schubmodul G eingesetzt. Zur Elimination von y_0 aus Gl. (4.17) benützen wir die aus statistischen Überlegungen gewonnene Gl. (4.12) und setzen für die Aufstaulänge $2a = \frac{1}{2}L_2$. Es gilt dann:

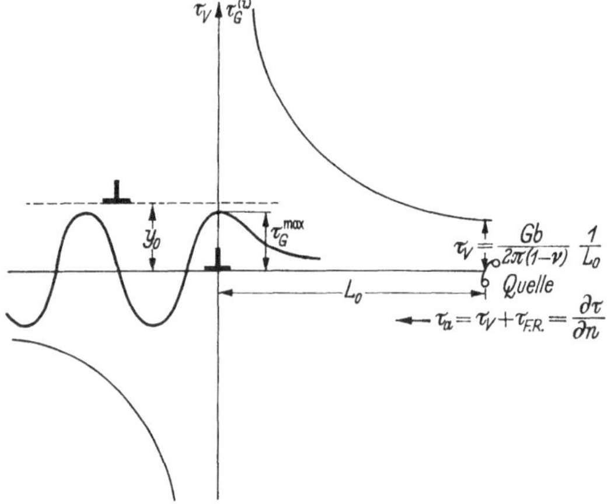

Fig. 26. Zur Veranschaulichung der Wechselwirkung zwischen Frank-Read-Quelle, neu gebildeter Versetzung und den Versetzungen auf parallelen Gleitebenen im Abstand y_0

$$y_0 = \frac{R_0\, L_2}{L_0}. \tag{4.18}$$

Im Zusammenhang betrachtet, bringen die Gln. (4.16) bis (4.18) zum Ausdruck, daß sich im elastischen Gleichgewicht der Quelle, d.h. wenn in Gl. (4.16) das Gleichheitszeichen gilt, y_0 und L_0 so einstellen, daß die Quelle einerseits stetig Versetzungen bilden kann und andererseits diese abgegebenen Versetzungen auch das Spannungsfeld der angetroffenen Versetzungen überwinden können. Diese Wechselwirkung zwischen neugebildeter Versetzung und der Frank-Read-Quelle einerseits, und der neugebildeten Versetzung und benachbarten Versetzungen andererseits, ist in Fig. 26 veranschaulicht. Gl. (4.18) in Gl. (4.17) eingesetzt ergibt

$$L_0 = \frac{2\pi}{n} \frac{R_0\, L_2}{b} \cdot \frac{\tau - \tau_G}{G}. \tag{4.19}$$

Mit Gl. (4.16) in Gl. (4.19) erhalten wir nach Integration über τ und n

$$\tau = \tau_0 + \frac{n\,b}{2\pi}\,G(R_0\,L_2)^{-\frac{1}{2}}. \tag{4.20}$$

Mit Hilfe von Gl. (4.15) folgt aus Gl. (4.20):

$$\vartheta_{\mathrm{I}}/G = \frac{8}{9\pi}\left(\frac{x}{L_2}\right)^{\frac{3}{4}}. \tag{4.21}$$

c) Vergleich mit Gleitlinienaufnahmen

Gl. (4.21) für den Verfestigungsanstieg im Bereich I kann durch Gleitlinienbeobachtungen nachgeprüft werden, denn nach Tabelle 2 sind für mehrere Metalle ϑ_{I}, L_2 und x gemessen worden. In Fig. 27 ist

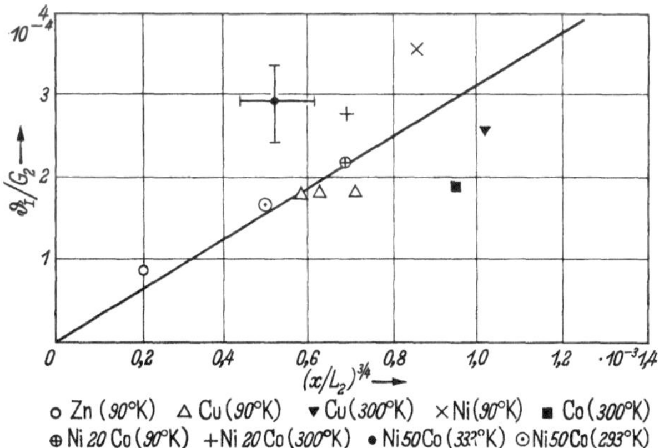

Fig. 27. Vergleich zwischen gemessenem und berechnetem Verfestigungsanstieg ϑ_{I} im Bereich I mehrerer Metalle und Legierungen

ϑ_{I}/G gegen $(x/L_2)^{\frac{3}{4}}$ aufgetragen. Die experimentell ermittelten Punkte liegen alle in der Nähe der theoretischen Geraden mit der Neigung $\frac{8}{9\pi}$. Die in Gl. (4.21) eingehenden Parameter x und L_2 sind strukturempfindliche Größen und bringen so zum Ausdruck, daß ϑ_{I}/G innerhalb desselben Metalls stark variieren kann, von der Vorbehandlung abhängt und insbesondere im Gegensatz zu $\vartheta_{\mathrm{II}}/G$ nicht für alle Metalle denselben Wert besitzt.

d) Die Temperaturabhängigkeit des Verfestigungsanstiegs

Die Proportionalität des Verfestigungsanstiegs ϑ_{I} zum Schubmodul G in Gl. (4.21) bringt zum Ausdruck, daß die Verfestigung im Bereich I auf weitreichende Spannungsfelder zurückzuführen ist. Messungen der

Temperaturabhängigkeit der Größe ϑ_I/G wurden bisher nur an Cu [*47*], Ni [*80*], [*87*] und NiCo-Legierungen [*81*] [*87*] in ausreichendem Maße vorgenommen. Die Messungen ergeben kein einheitliches Bild. Während bei Cu ϑ_I/G mit steigender Temperatur leicht zunimmt [*47*], bleibt ϑ_I/G [*80*] bei Ni unterhalb 400° K temperaturunabhängig (s. Fig. 18, Kap. 2). Wenn wir versuchen, diese Ergebnisse durch Gl. (4.21) zu deuten, so ist es naheliegend, den Laufweg L_2 als temperaturabhängig zu betrachten. Eine derartige Temperaturabhängigkeit könnte folgendermaßen verstanden werden: Die für die Hindernisbildung verantwortliche Versetzungsreaktion ist nach Seeger [*1*] die Bildung von Lomer-Cottrell-Versetzungen. Zu ihrer Bildung muß eine Versetzung eines sekundären Gleitsystems mit einer des primären Gleitsystems reagieren. Die Versetzung des sekundären Gleitsystems muß hierzu einerseits das weitreichende Spannungsfeld $\tau_G^{(i)}$ umgebender Versetzungen überwinden und andererseits auch andere Versetzungen mit Hilfe thermischer Aktivierung schneiden. Die Versetzungsreaktion wird also mit um so größerer Wahrscheinlichkeit stattfinden, je höher die Temperatur ist. Dies hat zur Folge, daß mit steigender Temperatur L_2 abnimmt und damit ϑ_I/G eine Zunahme erfährt, wie dies experimentell auch beobachtet wird.

e) Orientierungsabhängigkeit des Verfestigungsanstiegs

Mit der Annahme, daß die Laufwege der Versetzungen durch Lomer-Cottrell-Versetzungen begrenzt werden, wurde von Seeger [*1*], [*2*] die von Diehl [*88*] gemessene Orientierungsabhängigkeit von ϑ_I diskutiert. Seeger [*2*] konnte auf diese Weise das starke Anwachsen von ϑ_I bei Kristallorientierungen in der Nähe der Symmetralen und von $\langle 110 \rangle$ erklären. Den kleinsten Verfestigungskoeffizienten erwartet man für Orientierungen in der Mitte des Orientierungsdreiecks. Dieses Ergebnis wird durch die Erfahrung bestätigt.

4.5. Anwendung auf Bereich II

a) Das Versetzungsmodell

Der Bereich II der Verfestigungskurve unterscheidet sich von Bereich I am auffälligsten durch seinen etwa 10mal größeren Verfestigungskoeffizienten. Diese Zunahme der Verfestigung steht in engem Zusammenhang mit der Betätigung sekundärer Gleitsysteme, deren kritische Schubspannung den Beginn des Bereichs II festlegt [*1*], [*2*], [*88*]. Die nach Seeger [*1*], [*2*] katalytische Wirkung der angeregten sekundären Gleitsysteme bewirkt einerseits eine Verkürzung der Versetzungslaufwege, indem es zur Bildung von seßhaften Lomer-Cottrell-Versetzungen kommt, und sorgt andererseits für die fortlaufende Neubildung von Versetzungsquellen. Beide Erscheinungen stehen im engen Zusammenhang mit der in Abschnitt 2.7 berechneten Zunahme der Versetzungswalddichte im Bereich II. Auf quantitative Zusammenhänge werden wir in Abschnitt 4.6 näher eingehen. Wie in Abschnitt 3.1 und 3.2 bereits mitgeteilt wurde, läßt sich die Verkürzung der Laufwege $L_{1,2}$ im Bereich II bei den untersuchten Einkristallen durch ein Gesetz der Form

$$L_{1,2} = \frac{\Lambda^V_{1,2}}{a - a^*} \tag{3.7a}$$

beschreiben. Wie in Abschnitt 3.2 weiter berichtet wurde, geben die Versetzungsquellen im Mittel eine konstante Anzahl n Versetzungen ab. Diese n Versetzungen werden bei der Neubildung der Frank-Read-Quelle von dieser *spontan* gebildet. Im weiteren Verlauf der Verformung werden von der Quelle dann keine weiteren Versetzungen mehr in nennenswerter Anzahl erzeugt. Dies wird auch durch den experimentellen Befund bestätigt, daß sich die Gleitlinien im Bereich II bei wachsender Verformung nicht bemerkbar vergrößern. Im Gegensatz zu Bereich I arbeitet die Versetzungsquelle also nicht im Gleichgewicht mit der Umgebung. Für den Zusammenhang zwischen Abgleitungszunahme da und der Anzahl dN der neugebildeten Quellen ergibt sich aus Gl. (3.1 b) mit α_L und $\alpha_F \sim 1$

$$d a = n\, b\, L_1\, L_2\, dN\,. \tag{4.22}$$

Wird Gl. (3.7a) in Gl. (4.22) eingesetzt, so folgt nach Integration und Mittelung entsprechend Gl. (3.2) und Gl. (3.5b):

$$\tfrac{1}{3}(a - a^*)^3 = n\, b\, \overline{\Lambda^V_1 \Lambda^V_2} \cdot N\,. \tag{4.23}$$

b) Berechnung der Fließspannung und des Verfestigungsanstiegs

Wie im Bereich I müssen wir wiederum y_0 berechnen. Die Aufstauung der Versetzungen gegen ein Hindernis hat zur Folge, daß die Abstände der Versetzungen innerhalb einer Gruppe um zwei Größenordnungen kleiner sind als die Abstände zwischen den Gruppen, so daß es zur Ausbildung eines von Superversetzungen herrührenden Spannungsfeldes kommt. Die Aufstaulänge der Versetzungsgruppen ist von der Größenordnung der Abstände zwischen den Gruppen. Dies bedeutet jedoch, daß die Wahrscheinlichkeit P_v, auf einer Gleitebene vor Durchlaufen der Strecke R_0 eine Versetzung in der Gruppe anzutreffen, immer gleich 1 ist. Weiter ist daraus zu schließen, daß bereits die erste angetroffene Versetzungsgruppe zum Hindernis wird. Die erste Versetzungsgruppe wird im Mittel nach Durchlaufen des Weges $L_0 \sim R_0$ erreicht. Aus Gl. (4.10a)

$$P_{y_0} = \frac{L_0\, y_0}{R_0^2}$$

folgt somit für $P_{y_0}=1$: $y_0=R_0$. Nach Gl. (4.7) beträgt also die Fließspannung

$$\tau_{G,\max}^{(i)}=\frac{\alpha^{(m)}\,n\,b}{2\pi\,R_0\,K^{(m)}}=\frac{\alpha^{(m)}\,n\,b}{2\pi\,K^{(m)}}\sqrt{N\,\overline{L_m^V}}\,. \tag{4.24}$$

Gl. (4.23) in Gl. (4.24) eingesetzt liefert bei Berücksichtigung von Gl. (3.8b)

$$\tau_G^{(i)}=\frac{\alpha^{(m)}}{2\pi\,K^{(m)}}\sqrt{\frac{n\,b}{3\Lambda_m}}\,(a-a^*)\,. \tag{4.25}$$

Hieraus folgt für den Verfestigungskoeffizienten

$$\vartheta_{\rm II}=\frac{\alpha^{(m)}}{2\pi\,K^{(m)}}\sqrt{\frac{n\,b}{3\Lambda_m}}\,. \tag{4.26}$$

Dies ist bis auf den Faktor α die bekannte, erstmals von SEEGER [*1*] abgeleitete Beziehung, die die Gleitlinienaufnahmen in Beziehung zur Verfestigung bringt. Es ist interessant zu bemerken, daß in Gl. (4.26) der Oberflächenmittelwert Λ_m auftaucht [*78*], also genau die Größe, die experimentell aus den Gleitlinienaufnahmen bestimmt werden kann.

c) Bestimmung von $\alpha^{(m)}$ und Vergleich mit Gleitlinienaufnahmen

Der Faktor $\alpha^{(m)}$ ist in Fig. 25 als Funktion des Verhältnisses

$$\frac{y}{a^{(m)}}=\frac{R_0}{a^{(m)}}$$

dargestellt. Die Aufstaulänge $a^{(m)}$ ist durch Gl. (4.6) gegeben. In Gl. (4.6) hat man nach SEEGER [*2*] für die wirksame Spannung τ_a nicht die von außen angelegte Spannung τ einzusetzen, sondern die um den Faktor β verminderte Schubspannung

$$\tau_a=\beta\cdot\tau\,. \tag{4.27}$$

Zur Bestimmung des Faktors β wurde von SEEGER [*2*] folgende Überlegung angestellt: Um eine Quelle zur Bildung von Versetzungen anzuregen, muß die äußere wirksame Spannung τ die inneren Spannungen τ_a am Ort der Quelle überwinden. Die auf die Quelle wirkende Schubspannung τ_Q beträgt $\tau_Q=\tau-\tau_a$.

Die Quelle bildet solange neue Versetzungen, bis für die Rückwirkung derselben $\tau_R=\tau_Q$ gilt. Andererseits ist die Gruppe nur dann gegen Zurückgleiten stabil, falls bei $\tau=0$ die Beziehung $\tau_R=|\tau_a|$ erfüllt ist. Ein Vergleich dieser drei Zusammenhänge liefert: $\tau_a=\frac{1}{2}\tau$, also $\beta=\frac{1}{2}$. Der Faktor β berücksichtigt in pauschaler Weise einerseits die verfestigende Wirkung der Spannungsfelder der Versetzungsgruppen und sichert andererseits die Stabilität der Gruppe beim Entlasten. Der Faktor β spielt die Rolle eines Abschirmfaktors, welcher angibt, wie stark das von außen angelegte Feld durch umgebende Versetzungsgruppen abgeschirmt wird. Aus Gl. (4.6) und (4.24) folgt, wie früher gezeigt wurde [75]:

$$\frac{y_0}{a^{(m)}} = \frac{R_0}{a^{(m)}} = \alpha^{(m)}(z^m) \cdot \beta = z^{(m)}. \tag{4.28}$$

Dies ist eine Bestimmungsgleichung für $\alpha^{(m)}$ und $z^{(m)}$, deren Lösung an Hand der Fig. 25 für $\beta = \frac{1}{2}$ folgende Werte liefert:

$$z^{(m)} = \frac{y_0}{a^{(m)}} = 0{,}45; \quad \alpha^{(1)} = 0{,}94; \quad \alpha^{(2)} = 0{,}82; \quad \alpha^{(3)} = 0{,}88.$$

Mit Hilfe dieser Ergebnisse können wir nun eine Aussage über die Versetzungslaufwege machen. Aus Gl. (4.26) folgt:

$$\frac{\Lambda_1}{\Lambda_2} = \left(\frac{\alpha^{(1)}}{K^{(1)}} \cdot \frac{K^{(2)}}{\alpha^{(2)}}\right)^2 = 1{,}31 \left(\frac{K^{(2)}}{K^{(1)}}\right)^2. \tag{4.29a}$$

Ersetzen wir die anisotropen durch die isotropen elastischen Konstanten, so ist zu setzen:

$$K^{(2)} = \frac{1}{G}; \quad K^{(1)} = \frac{1-\nu}{G}, \quad \nu \sim 0{,}33.$$

Dann erhalten wir

$$\frac{\Lambda_1}{\Lambda_2} = 3. \tag{4.29b}$$

Dieses Ergebnis ist in Einklang mit der experimentellen Erfahrung, daß Stufenversetzungen größere Laufwege besitzen als Schraubenversetzungen. Als nächsten Schritt können wir nun Gl. (4.26) auf ihre Gültigkeit hin untersuchen. Ersetzen wir $K^{(2)}$ durch seinen isotropen Wert $K^{(2)} = 1/G$, so lautet Gl. (4.26)

$$\vartheta_{\mathrm{II}} = G \cdot \frac{0{,}82}{2\pi} \sqrt{\frac{n\,b}{3\Lambda_2}}. \tag{4.30}$$

Die nach Gl. (4.30) berechneten Werte für ϑ_{II} sind für verschiedene Metalle und Legierungen in Tabelle 3 mit den gemessenen Werten verglichen. Wir entnehmen der Tabelle, daß durchweg die theoretischen Werte etwa 10 bis 15% unter den gemessenen Werten liegen. Diese 10 bis 15% sind jedoch nach Gl. (2.46) auf die Waldversetzungen zurückzuführen, die einen geringen Beitrag zur Verfestigung liefern.

d) Allgemeine Theorie des Verfestigungskoeffizienten

Bisher haben wir noch keine Erklärung dafür gegeben, warum im Bereich II die Zahl n der Versetzungen pro Gruppe eine Konstante ist. Dies wird sofort verständlich, wenn wir von der Bedingung Gebrauch machen, daß eine Quelle nur solange arbeitet, als die Rückspannung der neugebildeten Versetzungen die am Ort der Quelle wirkende Schubspannung τ_a nicht übertrifft. Die Gleitbedingung lautet nach Gl. (4.5) für n Versetzungsringe von Halbmesser $L_0 = L_2/2$:

$$\tau_a = \frac{n \pi b G}{2 L_2}. \tag{4.31}$$

Für τ_a müssen wir nach Abschnitt 4.5c $\tau_a = \beta \cdot \tau$ einsetzen und für L_2 nach Gl. (3.7)

$$L_2 = \frac{\Lambda_2}{a - a^*}.$$

Dann lautet Gl. (4.31)

$$\vartheta_{II}/G = \frac{n \pi b}{2 \beta \Lambda_2}. \tag{4.32}$$

Setzen wir in Gl. (4.32) für $\frac{n b}{\Lambda_2}$ den aus Gl. (4.26) berechneten Wert ein, so ergibt sich

$$\vartheta_{II}/G = \frac{2\beta}{3\pi} \cdot \left(\frac{\alpha^{(2)}}{2\pi}\right)^2 \sim \frac{1}{400}. \tag{4.33}$$

Diese erstmals von SEEGER [*2*] angewandte Methode zur Berechnung von ϑ_{II}/G liefert eine untere Grenze für diese Größe im Falle $\beta = \frac{1}{2}$, wenn die Versetzungsgruppe gegen Zurückfließen beim Entlasten gerade noch stabilisiert wird. Für $\beta = 1$ erhält man eine obere Grenze für ϑ_{II}/G, so daß für ϑ_{II}/G folgende Ungleichung gelten sollte:

$$\frac{1}{400} < \frac{\vartheta_{II}}{G} < \frac{1}{200}. \tag{4.34}$$

In Gl. (4.33) ist ϑ_{II}/G nur scheinbar von zwei Konstanten α und β abhängig, denn nach Gl. (4.28) ist α bei gegebenen β vollkommen bestimmt. Gemäß Gl. (4.33) erwarten wir für alle kubisch-flächenzentrierte Einkristalle denselben ϑ_{II}/G-Wert. Dies bedeutet nach Gl. (4.25) andererseits, daß die Größe $\frac{n b}{\Lambda_m}$ ebenfalls eine Konstante ist, also die Zahl n der abgespaltenen Versetzungen im Bereich II eine Konstante ist. In Fig. 28 sind die gemessenen ϑ_{II}/G-Werte für verschiedene Metalle und Legierungen als Funktion der Temperatur angegeben. Es ist klar ersichtlich, daß ϑ_{II}/G für hohe Temperaturen dem kleineren Grenzwert 1/400 für $\beta = \frac{1}{2}$ zustrebt und demnach die Vorhersage von Gl. (4.33) bestätigt wird.

Von MADER, SEEGER und LEITZ [*80*] wurde experimentell gezeigt, daß die Zahl n der von einer Frank-Read-Quelle abgegebenen Versetzungen proportional zu Λ_2 ist. Ihren Untersuchungen lag die Bestimmung der Gleitstufenhöhe als Funktion der Gleitlinienlänge innerhalb eines Verformungsintervalls zugrunde. Dies ist eine weitere Bestätigung der Annahme, daß die Versetzungsquellen durch die von ihnen abgegebenen Versetzungen stillgelegt werden.

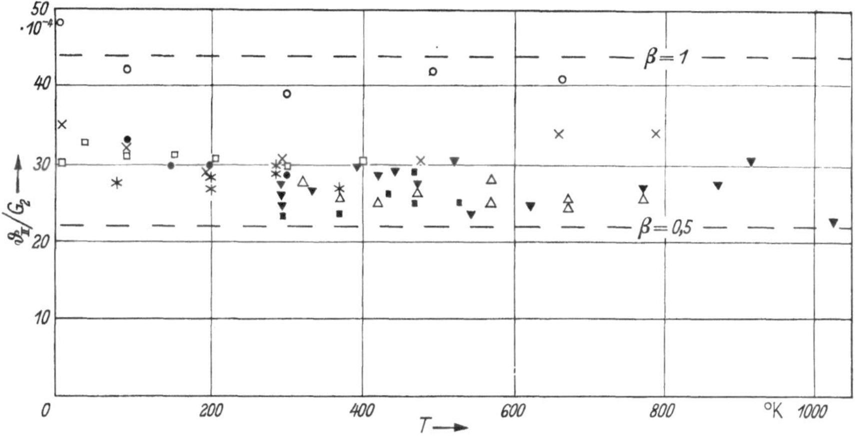

Fig. 28. Der Verfestigungsanstieg ϑ_{II}/G in Abhängigkeit von der Verformungstemperatur für mehrere Metalle und Legierungen

4.6. Berechnung des Verfestigungsanstiegs aus der Dichte des Versetzungswaldes

In Abschnitt 4.2.c und 4.2.d haben wir zwei Beziehungen für den Verfestigungskoeffizienten ϑ_{II} abgeleitet. In beiden Fällen (4.30), (4.33) wurde von dem experimentellen Befund Gebrauch gemacht, daß im Bereich II $L \sim 1/a$ und $n = \text{const}$ gilt, oder die Größe

$$\frac{n\,b}{\Lambda_2} = \frac{x}{L_2} = \text{const} \tag{4.35}$$

ist. Aus der Verformungsunabhängigkeit von x/L_2 kann man nun den Schluß ziehen, daß x und L_2 durch denselben Prozeß, nämlich die Bildung von Versetzungen in sekundären Gleitebenen, bestimmt werden. Bei dieser Vorstellung würden also die Waldversetzungen einerseits die Laufwege verkürzen und andererseits auch für die Neubildung von Versetzungsquellen sorgen. Wenn wir davon ausgehen, daß die Laufwege durch die Waldversetzungen bestimmt sind, können wir mit Hilfe der in Abschnitt 4.3 entwickelten statistischen Theorie einen mittleren Laufweg L berechnen. Als Hindernis für die Versetzungen betrachten wir nach SEEGER [*1*, *2*] die Bildung von Lomer-Cottrell-Versetzungen. Zu ihrer Bildung muß eine Versetzung des primären Gleitsystems mit einer Versetzung des sekundären Gleitsystems zusammentreffen. Damit dieses Ereignis eintritt, muß die Wechselwirkung dieser zwei Versetzungen groß genug sein, damit sie die inneren weitreichenden Spannungsfelder $\tau_G^{(i)}$, welche von der Größenordnung der von außen angelegten Spannung τ sind, überwinden können. Diese Bedingung erlaubt die Berechnung eines effektiven Einfangradius r_e, denn es muß gelten:

$$\tau_G^{(i)} \leqq \alpha_e \frac{G\,b}{2\pi} \cdot \frac{1}{r_e}. \tag{4.36}$$

Der Faktor α_e in Gl. (4.36) soll der geometrischen Anordnung der Versetzungen Rechnung tragen und ist von der Größenordnung $\alpha_e \sim \frac{1}{2}$. Der Laufweg $L/2$ ist durch die Wahrscheinlichkeit bestimmt, eine Waldversetzung im Abstande r_e anzutreffen. Beträgt der mittlere Abstand der Waldversetzungen l_w, so ist nach Gl. (4.10a) diese Wahrscheinlichkeit ~ 1, falls die Bedingung

$$\tfrac{1}{2} L\, r_e = l_w^2 \tag{4.37}$$

erfüllt ist. Aus Gl. (4.36) und (4.37) folgt nun:

$$L = \frac{4\pi\, \tau_G^{(i)}\, l_w^2}{\alpha_e\, G\, b}. \tag{4.38}$$

Nach Gl. (2.39) gilt im Bereich II

$$l_w^2 = \frac{1}{N^{(w)}} = \frac{1}{C_w(\tau+S)^2}, \tag{4.39}$$

so daß wir für $\tau_G^{(i)} \simeq \tau + S$

$$L = \frac{4\pi}{\alpha_e\, G\, b\, C_w(\tau+S)} = \frac{4\pi\, C_1}{\alpha_e\, G\, b\, C_w\, \tau_S} \tag{4.40}$$

erhalten. Setzen wir in Gl. (4.40) den in Bereich II experimentell gefundenen Zusammenhang $\tau = \vartheta_{\text{II}}(a - a_{\text{II}})$ ein, so ergibt sich die Beziehung (3.7)

$$L = \frac{\Lambda}{a - a^*}$$

mit

$$\Lambda = \frac{4\pi}{\alpha_e\, G\, \vartheta_{\text{II}}\, b\, C_w} \tag{4.41}$$

und

$$a^* = a_{\text{II}} - \frac{S}{\vartheta_{\text{II}}}. \tag{4.42}$$

Eine numerische Berechnung von Λ für Cu mit dem in Abschnitt 2.7 berechneten Wert für C_w liefert $\Lambda=2\cdot10^{-4}$ [cm] für $\alpha_e=0{,}5$. Dieser Wert entspricht dem von MADER [72] aus elektronenmikroskopischen Gleitlinienaufnahmen ermittelten Wert $\Lambda_2=4\cdot10^{-4}$ [cm]. Für $a=a_{\mathrm{II}}$ muß L in die Gleitlinienlänge im Bereich I übergehen. Ersetzen wir in Gl. (4.40) C_w durch Gl. (2.41) und τ_S durch $\tau_{S,\mathrm{I}}$ bzw. nach Gl. (2.45a) durch v_{I}', so erhalten wir für die Gleitlinienlänge im Bereich I

$$L_{\mathrm{I}}=\frac{4\pi A^2 R}{\alpha_e G^2 b^5 d^3 \tau_{S,\mathrm{I}}}=\frac{4\pi A R v_{\mathrm{I}}'}{\alpha_e G^2 b^5 d^3}. \tag{4.43}$$

In Gl. (4.43) sind nur noch die aus Kriechversuchen zu bestimmenden Größen A, R und v_{I}' enthalten. Mit den in Abschnitt 2.7 angegebenen Werten für diese Konstanten ergibt sich aus Gl. (4.43) $L_{\mathrm{I}}=0{,}08$ cm. Auch dieser Wert ist durchaus vergleichbar mit den gemessenen Gleitlinienlängen im Bereich I, die von der Größenordnung $L_{\mathrm{I}}\sim0{,}1$ cm sind. Die bisherigen Überlegungen zeigen, daß mit Hilfe der Waldversetzungen die experimentell gefundene Beziehung (3.7) für $L(a)$ gedeutet werden kann. Wir können weiter versuchen, die Größe x, welche ein Maß für die Quellendichte ist, aus der Versetzungswalddichte zu berechnen. Nach Gl. (3.3) gilt:

$$x=\frac{1}{N L_1 L_2}. \tag{4.44}$$

Wir machen nun den naheliegenden Ansatz, daß die Zahl der erzeugten Quellen proportional zur Waldversetzungsdichte $N^{(w)}$ ist. Für den Gleitebenenabstand x ergibt sich dann mit

$$N L_1=\alpha_q N^{(w)} \tag{4.45}$$

$$x=\frac{1}{\alpha_q L_2 N^{(w)}}, \tag{4.46}$$

wobei der Faktor α_q einen konstanten Proportionalitätsfaktor bedeuten soll. Division von Gl. (4.46) mit Gl. (4.40) liefert

$$\frac{x}{L_2}=\frac{1}{\alpha_q L_2^2 N^{(w)}}=\frac{\alpha_e^2 G^2 b^2 C_w}{16\alpha_q \pi^2}, \tag{4.47}$$

oder

$$\frac{\vartheta_{\mathrm{II}}}{G}=\frac{\alpha^{(m)}\alpha_e G b}{8\pi^2}\sqrt{\frac{C_w}{3\alpha_q}}.$$

Wir erhalten also für x/L_2 einen verformungsunabhängigen Wert, wie dies nach Gl. (4.35) zu erwarten ist. Nach Tabelle 3 berechnet man

$$\frac{n b}{\Lambda_2}=\frac{x}{L_2}=1{,}3\cdot10^{-3}.$$

Um Übereinstimmung mit diesem experimentellen Resultat zu erhalten, muß in Gl. (4.47) $\alpha_q = 6$ gesetzt werden. Dies bedeutet, daß die Versetzungsdichte im Primärgleitsystem etwa um den Faktor 6 größer ist als in den sekundären Gleitsystemen. Ferner beträgt die Zahl der Versetzungsquellen pro 1 cm Versetzungslänge der Waldversetzungen etwa 10^3. Unsere Rechnung zeigt, daß die in Abschnitt 2.7 berechnete Waldversetzungsdichte durchaus in der Lage ist, sowohl die Verkürzung der Laufwege als auch die Neubildung von Quellen im Bereich II qualitativ und quantitativ ausreichend zu erklären. Damit ist es gelungen, die in Abschnitt 3.1 und 3.2 besprochenen, experimentell ermittelten Versetzungsmodelle theoretisch aus der Kenntnis der Waldversetzungsdichte abzuleiten. Dies wirft sofort die Frage auf, wie es zur Bildung von Waldversetzungen kommt und wie die Messungen des Aktivierungsvolumens bei Kriechversuchen zu verstehen sind. Um zu einer Beantwortung dieser Fragen zu kommen, müssen weitere experimentelle und theoretische Untersuchungen über das Verhalten der sekundären Gleitsysteme während der plastischen Verformung durchgeführt werden. Mit dem Einfluß dieser sekundären Gleitsysteme, die auch latente Gleitsysteme genannt werden, auf plastische Eigenschaften der Kristalle befassen sich insbesondere Arbeiten von Röhm und Diehl [*89*], Diehl [*88*] sowie Rebstock [*52*].

5. Eigenschaften plastisch verformter Einkristalle

In den vorhergehenden Abschnitten haben wir uns mit den Kenngrößen der Verfestigungskurve befaßt. Das ihrer Berechnung zugrundegelegte Versetzungsmodell muß auch in der Lage sein, andere von der plastischen Verformung abhängige Eigenschaften zu erklären. Hierzu gehören besonders der elektrische Widerstand, die Dichteänderung, die gespeicherte Energie und die magnetischen Eigenschaften ferromagnetischer Metalle. Über die letzteren Fragenkomplexe wird in Kapitel 8 und 9 ausführlich berichtet und wir werden deshalb auf diese Fragen hier nicht eingehen.

5.1. Elektrischer Widerstand

Quantitative Vergleiche zwischen elektrischem Widerstand und der Versetzungsdichte verformter Metalle lieferten bisher um Größenordnungen falsche Resultate. Erst neuerdings konnte Buck [*90*] seine Messungen an plastisch verformten Kupfereinkristallen mit Hilfe einer von Seeger und Bross [*91*] für den elektrischen Widerstand einer Stufenversetzung ausgearbeiteten Theorie befriedigend deuten. Wie bei den magnetischen Messungen der differentiellen Suszeptibilität spielt auch beim elektrischen Widerstand die in den Bereichen I und II verschiedene Versetzungsanordnung eine Rolle.

5.2. Dichteänderungen

Die ursprünglich von ZENER [92] entwickelte Theorie der Dichteänderung in einem Material mit Eigenspannungen wurde von SEEGER [93] sowie von SEEGER und HAASEN [94] auf Versetzungen angewandt. Der quantitative Vergleich dieser Theorie mit der von CLAREBROUGH u. Mitarb. [95] gemessenen Dichteänderung ergab befriedigende Übereinstimmung.

5.3. Gespeicherte Energie

Messungen der gespeicherten Energie wurden in großer Zahl an vielkristallinen Proben durchgeführt. Eine zusammenfassende Darstellung der Meßergebnisse wurde von TITCHENER und BEVER [96] ge-

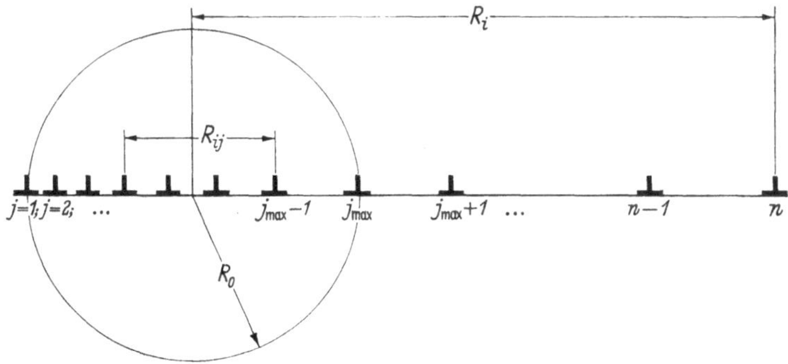

Fig. 29. Modell einer aufgestauten Versetzungsgruppe von n parallelen Versetzungen

geben. In diesem Abschnitt wollen wir untersuchen, inwiefern Messungen der gespeicherten Energie herangezogen werden können, um zwischen Versetzungsgruppen und einer statistischen Verteilung der Versetzungen zu unterscheiden. Aus Messungen der gespeicherten Energie kann auf die Versetzungsdichte nur dann geschlossen werden, wenn die Versetzungsanordnung bekannt ist. Demnach gestatten Messungen der gespeicherten Energie eine Prüfung der in Abschnitt 3.1 und 3.2 beschriebenen Versetzungsmodelle. Für N Versetzungsgruppen, innerhalb denen die Versetzungen die Abstände R_{ij} und die Länge L_2 besitzen, beträgt die gespeicherte Energie nach einer Rechnung von SEEGER und KRONMÜLLER [97]

$$W_{el} = \frac{b^2\, G(2-\nu)\, N\, L_2}{4\pi} \left(n \ln \frac{R_0}{r_0} - 2 \cdot \sum_{i \neq j}^{j_{\max}} \ln \frac{R_{ij}}{R_0} \right). \tag{5.1}$$

In Gl. (5.1) bedeutet n die Zahl der Versetzungen pro Gruppe, R_0 den durch Gl. (4.9) definierten mitteren Abstand zwischen den Versetzungsgruppen und r_0 einen inneren Abschneideradius. Die Summation über i, j erstreckt sich entsprechend Fig. 29 über alle Versetzungen innerhalb des Zylinders vom Radius R_0. Die Zahl der Versetzungen innerhalb des Zylinders beträgt

$$j_{\max} = \alpha^{(2)} \cdot n \left(\frac{2}{\pi}\right)^{\frac{5}{4}}. \tag{5.2}$$

Das erste Glied in der Klammer von Gl. (5.1) entspricht der Bildungsenergie der Versetzungen und das zweite der elastischen Wechselwirkungsenergie zwischen den Versetzungen einer Gruppe. Im Bereich I ist nach unseren magnetischen Messungen [*82*], [*57*] die Wechselwirkungsenergie zwischen den Versetzungen Null zu setzen. Die Versetzungen schirmen ihr Spannungsfeld gegenseitig ab. Deshalb gilt in Gl. (5.1) $R_{ij} = R_0$. Setzen wir in Gl. (5.1) die nach Gl. (3.1) bzw. (4.24) berechnete Versetzungsgruppendichte ein, so erhalten wir für den Bereich I

$$W_{\mathrm{I}} = \frac{16}{9} \frac{2-\nu}{4\pi} \frac{a\,b\,G}{L_1} \ln\frac{R_0}{r_0} = \frac{4}{9} \frac{2-\nu}{\pi} \frac{\tau-\tau_0}{\vartheta_{\mathrm{I}}} \frac{b}{L_1} \cdot G \ln\frac{R_0}{r_0} \tag{5.3}$$

und für den Bereich II

$$W_{\mathrm{II}} = \frac{2\pi(2-\nu)\,\tau^2}{G} \left(0{,}776 + \frac{1}{n} \ln\frac{R_0}{r_0}\right). \tag{5.4}$$

Während im Bereich I noch keine Messungen der gespeicherten Energie vorgenommen wurden, die eine Prüfung von Gl. (5.3) gestatten würden, können wir die Messungen an polykristallinen Proben mit der für den Bereich II abgeleiteten Beziehung (5.4) vergleichen, denn polykristallines Material ist besonders bei kleinen Verformungsgraden im Verfestigungsverhalten mit einem Einkristall im Bereich II vergleichbar. Die für theoretische Betrachtungen geeignete Größe ist das Verhältnis P von gespeicherter Energie zu der von außen geleisteten Arbeit A. Diese lautet im Bereich I

$$A_{\mathrm{I}} = \frac{\tau^2 - \tau_0^2}{2\vartheta_{\mathrm{I}}}; \tag{5.5}$$

und im Bereich II

$$A_{\mathrm{II}} = \frac{1}{2\vartheta_{\mathrm{II}}} \tau^2. \tag{5.6}$$

Mit Gl. (5.5) und (5.6) finden wir für die relative gespeicherte Energie im Bereich I

$$P_{\mathrm{I}} = \frac{W_{\mathrm{I}}}{A_{\mathrm{I}}} = \frac{8}{9} \frac{2-\nu}{\pi} \frac{b}{L_1} \frac{G}{\tau+\tau_0} \ln\frac{R_0}{r_0}; \tag{5.7}$$

und im Bereich II

$$P_{\mathrm{II}} = \frac{W_{\mathrm{II}}}{A_{\mathrm{II}}} = 4\pi \frac{\vartheta_{\mathrm{II}}}{G} (2-\nu) \left(0{,}776 + \frac{1}{n} \ln\frac{R_0}{r_0}\right). \tag{5.8}$$

Im Gegensatz zur relativen gespeicherten Energie im Bereich II ist diejenige im Bereich I vom Versetzungslaufweg L und von τ abhängig. Nach unseren Ausführungen in Ziff. 4.5.d ist ϑ_{II}/G für sämtliche kubisch-flächenzentrierte Metalle $\sim\frac{1}{300}$. Deshalb ergibt sich aus Gl. (5.8) für P_{II} ebenfalls für alle kubisch-flächenzentrierte Metalle ein konstanter Wert, der $\sim 7\%$ beträgt. In Tabelle 4 werden die gerechneten P_{II}-Werte

Tabelle 4. *Die theoretische Vorhersage für die prozentuale gespeicherte Energie P und Vergleich mit experimentellen Ergebnissen*

Metall	$G\left[\frac{kp}{mm^2}\right]$	$\vartheta_{II}\left[\frac{kp}{mm^2}\right]$	$\frac{\vartheta_{II}}{G}\cdot 10^3$	n	Autor	P in % (theoretisch)	P in % (experimentell)
Cu	4590	13,5	2,94	23	MADER [72]	7,4	8,0: CLAREBROUGH et al. [99] 8—10,5: FARREN und TAYLOR [100] 8,2—9,6: TAYLOR und QUINNEY [101]
Ag	2620	8,3	3,17	25+	—	7,01	7: KANZAKI [102] 7: BAILEY und HIRSCH [56]
Au	2530	8,9	3,5	25	BERNER [47]	7,64	
Ni	8460	23,0	2,72	31	KRONMÜLLER [82]	6,66	5,6: QUINNEY und TAYLOR [103] ‡
Al	2740	10	3,35	25+	—	7,41	5: FARREN und TAYLOR [100] 7: FEDEROV [104] 9—11: SATO [105]

+ Bedeutet angenommener Wert und ‡ bezieht sich auf Messungen bei großen Verformungsgraden.

mit den gemessenen verglichen. Man stellt fest, daß unser Versetzungsmodell die experimentellen Ergebnisse befriedigend zu deuten in der Lage ist. Die nach Gl. (5.4) errechneten Absolutwerte der gespeicherten Energie stimmen ebenfalls gut mit den gemessenen Werten überein [97]. Es ist bemerkenswert, daß sich aus Gl. (5.4) für das Verhältnis der gespeicherten Energien, die vom weitreichenden Spannungsfeld der Gruppen und der Bildungsenergie der Versetzungen herrühren, der Wert

$$P_{GE}=\frac{n\cdot 0{,}776}{\ln R_0/r_0}\simeq\frac{n}{15} \tag{5.9}$$

ergibt. Für $n=30$ beträgt $P_{GE}=2:1$. Demnach ist die Energie des weitreichenden Spannungsfeldes von der Größenordnung der Bildungsenergie, ein Ergebnis, welches im Gegensatz zu der Rechnung von BAILEY und HIRSCH [56] steht, die für P_{GE} den Wert n erhielten. Diese Diskrepanz ist darauf zurückzuführen, daß bei einer aufgestauten Gruppe bei der Wechselwirkungsenergie der Versetzungen der innere Abschneideradius r_0 durch R_{ij} ersetzt wird, was von BAILEY und HIRSCH [56] übersehen wurde. Wir können somit zusammenfassend feststellen, daß unser Versetzungsmodell, das auf der Basis weitreichender Spannungsfelder entwickelt wurde, die gemessenen Werte der gespeicherten Energie zu erklären vermag.

5.4. Einmündung in die ferromagnetische Sättigung

Eng verwandt mit den Messungen der gespeicherten Energie sind Messungen der differentiellen Suszeptibilität $\chi = \frac{dJ}{dH}$ im reversiblen Bereich der Magnetisierungskurve bei hohen Feldstärken. Wie früher gezeigt wurde [*82*], [*57*], [*97*], [*98*], ist χ empfindlich von der Versetzungsanordnung abhängig, so daß diese Methode eine Möglichkeit bietet, die Existenz aufgestauter Gruppen und weitreichender Spannungsfelder nachzuweisen (Näheres hierüber s. Kapitel 8). Beschränken wir uns auf die wichtigsten Beiträge zur differentiellen Suszeptibilität, so gilt nach Gl. (6.27), Kapitel 8, für unser Versetzungsmodell

$$\chi H^3 = \frac{N L_2 b^2 c_0 G^2}{4\pi J_s} \left\{ n \ln(\varkappa_H R_0) - 2 \sum \ln \frac{R_{ij}}{R_0} - 2 K_0(\varkappa_H R_{ij}) \right\}. \quad (5.9)$$

Hierbei bedeutet H die angelegte Feldstärke, J_s die Sättigungsmagnetisierung, c_0 eine Kombination der magnetostriktiven Konstanten,

$$\varkappa_H = \left(\frac{H J_s}{2A} \right)^{\frac{1}{2}}$$

die in Kapitel 8 definierte reziproke Austauschlänge, A die Konstante der Austauschkopplung und K_0 die modifizierte Hankel-Funktion 2. Art. Ein Vergleich von Gl. (5.1) mit Gl. (5.9) zeigt unmittelbar die enge Verwandtschaft zwischen magnetischen und energetischen Messungen. Bei der Bildungsenergie ist in Gl. (5.9) an Stelle des inneren Abschneideradius r_0 die Austauschlänge $\varkappa_H^{-1}$ getreten, die in Ni bei $H = 2$ kOe von der Größenordnung 200 Å ist. Deshalb tritt bei magnetischen Messungen der durch die Unsicherheit des inneren Abschneideradius r_0 bedingte Fehler nicht auf. Während bei der gespeicherten Energie der Anteil der Bildungsenergie etwa 30 bis 40% ausmacht, beträgt der Beitrag der Einzelversetzungen zu χ nur 5 bis 10%, so daß χ im wesentlichen nur vom weitreichenden Spannungsfeld der Gruppen bestimmt wird. Dies hängt mit der Größe der Austauschlänge $\varkappa_H^{-1}$ zusammen, denn wie in Kapitel 8 berichtet wird, kann die Magnetisierung Schwankungen der inneren Spannungen, die in Dimensionen $\varkappa_H^{-1}$ erfolgen, nicht mehr folgen. Deshalb beeinflussen die Spannungen im Versetzungskern die differentielle Suszeptibilität nur geringfügig. Punktförmige Fehlstellen liefern demnach ebenfalls einen im Verhältnis zu den Versetzungen kleinen Beitrag zu χ, während die gespeicherte Energie meist einen wesentlichen von Leerstellen und Zwischengitteratomen herrührenden Beitrag enthält. Die magnetischen Messungen ermöglichen also von vorneherein eine Trennung von Versetzungen und punktförmigen Fehlstellen und sind deshalb besonders zu quantitativen Vergleichen mit der Theorie geeignet. Auf die soeben angeführten Tatsachen ist es mit zurückzuführen, daß die in Kapitel 8 mitgeteilten Messungen der differentiellen Suszeptibilität so gute Übereinstimmung mit den theoretischen Werten ergab, zu deren Berechnung die mit Hilfe von Gleitlinienbildern bestimmte Versetzungsdichte verwandt wurde. Als Ergebnis dieser Betrachtung halten wir fest, daß bei ferromagnetischen Metallen die Wechselwirkungsenergie zwischen Versetzungen indirekt auch durch Suszeptibilitätsmessungen bestimmt werden kann und punktförmige Fehlstellen dabei die Messung nicht beeinflussen.

Literatur

[*1*]* Seeger, A.: The Mechanism of Glide and Work-Hardening in Face-Centered Cubic and Hexagonal Close Packed Metals. In: Dislocations and Mechanical Properties of Crystals, p. 243. New York: John Wiley & Sons 1957.

[*2*]* Seeger, A.: Kristallplastizität. In: Handbuch der Physik, Bd. VII/2. Berlin-Göttingen-Heidelberg: Springer 1958.

[*3*] Seeger, A.: Z. Naturforsch. **9** a, 856 (1954).

[*4*] Seeger, A.: Rep. Conf. Defects Solids, Phys. Soc. Lond. 1955, S. 328.

[*5*] Schöck, G., and A. Seeger: Rep. Conf. Defects Solids, Phys. Soc. Lond. 1955, S. 340.

[*6*]* Seeger, A.: Theorie der Gitterfehlstellen. In: Handbuch der Physik, Bd. VII/1. Berlin-Göttingen-Heidelberg: Springer 1955.

[*7*] Frank, F. C.: A Symposium on the Plastic Deformation of Crystalline Solids, Mellon Institute Pittsburgh 1950.

[*8*] Mott, N. F.: Proc. Phys. Soc. (London) B **64**, 729 (1951).

[*9*] Frank, F. C., and W. T. Read: Phys. Rev. **79**, 722 (1950).

[*10*] Seeger, A., u. S. Mader: Phys. stat. sol. **1**, K 78 (1961).

[*11*]* Read, W. T.: Dislocations in Crystals. New York-Toronto-London: McGraw-Hill Book Co. 1953.

[*12*] Hirsch, P. B.: Internal Stresses and Fatigue in Metals, S. 139. Amsterdam: Elsevier 1959.

[*13*] Friedel, J.: Internal Stresses and Fatigue in Metals, S. 220. Amsterdam: Elsevier 1959.

[*14*] Whelan, M. J.: Proc. Roy. Soc. (London) A **249**, 114 (1958).

[*15*] Saada, G.: Thèses, Faculté des Sciences Paris 1960.

[*16*] Saada, G.: Acta Met. **8**, 200, 841 (1960).

[*17*] Saada, G.: Electron Microscopy and Strength of Crystals, herausgeg. von J. Washburn u. G. Thomas, S. 651. New York: Interscience Publ. 1963.

[*18*] Tetelman, A. S.: Acta Met. **10**, 813 (1962).

[*19*] Seeger, A., u. H. Blank: Z. Naturforsch. **9** a, 262 (1954).

[*20*]* Seitz, F.: Advances in Phys. **1**, 43 (1952).

[*21*] Seeger, A.: Phil. Mag. **46**, 1194 (1955).

[*22*]* Friedel, J.: Les Dislocations. Paris: Gauthier Villars 1956.

[*23*] Seeger, A., and H. Bross: J. Phys. Chem. Solids **16**, 253 (1960).

[*24*] Mott, N. F.: Phil. Mag. **44**, 742 (1953).

[*25*] Seeger, A.: Rep. Conf. Defects Solids, Phys. Soc. Lond. 1954, S. 391.

[*26a*] Seeger, A., u. H. Wolf: Unveröffentlicht.

[*26b*]* SEEGER, A.: Phys. stat. sol. **1**, 669 (1962).
[*27*] COTTRELL, A. H.: L'État Solide, Brüssel, R. Stoops 1952, S. 421.
[*28a*] SEEGER, A.: Z. Naturforsch. **9**a, 758, 856, 870 (1954).
[*28b*] SEEGER, A.: Phil. Mag. **45**, 771 (1954).
[*29*] FRIEDEL, J.: Dislocations and Mechanical Properties of Crystals, S. 330. New York: John Wiley & Sons 1957.
[*30*] BASINSKI, Z. S.: Phil. Mag. **4**, 393 (1959).
[*31*] MICHELITSCH, M.: Z. Metallk. **50**, 548 (1959).
[*32*] CONRAD, H., and W. D. ROBERTSON: Trans. Am. Inst. Mining Met. Engrs. **209**, 503 (1957); **212**, 536 (1958).
[*33a*] CONRAD, H., L. HAYS, G. SCHÖCK and H. WIEDERSICH: Acta Met. **9**, 367 (1961).
[*33b*] CONRAD, H., R. ARMSTRONG, H. WIEDERSICH and G. SCHÖCK: Phil. Mag. **6**, 177 (1961).
[*34a*] CONRAD, H.: Acta Met. **6**, 339 (1958).
[*34b*] CONRAD, H., and H. WIEDERSICH: Acta Met. **8**, 128 (1960).
[*35a*] KRONMÜLLER, H., A. SEEGER u. H. NUSS: Wird veröffentlicht.
[*35b*] SEEGER, A.: J. Phys. Soc. Japan **18**, Suppl. I, 59 (1963).
[*36*] AHLERS, M., u. P. HAASEN: Z. Metallk. **53**, 302 (1962).
[*37*] THORNTON, P. R., and P. B. HIRSCH: Phil. Mag. **3**, 738 (1958).
[*38a*] SCHÖCK, G.: Private Mitteilung 1960.
[*38b*] SEEGER, A., and G. SCHÖCK: Acta Met. **1**, 519 (1953).
[*39*] COTTRELL, A. H., and R. J. STOKES: Proc. Roy. Soc. (London) A **233**, 17 (1955).
[*40*] HOWE, S., B. LIEBMANN and K. LÜCKE: Acta Met. **9**, 625 (1961).
[*41*] FAHRENHORST, W., u. E. SCHMID: Z. Physik **64**, 845 (1930).
[*42*] SEEGER, A., u. H. TRÄUBLE: Z. Metallk. **51**, 435 (1960).
[*43*] BOAS, W., u. E. SCHMID: Z. Physik **57**, 575 (1929); **61**, 767 (1930).
[*44*] GEORGIEFF, M., u. E. SCHMID: Z. Physik **36**, 579 (1926).
[*45*] BÜHLER, S., u. K. LÜCKE: Z. Metallk. **55**, 331 (1964).
[*46*]* SEEGER, A., S. MADER and H. KRONMÜLLER: Electron Microscopy and Strength of Crystals, S. 665, herausgeg. von J. WASHBURN u. G. THOMAS. New York: Interscience Publ. 1963.
[*47*] BERNER, R.: Z. Naturforsch. **15**a, 689 (1960).
[*48*] DIEHL, J., u. R. BERNER: Z. Metallk. **51**, 522 (1960).
[*49*] SCHÜLE, W., O. BUCK u. E. KÖSTER: Z. Metallk. **53**, 172 (1962).
[*50a*] ALEFELD, G.: Z. Naturforsch. **17**a, 899 (1962).
[*50b*] ALEFELD, G.: Ann. Physik **10**, 229 (1962).
[*51*] SEEGER, A., J. DIEHL, S. MADER and H. REBSTOCK: Phil. Mag. **2**, 325 (1957).
[*52*] REBSTOCK, H.: Z. Metallk. **48**, 206 (1957).
[*53*] HAASEN, P.: Phil. Mag. **3**, 384 (1958).
[*54*] ADAMS, M. H., and A. H. COTTRELL: Phil. Mag. **46**, 1187 (1955).
[*55*] MAKIN, M. J.: Phil. Mag. **2**, 309 (1958).
[*56*] BAILEY, J. E., and P. B. HIRSCH: Phil. Mag. **5**, 485 (1960).
[*57*] SEEGER, A., H. KRONMÜLLER, S. MADER and H. TRÄUBLE: Phil. Mag. **6**, 639 (1961).
[*58*] ANDRADE, E. N. DA C.: Proc. Roy. Soc. (London) A **84**, 1 (1911); A **90**, 329 (1914).
[*59*] TYNDALL, E. P. T.: A Symposium on the Plastic Deformation of Crystalline Solids. Mellon Institute Pittsburgh 1950, S. 49.
[*60*] BLANK, H.: Z. Metallk. **49**, 27 (1958).
[*61*] DIEHL, J.: Z. Metallk. **47**, 331 (1956).
[*62*] BARRETT, C. S.: Trans. Am. Inst. Mining Met. Engrs. **156**, 62 (1944).
[*63*] HEIDENREICH, R. D., and W. SHOCKLEY: J. Appl. Phys. **18**, 1029 (1947).

[64]* Brown, A. F.: Surface Effects in Plastic Deformations of Metals. Advances in Phys. **1**, 427 (1952).
[65] Wilsdorf, H., u. D. Kuhlmann-Wilsdorf: Z. angew. Phys. **4**, 361, 409, 418 (1952).
[66] Kuhlmann-Wilsdorf, D., and H. Wilsdorf: Acta Met. **1**, 394 (1953).
[67] Bailey, J. E.: Phil. Mag. **5**, 833 (1960).
[68] Bollmann, W.: Phys. Rev. **103**, 1588 (1956).
[69]* Swann, P. R.: Electron Microscopy and Strength of Crystals, herausgeg. von J. Washburn und G. Thomas, S. 131. New York: Interscience Publ. 1963.
[70]* Mader, S.: Electron Microscopy and Strength of Crystals, herausgeg. von J. Washburn und G. Thomas, S. 183. New York: Interscience Publ. 1963.
[71a] Mader, S., A. Seeger and H.-M. Thieringer: J. Appl. Phys. **34**, 3376 (1963).
[71b] Essmann, U.: Phys. stat. sol. **3**, 932 (1963).
[72] Mader, S.: Z. Physik **149**, 73 (1957).
[73] Mader, S., and A. Seeger: Acta Met. **8**, 513 (1960).
[74]* Seeger, A., and S. Mader: Trans. Indian Inst. Metals **13**, 249 (1960).
[75] Kronmüller, H., and A. Seeger: J. Phys. Chem. Solids **18**, 93 (1961).
[76]* Saltykov, S. A.: Stereometric Metallography, 2. Aufl., S. 446, Metallurgizdat, Moscov 1958.
[77] Smith, C. S., and L. Guttman: Trans. AIME **197**, 81 (1953).
[78] Essmann, U., u. H. Kronmüller: Acta Met. **11**, 611 (1963).
[79] Fourie, J. T., and A. G. F. Wilsdorf: J. Appl. Phys. **31**, 2219 (1960).
[80] Mader, S., A. Seeger and Ch. Leitz: J. Appl. Phys. **34**, 3368 (1963).
[81] Pfaff, F.: Z. Metallk. **53**, 441, 466 (1962).
[81a] Seeger, A., H. Kronmüller, O. Boser u. M. Rapp: Phys. stat. sol. **3**, 1107 (1963).
[82] Kronmüller, H.: Z. Physik **154**, 574 (1959).
[83] Thieringer, H.: Diplomarbeit T. H. Stuttgart 1961 (unveröffentlicht).
[84] Seeger, A.: Z. Naturforsch. **11**a, 985 (1956).
[85] Eshelby, J. D., F. C. Frank and F. R. N. Nabarro: Phil. Mag. **42**, 351 (1951).
[86] Leibfried, G.: Z. Physik **130**, 214 (1951).
[87] Meissner, J.: Z. Metallk. **50**, 207 (1959).
[88] Diehl, J.: Z. Metallk. **47**, 411 (1956).
[89] Röhm, F., u. J. Diehl: Z. Metallk. **43**, 126 (1952).
[90] Buck, O.: Phys. stat. sol. **2**, 535 (1962).
[91] Seeger, A., u. H. Bross: Z. Naturforsch. **15**a, 663 (1960).
[92] Zener, C.: Trans. Am. Inst. Mining Met. Engrs. **147**, 361 (1942).
[93] Seeger, A.: Suppl. Nuovo cimento **7**, 632 (1958).
[94] Seeger, A., and P. Haasen: Phil. Mag. **3**, 470 (1958).
[95] Clarebrough, L. M., M. E. Hargreaves and C. W. West: Phil. Mag. **1**, 528 (1956).
[96]* Titchener, A. L., and M. B. Bever: Progr. in Metal Phys. **7**, 247 (1958).
[97] Seeger, A., and H. Kronmüller: Phil. Mag. **7**, 897 (1962).
[98] Seeger, A., and H. Kronmüller: J. Phys. Chem. Solids **12**, 298 (1960).
[99] Clarebrough, L. M., M. E. Hargreaves and M. H. Loretto: Acta Met. **6**, 725 (1958).
[100] Farren, W. S., and G. I. Taylor: Proc. Roy. Soc. (London) A **107**, 422 (1925).
[101] Taylor, G. I., and H. Quinney: Proc. Roy. Soc. (London) A **143**, 307 (1934).
[102] Kanzaki, H.: J. Phys. Soc. Japan **6**, 90 (1951).
[103] Quinney, H., and G. I. Taylor: Proc. Roy. Soc. (London) A **163**, 157 (1937).
[104] Fedorov, A. A.: J. Tech. Phys. (Moscow) **11**, 999 (1941).
[105] Sato, S.: Sci. Repts. Tôhoku Univ. **20**, 140 (1931).

Viertes Kapitel

Elektronenmikroskopische Untersuchungen von Fehlstellen

Von

S. Mader

Mit 28 Figuren

1. Einleitung

In der Festkörperphysik haben in jüngster Zeit elektronenmikroskopische Untersuchungsmethoden eine große Bedeutung gewonnen. Man erkennt dies deutlich bei einem Vergleich der Berichte über die letzten Kongresse für Elektronenmikroskopie [*1*] bis [*5*]. Der Anteil der Arbeiten aus dem Gebiet der Festkörperphysik und der Metallographie zu dem physikalischen und technischen Teil der Tagungen stieg von etwa 25% im Jahre 1956 auf etwa 50% im Jahre 1962. Mehr als die Hälfte dieses Zuwachses rührt von Arbeiten her, die mit einer neuen Methode zusammenhängen: der Durchstrahlung von kristallinen Folien.

In Elektronenmikroskopen konventioneller Bauart und hoher optischer Leistung lassen sich nur solche Objekte untersuchen, die von den Elektronen durchstrahlt werden können. Elektronenstrahlen von 50 bis 100 kV Spannung können nur Schichten durchdringen, die höchstens einige 1000 Å dick sind. Die Herstellung von solchen Präparaten erfordert Geschick, und die Anwendung des Elektronenmikroskops ist oft aus präparativen Gründen begrenzt. Man hat schon frühzeitig versucht, den Auflösungsbereich des Lichtmikroskops bei metallographischen Untersuchungen durch Benützung eines Elektronenmikroskops zu erweitern. Dazu mußte von der Metalloberfläche ein dünner Abdruckfilm angefertigt werden, der das Oberflächenrelief wiedergibt. Diese zuerst von Mahl [*6*] eingeführte und nunmehr klassische Methode wurde in den letzten 20 Jahren zu großer Vollkommenheit entwickelt; man vergleiche dazu die zusammenfassende Darstellung von Reimer [*7*].

Die ersten Versuche, Oberflächenabdrücke zu umgehen und kristalline Folien aus massiven Metallproben herzustellen, wurden von Heidenreich [*8*] und Castaing [*9*] durchgeführt. In einer Reihe von Arbeiten von Hirsch u. Mitarb. [*10*] bis [*12*], Bollmann [*13*] und Whelan und Hirsch [*14*] wurde die Durchstrahlung von kristallinen

Folien zu einer fruchtbaren Methode entwickelt, indem die präparativen Grundlagen sowie die theoretischen Vorstellungen für die Deutung der Bilder entwickelt wurden. Die mit den Gitterfehlern verknüpfte Änderung der Elektronenbeugung ergibt einen sog. Beugungskontrast, durch den die Gitterfehler im elektronenmikroskopischen Bild sichtbar werden. Auf diese Weise erschloß sich ein neuer Bereich von Mikrostrukturen der direkten Beobachtung, der in manchen Fällen bis an die atomaren Dimensionen heranreicht.

Zu den Erfolgen der Durchstrahlungsmethode hat auch die technische Verbesserung der Elektronenmikroskope beigetragen, die im letzten Jahrzehnt erreicht worden ist. Hier sind besonders die Einrichtungen zur Feinbereichsbeugung zu nennen, die es gestatten, von einem Objektbereich von wenigen μm Durchmesser eine hochvergrößerte Abbildung und ein Beugungsbild herzustellen. Ferner ist das Auflösungsvermögen derart verbessert worden, daß es gelungen ist, Netzebenenscharen gewisser Kristalle mit Abständen der Ebenen von der Größenordnung 10 Å direkt abzubilden. Im Moire-Verfahren konnten periodische Strukturen sichtbar gemacht werden, die aus der Überlagerung von Netzebenenscharen in zwei aufeinander liegenden Kristallen entstehen. Die Abstände der beteiligten Netzebenen können dabei kleiner sein als das Auflösungsvermögen des Gerätes. Zu diesen Methoden der direkten Abbildung des Kristallgitters vergleiche man Kapitel B2 und B3 des Berichtes über den Berliner Elektronenmikroskopie-Kongreß [*3*] sowie den zusammenfassenden Artikel von Menter [*15*]. Sie ergeben eine höhere Auflösung als die Abbildung mit dem Beugungskontrast; ihr Anwendungsbereich in der Kristallphysik ist jedoch bisher klein geblieben, da die Anforderungen an die Präparate viel höher sind als bei der Abbildung mit dem Beugungskontrast.

Zum Abschluß dieser Aufzählung elektronenmikroskopischer Beobachtungsverfahren sei betont, daß die Untersuchung von Oberflächenerscheinungen, die mit Fehlstellen in Kristallen zusammenhängen, weiterhin neben der direkten Durchstrahlung von kristallinen Folien eine wichtige Rolle spielt. Das Auflösungsvermögen von Oberflächenabdrücken ist in manchen Fällen ebenfalls bis in die atomaren Dimensionen vorangetrieben worden, etwa bei den Untersuchungen von Bethge u. Mitarb. [*16*] über Abdampfstrukturen von NaCl-Kristallen, bei denen Stufen von der Höhe eines Atomabstands beobachtet werden. Ferner sind hier die Untersuchungen von Gleitlinien zu nennen, die in den Kapiteln 2 und 3 besprochen werden. Verwandt damit ist die Beobachtung von Ätzgrübchen, die an den Durchstoßpunkten von Versetzungen durch die Kristalloberfläche erzeugt werden können und die unter anderem Wilsdorf [*17*] mit hoher Auflösung durchgeführt hat. Solche Untersuchungen geben Aufschluß über die Anordnung von

Versetzungen an der Oberfläche massiver Kristalle. Die Durchstrahlungsmethode gibt andererseits Aufschluß über die Anordnung von Versetzungen in dünnen Folien. Derartige Folien können mit den weiter unten zu besprechenden Verfahren aus dicken Kristallen herauspräpariert werden. Die zwei Methoden gestatten also verschiedene Bereiche eines Sachgebietes (der Versetzungsstruktur von Kristallen) zu erforschen, die sich gegenseitig ergänzen können, die sich jedoch im allgemeinen nicht völlig überdecken. Für eine fruchtbare Anwendung des Elektronenmikroskops muß deshalb die Beobachtungsmethode, die der jeweiligen Fragestellung angemessen ist, durch kritisches Abwägen ausgewählt werden.

Die folgenden Abschnitte sind der Durchstrahlung von kristallinen Folien und der Abbildung von Gitterfehlern durch den Beugungskontrast gewidmet. Nach einer Besprechung der Kontrastentstehung im 2. Abschnitt werden Beispiele für die Anwendung dieser Methode gegeben. Im 3. Abschnitt wird die Abbildung von Versetzungsanordnungen beschrieben und im 4. Abschnitt wird über die Agglomerate von atomaren Fehlstellen berichtet. Diese Beispiele sind den Arbeiten des Stuttgarter Max-Planck-Instituts entnommen und hängen mit Problemen zusammen, die in diesem Buch behandelt werden. Alle Bilder wurden mit einem Gerät vom Typ Elmiskop I der Firma Siemens & Halske bei 80 oder 100 kV Strahlspannung aufgenommen.

Weitere Ergebnisse der Durchstrahlung kristalliner Folien und zusammenfassende Artikel, die unter verschiedenen Aspekten dargestellt sind, findet der Leser, außer in den eingangs erwähnten Tagungsbüchern, in den Berichten über folgende Konferenzen und Symposia:

a) Symposium on the Application of Thin Film Techniques to the Electron Microscopic Examination of Metals, London 1959 [*18*],

b) International Conference on Structure and Properties of Thin Films, Bolton Landing, N.Y. 1959 [*19*].

c) First International University of California Materials Conference 1961 [*20*].

2. Herstellung kristalliner Folien und Kontrastentstehung

2.1. Allgemeines

Die verschiedenen Methoden zur Herstellung durchstrahlbarer Folien wurden von KELLY und NUTTING [*21*] zusammenfassend beschrieben. Man benützt meist elektrolytische Poliermethoden. Häufig kann man von einer blechförmigen Probe von etwa 0,1 mm Dicke ausgehen. In diesen Fällen genügt es, die Kanten der Probe mit Isolierlack abzudecken und so lange in der üblichen Weise elektrolytisch zu polieren, bis das Blech Löcher bekommt. In der Umgebung dieser Löcher findet man dann oft Bereiche, die für die elektronenmikroskopische Durchstrahlung dünn genug sind. Sie werden ausgeschnitten und auf den Präparatträger des Mikroskops übertragen. Die Präparation ist schwieriger, wenn man von einer dickeren Probe ausgehen will. Kelly und Nutting [*22*] beschreiben „Fräseinrichtungen“, welche die Materialabtragung durch einen ätzenden Säurestrahl ermöglichen. Die Abtragung wird unterstützt durch Stromdurchgang, der die Probe elektrolytisch auflöst. Die Präparation mit Hilfe eines lokal gezielten Säurestrahls ermöglicht ferner die Herstellung von Präparaten ohne mechanische Bearbeitung und plastische Verformung. Dies ist besonders wichtig, wenn Versetzungsstrukturen untersucht werden sollen, die bei der Präparation nicht durch mechanische Verformung gewaltsam verändert werden dürfen.

Bei Oberflächenabdrücken ist die Deutung des Kontrasts im elektronenmikroskopischen Bild einfach. Man stellt die Abdrücke aus Stoffen her, die eine Schwächung des einfallenden Strahls bewirken. Diese Schwächung ist durch die durchstrahlte Massendicke bestimmt und im allgemeinen zu ihr proportional. Die verschieden hellen Bildpartien entsprechen dann Präparatgebieten von verschiedener Dicke. Bei der Durchstrahlung von kristallinen Folien tritt zu dieser Schwächung ein weiterer Effekt hinzu, der von der Elektronenbeugung im Kristall herrührt. Dieser liefert den dominierenden Beitrag zum Kontrast von Kristallpräparaten. Das theoretische Verständnis dieser Erscheinungen verdankt man, wie eingangs erwähnt, Hirsch u. Mitarb. [*12*], [*14*]. Eine Zusammenfassung findet man bei Whelan [*23*], über neuere Entwicklungen berichten Howie und Whelan [*24*]. Für die praktischen Zwecke der Mikroskopie genügt im allgemeinen eine einfache Beschreibung und eine Unterteilung der Beugungskontrast-Phänomene in zwei verschiedenen Arten, auf die nun näher eingegangen werden soll.

2.2. Kontrast einer Grenzfläche im periodischen Gitteraufbau

Beispiele solcher Grenzflächen sind Korngrenzen und Stapelfehler. Hierher gehört auch der Kontrast infolge von Schwankungen der Foliendicke, er tritt besonders deutlich an einem keilförmigen Kristall auf.

Der einfallende Strahl treffe in Fig. 1 in der Kristallfolie auf eine Netzebenenschar (hkl), die nahezu in Braggscher Reflexionsstellung steht. Die Abweichung von der Reflexionsstellung sei charakterisiert durch den Vektor $\mathfrak{s}$, der vom reziproken Gitterpunkt (hkl) senkrecht zur Kristallfolie zur Ewaldschen Ausbreitungskugel führt. Man findet für Elektronenstrahlung immer eine Netzebenenschar, die beinahe in Reflexionsstellung ist. Die Wellenlänge der üblicherweise benützten Strahlung ist so klein (bei 100 kV beträgt sie 0,037 Å), daß die Braggschen Winkel viel kleiner sind als bei der Beugung von Röntgenstrahlen. So finden im Winkelbereich bis zu 5° alle diejenigen Reflexionen an verschiedenen Netzebenenscharen statt, die im Fall der Röntgenbeugung in einen Winkelbereich bis 180° auseinandergezogen sind.

Zum Verständnis des Grenzflächenkontrasts braucht man einen Begriff, der mit der Ausbreitung von Wellenfeldern in Kristallen zusammenhängt: die sog. Pendellösung. Ein Anteil des in Fig. 1 mit der Intensität I_0 einfallenden Strahls wird nach rechts reflektiert. Er nimmt mit der Eindringtiefe zu und vermindert die Intensität des durchgehenden Strahls I_D. Der reflektierte Strahl I_R wird an derselben Netzebenenschar

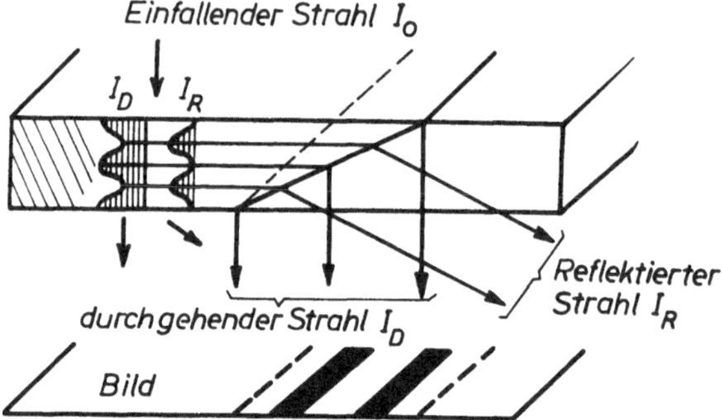

Fig. 1. Beugungskontrast an einer schräg durch die Folie verlaufenden Grenzfläche (keilförmiger Kristall, Korngrenze, Stapelfehler) mit Interferenzstreifung infolge der Pendellösung

in die ursprüngliche Richtung zurückreflektiert. Dadurch entsteht eine räumliche Modulierung der Wellenfelder, die sich in Richtung der einfallenden Strahlung bzw. in der Richtung der reflektierten Strahlung durch den Kristall bewegen. Dabei sind die Maxima der durchgehenden Strahlung in der gleichen Tiefe wie die Minima der reflektierten Strahlung und umgekehrt. Die Wellenlänge dieser Modulierung ist

$$t_0' = \frac{t_0}{\sqrt{1+(t_0 s)^2}}, \tag{2.1}$$

wobei $s = |\mathfrak{s}|$ die Abweichung von der Reflexionsstellung mißt und t_0 die Wellenlänge der Modulierung im Fall der genau erfüllten Bragg-Bedingung, die sog. Extinktionslänge, ist. Diese steigt mit zunehmender Energie des Elektronenstrahls, zunehmendem Reflexionswinkel und abnehmender Ordnungszahl der Atome des Kristalls. Für Reflexionen niedriger Ordnung ist sie bei 100 kV Strahlspannung von der Größenordnung einiger hundert Ångström. Die Intensität I_R der an der Unterseite des Kristalls von der Dicke t austretenden reflektierten Strahlung ist

$$I_R = \frac{\sin^2(\pi t/t_0')}{1+(t_0 s)^2};$$

sie schwankt periodisch mit der Kristalldicke t. Die reflektierte Strahlung wird von der Aperturblende des Mikroskopobjektivs aufgefangen und gelangt nicht zum Bild. Die Elektronenlinsen verwenden nur solche Strahlen zur Abbildung, die nahezu parallel zum einfallenden Strahl verlaufen. Als Bild eines Kristallkeils (rechts in Fig. 1) erhält man deshalb ein System von dunklen Streifen parallel zur Kristallkante. Diese Streifen, die sog. Extinktionskonturen, verbinden auf dem Bild Gebiete gleicher Dicke des Kristalls. Ein Beispiel hierfür zeigt Fig. 3a. In ähnlicher Weise

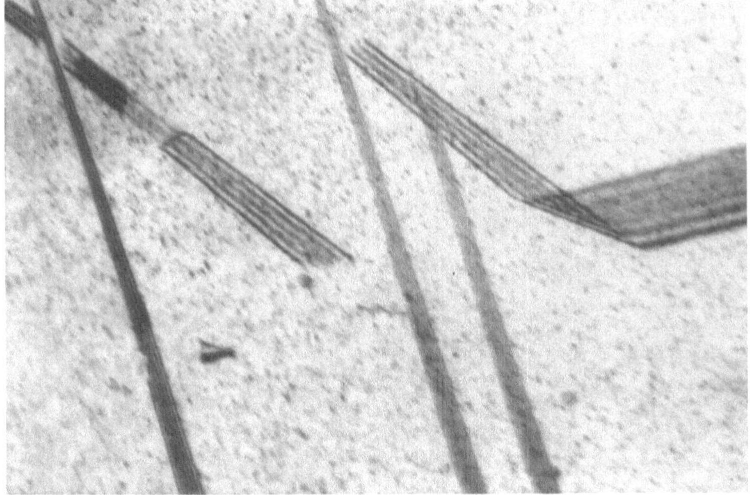

Fig. 2. Stapelfehler auf drei Oktaederebenenscharen und Kantenversetzung in Ni+65% Co. ×60000

treten im Bild einer gebogenen Folie Konturen gleicher Neigung auf. Sie zeigen Gebiete gleicher Orientierung bezüglich des einfallenden Strahls an.

Grenzflächen im periodischen Gitteraufbau, wie Korngrenzen oder Stapelfehler, werden durch Streifen gleicher Tiefe abgebildet, da in diesen Grenzflächen die für die ungehinderte Ausbreitung der Wellenfelder notwendige Kohärenz des Gitters gestört ist, wie in Fig. 1 angedeutet ist. Liegt jedoch der Stapelfehler in der reflektierenden Netzebenenschar selbst, so gibt er keinen Kontrast, da die Abstände der aufeinanderfolgenden Ebenen, die für die Bragg-Reflexionen maßgebend sind, nicht verändert werden. Fig. 2 zeigt Stapelfehler in einer kubisch-flächenzentrierten Legierung aus Ni+65%Co. Drei verschiedene Oktaederebenen dieses Kristalls enthalten Stapelfehler. Sie ziehen sich von der Unterseite der Folie auf schrägliegenden Ebenen bis zur Oberseite und zeigen die charakteristischen Streifen gleicher Tiefe mit verschiedenen Abständen, entsprechend ihren verschiedenen Neigungen zur Ebene der Folie. Rechts im Bild treffen zwei Stapelfehler, die auf verschiedenen Ebenen liegen, zusammen und bilden längs ihrer Berührungskante eine sog. Kantenversetzung. In dem Gebiet, in dem sich beide Stapelfehler in der Bildprojektion überdecken, tritt eine Streifung parallel zur Kantenversetzung auf.

Wie in Ziff. 4.1 gezeigt wird, können als Folge von Abschreckversuchen in kubisch-flächenzentrierten Kristallen mit niederer Stapel-

Fig. 3a. Streifen gleicher Dicke und Stapelfehlertetraeder in abgeschrecktem und ½ Std bei 650° C angelassenem Ni + 69,5% Co. ×56000

Fig. 3b. Wie Fig. 3a, jedoch unter leicht verändertem Winkel gegenüber der Fig. 3a aufgenommen. Kontrast durch Reflexion an anderer Netzebenenschar als in Fig. 3a. ×56000

fehlerenergie kleine Tetraeder aus Stapelfehlerflächen entstehen. Fig. 3a und 3b zeigt ein solches Tetraeder, von dem 2 Dachflächen durch Streifenkontrast sichtbar sind. Es befindet sich in einer keilförmigen Folie in der Nähe der Kante. In Fig. 3a sind die Konturen gleicher Dicke parallel zur Kante zu sehen. Fig. 3b wurde aufgenommen, nachdem die Folie um einen kleinen Winkel bezüglich des einfallenden Strahls gekippt worden war. Der Kontrast entsteht nun durch Reflexion an einer anderen Netzebenenschar mit einer kleineren Extinktionslänge. Die Streifen parallel zur Kristallkante sind verschwunden und der Streifenabstand auf den Tetraederflächen ist verkleinert. Solche kleinen Orientierungsänderungen der Präparate ändern oft die Kontrastverhältnisse erheblich. Man muß sie während des Mikroskopierens oft vornehmen, um alle Erscheinungen sichtbar zu machen.

2.3. Verzerrungskontrast

Diejenigen Fehlstellen, die bei der Durchstrahlung dünner Folien am auffälligsten in Erscheinung treten, sind Versetzungen. Sie werden durch ihre Verzerrungsfelder sichtbar. Fig. 4 zeigt schematisch, wie der Verzerrungskontrast bei einer Stufenversetzung entsteht. Die Versetzung ist durch ihre zugehörige eingeschobene Halbebene dargestellt. In der Umgebung der Versetzungslinie treten Verzerrungen des Gitters auf. Dadurch kann eine Netzebenenschar – etwa in dem in Fig. 4 eingekreisten Gebiet – ganz in Reflexionsstellung gelangen. Ein Teil der einfallenden Intensität wird in diesem Gebiet reflektiert und gelangt nicht zum Bild. Das markierte Gebiet neben der Versetzungslinie wird somit dunkler abgebildet als seine Umgebung. Die Theorie [*12*] zeigt, daß die Breite dieses Versetzungsbildes etwa $t_0'/3$ beträgt; es kann also bis zu etwa 100 Å breit sein.

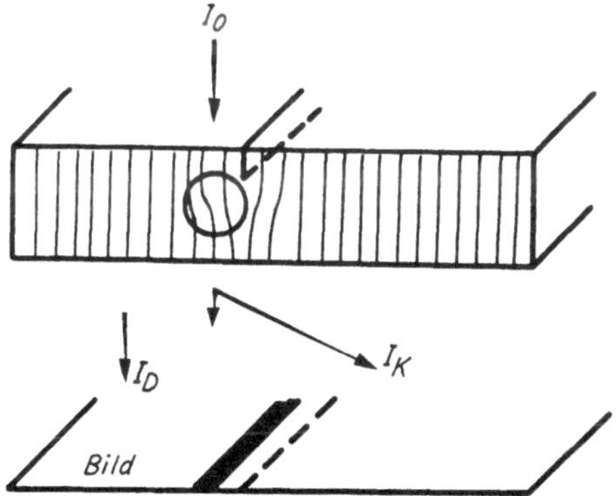

Fig. 4. Entstehung des Beugungskontrasts am Verzerrungsfeld einer Stufenversetzung

Die in Fig. 4 dargestellte Stufenversetzung hat ihren Burgers-Vektor in der Zeichenebene. Netzebenen parallel zur Zeichenebene erleiden durch diese Versetzung keine Abstandveränderungen. Die Versetzung wird also nicht abgebildet, wenn die Reflexion an solchen Netzebenen erfolgt. Allgemein gilt die Regel, daß eine Versetzung keinen Kontrast liefert, wenn ihr Burgers-Vektor in der Netzebenenschar liegt, die nahezu in Reflexionsstellung steht und für den Kontrast verantwortlich ist*. Diese Regel kann zur Bestimmung des Burgers-Vektors einer Versetzung angewandt werden. Man muß dazu einfach das Präparat so lange kippen, bis das Versetzungsbild verschwindet und dann durch eine Beugungsaufnahme feststellen, welche Netzebenenschar nahezu in Reflexionsstellung steht.

Es ist möglich, daß die Verzerrungen in der Umgebung der Versetzungslinie zwei Netzebenenscharen in Reflexionsstellung bringen, etwa links und rechts von der eingeschobenen Halbebene. Dann entsteht auf

* Diese Formulierung (die im Großteil des Schrifttums zu finden ist) der Regel über das Verschwinden des Versetzungskontrastes ist nicht exakt. Ist die obige Bedingung erfüllt und besitzt die Versetzung eine Verschiebungskomponente senkrecht zum Burgers-Vektor, die nicht in der reflektierenden Netzebenschar liegt, so gibt sie zu einem breiten diffusen Kontrast Anlaß, den man als Querverschiebungskontrast oder kurz Querkontrast bezeichnet.

beiden Seiten der eigentlichen Versetzungslinie ein dunkler Kontrast. Dies ist im unteren Bereich von Fig. 5 zu sehen. Im oberen Bereich dagegen ist die Orientierung der Folie so verändert, daß die zweite Netzebenenschar nicht mehr zum Kontrast der Folie beitragen kann.

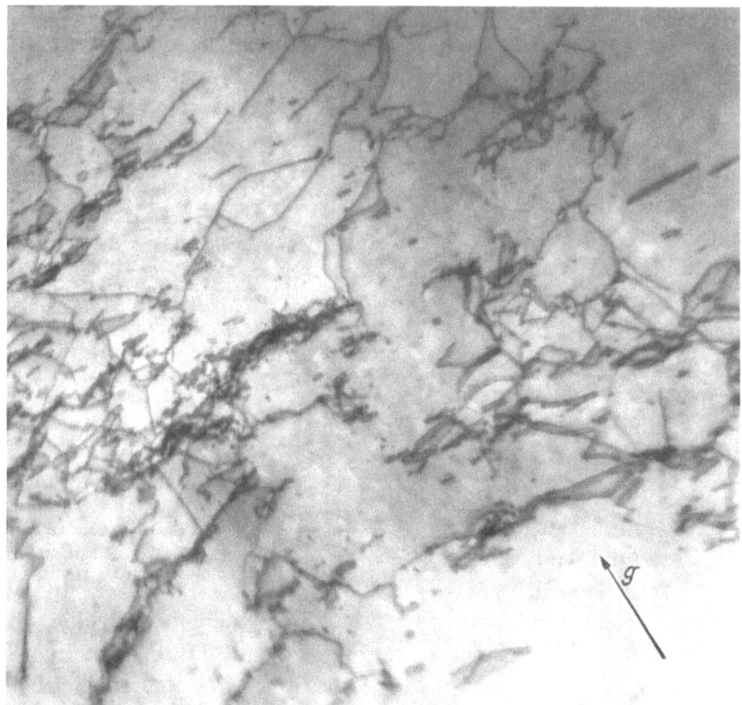

Fig. 5. Versetzungen im Bereich II eines plastisch gedehnten Einkristalls aus Ni, Abgleitung $a=9\%$. Im unteren Bildbereich Doppelkontrast. $\times 13500$. $\mathfrak{g}$= Gleitrichtung (s. Ziff. 3.3)

Weitere Eigentümlichkeiten des Kontrasts von Versetzungen sind in den Fig. 6 und 7 zu sehen. HIRSCH u. Mitarb. [*12*] zeigten, daß das Bild einer Versetzung um so schmäler und kontrastärmer ist, je steiler die Versetzung durch die Folie verläuft. In Fig. 6 sind kleine Versetzungsringe sichtbar, die ähnlich wie die Tetraeder von Fig. 3 beim Abschrecken in Metallen (insbesondere solchen mit hoher Stapelfehlerenergie) entstehen können. Sie liegen auf Oktaederebenen, die zur Folienebene geneigt sind. Die Ringanteile, die nahezu parallel zur Folienebene verlaufen, geben einen starken Kontrast. Die geneigt verlaufenden Anteile sind kaum sichtbar, so daß das Bild der Versetzungsringe aus zwei Halbmonden besteht. In Fig. 7 sind Versetzungsringe in einer Zn-Folie abgebildet, welche nach plastischer Verformung entstanden sind (vgl. Ziff. 4.2). Sie liegen auf Ebenen parallel zur Folienebene und haben einen Burgers-Vektor senkrecht zu dieser Ebene. Der in Fig. 7 sichtbare Mehrfachkontrast ist ein Beispiel für den oben erwähnten Querkontrast. Er wurde von HOWIE und WHELAN [*24*] mit der dynamischen Kontrasttheorie und von PFEIFFER [*25*] mit der kinematischen Kontrasttheorie gedeutet.

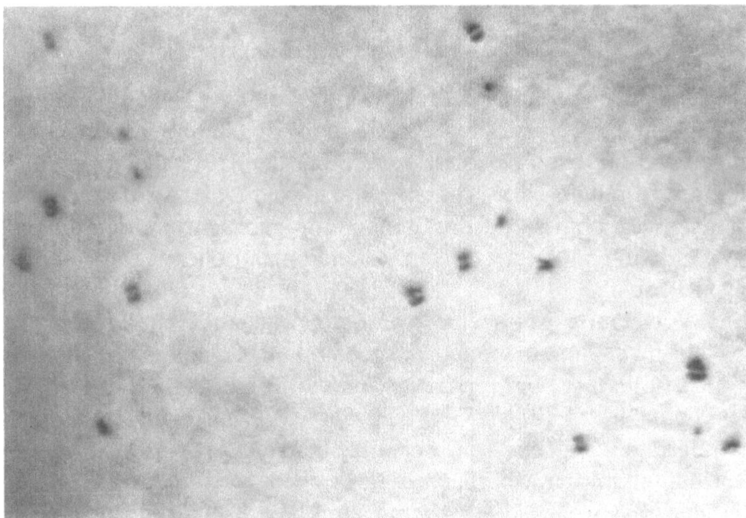

Fig. 6. Versetzungsringe in abgeschrecktem und $\frac{1}{2}$ Std bei 650° C angelassenen Ni+55% Co. Die Ringe liegen auf Ebenen, die schräg durch die Folie laufen. ×56000

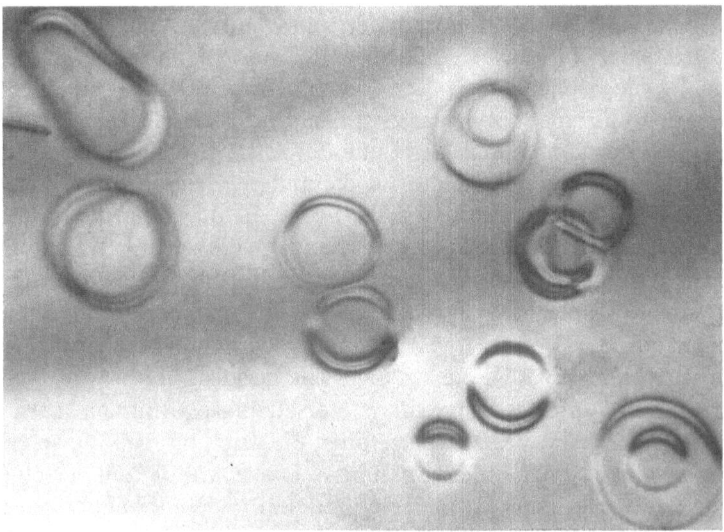

Fig. 7. Versetzungsringe mit Querkontrast in einem plastisch gedehnten Zn-Einkristall. Abgleitung $a=6\%$. ×26000

Verzerrungsfelder in Kristallen, die aus anderen Gründen entstanden sind, etwa durch kohärente Ausscheidungen, werden in ähnlicher Weise abgebildet. Man vergleiche hierzu Nicholson u. Mitarb. [*26*] und Whelan [*23*].

3. Untersuchung von Versetzungsanordnungen

3.1. Einleitende Bemerkungen

Bei der Anwendung der Durchstrahlung dünner Folien wurde bisher vor allem von der eindrucksvollen Möglichkeit Gebrauch gemacht, Versetzungen abzubilden. Doch ist gerade bei der Untersuchung von Versetzungsanordnungen Vorsicht am Platz, wenn die an dünnen Folien gewonnenen Ergebnisse in Zusammenhang gebracht werden sollen mit dem Verhalten von Versetzungen bei der plastischen Verformung von massiven Proben.

Eine Versetzung ist in einer dünnen Folie anderen Kräften unterworfen als in einem unendlich ausgedehnten Kristall. Von der Oberfläche der Folie aus wirken Kräfte auf die Versetzung, die nach Rechnungen von Dietze [*27*] (zitiert von Seeger [*28*]) in der Oberflächenschicht Beträge erreichen, die der anziehenden Kraft des Spiegelbildes der Versetzung an der Oberfläche entsprechen.

Bei der plastischen Verformung sind Wechselwirkungen zwischen Versetzungen über Entfernungen hinweg zu erwarten, die größer sind als die Foliendicke. Aus dem Verfestigungsverhalten (Seeger [*29*], Kapitel 2 und 3 dieses Buches) ist zu schließen, daß im verformten Material Versetzungsgruppen vorhanden sind, mit denen weitreichende Spannungsfelder verknüpft sind. Die inneren Spannungen im Gebiet zwischen zwei benachbarten Versetzungsgruppen haben die Größenordnung der Fließspannung des Kristalls. Entfernt man eine der beiden Gruppen bei der Herstellung der Folie durch Dünnpolieren oder Ätzen, so ändert sich die Spannung, die auf die andere Gruppe wirkt, um etwa den Betrag der Fließspannung. Als Folge davon treten Versetzungsbewegungen auf; die zweite Gruppe versucht entweder sich unter den neuen Spannungsverhältnissen günstiger anzuordnen oder den Kristall zu verlassen. Dabei ist zu erwarten, daß insbesondere Schraubenversetzungen aus der Folie entweichen, da sie durch Quergleitung Gleitebenen auswählen können, die aus der Folie herausführen.

Andererseits gibt es elementare Versetzungsreaktionen, etwa das Durchschneiden von Versetzungen oder die Bildung von Versetzungsknoten, welche in einer Folie von 2000 Å Dicke wohl kaum verschieden sind von den Reaktionen im massiven Kristall. Diese lokal auftretenden Phänomene lassen sich in dünnen Folien gut untersuchen. In Ziff. 3.2 wird ein Beispiel dafür mitgeteilt.

Fig. 8a. Versetzungen in gewalztem Molybdän. ×52000

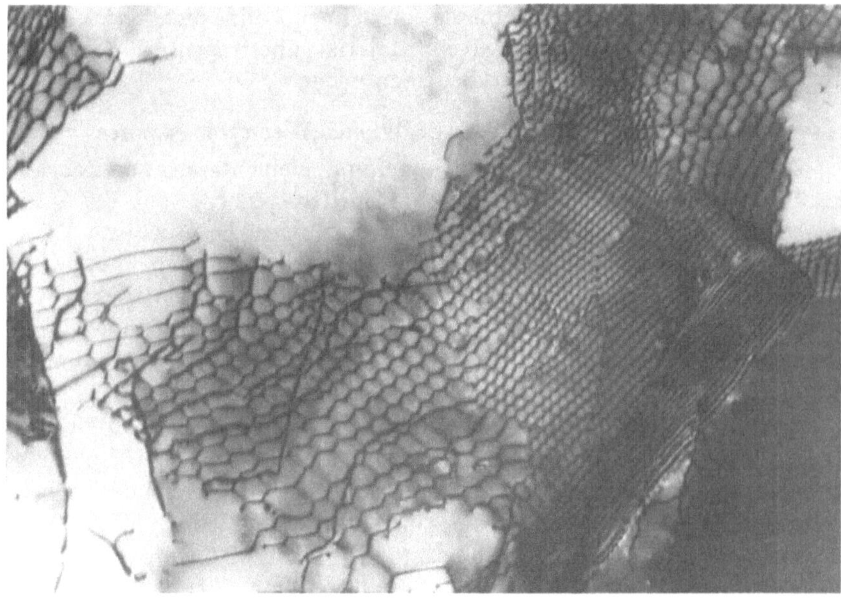

Fig. 8b. Polygonisierte Versetzungsnetzwerke in Molybdän nach einer Glühung von 2 Std bei 1200° C im Vakuum. ×52000

Ferner gibt es bekanntlich Anordnungen, an denen viele Versetzungen beteiligt sind und bei welchen keine weitreichenden Spannungsfelder aufgebaut werden, z.B. polygonisierte Strukturen (vgl. Kapitel 1, Ziff. 1.4d). In solchen Fällen ist nicht mit einer Umordnung der Versetzungen während des Dünnpolierens zu rechen, so daß die an dünnen Folien gewonnenen Bilder die Anordnung im massiven Material wohl richtig wiedergeben. Fig. 8a und 8b zeigen als Beispiel Versetzungen in gewalztem Molybdän und Versetzungen im gleichen Material nach einer Glühung bei 1200° C. Vor der Glühung bilden die Versetzungen ein schwer entwirrbares und kaum aufgelöstes Muster. Nach der Glühung sind sie in regelmäßigen Netzwerken angeordnet und bilden Kleinwinkelkorngrenzen. Solche Netzwerke wurden in kubisch-raumzentrierten Metallen schon mehrfach beobachtet [*30*], [*31*]. Sie lassen sich analysieren als aufgebaut aus zwei Sätzen von Schraubenversetzungen mit Burgers-Vektoren $a/2\,\langle 111\rangle$, die sich an den Knotenpunkten zu einer $a\langle 100\rangle$-Versetzung verbinden.

Aus den elektronenmikroskopischen Bildern allein läßt sich kein Kriterium angeben, ob eine abgebildete Versetzungsanordnung in derselben Weise wiedergegeben ist, wie sie im massiven Material vorhanden war. Man muß vielmehr an Hand der Vorgeschichte des Kristalls oder seiner physikalischen Eigenschaften entscheiden, ob mit weitreichenden inneren Spannungen zu rechnen ist. In diesem Fall, der bei Fig. 8a vorliegen dürfte, können die Ergebnisse von dünnen Folien nicht unmittelbar auf die Verhältnisse im massiven Material übertragen werden. Bei Fig. 8b dagegen bestehen diese Bedenken nicht.

3.2. Elementare Versetzungsreaktionen, Versetzungsknoten

Als Beispiel für die Untersuchung von elementaren Versetzungsreaktionen sei die Bestimmung der Stapelfehlerenergie aus der Aufspaltung von Versetzungen in Halbversetzungen besprochen. Diese Aufspaltung ist gerade so groß, daß die Oberflächenspannung des Stapelfehlers, die gleich der Stapelfehlerenergie γ ist, der elastischen Abstoßung der Halbversetzungen das Gleichgewicht hält. Aus der Breite des Stapelfehlerbandes kann also die Stapelfehlerenergie entnommen werden. Solche Untersuchungen wurden von SIEMS u. Mitarb. [*32*] an Stoffen mit extrem niedriger Stapelfehlerenergie, wie z.B. Graphit und Molybdänsulfid, durchgeführt. In diesen Fällen ist die Aufspaltung einzelner Versetzungen weit genug zum Ausmessen der Breite des Stapelfehlerbandes. Bei Metallen ist die Aufspaltungsweite jedoch oft nur von der Größenordnung 1 bis 20 Atomabstände. In Ziff. 2.3 wurde berichtet, daß der Verzerrungskontrast eine Versetzung mit mehr als 50 Å Breite abbildet. Die Aufspaltung der Versetzung in Halbversetzungen geht deshalb im allgemeinen in der Bildbreite unter.

WHELAN [33] hat gezeigt, daß die Aufspaltungsweite bei Versetzungsknoten vergrößert ist und ausgemessen werden kann. Man muß dazu Knoten aus drei Versetzungen betrachten, welche in einer gemeinsamen Ebene liegen und ihre Burgers-Vektoren in dieser Ebene haben. Fig. 9 zeigt solche Knoten in Ni+68% Co, einer kubisch-flächenzentrierten Legierung. Wenn sich in den Knoten die Halbversetzungen von einer vollständigen Versetzung zur anderen in der in Fig. 10 schematisch ge-

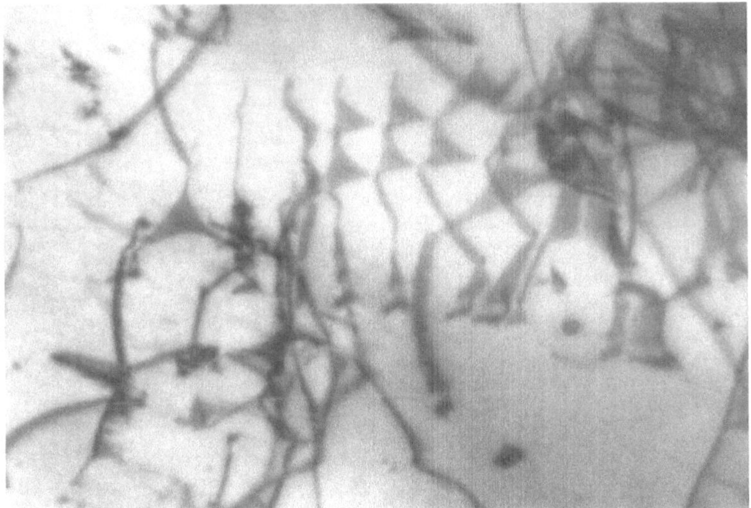

Fig. 9. Ausgedehnte Versetzungsknoten in einem polykristallinen Blech aus Ni+68% Co nach einer Dehnung von 3%. ×80000

zeichneten Weise hinziehen, so wird die Stapelfehlerfläche durch die Linienspannung T der Halbversetzungen weit aufgespannt. Die Linienspannung ergibt bei Versetzungen, die mit dem Radius R gekrümmt verlaufen, eine Komponente senkrecht zur Linie der von Größe T/R, die zum Krümmungsmittelpunkt hin zieht. Dieser Komponente, sowie der nach wie vor wirkenden elastischen Abstoßung der Teilversetzungen muß die Oberflächenspannung γ das Gleichgewicht halten. SIEMS [32] und CZJZEK u. MADER [34] berechneten die Gleichgewichtsform der Teilversetzungen und gaben, wie schon früher WHELAN [33], Methoden an, wie aus der Geometrie von Knotenbildern die Stapelfehlerenergie ermittelt werden kann.

Zur Auswertung von Knotenbildern ist außer der Kurvenform der Teilversetzungen deren Linienspannung T erforderlich. Diese hängt vor allem vom Charakter der Versetzungslinie ab, d.h. vom Winkel, den der Burgers-Vektor mit der Versetzungslinie bildet. Die Linienspannung ist am größten bei einer Stufenversetzung und am kleinsten bei einer

Schraubenversetzung. Es gilt also die Richtungen der Burgers-Vektoren der den Knoten berandenden Versetzungen herauszufinden. Dazu betrachtet man zweckmäßigerweise nicht symmetrische Knoten, wie sie in Fig. 9

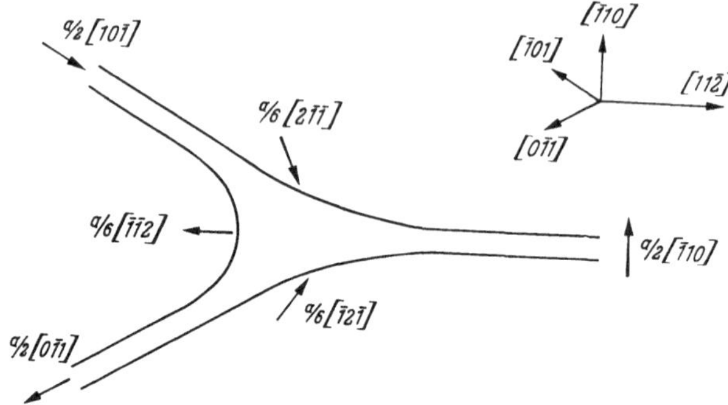

Fig. 10. Teilversetzungen von ausgedehnten Versetzungsknoten. Die eingezeichneten Burgers-Vektoren beziehen sich auf die Knoten von Fig. 11

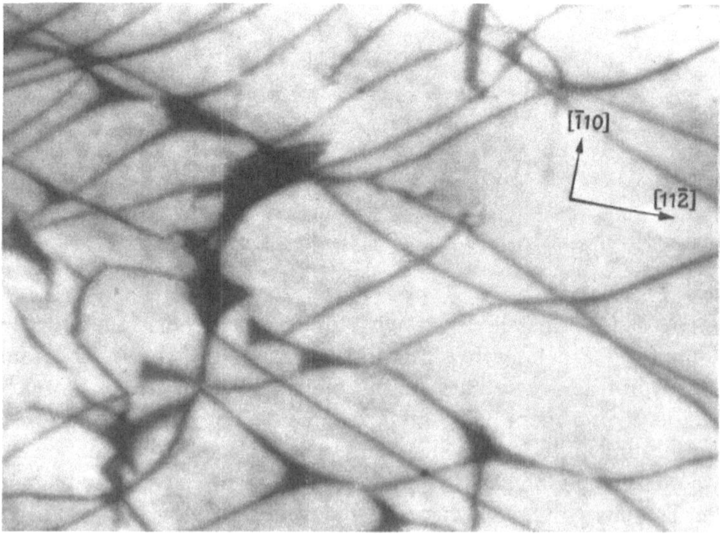

Fig. 11. Ausgedehnte Versetzungsknoten in Ni+68% Co. Die Ebene der Knoten ist parallel zur Abbildungsebene gelegt. ×80000

zu sehen sind, sondern unsymmetrische Knoten, die z.B. in Fig. 11 abgebildet sind. Die (111)-Ebene, in der sich diese Knoten befinden, wurde in Fig. 11 durch eine photographische Verzerrung parallel zur Bildebene gelegt. In Fig. 10 ist einer der Knoten nachgezeichnet zusammen mit den in dieser (111)-Ebene liegenden Richtungen. Die Burgers-Vektoren von vollständigen Versetzungen, die hier möglich sind, zeigen in die drei eingetragenen $\langle 1\,1\,0\rangle$-Richtungen. DieVersetzungslinien, die im Knoten zusammenlaufen, weisen in die kristallographisch nicht gleichwertigen Richtungen $[1\,1\,\bar{2}]$, $[1\,0\,\bar{1}]$, und $[0\,\bar{1}\,1]$. Sie können also nicht alle den gleichen Charakter haben. Doch müssen ihre Linienspannungen, unabhängig von der detailierten Form des Knotens, miteinander im Gleichgewicht sein. Man vergleicht nun den Knoten mit einem Seilknoten, dessen Seilkräfte in die vorgegebenen Richtungen ziehen, und fragt, wie sich die Kräfte in den einzelnen Seilen zueinander verhalten müssen, damit der Knoten im Gleichgewicht ist. In diesem Verhältnis stehen auch die Linienspannungen der asymptotischen Versetzungen. Daraus ergibt sich, daß die in die $[1\,1\,\bar{2}]$-Richtung gehende Versetzung eine große Linienspannung hat und eine Stufenversetzung ist, während die beiden in $[1\,0\,\bar{1}]$- und $[0\,\bar{1}\,1]$-Richtung verlaufenden Versetzungen Schraubenversetzungen sind. Den Teilversetzungen am Knotenrand werden dann diejenigen Burgers-Vektoren zugeordnet, welche die angrenzenden asymptotischen Versetzungen gemeinsam haben. Auf diese Weise ergeben sich für die Knoten von Fig. 11 die in Fig. 10 eingetragenen Burgers-Vektoren.

Die Stapelfehlerenergien γ kubisch-flächenzentrierter Kristalle lassen lassen sich bis zu Werten von $\gamma \lesssim 3\cdot 10^{-3}$ Gb aus ausgedehnten Knoten entnehmen. Bei größeren Werten sind die Knoten so klein, daß sie nicht mehr ausgemessen werden können. Nach dieser Methode wurden die Stapelfehlerenergien von Ni—Co Legierungen mit 60 bis 68% Co-Gehalt ermittelt [*35*]. Die Stapelfehlerenergie nimmt in diesem System mit zunehmendem Co-Gehalt ab. Die Ergebnisse sind in Fig. 66 von Kapitel 2 dargestellt. Sie schließen sich gut an die Werte der Stapelfehlerenergien, welche für geringere Co-Gehalte aus der Aktivierungsenergie für Quergleitung gewonnen worden sind, an. Das zeigt, daß die Durchstrahlungsmethode wertvolle Ergebnisse liefern kann, wenn sie auf elementare Versetzungsreaktionen angewendet wird.

3.3. Versetzungsanordnungen in plastisch gedehnten Ni—Co-Einkristallen

Die folgende Serie von Abbildungen (Fig. 12 bis 16, sowie Fig. 5) zeigt Versetzungsanordnungen in plastisch verformten Einkristallen nach Untersuchungen von Thieringer [*36*] (vgl. auch Mader [*35*]). Die Präparate zu diesen Aufnahmen wurden mit Hilfe eines Säurestrahls ohne zusätzliche Verformung aus den Kristallen herausgeschnitten. Die Orientierung der dünnen Folien wurde in Anbetracht der kristallographischen Natur der Gleitung und nach den Überlegungen von Ziff. 3.1 so gewählt, daß die Präparatebenen nahezu parallel zur Hauptgleitebene der Kristalle verlaufen. Bei dieser Orientierung sollten zumindest die Stufenversetzungen in der Folie erhalten bleiben. Die Schraubenversetzungen können allerdings die Folie durch Quergleitung verlassen. Diese Orientierung gibt die Aufsicht auf die Gleitebene und ermöglicht einen Überblick über größere Bereiche der Gleitebene. Die makroskopische Gleitrichtung, die mit der Richtung des Burgers-Vektors der Gleitversetzungen übereinstimmt, ist auf den Bildern mit $\mathfrak{g}$ bezeichnet.

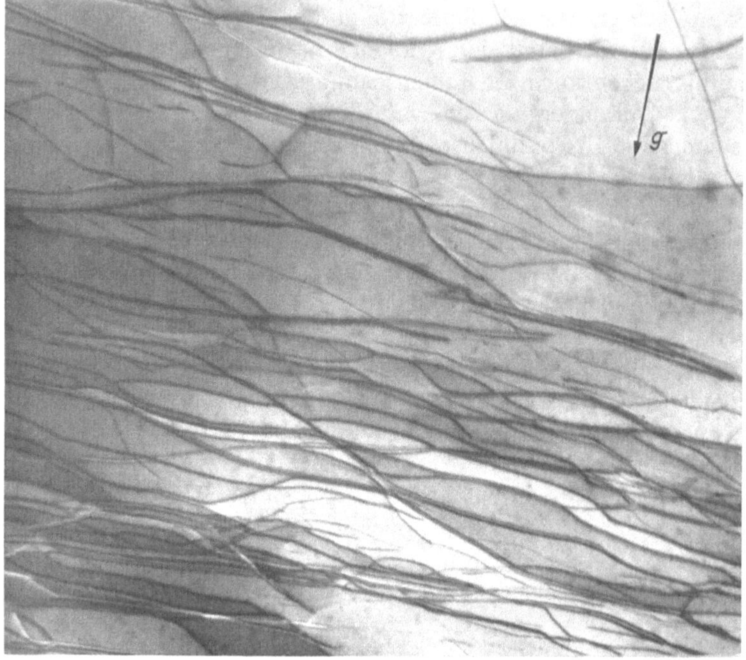

Fig. 12. Versetzungen im Bereich I eines plastisch gedehnten Einkristalls aus Ni+40% Co, Abgleitung $a=21\%$. $\mathfrak{g}=$ Gleitrichtung. $\times 14500$

Auf allen Bildern verläuft die Mehrzahl der Versetzungslinien etwa senkrecht zur Gleitrichtung in dem Winkelbereich, den die beiden anderen $\langle 110\rangle$-Richtungen in der Gleitebene mit der Gleitrichtung bilden. Die Versetzungen haben also vorwiegend Stufencharakter. Daraus ist zu schließen, daß die Schraubenanteile tatsächlich bei der Präparation aus der Folie entwichen sind; auch die Stufenanteile dürften demnach eine gewisse Umordnung erlitten haben. Trotzdem finden sich auf den Bildern charakteristische Züge, die mit dem plastischen Verhalten der Einkristalle im Zusammenhang stehen, und zwar folgende:

A. Die Dichte der vorhandenen Stufenversetzungen nimmt mit der Verformung zu und ihre Anordnung geht von einer gleichmäßigen Verteilung über in eine ungleichmäßige, bei der die Versetzungen in Stränge konzentriert sind, zwischen welchen sich Gebiete geringer Versetzungsdichte befinden. Die Fig. 12 bis 14, die einem Kristall aus Ni+40% Co im Bereich I, am Anfang des Bereichs II und gegen Ende des Bereichs II der Verfestigungskurve entnommen sind, illustrieren dieses Verhalten. In diesem spiegelt sich der Übergang von der gleichmäßigen Feingleitung des Bereichs I zur strukturierten Feingleitung des Bereichs II wider [*37*].

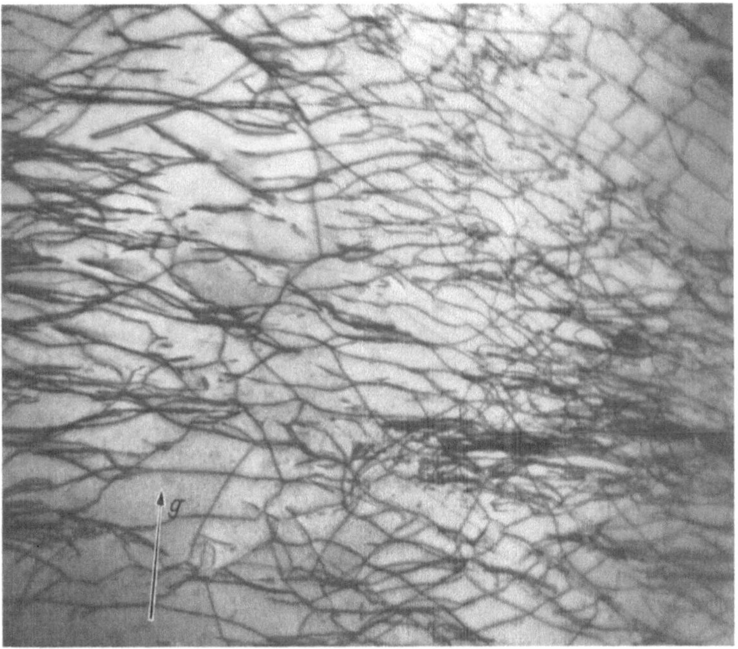

Fig. 13. Versetzungen im Bereich II eines plastisch gedehnten Einkristalls aus Ni+40% Co, Abgleitung $a = 70\%$. Im rechten Bildbereich gerade Versetzungen längs der Schnittlinie von primärer und konjugierter Gleitebene. ×14500

B. Mit abnehmender Stapelfehlerenergie nimmt die Anordnung der Versetzungen zunehmend stärker ausgeprägte kristallographische Züge an. Man erkennt dies bei einem Vergleich von Bildern, die im Bereich II von Kristallen verschiedener Legierungszusammensetzung gemacht worden sind. Die Versetzungen verlaufen in Fig. 5 (reines Nickel) und in Fig. 13 und 14 (Ni+40% Co) unregelmäßig gewellt etwa senkrecht zur Gleitrichtung und in Fig. 15 (Ni+60% Co) und Fig. 16 (Ni+67% Co) nahezu geradlinig in den beiden $\langle 110 \rangle$-Richtungen, die mit der Gleitrichtung 60° bilden. Dieses Verhalten hängt wohl mit der abnehmenden Beweglichkeit der Versetzungen infolge der zunehmenden Aufspaltung in Halbversetzungen zusammen. Diese hat zur Folge, daß sich die Versetzungen in den Legierungen mit niederer Stapelfehlerenergie bei der Präparation nur wenig umordnen können.

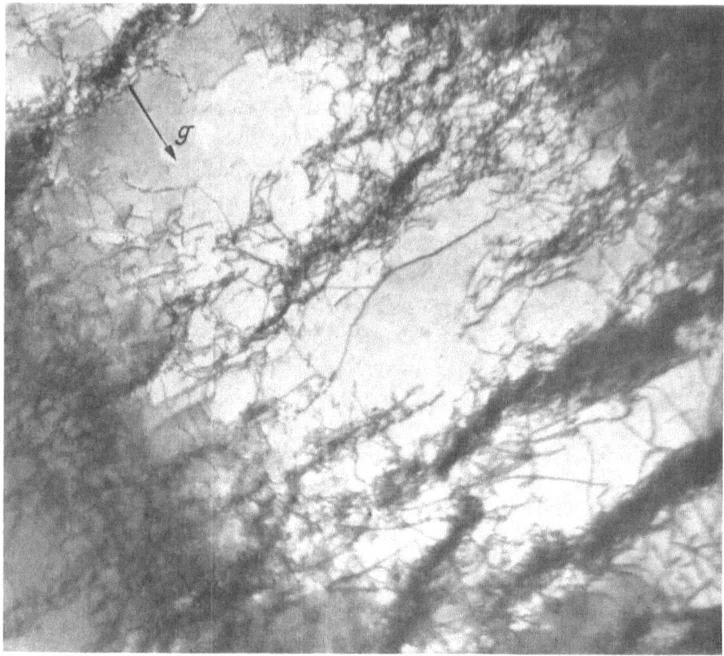

Fig. 14. Versetzungen aus dem Ende des Bereichs II eines plastisch gedehnten Einkristalls aus Ni+40% Co, Abgleitung $a=83\%$, Gruppierung der Versetzungen in Strängen. ×13000

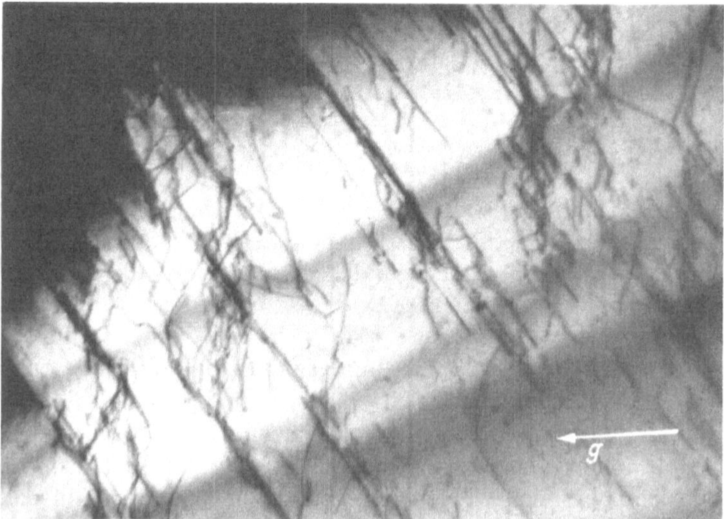

Fig. 15. Versetzungen im Bereich II eines plastisch gedehnten Einkristalls aus Ni+60% Co. Abgleitung $a=67\%$. Anordnung der Versetzungen in Strängen teilweise parallel zur Schnittlinie von primärer und konjugierter Gleitebene. ×16000

C. In manchen Gebieten erkennt man vollkommen geradlinige Versetzungen, die in ⟨1 10⟩-Richtungen verlaufen und die wohl durch besondere Versetzungsreaktionen in diesen Vorzugsrichtungen festgehalten werden. Ein Beispiel ist die rechte Hälfte von Fig. 13. In diesem besonderen Fall liegen die geradlinigen Versetzungen längs der Schnitt-

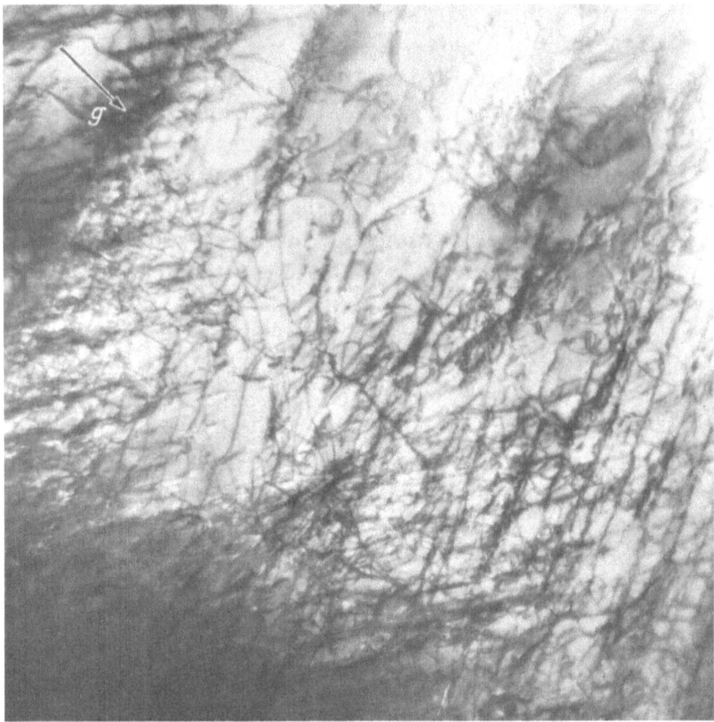

Fig. 16. Versetzungen im Bereich II eines plastisch gedehnten Einkristalls aus Ni+68% Co. Abgleitung $a = 130\%$. Anordnung der Versetzungen parallel zu ⟨1 1 0⟩-Richtungen. ×14500

spur der Gleitebenen des primären und des konjugierten Gleitsystems. Die Versetzungen dieser beiden Systeme können zusammen unbewegliche Lomer-Cottrell-Versetzungen bilden. Solche unbeweglichen Versetzungen stellen Hindernisse für die Bewegung von Gleitversetzungen dar und spielen für die Zunahme der Verfestigung bei der plastischen Verformung eine wichtige Rolle (vgl. Kapitel 3).

D. Bei allen Präparaten wurde ein Phänomen beobachtet, welches auch häufig bei anderen Untersuchungen ([*38*] bis [*40*]) von Versetzungen nach plastischer Verformung gefunden worden war, nämlich das Auftreten von Versetzungsspitzen und länglichen Versetzungsschleifen (letztere auch Versetzungsdipole genannt), welche in die zur Gleitrichtung senkrechte Richtung weisen. In der linken Hälfte von Fig. 13 sind solche Spitzen und in Fig. 5 längliche Schleifen zu erkennen. Aus der Geometrie dieser Spitzen und Schleifen folgt, daß sie durch große Sprünge in Schraubenversetzungen entstehen. Die Sprünge halten die gleitenden Versetzungen lokal zurück, so daß eine Spitze ausgezogen wird, von der sich schließlich Schleifen abschnüren. Für die Entstehung von großen Sprüngen, die in den verschiedenartigsten Kristallen (Metallen und Legierungen, Valenzkristallen, Ionenkristallen) beobachtet worden sind, wurden eine ganze Reihe von Mechanismen vorgeschlagen. Wir wollen hier diese Mechanismen, die einen starken ad-hoc Charakter haben, nicht im einzelnen diskutieren, sondern lediglich auf denjenigen von H. SUZUKI [*41*] hinweisen. Dieser Mechanismus hat den Vorzug, daß er keinerlei spezielle Annahmen benötigt, sondern die langen Sprünge als eine natürliche Konsequenz der Vorgänge bei der plastischen Verformung liefert. SUZUKI [*41*] betrachtet die Versetzungsmultiplikation durch sog. Spiralquellen (vgl. [*28*]). Diese Spiralquellen sind mit den in Kapitel 1, Ziff. 1.3, besprochenen Frank-Read-Quellen eng verwandt, produzieren jedoch nicht wie diese eine Folge von Versetzungsringen, die alle in derselben Gleitebene liegen, sondern eine spiralig aufgewundene Versetzungslinie zwischen den beiden „Polversetzungen“. Aufeinanderfolgende Segmente dieser Versetzungen liegen in verschiedenen, zueinander parallelen Gleitebenen. Treffen sie auf eine Waldversetzung mit einer nichtverschwindenden Komponente des Burgers-Vektors senkrecht zu dieser Gleitebenenschar, so würde bei einfachster Betrachtungsweise jedes der die Waldversetzung schneidenden Versetzungssegmente einen Sprung bekommen, dessen Höhe gerade gleich der erwähnten Komponente des Burgers-Vektors ist. SUZUKI [*41*] zeigt nun, daß n aufeinanderfolgende Versetzungsstücke derart miteinander reagieren können, daß nach dem Durchschneiden alle mit Ausnahme des letzten keine Sprünge enthalten, während die letzte Versetzung einen Sprung n-facher Höhe, also (etwa mit $n=25$) einen langen Sprung bekommt. In Metallen und Legierungen reicht die Dichte der Spiralquellen und der Waldversetzungen bei weitem aus, um die beobachtete Häufigkeit langer Sprünge auf Grund des Suzukischen Mechanismus zu erklären. Lange, nicht notwendigerweise abgeschnürte Versetzungsdipole können sich natürlich auch, wie in Kapitel 3, Ziff. 4.4b besprochen, bei der Begegnung von Stufenversetzungen entgegengesetzten Vorzeichens bilden.

In der Literatur finden sich Beobachtungen (z.B. [*42*] bis [*45*]) über die Versetzungsstruktur von verformten Kristallen, die von den unter Punkt A und B beschriebenen Anordnungen verschieden sind. Sie werden oft als Netzwerke oder Zellstrukturen mit breiten Wänden hoher Versetzungsdichte charakterisiert. Allerdings wurden diese Ergeb-

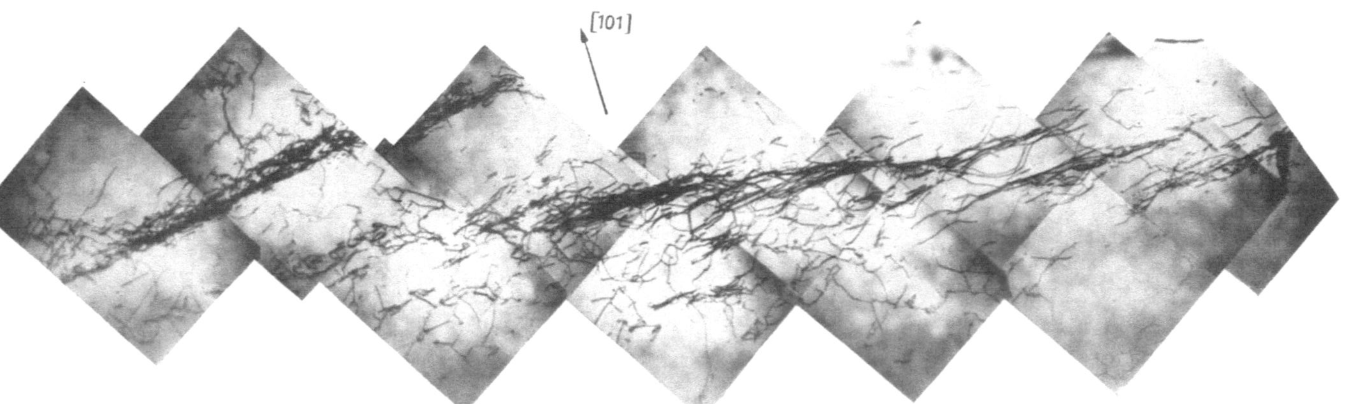

Fig. 17. Versetzungen im Bereich II eines plastisch verformten Kupfereinkristalls. Abgleitung $a=16\%$. Folie parallel zur Hauptgleitebene. Man erkennt die annähernd senkrecht zur Hauptgleitrichtung [101] orientierten Versetzungsstränge mit den aus Stufenversetzungen gebildeten Versetzungsdipolen. ×4400

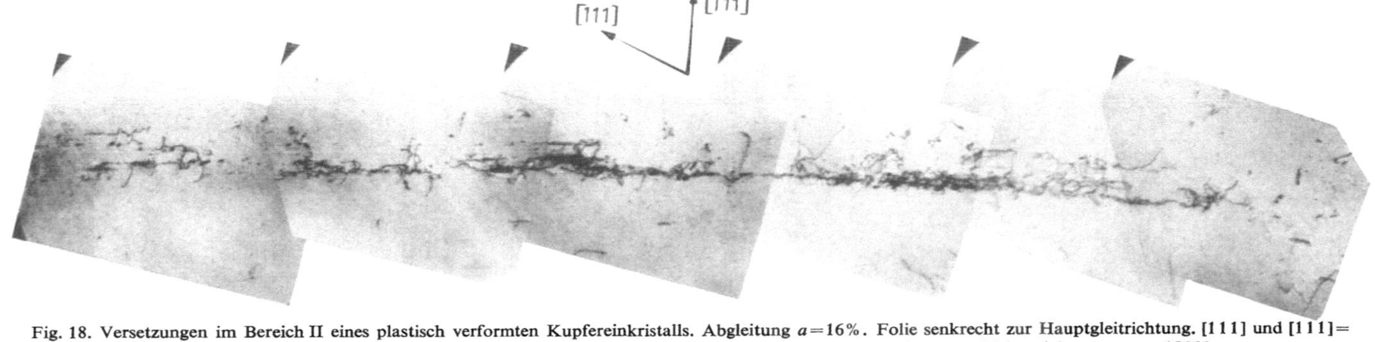

Fig. 18. Versetzungen im Bereich II eines plastisch verformten Kupfereinkristalls. Abgleitung $a=16\%$. Folie senkrecht zur Hauptgleitrichtung. [111] und [111]= Normale der Hauptgleit- bzw. der Quergleitebene. Die scharf abgebildeten Versetzungen gehören zu Nebengleitsystemen. ×15000

nisse entweder an vielkristallinen Proben oder an Einkristallen, deren Gleitebenen schräg zu Folienebenen verliefen, gewonnen. In diesen Fällen können sich die Versetzungen bei der Präparation unter Umständen in stärkerem Maß umordnen. Auch gestatten solche Orientierungen der Folie nur einen geringeren Überblick über die Anordnungen auf den Gleitebenen als bei den oben besprochenen Bildern, bei denen das Präparationsverfahren den kristallographischen Gegebenheiten Rechnung trägt.

Zusammenfassend kann man sagen, daß bei dem oben besprochenen Anwendungsbeispiel die Durchstrahlungsmethode im allgemeinen nur von einem Teil der abgelaufenen Vorgänge ein richtiges Bild liefert, wie etwa von den in Punkt C besprochenen unbeweglichen Versetzungen, welche als Gleithindernisse wirken.

3.4. Versetzungsanordnung in plastisch verformten Kupfereinkristallen

Die in Ziff. 3.3 besprochenen Untersuchungen von THIERINGER [*36*] an plastisch verformten Nickel-Kobalt-Einkristallen sind in neuester Zeit durch Durchstrahlungsexperimente von ESSMANN [*46*] an Kupfereinkristallen bestätigt und weiter präzisiert worden. Um die Veränderung der Versetzungsanordnung beim Präparieren der dünnen Folien möglichst gering zu halten, unterwarf ESSMANN die Kristalle nach der plastischen Verformung, aber vor der Präparation der Folien, einer Bestrahlung im Reaktor. Durch eine solche Bestrahlung wird der Kristall zusätzlich verfestigt (vgl. Kapitel 5, Ziff. 4.3) und damit die Bewegung der Versetzung beim Dünnpolieren und beim Durchstrahlen im Mikroskop wesentlich vermindert. Ferner untersuchte ESSMANN nicht nur parallel zur Gleitebene geschnittene Folien, sondern auch andere Orientierungen, insbesondere senkrecht zur Hauptgleitebene orientierte Folien.

Fig. 17 zeigt ein Übersichtsbild über die Versetzungsanordnung in einer parallel zur Gleitebene orientierten Folie. Man kann hier sehr gut die Versetzungsstränge erkennen, die hauptsächlich Versetzungen des Hauptgleitsystems mit überwiegendem Stufencharakter enthalten. Die Stränge sind in Wirklichkeit sicherlich wesentlich länger als in Fig. 17 zu sehen ist; die in der Abbildung sichtbare Länge wird durch die Dicke der Folie und die (sehr geringe) Neigung der Stränge zur Folienebene bestimmt. Fig. 18, die einen Schnitt senkrecht zur Gleitrichtung des Hauptgleitsystems darstellt, bestätigt sehr eindrucksvoll, daß die Stränge in guter Näherung parallel zur Gleitebene verlaufen und daß sie, wie schon ihr Name andeutet, *eindimensionale* Versetzungsanordnungen sind. Sie sind also in ihrem Wesen vollkommen verschieden von Kleinwinkelkorngrenzen, die ja *flächenhaften* Versetzungsanordnungen entsprechen (vgl. Kapitel 1, Ziff. 1.4 d).

Kontrastexperimente mit Wechsel der reflektierenden Netzebenenschar von der in Abschnitt 2.3 geschilderten Art haben ergeben, daß die Stränge eine große Zahl von Versetzungsdipolen (vgl. Ziff. 3.3) enthalten, die aus Stufenversetzungen des Hauptgleitsystems gebildet werden. Ferner konnte auf diese Weise gezeigt werden, daß die einzelnen (also nicht in Dipolen befindlichen) Versetzungen in der unmittelbaren Umgebung eines Strangs überwiegend dasselbe Vorzeichen des Burgers-

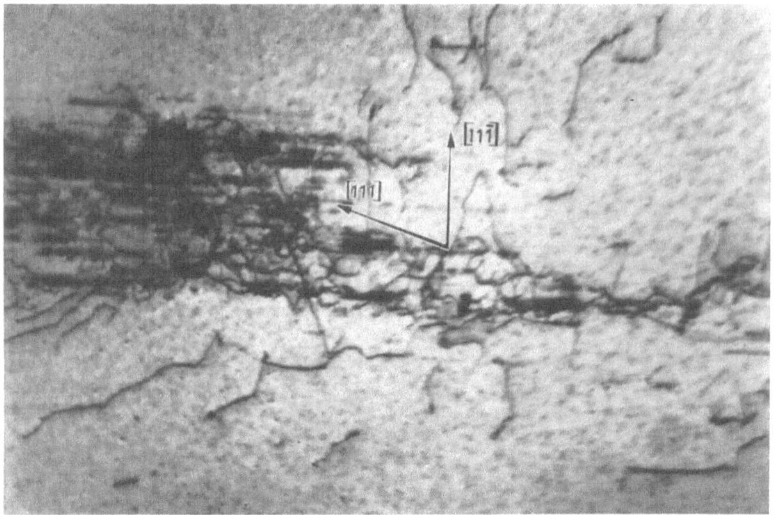

Fig. 19. Versetzungen im Bereich II eines plastisch verformten Kupfereinkristalls. Abgleitung $a=16\%$. Folie senkrecht zur Hauptgleitrichtung. $[11\bar{1}]$ und $[111]$ = Normale der Hauptgleit- bzw. der Quergleitebene. Die breiten diffusen Kontraste senkrecht zur eingezeichneten $[11\bar{1}]$-Normalen gehören zu Versetzungen des Hauptgleitsystems (Querkontrast). $\times 56000$

Vektors haben, so daß sie ein weitreichendes Spannungsfeld hervorrufen. Dieses weitreichende Spannungsfeld dürfte mit dem durch Verfestigungsexperimente (vgl. Kapitel 2 und 3) sowie ferromagnetische Untersuchungen (Kapitel 8) gefundenen weitreichenden elastischen Spannungen in verformten kubisch-flächenzentrierten Einkristallen eng zusammenhängen. Eine quantitative Bestimmung der Größe dieser weitreichenden Spannungsfelder auf Grund elektronenmikroskopischer Beobachtungen ist jedoch sehr schwierig und bis jetzt nicht durchgeführt worden.

Die Fig. 19 und 20 zeigen verschiedene Vergrößerungen von Schnitten senkrecht zur Gleitebene. Der Burgers-Vektor des Hauptgleitsystems liegt hier parallel zu der für die Abbildung verwendeten Netzebenenschar. Schraubenversetzungen des Hauptgleitsystems geben hier überhaupt keinen Kontrast, während die Stufenversetzungen des Hauptgleitsystems den in Abschnitt 2.3 erwähnten Querverschiebungskontrast aufweisen.

Dieser ist ziemlich diffus und symmetrisch zur tatsächlichen Lage der Versetzung. Man erkennt, daß die Versetzungen des Hauptgleitsystems mit überwiegendem Stufencharakter in der Tat recht genau in der Hauptgleitebene liegen. Die Beschreibung der Versetzungsanordnung als „Knäuel" („tangles" [*47*]) ist also nicht angemessen. Die in den Fig. 19 und 20 sichtbaren nicht in der Hauptgleitebene liegenden Versetzungslinien mit verhältnismäßig scharfem Kontrast gehören zu Nebengleitsystemen.

Die Experimente von ESSMANN wurden an Kristallen derselben Reinheit und kristallographischen Orientierung durchgeführt, die früher [*37*]

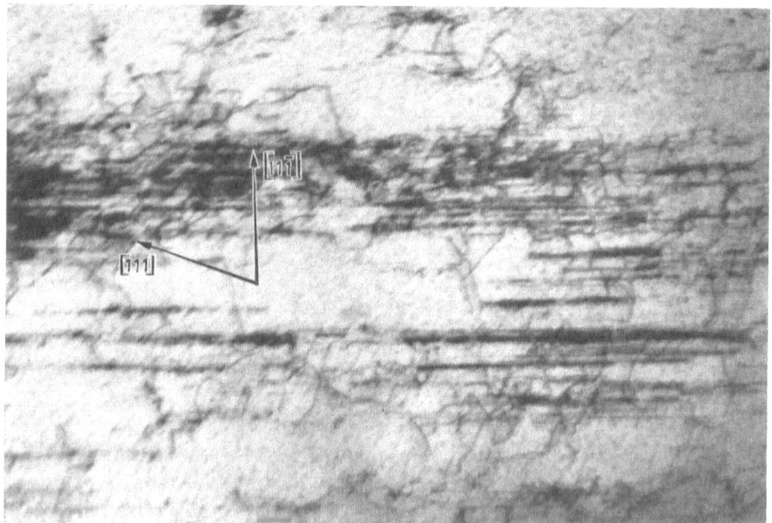

Fig. 20. Versetzungen im Bereich II eines plastisch verformten Kupfereinkristalls. Abgleitung $a = 16\%$. Folie senkrecht zur Hauptgleitrichtung. Die Vorzugsstellung der Hauptgleitebene $(1\,1\,\bar{1})$ ist hier besonders gut zu erkennen. $\times 24000$

ausführlich hinsichtlich ihres Gleitlinienbildes elektronenmikroskopisch untersucht worden sind (vgl. Kapitel 2, Ziff. 4.2). Die Übereinstimmung der beiden Untersuchungsmethoden ist sehr gut. Der Abstand der Stränge entspricht der Länge der aktiven Gleitlinien. Die Strukturierung der Feingleitung im Bereich II hängt mit der Ausdehnung der Stränge senkrecht zur Gleitebene zusammen.

Die Übereinstimmung zwischen den Durchstrahlungsuntersuchungen an Kupferkristallen [*46*] und dem aus Oberflächenbeobachtungen gewonnenen Bild vom verformten Zustand (vgl. Kapitel 2, Abschnitt 4.2) ist noch eindrucksvoller, wenn wir den Bereich III betrachten. Die Fig. 21 und 22 zeigen Durchstrahlungsaufnahmen aus dem Verfestigungsbereich III von Folien parallel bzw. senkrecht zur Hauptgleitebene. Die Analyse dieser Aufnahmen ergibt, daß für Bereich III flache scheibenförmige Gebiete niedriger Versetzungsdichte typisch sind, die parallel zur Hauptgleitebene liegen. Im vorliegenden Beispiel beträgt der Scheibendurch-

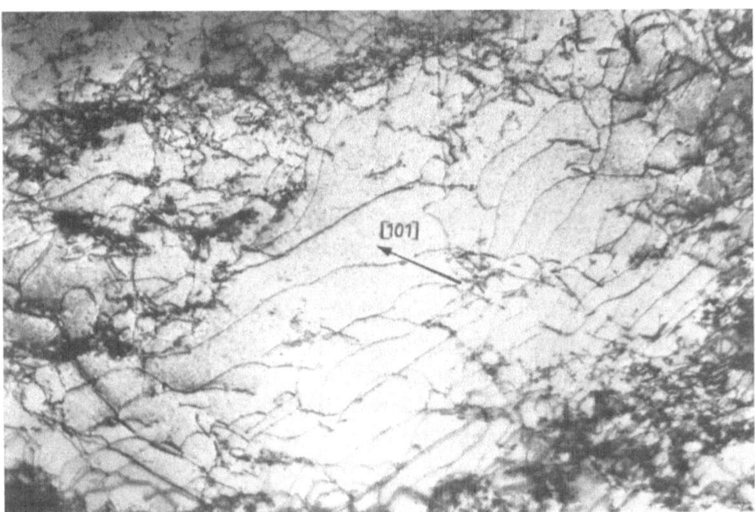

Fig. 21. Versetzungen im Bereich III eines plastisch verformten Kupfereinkristalls. Abgleitung $a = 43\%$. Folie parallel zur Hauptgleitebene. [101] = Hauptgleitrichtung. Man erkennt versetzungsarme Gebiete, die durch versetzungsreiche „Wände" abgegrenzt sind. $\times 13000$

Fig. 22. Versetzungen im Bereich III eines plastisch verformten Kupfereinkristalls. Abgleitung $a = 43\%$. Folie senkrecht zur Hauptgleitrichtung. Die parallel zur Hauptgleitebene $(1 1 \bar{1})$ ausgerichtete scheibenförmige Gestalt der versetzungsarmen Gebiete in Fig. 21 ist deutlich zu erkennen. Die dunklen Streifen entstehen durch schwache Orientierungsänderungen zwischen benachbarten „Scheiben" (Beugungskontrast). $\times 13000$

messer etwa 8 μm und die Scheibenhöhe etwa 0,4 μm. Auch bei sehr hohen Verformungsgraden ist die Hauptgleitebene in der Versetzungsanordnung noch deutlich ausgezeichnet.

Im Bereich III werden im Oberflächenbild fragmentierte Gleitbänder beobachtet (vgl. Kapitel 2, Ziff. 4.2). Die Länge der aktiven Gleitbandfragmente beträgt für den Verformungsgrad von Fig. 21 und 22 etwa 8 μm [*37*], ist also gleich dem Scheibendurchmesser. Die Länge der die Gleitbandfragmente verbindenden Quergleitspuren ist von der Größenordnung der beobachteten Scheibenhöhen. Man wird somit auf das folgende Bild von den Gleitvorgängen im Bereich III geführt: Die Gleitung auf der primären Gleitebene im Bereich III ist im wesentlichen auf das Innere der versetzungsarmen Gebiete beschränkt. Die die Scheibchen berandenden Gebiete hoher Versetzungsdichte wirken als Hindernisse für die Versetzungsbewegung. Sie werden durch Quergleitung von Schraubenversetzungen umgangen, wodurch die Gleitung von einem Scheibchen zum andern übertragen wird und insgesamt sehr lange Gleitbänder entstehen. Bei diesem Prozeß bleiben Versetzungen mit einer großen Stufenkomponente im Quergleitsystem zurück. Diese bilden wohl den Keim zu den etwa senkrecht zur Gleitebene liegenden Begrenzungen der versetzungsarmen Scheibchen.

4. Agglomerate von atomaren Fehlstellen

4.1. Ausscheidung von Leerstellen in abgeschreckten Ni—Co-Legierungen

Eine weitere Anwendung der Durchstrahlung dünner Folien ist die Untersuchung von Ausscheidungen. Ein Ausscheidungsvorgang der einfachsten Art ist die Bildung von Leerstellenagglomeraten. Durch Abschrecken von hoher Temperatur können in einen Kristall Leerstellen in übersättigter Konzentration eingeführt werden. Wenn der Kristall soweit erwärmt wird, daß die thermische Energie zur Aktivierung der Wanderung von Leerstellen ausreicht, sammeln sie sich zunächst zu Agglomeraten und heilen erst bei höherer Temperatur an unveränderlichen Senken, z. B. Oberflächen und Korngrenzen, aus. In Metallen hoher Stapelfehlerenergie bilden sich prismatische Versetzungsringe oder „*R*-Versetzungen", wie von Kuhlmann-Wilsdorf [*48*] vorausgesagt worden waren und wie Hirsch u. Mitarb. [*49*], Smallmann u. Mitarb. [*50*] und Kuhlmann-Wilsdorf und Wilsdorf [*51*] vor allem am Beispiel von Aluminium gezeigt haben. In Gold, einem Metall mit niederer Stapelfehlerenergie, fanden Silcox und Hirsch [*52*] andererseits Tetraeder aus Stapelfehlern, die sich auf den vier {1 1 1}-Ebenen befinden. Die Bildung beider Agglomeratformen wird im 5. Kapitel, Ziff. 3.2 d, γ kristallographisch und atomistisch beschrieben. Neben den speziellen Bedingungen für die Bildung eines Keimes entscheidet die Stapelfehlerenergie des Metalls, ob die eine oder die andere Agglomeratform entsteht.

Es lag deshalb nahe, die Bildung von Leerstellenagglomeraten in einem Legierungssystem mit variabler Stapelfehlerenergie zu untersuchen. Dazu bot sich das System Ni—Co an, dessen Stapelfehlerenergie nach Abschnitt 3.2 und nach Fig. 66 von Kapitel 2 mit zunehmendem Co-Gehalt abnimmt. Die Fig. 3, 6, 23 und 24, die der Diplomarbeit von

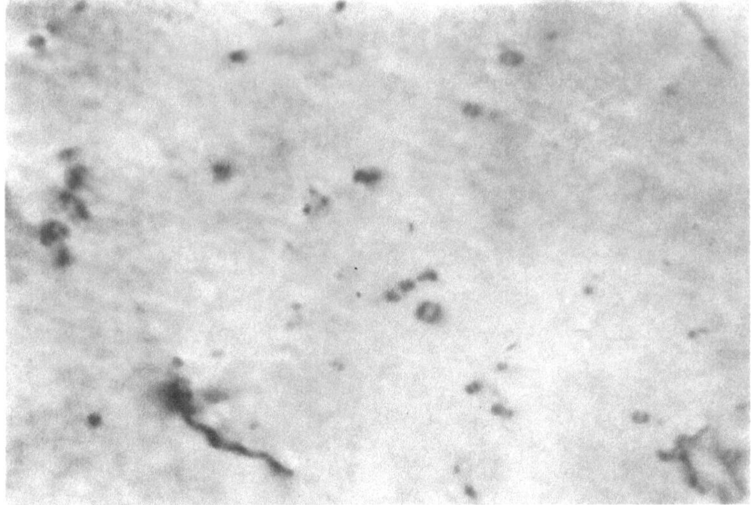

Fig. 23. Versetzungsringe in abgeschrecktem und ½ Std bei 400° C angelassenem Nickel. ×68000

Simsch (vgl. Mader und Simsch [*53*], Mader, Seeger und Simsch [*54*]) entnommen sind, zeigen Leerstellenagglomerate von kubisch-flächenzentrierten Ni—Co-Legierungen. In dieser Legierungsphase lassen sich zwei Bereiche unterscheiden. In dem einen derselben bilden sich nur prismatische Versetzungsringe. Er erstreckt sich von reinem Nickel (Fig. 23) bis zu Ni+55% Co (Fig. 6). In dem angrenzenden Bereich mit höherer Kobaltkonzentration bilden sich neben Versetzungsringen auch Tetraeder aus Stapelfehlern entsprechend den in Gold beobachteten. Fig. 24 zeigt solche in Ni+60% Co und Fig. 3 in Ni+69,5% Co. Bei beiden Bildern ist die Ebene der Folie nahezu parallel zu einer $\{112\}$-Ebene. Man blickt daher parallel zu einer Tetraederseite auf die Spitze und auf die schräg im Präparat verlaufende Dachkante sowie auf zwei angrenzende Dachflächen eines Tetraeders. Der Streifenkontrast ist hier parallel zur Schnittkante dieser Dachflächen mit der vierten Oktaederebene. Die Streifen zeigen Höhenlinien auf den Dachflächen bezüglich der leicht zur Folienebene geneigten vierten Oktaederebene an.

Die Abhängigkeit der Agglomeratformen von der Legierungskonzentration fügt sich qualitativ in die Abhängigkeit der Stapelfehlerenergie von der Zusammensetzung ein. Darüber hinaus lassen sich an die Grenze zwischen beiden Agglomeratformen zwischen 55% Co und 60% Co folgende Überlegungen anknüpfen:

A. Wie in Fig. 14 von Kapitel 5 dargestellt ist, kann sich als erster Schritt der Agglomerate ein ebener Stapelfehler bilden. Bei Legierungen hoher Stapelfehlerenergie wandelt dieser sich durch einen Gleitschritt vom

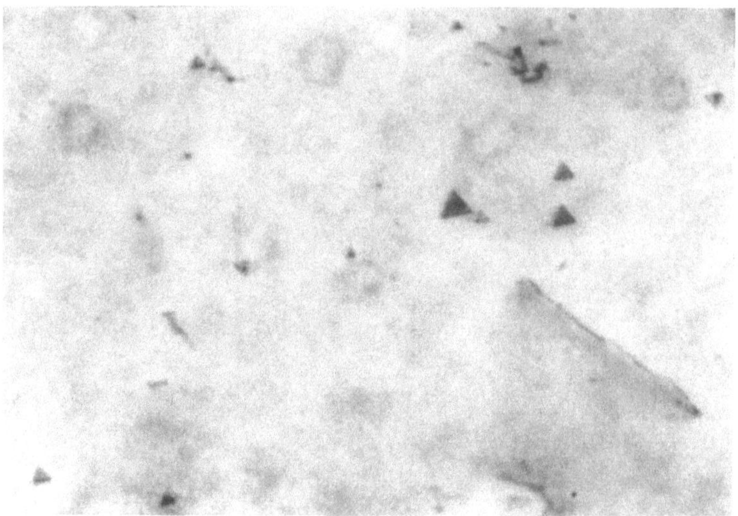

Fig. 24. Stapelfehlertetraeder in abgeschrecktem und ½ Std bei 650° C angelassenem Ni+60% Co. ×85000

Betrag 1/6⟨112⟩ in der Stapelfehlerebene um in eine *R*-Versetzung. SMALLMAN u. Mitarb. [*50*] und SEEGER u. Mitarb. [*55*] verglichen die Energie einer *R*-Versetzung mit derjenigen einer ebenen Stapelfehlerfläche und fanden, daß die Bildung von *R*-Versetzungen nur dann zu einer Erniedrigung der Gesamtenergie führt, wenn die Stapelfehlerenergie $\gamma \geqq 5 \cdot 10^{-3}$ Gb ist. Nach dieser Zahl und nach Fig. 66 von Kapitel 2 erwartet man die Grenze zwischen den beiden Agglomeratformen bei etwa 50% Kobaltgehalt. Die beobachtete Grenze ist nicht weit von der theoretischen Erwartung entfernt. Die Ringe, die bei 60% und mehr Kobaltgehalt beobachtet werden, müßten dann allerdings durch einen anderen Mechanismus entstanden sein.

B. Die Abmessungen der Tetraeder in Ni+60% Co lassen sich mit Rechnungen von CZJZEK, SEEGER und MADER [*56*] vergleichen. Diese beziehen sich auf den in Fig. 15 des 5. Kapitels dargestellten Übergang vom ebenen Stapelfehler zum Stapelfehlertetraeder. Mit zunehmender Größe des Agglomerats wächst der Energieanteil der Kantenversetzungen in den Tetraederkanten proportional zur Kantenlänge des Agglomerats, während der Energieanteil der Stapelfehler quadratisch anwächst. Bei einem sehr großen Gebilde ist also ein ebenes Agglomerat mit Stapelfehler günstiger als ein Tetraeder. CZJZEKs Ergebnisse lassen sich in folgender Weise zusammenfassen: Die in ⟨110⟩-Richtung verlaufende Franksche Randversetzung des ursprünglichen Stapelfehlers dissoziiert stets in eine Kantenversetzung und eine Shockleysche Teilversetzung auf der anliegenden Oktaederebene. Diese Konfiguration ist in Fig. 15 des 5. Kapitels schraffiert. Sie hat eine bestimmte Energie E_{dis}. Im weiteren Verlauf der Tetraederbildung, d.h. während der in der erwähnten Fig. 15 gestrichelt gezeichneten Bewegung der Shockleyschen Teilversetzungen zur Tetraederspitze, können mit zunehmender Kantenlänge l folgende Bereiche unterschieden werden:

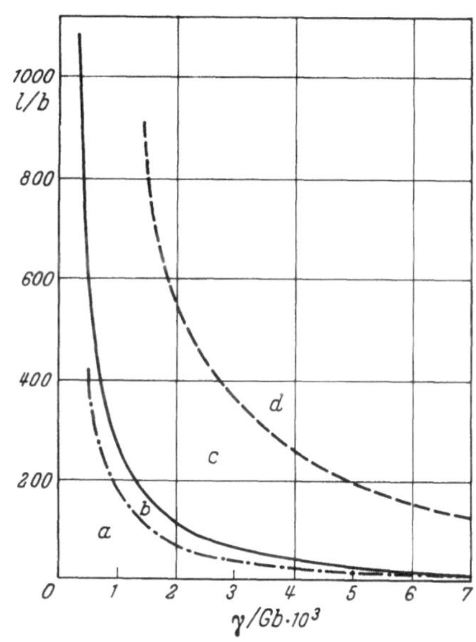

Fig. 25. Stabilitätsbereiche und Metastabilitätsbereiche von Stapelfehlertetraedern in Abhängigkeit von der Tetraederkantenlänge l und der Stapelfehlerenergie γ

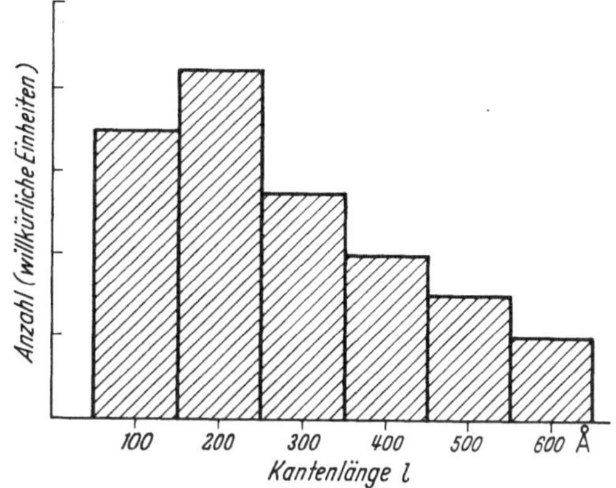

Fig. 26. Verteilung der Kantenlängen von Stapelfehlertetraedern in Ni+60% Co nach Abschrecken und Anlassen bei 650° C

a) Die Gesamtenergie des Agglomerats nimmt von E_{dis} ausgehend monoton ab bis zur Energie E_T des vollständigen Tetraeders. Das ebene Gebilde geht sofort in ein Tetraeder über.

b) Die Gesamtenergie steigt von E_{dis} ausgehend auf eine Schwelle $E_{\max}$ an und fällt dann wieder ab zum Wert E_T, der kleiner ist als E_{dis}. Der Tetraeder ist stabil, aber nur über eine Energieschwelle zu erreichen.

c) Die Gesamtenergie steigt wieder auf E_{max} an und fällt dann ab auf E_T, das hier größer ist als E_{dis}. Der Tetraeder ist metastabil. In diesem Bereich treten nur Tetraeder auf, die sich in den vorhergehenden Bereichen ausgebildet haben und durch Anlagerung weiterer Leerstellen in diesen Bereich hereingewachsen sind.

d) Die Gesamtenergie steigt von E_{dis} ausgehend monoton an bis zur Energie E_T eines hypothetischen Tetraeders, der sofort in ein ebenes Gebilde übergehen würde. Tetraeder mit Kantenlängen, die in diesem Bereich liegen, können nicht auftreten.

In Fig. 25 sind die Grenzen zwischen diesen Bereichen für verschiedene Stapelfehlerenergien aufgetragen. Diese Figur wird nun mit den größten Tetraedern verglichen, die in Ni + 60% Co auftreten. Die Größenverteilung der Tetraeder in dieser Legierung zeigt Fig. 26. Sie nimmt kontinuierlich zu großen Tetraedern hin ab. Dies deutet darauf hin, daß fertig ausgebildete Tetraeder durch Anlagern weiterer Leerstellen wachsen können*. Andernfalls wäre bei der Maximalgröße ein schroffer Abfall der Verteilungskurve zu erwarten. Die Maximalgröße würde dann der Grenze zwischen Bereich a) oder b) und Bereich c) von Fig. 25 entsprechen. Die großen Tetraeder befinden sich also im Bereich c). Die größten Tetraeder haben nach Fig. 26 eine Kantenlänge von 650 Å oder 260 b. Bei dieser Größe liegt die Grenze zwischen Bereich c) und Bereich d) bei einer Stapelfehlerenergie von $\gamma = 4 \cdot 10^{-3}$ Gb. Die Stapelfehlerenergie der Legierung Ni + 60% Co ist kleiner oder höchstens gleich diesem Wert. Die aus der Tetraedergröße gewonnene Abschätzung stimmt größenordnungsmäßig überein mit dem von ausgedehnten Versetzungsknoten abgeleiteten Wert (vgl. Fig. 66 von Kapitel 2).

Bei der Untersuchung der Strahlungsschädigung spielen ähnliche Beobachtungen von Fehlstellenagglomeraten, die als Folge der Teilchenbestrahlung entstehen, eine große Rolle. Im 5. Kapitel (Ziff. 3.3 b sowie S. 313) wird darüber im Einzelnen berichtet.

4.2. Agglomerate von atomaren Fehlstellen bei der plastischen Verformung von Zink

Auch bei der plastischen Verformung werden atomare Fehlstellen — Leerstellen und Zwischengitteratome — erzeugt. SEEGER und TRÄUBLE [*58*] schlossen aus dem Verfestigungs- und Gleitverhalten von Zink, daß sich in diesem Metall während der Verformung bei Raumtemperatur Agglomerate von atomaren Fehlstellen bilden. Diese sollten als Hindernis für die Bewegung von Versetzungen auf der Basisebene wirken. In der Folgezeit fanden BROWN (zit. in [*24*]), BERGHEZAN u. Mitarb. [*59*],

* DE JONG und KOEHLER [*57*] haben neuerdings einen Wachstumsmechanismus für Tetraeder durch Leerstellenanlagerung vorgeschlagen.

PRICE [*60*] und PFEIFFER [*61*] solche Agglomerate in verformtem Zink in der Form von unbeweglichen Versetzungsringen. Sie können aus Schichten von Leerstellen oder von Zwischengitteratomen bestehen. Die Reaktionen dieser Versetzungsringe mit Versetzungen vom Burgers-Vektor

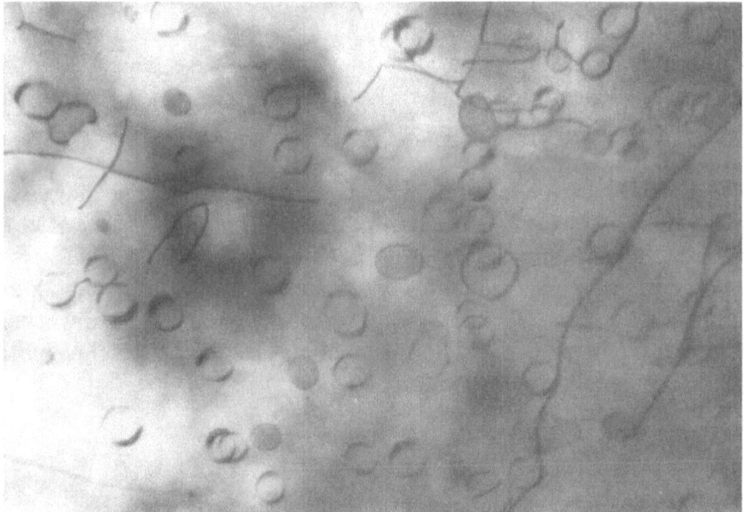

Fig. 27. Versetzungsringe in einem plastisch gedehnten Zn-Einkristall, Abgleitung $a=20\%$. Dunklere Tönung zeigt Stapelfehler in den Ringen an. $\times 12000$

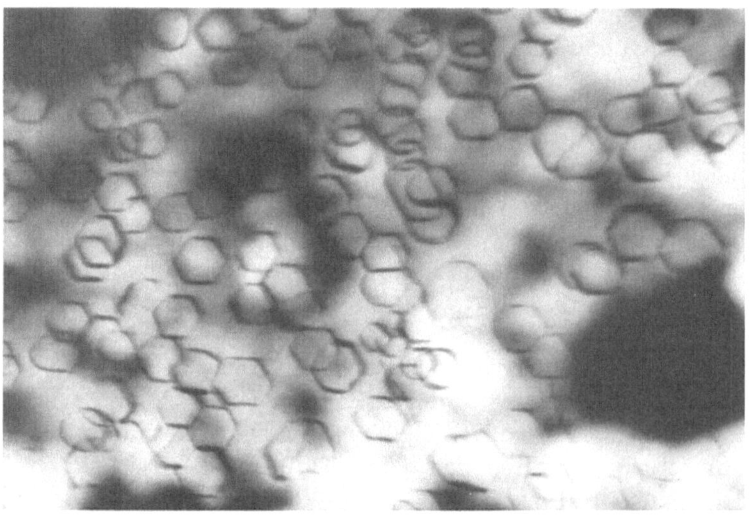

Fig. 28. Sechseckige Versetzungsringe auf der Basisebene in einem plastisch gedehnten Zn-Einkristall, Abgleitung $a=20\%$. $\times 8000$

$\frac{1}{3}\langle 11\bar{2}0\rangle$ und $\frac{1}{3}\langle 11\bar{2}3\rangle$ sind in dem zusammenfassenden Bericht von Price [*60*] ausführlich behandelt.

Die Fig. 7, 27 und 28 zeigen Ringe in verformten Zinkeinkristallen nach Untersuchungen von Pfeiffer [*61*]. Die Ebene der Präparate ist die hexagonale Basisebene, welche die Gleitebene bei der plastischen Dehnung war. Ein Teil der Versetzungsringe in Fig. 27 hat eine dunklere Tönung als die Umgebung. Daraus folgt, daß sie Stapelfehler enthalten. Da diese auf Basisebenen parallel zur Folien-Ebene liegen, kann sich keine Streifung mit Linien gleicher Tiefe ausbilden. Nur diejenigen Ringe mit Stapelfehlern, die gerade in einer Tiefe liegen, in der ein schräg verlaufender Stapelfehler einen dunklen Streifen zeigen würde, sind dunkler als ihre Umgebung. Gelegentlich, z.B. in Fig. 28, sind die Ringe sechseckig begrenzt, die Sechseckseiten sind parallel zur $\langle 10\bar{1}0\rangle$-Richtung und nicht zur dichtest besetzten $\langle 11\bar{2}0\rangle$-Richtung. In Fig. 27 ist zu sehen, daß diese Ringe tatsächlich als Hindernis für die Gleitversetzungen wirken. Vom rechten Bildrand kommt eine Versetzung; man erkennt, wie sie an drei Ringen aufgehalten wird und sich in den Zwischengebieten unter der wirkenden Spannung ausbaucht.

5. Schlußbemerkungen

Die besprochenen Untersuchungen zeigen den Bereich, welcher mit der Durchstrahlung dünner Folien und der Abbildung von Gitterfehlern auf Grund des Beugungskontrasts der direkten Beobachtung zugänglich geworden ist. Man kann mit dieser Methode über Gebilde, die kleiner als die Foliendicke sind, neue Erkenntnisse gewinnen. Dazu gehören die Agglomerate von atomaren Fehlstellen und elementare Versetzungskonfigurationen, wie Versetzungsknoten. Ein weiteres wichtiges Gebiet, das hier nicht besprochen wurde, ist die Keimbildung und das Wachstum von Ausscheidungen in übersättigten Mischkristallen sowie die bei aushärtenden Legierungen oft auftretende Bildung von metastabilen Komplexen. Der Zusammenhang dieser Gebilde mit der Versetzungsstruktur ist dabei besonders interessant und kann bis jetzt nur elektronenmikroskopisch untersucht werden. Zu diesen Fragen vergleiche man Thomas [*62*] und Nicholson [*63*] sowie den zusammenfassenden Bericht von Kelly und Nicholson [*64*].

Bei der Untersuchung von Gebilden, die größer als die Foliendicke sind, ist die Korrelation der mikroskopischen Beobachtungen zu den Verhältnissen im massiven Kristall durch zwei Dinge erschwert. Zunächst ist es hinderlich, daß die Folien nur etwa 1000 Å dick sein dürfen. Dadurch ist der sichtbare Bereich senkrecht zur Präparatebene eingeengt. Ferner ist die dünne Folie kein idealer Ausschnitt aus der Probe, sondern ein physikalisches Objekt, das bei der Präparation neue Oberflächen erhält. Diese können die physikalischen Gegebenheiten verändern. Das ist besonders bei der Untersuchung von Versetzungen zu beachten. In vielen Fällen, besonders beim Studium der Verfestigung, müssen die Versetzungen zusammen mit ihren Spannungsfeldern betrachtet werden. Diese haben häufig eine größere Ausdehnung als die Foliendicke, obwohl die Versetzungslinie selbst nur als dünner Strich abgebildet wird. In diesen Fällen geben die Bilder von dünnen Folien nicht alle Einzelheiten wieder, die im massiven Kristall vorhanden waren, z. B. fehlten bei den Bildern von Abschnitt 3c die Schraubenversetzungen. Trotzdem können auch an solchen Folien Untersuchungen durchgeführt werden, die mit anderen Methoden nicht möglich sind, z.B. das Studium von Gleithindernissen.

Literatur

[*1*]* Proc. of the Third Intern. Conf. on Electron Microscopy, London 1954, Royal Microscop. Soc. London 1956.
[*2*]* Electron Microscopy. Proc. of the Stockholm Conf. 1956. Stockholm: Almqvist & Wiksell 1957.
[*3*]* Vierter Intern. Kongr. für Elektronenmikroskopie, Berlin 1958, Bd. 1. Berlin-Göttingen-Heidelberg: Springer 1960.
[*4*]* Proc. of the Europ. Regional Conf. on Electron Microscopy, Delft 1960, Nederlandse Verenig. voor Electronenmicroscopie, Delft 1961, vol. 1.
[*5*]* Proc. Vth Int. Congr. Electron Microscopy 1962, vol. 1. New York: Academic Press.
[*6*] Mahl, H.: Z. tech. Physik **22**, 23 (1941).
[*7*]* Reimer, L.: Elektronenmikroskopische Untersuchungs- und Präparationsmethoden. Berlin-Göttingen-Heidelberg: Springer 1959.
[*8*] Heidenreich, R.D.: J. Appl. Phys. **20**, 993 (1949).
[*9*] Castaing, R.: [*1*], S. 379.
[*10*] Hirsch, P.B., R.W. Horne and M.J.Whelan: Phil. Mag. **1**, 677 (1956).
[*11*] Hirsch, P.B., A. Howie and M.J.Whelan: [*3*], S. 527.
[*12*] Hirsch, P.B., A. Howie and M.J.Whelan: Phil. Trans. Roy. Soc. (London) A **252**, 499 (1960).
[*13*] Bollmann, W.: Phys. Rev. **103**, 1588 (1956).
[*14*] Whelan, M.J., and P.B. Hirsch: Phil. Mag. **2**, 1121, 1302 (1957).
[*15*]* Menter, J.W.: Advances in Phys. **7**, 299 (1958).
[*16*] Bethge, H.: [*4*], S. 257. — Bethge, H., u. W. Keller: [*4*], S. 266. — *Bethge, H.: Phys. stat. sol. **2**, 3, 775 (1962).
[*17*] Wilsdorf, H.G.F.: Internal Stresses and Fatigue in Metals, S. 178. Amsterdam: Elsevier 1959.
[*18*]* Symposium on the Application of Thin Film Techniques to the Electron Microscopic Examination of Metals. J. Inst. Metals **87**, 385—458 (1959).
[*19*]* Structure and Properties of Thin Films, herausgeg. von C.A. Neugebauer, J.B. Newkirk und D.A.Vermilyea. New York: Wiley & Sons 1959.
[*20*]* Electron Microscopy and Strength of Crystals, herausgeg. von G. Thomas und J.Washburn. New York: Interscience Publishers 1963.
[*21*]* Kelly, P.M., and J. Nutting: J. Inst. Metals **87**, 385 (1959).
[*22*] Kelly, P.M., and J. Nutting: J. Iron. Steel Inst. **192**, 246 (1959).
[*23*]* Whelan, M.J.: J. Inst. Metals **87**, 392 (1959).

[*24*] HOWIE, A., and M.J.WHELAN: [*4*], S. 181, 194. — Proc. Roy. Soc. (London) A **263**, 217 (1961); A **267**, 206 (1962).
[*25*] PFEIFFER, W.: Phys. stat. sol. **3**, 145 (1963).
[*26*] NICHOLSON, R.B., G. THOMAS and J. NUTTING: J. Inst. Metals **87**, 429 (1959).
[*27*] DIETZE, H.D.: Diplomarbeit Göttingen 1949.
[*28*]* SEEGER, A.: Theorie der Gitterfehlstellen. In: Handbuch der Physik, Bd.VII/1. Berlin-Göttingen-Heidelberg: Springer 1955.
[*29*]* SEEGER, A.: Kristallplastizität. In: Handbuch der Physik, Bd. VII/2. Berlin-Göttingen-Heidelberg: Springer 1958.
[*30*] CARRINGTON, W. E., K. F. HALE and D. MCLEAN: Proc. Roy. Soc. (London) **259**, 203 (1960).
[*31*] THOMAS, G., R.B. BENSON u. J. NADEAU: [*4*], S. 447.
[*32*] SIEMS, R., P. DELAVIGNETTE u. S. AMELINCKX: Z. Physik **165**, 502 (1961).
[*33*] WHELAN, M.J.: Proc. Roy. Soc. (London) A **249**, 114 (1958).
[*34*] CZJZEK, G., u. S. MADER: Unveröffentlicht.
[*35*]* MADER, S.: [*20*], S. 143.
[*36*] THIERINGER, H.-M.: Diplomarbeit Stuttgart 1961. — MADER, S., A. SEEGER and H.-M. THIERINGER: J. Appl. Phys. **34**, 3376 (1963).
[*37*] MADER, S.: Z. Physik **149**, 214 (1957).
[*38*] FOURIE, J.T., and H.G.F.WILSDORF: J. Appl. Phys. **31**, 2219 (1960).
[*39*] WASHBURN, J., G.W. GROVES, A. KELLY and G.K.WILLIAMSON: Phil. Mag. **5**, 991 (1960).
[*40*] PARTRIDGE, P.G., and R.L. SEGALL: [*4*], S. 366.
[*41*] SUZUKI, H.: J. Phys. Soc. Japan **9**, 531 (1954).
[*42*] BERGHEZAN, A., and A. FOURDEUX: J. Appl. Phys. **30**, 1913 (1959).
[*43*] HOWIE, A.: [*4*], S. 383.
[*44*]* SWANN, P.R.: [*20*], S. 131.
[*45*] HOWIE, A.: Direct Observations of Imperfections in Crystals, ed. J.B. NEWKIRK and J.N.WERNIK, S. 283. New York: Interscience 1962.
[*46*] ESSMANN, U.: Phys. stat. sol. **3**, 932 (1963). — SEEGER, A.: Conf. on Relation between Structure and Strength in Metals and Alloys, National Physical Laboratory, Teddington 1963.
[*47*] KUHLMANN-WILSDORF, D., and H.G.F.WILSDORF: [*20*], S. 375.
[*48*] KUHLMANN-WILSDORF, D.: Phil. Mag. **3**, 125 (1958).
[*49*] HIRSCH, P.B., J. SILCOX, R.E. SMALLMAN and K.H.WESTMACOTT: Phil. Mag. **3**, 879 (1958).
[*50*] SMALLMAN, R.E., K.H.WESTMACOTT and J.H. COILEY: J. Inst. Metals **88**, 127 (1959).
[*51*] KUHLMANN-WILSDORF, D., and H.G.F.WILSDORF: J.Appl.Phys.**31**, 516 (1960).
[*52*] SILCOX, J., and P.B. HIRSCH: Phil. Mag. **4**, 72 (1959).
[*53*] MADER, S., u. E. SIMSCH: [*4*], S. 379.
[*54*] MADER, S., A. SEEGER u. E. SIMSCH: Z. Metallk. **52**, 785 (1961).
[*55*] SEEGER, A., R. BERNER u. H. WOLF: Z. Physik **155**, 247 (1959).
[*56*] CZJZEK, G., A. SEEGER u. S. MADER: Phys. stat. sol. **2**, 558 (1962).
[*57*] JONG, M. DE, and J.S. KOEHLER: Phys. Rev. **129**, 49 (1963).
[*58*] SEEGER, A., u. H. TRÄUBLE: Z. Metallk. **51**, 435 (1960).
[*59*] BERGHEZAN, A., A. FOURDEUX and S. AMELINCKX: Acta Met. **9**, 464 (1961).
[*60*]* PRICE, P.B.: [*20*], S. 41.
[*61*] PFEIFFER, W.: Phys. stat. sol. **2**, 1727 (1962).
[*62*]* THOMAS, G.: [*20*], S. 793.
[*63*]* NICHOLSON, R.B.: [*20*], S. 861.
[*64*]* KELLY, A., and R.B. NICHOLSON: Progr. Material Sci. **10**, 151 (1963).

Fünftes Kapitel

Atomare Fehlstellen und Strahlenschädigung

Von

J. Diehl

Mit 40 Figuren

1. Einleitung

Unter atomaren Fehlstellen in Kristallen versteht man Abweichungen vom idealen Kristallbau, die in keiner Richtung größere Abmessungen als von der Größenordnung des Atomabstandes aufweisen. Typische Vertreter solcher Fehlstellen sind die Leerstelle (unbesetzter Gitterplatz) und das Zwischengitteratom (zwischen die Gitteratome zusätzlich eingezwängtes Atom). Ein intensiveres Interesse an den Eigenschaften und dem Verhalten solcher atomarer Gitterfehler in Metallen ist vor etwa 20 Jahren im Zusammenhang mit detaillierteren theoretischen und experimentellen Untersuchungen über den Mechanismus der Diffusion erwacht. Es hatte sich damals gezeigt, daß ein unmittelbarer Platzwechsel benachbarter Atome, wie er lange Zeit als Grundprozeß der Selbstdiffusion angenommen worden war, in dicht gepackten Gittern aus energetischen Gründen höchst unwahrscheinlich ist [*1*], [*2*].

Weiterhin war gefunden worden, daß bei der chemischen Diffusion zwischen zwei Legierungen verschiedener Konzentration, z.B. α-Messing und Kupfer, die geeignet markierte ursprüngliche Grenzfläche ihre Lage in der Probe verändert [*3*] (Kirkendall-Effekt), eine Erscheinung, die durch den Austausch benachbarter Atome nicht zu erklären ist. Eine naheliegende Folgerung aus diesen Erkenntnissen war, daß der Materialtransport bei der Diffusion durch das Wandern von atomaren Gitterfehlern besorgt wird [*4*]. Diese Auffassung hat sich in der Folgezeit bewährt. So konnte sichergestellt werden, daß zumindest in dichtest gepackten Metallen die Selbstdiffusion sowie die chemische Diffusion in Substitutionsmischkristallen über die Wanderung von Leerstellen abläuft.

Ein weiterer Anstoß zur Beschäftigung mit atomaren Fehlstellen in Metallen kam von Beobachtungen über das Ausheilen der elektrischen Widerstandsänderung infolge Verformens bei tiefen Temperaturen. Es war nämlich bei den Edelmetallen nach einer Verformung in flüssiger Luft gefunden worden [*5*], daß die mit der Verfestigung verbundene

Änderung des elektrischen Widerstandes schon bei Temperaturen wieder auszuheilen beginnt, die wesentlich niedriger liegen als diejenigen, bei denen eine Erholung der mechanischen Eigenschaften einsetzt. Dies ließ sich nur so deuten, daß während der Verformung außer Versetzungen, die für die Verfestigung verantwortlich zu machen sind, weitere Fehlstellen erzeugt werden, die sich auf den elektrischen Widerstand auswirken, aber keinen wesentlichen Einfluß auf die mechanischen Eigenschaften haben.

Entscheidend für die intensive Bearbeitung des Gebiets der atomaren Fehlstellen während der letzten zehn Jahre war jedoch wohl das Interesse an der Beeinflussung von Metallen durch energiereiche Korpuskularstrahlen, der sog. Strahlenschädigung. Bei Metallen beruht diese vornehmlich auf der bleibenden Verlagerung von angestoßenen Atomen aus ihren Gitterplätzen heraus. Eine gegebenenfalls außerdem auftretende Ionisation kann zwar das einfallende Teilchen abbremsen, wegen der guten elektrischen Leitfähigkeit der Metalle aber keine bleibenden Effekte in der Probe zurücklassen. Die Strahlenschädigung der Metalle beruht somit auf der Entstehung struktureller Fehler, im einfachsten Falle von Leerstellen und Zwischengitteratomen. Deshalb besteht eine enge Wechselbeziehung zwischen den beiden Gebieten der Strahlenschädigung und der atomaren Fehlstellen. Einerseits ist eine eingehende Kenntnis der verschiedenen Arten von atomaren Fehlstellen und ihres Verhaltens eine notwendige Voraussetzung für ein vollständiges Verständnis der Strahlenschädigung, andererseits aber hat sich bei der Erforschung der Eigenschaften atomarer Fehlstellen die Korpuskularbestrahlung als wertvolles Hilfsmittel zu deren Erzeugung erwiesen. Dieser enge Zusammenhang läßt es sinnvoll erscheinen, im vorliegenden Kapitel beide Gebiete gemeinsam zu behandeln.

Das Schwergewicht wird dabei auf der Besprechung der bei der Erforschung der atomaren Fehlstellen und der Strahlenschädigung angewandten experimentellen Methoden und der gewonnenen Ergebnisse liegen. Hinsichtlich der Eigenschaften der einfachen atomaren Fehler rechtfertigt sich diese Ausrichtung vor allem dadurch, daß in Kapitel 6 auf die theoretische Behandlung dieser Fehlstellen ausführlich eingegangen wird. Wie eng die Verknüpfung zwischen theoretischen und experimentellen Untersuchungen in diesem Bereich ist, wird insbesonders bei der Besprechung der Strahlenschädigung deutlich werden. Trotzdem werden wir auch dort auf ein näheres Eingehen auf die Theorie verzichten müssen und uns auf kurze Hinweise und Literaturangaben beschränken. Eine weitere Einschränkung wird diejenige sein, daß wir uns ausschließlich mit den Verhältnissen bei kubisch-flächenzentrierten Metallen, insbesondere den Edelmetallen Cu, Ag und Au beschäftigen. Bei diesen ist das Verständnis der atomaren Fehlstellen und der Strahlenschädigung am weitesten fortgeschritten, was in erster Linie darauf zurückzuführen ist, daß sie wegen ihrer einfachen Elektronenstruktur theoretischen Untersuchungen am besten zugänglich sind und somit bei ihnen die erwähnte Verknüpfung von Theorie und Experiment am ehesten möglich ist.

Wesentlich für die experimentelle Untersuchung der Eigenschaften und des Verhaltens von Gitterfehlern sind Kenntnisse über die Möglichkeiten zur Erzeugung solcher Fehlstellen. Wir werden deshalb im Abschnitt 2 einen kurzen Überblick über die einfachsten Grundprozesse der Entstehung atomarer Fehlstellen geben, bevor wir uns im Abschnitt 3 den Fehlstelleneigenschaften zuwenden. Die in Abschnitt 3 zusammengestellten Erkenntnisse werden schließlich die Grundlage bilden für die Diskussion der bei der Strahlenschädigung auftretenden komplizierteren Fehlordnungszustände, die wir in Abschnitt 4 vornehmen werden.

2. Entstehung atomarer Fehlstellen

2.1. Fehlstellen im thermischen Gleichgewicht

Die Erkenntnis, daß bei höheren Temperaturen stets eine gewisse Anzahl von atomaren Fehlstellen im thermischen Gleichgewicht vorhanden ist, geht auf Frenkel [*6*], Wagner und Schottky [*7*] sowie auf Jost [*8*] zurück. Die Einführung einer Fehlstelle in einen sonst ideal gebauten Kristall ist zwar mit einer Erhöhung der inneren Energie U des Kristalls verbunden. Trotzdem kann die für das thermische Gleichgewicht maßgebende freie Energie $F=U-TS$ dabei herabgesetzt werden, da die Anwesenheit der Fehlstellen die Unordnung und damit die Entropie S erhöht. Ist diese Entropiezunahme hinreichend groß, so daß die Zunahme des Terms TS diejenige der inneren Energie überwiegt, dann kann die betrachtete Fehlstellenart mit einer von der Temperatur abhängigen Konzentration c im thermischen Gleichgewicht vorliegen. Für einfache atomare Fehlstellen (Leerstellen, Zwischengitteratome), sofern sie unabhängig voneinander entstehen können *, ergibt sich diese Gleichgewichtskonzentration aus dem Minimum der freien Energie zu

$$c_i = A_i \exp(-U_i/kT), \tag{2.1}$$

wobei U_i die Bildungsenergie (Erhöhung der inneren Energie pro Fehlstelle) und k die Boltzmannsche Konstante bedeuten. Der Faktor A_i enthält den zusätzlich zur Mischungsentropie auftretenden Beitrag zur Gesamtentropie pro Fehlstelle, S_i, der u.a. durch die Veränderung der

* Dies ist beispielsweise in Ionenkristallen wegen der Notwendigkeit zur Erhaltung der elektrischen Neutralität nicht der Fall; im einfachsten Fall entstehen dort Leerstellen und Zwischengitteratome paarweise (Frenkel-Paare).

Gitterschwingungen in der Umgebung der Fehlstelle hervorgerufen wird. Es ist

$$A_i = \exp(S_i/k). \tag{2.2}$$

Für die Frage, ob in einem Metall, in dem ja die Voraussetzung der voneinander unabhängigen Entstehung von Leerstellen und Zwischengitteratomen erfüllt ist, im thermischen Gleichgewicht die eine oder die andere Fehlstellenart überwiegt, ist nach Gl. (2.1) in erster Linie die Bildungsenergie maßgebend. Ausgehend von den ersten Berechnungen

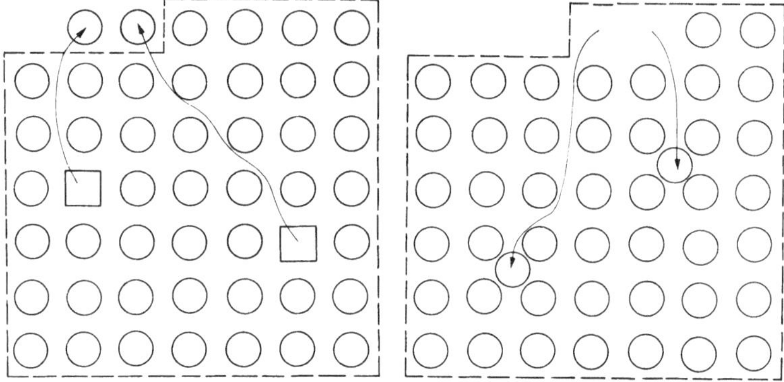

Fig. 1. Bildung von Leerstellen und Zwischengitteratomen in einem starren Gitter. Die gestrichelten Linien bezeichnen die Kristallumrandung vor Bildung der Fehlstellen

der Bildungsenergien für Leerstellen und Zwischengitteratome in Kupfer [*1*], [*2*], die ergaben, daß die Energie einer Leerstelle U_L wesentlich kleiner als die eines Zwischengitteratoms U_Z ist, ist der Schluß gezogen worden, daß in den uns hier vornehmlich interessierenden dichtest gepackten Kristallen praktisch nur Leerstellen im thermischen Gleichgewicht vorliegen.

Diese Auffassung wurde neuerdings durch Untersuchungen von Simmons und Balluffi [*9*] mit Hilfe einer auf Feder und Nowick [*10*] zurückgehenden Methode einer sehr unmittelbaren experimentellen Nachprüfung und Bestätigung zugänglich. Das hierbei angewandte Verfahren beruht darauf, daß bei der Einführung von Fehlstellen die Dichte und damit die äußeren Abmessungen einer Probe verändert werden. In einem starren Kristall nimmt, wie Fig. 1 zeigt, das Kristallvolumen V pro erzeugter Leerstelle um ein Atomvolumen Ω zu und pro Zwischengitteratom um denselben Betrag ab. Bei Vorliegen von n_L Leerstellen und n_Z Zwischengitteratomen in einem Kristall mit insgesamt N Atomen ist demnach die relative Volumen- bzw. Längenänderung

$$\left(\frac{\Delta V}{V}\right)_{\text{starr}} = 3\left(\frac{\Delta L}{L}\right)_{\text{starr}} = \frac{(n_L - n_Z)\,\Omega}{N\,\Omega} = c_L - c_Z. \tag{2.3}$$

Bei der tatsächlich zu messenden Dimensionsänderung $\Delta L/L$ tritt zu der Längenänderung des starren Kristalls noch ein Beitrag $(\Delta L/L)_{\mathrm{rel}}$, der von der elastischen Relaxation der Atome in der Umgebung der Fehlstellen herrührt. Somit ist

$$\Delta L/L = (\Delta L/L)_{\mathrm{starr}} + (\Delta L/L)_{\mathrm{rel}}. \tag{2.4}$$

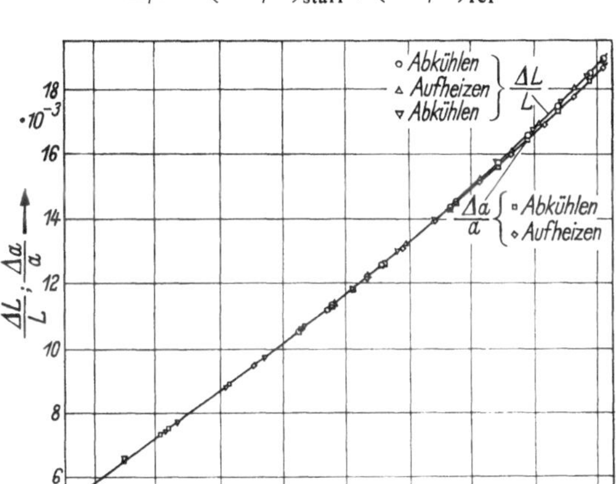

Fig. 2. Relative Änderung der Probenlänge und der Gitterkonstante von Aluminium mit der Temperatur. (Nach R. O. SIMMONS und R. W. BALLUFFI [9]). Die Kurven wurden mit steigender und mit fallender Temperatur aufgenommen.

Die elastische Relaxation verändert gleichzeitig die röntgenographisch zu bestimmende Gitterkonstante a. Nachdem ESHELBY [*11*] gezeigt hat, daß bei statistischer Verteilung der Fehlstellen diese Gitterkonstantenänderung

$$\Delta a/a = (\Delta L/L)_{\mathrm{rel}} \tag{2.5}$$

ist, läßt sich die Differenz $c_L - c_Z$ in der Messung unmittelbar zugänglichen Größen ausdrücken. Nach (2.3), (2.4) und (2.5) ist

$$c_L - c_Z = 3(\Delta L/L - \Delta a/a). \tag{2.6}$$

Der Vergleich der makroskopischen Längenänderung und der Veränderung der röntgenographisch bestimmten Gitterkonstanten liefert somit bei allen Vorgängen, bei denen Leerstellen und Zwischengitteratome entstehen oder verschwinden, eine unmittelbare Aussage über die Änderung der Differenz ihrer Konzentrationen. Zur Untersuchung der thermischen Fehlordnung wurden von SIMMONS und BALLUFFI [*9*] für verschiedene Metalle über einen weiten Temperaturbereich bis nahe zum Schmelzpunkt die Veränderung der Länge und der Gitterkonstante an derselben Probe als Funktion der Temperatur gemessen. Wie das Beispiel in Fig. 2

zeigt, stimmen bei tiefen Temperaturen, wie zu erwarten, die Ergebnisse beider Messungen überein, während bei hohen Temperaturen in allen untersuchten Fällen Unterschiede zwischen $\Delta L/L$ und $\Delta a/a$ beobachtet werden in dem Sinne, daß gemäß (2.6) die Leerstellenkonzentration überwiegt. Es ist somit sichergestellt, daß bei hohen Temperaturen tatsächlich Fehlstellen im thermischen Gleichgewicht vorliegen und daß es sich dabei vorwiegend um Leerstellen handelt*. Durch Extrapolation der Meßergebnisse wurde für Al, Cu, Ag und Au unter der Annahme $c_Z=0$ die Leerstellenkonzentration am Schmelzpunkt ermittelt. Sie liegt zwischen 10^{-3} und 10^{-4} und ist (im Gegensatz zu früheren Vermutungen) für jedes der untersuchten Metalle verschieden, so daß für die Leerstellenkonzentration am Schmelzpunkt kein Gesetz korrespondierender Zustände zu gelten scheint.

2.2. Erzeugung atomarer Fehlstellen durch plastische Verformung

Bei einer ausgiebigen plastischen Verformung müssen die in den Gleitebenen laufenden Versetzungen andere, die Gleitebene durchstoßende Versetzungen („Waldversetzungen") durchschneiden (s. die Kapitel 2 und 3), wobei sich Sprünge (jogs) in den gleitenden Versetzungen bilden, falls der Burgers-Vektor der geschnittenen Versetzung außerhalb der Gleitebene der gleitenden Versetzung liegt (s. Fig. 3). An einem Sprung geht die Versetzungslinie von einer Gitterebene in eine benachbarte, zu dieser parallelen Ebene über. Entsteht solch ein Sprung in einer Schraubenversetzung, so liegt die Gleitebene des den Sprung bildenden Versetzungsstückes, die vom Burgers-Vektor ($\vec{b}_1$) und der Richtung des Versetzungsstückes aufgespannt wird, quer zur Bewegungsrichtung der Schraubenversetzung. Der Sprung kann daher nur entlang der Versetzungslinie gleiten und muß, falls er mit der Schraubenversetzung in deren Bewegungsrichtung mitgezogen wird, eine nichtkonservative Bewegung (s. Kapitel 1) durchführen. Dies bedeutet, daß er bei dieser Bewegung je nach Orientierung der Burgers-Vektoren entweder Leerstellen oder Zwischengitteratome zurückläßt [*12*].

Da ohne ausgiebiges Gleiten der Schraubenkomponenten der Versetzungen keine makroskopische plastische Verformung zustandekäme und stets Waldversetzungen vorhanden sind, ist zu erwarten, daß bei jeder bleibenden Verformung sowohl Leerstellen als auch Zwischengitteratome erzeugt werden. Dabei werden nicht nur einzelne solche Fehlstellen entstehen, die dann gebildet werden, wenn der Sprung nach Erzeugung einer Fehlstelle entlang der Versetzungslinie von dieser Fehl-

* Genau genommen läßt sich nur eine Aussage über die Konzentration der leeren Gitterplätze gewinnen. Auf Grund der genannten Messungen allein kann somit nicht entschieden werden, inwieweit die Leerstellen als Einzelleerstellen oder als Mehrfachleerstellen (Doppelleerstellen usw.) vorliegen (vgl. hierzu Abschnitt 3.2d).

stelle weggleitet, sondern es können auch reihenförmig angeordnete Gruppen von Leerstellen bzw. Zwischengitteratomen gebildet werden. Insgesamt werden somit bei plastischer Verformung eine Vielzahl von verschiedenartigen Gitterfehlern in einen Kristall eingeführt, unter denen (neben der Vervielfachung der Versetzungen) den Einzelleerstellen und -zwischengitteratomen die wichtigste Bedeutung zukommt. Aus statistischen Gründen ist anzunehmen, daß Leerstellen und Zwischengitteratome

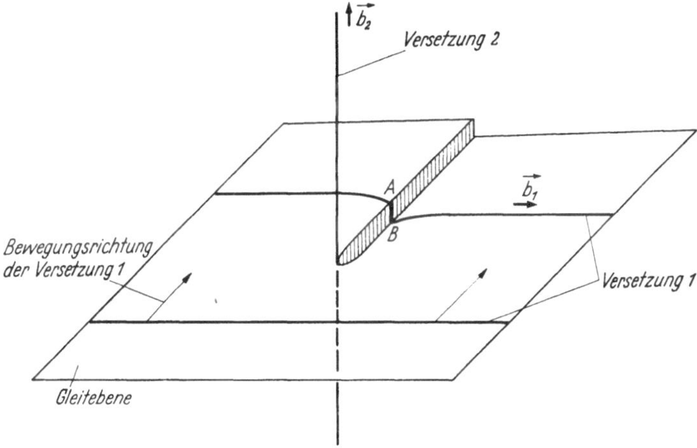

Fig. 3. Durchschneidungssprung in einer gleitenden Schraubenversetzung (schematisch). Wegen des Schraubencharakters der geschnittenen Versetzung 2 hat die Gleitebene der Versetzung 1 die Form einer Schraubenfläche. Die Gleitebene des Sprunges *AB* wird durch die Richtung des Versetzungsstückes $\vec{AB}$ und die Richtung des Burgers-Vektors $\vec{b}_1$ der Versetzung 1 aufgespannt.

in etwa gleicher Anzahl gebildet werden, doch wird dies nur näherungsweise zutreffen. Für genauere Überlegungen, insbesondere über die Frage, inwieweit isolierte Einzelfehlstellen oder Reihen von Fehlstellen entstehen, müssen die atomistische Struktur der Sprünge [*13*], [*14*] sowie die energetischen Verhältnisse bei der Erzeugung der Fehlstellen [*15*], [*16*] mit in Betracht gezogen werden.

2.3. Erzeugung atomarer Fehlstellen durch Teilchenbestrahlung

Wie in Abschnitt 1 erwähnt, ist die Entstehung struktureller Gitterfehler beim Bestrahlen von Metallen mit energiereichen Korpuskularstrahlen auf die Verlagerung von Atomen aus ihren Gitterplätzen heraus zurückzuführen. Im einfachsten Falle bleibt am ursprünglichen Gitterplatz eines verlagerten Atoms eine Leerstelle zurück, während das herausgeschlagene Atom selbst an einer anderen Stelle des Gitters als Zwischengitteratom zur Ruhe kommt. Leerstellen und Zwischengitteratome entstehen somit paarweise (Frenkel-Paare), d.h. in gleicher Anzahl. Diese einfachen Verhältnisse erhält man nur dann, wenn die räumliche Dichte der erzeugten Fehlstellen klein und die Temperatur, bei der die Bestrahlung vorgenommen wird, sehr niedrig sind. Andernfalls besteht die Möglichkeit, daß bereits während der Bestrahlung eine der beiden Fehlstellenarten durch thermische Diffusion an geeigneten Senken wieder verschwindet oder ein Teil der Fehlstellen sich zu Agglomeraten zusammenlagert, so daß nach der Bestrahlung Leerstellen und Zwischengitteratome nicht mehr in gleicher Anzahl vorliegen.

Die paarweise Erzeugung von Leerstellen und Zwischengitteratomen konnte bei Bestrahlung von Kupfer mit Deuteronen von etwa 10 MeV bei tiefer Temperatur durch Vook und Wert [*17*] und Simmons und Balluffi [*18*] experimentell nachgewiesen werden. Sie bedienten sich des in Abschnitt 2.1 erläuterten Verfahrens der kombinierten Messung von Längen- und Gitterkonstantenänderung und erhielten im Rahmen der Meßgenauigkeit dieselben Werte für $\Delta L/L$ und $\Delta a/a$, wie dies nach Gl. (2.6) im Falle gleicher Konzentration von Leerstellen und Zwischengitteratomen zu erwarten ist.

Inwieweit derart einfache Verhältnisse, wie sie eben geschildert wurden, vorliegen, hängt außer von der Bestrahlungstemperatur und der mittleren Fehlstellendichte sehr wesentlich von der Art der eingestrahlten Teilchen und deren Energie ab. Es ist deshalb, insbesondere im Hinblick auf die spätere, mehr in Einzelheiten gehende Diskussion der Strahlenschädigung erforderlich, etwas näher auf die zur Verlagerung von Atomen führenden Vorgänge einzugehen. Dabei wollen wir uns an dieser Stelle mit einem kurzen Abriß der Grundzüge der einfachen Verlagerungstheorie begnügen. Auf Verfeinerungen der theoretischen Vorstellungen werden wir in Abschnitt 3.3 zu sprechen kommen. Im übrigen sei auf die in der Literatur vorliegenden zusammenfassenden Darstellungen verwiesen ([*19*] bis [*24*]).

Wir können uns darauf beschränken, elastische Stöße zwischen den sich durch das Gitter bewegenden Teilchen und den Atomen des Gitters zu betrachten. Bei einem solchen Stoß zwischen einem Teilchen der Masse M_1 und der kinetischen Energie E und einem ruhenden Atom der Masse M_2 wird auf dieses eine Energie T übertragen, die im Höchstfall (zentraler Stoß)

$$T_m = \frac{4M_1 M_2}{(M_1+M_2)^2} E, \tag{2.7a}$$

bzw., falls sich das einfallende Teilchen im relativistischen Energiebereich befindet (was z.B. bei Elektronenbestrahlung fast immer der Fall ist) und $M_1 \ll M_2$ ist,

$$T_m = \frac{2(E+2M_1 c^2)}{M_2 c^2} E \tag{2.7b}$$

beträgt (c = Lichtgeschwindigkeit). Zum Verlassen seines Gitterplatzes benötigt das angestoßene Atom eine Mindestenergie E_d (auch Wigner-

Energie genannt), die für die meisten Metalle bei 10 bis 40 eV liegt. Ist die ihm beim Stoß erteilte Energie $T<E_d$, wird das Atom lediglich in Schwingungen um seine Gleichgewichtslage versetzt. Die Energie wird in Form von Gitterschwingungen dissipiert, ohne daß dauernde Störungen zurückbleiben. Ist $T>E_d$, so verläßt das Atom seinen Gitterplatz und wird durch Kollisionen mit anderen Atomen des Gitters allmählich abgebremst. Liegt die kinetische Energie des primär angestoßenen Atoms (primäres Rückstoßatom) wesentlich höher als die Wigner-Energie, so kann dieses Atom seinerseits weitere Gitteratome aus ihren Plätzen herausschlagen; es entsteht eine Verlagerungskaskade, wie sie in Fig. 4 schematisch gezeigt ist. Die Gesamtzahl ν der in einer solchen Kaskade verlagerten Atome wird durch die Energie T des primären Rückstoßteilchens bestimmt und ergibt sich theoretisch in guter Näherung zu

$$\nu=\frac{T}{2E_d}\,. \tag{2.8}$$

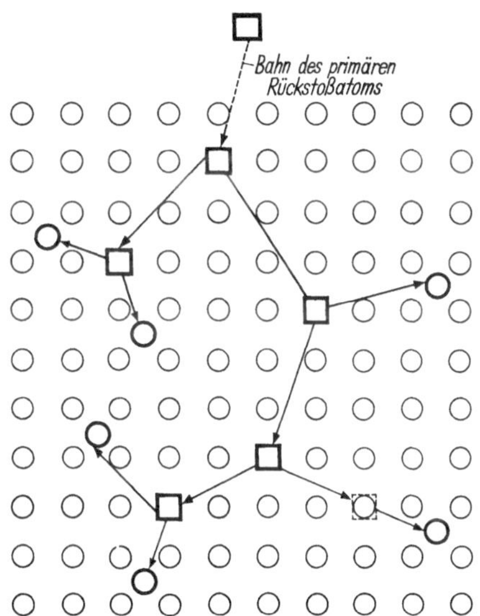

Fig. 4. Entstehung einer Verlagerungskaskade. □ Leerstellen; ○ Zwischengitteratome

Die Entstehung von Verlagerungskaskaden hat im allgemeinen zur Folge, daß eine sehr inhomogene Schädigung des Kristalls erfolgt, da in einer Kaskade, insbesondere am Ende des Weges des primären Rückstoßteilchens, der mittlere Abstand zwischen aufeinanderfolgenden Stößen, die zu Verlagerungen führen, meist sehr klein wird (vgl. Abschnitt 3.3b). Man hat dann inselförmig angeordnete stärker gestörte Gebiete zu erwarten. Einfache Verhältnisse mit einer statistischen Verteilung von Leerstellen und Zwischengitteratomen stellen sich dann ein, wenn pro primärem Stoß eines einfallenden Teilchens gerade nur ein Atom verlagert wird. Wie man anschaulich sieht und auch aus der Beziehung (2.8), die allerdings streng genommen nur einen statistischen Mittelwert für nicht zu kleines ν und viele Kaskaden (große Zahl von Primärereignissen) liefert, ablesen kann, ist die Bedingung hierfür, daß T zwischen E_d und $2E_d$ liegt.

Um eine überschlägige Beurteilung der Fehlstellenentstehung durch verschiedenartige Teilchenbestrahlung zu ermöglichen, sind in Tabelle 1 einige Werte für die Grenzenergie E_G aufgeführt, die ein einfallendes

Teilchen mindestens benötigt, um in einer Kupferprobe Atome verlagern zu können. Die Werte von E_G ergeben sich aus (2.7a) bzw. (2.7b) mit der Bedingung $T_m = E_d$*. Weiterhin sind in Tabelle 2 für dieselben Teilchenarten und für Energiewerte der einfallenden Strahlen, wie sie bei Bestrahlungsexperimenten häufig verwendet werden, die zugehörigen Werte für T_m und für die im Mittel bei einem Stoß übertragene Energie $\bar{T}$ eingetragen. Ferner ist als Maß für die Kaskadengröße die $\bar{T}$ entsprechende Anzahl $\bar{\nu}$ der pro primärem Rückstoßteilchen im Mittel verlagerten Atome aufgeführt. Die Angaben in Tabelle 2 beziehen sich ebenfalls auf Kupfer.

Tabelle 1. *Grenzenergie für die Verlagerung von Atomen in Kupfer* ($E_d = 22$ eV)

Teilchenart	Grenzenergie E_G
Elektronen	0,45 MeV
Deuteronen	185 eV
Neutronen	350 eV

Für Elektronenbestrahlung im Energiebereich von 0,5 bis 1 MeV liegt die Einstrahlenergie nahe bei der Grenzenergie E_G und die mittlere übertragene Energie unterhalb von $2\,E_d$. Man hat es somit mit dem einfachen Fall zu tun, bei dem vorwiegend nur einzelne Frenkel-Paare erzeugt werden. Aus diesem Grund ist die Elektronenbestrahlung ein besonders wertvolles Hilfsmittel für grundlegende Untersuchungen über

Tabelle 2. *Kinetische Energie primärer Rückstoßatome in Kupfer bei Korpuskularbestrahlung* ($E_d = 22$ eV)

Teilchenart	Energie der einfallenden Teilchen [MeV]	Rückstoßenergie		$\bar{\nu}$
		T_m [eV]	$\bar{T}$ [eV]	
Elektronen	1	68	33	~ 1
Deuteronen	10	$1{,}18 \cdot 10^6$	240	~ 50
Neutronen	1,5	$90 \cdot 10^3$	$27 \cdot 10^3$	~500

atomare Fehlstellen und die Grundprozesse der Strahlenschädigung. Da die auf die verlagerten Atome übertragene Energie nahe bei E_d liegt, muß allerdings damit gerechnet werden, daß Zwischengitteratome und Leerstellen nicht gleichmäßig über die Probe verteilt sind, sondern mit relativ großer Wahrscheinlichkeit ein Zwischengitteratom sich nicht sehr

* Dabei wurde von der häufig verwendeten Annahme Gebrauch gemacht, daß die Wigner-Energie einen von der Richtung des Stoßes im Gitter unabhängigen Wert besitzt. In Wirklichkeit hängt E_d, worauf insbesondere neuere Untersuchungen hinweisen, von der kristallographischen Richtung des Stoßes ab (vgl. Abschnitt 4.2). Der in Tabelle 1 und 2 verwendete Wert von 22 eV für Kupfer stellt daher lediglich einen unter der Voraussetzung der Isotropie gewonnenen Mittelwert dar. Da in bestimmten Gitterrichtungen mit kleinerem E_d gerechnet werden muß (nach SEEGER u. v. JAN [*24a*] beträgt z.B. E_d bei Kupfer in $\langle 100 \rangle$-Richtung nur 15 eV), können Verlagerungen, wenn auch im allgemeinen mit relativ geringer Häufigkeit, auch noch bei kleinerer Einstrahlenergie als E_G auftreten.

weit von der von ihm zurückgelassenen Leerstelle entfernen kann. Solche nahe benachbarten Frenkel-Paare (close pairs) werden sich wegen der gegenseitigen Anziehung der beiden Partner u. U. verschieden von isolierten Leerstellen und Zwischengitteratomen verhalten (s. Abschnitt 3.2c und 4.3a).

Im Falle der Bestrahlung mit schweren Teilchen (Neutronen, Protonen, Deuteronen usw.) liegt die Grenzenergie E_G sehr niedrig. Dementsprechend sind bei den üblicherweise verwendeten Einstrahlenergien die Werte für T_m relativ hoch. Man hat mit der Bildung großer Verlagerungskaskaden zu rechnen. Bei einer Bestrahlung mit Spaltneutronen (etwa in unmittelbarer Nähe eines Brennelementes in einem Kernreaktor), deren mittlere Energie zwischen 1 und 2 MeV beträgt, liegt die mittlere Energie der primären Rückstoßatome bei 10^4 eV. Die Strahlenschädigung beruht deshalb überwiegend auf relativ großen Verlagerungskaskaden und man hat den erwähnten Fall einer örtlich stark konzentrierten Fehlstellenentstehung.

Die Bestrahlung mit schweren geladenen Teilchen, wie die in Tabelle 2 als Beispiel aufgeführte 10 MeV-Deuteronenbestrahlung, nimmt eine Zwischenstellung zwischen Elektronen- und Neutronenbestrahlung ein. Zwar ist die maximale Energie der Rückstoßatome sehr hoch, so daß große Verlagerungskaskaden entstehen können, jedoch sind Stöße mit kleiner Energieübertragung sehr viel häufiger als solche mit großen Werten von T. Dies zeigt sich darin, daß die mittlere übertragene Energie $\overline{T}$ im Vergleich zu T_m sehr niedrig liegt. Trotz der Erzeugung einiger sehr großer Kaskaden überwiegen solche mit kleinem ν.

Dieser Vergleich zwischen verschiedenen Bestrahlungsbedingungen, der sich lediglich auf die Zahl der pro Primärstoß entstehenden Atomverlagerungen stützt, läßt nur die wichtigsten Unterschiede in der theoretisch zu erwartenden Verteilung bzw. Anordnung der mit verschiedenartiger Teilchenbestrahlung erzeugten atomaren Fehlstellen erkennen. Alle quantitative Fragen, wie etwa diejenige nach der Gesamtzahl der pro einfallendem Teilchen zu erwartenden Verlagerungen, bedürfen einer genaueren Behandlung unter Berücksichtigung der absoluten Größe und Energieabhängigkeit der Wirkungsquerschnitte für elastische Stöße, die in der bereits genannten zusammenfassenden Literatur zu finden ist.

3. Eigenschaften atomarer Fehlstellen

3.1. Überblick und Präzisierung der Fragestellung

Bei der Besprechung der Fehlstelleneigenschaften werden wir mit den wohlbekannten, mechanisch stabilen atomaren Fehlstellen, der einfachen Leerstelle und dem Zwischengitteratom, beginnen. Bei diesen wird sich unser Hauptaugenmerk auf die Methoden zur experimentellen Ermittlung der wichtigsten Eigenschaften und auf die Ergebnisse derartiger Messungen richten. Als die wichtigsten Eigenschaften wollen wir diejenigen betrachten, deren Kenntnis zur Beschreibung einer Fehlstelle wesentlich ist und die es gestatten, bei einem fehlgeordneten Kristall, in dem, wie wir in Abschnitt 2 gesehen haben, meist mehrere Fehlstellenarten nebeneinander vorliegen, die vorhandenen Fehlstellen nach Art und Anzahl zu bestimmen.

Für eine solche Analyse der Fehlordnung hat sich die Aufnahme von „Erholungsspektren" bewährt. Dazu wird die zu untersuchende Fehl-

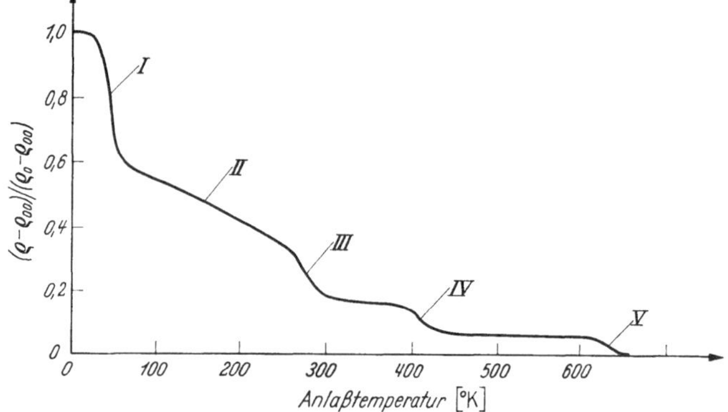

Fig. 5. Erholung des elektrischen Widerstandes von Kupfer nach Tieftemperaturbestrahlung (halbschematisch). Es ist die relative Änderung des bei fester Bezugstemperatur zu messenden Widerstandes aufgetragen. ϱ_{00} = Widerstand vor der Bestrahlung, ϱ_0 = Widerstand nach der Bestrahlung vor Beginn der Erholung

ordnung bei möglichst tiefer Temperatur eingeführt, so daß die entstehenden Fehlstellen sofort einfrieren. Als Indikator für die eingeführten Fehlstellen wird eine gegen Fehlstellen empfindliche Eigenschaft, wie z.B. der elektrische Restwiderstand, herangezogen. Wird die fehlgeordnete Probe anschließend erwärmt, dann werden die Fehlstellen kraft der thermischen Bewegung im Gitter ihre Plätze wechseln und, da sie nicht im thermodynamischen Gleichgewicht sind, bei genügend großer Beweglichkeit an der Oberfläche oder an inneren Senken verschwinden oder sich als Agglomerate ausscheiden. Maßgebend für den Temperaturbereich, in dem bei langsamem Aufheizen eine bestimmte Fehlstellenart ausheilt, ist die für einen Platzwechsel notwendige Aktivierungsenergie und die Anzahl der Platzwechsel, die eine Fehlstelle im Mittel ausführen muß, ehe sie eine Senke findet. Unterschiedliche Fehlstellen heilen daher bei allmählichem Erwärmen in verschiedenen Temperaturbereichen aus.

In einem Diagramm, in dem die als Fehlstellen-Indikator herangezogene Eigenschaft (die zweckmäßigerweise bei einer festen Bezugstemperatur zu messen ist) gegen die Anlaßtemperatur aufgetragen wird, zeigt sich entsprechend den Ausheilbereichen der verschiedenen Fehlstellen ein stufenweises Zurückgehen der mit der Einführung der Fehlordnung verbundenen Eigenschaftsänderung (vgl. Fig. 5). Kurven dieser Art können durch kontinuierliche Erwärmung (mit konstanter Aufheizgeschwindigkeit) gewonnen werden. Meist wird jedoch die Temperatur schrittweise erhöht und die Probe jeweils für ein festes Zeitintervall Δt bei konstanter Temperatur gehalten. Man spricht in diesem Fall von isochroner Versuchsführung.

Ein wesentliches Ziel der Fehlstellenforschung der letzten Jahre war es, den experimentell gefundenen Erholungsstufen bestimmte Fehlstellenarten zuzuordnen und aus der Höhe der einzelnen Stufen auf die Anzahl der vorhandenen Fehlstellen einer bestimmten Art zu schließen. Die für diese Zuordnung wichtigste Größe ist die *Aktivierungsenergie der Wanderung* W_i einer Fehlstelle. Sie stellt die Energieschwelle dar, die eine Fehlstelle zu überwinden hat, um in eine äquivalente, benachbarte Position im Gitter zu gelangen, und bestimmt auf Grund der Arrhenius-Gleichung

$$\nu = \nu_0 \exp(-W_i/kT) \tag{3.1}$$

die Anzahl der Platzwechsel ν, die die Fehlstelle im Mittel in der Zeiteinheit durchführt. ν_0 ist dabei die Frequenz, mit der die Fehlstelle gegen die Energieschwelle anläuft, die sie von der Nachbarposition trennt, k die Boltzmann-Konstante und T die Temperatur.

Die *Bildungsenergie* U_i ist für die Analyse der Fehlordnung von nicht geringerer Bedeutung. Sie wird beim Ausheilen der Fehlstellen als Wärmetönung frei und kann somit zur Bestimmung der Fehlstellenkonzentration herangezogen werden. Außerdem ist sie dafür maßgebend, mit welcher Konzentration eine Fehlstelle im thermischen Gleichgewicht vorhanden ist (vgl. Abschnitt 2.1).

Da aus experimentellen Gründen vielfach der elektrische Widerstand als Fehlstellenindikator herangezogen wird, interessieren wir uns ferner für die *Änderung des elektrischen Widerstandes* $\Delta\varrho$ pro Fehlstelle. Diese Größe kann ebenfalls zur Bestimmung der Konzentration einer Fehlstellenart herangezogen werden. Die Identifizierung einer in einer bestimmten Erholungsstufe ausheilenden Fehlstellenart wird meistens durch die Kenntnis der Veränderung mehrerer auf Fehlstellen zurückzuführender Eigenschaftsänderungen wesentlich erleichtert, da oft das Verhältnis zweier Eigenschaftsänderungen, wie z.B. das Verhältnis aus Wärmetönung und Widerstandsänderung $U/\Delta\varrho$, für verschiedene Fehlstellen charakteristische Unterschiede aufweist oder theoretisch zuverlässiger zu bestimmen ist als die Eigenschaftsänderungen selbst. Neben den bereits genannten Eigenschaftsänderungen wird deshalb häufig auch die durch Fehlstellen hervorgerufene Dichteänderung bzw. die *Volumen-*

änderung $\Delta V/V$ für Untersuchungen der Fehlordnung herangezogen. Wir werden sie daher in die Reihe derjenigen Fehlstelleneigenschaften mit aufnehmen, denen wir in den folgenden Abschnitten unser Interesse zuwenden werden.

Würden in fehlgeordneten Kristallen nur einzelne Leerstellen und Zwischengitteratome sowie gegebenenfalls Versetzungen auftreten, so wäre die Aufgabe, Fehlordnungen zu analysieren, vergleichsweise einfach, da nur zwei oder drei Erholungsstufen zu erwarten wären. Vergleichende Betrachtungen des Erholungsverhaltens von abgeschreckten, verformten und bestrahlten Proben, wie sie erstmals von VAN BUEREN [*25*] vorgenommen wurden, zeigten jedoch, daß eine größere Anzahl von Erholungsstufen zu beobachten ist. Im Falle der am gründlichsten untersuchten Metalle Kupfer und Gold hat es sich als zweckmäßig erwiesen, der Einteilung VAN BUERENS [*25*], [*26*] folgend, fünf Erholungsstufen zu unterscheiden. Ihre Temperaturlage bei Kupfer, die im einzelnen noch etwas von der Aufheizgeschwindigkeit bzw. bei stufenweisem Erwärmen von der Haltezeit in den einzelnen Anlaßstufen sowie eventuell von der Fehlstellenkonzentration abhängt, geht aus dem halbschematischen Diagramm in Fig. 5 hervor. Im allgemeinen treten bei einer bestimmten Erzeugungsweise von Fehlstellen, etwa nach Abschrecken oder Verformen, nicht alle diese Stufen in Erscheinung. Lediglich nach Reaktorbestrahlung wurden in Kupfer Anzeichen für das Auftreten sämtlicher fünf Stufen gefunden.

Die Frage, welchen dieser fünf Erholungsstufen Leerstellen und Zwischengitteratome zuzuordnen sind, blieb bis in jüngste Zeit stark umstritten. Es war deshalb eines der Hauptziele der neueren Untersuchungen, eine eindeutige Zuordnung für die einzelnen Leerstellen und die Zwischengitteratome zu finden. Eine solche Zuordnung läßt sich auf Grund der in Abschnitt 3.2a und b zu besprechenden Arbeiten vornehmen.

Für die Interpretation der restlichen Erholungsstufen ist es naheliegend, zuerst die Möglichkeit des Auftretens von Agglomeraten der einfachen Fehlstellen, wie Doppel- oder Dreifachleerstellen, ins Auge zu fassen, die andere Werte für die Aktivierungsenergie der Wanderung aufweisen werden als die einfachen Fehlstellen. Wir werden uns deshalb im Abschnitt 3.2d mit solchen Agglomeraten aus einfachen Fehlstellen beschäftigen.

In jüngerer Zeit hat sich gezeigt, daß bei der dynamischen Erzeugung von Fehlstellen, wie sie bei Korpuskularbestrahlung auftritt, neben den einfachen, mechanisch stabilen atomaren Fehlern auch solche entstehen können, die entweder nur dynamisch existieren oder mechanisch metastabil sind. Sie spielen für das Verständnis der Strahlenschädigung eine wichtige Rolle. Sie werden in Abschnitt 3.3 besprochen werden. Da ihre

Eigenschaften bei weitem nicht so gut bekannt sind wie diejenigen der stabilen Fehlstellen, werden wir uns im wesentlichen auf eine Beschreibung dieser Fehler und auf die Erörterung des experimentellen Nachweises ihres Auftretens beschränken.

Eine einigermaßen vollständige Interpretation aller fünf Erholungsstufen wird erst im Zusammenhang mit der Besprechung der Strahlenschädigung im Abschnitt 4 möglich sein.

3.2. Mechanisch stabile Fehlstellen

Eine Fehlstelle kann dann als mechanisch stabil bezeichnet werden, wenn die Atome in ihrer Umgebung so angeordnet sind, daß die potentielle Energie des Gitters ein absolutes Minimum aufweist. Meist wird als selbstverständlich angenommen, daß diese Bedingung erfüllt ist, was für Fehlstellen, die im thermodynamischen Gleichgewicht vorliegen, wegen der geringeren Bildungsenergie der stabilen Fehlstellen auch im allgemeinen zutrifft. Bei Erzeugung von Fehlstellen im thermodynamischen Nichtgleichgewicht muß jedoch mit der Möglichkeit gerechnet werden, daß Atomkonfigurationen einfrieren, deren potentielle Energie sich lediglich in einem *relativen* Minimum befindet, und die deshalb unter Überwindung einer Energieschwelle in eine andere Konfiguration mit niedrigerer Bildungsenergie übergehen können*. Wir werden Beispiele dafür im Abschnitt 3.3 kennenlernen. Im vorliegenden Abschnitt wollen wir uns aber nur mit den mechanisch stabilen Konfigurationen von Einzelfehlstellen und von Agglomeraten aus diesen befassen.

a) Leerstellen

Die Bestimmung der *Bildungsenergie* von Leerstellen U_L ist prinzipiell relativ einfach, da, wie in 2.1 näher ausgeführt, Leerstellen bei hohen Temperaturen im thermischen Gleichgewicht vorliegen und die Tem-

* Dabei soll über die Begrenzung eines kleinen, die Fehlstelle einschließenden Gitterbereiches hinweg kein diffusionsartiger Materietransport stattfinden. Die Vereinigung zweier wohl getrennter Einzelleerstellen zu einer Doppelleerstelle durch thermisch aktivierte Wanderung wäre demnach nicht als ein derartiger Übergang von einer mechanisch metastabilen in eine mechanisch stabilere Konfiguration anzusehen. Eine völlig scharfe Unterscheidung zwischen mechanisch stabilen und mechanisch instabilen bzw. metastabilen Fehlstellen ist allerdings, wie häufig bei derartigen Definitionen, nicht zu treffen. Dies ist am deutlichsten am Beispiel der Frenkel-Fehlstellen zu erkennen. Bei weiter Trennung zwischen Leerstelle und Zwischengitteratom wird man das Frenkel-Paar im Sinne unserer Einteilung als aus zwei mechanisch stabilen Fehlstellen bestehend betrachten. Hingegen ist ein sehr nahes Frenkel-Paar, dessen Partner nur um einige wenige Atomabstände getrennt sind, eher als *eine*, mechanisch metastabile oder gar instabile Fehlstelle anzusprechen. Trotz dieses gleitenden Überganges zwischen den beiden Fehlstellentypen scheint die getroffene Einteilung zweckmäßig zu sein.

peraturabhängigkeit der Gleichgewichtskonzentration nach Gl. (2.1) durch die Bildungsenergie bestimmt wird. Es gibt zwei grundsätzlich verschiedene Möglichkeiten, die Temperaturabhängigkeit der Gleichgewichtskonzentration der Leerstellen zu ermitteln. Die eine beruht auf Messungen bei hohen Temperaturen, bei denen sich das Gleichgewicht einstellt. Ein Beispiel hierfür sind Messungen von Meechan und Eggleston [27], die die Temperaturabhängigkeit des elektrischen Widerstandes von Drähten bis nahe an den Schmelzpunkt bestimmten und bei sehr hohen Temperaturen ein Zusatzglied der Form (2.1) fanden, aus dem sich U_L bestimmen ließ. Ein anderes Beispiel stellen die bereits eingehend erläuterten kombinierten Messungen der Längen- und Gitterkonstantenänderung dar, die von Simmons und Balluffi [9] durchgeführt wurden und unmittelbar $c_L(T)$ geben. Allen diesen Untersuchungen haftet jedoch die Schwierigkeit an, daß der den Leerstellen zuzuschreibende Effekt sehr klein gegenüber dem Absolutwert der Meßgröße und deren Temperaturabhängigkeit ist. Daher sind trotz hoher Meßgenauigkeiten die auf diese Weise ermittelten Bildungsenergiewerte nicht sehr zuverlässig.

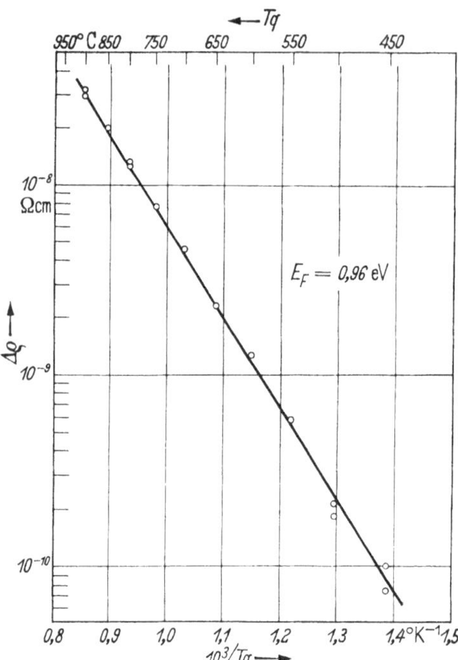

Fig. 6. Bestimmung der Bildungsenergie von Leerstellen in Gold aus der Widerstandsänderung $\Delta\varrho$ infolge Abschreckens von verschiedenen Temperaturen T_q (nach Bauerle u. Koehler [28])

Diese Schwierigkeit kann überwunden werden, indem man die Leerstellen-Gleichgewichtskonzentration durch rasches Abschrecken von verschiedenen Temperaturen einfriert und danach die Leerstellenkonzentration, beispielsweise durch Messung des elektrischen Widerstandes (bei einer festen Bezugstemperatur), der Längenänderung oder der beim Anlassen freiwerdenden Wärmetönung, bestimmt. Am häufigsten wurden Messungen mit Hilfe der Restwiderstandsänderung $\Delta\varrho$ durchgeführt. Da $\Delta\varrho$ proportional zur Leerstellenkonzentration ist, läßt sich nach (2.1) durch Auftragen des Logarithmus der Widerstandsänderung gegen den Reziprokwert der Abschrecktemperatur T_q die Bildungsenergie U_L bestimmen. Ein Beispiel für eine solche Messung ist in Fig. 6 wiedergegeben.

Die Linearität der Kurve stellt ein Kriterium dafür dar, ob die Abschreckgeschwindigkeit groß genug war, um sämtliche Leerstellen einzufrieren. Ist sie zu klein, so werden bereits während des Abschreckens Leerstellen durch Diffusion ausheilen können. Dabei werden bei hohen Abschrecktemperaturen mehr Leerstellen verlorengehen als beim Abschrecken von tiefer Temperatur, was eine Krümmung der Kurve zur Folge hat. Die Abschreckgeschwindigkeiten, die erforderlich sind, um alle Leerstellen einzufrieren, liegen in der Größenordnung von 10^4 Grad/sec.

Tabelle 3. *Charakteristische Eigenschaften von Leerstellen*

	Cu	Ag	Au
Bildungsenergie U_L [eV]	1,06±0,06 a)	1,03±0,04 b)	0,98±0,03 c)
Wanderungsenergie W_L [eV]	1,08±0,02 d)	0,88±0,03 d)	0,83±0,02 d)
W_L+U_L [eV] . . .	2,14±0,08	1,91±0,07	1,81±0,05
Aktivierungsenergie der Selbstdiffusion U_D [eV]	2,05± ? e)	1,91±0,01 f)	1,81±0,015 g)
elektrischer Widerstand $\Delta\varrho\left[\frac{\mu\Omega\,\mathrm{cm}}{\%\ \mathrm{Leerstellen}}\right]$	*1,6* h)	1,6 i)	1,7 k)
Volumenänderung $\Delta V/\Omega$	*+0,8* l)	*0,94* m)	*0,98* m)

a) Nach SCHOTTKY, SEEGER u. SCHMID [*29a*].
b) Aus verschiedenen Messungen [*9*], [*30*] bis [*33*] von RAMSTEINER et al. [*34*] als wahrscheinlichster Wert ermittelt.
c) Nach BAUERLE u. KOEHLER [*28*], weitere Bestimmungen s. [*9*], [*35*] bis [*38*].
d) Nach SCHÜLE, SEEGER, RAMSTEINER, SCHUMACHER u. KING [*39*]; weitere Bestimmungen für Ag s. [*30*], [*31*], [*33*], für Au s. [*28*], [*35*].
e) Nach KUPER, LETAW jr., SLIFKIN, SONDER u. TOMIZUKA [*40*].
f) Nach TOMIZUKA u. SONDER [*41*].
g) Nach MAKIN, ROWE u. LE CLAIRE [*42*].
h) Theoretischer Wert nach STEHLE [*48*].
i) Nach RAMSTEINER et al. [*34*].
k) Nach SCHÜLE et al. [*44*].
l) Theoretischer Wert nach SEEGER und MANN [*45*].
m) Theoretischer Wert nach SCHOTTKY, SEEGER u. SCHMID [*46a*].

In den letzten Jahren sind zahlreiche derartige Abschreckexperimente durchgeführt worden. In Tabelle 3 sind für Silber und Gold die am zuverlässigsten erscheinenden, aus Abschreckexperimenten gewonnenen Werte für die Bildungsenergie der Leerstellen aufgeführt. Bei Kupfer ergaben sich Schwierigkeiten bei Abschreckexperimenten, die wohl hauptsächlich mit der leichten Oxydierbarkeit dieses Metalls zusammenhängen (vgl. die Diskussion in [*29*]). Aus diesem Grund wird in Tabelle 3 für die Bildungsenergie der Leerstellen in Kupfer ein Wert angegeben, der indirekt ermittelt ist und einer neueren Untersuchung von SCHOTTKY, SEEGER und SCHMID [*29a*] entnommen wurde. Dieser Wert wurde aus der aus Längenänderung- und Gitterkonstantenmessungen von SIMMONS und BALLUFFI [*29*] direkt gemessenen Leerstellenkonzentration in der Nähe des Schmelzpunkts und einem theoretisch berechneten Wert für die Bildungsentropie der Leerstellen in Kupfer $S = (0{,}5 \pm 0{,}2)\ k$ nach Gl. (2.1) und (2.2) ermittelt. (Von SIMMONS und BALLUFFI [*29*] wurde die Bildungsenergie auf die gleiche Weise bestimmt. Da diese Autoren aber einen aus Analogiebetrachtungen zu anderen Edelmetallen gewonnenen Entropiewert von $S = (1{,}5 \pm 0{,}5)\ k$ verwendeten, erhielten sie eine entsprechend höhere Bildungsenergie, die jedoch unter Berücksichtigung der Aktivierungsenergie der Selbstdiffusion mit den unten zu besprechenden Messungen über die Wanderungsenergie der Leerstellen nicht in Einklang zu bringen ist.)

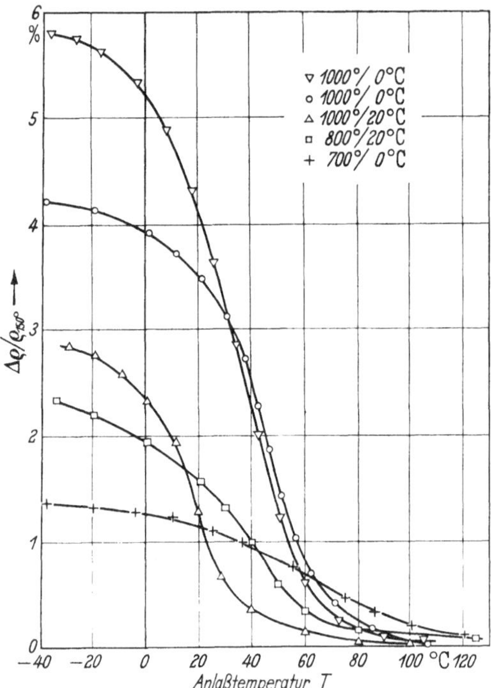

Fig. 7. Erholungsisochronen von abgeschrecktem Gold (nach SCHÜLE et al. [*44*]). Anlaßzeit 15 min., Abschreckbedingungen wie in der Figur angegeben

Die *Aktivierungsenergie der Wanderung* von Leerstellen W_L läßt sich aus Messungen der Ausheilkinetik der durch Abschrecken hervorgerufenen Eigenschaftsänderungen bestimmen. In Stuttgart wurden in den letzten Jahren ausführliche Untersuchungen dieser Art an Edelmetallen mit Hilfe des elektrischen Widerstandes durchgeführt. Wir werden uns im folgenden vorwiegend auf diese Messungen beziehen.

Nach raschem Abschrecken wurde bei Cu, Ag, Au und Ni eine ausgeprägte Erholungsstufe im Temperaturbereich, der nach der erwähnten Einteilung der Stufe IV entspricht, gefunden. Daneben wurden wesentlich kleinere Erholungsstufen bei Temperaturen im Bereich der Stufe V oder darüber und je nach Abschreckbehandlung auch gelegentlich bei etwas tieferen Temperaturen als Stufe IV beobachtet. Ein wesentlicher Teil der Erholung findet jedoch im allgemeinen im Bereich der Stufe IV statt. In Fig. 7 sind einige isochrone Erholungsmessungen von SCHÜLE et al. [*44*] an abgeschrecktem Gold aus diesem Temperaturbereich wiedergegeben. Die Meßwerte sind als prozentuale Abweichung vom sich nach Anlassen bei 150° C einstellenden Widerstandswert (gemessen in flüssigem Sauerstoff) angegeben. Nach schnellem Abschrecken liegt die Erholungsstufe zwischen etwa 20 und 60° C.

Zur Bestimmung der Aktivierungsenergie des Erholungsvorgangs in einer solchen Erholungsstufe lassen sich verschiedene Verfahren heran-

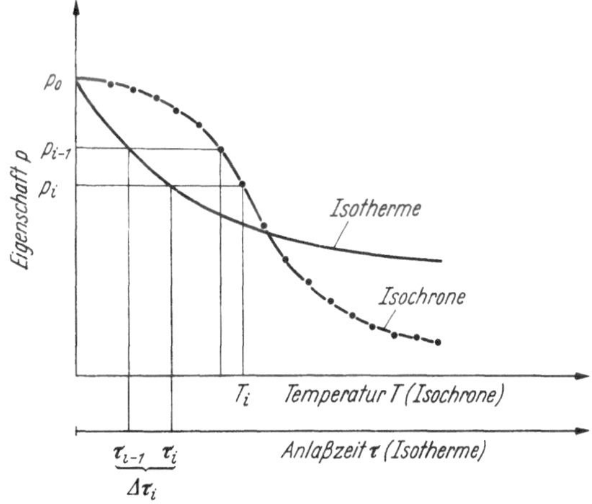

Fig. 8. Zur Bestimmung der Aktivierungsenergie nach dem Meechan-Brinkman-Verfahren

ziehen. Wir werden die gebräuchlichsten hiervon kurz besprechen, bevor wir zu den Ergebnissen über das Ausheilen abgeschreckter Proben zurückkehren.

Alle diese Verfahren gehen von der einfachen chemischen Reaktionsgleichung aus, wonach die Änderungsgeschwindigkeit der Konzentration c der betrachteten Fehlstellen

$$d c/d t = -\alpha\, c^{\gamma} \cdot \nu \tag{3.2}$$

ist, wobei α eine Konstante ist, die geometrische Faktoren enthält, γ die Reaktionsordnung und ν die Platzwechselhäufigkeit der Fehlstellen. Betrachtet man eine Eigenschaft p, die, wie die Änderung des elektrischen Widerstandes, proportional zur Fehlstellenkonzentration ist, so kann man Gl. (3.2) unter Berücksichtigung von (3.1) in der einer experimentellen Auswertung besser zugänglichen Form

$$d p/d t = -\beta\, p^{\gamma} \exp(-W/kT) \tag{3.3}$$

schreiben.

Häufig ist die Reaktionsordnung nicht im voraus bekannt, oder die Erholungsvorgänge folgen nicht genau einer einfachen Reaktionsordnung ($\gamma=1$ oder 2). Aus diesem Grunde haben sich bei der Ermittlung von W die beiden folgenden, von der Reaktionsordnung unabhängigen Methoden bewährt. Bei dem einen Verfahren, das gelegentlich als Tangentenverfahren bezeichnet wird, werden an ein und derselben

Probe zeitlich aufeinanderfolgend Isothermen bei zwei Temperaturen T_1 und T_2 aufgenommen. Erfolgt der Wechsel der Anlaßtemperatur von T_1 auf T_2 rasch genug, so ändert sich die Konzentration c während des Wechsels nicht und aus den Tangenten an die isothermen Erholungskurven $(dp/dt)_{T_1}$ und $(dp/dt)_{T_2}$ unmittelbar vor und nach dem Temperaturwechsel erhält man gemäß (3.3) die Aktivierungsenergie

$$W = \frac{kT_1 T_2}{T_1 - T_2} [\ln(dp/dt)_{T_1} - \ln(dp/dt)_{T_2}]. \tag{3.4}$$

Das andere Auswerteverfahren, das bei den Stuttgarter Arbeiten vornehmlich angewandt wurde, geht auf Meechan und Brinkman [46] zurück. Experimentell müssen dazu je eine isotherme Erholungskurve (Anlaßtemperatur T_a) und eine isochrone Erholungskurve mit konstanten Haltezeiten Δt an gleich vorbehandelten Proben bestimmt werden. Es wird dann in der aus Fig. 8 hervorgehenden Weise jeder bei der isochronen Messung verwendeten Temperatur T_i diejenige Zeitspanne $\Delta \tau_i$ zugeordnet, die in der isothermen Kurve derselben Eigenschaftsänderung (von p_{i-1} auf p_i) entspricht, welche in der Isochronenstufe bei der Temperatur T_i abläuft. Der Zusammenhang zwischen T_i, $\Delta \tau_i$ und der Aktivierungsenergie W wird leicht erkennbar, wenn wir das Integral der Gl. (3.3) in der Form

$$p = p(\vartheta); \qquad \vartheta \equiv \int_0^t \exp\left(-\frac{W}{kT}\right) dt$$

schreiben. Die Änderung der Hilfsfunktion ϑ während der Isochronenstufe bei T_i beträgt

$$\Delta\vartheta_i = \vartheta_i - \vartheta_{i-1} = \Delta t \exp(-W/kT_i). \tag{3.5}$$

Die entsprechende Änderung während der Zeit $\Delta \tau_i$ bei der isothermen Versuchsführung ergibt sich zu

$$\Delta\vartheta_i = \Delta\tau_i \exp(-W/kT_a). \tag{3.6}$$

Gleichsetzen von (3.5) und (3.6) und Logarithmieren führt auf die Beziehung

$$\ln \Delta\tau_i = C - W/kT_i \tag{3.7}$$

mit

$$C = \frac{W}{kT_a} + \ln \Delta t.$$

Nach Gl. (3.7) erhält man die Aktivierungsenergie des Erholungsvorgangs W, indem man $\ln \Delta \tau_i$ gegen $1/T_i$ aufträgt. Sofern der Ausheilvorgang in dem untersuchten Temperaturbereich überhaupt von einer einheitlichen Aktivierungsenergie bestimmt wird, was hier vorausgesetzt wurde, erhält man eine Gerade, deren Lage zwar von der Wahl der Isothermentemperatur T_a und der Haltezeit bei der isochronen Messung abhängt, deren Steigung jedoch hiervon unabhängig gleich $-W/k$ ist.

Die Stuttgarter Untersuchungen über das Ausheilen der Widerstandserhöhung nach Abschrecken wurden nach dem Meechan-Brinkman-Verfahren ausgewertet. Als typisches Beispiel für die Ergebnisse ist in Fig. 9 das $\ln \Delta \tau_i - (1/T_i)$-Diagramm für Goldproben, die von 1000° C in H_2O von 0° C abgeschreckt wurden, wiedergegeben. Es ergaben sich Geraden, die zeigen, daß in dem überstrichenen Temperaturbereich von etwa 20 bis

80° C eine einheitliche Aktivierungsenergie vorliegt, deren Wert aus den Steigungen der Geraden bestimmt wurde. Dieser Wert sowie die von SCHÜLE, SEEGER, RAMSTEINER und SCHUMACHER u. KING [39] für Kupfer und Silber in entsprechender Weise bestimmten Energiewerte sind in Tabelle 3 als Wanderungsenergie für Einzelleerstellen eingetragen. Es muß hierzu bemerkt werden, daß die angegebenen Werte nur gefunden werden, wenn sehr rasch abgeschreckt wurde. Bei zu kleiner Abschreckgeschwindigkeit (<15000° C/sec) verschiebt sich der Ausheilvorgang zu niedrigeren

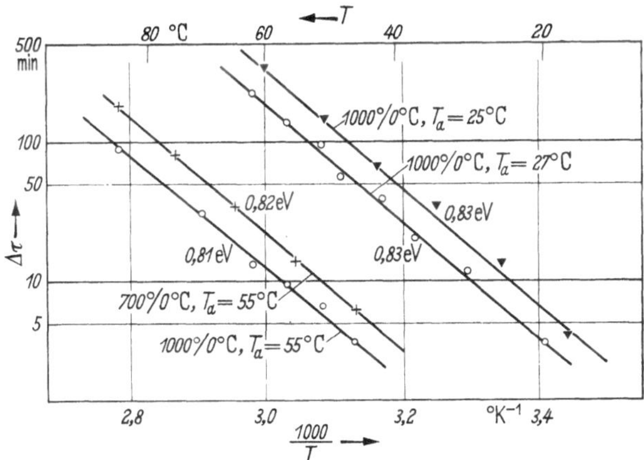

Fig. 9. Bestimmung der Aktivierungsenergie der Erholung von abgeschrecktem Gold (nach SCHÜLE et al. [44]). Abschreckbedingungen wie angegeben, T_a Anlaßtemperatur bei den Isothermen

Temperaturen und es werden kleinere Aktivierungsenergiewerte gemessen, wie aus den Kurven für die in H_2O von 20° C abgeschreckten Proben in Fig. 7 zu ersehen ist. Diese kleineren Aktivierungsenergien hängen wahrscheinlich mit der Bildung und Wanderung von Doppelleerstellen zusammen. Wir werden hierauf in Abschnitt c) zurückkommen.

Wie in der Einleitung erwähnt, läuft die Selbstdiffusion in dichtest gepackten Metallen über die Wanderung von Leerstellen ab. Hieraus ergibt sich eine einfache Kontrollmöglichkeit für die ermittelten Werte der Bildungs- und Wanderungsenergie der Einzelleerstellen. Die Selbstdiffusionskonstante D ist proportional zu der im thermischen Gleichgewicht stehenden Leerstellenkonzentration und der thermischen Sprungfrequenz ν der Leerstellen. Auf Grund der Beziehungen (2.1) und (3.1) erhält man daher

$$D \sim \exp[-(U_L + W_L)/kT]. \tag{3.8}$$

Somit ist die Aktivierungsenergie der Selbstdiffusion U_D gleich der Summe aus Bildungs- und Wanderungsenergie der Leerstellen. Zum Vergleich sind in Tabelle 3 diese Summen sowie die experimentellen Werte für die Aktivierungsenergie der Selbstdiffusion eingetragen. Im Rahmen der Meßfehler ergibt sich eine sehr befriedigende Übereinstimmung. Dies bestätigt, daß bei den Abschreckexperimenten tatsächlich Einzelleerstellen erfaßt wurden. Ferner ist dadurch sichergestellt, daß die Erholungsstufe IV der Wanderung von Einzelleerstellen zuzuschreiben ist.

Der *elektrische Widerstand* einer Leerstelle ist erst in jüngster Zeit einer unmittelbaren experimentellen Bestimmung zugänglich geworden. Die in Tabelle 3 für Silber und Gold angegebenen Werte wurden aus den Widerstandsmessungen an abgeschreckten Proben, wie sie zur Ermittlung der Bildungsenergie verwendet werden und den mehrfach erwähnten Bestimmungen der Gleichgewichtskonzentration von leeren Gitterplätzen aus Längen- und Gitterkonstantenmessungen, die von SIMMONS und BALLUFFI [*9*] durchgeführt wurden, ermittelt. Die auf diese Weise erhaltenen Werte für den spezifischen Widerstand von Leerstellen müssen wohl als untere Grenzwerte angesehen werden, da nicht mit Sicherheit ausgeschlossen werden kann, daß bei den Abschreckexperimenten ein kleiner Bruchteil der Gleichgewichtskonzentration der Leerstellen während des Abschreckens durch Ausheilen verlorengegangen ist. Für Kupfer stehen zuverlässige experimentelle Ergebnisse dieser Art wegen der erwähnten Schwierigkeiten bei Abschreckexperimenten noch nicht zur Verfügung. Deshalb wurde für dieses Metall in Tabelle 3 ein von STEHLE [*48*] theoretisch ermittelter Wert eingetragen, der sehr gut mit den an den beiden anderen Edelmetallen aus den Experimenten gewonnenen übereinstimmt.

Die *Volumenänderung*, die von einer Leerstelle hervorgerufen wird, ließe sich experimentell wohl am besten aus der Abhängigkeit der Leerstellen-Bildungsenergie vom hydrostatischen Druck bestimmen. Einwandfreie, auf Experimenten beruhende Ergebnisse über die Volumenänderung liegen jedoch bisher nicht vor. Wir müssen uns daher damit begnügen, in Tabelle 3 von SEEGER und MANN [*45*] sowie von SCHOTTKY, SEEGER und SCHMID [*46a*] theoretisch berechnete Werte anzugeben.

b) Zwischengitteratome

Die experimentelle Ermittlung der charakteristischen Eigenschaften von Zwischengitteratomen ist im Vergleich zu den Verhältnissen bei den Leerstellen erschwert, weil, wie wir im Abschnitt über die Entstehung atomarer Fehlstellen gesehen haben, kein Verfahren bekannt ist, mit dem nur Zwischengitteratome erzeugt werden können. In allen bekannten Entstehungsprozessen werden neben den Zwischengitteratomen stets auch andere Fehlstellen in vergleichbarer Konzentration erzeugt. Insbesondere der Tatsache, daß Zwischengitteratome in dicht gepackten Metallen nicht in merklicher Anzahl im thermischen Gleichgewicht auftreten, ist es zuzuschreiben, daß die *Bildungsenergie* einer direkten Messung nicht zugänglich ist. Die heute bekannten Werte sind daher theoretischen Ursprungs.

Der in der Tabelle 4 für Kupfer angegebene Wert der Bildungsenergie entstammt einer ausführlichen Untersuchung von SEEGER, MANN und

Tabelle 4. *Charakteristische Eigenschaften von Zwischengitteratomen*

	Cu	Ag	Au	Ni
Bildungsenergie U_Z [eV]	*2,8* a)			
Wanderungsenergie W_Z [eV]	0,64±0,03 b)	∼0,58 b)	0,71±0,01 b)	1,02±0,03 d)
Elektrischer Widerstand $\Delta\varrho\left[\frac{\mu\Omega\,\text{cm}}{\%\ \text{Zw.-Gitteratome}}\right]$	*0,9* c)			
Volumenänderung $\Delta V/\Omega$	*+0,4* a)			

a) Theoretischer Wert nach SEEGER, MANN und v. JAN [*47*].

b) Nach SCHÜLE, SEEGER, RAMSTEINER, SCHUMACHER u. KING [*39*], [*34*], [*44*], [*59*]; dort finden sich auch Hinweise auf weitere Bestimmungen anderer Autoren.

c) Indirekt ermittelter Wert, s. Abschnitt c und [*47*].

d) Nach KRONMÜLLER, SEEGER und SCHILLER [*53*] s. auch [*56*], [*57*].

v. JAN [*47*]. Dabei wurde eine große Mannigfaltigkeit von möglichen Anordnungen des Zwischengitteratoms in der Elementarzelle des ungestörten Gitters in Betracht gezogen und so die energetisch günstigste Konfiguration ermittelt. Es ergab sich, daß im kubisch-flächenzentrierten

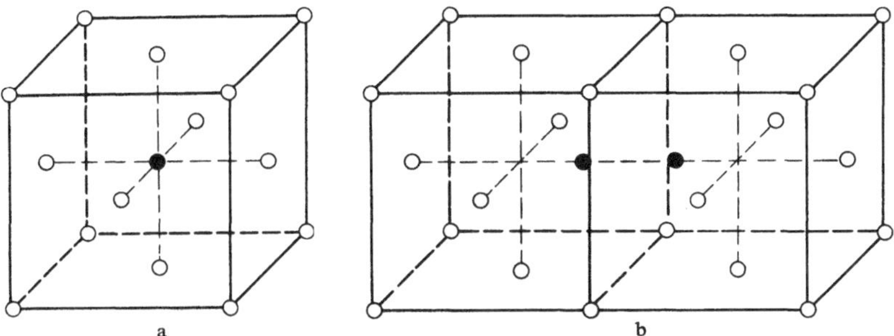

Fig. 10 a u. b. Zwischengitteratomlagen im kubisch-flächenzentrierten Gitter. a Zwischengitteratom in Würfelmittel; b Hantellage des Zwischengitteratoms

Gitter nicht, wie lange Zeit angenommen worden war, die Würfelmitte der energetisch günstigste Platz für das Zwischengitteratom ist (Fig. 10a), sondern vielmehr die in Fig. 10b gezeigte sog. „Hantellage“ (englisch auch intersticialcy oder split interstitial genannt). Man kann sich diese Konfiguration am einfachsten so entstanden denken, daß das ursprünglich in der Würfelmitte gelegene Zwischengitteratom eines seiner

Nachbaratome aus dessen Platz auf der Würfelfläche verdrängt hat und zusammen mit diesem eine zu der Würfelfläche symmetrisch gelegene Hantel, die nach ⟨100⟩ ausgerichtet ist, bildet. Dieses Ergebnis, wonach die ⟨100⟩-Hantellage die mechanisch stabile Konfiguration des Zwischengitteratoms ist, wurde auch bei Rechnungen mit einem dynamischen Gittermodell von VINEYARD u. Mitarb. [*49*] gefunden. Ferner gelangte BENNEMANN [*50*] zu einem ähnlichen Resultat *.

Die *Wanderung des Zwischengitteratoms* war von BRINKMAN et al. [*51*], [*46*] und von SEEGER [*52*], [*43*] der Erholungsstufe III, die bei Kupfer, Silber und Gold etwas unterhalb Raumtemperatur auftritti zugeordnet worden. Das Hauptargument für diese Zuordnung bestand darin, daß die der Wanderung der Zwischengitteratome entsprechende Erholungsstufe sowohl nach Verformen als auch nach Teilchenbestrahlung auftreten sollte, nicht jedoch nach Abschrecken von hohen Temperaturen. Dies trifft insofern auf die Stufe III zu, als nach Abschrecken keine Erholungsstufe beobachtet wird, in welcher der Ausheilvorgang mit derselben Aktivierungsenergie vor sich geht, wie sie nach Verformen und Bestrahlen in Stufe III gefunden wird. Diese Zuordnung der Zwischengitteratomwanderung zu Stufe III steht allerdings im Widerspruch zur Auffassung anderer Autoren, die, ausgehend von den Berechnungen von HUNTINGTON und SEITZ [*1*], annehmen, daß die Aktivierungsenergie der Zwischengitteratomwanderung sehr klein ($\sim 0{,}1$ eV) ist. Demnach sollte die Wanderung der Zwischengitteratome bereits bei sehr tiefen Temperaturen (20 bis 50° K, Stufe I) vonstatten gehen.

Die Erkenntnis, daß die Hantellage die stabile Gleichgewichtskonfiguration des Zwischengitteratoms darstellt, erleichterte die Aufklärung dieser Diskrepanz wesentlich. Im Gegensatz zur kubisch-symmetrischen Anordnung des Zwischengitteratoms in der Würfelmitte besitzt das Verzerrungsfeld der Hantellage eine tetragonale Symmetrie. Aus diesem Grund verlieren bei Anlegen einer mechanischen Spannung an die Probe die drei ⟨100⟩-Richtungen als Orientierungsmöglichkeiten für die Hantelachse ihre Gleichwertigkeit. Ähnlich wie beim Snoek-Effekt die Kohlenstoffatome im α-Eisen werden die Zwischengitteratomhanteln im Spannungsfeld bestrebt sein, sich unter Energiegewinn auszurichten, z. B. bei einer Zugspannung in die der Richtung der Zugspannung nächstliegende ⟨100⟩-Richtung, während sie in einem spannungsfreien Kristall sich im allgemeinen statistisch auf die drei Orientierungsmöglichkeiten

* BENNEMANN findet außer der Hantel in ⟨100⟩-Richtung, die bei ihm ebenfalls die Konfiguration niedrigster Energie ist, eine weitere, metastabile Lage des Zwischengitteratoms, die einer Hantel in ⟨111⟩-Richtung entspricht. Eine stabile Anordnung dieser Art wurde bei den anderen zitierten Rechnungen nicht gefunden. Es liegen auch keine experimentellen Hinweise auf die Existenz dieser Zwischengitteratomkonfiguration vor.

verteilen. Bei der zu solch einer Ausrichtung notwendigen Drehung der Hantelachse muß eine Energieschwelle überwunden werden. Diese braucht nicht gleich der für die Wanderung des Zwischengitteratoms maßgebenden Energie sein, da für die Ausrichtung eine Drehung ohne Veränderung der Lage des Schwerpunktes der Hantel genügt. Wegen dieser Energieschwelle gibt die Ausrichtung der Zwischengitteratome im Spannungsfeld zu einem mechanischen Relaxationsvorgang Anlaß. Die Beobachtung dieses Relaxationsphänomens stellt somit ein spezifisch gegen Zwischengitteratome empfindliches Verfahren dar, das es ermöglicht, das Verhalten der Zwischengitteratome getrennt von dem anderer Fehlstellen mit kubischer Symmetrie zu erfassen.

Untersuchungen über Zwischengitteratome, die auf der Relaxation der Hanteln fußen, wurden von SEEGER, KRONMÜLLER und SCHILLER [*53*], [*54*], [*55*] an neutronenbestrahltem und kaltbearbeitetem Nickel durchgeführt. Das ferromagnetische Nickel bietet den Vorteil, daß die Relaxation sich außer in der mechanischen Dämpfung auch als sog. Orientierungsnachwirkung in der Anfangssuszeptibilität äußert. Diese ferromagnetische Nachwirkungserscheinung wird in Kapitel 8 näher behandelt. Sie rührt von einer Ausrichtung der anisotropen Fehlstellen in den Bloch-Wänden her und stellt, da sie auf dem Einfluß der magnetostriktiven Spannung beruht, ein unmittelbares Analogon zur mechanischen Relaxation dar. Wie in Kapitel 8 näher ausgeführt, nimmt in einer frisch entmagnetisierten Probe, bei der die Bloch-Wände in Kristallbereiche zu liegen kommen, in denen die Zwischengitteratomhanteln statistisch auf die drei $\langle 100 \rangle$-Richtungen verteilt sind, infolge der Ausrichtung der Hanteln die Anfangssuszeptibiltät mit der Zeit vom Wert χ_0 auf χ_∞ zu nach der Beziehung [vgl. Gl. (7.64) in Kapitel 8]

$$\chi = \chi_\infty + [\chi_0 - \chi_\infty] \, e^{-t/\tau}. \tag{3.9}$$

Dabei ist τ die Relaxationszeit, die in bekannter Weise über die Aktivierungsenergie der Relaxation, die im vorliegenden Fall gleich der Energieschwelle bei der Rotation der Hanteln U_R ist, wie

$$\tau = \tau_0 \exp(U_R/kT) \tag{3.10}$$

von der Temperatur abhängt.

Sowohl in kaltbearbeiteten als auch in neutronenbestrahlten Nickelproben wurde der erwartete Nachwirkungseffekt im Temperaturbereich zwischen etwa 0° C und 20° C aufgefunden. Die aus Messungen des zeitlichen Verlaufs der Suszeptibilität gemäß (3.9) ermittelten Relaxationszeiten sind in Fig. 11 logarithmisch gegen $1/T$ aufgetragen. In diesem Diagramm sind ferner die an kaltbearbeiteten Proben aus der (mit dem Torsionspendel gemessenen) inneren Reibung ermittelten Relaxationszeiten eingetragen. Die Kombination beider Verfahren läßt mit Hilfe von Gl. (3.10) eine sehr genaue Bestimmung der Aktivierungsenergie der Relaxation zu, die sich aus der Steigung der Geraden in Fig. 11 zu

$$U_R = (0{,}81 \pm 0{,}01)\,\mathrm{eV} \tag{3.11}$$

mit

$$\tau_0 = 2{,}6 \cdot 10^{-12}\,\mathrm{sec}$$

ergibt.

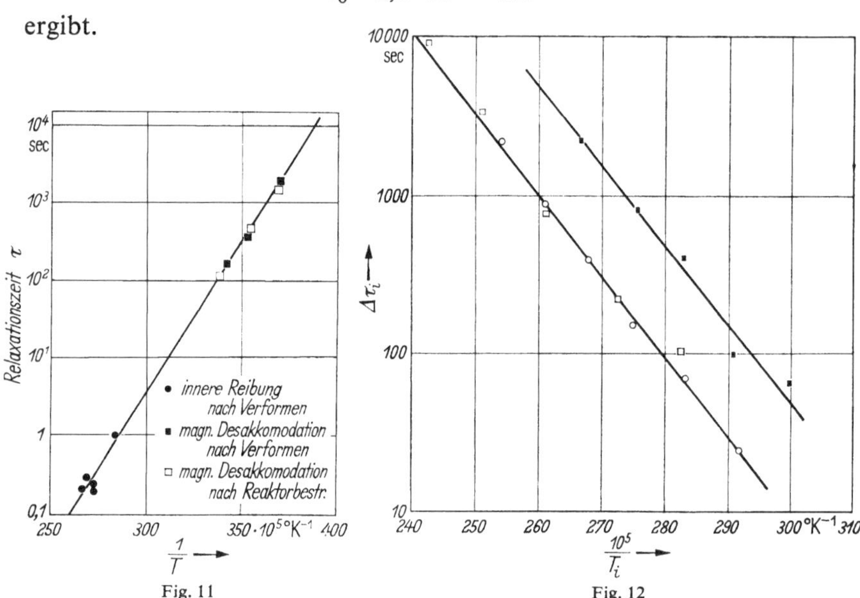

Fig. 11 Fig. 12

Fig. 11. Temperaturabhängigkeit der Relaxationszeit in Nickel nach [53]

Fig. 12. Bestimmung der Aktivierungsenergie der Erholung in Stufe III von Nickel. ○ Erholung der magnetischen Desakkomodation nach Reaktorbestrahlung; ■ Erholung des elektrischen Widerstandes nach Verformen; □ Erholung des elektrischen Widerstandes nach Elektronenbestrahlung

Bei Anlaßexperimenten verschwindet die Nachwirkungserscheinung in der Nähe der Raumtemperatur. Zur Bestimmung der Aktivierungsenergie des Erholungsvorganges wurde von Kronmüller, Seeger und Schiller wiederum das Brinkman-Meechan-Verfahren angewandt, wobei als zur Konzentration der Fehlstellen proportionale Eigenschaft

$$p = \frac{d}{dt}\left[\frac{\chi(t) - \chi_\infty}{\chi_\infty}\right] \tag{3.12}$$

herangezogen wurde. Das Ergebnis zeigt Fig. 12. Dort sind neben den Resultaten der magnetischen Messungen an reaktorbestrahlten Proben auch analoge Meßergebnisse von Sosin und Brinkman [*58*] über die Erholung des elektrischen Widerstandes nach Verformen und nach Elektronenbestrahlung für die Erholungsstufe III eingetragen. Es zeigt sich, daß in allen drei Fällen der Erholungsvorgang mit derselben Aktivierungsenergie abläuft (gleiche Steigung der Geraden in Fig. 12). Die in der Erholungsstufe III ausheilende Fehlstelle hat demnach die für Zwischengitteratome charakteristische Eigenschaft, zu einem mechanischen bzw. magnetischen Relaxationseffekt Anlaß zu geben. Auf diese Weise konnte die Zuordnung des Ausheilens von Zwischengitteratomen zur Erholungssufe III gesichert werden.

Der sich aus den magnetischen Nachwirkungsmessungen ergebende Wert der Aktivierungsenergie der Wanderung eines Zwischengitteratoms findet sich in Tabelle 4. Er unterscheidet sich von dem in (3.11) angegebenen Wert für die Aktivierungsenergie der Relaxation. Dies ist damit zu erklären, daß in Nickel der Schwerpunkt der Zwischengitteratomhantel bei der Rotation seine Lage nicht verändert und somit Drehung der Hantel und Wanderung des Zwischengitteratoms atomistisch verschiedene Vorgänge sind, was oben bereits als Möglichkeit erwähnt wurde. Die Verschiedenheit der Aktivierungsenergien für die Relaxation und für das Ausheilen der untersuchten Fehlstelle macht es unmöglich, die beobachteten Erscheinungen Doppelleerstellen zuzuordnen, die ebenfalls eine mechanische Relaxation hervorrufen sollten. Bei ihnen ist jedoch eine Drehung ohne gleichzeitiges Wandern des Schwerpunktes geometrisch nicht möglich. Somit müßte für Doppelleerstellen die Relaxationszeit von derselben Aktivierungsenergie bestimmt werden wie die Wanderung bzw. das Ausheilen.

Eine ganz ähnliche Relaxationserscheinung, wie sie für Nickel beschrieben wurde, haben VÖLKL und SCHILLING [*57a*] bei Messungen der inneren Reibung nach Kaltverformung auch an Kupfer gefunden. Die Aktivierungsenergie der Relaxation wurde zu 0,7 eV bestimmt. Das entsprechende Maximum der inneren Reibung heilt beim Anlassen in der Erholungsstufe III aus und wird von den Autoren ebenfalls der Umorientierung der Zwischengitteratom-Hanteln zugeschrieben.

Eine weitere Bestätigung dafür, daß in Stufe III Zwischengitteratome ausheilen, findet sich in der Reaktionsordnung des Erholungsvorganges. Mit Hilfe von Widerstandsmessungen an elektronenbestrahltem Kupfer und Nickel fanden BRINKMAN u. Mitarb. [*46*], [*58*] die Reaktionsordnung $\gamma=2$. Dies entspricht einer bimolekularen Reaktion, die bei Erholungsvorgängen dann zu erwarten ist, wenn die Anzahl der Senken, an denen die ausheilenden Fehlstellen verschwinden können, zu jedem Zeitpunkt gleich groß wie die Konzentration dieser Fehlstellen ist. In bestrahlten Proben, bei denen Leerstellen und Zwischengitteratome in gleicher Anzahl vorliegen, hat man die Reaktionsordnung zwei dann zu erwarten, wenn die Zwischengitteratome als die leichter bewegliche Fehlstellenart bei ihrem Ausheilen bevorzugt mit den schwerer beweglichen Leerstellen rekombinieren. Auch beim Ausheilen der besprochenen

Orientierungsnachwirkung in neutronenbestrahltem Nickel wurde in Übereinstimmung hiermit die Reaktionsordnung zwei gefunden [54].

Zur quantitativen Bestimmung der Aktivierungsenergie der Wanderung von Zwischengitteratomen in Kupfer, Silber und Gold wurden von Schüle, Seeger, Ramsteiner, Schumacher und King [39], [34], [44] eingehende Untersuchungen über das Ausheilen des elektrischen Widerstandes nach Kaltbearbeitung angestellt. Als Beispiel zeigt Fig. 13 einige Erholungsisochronen von verschieden stark kaltgewalzten Kupferproben. Wie zu erwarten war, treten mehrere Erholungsstufen in Erscheinung. Stufe III zwischen etwa -30 und $0°$ C ist deutlich ausgeprägt, wohingegen Stufe IV, etwas oberhalb $100°$ C, nur andeutungsweise zu finden ist. Dies ist damit in Zusammenhang zu bringen, daß auch in den kaltbearbeiteten Proben in Stufe III die Erholung recht genau einer Reaktion zweiter Ordnung folgt. Man kann dies damit erklären, daß bei der Verformung Leerstellen und Zwischengitteratome in vergleichbarer Anzahl erzeugt werden und in Stufe III bevorzugt eine paarweise Rekombination zwischen diesen stattfindet. Deshalb wird nur ein kleiner Bruchteil der ursprünglich vorhandenen Leerstellen nach dem Ausheilen der Zwischengitteratome, d.h. nach Stufe III, zurückbleiben, was zur Folge hat, daß Stufe IV nur relativ schwach in Erscheinung tritt. Der bei etwa $200°$ C einsetzende starke Abfall der Isochronen ist der in Stufe V ablaufenden mechanischen Erholung bzw. Rekristallisation zuzuschreiben.

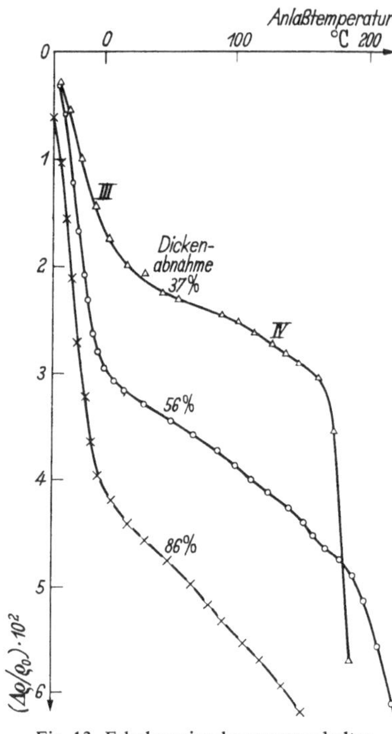

Fig. 13. Erholungsisochronen von kaltgewalztem Kupfer (Walztemperatur $< -40°$ C) nach [59]

Die aus der Reaktionskinetik in Stufe III, wiederum nach dem Isothermen-Isochronenverfahren von Meechan und Brinkman, bestimmten Aktivierungsenergien für die Zwischengitteratomwanderung in den Edelmetallen sind in Tabelle 4 zusammengestellt. Wegen Literaturhinweisen auf ähnliche Bestimmungen anderer Autoren sei auf die Originalarbeiten von Schüle et al. [39], [34], [44], [59] verwiesen.

Analog zu unserem Vorgehen bei den Leerstelleneigenschaften sind in Tabelle 4 auch Werte für den *elektrischen Widerstand* und die *Volumenänderung* von Zwischengitteratomen eingetragen. Allerdings liegen für die Zwischengitteratome keine unmittelbaren experimentellen Bestimmungen vor. Der Wert für die Volumenänderung von Kupfer wurde von SEEGER, MANN und v. JAN [*47*] für die Hantellage theoretisch berechnet. Dabei ist zu beachten, daß die in einem starren Gitter bei Überführen eines Atoms von einer äußeren oder inneren Oberfläche auf einen Zwischengitterplatz eintretende Volumenverkleinerung um ein Atomvolumen durch die elastische Relaxation des Gitters überkompensiert wird, so daß insgesamt eine Dichteverminderung eintritt. Der angegebene Wert für den elektrischen Widerstand von Zwischengitteratomen in Kupfer wurde indirekt durch geeignete Kombination von experimentellen und theoretischen Daten ermittelt. Der dabei eingeschlagene Weg wird im folgenden Abschnitt erläutert werden.

*c) Frenkel-Paare**

Sind eine Leerstelle und ein Zwischengitteratom im Gitter unmittelbar benachbart, so werden sie sich auf Grund der gegenseitigen Anziehung annihilieren. Ein solches Frenkel-Paar ist mechanisch instabil. Selbst am absoluten Nullpunkt ist ein Mindestabstand zwischen den beiden Partnern für die mechanische Stabilität eines Frenkel-Paares erforderlich. Nach theoretischen Untersuchungen von GIBSON, GOLAND, MILGRAM und VINEYARD [*49*] beträgt dieser Mindestabstand je nach Richtung im Gitter bei Kupfer zwischen zwei und vier Atomabständen. Es ist einleuchtend, daß die Energieschwelle, die die Partner eines Frenkel-Paares trennt, dessen Abstand diesen Mindestabstand nicht wesentlich übersteigt, verhältnismäßig klein ist. Deshalb sind solche nahe benachbarte Paare nur bei sehr tiefen Temperaturen metastabil. Die Energieschwelle, die zu einer Annihilation des Paares zu überwinden ist, nimmt mit wachsendem Abstand zu, bis bei genügender Entfernung der Partner die Anziehung zwischen ihnen so gering geworden ist, daß sie als voneinander unabhängig zu betrachten sind. In diesem Fall des weit getrennten Frenkel-Paares kann eine Annihilation nur erfolgen, wenn einer der Partner frei im Gitter diffundieren kann. Die dabei zu überwindende Energieschwelle ist die Wanderungsenergie des leichter beweglichen Partners, d.h. des Zwischengitteratoms. Aus dieser Überlegung geht somit

* Wie bereits erwähnt (s. Fußnote auf S. 241), sind Frenkel-Paare nicht eindeutig der Gruppe der mechanisch stabilen Fehlstellen zuzuordnen. Sie können je nach Abstand der Partner auch als mechanisch metastabil betrachtet werden oder sogar mechanisch instabil sein. Da Frenkel-Paare jedoch im allgemeinen aus zwei wohl definierten mechanisch stabilen Fehlstellen bestehen, behandeln wir sie im Rahmen dieser Fehlstellengruppe. In besonderen Fällen (vgl. Abschnitt 4.3a) muß allerdings auch mit der Bildung von Paaren, die aus einer mechanisch stabilen Leerstelle und einem mechanisch metastabilen Zwischengitteratom (Crowdion) bestehen, gerechnet werden. Wir werden hierauf jedoch nicht näher eingehen.

hervor, daß die *Aktivierungsenergie für die Annihilation* eines Frenkel-Paares vom Abstand der Partner des Paares abhängt und – da der Gitteraufbau nur diskrete Abstände zuläßt – ein diskretes Spektrum aufweist, dessen Höchstwert die Aktivierungsenergie der freien Wanderung eines Zwischengitteratomes ist.

Wie im Abschnitt 4 noch näher zu besprechen sein wird, wurden bei der Erholung des elektrischen Widerstandes und anderer Eigenschafts-

Tabelle 5. *Eigenschaften von Frenkel-Paaren in Kupfer*

Herkunft der Werte	Bildungsenergie U [eV]	Volumenänderung $\Delta V/\Omega$	$\Delta U/\Delta\varrho$ $\left[\frac{\text{cal}}{\text{g}\,\mu\Omega\,\text{cm}}\right]$	$\Delta\varrho/(\Delta V/V)$ [Ω cm]	el. Widerstand $\Delta\varrho$ $\left[\frac{\mu\Omega\,\text{cm}}{\%\,\text{Frenkel-Paare}}\right]$
Nach Tabelle 3 u. 4	3,75	1,2			
Meechan, Sosin [*65*] (Elektronen-Bestrahlung) . .			5,4±0,8		2,5
Granato, Nilan [*63*] (Deuteronen-Bestrahlung) . .			7,1		1,9
Simmons, Balluffi [*18*] (Deuteronen-Bestrahlung) . .				$2{,}3 \cdot 10^{-4}$	2,8

änderungen nach Bestrahlung mit Elektronen [*60*], [*61*] und Deuteronen [*62*], [*63*] sowie innerem α-Teilchenbeschuß [*64*] bei Temperaturen zwischen ungefähr 10° K und 60° K diskrete Erholungsspektren gefunden, die der Annihilation nahe benachbarter Frenkel-Paare, wie sie bei geringer Energieübertragung bei der Strahlenschädigung entstehen, zugeschrieben werden.

Aus diesem Erholungsbereich (Stufe I) liegen insbesondere für Kupfer eine Reihe von Messungen über Widerstandsänderung, Wärmetönung und Dichte- bzw. Längenänderung vor. Aus diesen lassen sich zusammen mit den in den vorhergehenden Abschnitten aufgeführten Daten für Leerstellen und Zwischengitteratome einige zusätzliche Informationen über die charakteristischen Eigenschaften von Frenkel-Paaren gewinnen. Dabei wird vorausgesetzt, daß sich Bildungsenergie, elektrischer Widerstand und Volumenänderung eines Frenkel-Paares einfach als Summe aus den entsprechenden Eigenschaften einer Leerstelle und eines Zwischengitteratoms ergeben. Dies ist zweifellos für weit getrennte Frenkel-Paare gerechtfertigt. Für sehr nahe Paare stellt es eine gewisse Näherung dar, da die Wechselwirkung der Partner sicher die Bildungsenergie und die Volumenänderung etwas verringern. Diese Vernachlässigung dürfte aber gegenüber den anderen in die Daten eingehenden Fehlern nicht ins Gewicht fallen.

In Tabelle 5 sind für Kupfer die von verschiedenen Autoren in der Erholungsstufe I gemessenen Verhältniswerte von $\Delta U/\Delta \varrho$ und $\Delta \varrho/(\Delta V/V)$ zusammengestellt. Kombiniert man diese Meßergebnisse mit den ebenfalls in der Tabelle 5 aufgeführten Werten für die Bildungsenergie und die Volumenänderung von Frenkel-Paaren, wie sie sich aus der Summation der entsprechenden Daten in den Tabellen 3 und 4 ergeben, so lassen sich die in der letzten Spalte der Tabelle 5 eingetragenen Zahlenwerte für den elektrischen Zusatzwiderstand von Frenkel-Paaren gewinnen. Mit SEEGER, MANN und v. JAN [*47*] neigen wir dazu, den aus den Messungen von SOSIN und MEECHAN ermittelten Wert von 2,5 μΩ cm/% Frenkel-Paare für den zuverlässigsten zu halten, da nur bei diesen Messungen die beiden in den verwendeten Verhältniswert $\Delta U/\Delta \varrho$ eingehenden Eigenschaftsänderungen unter unmittelbar vergleichbaren Versuchsbedingungen bestimmt wurden. Mit Hilfe des so gewonnenen Wertes für den elektrischen Widerstand von Frenkel-Paaren läßt sich durch Subtraktion des theoretisch berechneten Widerstandswertes von Leerstellen (s. Tabelle 3) auch der elektrische Widerstand eines Zwischengitteratoms ermitteln. Dabei ergibt sich der in Tabelle 4 aufgeführte Zahlenwert.

Es ist somit durch die hier und in den vorhergehenden Abschnitten geschilderte Kombination der Ergebnisse von theoretischen Berechnungen und quantitativen experimentellen Bestimmungen heute möglich, für Kupfer die wichtigsten Eigenschaften der einfachen atomaren Fehlstellen einigermaßen vollständig und zuverlässig zahlenmäßig anzugeben. Für die anderen Edelmetalle sind die Informationen noch wesentlich lückenhafter. Der Grund hierfür ist hauptsächlich darin zu suchen, daß die erforderlichen theoretischen Berechnungen der Fehlstelleneigenschaften bisher meist nur für Kupfer durchgeführt wurden.

d) Fehlstellenagglomerate

Bei der Behandlung der im thermischen Gleichgewicht vorhandenen Fehlordnung in Ziff. 2.1 sind von uns nur einfache atomare Fehlstellen, einzelne Leerstellen und Zwischengitteratome, in Betracht gezogen worden. Bei einer genaueren Analyse ist jedoch zu berücksichtigen, daß auch Komplexe aus einfachen Fehlstellen derselben Art vorkommen können. Ihre Konzentration wird jedoch wegen der größeren Bildungsenergie eines Fehlstellenkomplexes meist wesentlich kleiner sein als diejenige der einfachen Fehlstellen, so daß die Fehlstellenkomplexe im thermischen Gleichgewicht keine entscheidende Rolle spielen. Weit wichtiger als für die thermische Fehlordnung ist die Berücksichtigung von Fehlstellenagglomeraten bei der Beurteilung der Ausheilvorgänge in Proben mit eingefrorener Fehlordnung. Die einfache Annahme, daß alle ausheilenden Fehlstellen einzeln zu inneren oder äußeren Oberflächen wandern und dort verschwinden, bzw. bei Vorliegen von Frenkel-Fehlstellen mit Fehlstellen entgegengesetzter Art rekombinieren, kann nur bei sehr kleiner Fehlstellenkonzentration näherungsweise zutreffen. Bei hoher Übersättigung muß die Möglichkeit der Bildung von Mehrfachfehlstellen bzw. von Ausscheidungen von Fehlstellen gleicher Art im Innern der Proben in Betracht gezogen werden.

Während über Entstehung und Verhalten von Leerstellenkomplexen eine ganze Reihe von experimentellen und theoretischen Informationen vorliegt, ist über Mehrfachfehlstellen, die aus Zwischengitteratomen aufgebaut sind, bis heute relativ wenig bekannt. Wir werden uns deshalb im folgenden fast ausschließlich mit Leerstellenagglomeraten befassen.

α) Mehrfachfehlstellen im thermischen Gleichgewicht. Maßgebend dafür, ob ein aus Fehlstellen gleicher Art bestehender Komplex in nennenswertem Maß im thermischen Gleichgewicht auftritt, ist vor allem die *Bindungsenergie* B_n, die gleich der Differenz zwischen der Bildungsenergie von n unabhängigen Einzelfehlstellen und derjenigen des Komplexes ist. Für die Gleichgewichtskonzentration des n-fachen Komplexes gilt nämlich in ganz entsprechender Weise wie für die einfache Fehlstelle [vgl. Gl. (2.1)]

$$c_n \sim \exp[-(n\,U_1 - B_n)/kT] \tag{3.13a}$$

bzw.

$$c_n = A'_n\, c_1^n \exp(B_n/kT). \tag{3.13b}$$

A'_n enthält einen geometrischen und einen Entropiefaktor; c_1 ist die Gleichgewichtskonzentration der Einfachfehlstelle, die durch (2.1) gegeben ist.

Neben älteren Berechnungen der Bindungsenergie von Doppel- und Dreifachleerstellen in Kupfer [*66*], [*67*], [*68*] sind seit kurzem aus Experimenten gewonnene Werte für die Bindungsenergie der Doppelleerstellen in den Edelmetallen bekannt [*68a*] bis [*68e*]. Sie wurden aus einer genaueren Analyse des Ausheilvorgangs in abgeschreckten Proben erhalten, und zwar unter Versuchsbedingungen, bei denen Einfach- und Doppelleerstellen gleichzeitig am Ausheilvorgang beteiligt waren (s. Abschnitt β). SEEGER et al. [*68b*], [*68c*] erhielten dabei für Kupfer $B_2 = (0{,}13 \pm 0{,}04)$ eV. Für Silber wurde ursprünglich von DOYAMA und KOEHLER $B_2 = (0{,}38 \pm 0{,}05)$ eV ermittelt. Nach SEEGER [*68e*] dürfte die dabei zugrunde liegende Auswertung der Experimente jedoch nicht richtig sein und B_2 von Silber in der Nähe von 0,19 eV liegen. Für Gold wurde B_2 von DE JONG und KOEHLER [*68a*] zu $0{,}10 \pm 0{,}03$ eV bestimmt. Mit diesen Werten für die Bindungsenergie und entsprechenden Werten für die in A'_2 eingehende Entropiezunahme bei Bildung einer Doppelleerstelle, die einer theoretischen Untersuchung von SCHOTTKY, SEEGER und SCHMID [*29a*] entnommen werden können, läßt sich die Gleichgewichtskonzentration der Doppelleerstellen berechnen. Tabelle 6 enthält die auf diese Weise für zwei Temperaturen ermittelten Konzentrationsangaben für Kupfer. Zur Berechnung der Gleichgewichtskonzentration der Einzelleerstellen wurden der von SCHOTTKY, SEEGER und SCHMID [*29a*] berechnete Wert der Bildungsentropie $S/k=0{,}49$ sowie $U_L=1{,}06$ eV verwendet. Für die Bindungsenergie von Dreifachleerstellen und die bei deren Bildung auftretende Entropieänderung liegen keine sehr zuverlässigen Angaben vor. Die in Tabelle 6 zum Vergleich aufgeführten Zahlenwerte für die Gleichgewichtskonzentration sind daher nur als Abschätzungen zu werten; sie wurden unter Verwendung der von SCHOTTKY [*68*] angegebenen Werte von $B_3 \approx 0{,}95$ eV und $A_3' \approx 50$ ermittelt.

Tabelle 6. *Berechnete Gleichgewichtskonzentration von Mehrfachleerstellen in Kupfer*

Temperatur	c_1	c_2	c_3
700° C . . .	$5{,}1 \cdot 10^{-6}$	$4{,}5 \cdot 10^{-9}$	$5{,}4 \cdot 10^{-10}$
1083° C (Schmelzpunkt) . .	$1{,}9 \cdot 10^{-4}$	$4{,}0 \cdot 10^{-6}$	$1{,}1 \cdot 10^{-6}$

Obgleich die Tabelle 6 nur einige Anhaltspunkte geben kann, ist ihr doch zu entnehmen, daß nahe am Schmelzpunkt ein nicht vernachlässigbarer Bruchteil der insgesamt vorhandenen Leerstellen als Leerstellenkomplexe vorliegen kann (nach den Zahlenwerten der Tabelle 6 etwa 5%). Bei etwas tieferen Temperaturen verschieben sich die Verhältnisse jedoch stark zu Gunsten der Einfachleerstellen, wie das berechnete Beispiel für 700° C zeigt. Bei dieser Temperatur betragen die Konzentrationen der Doppel- und Dreifachleerstellen nur noch einige Promille der Einfachleerstellen-Konzentration. Dies rechtfertigt es, daß bei der Bestimmung der Bildungsenergie der Leerstellen aus Abschreckexperimenten (vgl. 3.2a) das Vorhandensein von Leerstellenkomplexen bei der Abschrecktemperatur meist nicht in Betracht gezogen wird; denn selbst bei den höchsten verwendeten Abschreckgeschwindigkeiten geling es im allgemeinen nicht, von Temperaturen nahe dem Schmelzpunkt die Fehlordnung einzufrieren, ohne daß beim Abkühlen wegen der in diesem Temperaturbereich sehr hohen Beweglichkeit der Fehlstellen ein Teil von ihnen ausheilt. Die Bestimmungen der Bildungsenergie der Leerstellen aus der eingefrorenen Gleichgewichtskonzentration beziehen sich daher meist auf Abschrecktemperaturen, für die, wie in dem genannten Beispiel, tatsächlich die Konzentration der Einzelleerstellen bei weitem überwiegt.

β) Bildung von Doppelleerstellen bei Abschreckexperimenten. Beim Anlassen einer mit einzelnen Leerstellen übersättigten Probe kann die Annäherung ans thermodynamische Gleichgewicht auf verschiedenen Wegen vor sich gehen. Der einfachste Fall ist zweifellos der, daß die Leerstellen einzeln zu Senken (Oberfläche, Korngrenzen, Versetzungen) wandern und dort verschwinden. Sofern die Bindungsenergie von Doppelleerstellen und höheren Leerstellenkomplexen positiv ist, steht jedoch damit in Konkurrenz das Zusammenlagern von einzelnen Leerstellen zu Mehrfachleerstellen, wobei je nach Beweglichkeit die Mehrfachleerstellen weiterwandern können oder liegenbleiben und evtl. durch Anlagerung weiterer Leerstellen wachsen. Maßgebend dafür, welcher Prozeß vorherrscht, ist die mittlere Anzahl von Sprüngen, die eine Leerstelle ausführen muß, ehe sie eine Senke findet oder mit einer bzw. mehreren andern Leerstellen zusammentrifft sowie die Festigkeit der Bindung der Mehrfachleerstellen. Bei sehr kleinen Übersättigungen wird daher das Wandern der Einzelleerstellen zu Senken überwiegen. Dafür erwartet man bei nicht zu erschöpfenden Senken, wie sie alle inneren und äußeren Oberflächen darstellen, die Reaktionsordnung $\gamma = 1$, d.h. die Ausheilgeschwindigkeit sollte proportional zur vorhandenen Leerstellenkonzentration sein. Die zum Zusammentreten zweier Leerstellen zu einer Doppelleerstelle nötige Sprungzahl nimmt mit steigender Leerstellenkonzentration ab. Man erhält für diesen Prozeß die Reaktionsordnung zwei. Die Bildung von Doppelleerstellen (und ggf. höheren Komplexen) wird daher eine um so größere Rolle spielen, je höher die anfängliche Leerstellendichte ist. Tatsächlich wurde bei den Stuttgarter Abschreckexperimenten an Gold und Silber [*39*], [*44*], [*34*] für hohe eingefrorene Leerstellendichten (z.B. bei Gold nach Abschrecken von 1000° C mit mehr als 15000° C/sec) stets die Reaktionsordnung zwei für den Erholungsvorgang gefunden. Dies weist auf die Richtigkeit der vorgenannten Überlegungen hin, wonach bei hoher Übersättigung beim Ausheilen die Bildung von Doppelleerstellen vorherrscht*. Daß bei diesen Experimenten trotzdem die Aktivierungsenergie der Wanderung von Einzelleerstellen gemessen wurde, ist damit zu erklären, daß die Wanderungsenergie der Doppelleerstellen merklich kleiner ist als die der Einzelleerstellen (s. unten). Daher kann bei Anlaßtemperaturen, bei denen einzelne Leerstellen wanderungsfähig sind, eine Doppelleerstelle, sobald sie einmal gebildet ist, in so kurzer Zeit zu einer Senke gelangen und ausheilen, daß geschwindigkeitsbestimmend für den Gesamtvorgang die Zeit bleibt, die

* Diese Folgerung ist nur dann stichhaltig, wenn sich aus der Ausheilkinetik unter Verwendung der gemessenen Aktivierungsenergie vernünftige Werte für die mittleren Sprungzahlen der einzelnen Fehlstellen ableiten lassen. Neuere Untersuchungen [*68c*] haben gezeigt, daß eine der Reaktionsordnung zwei entsprechende Ausheilkinetik auch auf ganz andere Weise zustande kommen kann. Man erhält sie (unter geeigneten Bedingungen) näherungsweise dann, wenn Einfachleerstellen und Doppelleerstellen miteinander lokal im thermischen Gleichgewicht stehend an festen Senken ausheilen. Ein solches lokales Gleichgewicht wird sich am besten dann einstellen können, wenn bereits vor Beginn des Ausheilens Doppelleerstellen vorhanden waren und der Ausheilvorgang dementsprechend bereits bei relativ tiefer Temperatur einsetzt (s. unten).

die beiden eine Doppelleerstelle bildenden Einzelleerstellen benötigen, um sich zu treffen.

Wie zu erwarten, wurde bei kleiner Leerstellenübersättigung die Reaktionsordnung eins oder jedenfalls ein Wert für die Reaktionsordnung, der kleiner ist als zwei, beobachtet. Ein instruktives Beispiel hierfür stellen Ausheilisothermen vom Silber dar, das von 800° C abgeschreckt wurde [*34*]. Diese Isothermen folgen anfänglich (solange die Leerstellenkonzentration hoch ist) der Reaktionsordnung zwei und für lange Auslagerzeiten, bei denen die meisten Leerstellen bereits ausgeheilt sind, der Reaktionsordnung eins.

Die vorstehenden Überlegungen gelten speziell für den Fall, daß die Abschrecktemperatur so gewählt war, daß die Leerstellen in ihrer überwiegenden Mehrzahl als Einzelleerstellen vorlagen, und ferner, daß hinreichend rasch abgeschreckt wurde, um die thermische Fehlordnung unverändert einzufrieren. Bei kleinerer Abschreckgeschwindigkeit ist es möglich, daß die ersten Schritte des Ausheilvorgangs bereits während des Abkühlens ablaufen. Dies kann zur Folge haben, daß sich bereits während des Abschreckens Mehrfachleerstellen, insbesondere Doppelleerstellen bilden. Im abgeschreckten Zustand liegt dann ein Gemisch von einfachen und mehrfachen Leerstellen vor. (Ähnliche Verhältnisse ergeben sich natürlich auch dann, wenn zwar sehr rasch, aber von Temperaturen abgeschreckt wird, bei denen bereits im thermischen Gleichgewicht ein merklicher Anteil an Mehrfachleerstellen vorhanden ist.) Ist in einem solchen Fehlstellengemisch eine der vorhandenen Mehrfachleerstellenarten leichter beweglich als die einfachen Leerstellen, so wird beim Anlassen die Erholung bei entsprechend tieferer Temperatur einsetzen. Dies entspricht der bereits in Ziff. 3.2a erwähnten Beobachtung von SCHÜLE et al. [*39*], [*44*] (vgl. auch Fig. 7), wonach die Erholung von abgeschrecktem Gold bei Abschreckgeschwindigkeiten von $<15000°$ C/sec zu niedrigeren Temperaturen verschoben ist und nur bei Abschreckgeschwindigkeiten, die größer als dieser Wert sind, die Erholung mit der Wanderungsenergie der Einzelleerstellen abläuft.

Während SCHÜLE et al. diese Verschiebung des Ausheilvorgangs zu niedrigerer Temperatur für verschiedene Abschreckgeschwindigkeiten bei gleicher Abschrecktemperatur beobachtet haben, wurde von BAUERLE und KOEHLER [*28*], ebenfalls an Gold, unter gleichbleibenden Abschreckbedingungen eine entsprechende Veränderung des Ausheilvorgangs für Abschrecktemperaturen oberhalb 700° C gefunden. Nur unterhalb dieser Temperatur ist der Erholungsvorgang in BAUERLE und KOEHLERS Messungen dem Ausheilen von Einzelleerstellen zuzuordnen. Die darin zum Ausdruck kommende Abhängigkeit der Grenzgeschwindigkeit, bei deren Unterschreitung sich während des Abkühlens Mehrfachleerstellen bilden können, von der Abschrecktemperatur hat neben der trivialen Ursache, daß die Bildungsgeschwindigkeit der Leerstellenkomplexe bei gleicher anfänglicher Leerstellenkonzentration um so höher ist, je höher die Temperatur liegt, den weiteren Grund, daß die Wahrscheinlichkeit, mit der sich Doppel- bzw. Mehrfachleerstellen bilden, mit der Leerstellenkonzentration und damit mit der Abschrecktemperatur wächst.

In allen Fällen, in denen die beschriebene Verschiebung der Erholung nach Abschrecken zu tieferer Temperatur beobachtet wurde, ergaben sich auch Werte für die Aktivierungsenergie der Erholung, die kleiner sind als die Wanderungsenergie von Einzelleerstellen. Es schien naheliegend zu sein, diese kleineren Aktivierungsenergiewerte der Wanderung einer leicht beweglichen Mehrfachleerstelle zuzuordnen. Theoretische Untersuchungen [*48*], [*67*], [*69*], [*46a*] ergaben, daß die Wanderungsenergie der Doppelleerstellen sicher kleiner ist als die der Einzelleerstellen und daß Dreifachleerstellen eine verhältnismäßig geringe Beweglichkeit besitzen dürften. Es wurde deshalb verschiedentlich die nach langsamem Abschrecken gefundene Aktivierungsenergie als *Wanderungsenergie von Doppelleerstellen* interpretiert [*70*], [*39*], [*34*], [*44*], [*59*]. Diese Zuordnung ist jedoch nur dann richtig, wenn während des Ausheilvorgangs die Konzentration der Doppelleerstellen groß gegenüber derjenigen der Einfachleerstellen ist. Ein zweiter Fall, in dem die gemessene Aktivierungsenergie leicht zu interpretieren ist, ist nach Schottky [*68f*] der folgende: Der *Beitrag* der Doppelleerstellen *zum Diffusionsstrom* der leeren Gitterplätze ist groß gegenüber demjenigen der Einfachleerstellen. (Dies bedeutet $2c_2 D_2 \gg c_1 D_1$, wo D_2 und D_1 die Diffusionskoeffizienten der Doppelleerstellen bzw. der Einfachleerstellen sind. Der Beitrag von Dreifachleerstellen etc. sei vernachlässigbar.) Die *Konzentration* der Doppelleerstellen sei jedoch klein gegen diejenige der Einfachleerstellen, d.h. $c_2 \ll c_1$. Ferner sollen Einfach- und Doppelleerstellen lokal stets miteinander im Gleichgewicht sein, also Gl. (3.13b) zwischen c_1 und c_2 bestehen. Unter diesen Voraussetzungen mißt man als Aktivierungsenergie des Ausheilvorgangs der Leerstellen die Differenz der Wanderungsenergie der Doppelleerstellen und der Bindungsenergie der Doppelleerstellen, d.h. $W_{DL} - B_2$. Die Bindungsenergie der Doppelleerstellen kommt dadurch mit ins Spiel, daß wegen des lokalen Gleichgewichts bei einer Erhöhung der Anlaßtemperatur ein Teil der Doppelleerstellen nach Maßgabe ihrer Bindungsenergie dissoziiert. Der Erhöhung der Beweglichkeit durch den Temperaturanstieg wirkt die Verkleinerung der Konzentration der Doppelleerstellen entgegen, so daß die Ausheilgeschwindigkeit durch einen resultierenden Wert der Aktivierungsenergie bestimmt zu sein scheint, der kleiner als die Wanderungsenergie der Doppelleerstellen ist.

Trifft keiner der soeben erwähnten Grenzfälle zu, so kann der Meßwert der Aktivierungsenergie zwischen W_L und $W_{DL} - B_2$ liegen, wobei die Einzelheiten von den jeweiligen Werten von c_1 und c_2 abhängen und sich deshalb im Laufe des Ausheilvorgangs ändern. Wir können hier auf die genaue Analyse der Ausheilkinetik bei gleichzeitigem Mitwirken von Einfach- und Doppelleerstellen nicht eingehen und erwähnen lediglich, daß es in einer Reihe von neueren Experimenten gelungen ist, neben den schon in Abschnitt α) erwähnten Bindungsenergien auch die Wanderungsenergien der Doppelleerstellen W_{DL} für die Edelmetalle experimentell zu bestimmen. Die von SEEGER et al. [*68b, c*] für Kupfer, von DOYAMA und KOEHLER [*68d*] für Silber und von DE JONG und KOEHLER [*68a*] für Gold ermittelten Werte sind in Tabelle 7 zusammengestellt.

Tabelle 7. *Aktivierungsenergie der Wanderung von Doppelleerstellen*

	Cu	Ag	Au
W_{DL} [eV]	$0{,}62^{+0{,}03}_{-0{,}07}$	$0{,}57 \pm 0{,}03$	$0{,}66 \pm 0{,}05$

γ) Leerstellenausscheidungen in abgeschreckten Proben. Bisher haben wir weitgehend von der Vorstellung Gebrauch gemacht, daß beim Ausheilen abgeschreckter Proben, auch wenn sich Agglomerate wie Doppelleerstellen bilden, letzten Endes die gesamte überschüssige Leerstellenkonzentration an inneren oder äußeren Oberflächen verschwindet. Man kann diesen Vorgang vergleichen mit der sogenannten mikroskopisch inhomogenen Ausscheidung in übersättigten Mischkristallen*. Ein wesentlicher Unterschied besteht allerdings darin, daß die Leerstellen, die sich beispielweise an Korngrenzen ausscheiden, nicht, wie bei der Ausscheidung in einer Legierung, dort eine zweite Phase bilden, sondern tatsächlich verschwinden, wobei sich die anliegenden Körner entsprechend verkleinern. Diese Betrachtungsweise ist nur für relativ niedrige Abschrecktemperaturen und dementsprechend kleine Leerstellenübersättigungen gerechtfertigt. Dies geht beispielsweise aus den Beobachtungen von BAUERLE und KOEHLER [*28*] hervor, wonach für Abschrecktemperaturen unter 750° C in Gold beim Anlassen in der Nähe der Raumtemperatur 99% der vom Abschrecken herrührenden Veränderung des elektrischen Widerstandes wieder ausheilen. Im Gegensatz hierzu gehen bei Anlaßbehandlung im gleichen Temperaturbereich nach Abschrecken von über 850° C (unter gleichen Abschreckbedingungen) nur etwa 90% der Widerstandsänderung wieder zurück, während die restlichen 10% erst oberhalb 500° C ausheilen. Diese Erscheinung wurde von KIMURA, MADDIN und KUHLMANN-WILSDORF [*72*] zutreffend darauf zurückgeführt, daß sich bei hoher Leerstellenübersättigung im Kristallinnern Leerstellenausscheidungen bilden. Bei einer solchen zur mikroskopisch homogenen Ausscheidung analogen Leerstellenagglome-

* Wegen der Begriffsbestimmung bei Legierungen vgl. z.B. U. DEHLINGER [*71*].

ration können die Leerstellen nicht restlos verschwinden. Es bleiben vielmehr entweder kleine dreidimensionale Hohlräume zurück, wie sie von SEEGER, GEROLD und RÜHLE [*68b*] mit Hilfe der Kleinwinkelstreuung von Röntgenstrahlen beobachtet wurden; oder es entstehen, wenn die Ausscheidungen groß genug sind, charakteristische Versetzungsanordnungen, zum Beispiel kleine Versetzungsschleifen oder aus Versetzungen und Stapelfehlern gebildete Tetraeder. Solche Versetzungsschleifen und Tetraeder können bei Durchstrahlung dünner Folien im Elektronenmikroskop unmittelbar sichtbar gemacht werden. Über die direkte Beobachtung dieser durch Leerstellenausscheidung entstandenen Versetzungsanordnungen und deren Bedeutung für die Bestimmung der Stapelfehlerenergie kubisch-flächenzentrierter Metalle wird in Kapitel 4 von MADER berichtet. Wir werden deshalb hier lediglich die Entstehung und die Geometrie solcher Versetzungsanordnungen besprechen.

Schon lange vor ihrer direkten Beobachtung hat SEITZ [*12*] Ausscheidungen von Leerstellen als Möglichkeit der Versetzungsentstehung in Betracht gezogen. Lagern sich Leerstellen flächenhaft in einer Atomebene zusammen, so entsteht als erster Schritt ein scheibenförmiger Hohlraum von atomarer Dicke (Fig. 14a), der durch Anlagern weiterer Leerstellen wachsen kann*. Solange er klein ist, wird er mechanisch stabil sein. Ab einer bestimmten Größe wird es jedoch energetisch günstiger sein, wenn die beiden Scheibenflächen zusammenklappen, wobei, wie in Fig. 14b gezeigt, entlang des Randes der Scheibe eine Versetzungsschleife zurückbleibt, deren Burgers-Vektor senkrecht auf der Ebene der Leerstellenausscheidung steht. In einem einfachen Kristallgitter, etwa dem kubisch primitiven, passen die beiden Scheibenoberflächen so aufeinander, daß innerhalb der Versetzungsschleife wieder ein ungestörter Kristallbereich entsteht. In komplizierteren Gittern tritt dies nicht ein, da durch das Aufeinanderfügen der Begrenzungsebenen der Leerstellenscheibe die Stapelfolge der Atomebenen gestört wird. Im Inneren des Versetzungsrings bleibt ein Stapelfehler zurück. Der Versetzungsring wird somit von einer Teilversetzung gebildet, die vom Frankschen Typ

* Es ist bis heute nicht klar, ob dieser Fall einer von allem Anfang an flächenhaften Ausscheidung von Leerstellen in der Natur vorkommt. Wahrscheinlicher dürfte es sein, daß sich bei sehr kleiner Ausscheidungsgröße mehr oder weniger kugelige Poren bilden, die dann bei weiterem Wachsen abflachen und in ebene Gebilde übergehen. Hierfür spricht, daß die bei der Kleinwinkelstreuung von Röntgenstrahlen von SEEGER et al. [*68b*] an abgeschreckten Kupferproben gefundenen Erscheinungen am besten durch die Streuung an Hohlräumen (maximaler Durchmesser 20 bis 40 Å) von der Form abgeplatteter Rotationsellipsoide (Achsenverhältnis 2,5 bis 4) beschrieben werden können. Da bei diesen Untersuchungen nur Ausscheidungen in einem begrenzten Größenbereich erfaßt wurden, ist es möglich, daß es sich dabei gerade um einen Übergangszustand zwischen kugeligen und flächenhaften Gebilden handelt.

ist (vgl. Kap. 1, 1.4b), da der Burgers-Vektor nicht in der Ebene des Stapelfehlers liegt. Anhand eines zweidimensionalen Gitters mit Stapelfolge ist dies in Fig. 14b dargestellt.

In ganz analoger Weise können sich natürlich auch Zwischengitteratome ausscheiden, wobei dann nicht, wie im Falle der Leerstellenausscheidung, in einer Gitterebene ein Stück fehlt, sondern ein Stück einer zusätzlichen Ebene eingebaut wird. Der Hauptunterschied zur Leerstellenausscheidung besteht darin, daß der Burgers-Vektor der Randver-

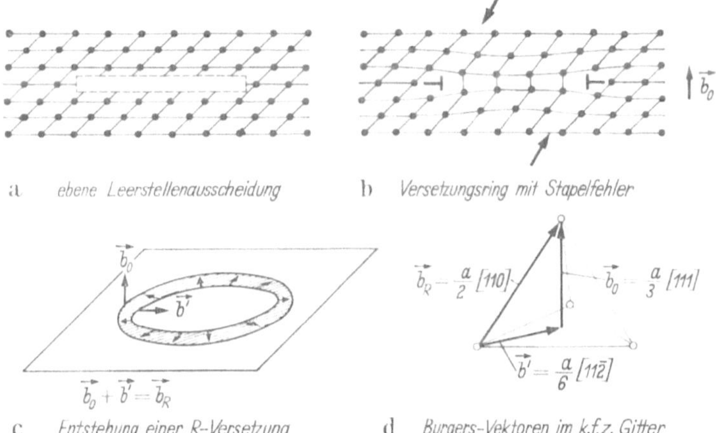

Fig. 14 a—d. Bildung von Versetzungsringen durch Leerstellenausscheidung. *a* Kantenlänge des Elementarwürfels

setzung mit umgekehrtem Vorzeichen behaftet ist und je nach Gitterstruktur unter Umständen zwei Stapelfehler (auf beiden Seiten des neuen Ebenenstückes) auftreten können. Da jedoch die überwiegende Mehrzahl aller Beobachtungen sich auf Leerstellenausscheidungen bezieht, wollen wir uns im weiteren nur mit solchen beschäftigen.

Ebene Leerstellenausscheidungen mit Stapelfehlern sind erst neuerdings und nur unter speziellen Versuchsbedingungen experimentell beobachtet worden [*73*], [*74*]. Die Seltenheit ihres Auftretens ist insofern nicht verwunderlich, als sie nur bei sehr kleiner Ausscheidungsgröße die Anordnung mit der niedrigsten Energie darstellen und große Anordnungen dieser Art instabil oder metastabil sein sollten. Im kubisch-flächenzentrierten Gitter sind zwei Wege bekannt, die zu einer Verringerung der Energie einer ebenen Leerstellenausscheidung mit Stapelfehler führen. Welcher von diesen eingeschlagen wird, hängt von der Stapelfehlerenergie des Materials und der Größe der Ausscheidung ab. Bei großer Stapelfehlerenergie wird die Tendenz bestehen, den Stapelfehler aufzuheben. Wie in Fig. 14c und d angedeutet, kann dies — wie zuerst von D. Kuhlmann-Wilsdorf [*75*] erkannt wurde — durch Einführen einer weiteren

Versetzungsschleife, deren Burgers-Vektor in der Ebene des Stapelfehlers liegt, geschehen (Einfügen zweier Halbebenen an den mit Pfeilen bezeichneten Stellen in Fig. 14b). Entsteht im Innern des Stapelfehlers eine solche zusätzliche Halbversetzungsschleife, so wird von ihr der Stapelfehler ausgelöscht, wie es in Fig. 14c skizziert ist. Die beiden Versetzungsringe mit den Burgers-Vektoren $\vec{b}_0$ und $\vec{b}'$ kombinieren zu der sog. R-Versetzung (R = resultierend), einer *stapelfehlerfreien Versetzungsschleife*, die nunmehr aus einer vollständigen Versetzung mit dem Burgers-Vektor $\vec{b}_R$ besteht. Die entsprechenden drei Burgers-Vektoren im kubisch flächenzentrierten Gitter sind in Fig. 14d in einem Elementartetraeder eingezeichnet.

Bei der Bildung einer stapelfehlerfreien Versetzungsschleife liefert zwar das Auslöschen des Stapelfehlers einen negativen Beitrag zur Gesamtenergie der Anordnung, durch die Vergrößerung des Betrags des Burgers-Vektors der Versetzungsschleife kommt jedoch ein positiver Energiebeitrag hinzu. Da mit wachsender Größe der Leerstellenausscheidung die Fläche und damit der Energiebeitrag des Stapelfehlers stärker wächst als die Länge der berandenden Versetzungsschleife, existiert bei festem Wert der spezifischen Stapelfehlerenergie eine kritische Größe, oberhalb der die stapelfehlerfreie Leerstellenausscheidung energetisch günstiger ist als diejenige mit Stapelfehler. Diese kritische Größe nimmt mit abnehmender Stapelfehlerenergie zu. Hiervon wird, wie in Kapitel 4 näher erörtert, bei der Bestimmung der spezifischen Stapelfehlerenergie aus der Art und Größe der Leerstellenausscheidungen Gebrauch gemacht.

Die andere Möglichkeit zur Verminderung der Energie einer ebenen Leerstellenausscheidung mit Stapelfehler im kubisch-flächenzentrierten Gitter ist die Bildung von *Stapelfehlertetraedern.* Ihre Entstehung soll an Hand der Fig. 15 erläutert werden. Wir gehen aus von einer ebenen Leerstellenausscheidung, die in Form eines gleichschenkligen Dreiecks in der (111)-Ebene liegt und von ⟨110⟩-Richtungen begrenzt wird (Dreieck ABC in Fig. 15a). Die den Stapelfehler in ABC begrenzende Versetzung mit dem Burgers-Vektor $\vec{b}_0 = a/3\,[111]$ kann in dieser Lage entlang jeder der drei Kanten dissoziieren, d.h. jeweils eine Teilversetzung abspalten. Diese abgespaltenen Teilversetzungen liegen in den anderen drei, von (111) verschiedenen Oktaederebenen und ziehen in diesen in der in Fig. 15a durch die durchgehende Schraffierung angedeuteten Weise Stapelfehler hinter sich her. Für die Aufspaltung der Versetzung mit $\vec{b}_0$ entlang der Kante AC sind die zugehörigen Burgers-Vektoren in Fig. 15b eingezeichnet. Die Aufspaltung erfolgt nach der Gleichung

$$\frac{a}{3}\,[111] = \frac{a}{6}\,[121] + \frac{a}{6}\,[101]\,. \qquad (3.14)$$

Die Versetzung mit dem Burgers-Vektor $\vec{b}_2 = a/6\ [101]$ ist eine sog. Kantenversetzung (da sie in der Kante liegt, in der ein Stapelfehler von einer {111}-Ebene in eine andere übergeht; englisch: stair-rod dislocation). Sie ist nicht gleitfähig und bleibt entlang AC liegen, während die Versetzung $a/6\ [121]$ in der Ebene $(\bar{1}1\bar{1})$ (ACD) gleiten kann. Die Aufspaltung entlang der Kanten AB und BC erfolgt in entsprechender Weise.

Bei genügend kleiner Stapelfehlerenergie können sich die in den Ebenen ABD, BCD und CAD liegenden Teilversetzungen vom Typ $a/6$ $\langle 112 \rangle$ unter Abnahme der Gesamtenergie auf D zu bewegen, wobei sie

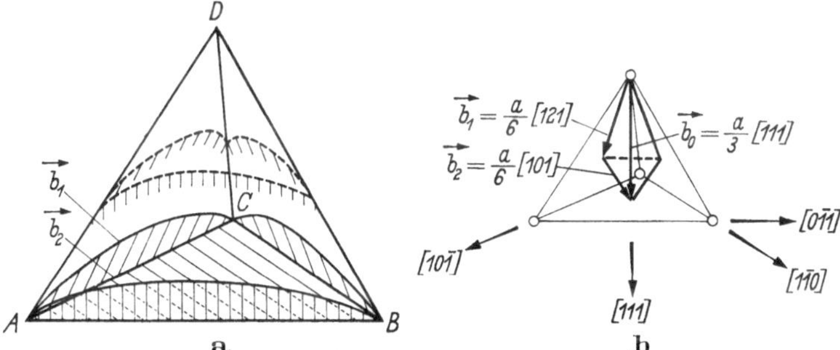

Fig. 15 a u. b. Bildung von Stapelfehlertetraedern aus ebenen Leerstellenausscheidungen

entlang der Kanten DA, DB und DC unter Bildung von weiteren Kantenversetzungen miteinander reagieren (die Richtung des Burgers-Vektors der Kantenversetzung entlang DC ist in Fig. 15b strichliert eingezeichnet). Dabei entsteht schließlich ein vollkommen symmetrischer Tetraeder, dessen Flächen mit Stapelfehlern belegt sind, und dessen Kanten aus Kantenversetzungen vom Typ $a/6$ $\langle 110 \rangle$ bestehen.

Im Gegensatz zum Übergang von einem ebenen Stapelfehler in eine stapelfehlerfreie R-Versetzungsschleife wird bei der Bildung eines Stapelfehlertetraeders der von den Versetzungen herrührende Beitrag zur Gesamtenergie vermindert, während der Beitrag der Stapelfehler wegen der Vergrößerung der mit Stapelfehlern bedeckten Fläche anwächst. Diese von den Stapelfehlern herrührende Energiezunahme steigt mit wachsenden Lineardimensionen des Tetraeders stärker an als der Energiegewinn, der durch den Beitrag der Versetzungen zur Gesamtenergie der Anordnung bedingt wird. Deshalb kann die Bildung von Stapelfehlertetraedern nur unterhalb einer bestimmten, von der spezifischen Stapelfehlerenergie abhängigen Größe unter Energiegewinn erfolgen. Diese Maximalgröße stabiler Tetraeder nimmt ebenso wie die Minimalgröße stabiler R-Versetzungsschleifen mit kleiner werdender Stapelfehlerenergie zu. Deshalb spielt, wie in Kapitel 4 an Hand praktischer Beispiele näher erläutert wird, bei der Ausscheidung von Leerstellen die Bildung von Stapelfehlertetraedern vor allem bei Metallen mit sehr kleiner Stapelfehlerenergie eine Rolle, bei denen *R*-Versetzungen sich erst aus relativ großen ebenen Ausscheidungen bilden könnten.

Die beobachtete Maximalgröße der Tetraeder bzw. ihre Größenverteilung kann wiederum zur Bestimmung der spezifischen Stapelfehlerenergie herangezogen werden. Dabei muß allerdings berücksichtigt werden, daß bei gegebener Stapelfehlerenergie neben dem genannten Grenzwert für die Tetraedergröße, unterhalb dessen sich Stapelfehlertetraeder unter Energiegewinn aus ebenen Leerstellenausscheidungen bilden können, ein weiterer Grenzwert existiert. Tetraeder mit einer Kantenlänge oberhalb dieses Grenzwertes wären instabil und würden spontan in eine ebene Leerstellenausscheidung übergehen. Im Zwischengebiet zwischen den beiden Grenzwerten können metastabile Stapelfehlertetraeder existieren. Die Energie des Tetraeders ist zwar höher als diejenige der entsprechenden ebenen Ausscheidung. Die beiden Konfigurationen können jedoch nur unter Überwindung einer Energieschwelle ineinander übergehen. Tetraeder, deren Größe in dieses Zwischengebiet fällt, können nicht unmittelbar aus einer ebenen Leerstellenausscheidung entsprechend dem in Fig. 15 skizzierten Mechanismus entstanden sein. Sie müssen sich durch nachträgliche Anlagerung von zusätzlichen Leerstellen an bereits bestehende, ursprünglich stabile Tetraeder gebildet haben. Aus der Größenverteilung der Tetraeder in abgeschreckten Proben haben CZJZEK, SEEGER und MADER [*75a*] gefolgert, daß derartige metastabile Stapelfehlertetraeder tatsächlich vorkommen. Somit muß ein Wachstum der Tetraeder durch Einbau weiterer Leerstellen möglich sein. Der Mechanismus, mit dem ein solches Wachstum vor sich geht, ist allerdings noch nicht im einzelnen geklärt*.

Bei allen Ausscheidungsvorgängen hat die *Keimbildung* auf die Kinetik sowie auf die Dispersität und Größe der Ausscheidungsprodukte einen wesentlichen Einfluß. Im Falle der hier besprochenen Leerstellenausscheidungen im Kristallinnern ist die Keimbildung heute noch weitgehend ungeklärt. Wegen der relativ hohen Bindungsenergien von Mehrfachleerstellen scheint es durchaus möglich, daß eine homogene Keimbildung ohne präformierte Keimstellen, wie sie z.B. Verunreinigungen darstellen könnten, vorliegt. Wegen der geringen Beweglichkeit von Dreifachleerstellen könnte der hierbei entscheidende Schritt das Zusammentreffen einer Leerstelle mit einer Doppelleerstelle sein. Es liegen jedoch noch keine ausreichenden Untersuchungen über den Einfluß der Abschreckbedingungen und der Reinheit der Proben vor, um diese Frage vom Experiment her zuverlässig zu beantworten.

---

* Wegen eines neueren Vorschlags hierzu siehe [*68a*].

3.3. Dynamisch erzeugte, instabile oder metastabile Fehlstellen

Die in Ziff. 2.3 skizzierten Vorstellungen über die Fehlstellenerzeugung durch energiereiche Teilchenbestrahlung wurden an Hand sehr vereinfachter Modellvorstellungen gewonnen. Zwei wesentliche Vereinfachungen sind die folgenden: 1. Es wurde nicht berücksichtigt, daß die Atome in einem Kristallgitter angeordnet sind, vielmehr angenommen, daß die Atome statistisch im Raum verteilt sind. 2. Es wurde angenommen, daß ein aus seiner Ruhelage heraugeschlagenes Atom sich über relativ große Abstände im Gitter bewegt, bevor es mit einem anderen Atom einen zu einer weiteren Verlagerung führenden Stoß ausübt oder zur Ruhe kommt. Dies ist gleichbedeutend damit, daß keine Wechselwirkung zwischen den erzeugten Fehlstellen berücksichtigt wurde. Es entspricht diesen vereinfachten Vorstellungen, daß die einzigen dabei vorkommenden Fehlstellen einzelne Leerstellen und Zwischengitteratome sind.

Bei einer Verfeinerung der Theorie der Strahlenschädigung muß sowohl die Gitterstruktur als auch die Tatsache berücksichtigt werden, daß bei kleiner kinetischer Energie der angestoßenen Atome der Laufweg zwischen aufeinanderfolgenden Stößen in die Größenordnung des Abstands benachbarter Atome im Gitter kommen kann. Dabei wird man auf weitere Fehlstellentypen geführt, die charakteristisch für die dynamische Fehlstellenerzeugung bei Korpuskularbestrahlung sind. Diese Fehlstellen sollen in den folgenden Abschnitten besprochen werden.

a) Fokussierende Stoßfolgen

α) Fokussonen. Die stärksten Abweichungen von der Vorstellung, daß ein mit hinreichender Energie angestoßenes Atom sich über einen größeren Abstand von seinem ursprünglichen Platz fortbewegt, hat man in einem realen Gitter wohl dann zu erwarten, wenn die Impulsrichtung nahezu in eine dichtgepackte Gitterrichtung fällt. Das angestoßene Atom wird in diesem Fall auf seinen nächsten Nachbarn in dieser Reihe treffen und bei gleicher Masse der Stoßpartner, wie in einem unlegierten Metallkristall, den größten Teil seiner Energie auf diesen übertragen. Setzt sich der Prozeß fort, indem das zweite Atom in der Reihe das dritte anstößt usw., so erhält man eine gerichtete Stoßfolge. Je nachdem, ob der Winkel ϑ zwischen der Impulsrichtung der Atome und der Gitterrichtung mit Fortschreiten der Stoßfolge ab- oder zunimmt, spricht man von Fokussierung oder von Defokussierung. Eine fokussierende Stoßfolge kann sich, da die Atome sich praktisch nur in der Gitterrichtung bewegen und daher nur relativ wenig von benachbarten Gitterbereichen beeinflußt werden, weit im Gitter fortsetzen. Bei Defokussierung wird nach einigen Stößen die Impulsrichtung so weit von der Richtung der Gittergeraden abweichen, daß ein Atom die Gittergerade verläßt und die gerichtete Stoßfolge ihr Ende nimmt.

Die Bedingungen, unter denen eine Stoßfokussierung eintritt, wurden zuerst von SILSBEE [*76*] und später von LEIBFRIED [*77*] eingehend untersucht. Sie bedienten sich bei diesen ersten Rechnungen des sog. harten Kugelmodells, in dem das Abstoßungspotential $V(r)$ (r=Abstand zwischen den Stoßpartnern) ersetzt wird durch ein unendlich steiles Potential im Abstand R. Das heißt, die Atome werden als starre Kugeln mit einem Radius $R/2$ betrachtet. Dabei ist R der engste Abstand, den die Atome bei einem Zentralstoß erreichen; er wird bestimmt durch die Beziehung

$$V(R)=E_0/2, \tag{3.15}$$

wobei E_0 die kinetische Energie des stoßenden Atoms ist. R wird also um so größer, je kleiner die Energie E_0 ist. Im Rahmen dieses Modells ergab sich, daß bei kleinem Anstoßwinkel ϑ_0 Stoßfokussierung eintritt, wenn

$$R \geqq D/2 \quad \text{bzw.} \quad E_0 \leqq E_F \tag{3.16}$$

wird. Dabei ist D der Atomabstand in der betrachteten Gittergeraden und E_F die Grenzenergie für Fokussierungsstöße.

Eine solche fokussierende Stoßfolge, bei der der Kugeldurchmesser etwas größer als der halbe Atomabstand ist, wurde in Fig. 16 für eine ⟨110⟩-Richtung im kubisch-flächenzentrierten Gitter dargestellt. Dabei ist der Weg der Atome bis zum Stoßpunkt punktiert gezeichnet. Wie man an Hand der Beziehung (3.16) sofort erkennt, liegen die Stoßpunkte im Höchstfall um $D/2$ von der Ruhelage der Atome entfernt. Dies hat zur Folge, daß sämtliche Atome nach dem Stoß unter dem Einfluß des von den Nachbarreihen hervorgerufenen Potentialgebirges wieder in ihre ursprüngliche Lage zurücklaufen. Es werden also bei diesen Fokussierungsstößen im harten Kugelmodell keine Atome bleibend aus ihren Plätzen verlagert. Es findet vielmehr lediglich ein fokussierter Energietransport entlang der Gittergeraden statt, der allerdings, wie wir unten sehen werden, unter Umständen am Ende der Gittergeraden zur Erzeugung bleibender Atomverlagerungen führen kann. Für eine solche fokussierende Stoßfolge, die nur Energie und keine Materie transportiert, wollen wir die auch von anderen Autoren gelegentlich benutzte Bezeichnung Fokusson verwenden. In einem kubisch-flächenzentrierten Gitter tritt im harten Kugelmodell Stoßfokussierung lediglich in der dichtest gepackten Gitterrichtung ⟨110⟩ auf, da in allen anderen Gitterrichtungen bei Erfüllen der Bedingung (3.16) die Atome der benachbarten Atomreihen denjenigen der betrachteten Gittergeraden im Wege stehen.

Die Fokussierungsenergie E_F, unterhalb der Stoßfokussierung möglich ist, liegt in der Größenordnung der Wigner-Energie (nähere Angaben in β). Der besprochene Einfluß der Gitterstruktur ist also nur bei kleinen

Energien von Bedeutung. Bei hoher Energie E_0 sind im harten Kugelmodell die Kugelradien, gemessen am Atomabstand im Gitter, so klein, daß das Gitter für das bewegte Atom weitgehend „durchsichtig“ erscheint und somit die Annahmen der einfachen Theorie der Strahlenschädigung eine wesentlich bessere Näherung darstellen als für kleines E_0.

Zusatz bei der Korrektur: Die vorstehende Überlegung, wonach bei hoher Teilchenenergie eine statistische Verteilung der Atome eine für viele Zwecke brauchbare Näherung darstellt, wurde durch Rechnungen von Robinson und Oen [*77a*] mit einem Gittermodell bestätigt. Es wurde allerdings bei diesen Rechnungen eine wichtige Ausnahme aufgefunden: Gelangt ein Gitteratom mit hoher Energie in einen sog. offenen Kanal im Gitter, wie er zwischen parallelen und benachbarten dichtgepackten Gittergeraden besteht, so kann es über eine sehr große Distanz (eventuell einige hundert bis tausend Å) laufen, ohne Verlagerungsstöße auszuführen. Dieser „Kanaleffekt“, der sich inzwischen bei weiteren Rechnungen bestätigt hat, ist ebenso wie die Fokussierung eine auf der regelmäßigen Struktur des Gitters beruhende Erscheinung, die bei statistischer Anordnung nicht auftritt. Offenbar handelt es sich dabei jedoch um ein relativ seltenes Ereignis. Ob und inwiefern der Kanaleffekt trotzdem eine wesentliche Rolle bei der Strahlenschädigung von Metallen spielt, ist bis heute noch nicht hinreichend geklärt.

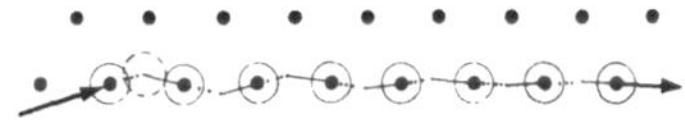

Fig. 16. Schematische Darstellung eines Fokussierungsstoßes in der ⟨110⟩-Richtung des kubisch-flächenzentrierten Gitters. Hartes Kugelmodell; die Kugeldurchmesser für eine Energie im Fokussierungsbereich sind in der Stoßreihe eingezeichnet. Die durchgezogenen Linienstücke geben jeweils die Impulsrichtung des rechts vom Stoßpunkt liegenden Atoms an, die punktierten Linien die Wege, die die Atome bis zum Stoß mit ihren Nachbarn zurücklegen

β) Crowdionen und Austauschstöße. Bei der Diskussion der Strahlenschädigung wurde verschiedentlich von einer besonderen Konfiguration eines Zwischengitteratoms, dem sog. Crowdion, Gebrauch gemacht [*78*], [*79*], [*43*]. Bei der Crowdionkonfiguration, die erstmals von Paneth [*80*] im Zusammenhang mit Untersuchungen über den Diffusionsmechanismus in Alkalimetallen vorgeschlagen wurde, ist das zusätzliche Atom in eine dichtest gepackte Gittergerade eingezwängt. Die Relaxation der Nachbaratome findet vornehmlich in dieser Gittergeraden statt, so daß das in Fig. 17b schematisch gezeichnete Gebilde entsteht. Formal kann ein solches Crowdion als eine Stufenversetzungsschleife beschrieben werden, die senkrecht zur Längsrichtung des Crowdions liegt, deren Burgers-Vektor parallel zur Längsrichtung ist, und deren Durchmesser einen Atomabstand beträgt. Ganz analog zur Gleitbewegung von Versetzungen ist das Crowdion in seiner Längsrichtung leicht verschiebbar, da zur Bewegung des Mittelpunktes der Fehlstelle um einen Atomabstand jedes einzelne Atom nur um einen Bruchteil dieses Abstandes verschoben werden muß.

Zwar hat sich die Einführung des Crowdions bei der Interpretation der Strahlenschädigung bewährt (s. Ziff. 4), doch blieben die beiden wichtigen Fragen, wie eine derartige Fehlstelle bei Stoßprozessen entsteht und ob das Crowdion in Ruhe stabil (bzw. metastabil) ist, lange Zeit ungeklärt. Während die zweite Frage bis heute theoretisch noch nicht eindeutig entschieden werden konnte, so daß ihre Beantwortung nur an Hand experimenteller Befunde möglich ist (s. Ziff. 4.2), läßt sich die Frage nach der Crowdionerzeugung auf Grund neuerer theoretischer Untersuchungen befriedigend beantworten. Bei gittertheoretischen Rechnungen über Stoßprozesse in Kupfer, die von GIBSON, GOLAND, MILGRAM und VINEYARD [*49*] numerisch mit einer elektronischen Rechenmaschine durchgeführt wurden, ergab sich, daß in ⟨110⟩-Richtungen neben den oben besprochenen Fokussonen auch fokussierende Stoßfolgen auftreten, bei denen am Ausgangspunkt der Stoßfolge eine Leerstelle zurückbleibt und somit Materietransport stattfindet. Dies ist gleichbedeutend mit der dynamischen Entstehung und Fortbewegung eines Crowdions.

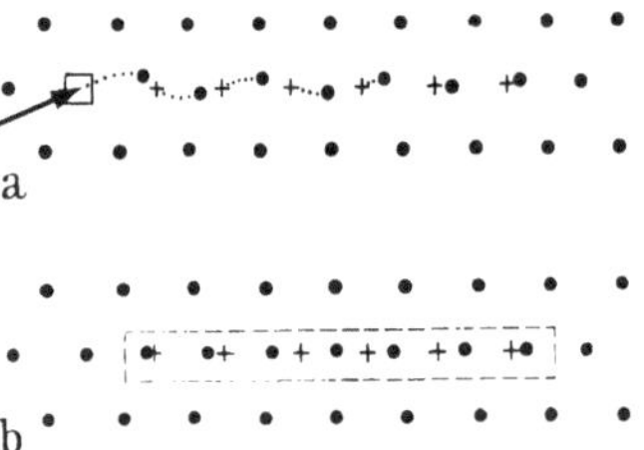

Fig. 17a u. b. Enstehung eines Crowdions in der ⟨110⟩-Richtung des kubischflächenzentrierten Gitters. Erläuterung im Text

Stark vereinfacht ist die Entstehung eines dynamischen Crowdions in Fig. 17 dargestellt. Dabei ist Fig. 17a als Momentaufnahme kurz nach dem Anstoßen des ersten Atoms der Reihe in der Richtung des Pfeils aufzufassen. Die Kreuze bezeichnen die Atomlagen im ungestörten Gitter, die punktierten Kurven die Pfade, die die einzelnen Atome bereits zurückgelegt haben. Da das erste angestoßene Atom den Gitterplatz seines Stoßnachbarn einnehmen wird, bleibt an seinem ursprünglichen Platz eine Leerstelle zurück. Die Gittergerade, in der sich der Stoß fortgepflanzt, enthält somit ein zusätzliches Atom. Nach vollkommener Fokussierung der Stoßrichtung stellt sich an der Front des Fokussierungsstoßes, wie in Fig. 17b gezeichnet, die Crowdion-Anordnung der Atome ein.

Analytische Rechnungen von LEHMANN und LEIBFRIED [*81*] haben bestätigt, daß solche, Materie transportierende Fokussierungsstöße, die im harten Kugelmodell, wie oben erwähnt, nicht möglich sind, dann auftreten können, wenn mit einem den Tatsachen besser gerecht werdenden, weicheren Abstoßungspotential gerechnet wird. Unter diesen Bedingungen ergeben sich für Stoßfolgen, deren anfängliche Impulsrichtung annähernd in ⟨110⟩-Richtung fällt, zwei Grenzenergien. Unterhalb der Energie E_F treten nur die lediglich Energie transportierenden Fokussonen auf, die wir im vorhergehenden Abschnitt besprochen haben. Zwischen E_F und einer Energie $E_C > E_F$ erfolgt ebenfalls eine Fokussierung der Stoßrichtung, gleichzeitig aber auch Materietransport; es entstehen Crowdionen. Erst oberhalb E_C tritt eine Defokussierung der Stoßfolge ein. Mit dem von LEHMANN und LEIBFRIED verwendeten Born-Mayer-Potential ergeben sich für Kupfer folgende Zahlenwerte:

$$E_C \approx 35\,\mathrm{eV} \tag{3.17}$$

$$E_F \approx 17\,\mathrm{eV}. \tag{3.18}$$

Bei den theoretischen Untersuchungen wurden ferner die Energieverluste ermittelt, die eine fokussierende Stoßfolge (Crowdion oder Fokusson) bei ihrer Fortbewegung erleidet. Diese Verluste bestimmen die Reichweite einer fokussierenden Stoßfolge. Sie hängen ab von der Anfangsenergie und der anfänglichen Richtungsabweichung ϑ_0. Als Maximalwerte der Reichweite einer fokussierenden Stoßfolge in $\langle 110\rangle$-Richtung erhält man für Kupfer aus den Rechnungen von LEIBFRIED $R_{max} \approx 100\,D$ (D Atomabstand), aus denjenigen von VINEYARD u. Mitarb. $R_{max} \approx 50\,D$.*

Bisher wurden nur Fokussierungserscheinungen in dichtest gepackten Richtungen besprochen. Sowohl experimentelle Befunde (s. Abschnitt γ) als auch die Maschinenrechnungen von VINEYARD et al. [*49*] haben jedoch gezeigt, daß, ebenfalls in Abweichung von den Erwartungen auf Grund des harten Kugelmodells, häufig auch in den $\langle 100\rangle$-Richtungen des kubisch flächenzentrierten Gitters fokussierende Stoßfolgen auftreten. Dies ist eine Folge der abstoßenden Kräfte, die die benachbarten Atomreihen auf die Atome in der Gittergeraden, in der die Stoßfolge stattfindet, ausüben. Die Wirkung dieser Abstoßungskräfte auf die Bahn der angestoßenen Atome kann nach einem Vorschlag von NELSON und THOMPSON [*82*] ähnlich wie die Ablenkung eines Lichtstrahls durch eine Sammellinse behandelt werden. Bei den theoretischen Rechnungen wurden in $\langle 100\rangle$ sowohl Stoßketten gefunden, in denen nur Energie transportiert wird, als auch solche, bei denen die Atome ihre Gitterplätze wechseln und am Ende der Kette ein Zwischengitteratom entsteht. Solche Materie transportierende Stoßreihen in nicht dichtest gepackten Richtungen werden Austauschstöße (replacement collisions) genannt.

Die Energieverluste bei Austauschstößen in $\langle 100\rangle$-Richtung sind wesentlich höher als bei der dynamischen Bewegung eines Crowdions in $\langle 110\rangle$. Dementsprechend ist die Reichweite der Austauschstöße kürzer.

* BURGER, MEISSNER und SCHILLING [*81a*] ermittelten kürzlich bei der Auswertung von Messungen über die Veränderung der Schädigungsrate mit der Dosis während Tieftemperatur-Reaktorbestrahlung Werte für die Reichweite R in Kupfer zwischen $150\,D$ und $700\,D$ (je nach Annahme über die räumliche Anordnung der übrigen Defekte).

γ) Experimenteller Nachweis. Während sich die vorhergehenden Abschnitte ausschließlich auf theoretische Ergebnisse über Entstehung und Eigenschaften von Fokussonen, Crowdionen und Austauschstößen bezogen, sollen im folgenden einige experimentelle Befunde besprochen werden, die als Nachweis für das Auftreten der genannten Fokussierungserscheinungen zu betrachten sind.

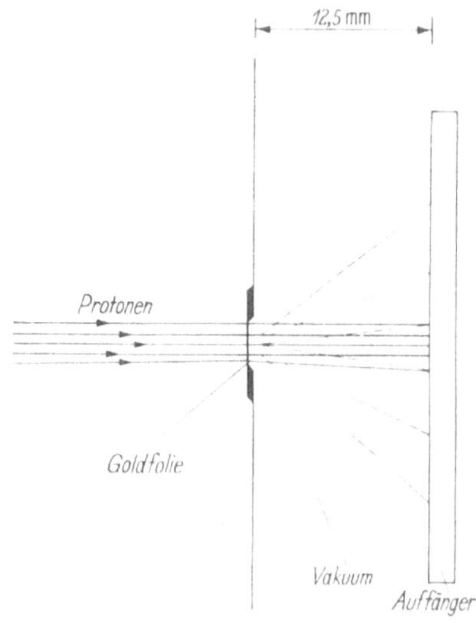

Den ersten zuverlässigen experimentellen Nachweis für fokussierende Stoßfolgen in dicht gepackten Gitterrichtungen stellten Untersuchungen von M. W. Thompson [*83*] dar. Dabei wurden Goldfolien in der schematisch in Fig. 18a gezeigten Anordnung mit einem Protonenstrahl von einigen MeV Energie durchstrahlt und die auf der Rückseite der Folie austretenden Goldatome auf einem Auffänger gesammelt. Bei einer darauffolgenden Bestrahlung des Auffängers mit thermischen Neutronen

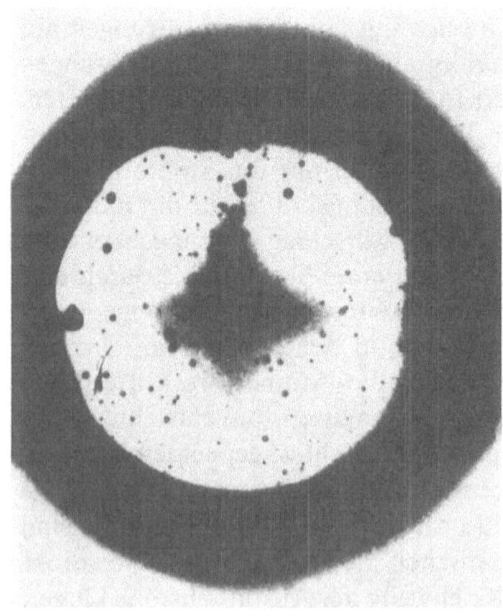

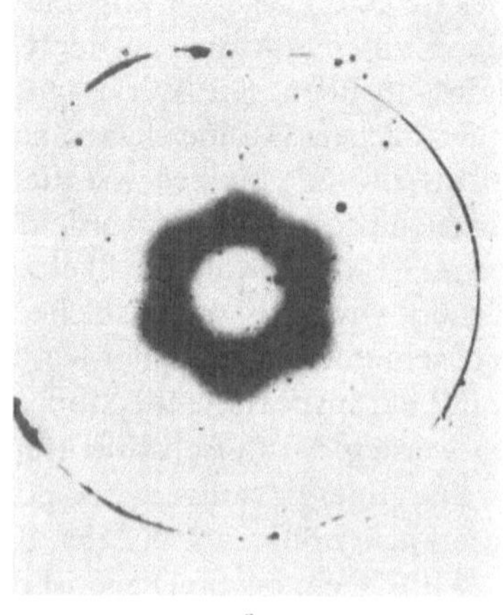

Fig. 18 a—c. Nachweis von Fokussierungsstößen in Gold (nach M. W. Thompson [*82*], [*83*]). a Experimentelle Anordnung; b Autoradiogramm des Goldniederschlags von einer Folie mit kubischer Textur; c Autoradiogramm des Goldniederschlags von einer Folie mit verzwillingten Kristalliten, deren gemeinsame ⟨111⟩-Ebene parallel zur Folienoberfläche liegt

in einem Kernreaktor wurde der Goldniederschlag aktiviert, so daß er autoradiographisch sichtbar gemacht werden konnte. Die Fig. 18b und c zeigen solche Autoradiogramme. Der Niederschlag ist nicht radialsymmetrisch verteilt. Es treten Maxima in Vorzugsorientierungen auf, die mit der Richtung von ⟨110⟩-Gittergeraden übereinstimmen. Die Goldatome treten also, wie man es beim Auftreten von Fokussierungsstößen erwartet, bevorzugt in diesen Richtungen aus.

Inzwischen wurden weitere Untersuchungen ähnlicher Art an einer Reihe von Metallen durchgeführt (s. Nelson und Thompson [*82*]), wobei u.a. auch die bereits erwähnten Fokussierungseffekte in ⟨100⟩-Richtung im kubisch-flächenzentrierten Gitter gefunden wurden. Bei diesen neueren Untersuchungen wurde neben Protonenbestrahlung auch Beschuß mit schweren Ionen verwendet und in „Rückstrahlung" gearbeitet. Bei einer derartigen experimentellen Anordnung erhält man ganz analoge Verhältnisse wie bei der Kathodenzerstäubung. In der Tat war bei der Kathodenzerstäubung auch schon früher ein Austreten der Atome in kristallographischen Vorzugsrichtungen beobachtet worden [*84*]. Es mußte jedoch hierbei mit der Möglichkeit gerechnet werden, daß es sich wegen der geringen Eindringtiefe der Ionen um Oberflächeneffekte handelt.

Die genannten Experimente stellen zwar einen Nachweis für das Vorkommen von Fokussierungseffekten dar, sie können jedoch nicht diskriminieren zwischen Stoßketten, die nur Energie und solchen, die auch Materie transportieren. In beiden Fällen verläßt bei diesen Versuchen das letzte, in der Oberfläche liegende Atom der Gitterreihe den Kristall, da es keinen Stoßpartner findet. Der einzige Unterschied zwischen der Wirkung von Fokussonen und materietransportierenden Stoßketten besteht darin, daß bei Fokussonen die zugehörige Leerstelle an der dem Auffänger zugekehrten Probenoberfläche entsteht, bei Materietransport jedoch im Innern der Probe. Zum Nachweis dafür, daß beide theoretisch zu erwartenden Arten von Fokussierungseffekten auftreten, müssen somit weitere Experimente herangezogen werden.

Ein Befund, der nur mit Fokussonen befriedigend erklärt werden kann, ist die Beobachtung von Blewitt et al. [*85*], wonach kaltverformte Kupferproben unter Reaktorbestrahlung bei etwa 4° K einen um bis zu 30% stärkeren Anstieg des elektrischen Widerstandes aufweisen als vorher ausgeglühte Proben. Es entstehen also in Anwesenheit von Versetzungen mehr Fehlstellen bei der Bestrahlung als im versetzungsarmen Kristall. Leibfried [*77*] hat gezeigt, daß dies quantitativ dadurch interpretiert werden kann, daß Fokussonen, die im ungestörten Gitter ohne Erzeugung bleibender Defekte auslaufen, auf die von den Versetzungen aufgespannten Stapelfehler auftreffen und dabei wegen des Abbrechens der Gittergeraden im Stapelfehler Frenkel-Paare erzeugen*. Diese bewirken den zusätzlichen Widerstandsanstieg. Diese Erscheinung dürfte bislang der unmittelbarste Nachweis für das Auftreten von Fokussonen bei der Bestrahlung sein.

Eine ziemlich direkte Bestätigung für das Vorhandensein materietransportierender Fokussierungseffekte, wie Crowdionen und Austausch-

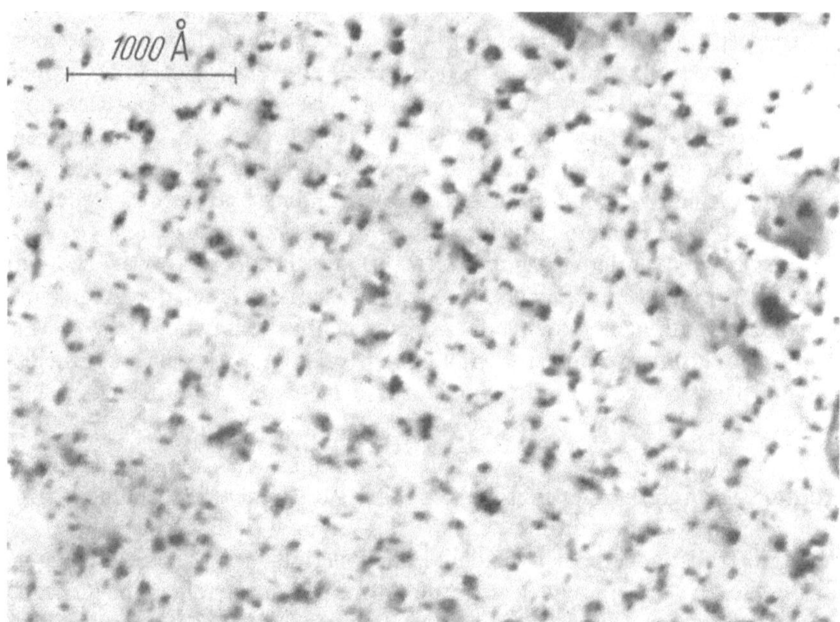

Fig. 19. Elektronenmikroskopische Durchstahlungsaufnahme einer Goldfolie, die mit $2 \cdot 10^{18}$ Ar^+-Ionen/cm² bestrahlt wurde. Energie der Ar^+-Ionen 75 eV, Bestrahlungstemperatur −30° C. Nach Brandon und Bowden

stöße, ist Untersuchungen von Brandon, Bowden und Baker [*86*], [*87*] zu entnehmen. Diese Autoren haben Gold- und Platinfolien mit einer Dicke, die elektronenmikroskopische Transmissionsuntersuchungen erlaubt (s. Kapitel 4), mit Argon-Ionen geringer Energie (maximal 75 bis 100 eV) beschossen und die Folien anschließend im Elektronenmikroskop in Durchstrahlung geprüft. Dabei zeigten sich bei Bestrahlungsdosen von der Größenordnung 10^{18} Ar^+/cm^2 kleine Versetzungsschleifen und noch

* Die ursprünglichen Leibfriedschen Rechnungen über die Anzahl der auf diese Weise entstehenden Frenkel-Paare bedürfen im Licht neuerer Erkenntnisse einiger Korrekturen. In der Originalarbeit war z.B. noch mit der Fokussierungsenergie des harten Kugelmodells gerechnet worden. Außerdem hat sich inzwischen ergeben, daß die verwendeten Aufspaltungsweiten der Versetzungen zu groß sind. Solche Korrekturen dürften jedoch das Ergebnis im Rahmen der ohnehin enthaltenen Unsicherheiten nicht grundlegend verändern.

kleinere, nicht genauer aufzulösende Fleckchen, die sich als Beugungsbild von Fehlstellenagglomeraten interpretieren lassen. Ein Beispiel für diesen elektronenmikroskopischen Befund zeigt Fig. 19. An Hand der Wechselwirkung zwischen den beobachteten Fehlern und Versetzungen, die sich quer durch die Probe ziehen, konnte gezeigt werden, daß die Fehler im Mittel in einer Tiefe von ungefähr 50 Å unter der beschossenen Oberfläche liegen. Bei der Interpretation muß berücksichtigt werden, daß die Eindringtiefe der Argon-Ionen höchstens zwei Atomabstände beträgt und weiterhin, daß die maximale Energie, die von den Argon-Ionen auf die Goldatome übertragen werden kann, sehr nahe bei der von LUCASSON und WALKER [*88*] zu 42 eV* ermittelten Wigner-Energie von Gold liegt. Ohne Berücksichtigung von Fokussierungseffekten hätte man deshalb zu erwarten, daß die bei der Bestrahlung erzeugte Fehlordnung auf eine dünne Oberflächenschicht von nur wenigen Atomabständen Dicke konzentiert ist. Wie BRANDON, BOWDEN und BAKER zeigen, ist es unter den experimentellen Bedingungen unwahrscheinlich, daß die im Innern der Probe gefundenen Fehlstellenagglomerate durch Diffusion von Leerstellen oder Zwischengitteratomen aus einer solchen dünnen Oberflächenschicht heraus entstanden sind. Man muß deshalb annehmen, daß die beobachteten Fehler Agglomerate von Zwischengitteratomen sind, die durch materietransportierende Fokussierungsstöße dynamisch in die beobachtete Tiefe transportiert wurden. Abschätzungen über die Reichweite von Fokussierungsstößen in Gold unter den verwendeten Bestrahlungsbedingungen ergeben die richtige Größenordnung. Die elektronenmikroskopisch sichtbaren Fehler sind wohl durch Koagulation der bei der Bestrahlungstemperatur thermisch beweglichen Zwischengitteratome entstanden**.

Die vorstehende Interpretation wird gestützt durch Untersuchungen über die Abhängigkeit der Schädigung von der kristallographischen Orientierung der Einstrahlrichtung bei Beschuß mit Ionen sehr niedriger Energie [*89*].

b) Seegersche Zonen

Der im vorhergehenden Abschnitt besprochene Einfluß der Gitterstruktur auf Fehlstellenerzeugung und Stoßausbreitung kommt, wie wir gesehen haben, vor allem dann ins Spiel, wenn relativ kleine Energien

* Dieser Wert ist in entsprechender Weise wie der in Abschnitt 2.3 verwendete Wert der Wigner-Energie für Kupfer unter der Annahme der Isotropie gewonnen. In Wirklichkeit wird auch in Gold die Mindestenergie für Verlagerungen in bevorzugten Gitterrichtungen wesentlich niedriger bzw. höher als dieser gemittelte Wert sein (vgl. die Fußnote auf S. 236).

** *Anmerkung bei der Korrektur:* Mit Hilfe von Untersuchungen über den Beugungskontrast der beobachteten Gitterstörungen konnten BOWDEN und BRANDON [*88a*] inzwischen nachweisen, daß man es in der Tat mit Ausscheidungen von Zwischengitteratomen zu tun hat.

von der Größenordnung 10 bis 100 eV bei einem Stoß übertragen werden. Er ist daher bei allen Bestrahlungsarten von Bedeutung. Eine andere an dem in Ziff. 2.3 verwendeten einfachen Modell der Strahlenschädigung anzubringende Korrektur, der wir uns hier zuwenden wollen, bezieht sich auf die Struktur der Verlagerungskaskaden und ist somit nur für solche Bestrahlungsbedingungen von Interesse, bei denen Rückstoßteilchen hoher Energie entstehen.

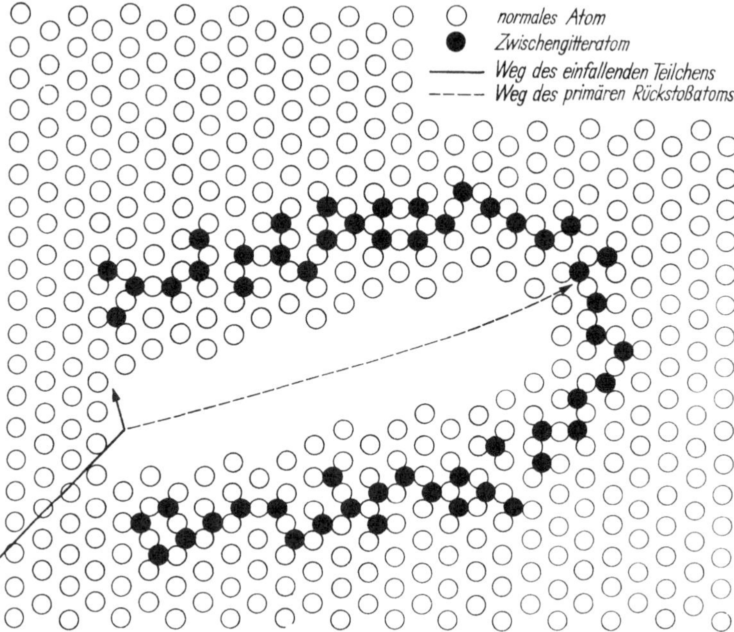

Fig. 20. Entstehung einer Brinkmanschen Verlagerungszone (displacement spike). Nach [*91*]

Maßgebend dafür, inwieweit die in einer Verlagerungskaskade erzeugten Atomverlagerungen zur Bildung einzelner Leerstellen und Zwischengitteratome führen, ist die freie Weglänge zwischen aufeinanderfolgenden Verlagerungsstößen. Als erster hat sich mit diesem Problem BRINKMAN [*90*], [*91*] befaßt. Wie man ohne weiteres – am einfachsten an Hand des harten Kugelmodells – einsieht, nimmt der Wirkungsquerschnitt für Verlagerungsstöße (der in der harten Kugelnäherung für nicht zu kleine Energie etwa πR^2 ist) mit abnehmender Energie des Rückstoßteilchens zu. Dementsprechend wird die freie Weglänge kleiner. Während bei Energien in der Größenordnung von 10^4 bis 10^5 eV die freie Weglänge l_S in den meisten Metallen mindestens einige Atomabstände beträgt, findet BRINKMAN mit dem von ihm gewählten Abstoßungspotential, daß l_S für kleinere Energien ab einem Grenzwert, der für Kupfer beispielsweise

23 keV beträgt, unter einen Atomabstand absinkt. Dies bedeutet, daß ein Rückstoßteilchen, das bis auf diese Energie abgebremst wird, auf seinem weiteren Weg jedes Atom, auf das es trifft, verlagert. Dabei entsteht nach BRINKMANs Vorstellungen eine Mehrfachleerstelle bzw. ein Hohlraum, der umgeben ist von einer einige Atomabstände dicken Schale, in der sich die zugehörigen Zwischengitteratome befinden (Fig. 20). BRINKMAN nimmt nun an, daß unter dem Einfluß des hydrostatischen

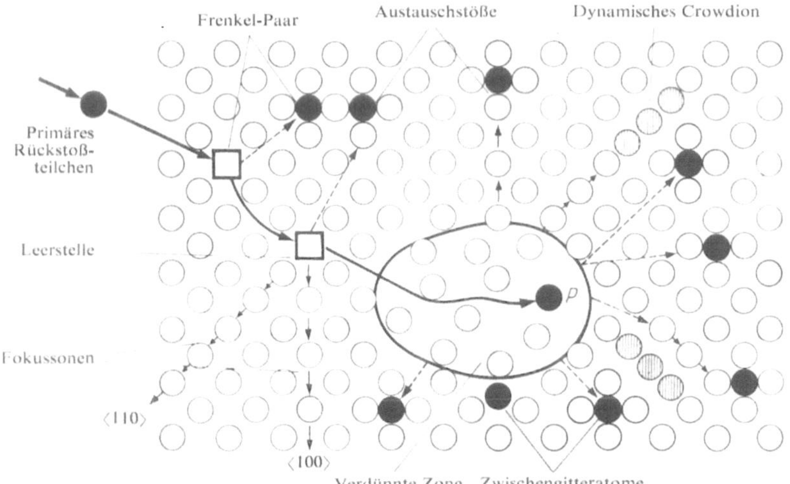

Fig. 21. Entstehung einer verdünnten Zone in zweidimensionaler schematischer Darstellung nach SEEGER [*43*], [*92*]

Drucks der Zwischengitteratomzone und der wegen der Energiedissipation lokal erhöhten Temperatur die ganze Anordnung in sich zusammenfällt und dabei der hiervon erfaßte Gitterbereich umgeordnet wird. Die maximale Größe einer solchen Brinkmanschen Verlagerungszone (displacement spike) hängt entscheidend davon ab, bei welcher Energie die freie Weglänge gleich dem Atomabstand wird, und damit vom Verlauf des nicht genau bekannten Abstoßungspotentials.

Nach SEEGER [*43*], [*92*] hat man die Brinkmanschen Vorstellungen, jedenfalls für die uns hier primär interessierenden, dichtest gepackten Metalle, in zwei wesentlichen Punkten abzuändern. Einerseits wird wahrscheinlich durch das von BRINKMAN verwendete Potential die Reichweite der Abstoßungskräfte überschätzt*. Dies hat zur Folge, daß die Grenzenergie für eine Verlagerungszone bei kleineren Energiewerten liegt als von BRINKMAN berechnet, und außerdem, daß in einer solchen Zone nicht notwendigerweise ein geschlossener Hohlraum entsteht, sondern

* Siehe hierzu insbesondere die Bemerkungen in der Seegerschen Originalarbeit [*43*] sowie die Diskussion bei KOEHLER und SEITZ [*20*].

lediglich eine so hohe Leerstellendichte auftritt, daß die einzelnen Leerstellen nicht mehr als voneinander unabhängig betrachtet werden können. Andererseits berücksichtigt Seeger, daß in dem Energiebereich, in dem eine solche Verlagerungszone gebildet wird, mit relativ großer Häufigkeit Stoßfokussierung erfolgt. Somit wird ein wesentlicher Teil der Zwischengitteratome als dynamische Crowdionen oder auf dem Wege über Austauschstöße verhältnismäßig weit aus den Zonen hinausgetragen. Es bleibt dann eine „Zone verminderter Dichte“ (depleted zone), wie sie in Fig. 21 schematisch in einem zweidimensionalen Modell dargestellt ist, zurück.

Wegen der großen Entfernung, die einen Teil der Zwischengitteratome von der Zone trennt, ist ein Zusammenfallen der Zone, wie im Brinkmanschen Modell, nicht mehr möglich. Unter dem Einfluß der Temperaturbewegung werden zwar Umlagerungen der Atome innerhalb einer Zone stattfinden können und eine Rekombination der in unmittelbarer Umgebung der Zone liegengebliebenen Zwischengitteratome möglich sein, insgesamt werden jedoch die Seegerschen Zonen als metastabile Gebilde erhalten bleiben bis zu Temperaturen, bei denen durch Selbstdiffusion ein hinreichender Materietransport möglich ist, um die in der Zone fehlenden Atome zu ersetzen.

Unter Einbeziehung der Seegerschen Zonen hat man sich nunmehr die von einem schnellen Rückstoßteilchen, dessen Energie bei 10^4 bis 10^5 eV liegen möge, in einem schweren, dicht gepackten Metall, wie Kupfer, hervorgerufene Schädigung folgendermaßen vorzustellen: Am Beginn des Weges des Rückstoßteilchens werden, wie im einfachen Kaskadenbild, durch Sekundär- und Tertiärstöße in relativ großen Abständen Leerstellen und Zwischengitteratome erzeugt, wobei vereinzelt bei kleiner übertragener Energie auch enge Frenkel-Paare und Crowdionen gebildet werden können. Die Stoßstellen liegen gegen Ende der Bahn wegen der Energieabnahme des Primärteilchens immer enger. Nach genügender Abbremsung bis auf eine Energie in der Größenordnung von 10^3 eV bildet sich dann eine Seegersche Zone aus. Da bei jedem Stoß zwischen gleichschweren Atomen im Mittel die halbe Energie des stoßenden Teilchens auf das gestoßene Atom übertragen wird, ist es sehr wahrscheinlich, daß bei hoher anfänglicher Energie des primären Rückstoßteilchens die Kaskade in mehrere Unterkaskaden aufspaltet und am Ende jeder dieser Unterkaskaden eine verdünnte Zone entsteht.

Die experimentellen Belege dafür, daß die verdünnten Zonen tatsächlich und in der geschilderten Weise gebildet werden, sind weitgehend indirekter Art. Sie entstammen vornehmlich der Interpretation der Bestrahlungsverfestigung, d.h. der Veränderung der mechanischen Eigenschaften infolge von Korpuskularbestrahlung. Wir werden auf den Zusammenhang zwischen den Seegerschen Zonen und der Bestrahlungsverfestigung in Ziff. 4.4 näher eingehen. Wir können uns deshalb hier auf diesen Hinweis und die Vorwegnahme eines Ergebnisses beschränken. Mit Hilfe der mechanischen Daten läßt sich, wie in Ziff. 4.4 im einzelnen erläutert wird, eine Abschätzung über die Größe der Zonen gewinnen. Für Kupfer und Nickel wird ein effektiver Durchmesser von $\lesssim 10$ Å gefunden. Diese Kleinheit der Zonen macht einen unmittelbaren Nachweis sehr schwierig. Am aussichtsreichsten dürften Untersuchungen mit Hilfe der Kleinwinkelstreuung von Röntgenstrahlen oder kalten Neutronen sein. Untersuchungen mit Röntgenstrahlen sind zwar im Gange, doch liegen noch keine definitiven Ergebnisse vor. SCHILLING und SCHMATZ [*92a*] ist es jedoch in jüngster Zeit gelungen, bei der Kleinwinkelstreuung von subthermischen Neutronen an neutronenbestrahltem Kupfer einen Effekt zu finden, der zwanglos den Seegerschen Zonen zugeordnet werden kann, was unter anderem daraus hervorgeht, daß die Kleinwinkelstreuung im gleichen Temperaturbereich verschwindet, in dem nach Ausweis der mechanischen Messungen die Seegerschen Zonen ausheilen.

Ein Versuch, die Zonen im Elektronenmikroskop sichtbar zu machen, scheint zunächst wenig erfolgversprechend, da die Zonengröße nach der oben genannten Abschätzung an oder unter der Auflösungsgrenze der heute üblichen Elektronenmikroskope liegen dürfte. Es gibt jedoch eine Reihe von elektronenmikroskopischen Beobachtungen über bestrahlungsinduzierte Defekte, die einen engen Zusammenhang zwischen den Zonen und im Elektronenmikroskop sichtbaren Erscheinungen vermuten lassen. Es erscheint daher sinnvoll, diese Beobachtungen hier kurz zu besprechen (vgl. auch die Fußnote auf S. 313).

Die ersten elektronenmikroskopischen Untersuchungen in Transmission an dünnen strahlengeschädigten Metallfolien wurden von SILCOX und HIRSCH [*93*] veröffentlicht. Diese Autoren fanden in reaktorbestrahlten Kupferfolien prismatische Versetzungsschleifen, wie sie von abgeschreckten und angelassenen Proben her bekannt sind (vgl. Ziff. 3.2d und Kapitel 4), mit einem Durchmesser von etwa 100 Å bis 300 Å. Auf Grund der Größe dieser Ringe muß man annehmen, daß sie durch Zusammendiffundieren von atomaren Fehlstellen (Leerstellen oder Zwischengitteratomen) entstanden sind. Dafür spricht auch, daß mit zunehmender Bestrahlungsdosis der mittlere Durchmesser der Ringe zunimmt und ihre Anzahl schwächer als linear anwächst. MAKIN, WHAPHAM und MINTER [*94*], [*95*] sowie BARNES und MAZEY [*96*] ist es gelungen, zu zeigen, daß neben diesen „großen" Versetzungsringen im elektronenmikroskopischen Durchstrahlungsbild noch weitere, wesentlich kleinere Störungen zu beobachten sind, deren Abbild $\leqq 25$ Å ist und die in wesentlich größerer Zahl vorliegen als die Versetzungsringe. Ein Beispiel zeigt Fig. 22. Aus Unterschieden im Verhalten der kleinen Störungen und der Versetzungs-

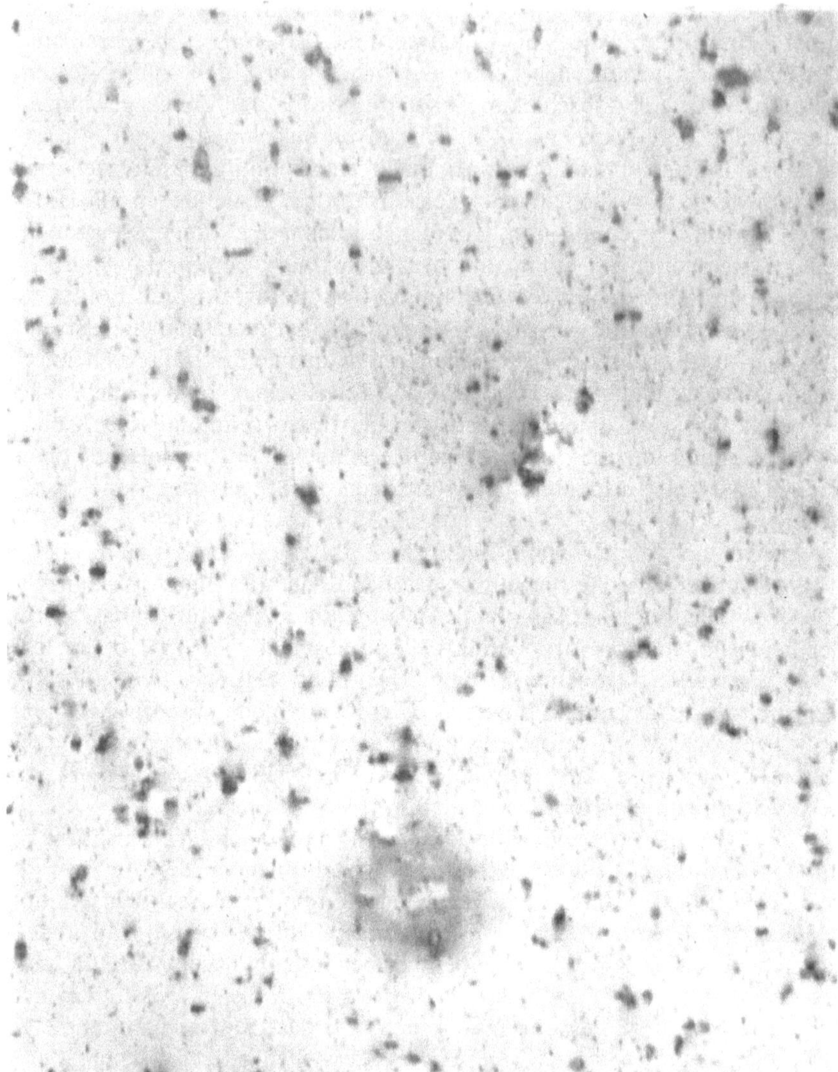

Fig. 22. Elektronenmikroskopische Durchstrahlungsaufnahme von reaktorbestrahltem Kupfer nach MAKIN, WHAPAM und MINTER [93]. Nach Bestrahlung mit 2,4 · 10^{18} Neutronen/cm^2. 200000×

schleifen beim Anlassen der Proben (in der Nähe der Korngrenzen bilden sich beispielsweise Bereiche, die an Versetzungsringen verarmen, nicht aber an den kleinen Störungen), wurde geschlossen, daß beide Erscheinungen einen verschiedenen Ursprung haben. Die Dichte der kleinen Störungen nimmt nach den Beobachtungen von MAKIN, WHAPHAM und MINTER [95] proportional zum zeitintegrierten Neutronenfluß zu. Dies legt zwei Deutungsmöglichkeiten nahe. Entweder entstehen die kleinen Störungen unmittelbar bei der Bestrahlung ohne Mithilfe von thermischer Diffusion von atomaren Fehlstellen oder, falls es sich um durch Diffusion gebildete Agglomerationsprodukte handelt, sollten die Keimstellen unmittelbar durch die Bestrahlung entstanden sein. Welche der beiden Möglichkeiten zutrifft, ist noch nicht geklärt. In beiden Fällen kommen jedoch die von SEEGER vorgeschlagenen verdünnten Zonen als Ursache bzw. als Keimstellen der beobachteten Störungen in Frage. Ein Gesichtspunkt, der gegen diese Interpretation sprechen könnte, ist, daß die beobachtete Anzahl der kleinen Störungen um mindestens einen Faktor zehn kleiner ist als die zu erwartende Dichte der Seegerschen Zonen. Dies mag jedoch darauf beruhen, daß die Zonen nicht alle gleich groß sind, sondern in Wirklichkeit eine Größenverteilung aufweisen und im Elektronenmikroskop nur die größten unter ihnen sichtbar gemacht werden können, während die Mehrzahl nicht aufgelöst wird. Damit wäre im Einklang, daß (s. [*95*]) die beobachtete Anzahl von Zonen stark von den Präparier- und Abbildungsbedingungen, die natürlich die Auflösungsgrenze beeinflussen, abhängt.

Ob der hier angedeutete Zusammenhang zwischen den Seegerschen Zonen und den elektronenmikroskopisch sichtbaren Störungen der Wirklichkeit entspricht, kann heute noch nicht mit Sicherheit festgestellt werden. Die Entscheidung hierüber muß weiteren Untersuchungen, insbesondere solchen über die Struktur und das Entstehen der im Elektronenmikroskop beobachtbaren kleinen Störungen, vorbehalten bleiben.

4. Analyse der Strahlenschädigung

4.1. Vorbemerkungen

Wir haben es in Abschnitt 3.1 als eines der Ziele bei der Erforschung der Eigenschaften und des Verhaltens atomarer Fehlstellen bezeichnet, mit den gewonnenen Erkenntnissen den fehlgeordneten Zustand in Fällen, in denen mehrere Fehlstellenarten gleichzeitig erzeugt werden, zu analysieren. Die Ausführungen in Abschnitt 3 über die Eigenschaften der verschiedenen heute bekannten Fehlstellentypen mag deutlich gemacht haben, daß eine scharfe Trennung der beiden Aufgaben, die Eigenschaften einzelner Fehlstellen zu erforschen und kompliziertere Fehlordnungszustände zu analysieren, nicht möglich ist. Der Grund hierfür liegt hauptsächlich darin, daß die Fehlstelleneigenschaften bis heute theoretisch nur unvollständig berechnet werden können, somit zu ihrer Erfassung in starkem Maße Experimente herangezogen werden müssen, und es nur in Ausnahmefällen gelingt, experimentelle Bedingungen zu schaffen, unter denen nur eine Art von Fehlstellen erzeugt wird. Somit tritt in praxi eine enge Verflechtung der beiden Aufgaben ein und es müssen zur Bestimmung der Fehlstelleneigenschaften auch experimentelle Informationen herangezogen werden, die von relativ kompliziert fehlgeordneten Proben stammen. Trotzdem wurde in der Darstellung des vorliegenden Berichts eine Aufteilung vorgenommen, und zwar in dem Sinne, daß wir im vorhergehenden Abschnitt das Hauptgewicht auf diejenigen experimentellen und theoretischen Ergebnisse legten, die qualitativ und quantitativ die uns interessierenden Fehlstellenarten zu beschreiben gestatten. Demgegenüber soll in diesem Abschnitt die Anwendung der dort zusammengefaßten Erkenntnisse auf die Interpretation spezieller Fehlordnungszustände, nämlich derjenigen, die unter Korpuskularbestrahlung auftreten, im Vordergrund stehen.

Bei dieser Analyse der Strahlenschädigung werden wir uns wiederum nur mit den wesentlichen und grundlegenden Erscheinungen befassen können und uns weitgehend darauf beschränken, die Verhältnisse bei Kupfer zu besprechen, da für dieses Metall nicht nur, wie in Abschnitt 3 erwähnt, die umfangreichsten Kenntnisse über die Eigenschaften einzelner Fehlstellen vorliegen, sondern vor allem auch deshalb, weil es hinsichtlich der Strahlenschädigung experimentell am gründlichsten untersucht ist. Eine Analyse der Strahlenschädigung läßt sich daher für Kupfer am vollständigsten durchführen. Allerdings sind auch bei diesem Metall noch eine Reihe von Fragen, insbesondere in quantitativer Hinsicht, offen. Dementsprechend besteht unter den verschiedenen Bearbeitern keine vollkommene Übereinstimmung in der Interpretation der Erscheinungen. Wir werden uns auch hier vornehmlich an die in den letzten Jahren in Stuttgart entwickelten Auffassungen halten und nur bei kritischen Fragen auf abweichende Vorstellung anderer Arbeitsgruppen etwas näher eingehen.

4.2. Schädigungsrate

Für alle uns hier interessierenden Arten von Korpuskularstrahlen (Elektronen, Deuteronen, Neutronen) wurde festgestellt, daß während einer Bestrahlung bei sehr tiefer Temperatur ($\leqq 20^\circ$ K), bei der die überwiegende Mehrzahl aller erzeugter Fehlstellen unmittelbar bei ihrer Entstehung einfriert, sich Eigenschaften, die proportional zur Fehlstellenkonzentration sind, etwa linear mit der Bestrahlungsdosis ändern. Dies bedeutet, daß die Fehlstellenkonzentration linear mit der Anzahl der eingeschossenen Teilchen anwächst. Dies trifft allerdings nur für kleine Bereiche der Bestrahlungsdosis und auch dann nur näherungsweise zu. Wird ein größerer Dosisbereich überstrichen, so machen sich mit zunehmender Dosis in steigendem Maße Abweichungen der Änderungsgeschwindigkeit der betrachteten Eigenschaften vom Anfangswert bei kleiner Dosis bemerkbar. Diese Abweichungen sind ganz allgemein darauf zurückzuführen, daß bei der Entstehung neuer Fehlstellen durch direkte Wechselwirkung mit den bereits vorhandenen Fehlstellen oder durch momentane lokale Erhitzung Fehlstellen ausgelöscht werden können. Derartige Rekombinationsprozesse sind um so häufiger, je größer die bereits vorhandene Fehlstellenkonzentration ist. Daher nimmt die Schädigungsrate mit zunehmender Bestrahlungsdosis stetig ab (radiation annealing)*.

Die anfängliche Änderungsgeschwindigkeit einer für Fehlstellen empfindlichen Eigenschaft stellt ein Maß für die Anzahl der pro einfallendem Teilchen erzeugten Fehlstellen dar. Unter der, wie wir wissen, vereinfachenden Annahme, daß lediglich Frenkel-Paare erzeugt werden, lassen sich beispielsweise für Kupfer aus den gemessenen Änderungen des elektrischen Widerstandes mit dem in 3.2 angegebenen Wert des elektrischen Widerstands für Frenkel-Paare die Erzeugungsraten der Frenkel-Paare ermitteln und mit den theoretischen Berechnungen nach der einfachen Kaskadentheorie der Fehlstellenerzeugung, bei der ebenfalls angenommen wird, daß lediglich Frenkel-Paare erzeugt werden, vergleichen. Das Ergebnis eines solchen Vergleichs ist in Tabelle 8 enthalten. In der ersten Zeile der Tabelle sind die experimentell gemessenen Widerstandsänderungen pro Einheit der zeitintegrierten Teilchenflußdichte Φt (Φ = Teilchenflußdichte in Teilchen/$\text{cm}^2 \cdot \text{sec}$, t = Bestrahlungszeit bei konstantem Φ) eingetragen. Zusammen mit dem elektrischen Widerstand pro Frenkel-Paar ergeben sich daraus die in der zweiten Zeile angegebenen Werte für die Erzeugungsrate von Frenkel-Paaren. Die dritte Zeile enthält den Vergleich der theoretisch mit der Kaskadentheorie berechneten Erzeugungsraten mit diesen experimentellen Werten.

Wie man sieht, liegen die theoretischen Voraussagen für alle drei Bestrahlungsarten zu hoch, selbst für die Bestrahlung mit Elektronen, bei der man nach dem in 2.3 Gesagten die einfachsten Verhältnisse, d.h. vornehmlich Bildung von isolierten Frenkel-Paaren erwartet. Für die Diskrepanz zwischen Theorie und Experiment bieten sich eine Reihe von Erklärungsmöglichkeiten an, die kurz erörtert werden sollen.

Die Tatsache, daß das Verhältnis zwischen theoretischer und experimenteller Erzeugungsrate mit zunehmender mittlerer auf die primären Rückstoßteilchen übertragener Energie (vgl. Tabelle 8) ansteigt, deutet darauf hin, daß die Voraussagen der einfachen Kaskadentheorie um so schlechter den tatsächlichen Verhältnissen gerecht werden, je größer die Verlagerungskaskaden im Mittel sind bzw. je größer der Anteil großer

* Wegen einer neueren, sehr eingehenden Untersuchung dieser Erscheinung sei auf Burger, Meissner und Schilling [*81a*] verwiesen. Diese Autoren haben insbesondere eine gründliche Analyse der Sättigungserscheinungen bei Bestrahlung mit schnellen Neutronen und mit schweren geladenen Teilchen durchgeführt, die es erlaubt, zwischen verschiedenartigen Rekombinationsprozessen zu unterscheiden und die für sie maßgebenden Größen zu bestimmen.

Kaskaden an der Gesamtschädigung ist. Diese Tendenz läßt sich in Zusammenhang bringen mit den Überlegungen in Abschnitt 3.3b über die Bildung von Verlagerungszonen am Ende der Bahn sehr energiereicher Rückstoßteilchen. Denn einerseits ist zu erwarten, daß bei der Bildung einer solchen verdünnten Zone einige Zwischengitteratome, die nicht durch Fokussierung weit von ihrem Entstehungsort entfernt werden, bei der Bildung der Zone sofort wieder in diese zurückfallen bzw. mit

Tabelle 8. *Vergleich zwischen theoretisch berechneter und experimenteller Schädigungsrate in Kupfer*

Bestrahlungsart	Elektronen (1,37 MeV)	Deuteronen (9,5 MeV)	Neutronen (Reaktorspektrum)
$d\varrho/d(\Phi t)$	$8{,}3 \cdot 10^{-27} \frac{\Omega\,\text{cm}}{\text{el/cm}^2}$ a)	$2{,}1 \cdot 10^{-24} \frac{\Omega\,\text{cm}}{\text{d/cm}^2}$ b)	$1 \cdot 10^{-26} \frac{\Omega\,\text{cm}}{\text{n/cm}^2}$ c)
$dc_{FP}/d(\Phi t)_{\text{exp}}$ d)	$3{,}3 \cdot 10^{-23} \frac{\text{cm}^2}{\text{el}}$	$8{,}4 \cdot 10^{-20} \frac{\text{cm}^2}{\text{d}}$	$4 \cdot 10^{-22} \frac{\text{cm}^2}{\text{n}}$
$\frac{[dc_{FP}/d(\Phi t)]_{\text{theor}}}{[dc_{FP}/d(\Phi t)]_{\text{exp}}}$ e)	1,7	4,4	~7

a) Nach CORBETT et al. [*97*].
b) Nach COOPER et al. [*98*].
c) Nach BLEWITT et al [*79*], [*64*].
d) Berechnet mit Zeile 1 und $\frac{\Delta\varrho}{c_{FP}} = 2{,}5 \cdot 10^{-4}\,\Omega\,\text{cm}$.
e) Nach SEEGER [*43*], umgerechnet auf den in Fußnote d) genannten Wert für $\Delta\varrho/c_{FP}$.

leeren Gitterplätzen rekombinieren, andererseits dürfte der Beitrag zum elektrischen Widerstand, den eine verdünnte Zone, in der N Atome fehlen, hervorruft, kleiner sein als derjenige von N einzelnen Leerstellen.

Eine weitere, bereits in Ziff. 2.3 (s. Fußnote auf S. 236) kurz erwähnte Vereinfachung in der einfachen Verlagerungstheorie, die zu den in Tabelle 8 aufgewiesenen Diskrepanzen beitragen wird, ist die Annahme einer scharfen Grenzenergie E_d, ab der ein Atom bleibend verlagert wird. Dieser Annahme entspricht ein unstetiger Übergang der Wahrscheinlichkeit für die Verlagerung eines Atoms vom Wert Null auf den Wert Eins bei der Energie E_d. Nun wird, wie wir insbesondere bei den Erörterungen über Stoßfolgen in dicht gepackten Gittergeraden in Ziff. 3.3 gesehen haben, diese Wigner-Energie von der Stoßrichtung im Kristallgitter abhängen, so daß bei einer Ausmittlung über alle Raumrichtungen der Übergang von der Verlagerungswahrscheinlichkeit Null auf Eins über einen größeren Energiebereich verschmiert sein sollte und möglicherweise sogar stufenweise erfolgt. WALKER [*99*] hat zuerst darauf hingewiesen, daß ein solcher stufenweiser Übergang der Verlagerungswahrscheinlichkeit unter gewissen Voraussetzungen zu Diskrepanzen zwischen Theorie und Experiment in der beobachteten Richtung führen kann. SEEGER und v. JAN [*24a*] konnten neuerdings zeigen, daß für Bestrahlung mit Elektronen nicht zu hoher Energie Übereinstimmung zwischen theoretisch berechneter und experimentell gemessener Schädigungsrate zu erzielen ist, wenn man eine zwar in jeder Raumrichtung scharfe, aber von der kristallographischen Richtung abhängige Wigner-Energie annimmt (für Kupfer erhielten sie dabei als Extremwerte der Wigner-Energie in ⟨100⟩-Richtung 14,7 eV und in ⟨111⟩-Richtung 70,3 eV).

Eine weitere Ursache für die in Tabelle 8 aufgewiesenen Unstimmigkeiten kann darin gesucht werden, daß in der für die Berechnung der theoretischen Schädigungsraten verwendeten Kaskadentheorie für die Stöße zwischen Rückstoßteilchen und anderen Gitteratomen das harte Kugelmodell verwendet wurde. Bei einem weicheren Abstoßungspotential, wie es der Wirklichkeit besser entspricht, sind Wechselwirkungen mit kleiner Energieübertragung häufiger als in der harten Kugelnäherung. Dies hat zur Folge, daß in dieser Näherung der Anteil der kinetischen Energie der Rückstoßteilchen, der in Stößen, bei denen keine bleibenden Verlagerungen auftreten ($T<E_d$), verbraucht wird, unterschätzt, und somit die Erzeugungsrate für Verlagerungen überschätzt wird*.

Welche der drei genannten Ursachen für die Abweichungen zwischen einfacher Verlagerungstheorie und Experiment im Einzelfall überwiegt, läßt sich heute noch nicht genau beurteilen, da detaillierte Untersuchungen noch weitgehend ausstehen. Nach dem erwähnten Ergebnis von SEEGER und v. JAN überwiegt bei Elektronenbestrahlung offenbar der Einfluß der Orientierungsabhängigkeit der Wigner-Energie, während die beiden anderen Möglichkeiten um so mehr ins Gewicht fallen dürften, je höher die mittlere Energie der primären Rückstoßteilchen ist.

4.3. Erholungsspektrum

a) Bestrahlung mit geladenen Teilchen

Seit den ersten Bestrahlungsexperimenten, die bei Heliumtemperaturen vorgenommen wurden, ist bekannt, daß in vielen Metallen ein wesentlicher Teil der Strahlenschädigung bereits bei sehr tiefen Temperaturen wieder ausheilt. Fig. 23 zeigt die bei diesen ersten Versuchen ihrer Art von COOPER, KOEHLER und MARX [*98*] erhaltene Erholungsisochrone des elektrischen Widerstands von Kupfer nach einer Bestrahlung mit 9,8 MeV-Deuteronen bei etwa 10° K zusammen mit später von VOOK und

* Vgl. hierzu die Diskussionsbemerkung von J.A. BRINKMANN in [*100*], S. 108.

Wert [*17*] und von Simmons und Balluffi [*18*] durchgeführten Messungen der makroskopischen Längenänderung und der Veränderung der röntgenographisch gemessenen Gitterkonstante. Man erkennt an diesen Isochronen die für die Bestrahlung mit geladenen Teilchen charakteristische Erscheinung, daß im wesentlichen nur zwei deutlich ausgeprägte Erholungsstufen auftreten: Stufe I, unterhalb etwa 60° K, und Stufe III, knapp unterhalb Raumtemperatur. Zwischen diesen beiden Stufen findet eine allmähliche Abnahme der betreffenden Eigenschaftsänderung statt. Dieser Bereich wird üblicherweise als Erholungsstufe II bezeichnet.

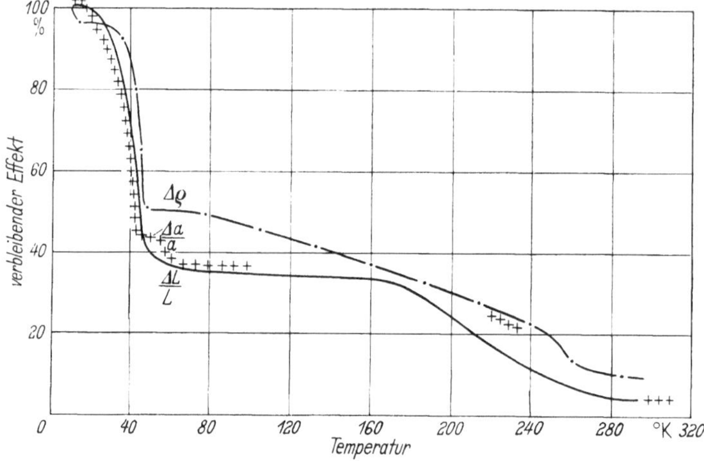

Fig. 23. Anlaßisochronen für den elektrischen Widerstand [*98*], die Längenänderung [*18*] und die Gitterkonstantenänderung [*17*] von Kupferproben nach Deuteronenbestrahlung bei tiefer Temperatur

Ein qualitativ ähnliches Erholungsverhalten wurde nach Tieftemperaturbestrahlung mit Elektronen von 1 bis 2 MeV beobachtet [*97*], [*46*]. Die wichtigsten quantitativen Unterschiede gegenüber Deuteronenbestrahlung bestehen darin, daß nach Elektronenbestrahlung 80 bis 90% der Widerstandsänderung in Stufe I ausheilen (gegenüber 50 bis 60% nach Deuteronenbestrahlung) und die Stufe II kaum in Erscheinung tritt.

Die vorherrschende Rolle, die die *Erholungsstufen I und III* bei diesen Experimenten spielen, mag es naheliegend erscheinen lassen, der Stufe I die Wanderung von Zwischengitteratomen und der Stufe III diejenige der Leerstellen zuzuschreiben. Dieser Standpunkt, der im Widerspruch zu der hier vertretenen Auffassung steht, wird, zumindest hinsichtlich der Zwischengitteratomwanderung, bis in jüngste Zeit von einer Reihe von Forschern aufrechterhalten (vgl. [*99*], [*101*], [*101a*]). Deshalb sollen einige der wichtigsten Argumente, die dieser Interpretation entgegenstehen, hier wiedergegeben werden:

1. Die Stufe I tritt nur nach Bestrahlung, nicht jedoch nach Verformung auf. Da bei der Verformung sowohl Leerstellen als auch Zwischengitteratome erzeugt werden, kann die Stufe I nicht der freien Wanderung von Zwischengitteratomen zugeordnet werden.

2. Die Zuordnung der freien Wanderung von Zwischengitteratomen zu Stufe III und derjenigen der Leerstellen zu Stufe IV führt zu einer konsistenten Interpretation der Erholungserscheinungen nach Kaltbearbeitung und Abschrecken (vgl. Ziff. 3).

3. Die von VOOK, WERT [*17*] und von SIMMONS und BALUFFI [*18*] gemessenen relativen Änderungen der Länge $\Delta L/L$ und der Gitterkonstante $\Delta a/a$ während der Bestrahlung stimmen überein, was bestätigt, daß Leerstellen und Zwischengitteratome in gleicher Anzahl entstehen. Diese Übereinstimmung bleibt, wie die in Fig. 23 wiedergegebenen Meßergebnisse zeigen, auch bei der Erholung bis zu Temperaturen oberhalb der Stufe III erhalten. Daraus ist nach Gl. (2.6) zu folgern, daß in diesem gesamten Temperaturbereich ein Ausheilen von Zwischengitteratomen nur durch Annihilation mit Leerstellen vonstatten geht. Wären Stufe I der Zwischengitteratomwanderung und Stufe III der Leerstellenwanderung zuzuschreiben, so müßten in Stufe I die in Stufe III ausheilenden Leerstellen bei der Annihilation übrigbleiben und eine entsprechende Anzahl von Zwischengitteratomen an anderen Senken verschwinden. Dies hätte zur Folge, daß am Ende der Stufe I $\Delta L/L$ und $\Delta a/a$ sich deutlich unterscheiden müßten, was nicht beobachtet wurde*.

Zu diesen allgemeinen Gesichtspunkten treten heute eine Reihe von sehr detaillierten Argumenten, die mit verfeinerten Experimenten im Zusammenhang stehen. Wir können diese im Rahmen des vorliegenden Berichts jedoch nicht im einzelnen erörtern und müssen deshalb auf neuere Originalarbeiten verweisen [*103*], [*104*], [*101a*], [*104a,b*], [*88a*]. Wir werden jedenfalls auch im folgenden daran festhalten, daß, wie in 3.2 näher dargelegt, im Temperaturbereich der Stufe III die mechanisch stabilen Zwischengitteratome wanderungsfähig werden und ausheilen können. Nach den in Fig. 23 wiedergegebenen $\Delta L/L$- und $\Delta a/a$-Messungen heilen sie vornehmlich durch Vereinigung mit Leerstellen aus. Damit im Einklang ist die Beobachtung von MEECHAN und BRINKMAN [*46*], wonach in elektronenbestrahltem Kupfer die Erholungskinetik sehr genau einer Reaktion zweiter Ordnung entspricht, wie man es für eine solche Rekombination erwartet.

Die Erholungsstufe I ist charakteristisch für *bestrahlte* Proben. Zur Analyse der in ihr ablaufenden Vorgänge haben sehr gründliche Unter-

* Bei Festhalten an der Zuordnung der Zwischengitteratomwanderung zu Stufe I bietet den einzigen Ausweg die Möglichkeit, daß sich in Stufe I in größerer Zahl Zwischengitteratomagglomerate bilden (s. [*99*], [*107*]) oder Zwischengitteratome an Fremdatomen eingefangen werden.

suchungen von CORBETT, SMITH und WALKER [*105*], [*106*] an elektronenbestrahltem Kupfer entscheidend beigetragen. Diese Autoren fanden eine Unterteilung der Stufe I in fünf Unterstufen, wie dies aus Fig. 24 und Tabelle 9, in der die Temperaturlagen (für die in [*105*] verwendeten Versuchsbedingungen) und die gemessenen Aktivierungsenergien aufgeführt sind, hervorgeht. Die *Unterstufen I_A bis I_C* sind in ihrer Temperaturlage und in ihrer relativen Höhe unabhängig von der Bestrahlungsdosis, d.h. der induzierten Fehlstellenkonzentration *. Ferner wurde gefunden, daß die Erholungskinetik in diesen Unterstufen einer Reaktion erster Ordnung folgt.

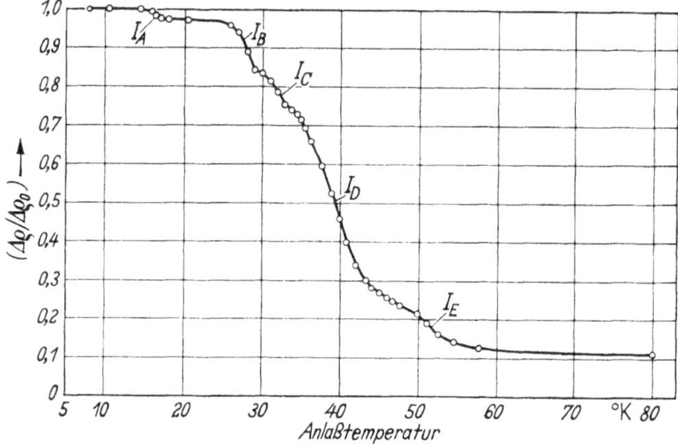

Fig. 24. Isochrone Erholungskurve von Kupfer nach Bestrahlung mit 1,4-MeV-Elektronen, nach [*105*]

In Abschnitt 3.2c wurde darauf hingewiesen, daß für die Erholung nahe benachbarter Frenkel-Paare ein diskretes Aktivierungsenergiespektrum zu erwarten ist, das von sehr kleinen Werten der Aktivierungsenergie bis maximal zur Wanderungsenergie der Zwischengitteratome reicht. Eine solche Annihilation von nahe benachbarten Frenkel-Paaren wird unabhängig von der Gesamtkonzentration der Fehlstellen sein, da keine Wechselwirkung zwischen verschiedenen Frenkel-Paaren stattfindet, und sie wird wie eine Reaktion erster Ordnung ablaufen, da die beiden Reaktionspartner einander fest zugeordnet sind**. Da somit die Beobachtungen über die Erholung in den genannten Unterstufen die Bedingungen für eine Annihilation nahe benachbarter Frenkel-Paare er-

* Dies trifft weitgehend auch auf Stufe I_D zu. Wir müssen sie jedoch weiter unten im Zusammenhang mit Stufe I_E besprechen. Wie dort erläutert wird, ist Stufe I_D möglicherweise in gleicher Weise zu interpretieren wie die Stufen I_A bis I_C.

** Im Gegensatz zu einer Zwischengitteratom-Leerstellen-Annihilation, bei der beide Reaktionspartner unabhängig voneinander statistisch verteilt sind und damit die Reaktionsgeschwindigkeit proportional zu $c_Z c_L$ wird und für $c_Z = c_L$ Reaktionsordnung zwei gilt.

füllen und fernerhin bei Bestrahlung mit Elektronen wegen der geringen übertragenen Energie die Bildung einer relativ großen Anzahl von nahen Frenkel-Paaren zu erwarten ist, lassen sich die Unterstufen I_A bis I_C widerspruchsfrei der Frenkel-Paar-Annihilation zuordnen.

Eine Bestätigung hierfür stellen Untersuchungen von CORBETT und WALKER [*107*] über die Abhängigkeit der relativen Höhen der Unterstufen von der Energie der eingestrahlten Elektronen dar. Man hat zu erwarten, daß ein um so größerer Anteil der gesamten bestrahlungsinduzierten Fehlstellen in Form von nahen Frenkel-Paaren vorliegt, je kleiner die Energie der einfallenden Elektronen ist. Dies wurde tatsächlich beob-

Tabelle 9. *Temperaturbereiche und Aktivierungsenergiewerte der Stufen* I_A *bis* I_D *in Kupfer (nach* [*105*], [*106*])

Stufe	I_A	I_B	I_C	I_D	I_E
Temperaturbereich . .	14° – 24° K	24° – 28,5° K	28,5° – 33° K	33° – 48° K	48° – 65° K
Aktivierungsenergie [eV]	0,05	0,085	0,095	0,12	0,12

achtet. Nach CORBETT und WALKER heilt in den Unterstufen I_A bis I_C nach Bestrahlung mit 1,4 MeV-Elektronen 25,6% des elektrischen Widerstandes aus, während dieser Anteil für eine Elektronenenergie von 0,65 MeV auf über 30% ansteigt*.

Die Erholungskinetik in der *Unterstufe* I_E ist wesentlich verschieden von derjenigen in den vorhergehenden Unterstufen. Dies äußert sich am augenfälligsten darin, daß ihre Lage, wie es Fig. 25 zeigt, stark von der Bestrahlungsdosis, d.h. der Fehlstellenkonzentration, abhängig ist. Außerdem ist der relative Anteil des Widerstandes, der in der Stufe I_E ausheilt, im Gegensatz zu den anderen Unterstufen bei gleicher Bestrahlungsdosis beeinflußbar durch den Gehalt an Fehlstellen, die vor der Bestrahlung in die Probe, z.B. durch Verformung oder Vorbestrahlung bei höherer Temperatur, eingeführt wurden [*103*], [*106*]. Alle diese Befunde sprechen dafür, daß in dieser Stufe eine Fehlstelle frei wanderungsfähig wird und über so große Abstände im Gitter wandern kann, daß eine Wechselwirkung mit anderen, unabhängig von ihr entstandenen Fehlstellen möglich ist. Nachdem über die einfachen Fehlstellen, Zwischengitteratome und Leerstellen, durch ihre Zuordnung zu den Stufen III und IV bereits

* Weitere Messungen über diese Energieabhängigkeit der Erholung in der Stufe I [*107a*] zeigen, daß der relative Anteil des Widerstandes, der in einer Unterstufe ausheilt, nicht in allen Unterstufen mit abnehmender Einstrahlenergie monoton anwächst, was nach SEEGER [*104*] damit zusammenhängt, daß es außer den normalen Frenkel-Paaren auch solche gibt, die aus einer Leerstelle und einem Crowdion bestehen. Zieht man diese zweite Art von Frenkel-Paaren mit in Betracht, so lassen sich auch die Einzelheiten der Energieabhängigkeit der Unterstufen I_A bis I_C erklären.

verfügt wurde, kommt im Rahmen unserer Auffassung keine dieser Fehlstellen für die freie Wanderung in Stufe I_E in Frage. SEEGER [*102*], [*104*] sowie MEECHAN, SOSIN und BRINKMAN [*103*] haben vorgeschlagen, daß in Kupfer bei tiefen Temperaturen Crowdionen, wenn sie zur Ruhe gekommen sind, als metastabile Fehlstellen weiterbestehen, und daß solche metastabilen Crowdionen diejenigen Fehlstellen darstellen, welche in Stufe I_E im Gitter frei beweglich werden. Die kleine für diese Erholungsstufe gefundene Aktivierungsenergie von 0,12 eV [*106*] entspricht durch-

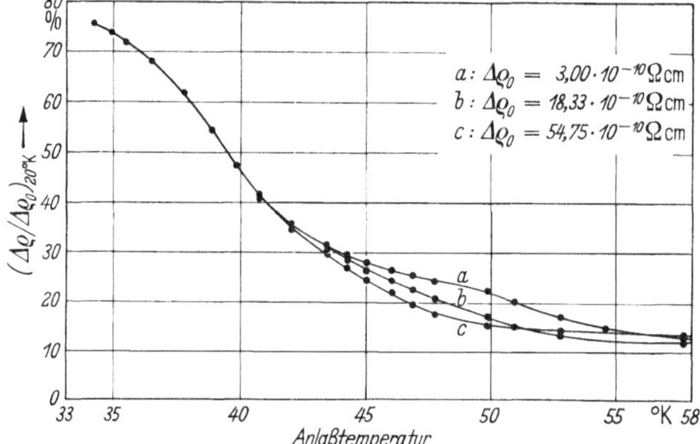

Fig. 25. Dosisabhängigkeit der Stufe I_E in elektronenbestrahltem Kupfer, nach [*106*]. Als Maß für die Dosis ist die Widerstandsänderung $\Delta\varrho_0$ während der Bestrahlung angegeben.

aus den Vorstellungen, daß ein Crowdion wesentlich leichter beweglich sein sollte als ein normales, mechanisch stabiles Zwischengitteratom.

Eine experimentelle Bestätigung dafür, daß Stufe I_E der Wanderung von metastabilen Crowdionen zuzuschreiben ist, kann darin erblickt werden, daß nach Ergebnissen von MEECHAN, SOSIN und BRINKMAN [*103*] in elektronenbestrahlten Kupferproben, die vor der Bestrahlung bei Raumtemperatur stark verformt wurden, die Stufe I_E praktisch vollständig unterdrückt und in etwa gleichem Maße die Stufe III vergrößert ist. Dies ist so zu erklären, daß in der Nähe der sehr zahlreichen Versetzungen ein Großteil der Crowdionen bereits bei ihrer Entstehung oder bei ihrer Wanderung wegen der dort herrschenden starken Verzerrungen in normale Zwischengitteratome transformiert werden und somit erst in Stufe III ausheilen können.

Eine ähnliche Verschiebung eines Teils der Erholung von Stufe I in Stufe III stellt man beim Vergleich der an elektronenbestrahltem Gold von WARD und KAUFFMAN [*108*] gewonnen Daten mit den entsprechenden Ergebnissen an Kupfer fest. Die Ursache für geringere Erholung in Stufe I und stärkere Erholung in Stufe III dürfte allerdings im Falle des Goldes darauf beruhen, daß in diesem Metall wegen des im Vergleich zum Atomabstand wesentlich größeren Ionenradius das Crowdion instabil und nicht wie in Kupfer metastabil ist und deshalb, sobald es zur Ruhe kommt, sich in ein stabiles Zwischengitteratom umwandelt. Falls diese Erklärung zutrifft, müßte in Gold die gesamte Stufe I die charakteristischen Erscheinungen der Frenkel-Paar-Annihilation aufweisen, d.h. vor allem unabhäng von der Dosis sein. Genaue Messungen über die Dosisabhängigkeit der Stufe I in Gold sind bis heute nicht bekannt. Allerdings wurde nach KOEHLER [*108a*] nach einer Verschiebung der Lage einer der Unterstufen in Gold, das mit geladenen Teilchen bestrahlt worden war, gesucht, ohne daß bisher Anzeichen für eine solche Verschiebung gefunden werden konnten.

Sofern sich diese Dosisunabhängigkeit der gesamten Stufe I in Gold bestätigt, muß darin ein wichtiger Beitrag zur Stützung der Seeger-Brinkmanschen Auffassung erblickt werden, daß metastabile Crowdionen und nicht, wie WALKER u. Mitarb. annehmen, gewöhnliche Zwischengitteratome die in Stufe I_E bei Kupfer frei beweglichen Fehlstellen sind.

Für die *Unterstufe* I_D wurde von CORBETT, SMITH und WALKER [*106*] dieselbe Aktivierungsenergie gefunden wie für Stufe I_E. Dieser Befund wurde von diesen Autoren so gedeutet, daß in beiden Unterstufen dieselbe Fehlstelle durch thermisch aktivierte Wanderung ausheilt und die verschiedene Temperaturlage der beiden Unterstufen durch stark verschiedene Sprungzahlen, die bis zum Verschwinden der Fehlstelle erforderlich sind, zustandekommt. Ein solches Verhalten ist nach WAITE [*109*] zu erwarten, wenn Frenkel-Paare durch Wanderung einer der beiden Partner ausheilen, sofern der Abstand zwischen zusammengehörigen Leerstellen und Zwischengitteratomen einerseits hinreichend groß ist, so daß die Wanderungsenergie des beweglichen Partners durch die Anziehung nicht merklich herabgesetzt wird, andererseits aber kleiner ist als der mittlere Abstand zwischen verschiedenen Frenkel-Paaren oder anderen Senken für die bewegliche Fehlstelle. In diesem Fall wird die wanderungsfähige Fehlstelle mit einer gewissen Wahrscheinlichkeit auf ihren Partner zuwandern und nach einer geringen Sprungzahl mit ihm rekombinieren (korrelierte Erholung). Gelingt ihr dies nicht, so benötigt sie die im Mittel wesentlich größere Anzahl von Sprüngen, um zu einer anderen Senke (vor allem Fehlstellen, die zu anderen Frenkel-Paaren gehören) zu gelangen (unkorrelierte Erholung).

Nach SEEGER [*104*] ist diese Zuordnung der Stufe I_D zur korrelierten Erholung der in Stufe I_E durch unkorrelierte Diffusion ausheilenden Fehlstelle nicht zwingend. Die Originaldaten lassen vielmehr auch die Möglichkeit zu, daß die relativ breite Stufe I_D durch Überlagerung mehrerer eng liegender, der Annihilation naher Frenkel-Paare zuzuordnender zusätzlicher Unterstufen zustandekommt. Auch GRANATO und NILAN [*63*] haben die Vermutung geäußert, daß Stufe I_D ein Spektrum von Aktivierungsenergien enthält. Dies würde bedeuten, daß Stufe I_D eine Fortsetzung des in den Stufen I_A bis I_C zutagetretenden Erholungsspektrums der nahen Frenkel-Paare darstellt und daß die von Corbett, Walker und Smith angegebene Aktivierungsenergie für Stufe I_D eine Mittelung über mehrere diskrete Werte darstellt.

Eine ähnliche Feinstruktur der Erholungsstufe I, wie sie vorstehend am Beispiel der Elektronenbestrahlung von Kupfer besprochen wurde, konnte auch bei Bestrahlung mit schweren geladenen Teilchen sowie für andere Metalle gefunden werden. (Wegen der Elektronenbestrahlung anderer Metalle als Kupfer s. [*108*] und [*110*].) Detaillierte Beobachtungen liegen insbesondere für Zyklotronbestrahlung mit Deuteronen vor, mit der bereits vor den oben genannten Elektronenbestrahlungsexperimenten Koehler, Magnuson und Palmer [*62*] die Feinstruktur der Stufe I in der Erholung des elektrischen Widerstands aufgefunden haben. Granato und Nilan [*63*] beobachteten bei gleicher Bestrahlungsart die Unterstufen in der bei der Erholung freiwerdenden Energie. Ferner wurde eine entsprechende Unterteilung der Stufe I von Blewitt u. Mitarb. [*64*] bei „innerem" α-Teilchenbeschuß mit Widerstandsmessungen gefunden *.

Die Feinstruktur der Erholungsstufe I tritt somit, wie man es nach der oben gegebenen Erklärung zu erwarten hat, immer dann besonders deutlich in Erscheinung, wenn ein wesentlicher Anteil der Strahlenschädigung durch primäre Rückstoßteilchen mit geringer Energie, die bevorzugt nahe Frenkel-Paare bilden, verursacht wird, was bei Bestrahlung mit geladenen Teilchen meist der Fall ist.

Die *Erholungsstufe II*, die in Kupfer etwa den Temperaturbereich von 60 bis 200° K umfaßt, ist je nach Art der eingestrahlten Teilchen sehr verschieden stark ausgeprägt. Während bei Kupfer nach Bestrahlung mit 1,5 MeV-Elektronen nur etwa 5% der gesamten bestrahlungsinduzierten Widerstandsänderung in ihr ausheilen, beträgt die Erholung des elektrischen Widerstandes in demselben Temperaturbereich nach Bestrahlung mit 9,8 MeV-Deuteronen rund 20% [*98*]. Die Erholungsvorgänge in dieser sehr verschmierten Stufe sind bis heute noch wenig geklärt. Es sollen deshalb lediglich zwei mögliche Beiträge erörtert werden. Wie in 3.2c) erwähnt, hat man zu erwarten, daß das Spektrum der Aktivierungsenergien für das Ausheilen von Frenkel-Paaren bis zur Wanderungsenergie des stabilen Zwischengitteratoms als obere Grenze reicht. Dabei wird der Abstand zwischen aufeinanderfolgenden Aktivierungsenergiewerten immer kleiner werden, je weiter die beiden Partner

* Für diese Bestrahlungsart werden Metallproben mit einem geringen Gehalt an Bor^{10} legiert. Bei Bestrahlung solcher Proben mit Neutronen in einem thermischen Reaktor werden durch die (n, α)-Reaktion des B^{10} α-Teilchen mit einer Energie von 2,3 MeV frei, die überwiegend die Strahlenschädigung der Muttersubstanz verursachen.

voneinander getrennt sind, bzw. je näher die Aktivierungsenergie bei der oberen Grenzenergie W_Z liegt. Dies könnte dazu führen, daß nur die ersten „Linien", mit denen wir die Unterstufen I_A bis I_C identifiziert haben, aufgelöst werden können, während der Rest als eine quasikontinuierliche Erholung zwischen Stufe I und Stufe III in Erscheinung tritt. Bei dieser Erklärung der Stufe II, die eine unmittelbare Konsequenz unserer Interpretation der Stufen I_A bis I_C und III ist, lassen sich die quantitativen Unterschiede in der Höhe der Stufe II zwischen Elektronen- und Deuteronen-Bestrahlung damit in Zusammenhang bringen, daß bei Deuteronenbeschuß das Energiespektrum der primären Rückstoßatome bei weitem nicht so stark auf Energiewerte in der Nähe der Wigner-Energie konzentriert ist wie im Falle von Bestrahlung mit Elektronen von 1 bis 2 MeV und deshalb vergleichsweise mehr Frenkel-Paare mit größeren Abständen gebildet werden. Dementsprechend ist der Anteil der Erholung in Stufe II höher und in Stufe I geringer als bei elektronenbestrahlten Proben.

Seeger hat ferner auf die Möglichkeit hingewiesen, daß Mehrfachleerstellen bei höheren Temperaturen zur Stufe II beitragen können [*43*]. Nach Martin [*111*] hängt die Feinstruktur der Stufe II in dem von ihm untersuchten Bereich oberhalb etwa 100° K in Kupfer stark von geringfügigen Zulegierungen ab, was zeigt, daß auch der Einfang (und evtl. nachfolgende Dissoziation) von Fehlstellen, wie Mehrfachleerstellen und Crowdionen, an Fremdatomen auf die Einzelheiten der Erholung in diesem Bereich von erheblichem Einfluß sein kann.

Die *Erholungsstufen oberhalb der Stufe III* wurden bei Bestrahlung mit geladenen Teilchen kaum untersucht, da der überwiegende Teil der Fehlstellen in den Stufen I bis III ausheilt. Dies bedeutet, daß der weitaus größte Teil der erzeugten Leerstellen dadurch verschwindet, daß die leichter beweglichen Zwischengitteratome mit ihnen rekombinieren. Dies wird durch die erwähnten Beobachtungen bestätigt, daß die Erholung des Widerstandes in Stufe III nach einer Reaktion zweiter Ordnung abläuft und Längenänderung und Gitterkonstante bis zur Mitte der Stufe III sich in gleicher Weise ändern. Somit bleiben nach Stufe III kaum Leerstellen im Material zurück. Die Stufe IV muß daher außerordentlich klein sein. Trotzdem läßt sie sich mit hinreichend empfindlichen Methoden auch nach Elektronenbestrahlung nachweisen. Sosin und Bienvenue [*112*] ist dies bei Messungen der Änderung des Elastizitäts-Moduls nach Bestrahlung mit 0,75 MeV-Elektronen gelungen. Bekanntlich enthält der Elastizitätsmodul von ausgeglühten, reinen Metallen einen negativen Beitrag von einigen Prozent, der daher rührt, daß die Versetzungen unter der angelegten Spannung sich zwischen ihren Verankerungspunkten etwas ausbauchen und dadurch zusätzlich zur elastischen Dehnung des idealen Gitters einen kleinen anelastischen Deformationsbeitrag leisten. Durch Verkürzung der freien Versetzungsstücke infolge Anlagerung von Fehlstellen, die als zusätzliche Verankerungspunkte wirken, an die Versetzungslinien kann dieser Versetzungsbeitrag zum *E*-Modul rückgängig gemacht werden.

Fig. 26 zeigt eines der Ergebnisse von SOSIN und BIENVENUE [*112*]. Kupfer wurde bei 0° C mit Elektronen bestrahlt, wobei eine Zunahme des *E*-Moduls um einige Prozent auftrat. Diese Änderung des *E*-Moduls erfolgt durch Anlagerung solcher Fehlstellen an die Versetzungen, die

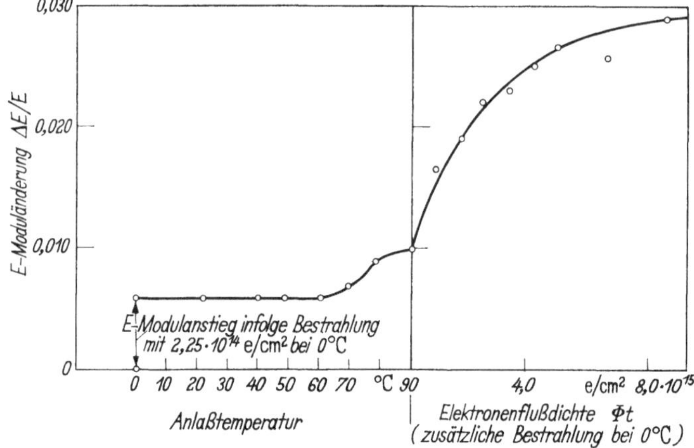

Fig. 26. Änderung des *E*-Moduls nach schwacher Elektronenbestrahlung bei 0° C. Der Beginn der Kurve zeigt die Moduländerung während der Bestrahlung an. Nach [*112*]

bei der Bestrahlungstemperatur beweglich sind (Zwischengitteratome), oder die dynamisch zu den Versetzungen gelangen können (Fokussierungsstöße). Beim Anlassen der Probe nach der Bestrahlung wird im Temperaturbereich der Stufe IV ein weiterer Anstieg des *E*-Moduls beobachtet. Er ist offensichtlich auf die Wanderung von Leerstellen zu den Versetzungen hin zurückzuführen. Bei weiterer Bestrahlung nach Abschluß der Anlaßversuche, wie sie im Beispiel der Fig. 26 vorgenommen wurde, nähert sich die Moduländerung allmählich einem Sättigungswert, der dann erreicht wird, wenn sämtliche Versetzungen durch angelagerte Fehlstellen (bei den kleinen verwendeten mechanischen Spannungen) vollkommen unbeweglich geworden sind.

b) Neutronenbestrahlung

Zwischen den Erholungsvorgängen nach Bestrahlung mit schnellen Neutronen und nach Bestrahlung mit geladenen Teilchen bestehen einige charakteristische Unterschiede, die es zweckmäßig erscheinen lassen, das Erholungsspektrum neutronenbestrahlter Proben hier gesondert zu besprechen. Nach den heute vorliegenden experimentellen Befunden äußern sich diese Unterschiede nicht nur in quantitativen Verschiedenheiten, sondern vor allem in einer unterschiedlichen Erholungskinetik in der Stufe I und ferner darin, daß nach Bestrahlung mit schnellen Neutronen auch die Stufe V in merklichem Maße bei der Erholung des elektrischen Widerstandes in Erscheinung tritt.

Auf Grund der theoretischen Betrachtungen in Ziff. 3.3 sind solche Verschiedenheiten nicht verwunderlich, da man bei Bestrahlung mit schnellen Neutronen wegen der größeren Häufigkeit von Rückstoßteil-

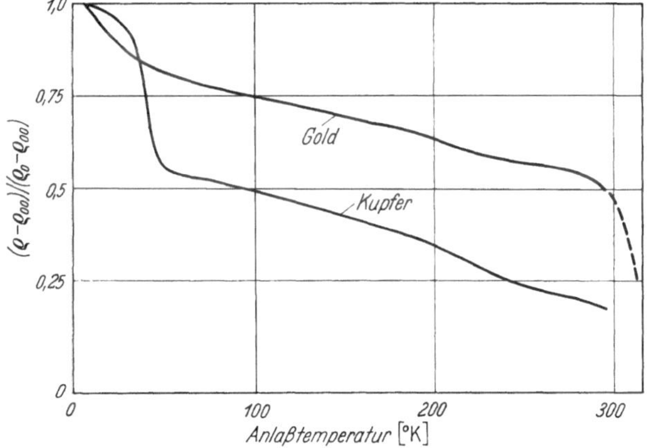

Fig. 27. Erholungsisochronen von reaktorbestrahltem Kupfer und Gold, nach [*64*]. Dosis $1 \cdot 10^{18}$ Neutronen/cm^2; Bestrahlungstemperatur 4,2° K; ϱ_{00} Widerstand vor der Bestrahlung, ϱ_0 Widerstand unmittelbar nach der Bestrahlung

chen mit hoher Energie zusätzlich zu den einfachen Defekten, wie sie auch bei Bestrahlung mit Elektronen auftreten, mit einem starken Einfluß der Verlagerungszonen zu rechnen hat. Es ist deshalb naheliegend, die Besonderheiten im Erholungsverhalten neutronenbestrahlter Kristalle auf die Unterschiede im Energiespektrum der primären Rückstoßatome und insbesondere auf das häufige Auftreten von Seegerschen Zonen zurückzuführen.

In Fig. 27 sind von Blewitt u. Mitarb. [*64*] nach Reaktorbestrahlung bei 4° K gemessene Erholungsisochronen von Kupfer und Gold wiedergegeben. Bei der Kupferkurve fällt vor allem auf, daß die Erholungsstufe I, gemessen in der relativen Widerstandsänderung, nur etwa halb so groß ist wie nach Elektronenbestrahlung (vgl. Fig. 24) und etwa 20% der Widerstandsänderung infolge Bestrahlung auch nach der Erholungsstufe III zurückbleiben.

Die *Stufe I* zeigt nicht oder nur schwach die bei Bestrahlung mit geladenen Teilchen gefundenen Unterstufen. Dies wird besonders deutlich an Hand der differenzierten Erholungsisochronen in Fig. 28. Ferner ergaben Messungen über die Erholungskinetik in dieser Stufe [*113*], daß weder eine einheitliche Aktivierungsenergie noch eine niedrige Reaktionsordnung vorliegt, die Erholung also nicht durch die einfache Reaktionsgleichung (3.3) zu erfassen ist. Es wurde jedoch von Blewitt u. Mitarb. [*79*] festgestellt, daß, wie bei einem Vorgang mit Reaktionsordnung Eins, die Temperaturlage und die relative Höhe der Stufe I weitgehend unabhängig von der Bestrahlungszeit, d.h. der Gesamtschädigung sind. Daraus ist zu schließen, daß die Erholung vornehmlich innerhalb der einzelnen Verlagerungskaskaden abläuft, ohne daß durch weitreichende Diffusion von Fehlstellen eine Wechselwirkung zwischen verschiedenen Kaskaden stattfindet. Von Seeger [*43*] wurde vorgeschlagen, daß ein wesentlicher Teil der Erholung in Stufe I auf Umordnungsvorgänge in den verdünnten Zonen zurückzuführen ist, wobei ein höherer Grad an Ordnung in den Zonen eintritt, ohne daß die Zonen verschwinden *. Dies ließe die komplizierte Kinetik und das Fehlen von Unterstufen verstehen, da die bei der thermischen Bewegung von den Atomen zu überwindenden Potentialschwellen innerhalb der stark gestörten Zonen, im Gegensatz zum ungestörten Gitter, sehr uneinheitlich sein dürften und außerdem mit einer starken Korrelation zwischen den Bewegungen der an der Umordnung beteiligten Atome zu rechnen ist.

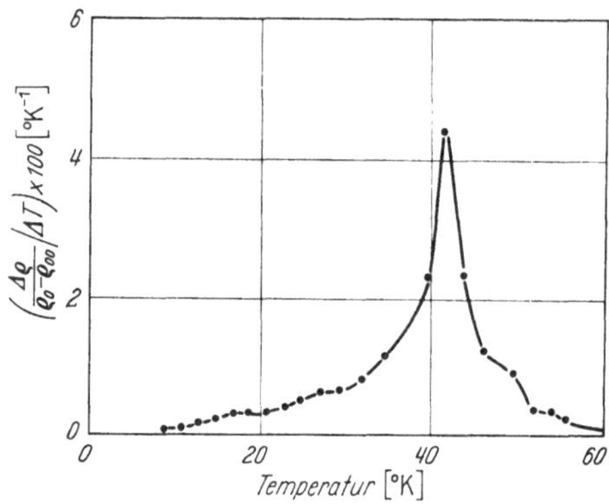

Fig. 28. Kupfer-Isochrone aus Fig. 27, differenziert nach der Anlaßtemperatur. Nach [*64*]

Zweifellos sollten daneben auch die Erholungsvorgänge, die nach Bestrahlung mit geladenen Teilchen im Vordergrund stehen (Annihilation naher Frenkel-Paare und Crowdion-Diffusion), einen Beitrag zur Erholung in Stufe I leisten, da während der Bestrahlung außer verdünnten Zonen auch Einzelfehlstellen entstehen. Das Fehlen der Unterstufen kann so ausgelegt werden, daß dieser Beitrag relativ klein ist oder daß die Unterstufen dadurch verschmiert werden, daß an die Stelle der Annihilation naher Frenkel-Paare das Zurückspringen von Zwischengitteratomen bzw. Crowdionen tritt, die nahe bei den Zonen zur Ruhe gekommen sind.

Auf das Vorhandensein eines merklichen Einflusses des Ausheilens metastabiler Crowdionen auf Stufe I von Kupfer gibt es einige Hinweise.

* Im extremsten Fall ist daran zu denken, daß sich, ähnlich wie bei der Ausscheidung von Leerstellen in abgeschreckten Metallen, jedoch in viel kleinerem Maßstab, Versetzungs- und Stapelfehlerkonfigurationen bilden.

Einer davon ist in den Unterschieden der Erholungskurven von Gold und Kupfer in Fig. 27 zu erblicken. Ähnlich wie nach Elektronenbestrahlung ist die Stufe I von neutronenbestrahltem Gold wesentlich kleiner als bei Kupfer und dafür die Stufe III entsprechend höher. Es ist naheliegend, dies ebenfalls darauf zurückzuführen, daß in Gold die Crowdionen wahrscheinlich instabil sind und somit alle Zwischengitteratome in der in Stufe III ausheilenden stabilen Konfiguration zur Ruhe kommen, während in Kupfer ein wesentlicher Teil als metastabile Crowdionen liegenbleibt und bereits in Stufe I ausheilt*.

Insgesamt muß festgestellt werden, daß die heute bekannten experimentellen Ergebnisse im Falle der Neutronenbestrahlung eine ähnlich detaillierte Analyse der Erholungsstufe I, wie sie für Elektronenbestrahlung möglich ist, nicht zulassen. Die Besonderheiten bei Neutronenbestrahlung lassen sich zwar qualitativ auf das Auftreten von Verlagerungszonen zurückführen, doch bedarf es zu einer quantitativen Erfassung der verschiedenen diskutierten Beiträge zur Stufe I weiterer Untersuchungen**.

Die *Erholungsstufe II* tritt (vgl. Fig. 27) in ähnlicher Weise in Erscheinung wie nach Deuteronenbestrahlung. Die ablaufenden Erholungsvorgänge dürften auch weitgehend dieselben Ursachen haben, wobei allerdings berücksichtigt werden muß, daß an die Stelle der Annihilation von Frenkel-Paaren mit relativ großem Abstand möglicherweise das Ausheilen von Zwischengitteratomen an den Seeger-Zonen, aus denen sie herausgeschossen wurden, tritt. Falls dies in nennenswertem Umfang

---

* Der gesamte Unterschied in der Höhe der Stufe I zwischen Kupfer und Gold ist sicher nicht auf diesen Effekt zurückzuführen. Ähnlich wie die Wigner-Energie [*88*] und die Grenzenergie für Fokussierung [*82*], [*104*] wird die Energie, ab der Crowdionen dynamisch gebildet werden können, höher liegen als bei Kupfer. Dies kann sich auf Häufigkeit und Größe der Seeger-Zonen sowie die räumliche Verteilung der Zwischengitteratome auswirken, so daß ein quantitativer Vergleich zwischen Gold und Kupfer, wie er hier angedeutet wurde, höchstens in groben Zügen sinnvoll sein dürfte.

** *Anmerkung bei der Korrektur:* Eine genauere Untersuchung der Erholungsstufe I nach Neutronenbestrahlung wurde inzwischen von Coltman et al. [*113a*] durchgeführt. Dabei wurden die bei Reaktorbestrahlung üblicherweise einander überlagerten Einflüsse der schnellen (Spalt-) Neutronen und der thermischen Neutronen durch geeignete experimentelle Maßnahmen getrennt. Die Ergebnisse der Spaltneutronenbestrahlung sind im wesentlichen im Einklang mit dem oben Gesagten. Die relative „Höhe" der Stufe I ergab sich als noch etwas kleiner, als bei „normaler" Reaktorbestrahlung. Die Schädigung durch thermische Neutronen rührt vom γ-Rückstoß beim Zerfall solcher Kerne her, die thermische Neutronen eingefangen haben. In Kupfer ist die mittlere bei diesem (n, γ)-Prozeß auftretende Rückstoßenergie etwa 400 eV. Wie man es nach den vorstehenden Ausführungen über den Einfluß der Energie der primären Rückstoßatome erwartet, sind bei thermischer Neutronenbestrahlung die Stufe I insgesamt größer und die Unterstufen schärfer ausgeprägt als bei Bestrahlung mit Spaltneutronen oder mit „normalem" Energiespektrum der Neutronen, wie es von Blewitt et al. [*64*] verwendet wurde.

der Fall ist, müßte es sich in einer Veränderung der mittleren Zonengröße im Bereich II bemerkbar machen*.

Die der *Stufe III* zuzuordnende Erholung ist bei Kupfer im elektrischen Widerstand nur schwach zu erkennen. Dies dürfte einerseits davon herrühren, daß die Mehrzahl derjenigen Zwischengitteratome, die für die Bildung der verdünnten Zonen verantwortlich sind, als Crowdionen entstehen und als metastabile Crowdionen bereits bei tieferen Temperaturen wieder ausheilen, andererseits davon, daß die meisten der sofort in der stabilen Konfiguration gebildeten Zwischengitteratome innerhalb von Kaskaden entstehen und deshalb mit relativ großer Wahrscheinlichkeit nahe genug bei Leerstellen oder Zonen zu liegen kommen, um ähnlich wie nahe Frenkel-Paare ebenfalls bei Temperaturen unterhalb der Stufe III auszuheilen.

Ein deutlicher Hinweis auf das Vorhandensein der Stufe III in Kupfer nach Neutronenbestrahlung ist Messungen von THOMPSON und PARÉ [*114*] über die Veränderung der inneren Reibung und des E-Moduls von reaktorbestrahltem Kupfer zu entnehmen. Diese Autoren stellten fest, daß beim Aufwärmen von Proben, die unterhalb 170° K schwach mit Neutronen bestrahlt worden waren (so daß die Versetzungen nur teilweise durch bestrahlungsinduzierte Fehlstellen blockiert wurden), bei etwa 260° K eine Fehlstellenart beweglich wird und zu den Versetzungen diffundiert. Zwar wurde die Aktivierungsenergie der Wanderung nicht bestimmt, doch ist entsprechend dem Temperaturbereich, in dem der Effekt eintritt, anzunehmen, daß es sich um die in Stufe III beweglich werdenden Zwischengitteratome handelt.

Zusatz bei der Korrektur: Inzwischen wurde von BURGER, MEISSNER und SCHILLING [*114a*] auch an Hand von elektrischen Widerstandsmessungen das Auftreten der Erholungsstufe III nach Neutronenbestrahlung in Kupfer sowie in verschiedenen anderen Metallen zweifelsfrei aufgewiesen. Die Erholungsstufe III zeichnet sich ferner nach DIEHL, LEITZ und SCHILLING [*113b*] in der Erholung der Bestrahlungsverfestigung nach Neutronenbestrahlung bei tiefer Temperatur eindeutig ab.

Über das Auftreten der *Stufe IV*, von der man aus analogen Gründen wie bei der Bestrahlung mit geladenen Teilchen zu erwarten hat, daß sie nur schwach ausgebildet ist, liegen keine Messungen des elektrischen Widerstandes, sondern nur solche über innere Reibung und E-Modul vor. PARÉ und THOMPSON [*115*] beobachteten nach kurzzeitiger Neutronenbestrahlung von Kupferproben in der Nähe von Raumtemperatur nach Abschalten des Neutronenstrahls eine allmähliche Zunahme des E-Moduls und eine entsprechende Abnahme der Dämpfung, die offensichtlich daher rühren, daß eine bei diesen Temperaturen langsam bewegliche

* *Anmerkung bei der Korrektur:* Neuere Untersuchungen von DIEHL, LEITZ und SCHILLING [*113b*] über das Ausheilen der Bestrahlungsverfestigung von Kupfer in diesem Temperaturbereich weisen in der Tat auf eine solche Veränderung der Zonengröße hin.

Fehlstelle, die während der Bestrahlung erzeugt wurde, zu den Versetzungen wandert*. Die Messung der Zeitabhängigkeit der genannten Eigenschaftsänderung bei verschiedenen Temperaturen zwischen 0 und 100° C ermöglichte eine Bestimmung der Aktivierungsenergie. Es wurde gefunden, daß der Vorgang mit einer einheitlichen Aktivierungsenergie zwischen 1,0 und 1,1 eV abläuft. Dieser Wert ist im Rahmen der Meßgenauigkeit in ausgezeichneter Übereinstimmung mit dem in 3.2.a) ange-

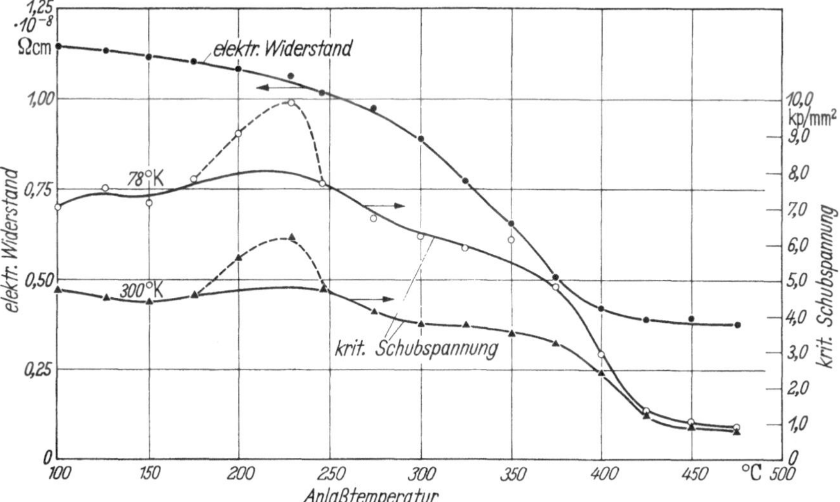

Fig. 29. Isochrone Erholungskurven oberhalb Raumtemperatur des elektrischen Widerstandes und der kritischen Schubspannung von Kupfereinkristallen nach einer Reaktorbestrahlung mit $9 \cdot 10^{18}$ n/cm², nach [*117*]. (Die an den Kurven für die kritische Schubspannung angeschriebenen Temperaturwerte bezeichnen die Verformungstemperatur)

gebenen Wert für die Wanderungsenergie von Leerstellen in Kupfer, so daß die Messungen von Paré und Thompson als Nachweis für das Auftreten der Leerstellenwanderung im Temperaturbereich der Stufe IV nach Neutronenbestrahlung zu betrachten sind.

Es wurde oben darauf hingewiesen, daß ein erheblicher Anteil (etwa 20%) der Widerstandsänderung infolge Neutronenbestrahlung bis zur Raumtemperatur nicht ausheilt. Dieser Anteil verschwindet (s. Fig. 29) im wesentlichen erst im Temperaturbereich von 250 bis 400° C. In diesem Temperaturbereich, der zur *Erholungsstufe V* zu rechnen ist, heilt auch der größte Teil der Bestrahlungsverfestigung, auf die wir in Abschnitt 4.4 näher eingehen werden, aus. Die einzigen etwas genaueren Untersuchun-

* Alle bei diesen Temperaturen leicht beweglichen Fehlstellen, wie Crowdionen und Zwischengitteratome, werden wegen ihrer hohen Sprunghäufigkeit während der Bestrahlung praktisch ohne Verzögerung ausheilen bzw. zu den Versetzungen gelangen und die spontane *E*-Modul- und Dämpfungsänderung während der Bestrahlung verursachen.

gen über die Erholungskinetik in dieser Stufe wurden mit Hilfe von Messungen der Erhöhung der kritischen Schubspannung infolge Neutronenbestrahlung durchgeführt [*116*], [*117*]. Dabei wurden Aktivierungsenergien der Erholung zwischen 2,0 und 2,5 eV gefunden. Im Rahmen dieser relativ großen Ungenauigkeit stimmen sie mit der Aktivierungsenergie der Selbstdiffusion von Kupfer überein.

Das merkliche Auftreten der Erholungsstufe V nach Neutronenbestrahlung zeigt, daß bei dieser Bestrahlungsart Fehlstellen entstehen, die nur durch Selbstdiffusion, d.h. Materietransport über größere Entfernungen in der Probe, abgebaut werden können. Wenn man die Entstehung von Versetzungen durch plastische Verformung ausschließt, so kann es sich dabei nur um relativ stabile Agglomerate von Einzelfehlstellen handeln. Als solche bieten sich vor allem die Seegerschen Zonen an. Damit im Einklang steht, daß auch die Bestrahlungsverfestigung, die auf die Seegerschen Zonen zurückzuführen ist (vgl. 4.4), in der Stufe V stark zurückgeht. Man muß weiterhin damit rechnen, daß beim Ausheilen von Zwischengitteratomen und Leerstellen in ähnlicher Weise wie beim Anlassen abgeschreckter Proben Fehlstellenagglomerate, die in Versetzungsschleifen bzw. Stapelfehlertetraeder übergehen können, gebildet werden. Solche wurden bei den bereits erwähnten elektronenmikroskopischen Untersuchungen von SILCOX und HIRSCH [*93*] und von MAKIN, WHAPHAM und MINTER [*95*] in Proben, die bei Temperaturen in der Nähe der Raumtemperatur bestrahlt wurden, in Form von verhältnismäßig großen Versetzungsschleifen, die bis zu einigen tausend Fehlstellen enthalten, gefunden. Auch diese, durch Diffusion entstandenen Fehlstellenagglomerate können in Stufe V dank genügend starker Selbstdiffusion ausheilen.

Da die in die gemessene Aktivierungsenergie der Stufe V eingehende Bildungsenergie von Leerstellen dann, wenn die Leerstellen an einem Fehlstellenagglomerat gebildet werden, von derjenigen der Bildung an inneren oder äußeren Kristalloberflächen etwas verschieden sein kann, ist es verständlich, daß infolge des Vorliegens verschiedenartiger Fehlstellenagglomerate die Erholungsstufe V nach Neutronenbestrahlung über ein relativ weites Temperaturintervall verschmiert ist (vgl. Fig. 29) und kein scharfer Wert der Aktivierungsenergie gefunden wurde.

Abschließend muß festgestellt werden, daß die Kenntnisse über die Erholungsvorgänge nach Neutronenbestrahlung noch recht unvollständig sind. Immerhin läßt die vorstehende Diskussion erkennen, daß die durch schnelle Neutronen hervorgerufene Fehlordnung zum Auftreten aller fünf Erholungsstufen in ein und derselben Probe Anlaß gibt (wenn auch zum Teil nur andeutungsweise). Demnach handelt es sich hierbei um die kompliziierteste der hier besprochenen Fehlordnungsarten. Dies mag einer der Gründe dafür sein, daß die Analyse der Erholungsvorgänge nach

Neutronenbestrahlung selbst im Falle einfacher Metalle, wie Kupfer, noch weite Lücken aufweist.

4.4. Bestrahlungsverfestigung

a) Allgemeines. Unterschiede zwischen Neutronen- und Elektronenbestrahlung

Als Bestrahlungsverfestigung wird vielfach ganz allgemein die Veränderung der mechanischen Eigenschaften von Metallen unter Korpuskularstrahlung bezeichnet *. Im engeren Sinne versteht man darunter jedoch oft auch nur die durch Teilchenbestrahlung hervorgerufene Erhöhung der Streckgrenze.

Wegen des großen technologischen Interesses, insbesondere im Zusammenhang mit Konstruktion und Bau von Kernreaktoren, wurden in den beiden letzten Jahrzehnten eine Vielzahl von Untersuchungen über die Veränderung der mechanischen Eigenschaften von Metallen durch Teilchenbestrahlung durchgeführt. Die meisten dieser Arbeiten beziehen sich jedoch auf technische Materialien und die in der Praxis vorkommenden Bestrahlungsbedingungen. Nur relativ wenige Untersuchungen wurden unter physikalisch einfachen Bedingungen durchgeführt und auf die Erforschung der grundlegenden Mechanismen der Bestrahlungsverfestigung ausgerichtet. Wir wollen uns hier mit der zuletzt genannten Gruppe von Untersuchungen befassen und einige der wesentlichen Phänomene der Bestrahlungsverfestigung von kubisch-flächenzentrierten Einkristallen besprechen. Diese Diskussion der Bestrahlungsverfestigung stellt insofern eine Ergänzung des in den vorhergehenden Abschnitten Erörterten dar, als nach unseren heutigen Kenntnissen die bei Bestrahlung mit schnellen Neutronen auftretenden Erscheinungen weitgehend auf die Bildung der Seegerschen Zonen zurückgeführt werden können. Untersuchungen über die Bestrahlungsverfestigung liefern somit einerseits ein Kriterium dafür, ob und in welchem Umfange solche Zonen überhaupt gebildet werden, andererseits können sie als ein Hilfsmittel betrachtet werden, das es ermöglicht, näheren Aufschluß über die Zonen zu gewinnen. Wir werden diese beiden Gesichtspunkte in den Vordergrund unserer Erörterungen stellen.

Die Zunahme der Steckgrenze (bzw. bei Einkristallen der kritischen Schubspannung) infolge Neutronenbestrahlung unterscheidet sich in ihrem Erholungsverhalten sehr wesentlich von der bestrahlungsinduzierten Änderung des elektrischen Widerstandes. BLEWITT u. Mitarb. [*117*]

* Eine solche Bestrahlung kann in besonderen Fällen auch zu einer Entfestigung führen, beispielsweise bei Bestrahlung stark verformter Proben, bei denen die Erhöhung der Diffusionsgeschwindigkeit durch das Einführen von zusätzlichen atomaren Fehlstellen die mechanische Erholung beschleunigt (vgl. MEECHAN [*118*]).

haben einige Messungen über die Erholung der Bestrahlungsverfestigung von Kupfer-Einkristallen nach Reaktorbestrahlung bei tiefen Temperaturen durchgeführt. Die Ergebnisse sind etwas schematisiert in Fig. 30 wiedergegeben. Während der größte Teil der elektrischen Widerstandsänderung unterhalb Raumtemperatur ausheilt, ändert sich die Zunahme der kritischen Schubspannung in den Erholungsstufen I bis IV relativ wenig. Fast die gesamte bei Tieftemperaturbestrahlung hervorgerufene Bestrahlungsverfestigung heilt erst im Bereich der Stufe V aus*. Dies

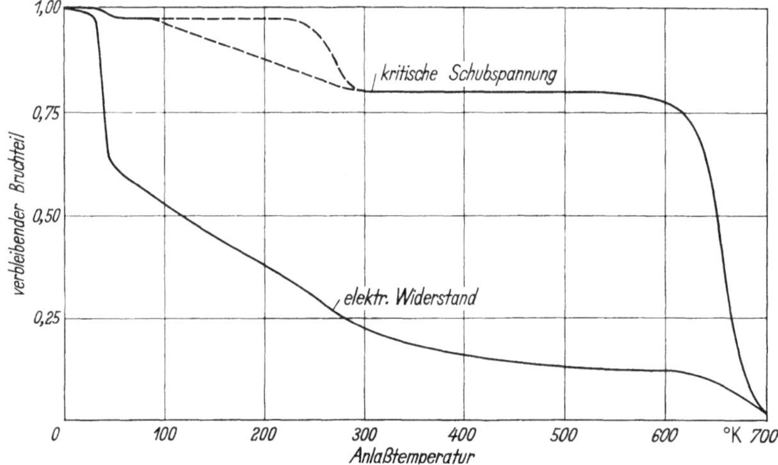

Fig. 30. Erholung der kritischen Schubspannung von Kupfer nach Reaktorbestrahlung bei tiefer Temperatur (halbschematisch, nach [*117*]). (Zum Vergleich ist die Erholungskurve des elektrischen Widerstandes ebenfalls aufgetragen)

wurde von SEEGER [*43*] als einer der Beweise dafür betrachtet, daß die einfachen atomaren Fehlstellen, die in den unteren Erholungsstufen ausheilen, nicht die Ursache der Bestrahlungsverfestigung bei Neutronenbestrahlung sein können. Die Möglichkeit, die Bestrahlungsverfestigung dadurch zu erklären, daß diese Fehlstellen in den Temperaturbereichen, in denen sie beweglich werden, zu den Versetzungen wandern und diese blockieren, scheidet aus, da in diesem Fall eine Bestrahlungsverfestigung

* *Anmerkung bei der Korrektur:* Genauere Messungen des Erholungsverhaltens der kritischen Schubspannung von Kupfer-Einkristallen zwischen 4,5 und 400° K, die neuerdings von DIEHL, LEITZ und SCHILLING [*113b*] durchgeführt wurden, zeigen, daß die schematische Darstellung der Fig. 30 im großen und ganzen richtig ist. Die Erholungsstufen I und III zeichnen sich deutlich ab; sie sind aber relativ klein ($< 5\%$). Der Hauptanteil der verglichen mit dem elektrischen Widerstand geringen Erholung unterhalb Raumtemperatur (etwa 25%) erfolgt ziemlich kontinuierlich. Eine Zunahme der kritischen Schubspannung beim Anlassen, wie sie zu erwarten wäre, wenn z.B. eine Blockierung der Versetzungen durch an sie herandiffundierende Fehlstellen die kritische Schubspannung bestimmen würde, wurde in keinem Temperaturbereich beobachtet.

bei sehr tiefen Bestrahlungstemperaturen überhaupt nicht oder in viel geringerem Maße als bei höheren Temperaturen auftreten sollte und beim Anlassen nach Tieftemperaturbestrahlung eine Zunahme der kritischen Schubspannung zu erwarten wäre (wie dies z.B. bei Anlassen abgeschreckter Proben beobachtet wird [*119*]). Aus den Blewittschen Beobachtungen, wonach eine starke Verfestigung durch Neutronenbestrahlung selbst bei Bestrahlungstemperaturen unterhalb 20° K auftritt,

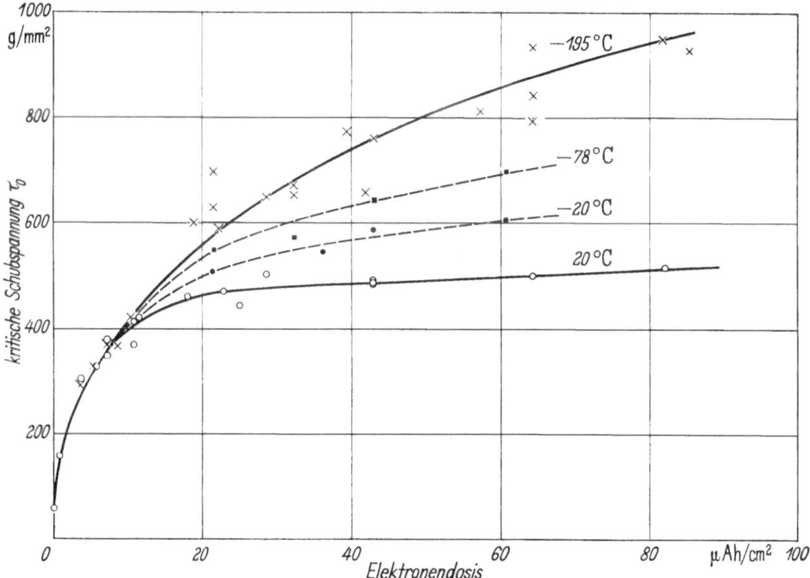

Fig. 31. Kritische Schubspannung von Kupfer-Einkristallen in Abhängigkeit von der Elektronendosis bei verschiedenen Bestrahlungstemperaturen. Verformungstemperatur 78° K. Nach [*120*]

ist zu entnehmen, daß die Bestrahlungsverfestigung von Fehlstellen verursacht wird, die unmittelbar bei der Bestrahlung entstehen und die nach Ausweis der Erholungsmessungen bis zum Einsetzen merklicher Selbstdiffusion erhalten bleiben. Fehlstellen, die diese Bedingungen erfüllen, sind, wie in 3.3.b) erörtert, die von SEEGER vorgeschlagenen verdünnten Zonen. SEEGER [*43*] nimmt deshalb an, daß sie die Ursache der Bestrahlungsverfestigung infolge Neutronenbestrahlung darstellen.

Wie in 3.3.b) besprochen, werden die Seegerschen Zonen nur gebildet, wenn Rückstoßatome hinreichend hoher Energie auftreten. Somit sollte bei Bestrahlung mit geringer Energieübertragung auf die primären Rückstoßatome eine ähnlich geartete Bestrahlungsverfestigung wie unter Neutronenbestrahlung nicht auftreten. Dies hat sich durch Messungen von MAKIN und BLEWITT [*120*] an Kupferkristallen, die mit 4 MeV-Elektronen bestrahlt wurden, bestätigt. Während bei Neutronenbestrahlung in Übereinstimmung mit dem in Fig. 30 wiedergegebenen Erholungsverhalten die Änderung der kritischen Schubspannung bei Bestrahlungstemperaturen unterhalb der Stufe V weitgehend von der Bestrahlungstemperatur unabhängig ist, trifft dies nach Makin und Blewitt bei Elektronenbestrahlung in dem untersuchten Bereich zwischen 80° K und 300° K nur für sehr kleine Bestrahlungsdosis zu (Fig. 31). Bei höherer Dosis wurde eine starke Abhängigkeit von der Bestrahlungstemperatur beobachtet. Sie äußert sich vor allem darin, daß bei höherer Bestrahlungstemperatur bei einer relativ geringen, von der Temperatur abhängigen Schubspannung vollständige Sättigung eintritt. Für Raumtemperaturbestrahlung liegt dieser Sättigungswert beispielsweise bei 0,5 kp/mm^2 (Verformungstemperatur 78° K). Im Gegensatz hierzu steigt unter analogen Versuchsbedingungen bei Reaktorbestrahlung nach den Ergebnissen von Blewitt u. Mitarb. [*117*] die kritische Schubspannung bis auf mehr als 12 kp/mm^2, ohne daß eine vollständige Sättigung zu beobachten ist.

Zieht man zu einem weiteren, quantitativen Vergleich der Wirksamkeit von Elektronen- und Neutronenbestrahlung die anfängliche Änderungsgeschwindigkeit der kritischen Schubspannung τ_0 heran, so erhält man für die Änderung von τ_0 mit der Wurzel aus der atomaren Fehlstellenkonzentration c*, wie man sie mit der einfachen Verlagerungstheorie (d.h. mit einem scharfen Wert für die Wigner-Energie und unter der Annahme, daß nur einzelne Leerstellen und Zwischengitteratome erzeugt werden) errechnet, nach den Messungen von Makin und Blewitt für 4 MeV-Elektronen und Verformung bei 78° K $d\tau_0/d\sqrt{c} \approx 6\ kp/mm^2$. Der entsprechende Wert für neutronenbestrahltes Kupfer beträgt nach Messungen von Rukwied [*121*] unter der Annahme, daß pro primärem Rückstoßteilchen im Mittel 100 Frenkel-Paare gebildet werden, 200 kp/mm^2.

Elektronenbestrahlung ist also hinsichtlich der Bestrahlungsverfestigung wesentlich weniger wirksam als Bestrahlung mit schnellen Neutronen und ruft eine auch qualitativ von Neutronenbestrahlung sehr verschiedene Bestrahlungsverfestigung hervor. Die Beobachtungen an elektronenbestrahlten Kristallen, in denen vornehmlich einzelne Leerstellen und Zwischengitteratome erzeugt werden, bestätigen somit, daß die von schnellen Neutronen hervorgerufene Bestrahlungsverfestigung nicht von solchen Einzelfehlstellen herrühren kann. Dies ist im Einklang mit dem Seegerschen Vorschlag, daß die verdünnten Zonen am Ende der Bahn schneller Rückstoßatome die Bestrahlungsverfestigung unter Neutronenbestrahlung verursachen. Wie sich die Zonen im einzelnen auf die kriti-

* Es erscheint sinnvoll $d\tau_0/d\sqrt{c}$ und nicht etwa $d\tau_0/dc$ zu vergleichen, da in theoretischen Modellen, in denen die kritische Schubspannung durch die Behinderung der Versetzungen durch statistisch verteilte Hindernisse von atomaren Abmessungen bedingt wird, sich meist τ_0 als proportional zu $\sqrt{c}$ ergibt (vgl. Abschnitt b).

sche Schubspannung auswirken, werden wir im nächsten Abschnitt bei der Besprechung der Dosis- und Temperaturabhängigkeit der kritischen Schubspannung neutronenbestrahlter Kristalle genauer erörtern.

b) Kritische Schubspannung neutronenbestrahlter Kristalle

Nach SEEGER [*43*] wirken die verdünnten Zonen als Hindernisse für die Gleitbewegung der Versetzungen bei der plastischen Verformung neutronenbestrahlter Metalle in ähnlicher Weise wie der Versetzungswald in unbestrahlten Kristallen (vgl. die Kapitel 2 und 3). Sie können von den Versetzungen durchschnitten werden, wozu eine von der an der Versetzung angreifenden Kraft bzw. der an ihr wirkenden Schubspannung τ_b abhängige Aktivierungsenergie $U(\tau_b)$ erforderlich ist. Ist N_z die Anzahl der Zonen pro Einheitsfläche in einer Gleitebene, N die Anzahl der pro Volumeneinheit an solchen Hindernissen anliegenden Versetzungen und ν_0 die Schwingungsfrequenz, mit der eine Versetzungslinie gegen eine Zone anläuft, an die sie von der Schubspannung τ_b angepreßt wird, so ergibt sich für die Gleitgeschwindigkeit $\dot{a}$

$$\dot{a} = (N/N_z)\, b\, \nu_0 \exp(-U(\tau_b)/kT) \tag{4.1}$$

(b = Burgers-Vektor). Durch Auflösen der Gl. (4.1) nach τ_b kann man, ähnlich wie in der Theorie der kritischen Schubspannung unbestrahlter Einkristalle, die Abhängigkeit der kritischen Schubspannung von Verformungstemperatur und -geschwindigkeit erhalten (vgl. Kapitel 3).

SEEGER nimmt folgenden Verlauf der potentiellen Energie bei Durchschneiden einer Zone mit dem Abstand x zwischen Versetzung und Zonenmittelpunkt an:

$$U(x) = U_0\left(1 - \frac{1}{1+\exp(x/x_0)}\right) - b\, l_0'\, x\, \tau_b\,. \tag{4.2}$$

Dabei bedeuten U_0 die Höhe der Potentialstufe ohne Mitwirkung der angelegten Spannung τ_b, x_0 eine Länge, die die Größe der Zonen beschreibt und l_0' den Abstand zwischen zwei benachbarten Aufhängepunkten einer Versetzung, der nach FRIEDEL [*13*] selbst noch von der Schubspannung entsprechend der Gleichung

$$l_0'^3 = G\, b/\tau_b N_z \tag{4.3}$$

(G = Schubmodul) abhängt (s. Kapitel 3, Ziff. 2.5b).

Mit diesen Beziehungen erhält man für die Spannungsabhängigkeit der Aktivierungsenergie

$$U(\tau_b) = U_0\left[\sqrt{\alpha} - \frac{1-\alpha}{2}\left\{\mathfrak{Ar}\,\mathfrak{Tg}\,\frac{2\sqrt{\alpha}}{1+\alpha}\right\}\right] \tag{4.4a}$$

mit

$$\alpha = 1 - \frac{\tau_b^{\frac{2}{3}}}{(N_z/G\,b)^{\frac{1}{3}} \cdot (U_0/4\,x_0\,b)} . \tag{4.4b}$$

Für $T=0$ muß $U(\tau_b)$ verschwinden. Dies ist der Fall für $\alpha=0$. Daher kann statt (4.4b) auch geschrieben werden

$$\alpha = 1 - [\tau_b(T)/\tau_b(0)]^{\frac{2}{3}}, \tag{4.5}$$

wobei

$$\tau_b(0) = \left(\frac{N_z}{G\,b}\right)^{\frac{1}{2}} \left(\frac{U_0}{4\,x_0\,b}\right)^{\frac{3}{2}} \tag{4.6}$$

die kritische Schubspannung bei 0° K ist.

Gl. (4.1) läßt sich nach τ_b auflösen, wenn man (4.4a) nach kleinen Werten von α, d.h. für tiefe Temperaturen entwickelt. Man erhält dann

$$U = \tfrac{2}{3}\,U_0\,\alpha^{\frac{3}{2}} \tag{4.7}$$

und schließlich

$$\tau_b = \tau_b(0)\left[1 - \left(\frac{T}{T_0}\right)^{\frac{2}{3}}\right]^{\frac{3}{2}} \tag{4.8}$$

mit

$$T_0 = \frac{2}{3}\,\frac{U_0}{k \ln(N\,b\,\nu_0/N_z\,\dot{a})} . \tag{4.9}$$

Die Gl. (4.8) enthält zusammen mit (4.6) und (4.9) die Dosis-, Temperatur- und Geschwindigkeitsabhängigkeit der kritischen Schubspannung.

Wir wollen uns nach diesem Abriß der Seegerschen Theorie nunmehr einem Vergleich dieser Theorie mit experimentellen Ergebnissen zuwenden und uns dabei zuerst mit der *Dosisabhängigkeit* der kritischen Schubspannung befassen. Nach (4.6) und (4.8) sollte die kritische Schubspannung proportional zur Quadratwurzel aus der Zonendichte N_z, wobei N_z proportional zur integrierten Neutronenflußdichte Φt ist, ansteigen. Dies war lange Zeit experimentell nicht bestätigt worden. Dagegen hatten BLEWITT u. Mitarb. [*117*] empirisch eine Proportionalität zwischen τ_0 und $(\Phi t)^{\frac{1}{3}}$ gefunden. Erst neuerdings wurde durch RUKWIED und DIEHL [*122*], [*124*] an reaktorbestrahlten Kupferkristallen nachgewiesen, daß die im Zugversuch gemessene kritische Schubspannung im Bereich sehr kleiner Dosis tatsächlich in guter Näherung proportional zur Quadratwurzel aus der Neutronendosis ansteigt (Fig. 32*). Allerdings machen sich schon bei relativ niedriger Dosis Abweichungen von dieser Gesetzmäßigkeit im Sinne einer Sättigungstendenz bemerkbar. Ihnen ist wohl hauptsächlich

* Die Dosisangaben in den Fig. 32, 33, 35 und 38—40 sind neueren Ergebnissen zufolge um einen Faktor 7/4 zu hoch (s. [*121*]).

zuzuschreiben, daß die früheren Messungen den theoretisch zu erwartenden Verlauf auch bei kleiner Dosis nicht erkennen ließen.

Das frühe Einsetzen einer Sättigungstendenz, das auch bei Nickelkristallen beobachtet wurde [*125*], läßt sich theoretisch ohne Schwierigkeiten erklären [*124*]. Auf Grund des Entstehungsprozesses der Seegerschen Zonen kann eine Wechselwirkung zwischen neuentstehenden und bereits vorhandenen Zonen dadurch eintreten, daß dynamische Crowdionen, die aus einer neuentstehenden Zone herausgeschossen werden, in bereits vorhandene Zonen treffen. Dabei wird in den getroffenen Zonen die Anzahl der leeren Gitterplätze durch den Einfang des Crowdions verringert und somit die effektive Größe der Zonen reduziert. Da dadurch die Zonen als Versetzungshindernis an Wirksamkeit verlieren, wird dies zu einer Abnahme des Anstiegs der kritischen Schubspannung mit der Bestrahlungsdosis führen. Dieser Prozeß sollte dann in merklichem Maße in Erscheinung treten, wenn der mittlere Abstand zwischen den Zonen kleiner als die Reichweite der dynamischen Crowdionen wird.

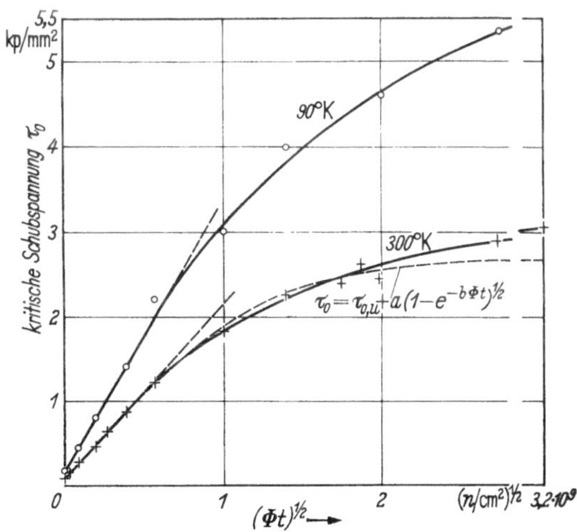

Fig. 32. Abhängigkeit der kritischen Schubspannung von Kupfereinkristallen von der Neutronendosis bei zwei Verformungstemperaturen

Für das merkliche Einsetzen der Sättigungstendenz in Kupfer bei ungefähr 2×10^{17} n/cm² (Fig. 32) ergibt sich [*124*], daß unter vernünftigen Annahmen für die Anzahl der Zonen pro Neutronenstoß der mittlere Abstand der Zonen etwa 60 Atomabstände beträgt, während die Crowdionreichweite nach theoretischen Rechnungen zu 50 bis 100 Atomabstände abgeschätzt wird (vgl. 3.3)*. Auf Grund dieser Übereinstimmung von Zonenabstand und Crowdionreichweite kann man annehmen, daß die hier skizzierten Vorstellungen über den Sättigungsvorgang richtig

* Sie ist wahrscheinlich in Wirklichkeit größer (s. Fußnote auf S. 273), was jedoch der hier verwendeten, sehr rohen Argumentation keinen Abbruch tut. Bei genaueren Überlegungen über die Sättigung müßte sowieso noch der Einfangquerschnitt der Zonen für Crowdionen σ_{cz} in Betracht gezogen werden, so daß dann an Stelle des mittleren Abstandes der Zonen $1/\sigma_{cz} \cdot n_z$ (n_z räumliche Dichte der Zonen) mit der Crowdionreichweite in Beziehung zu setzen wäre. Ferner muß bei nicht statistischer Verteilung der einzelnen Zonen im Gitter gegebenenfalls deren räumliche Verteilung berücksichtigt werden.

sind*. Gleichzeitig kann darin eine Bestätigung dafür gesehen werden, daß die die Bestrahlungsverfestigung verursachenden Zonen tatsächlich in der von Seeger angegebenen Weise, nämlich durch Herausschießen von dynamischen Crowdionen gebildet werden.

Die *Temperaturabhängigkeit* der kritischen Schubspannung bei fester Dosis wird näherungsweise durch Gl. (4.8) beschrieben. Dieser zufolge sollten sich bei Auftragen von $\tau_0^{\frac{2}{3}}$ gegen $T^{\frac{2}{3}}$ Geraden ergeben. Seeger [*43*] konnte zeigen, daß die Meßergebnisse von Blewitt et al. [*117*] befriedigend mit dieser Gesetzmäßigkeit übereinstimmen. Auch die Temperaturabhängigkeit der Streckgrenze von neutronenbestrahlten vielkristallinen Kupferproben läßt sich nach Makin und Minter [*127*] durch einen linearen Zusammenhang zwischen $\tau_0^{\frac{2}{3}}$ und $T^{\frac{2}{3}}$ wiedergeben.

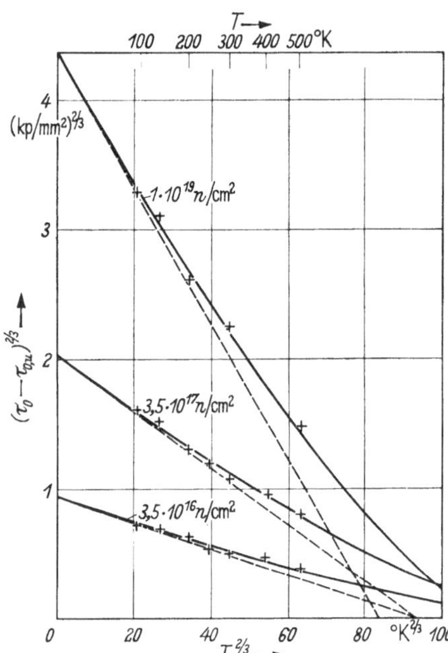

Fig. 33. Temperaturabhängigkeit der kritischen Schubspannung neutronenbestrahlter Kupfereinkristalle bei verschiedener Neutronendosis. ($\tau_{0,u}$ kritische Schubspannung unbestrahlter Kristalle)

Neuere Messungen an Einkristallen mit einheitlicher kristallographischer Orientierung der Stabachse von Fischer [*128*] und von Rukwied [*122*] zeigen jedoch systematische Abweichungen von der Beziehung (4.8). Wie in Fig. 33 zu sehen ist, in der die Ergebnisse von Rukwied für Kupfer bei drei verschiedenen Bestrahlungsdosen wiedergegeben werden, ergibt sich in einem $\tau_0^{\frac{2}{3}}-T^{\frac{2}{3}}$-Diagramm ein leichtes Durchhängen der Kurven**. Die beobachteten Abweichungen von der Linearität in Fig. 33

* Eine weitere Bestätigung hierfür ergibt sich aus neueren Messungen von Diehl, Leitz und Schilling [*113b*] über die Dosisabhängigkeit der kritischen Schubspannung bei Bestrahlung (und Messung) in flüssigem Helium. Der hier skizzierte Sättigungsvorgang ist ein athermischer Prozeß und sollte daher von der Bestrahlungstemperatur unabhängig sein. Dies ist nach einem Vergleich der genannten Messungen mit den in Fig. 32 wiedergegebenen, bei denen die Bestrahlung bei etwa 80° C erfolgte, weitgehend der Fall.

** In Fig. 33 ist die Differenz der kritischen Schubspannung der bestrahlten Kristalle und unbestrahlter Kristalle aufgetragen. Die Rechtfertigung dafür ergibt sich aus der Dosisabhängigkeit in Fig. 32, wonach die Extrapolation des bei kleiner Dosis gültigen $(\Phi t)^{\frac{1}{2}}$-Gesetzes auf $\Phi t=0$ auf den Wert der kritischen Schubspannung unbestrahlter Kristalle führt. Demnach überlagert sich die bestrahlungsinduzierte Erhöhung von τ_0 additiv der kritischen Schubspannung unbestrahlter Kristalle.

liegen in der Richtung, in der man sie auf Grund der Näherung, die zu Gl. (4.8) geführt hat, zu erwarten hat [*124*]. Den genauen Zusammenhang zwischen kritischer Schubspannung und Temperatur erhält man aus Gl. (4.1) unter Verwendung der Spannungsabhängigkeit der Aktivierungsenergie in (4.4). Benutzt man die folgenden reduzierten Werte für die Schubspannung und die Temperatur

$$\gamma = [\tau_b(T)/\tau_b(0)]^{\frac{2}{3}} \tag{4.10}$$

und

$$\beta = T/T_0 \tag{4.11}$$

mit T_0 nach (4.9), so erhält man

$$\beta = \frac{3}{2}\left[\sqrt{1-\gamma} - \frac{\gamma}{2}\,\mathfrak{Ar}\,\mathfrak{Tg}\left(\frac{\sqrt{1-\gamma}}{1-\gamma/2}\right)\right]. \tag{4.12}$$

Die ausgezogenen Kurven in Fig. 33 sind unter geeigneter Anpassung von $\tau_b(0)$ und T_0 nach (4.12) berechnet. Man sieht, daß die Meßergebnisse auf diese Weise mit befriedigender Genauigkeit beschrieben werden können. Die gestrichelten Linien stellen die Näherung für tiefe Temperaturen nach Gl. (4.8) dar (jeweils für dieselben $\tau_b(0)$- und T_0-Werte, mit denen die ausgezogenen Kurven berechnet wurden). Sie schneiden die Temperaturachse bei T_0. Da der Logarithmus in (4.9) nur wenig von der Dosis abhängen sollte, ist T_0 in guter Näherung proportional zu U_0, der Aktivierungsenergie zum Durchschneiden der Zonen unter verschwindender Spannung. Wie aus Fig. 33 hervorgeht, lassen sich die Ergebnisse für die beiden niedrigeren Bestrahlungsdosen mit dem gleichen T_0, d.h. der gleichen Aktivierungsenergie U_0 beschreiben, während sich für die höchste Dosis ein kleinerer Wert von U_0 ergibt. Dies ist in Übereinstimmung mit unserer oben genannten Interpretation der Sättigungstendenz, die sich in der Dosisabhängigkeit der kritischen Schubspannung äußert. Im Rahmen dieser Interpretation hat man für kleine Bestrahlungsdosen, bei denen keine merkliche Wechselwirkung zwischen den Zonen stattfindet, eine einheitliche, von der Dosis unabhängige Aktivierungsenergie zu erwarten, während bei hoher Dosis wegen der Verkleinerung der Zonen infolge des Einfangs von Crowdionen die Aktivierungsenergie mit zunehmender Dosis im Mittel abnehmen sollte.

Bei der Ableitung der hier verwendeten Theorie war angenommen worden, daß alle Zonen dieselbe Größe aufweisen. Dies ist wohl bei kleiner Dosis eine zulässige Vereinfachung. Bei hoher Dosis muß man jedoch damit rechnen, daß eine merkliche Größenverteilung der Zonen vorliegt, da die Häufigkeit, mit der eine Zone von Crowdionen, die von neugebildeten Zonen kommen, getroffen wird, vom Alter der Zone abhängt. Die jüngsten Zonen werden stets die „volle“ Größe haben, während die ältesten durch den Crowdioneinfang am stärksten verkleinert sein dürften. Eine solche Größenverteilung der Zonen sollte, wie man leicht einsehen kann, zu einer stärkeren Krümmung der kritischen Schubspannung-Temperatur-Kurven als nach Gl. (4.12) Anlaß geben. Ein entsprechender Einfluß kann in Fig. 33 allerdings selbst für die höchste Bestrahlungsdosis nicht festgestellt werden. Das mag einerseits daran liegen, daß relativ große Unterschiede in den Aktivierungsenergien zum Durchschneiden der Zonen notwendig sind, um einen deutlichen Effekt hervorzurufen, andererseits könnte es eine Folge davon sein, daß der Temperaturbereich der Rukwiedschen Messungen nicht hinreichend groß war. Die Messungen von Fischer [*128*], die bis zu 20° K reichen und sich auch auf etwas höhere Bestrahlungsdosen als die Rukwiedschen Messungen erstrecken, zeigen oberhalb etwa 10^{18} n/cm^2 in der Tat eine Krümmung, die stärker ist, als man für eine einheitliche Zonengröße nach Gl. (4.12) zu erwarten hat, was wohl auf eine Größenverteilung der Zonen zurückzuführen ist.

Insgesamt lassen sich somit aus den Messungen der kritischen Schubspannung neutronenbestrahlter Kupferkristalle folgende Schlüsse über die Bildung der Seegerschen Zonen ziehen: Bei kleiner Dosis entstehen Zonen ziemlich einheitlicher Größe. Wird die sich in der kritischen Schubspannung äußernde Sättigungsneigung stärker, so nimmt — nach Ausweis der Aktivierungsenergie zum Durchschneiden — die mittlere Zonengröße mit der Dosis ab. Gleichzeitig bildet sich eine merkliche Größenverteilung der Zonen aus.

Für den Bereich kleiner Neutronendosis (vor Einsetzen der Sättigung) können aus den Messungen der kritischen Schubspannung quantitative Aussagen über U_0 und die Größe der Zonen gewonnen werden. Am einfachsten läßt sich U_0 aus dem Wert von T_0 unter Verwendung vernünftiger Annahmen für die Größe des Logarithmus in Gl. (4.9) bestimmen. Die Unsicherheit, die durch die Abschätzung des Logarithmus hereinkommt, läßt sich allerdings umgehen, wenn man nach einem von Diehl [*124*] angegebenen Verfahren Messungen der Temperatur- und der Geschwindigkeitsabhängigkeit der kritischen Schubspannung kombiniert, wobei keine Annahmen über den Logarithmus gemacht werden müssen. Aus den in Fig. 33 enthaltenen Ergebnissen und aus Messungen der Abhängigkeit der kritischen Schubspannung von der Verformungsgeschwindigkeit von Diehl und Seidel [*126*] erhält man für Kupfer bei $\Phi t = 3{,}5 \cdot 10^{17}$ cm^{-2} den Wert $U_0 \approx 2{,}0$ eV.

Mit diesem Wert von U_0 und dem aus der Extrapolation der Temperaturabhängigkeit nach Fig. 33 zu entnehmenden Wert von $\tau_b(0)$ läßt sich entsprechend der Beziehung (4.6) die Größe x_0 bestimmen. Wir benötigen hierzu die Kenntnis der Flächendichte der Zonen in der Gleitebene N_z. Sie ist selbst von der Größe der Zonen abhängig, so daß man schreiben kann

$$N_z = \xi x_0 \cdot n_z . \tag{4.13}$$

ξx_0 stellt dabei den Durchmesser der Zonen senkrecht zur Gleitebene dar. n_z ist die Dichte der Zonen pro Volumeneinheit. Wird zur Bestimmung von n_z angenommen, daß im Mittel fünf Zonen pro primärem Rückstoßteilchen erzeugt werden, so erhält man aus (4.6) und (4.13)

$$x_0 = \sqrt{\xi} \cdot 4 \cdot 10^{-19}\,\text{cm} . \tag{4.14}$$

Da der effektive Durchmesser der Zonen in der Gleitebene, wie er von den Versetzungen beim Durchschneiden gesehen wird, gemäß dem Potentialansatz (4.2) etwa 4- bis 6mal x_0 beträgt und dieser Durchmesser wenigstens einige Atomabstände betragen sollte, geht aus (4.14) hervor, daß ξ von der Größenordnung 10 sein muß. Dies ist insofern ein interessantes Ergebnis, als es offensichtlich so zu deuten ist, daß die Zonen nicht kugelförmig sind, sondern entweder längliche Gebilde darstellen oder die Gestalt kleiner Scheibchen haben. Dies scheint nicht unvernünftig, da bei den verwendeten Bestrahlungstemperaturen (etwa 60° bis 80° C) eine Umordnung der verdünnten Zonen in eine Konfiguration niedrigerer freier Energie stattgefunden haben kann. So könnten sich beispielsweise kleine Versetzungsschleifen gebildet haben*.

Zum Abschluß dieser Diskussion der Streckgrenzenerhöhung durch Bestrahlung seien Untersuchungen von Makin u. Mitarb. [*94*], [*129*] erwähnt, die sich mit der Korrelation zwischen dem mechanischen Verhalten und den im Elektronenmikroskop in Durchstrahlung zu beobachtenden Fehlstellen befassen. Eine enge Korrelation dieser Art sollte vorhanden sein, wenn die in 3.3b) erwähnte Vermutung, daß die im Elektronenmikroskop beobachteten kleinen Störbereiche mit Seeger-Zonen zu identifizieren sind, zutrifft. Makin, Whapham und Minter [*94*] haben durch mäßiges Anlassen von reaktorbestrahltem Kupfer die Anzahl der sichtbaren Störungen verändert und gleichzeitig an analog behandelten massiven Proben die Streckgrenze gemessen. Die Ergebnisse zeigt Fig. 34, in der die Wurzel aus der räumlichen Dichte der beobachteten

---

* *Anmerkung bei der Korrektur:* Für die Entstehung solcher Gebilde spricht unter anderem eine neuere Untersuchung von Essmann und Wilkens [*129a*], die fanden, daß das Verzerrungsfeld der im Elektronenmikroskop sichtbaren kleinen Störbereiche, über deren Zusammenhang mit der Bestrahlungsverfestigung im folgenden Absatz berichtet wird, nicht kubisch-symmetrisch ist, sondern eine Vorzugsrichtung besitzt, wie man es z.B. für kleine Versetzungsringe zu erwarten hätte.

Nach unveröffentlichten Überlegungen von R. v. Jan kann die Schwierigkeit, die zu der Annahme eines relativ großen Wertes von ξ geführt hat, auch dadurch überwunden werden, daß man eine nicht statistische Verteilung der Zonen im Gitter annimmt, wie sie dann vorliegt, wenn der mittlere Abstand zwischen den von den primären Rückstoßteilchen ausgelösten Defektkaskaden wesentlich größer ist als der gegenseitige Abstand der Seegerschen Zonen innerhalb einer solchen Kaskade.

Fehlstellen gegen die Streckgrenze aufgetragen ist. Für die Fehlstellen, deren Abmessungen $\leqq 25$ Å sind, folgen die beiden Größen einem linearen Zusammenhang, wie es der Seegerschen Theorie der Bestrahlungsverfestigung [vgl. (4.6) und (4.8)] entspricht*. Gleichzeitig bestätigen diese Ergebnisse, daß die großen Versetzungsringe, deren Anzahl mit der Anlaßzeit viel rascher zurückgeht als die Streckgrenze, nicht, wie von SILCOX und HIRSCH [*93*] angenommen wurde, die maßgebende Ursache der Bestrahlungsverfestigung sein können.

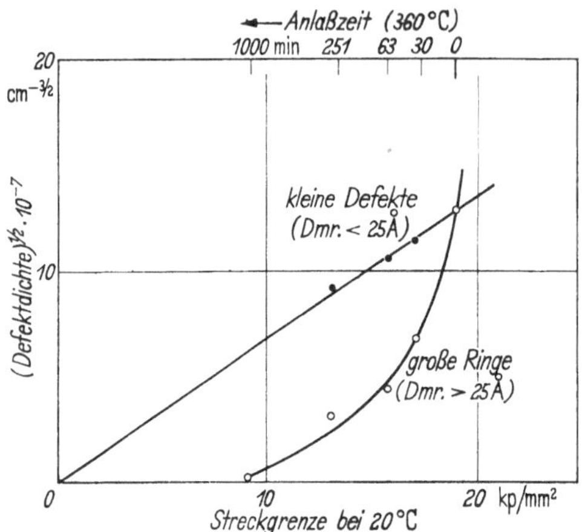

Fig. 34. Dichte der im Elektronenmikroskop sichtbaren Defekte in Abhängigkeit von der Streckgrenze bei reaktorbestrahltem Kupfer, nach [*94*]

MAKIN konnte außerdem direkt beobachten [*129*], daß Versetzungen, die im Elektronenmikroskop in Bewegung gesetzt wurden (z.B. durch thermische Spannungen) an den kleinen sichtbaren Störbereichen aufgehalten werden. Die Störbereiche wirken dabei als Aufhängepunkte, zwischen denen sich die Versetzungen auswölben. Bei diesen Beobachtungen wurden auch Aufhängepunkte gefunden, an denen keine Defekte zu erkennen waren. Dies ist im Einklang mit der in Ziff. 3.3b) vertretenen Auffassung, daß die Mehrzahl der Seegerschen Zonen bei den Durchstrahlungsuntersuchungen im Elektronenmikroskop nicht aufgelöst werden. Aus diesem Grund können die bisherigen elektronenmikroskopischen Untersuchungen nicht als unmittelbare Beweise für die Richtigkeit der Seegerschen Theorie der Bestrahlungsverfestigung herangezogen werden. Es kann lediglich festgestellt werden, daß sie dort, wo die Verbindung zwischen direkter Fehlstellenbeobachtung und mechanischen Eigenschaften hergestellt werden konnte, durchaus mit dieser Theorie im Einklang stehen.

c) Verfestigungskurve neutronenbestrahlter Metalle

Im vorhergehenden Abschnitt haben wir uns nur mit dem Beginn der plastischen Verformung neutronenbestrahlter Metalle befaßt. Den

* Dieses Ergebnis ist insofern etwas erstaunlich, als die Veränderung der Dichte der Defekte beim Anlassen mit einer Veränderung ihrer Größe verbunden sein sollte, was sich auch in einer Änderung der Temperaturabhängigkeit der Streckgrenze äußert (vgl. z.B. [*128*]). Die Proportionalität zwischen Streckgrenze und der Wurzel aus der Fehlstellendichte müßte in diesem Falle nicht mehr erfüllt sein.

besten Aufschluß über die bei ausgiebiger Verformung auftretenden Verfestigungsvorgänge gibt die im Zugversuch gemessene Verfestigungskurve (bei Einkristallen die Schubspannung-Abgleitungskurve, bezogen auf das betätigte Gleitsystem, vgl. Kapitel 2). Die Einzelheiten des sich hierin äußernden Verfestigungsverhaltens sind bei neutronenbestrahlten Kri-

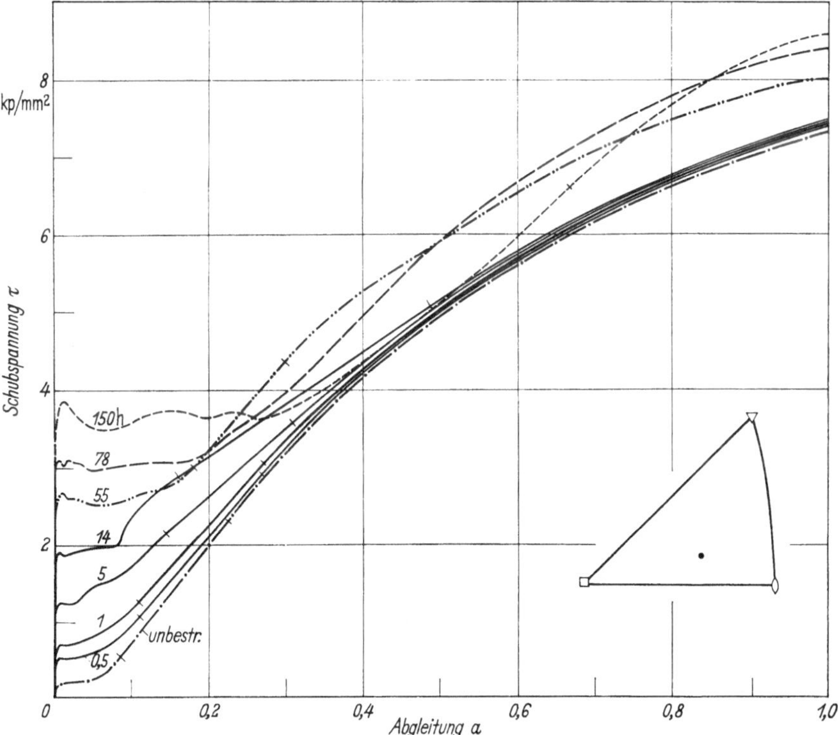

Fig. 35. Im Zugversuch bei Raumtemperatur gemessene Verfestigungskurven von neutronenbestrahlten Kupfereinkristallen bei verschiedener Bestrahlungszeit. 1 Std Bestrahlung entspricht $0{,}7 \cdot 10^{17}$ n/cm². Das Grunddreieck der stereographischen Projektion zeigt die Ausgangsorientierung der Stabachse der Kristalle

stallen recht kompliziert und erst neuerdings durch systematische Untersuchungen [*92*], [*117*], [*121–124*], [*130*] einer Interpretation näher gebracht worden. Fig. 35 zeigt von RUKWIED bei Raumtemperatur gemessene Verfestigungskurven von Kupferkristallen einer mittleren Orientierung (C 14), die verschieden lang mit Neutronen bestrahlt wurden. Die Kurven lassen sich in zwei Gruppen mit unterschiedlichem Verhalten einteilen. Zur einen Gruppe gehören die Kurven bis zu einer Bestrahlungszeit von 15 Std ($\Phi t \approx 1 \times 10^{18}$ cm^{-2}). Für diese Gruppe ist vor allem charakteristisch, daß der Anstieg im steilsten Teil der Kurven mit zunehmender Bestrahlungsdauer kontinuierlich abnimmt, daß alle

Kurven zu hohen Abgleitungen hin konvergieren und schließlich mit der Kurve des unbestrahlten Kristalls praktisch zusammenfallen, und weiterhin, daß die Bruchspannung von der Dosis unabhängig ist. Die mit hoher Dosis bestrahlten Kristalle, die zu der anderen Gruppe zählen zeigen wieder einen steileren Anstieg im Mittelteil der Kurven*. Die Kurven überschneiden sich mehrfach und die Kristalle brechen bei einer Spannung, die mit der Dosis ansteigt. Das Verhalten bei hoher Bestrahlungsdosis ist bis heute noch weitgehend unerklärt. Wir wollen uns deshalb hier auf die Besprechung der Verhältnisse bei niedriger Dosis beschränken.

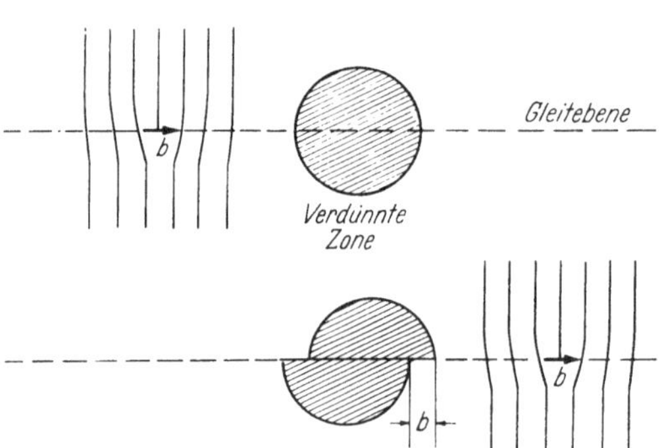

Fig. 36. Durchgang einer Versetzung durch eine verdünnte Zone (schematisch). Oben: Versetzung und Zone vor dem Durchschneiden; unten: nach dem Durchschneiden

Das Konvergieren der Verfestigungskurven verschieden bestrahlter Kristalle bei hohen Abgleitungen scheint darauf hinzuweisen, daß der Einfluß der Neutronenbestrahlung sich zu Beginn der Verformung am stärksten bemerkbar macht und mit zunehmender Dehnung mehr und mehr gegenüber den normalen Verfestigungsvorgängen, wie sie in unbestrahlten Kristallen ablaufen, zurücktritt. Diese Erscheinung ist nicht verwunderlich, wenn man sich den Vorgang des Durchschneidens einer gleitenden Versetzung durch eine Zone etwas genauer überlegt. Wie in Fig. 36 in zweidimensionaler Darstellung schematisch gezeigt wird, erfahren die oberhalb und unterhalb der Gleitebene der Versetzung gelegenen Teile der Zone (die der Einfachheit halber kugelförmig gezeichnet ist) beim Durchgang der Versetzung eine gegenseitige Verschiebung. Eine auf derselben Gleitebene nachfolgende Versetzung muß infolgedessen nur noch entlang eines kürzeren Wegstückes Energie zum Durchdringen der Zone aufbringen. Auf diese Weise verliert eine Zone infolge des Durchschneidens von Versetzungen an Wirksamkeit als Hindernis für nachfolgende Versetzungen und kann, falls sie von Versetzungen, die auf nahe benachbarten Gleitebenen laufen, an verschiedenen Stellen durchschnitten wird, in kleine Stücke zerteilt und dadurch allmählich vollkommen unwirksam gemacht werden. Man hat also im Rahmen des im vorhergehenden Abschnitt für die kritische Schubspannung verwendeten Modells einen allmählichen Abbau der Bestrahlungsverfestigung

* Dazwischen gibt es in einem mittleren Dosisbereich Verfestigungskurven, die keiner der beiden Gruppen zuzuordnen sind.

im Laufe einer ausgiebigen Verformung durchaus zu erwarten. Wir wollen im folgenden zeigen, daß das Verhalten schwach bestrahlter Kristalle durch die Annahme einer Überlagerung dieses Zonenabbaus und verfestigender Vorgänge, die denjenigen in unbestrahlten Kristallen ähnlich sind, zumindest qualitativ erklärt werden kann. Wir wollen dabei nach einer kurzen theoretischen Überlegung die einzelnen Bereiche der Verfestigungskurve nacheinander besprechen.

Wir gehen aus von der Aufteilung der Fließspannung in zwei additive Anteile

$$\tau = \tau_G + \tau_S , \tag{4.15}$$

die sich auch bei der Analyse der Verfestigungsvorgänge in unbestrahlten Kristallen bewährt hat (Kapitel 3). τ_G ist der Fließspannungsanteil, der von der Wechselwirkung der weitreichenden Spannungsfelder der Versetzungen herrührt. Er hängt von der Verformungstemperatur nur indirekt über den Schubmodul ab. τ_S stellt die Schubspannung dar, die zum Durchdringen von Hindernissen nötig ist, die mit Hilfe thermischer Aktivierung überwunden werden können. Diese Hindernisse werden im Fall unbestrahlter Kristalle von den Waldversetzungen, die die Gleitebene durchstoßen, gebildet, in bestrahlten Kristallen hingegen, zumindest zu Anfang, von den verdünnten Zonen und zwar in der im vorhergehenden Abschnitt im Zusammenhang mit der kritischen Schubspannung besprochenen Weise. Entsprechend der Aufteilung der Fließspannung setzt sich auch der Verfestigungskoeffizient

$$\vartheta = (d\tau/d a) = (d\tau_G/d a) + (d\tau_S/d a) \tag{4.16}$$

aus zwei Anteilen zusammen. Sofern τ_S von den Seegerschen Zonen herrührt, wird $d\tau_S/da$ wegen des Abbaus der Zonen einen negativen Beitrag zum Verfestigungskoeffizienten leisten. Dagegen kann man annehmen, daß $d\tau_G/da$ im allgemeinen positiv ist, da mit zunehmender Verformung die Versetzungsdichte insgesamt ansteigen wird.

Einer der wesentlichsten Unterschiede zwischen den Verfestigungskurven bestrahlter und unbestrahlter Kristalle besteht darin, daß nach Bestrahlung zu Beginn der Verformung sich eine obere Streckgrenze mit anschließendem *Fließbereich*, in dem die Verformung unter etwa konstanter Last erfolgt, ausbildet. Bei den mit niedriger Dosis bestrahlten Kristallen nimmt die Länge des Fließbereiches mit der Bestrahlungsdosis sowie mit abnehmender Verformungstemperatur zu [*117*], [*121*], [*130*], d.h. sie verändert sich in gleichem Sinne wie die kritische Schubspannung. Im Fließbereich ist die Verformung nicht homogen über die Probe verteilt; es bilden sich vielmehr Lüders-Bänder aus, in denen die Verformung konzentriert ist. Diese Lüders-Bänder verbreitern sich, bis am Ende des

Fließbereichs die gesamte Kristallänge etwa gleichmäßig von der Verformung erfaßt ist. Wegen der Verformungsinhomogenität hat man im Fließbereich zwischen der lokalen Verfestigungskurve und der makroskopisch gemessenen Spannungs-Dehnungskurve zu unterscheiden. Nach DEHLINGER [*131*] ist die Bedingung für die Ausbildung einer oberen Streckgrenze, daß die lokale Verfestigungskurve horizontal verläuft oder

Fig. 37 a. Kupfereinkristall, bestrahlt mit $2 \cdot 10^{19}$ n/cm² und verformt bei Raumtemperatur bis zu einer Abgleitung $a = 0{,}28$. Elektronenmikroskopische Aufnahme eines Oberflächenabdrucks. Vergr. 14000 ×. Nach ESSMANN und SEEGER [*132*]

abfällt. Die Entstehung von Lüders-Bändern ist dann die Folge davon, daß keine eindeutige Beziehung zwischen Spannung und Dehnung besteht. Eine Ausbreitung der Lüders-Bänder erfolgt jedoch nur, wenn die lokale Verfestigungskurve später wieder ansteigt. Sobald dieser Anstieg in einem verformten Bereich erreicht ist, wird die Verschiebung der Lüders-Bandfront in noch unverformtes Gebiet hinein unter geringerem Lastanstieg möglich sein als die Fortsetzung der Verformung im ursprünglich verformten Bereich. Haben die Lüders-Bänder sich über die gesamte Probe ausgebreitet, so steigt auch die makroskopische Verfestigungskurve an. Die Abgleitung, bei der die lokale Verfestigungskurve anzusteigen beginnt, bestimmt somit die Länge des Fließbereichs in der makroskopisch gemessenen Kurve.

Im Rahmen dieser weitgehend phänomenologischen Vorstellungen ist das Auftreten einer oberen Streckgrenze mit nachfolgendem Fließbereich bei bestrahlten Kristallen relativ einfach zu erklären. Es dürfte die Folge der Überlagerung eines negativen und eines positiven Beitrags zum Verfestigungskoeffizienten sein. Offenbar überwiegt zu Beginn der Verformung das zweite Glied in Gl. (4.16), was dazu führt, daß die

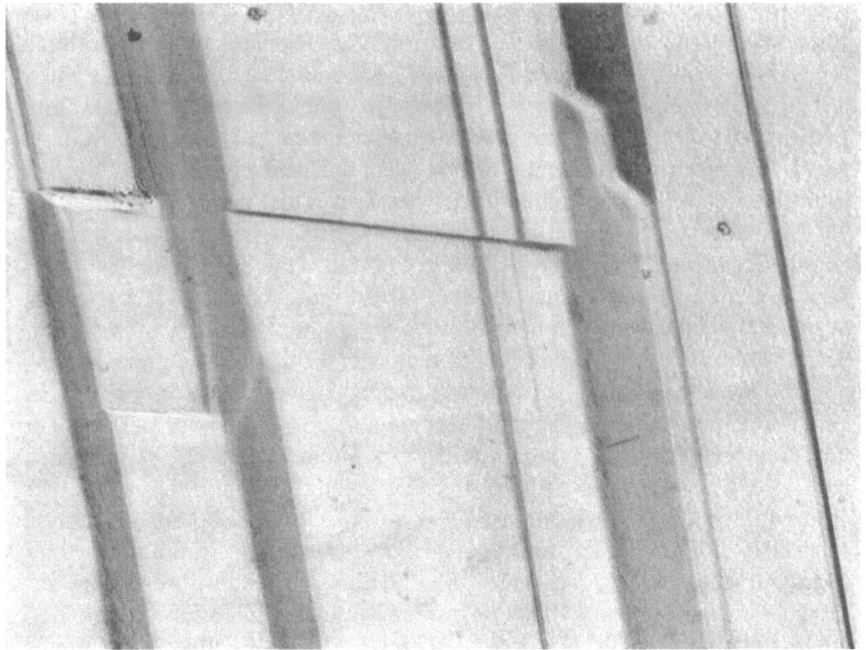

Fig. 37 b. Gleiche Oberflächenstelle wie in Fig. 37 a nach einer zusätzlichen Verformung von $\Delta a = 0{,}06$ bei 78° K

lokale Verfestigungskurve am Anfang der Verformung abfällt. Die Ausbreitung der Lüders-Bänder muß dann damit erklärt werden, daß mit zunehmender Verformung $-d\tau_S/da$ allmählich kleiner wird als $d\tau_G/da$, so daß ϑ durch Null geht und positiv wird. Dies kann dadurch zustandekommen, daß mit der Verformung $d\tau_G/da$ anwächst oder $-d\tau_S/da$ abnimmt. Wahrscheinlich werden beide Einflüsse zusammenwirken. Die Abgleitung am Ende des Fließbereichs a_F ist dann näherungsweise zu identifizieren mit dem Punkt in der lokalen Verfestigungskurve, an dem $d\tau_G/da$ größer als $-d\tau_S/da$ wird. Nimmt man an, daß an jeder Stelle der Verfestigungskurve sowohl $\tau_S(a)$ als auch $-d\tau_S/da$ um so größer ist, je höher $\tau_S(a=0)$ ist, und ferner, daß $\tau_G(a)$ nicht stark von der Verformungstemperatur und der Bestrahlungsdosis abhängt, so wird man auf das auch experimentell gefundene Ergebnis geführt, daß a_F mit steigender kritischer Schubspannung anwächst. Auf diese Weise läßt sich also qualitativ die beobachtete Abhängigkeit der Ausdehnung des Fließbereichs von der Verformungstemperatur und der Bestrahlungsdosis für schwach bestrahlte Kristalle verstehen.

Die diesen Überlegungen zugrunde liegenden Vorstellungen über die Veränderung der beiden Fließspannungsanteile in (4.15) werden durch folgende experimentelle Beobachtungen von Essmann und Seeger [*132*] über die Entwicklung der Gleitspuren auf der Oberfläche von bestrahlten Kristallen gestützt. Ein Kupferkristall, der mit einer (allerdings relativ hohen) Dosis von 2×10^{19} n/cm^2 bestrahlt worden war, wurde bei der Temperatur $T_1 = 295°$ K bis zu einer Abgleitung $a < a_F$ verformt. Sodann wurde die Verformungstemperatur gewechselt und eine weitere Verformung bei $T_2 = 78°$ K durchgeführt. Vor und nach der Verformung bei 78° K wurden elektronenmikroskopische Oberflächenbeobachtungen vorgenommen. Fig. 37 zeigt zwei Bilder, die von derselben Stelle der Oberfläche stammen. Nach Ausweis der Verfestigungskurve setzt nach dem Wechsel zur tieferen Temperatur die plastische Verformung bei einer Schubspannung ein, die wesentlich niedriger liegt als die untere Streckgrenze bei 78° in einem isothermen Versuch. Die weitere Verformung bei 78° findet, wie die Oberflächenbilder zeigen, vornehmlich innerhalb der Gleitlinienbündel statt, die sich bei 295° gebildet haben. Dies äußert sich in Fig. 37b in einer scheinbaren Verbreiterung derjenigen Streifen, die schon in Abb. 37a vorhanden sind. Sie ist, wie eine genauere Analyse zeigt, fast ausschließlich auf eine Vergrößerung der Stufenhöhen und nicht auf eine Beteiligung neuer Gleitebenen zurückzuführen. (Die zusätzlichen Gleitlinien in Fig. 37b rühren wahrscheinlich davon her, daß die Verformung bei 78° K etwas über das Ende des Fließbereichs hinaus ausgedehnt wurde.) Diese Ergebnisse lassen sich zwanglos mit Hilfe der oben postulierten Abnahme von τ_S und der Zunahme von τ_G in den verformten Bereichen des Kristalls deuten. Wegen dieser Veränderung der beiden Beiträge zur Fließspannung hängt die Fließspannung innerhalb der Gleitlinienbündel weniger stark von der Temperatur ab als in den unverformten Zwischenbereichen, da die Temperaturabhängigkeit von τ_G viel geringer ist als diejenige von τ_S. Somit kann die Verformung nach dem Wechsel zur niedrigeren Temperatur T_2 innerhalb der verformten Bereiche bei einer kleineren Schubspannung beginnen als im unverformten Material. Die weitere Abgleitung bleibt auf die vorverformten Bereiche beschränkt, bis diese so stark verfestigt sind, daß die äußere Schubspannung die Fließspannung des unverformten Kristalls bei der neuen Temperatur erreicht. Ein dementsprechender Anstieg in der Verfestigungskurve nach dem Temperaturwechsel wurde in Übereinstimmung mit früheren Messungen von Makin [*133*] beobachtet.

Nach dem Ende des Fließbereichs weisen die Verfestigungskurven bestrahlter Kristalle eine weitgehende Ähnlichkeit mit denjenigen unbestrahlter Kristalle (vgl. Kapitel 2) auf. Es folgt ein steiler, meist linearer Verfestigungsbereich (Bereich II), an den sich ein mit zunehmender Verformung flacher werdender Kurventeil (Bereich III) anschließt.

Wie bereits erwähnt, nimmt ϑ_{II}, der *Verfestigungskoeffizient im Bereich II*, bei nicht zu starker Bestrahlung mit zunehmender Dosis ab (vgl. Fig. 35). Wir schreiben diese Abnahme ebenfalls dem negativen, von τ_S herrührenden Beitrag zum Gesamtverfestigungskoeffizienten zu. In allen Fällen, in denen die gemessene Verfestigungskurve im Bereich II linear ist, scheint die Annahme gerechtfertigt zu sein, daß auch die beiden Beiträge $\tau_G(a)$ und $\tau_S(a)$ linear sind. Die einfachsten Annahmen, die wir darüber hinaus über diese beiden Komponenten machen können, sind die folgenden: a) Der grundlegende Verfestigungsmechanismus, d. h. die Veränderung der Versetzungsdichte und -anordnung, ist im wesentlichen derselbe wie in unbestrahlten Kristallen. Dies bedeutet, daß $(d\tau_G/da)_{\mathrm{II}}$ ungefähr gleich dem Verfestigungskoeffizienten $\vartheta_{\mathrm{II},u}$ des unbestrahlten Kristalls ist*. b) $-d\tau_S/da$ ist proportional zur bestrahlungsinduzierten Erhöhung der kritischen Schubspannung. Dies ist der Fall, wenn in einem bestimmten Abgleitungsintervall, unabhängig von der Größe der kritischen Schubspannung, derselbe prozentuale Anteil der Bestrahlungsverfestigung abgebaut wird. Mit diesen Annahmen erhält man aus Gl. (4.16)

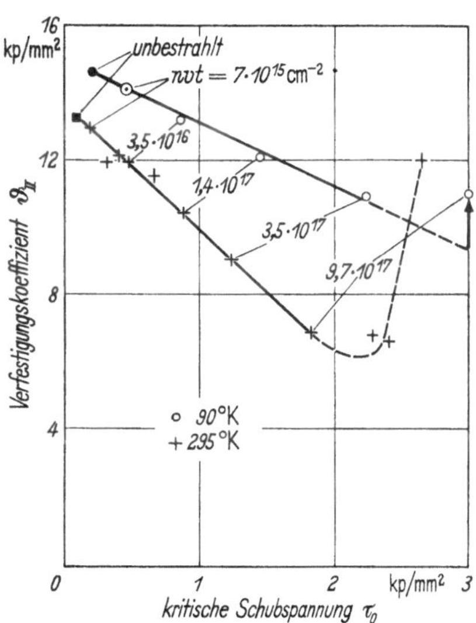

Fig. 38 Verfestigungskoeffizient neutronenbestrahlter Kupfereinkristalle im Bereich II in Abhängigkeit von der kritischen Schubspannung bei zwei Verformungstemperaturen

$$\vartheta_{\mathrm{II}} = \vartheta_{\mathrm{II},u} - \frac{1}{a^*}(\tau_0 - \tau_{0\,u}). \tag{4.17}$$

Dabei hat a^* die Bedeutung derjenigen Abgleitung, bei der die Seegerschen Zonen vollkommen unwirksam geworden wären, falls τ_S bis zum Wert Null linear abnehmen würde.

* Bei unbestrahlten Kristallen ist der Beitrag von τ_S zum Verfestigungsanstieg im Bereich II sehr klein (s. Kapitel 3).

Wie Fig. 38 zeigt, erfüllen die Meßergebnisse von RUKWIED [*121*] an Kupferkristallen einheitlicher Orientierung für zwei Verformungstemperaturen den linearen Zusammenhang zwischen ϑ_{II} und τ_0 gemäß Gl. (4.17) recht gut. (Die Abweichungen bei höherer Dosis sind dem Übergang zu der im Zusammenhang mit Fig. 35 erwähnten zweiten Gruppe von Verfestigungskurven zuzuschreiben, auf die wir hier nicht näher eingehen wollen.) Es scheint also, daß unsere sehr einfachen Modellvorstellungen das Verhalten im Bereich II bei niedriger Bestrahlungsdosis tatsächlich zu beschreiben gestatten. Daß sie etwas zu einfach sind, zeigt sich daran, daß man für die beiden Verformungstemperaturen in Fig. 38 verschiedene Anstiege der Geraden und damit verschiedene Werte von a^* erhält. Eine nähere Untersuchung hierüber ist noch im Gange. Möglicherweise läßt sich diese Unstimmigkeit darauf zurückführen, daß, was in Wirklichkeit auch zu erwarten ist, die Abnahme von τ_S über größere Verformungsbereiche hinweg nicht linear mit der Abgleitung erfolgt, wie wir dies angenommen haben (vgl. die etwas ausführlichere Diskussion in [*124*])*.

Wie in Kapitel 2 näher ausgeführt ist, geben Verfestigungsmessungen, bei denen nach verschiedenen Verformungen die Verformungstemperatur oder -geschwindigkeit gewechselt wird, ziemlich unmittelbaren Aufschluß über die Veränderung von τ_S mit der Verformung. Bei Änderung der Verformungstemperatur oder der Geschwindigkeit tritt ein Sprung in der Fließspannung auf, der bei Geschwindigkeitswechseln vollständig, bei Temperaturwechseln zum größten Teil auf die Veränderung von τ_S mit der Temperatur bzw. der Geschwindigkeit zurückzuführen ist. Die Höhe dieses Sprunges stellt ein Maß für die Größe von τ_S selbst dar, da $\tau_S(T_1) - \tau_S(T_2)$ bzw. $\tau_S(\dot{a}_1) - \tau_S(\dot{a}_2)$ eine monotone Funktion von τ_S bei einer der beiden Geschwindigkeiten bzw. Temperaturen ist. In Fig. 39 sind die Ergebnisse von Versuchen an verschieden stark bestrahlten und an unbestrahlten Kupferkristallen dargestellt, bei denen während der Verformung die Geschwindigkeit mehrfach zwischen zwei um eine Zehnerpotenz verschiedenen Werten geändert wurde [*126*]. In diesem Diagramm ist die Fließspannungsänderung beim Geschwindigkeitswechsel gegen die Fließspannung bei der niedrigeren Geschwindigkeit aufgetragen. Der Anstieg der Kurve des unbestrahlten Kristalls ist in gleicher Weise wie bei entsprechenden Ergebnissen, die mit Temperaturwechseln erzielt

---

* *Anmerkung bei der Korrektur:* Daß die Verhältnisse in Wirklichkeit etwas komplizierter sind, als hier dargestellt, geht auch daraus hervor, daß bei erhöhter Meßgenauigkeit und sorgfältiger Auswertung im Bereich II verschiedene, in sich lineare Unterbereiche mit etwas verschiedener Steigung unterschieden werden können (s. [*121*], [*122*]. Für die einzelnen Unterbereiche erhält man unterschiedliche Werte von a^*. Die Angaben in Fig. 38 beziehen sich auf denjenigen Unterbereich, der die größte Ausdehnung besitzt.

wurden [*134*], auf die Zunahme der Dichte der Waldversetzungen während der Verformung zurückzuführen (Kapitel 2 und 3). Die Kurven der bestrahlten Kristalle beginnen entsprechend der starken Temperatur- und Geschwindigkeitsabhängigkeit der kritischen Schubspannung bei wesentlich höheren Werten als die der unbestrahlten Kristalle und fallen mit zunehmender Verformung ab. Nach Durchlaufen eines Minimums bzw. eines etwa horizontalen Plateaus nähern sie sich der Kurve des unbestrahlten Kristalls und münden bei einer Schubspannung von etwa

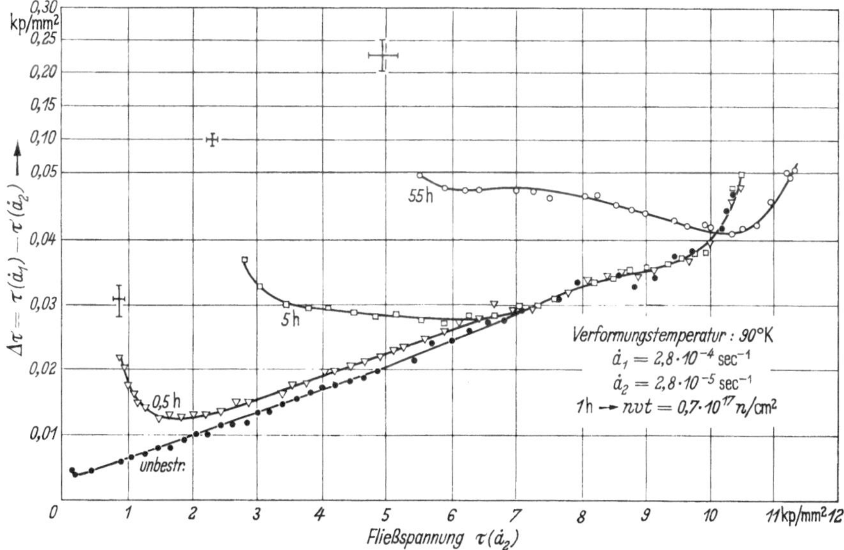

Fig. 39. Fließspannungssprung infolge Änderung der Verformungsgeschwindigkeit um einen Faktor 10 in Abhängigkeit von der Gesamtfließspannung für unbestrahlte und verschieden stark neutronenbestrahlte Kupfereinkristalle

7 kp/mm² praktisch in diese ein. Dies entspricht einer Abgleitung von etwa 0,58. Die Ergebnisse sind so zu interpretieren, daß anfänglich der Abfall von τ_S infolge des Abbaus der Seeger-Zonen vorherrscht. Das Minimum bzw. der flache Kurvenbereich repräsentiert wohl eine Überlagerung des Beitrags, der vom Zonenabbau herrührt und eines ansteigenden Beitrags zu τ_S, der auf die Zunahme der Versetzungswalddichte zurückzuführen sein dürfte. Der letztere dominiert bei starkerVerformung und entwickelt sich offenbar in ähnlicher Weise wie in unbestrahlten Kristallen. Die Abgleitung von 0,58, bei der der Bestrahlungseinfluß vollkommen verschwunden ist, stimmt überraschend gut mit dem Wert von $a^* = 0{,}54$ überein, den man aus der Geraden für 90° K aus Fig. 38 gewinnt. Die Messungen über die Fließspannungsänderung sind somit durchaus in Übereinstimmung mit unserer Auffassung über den Einfluß des Zonenabbaus auf das Verfestigungsverhalten im Bereich II.

Die *Einsatzspannung des Bereichs III*, bei der der lineare Bereich II endet und der flacher werdende Bereich III beginnt, wird in unbestrahlten Kristallen nach DIEHL, MADER und SEEGER [*135*] durch den Beginn der thermisch aktivierten Quergleitung von Schraubenversetzungen bestimmt, die mit Hilfe dieses Prozesses die im Bereich II gebildeten Versetzungsaufstauungen verlassen können (näheres s. Kapitel 2). Genauere theoretische und experimentelle Untersuchungen, über die in Kapitel 2 berichtet wird, zeigten, daß der Logarithmus dieser Einsatzspannung τ_{III} linear mit der Temperatur abnimmt. Dabei wird die Steigung der entsprechenden

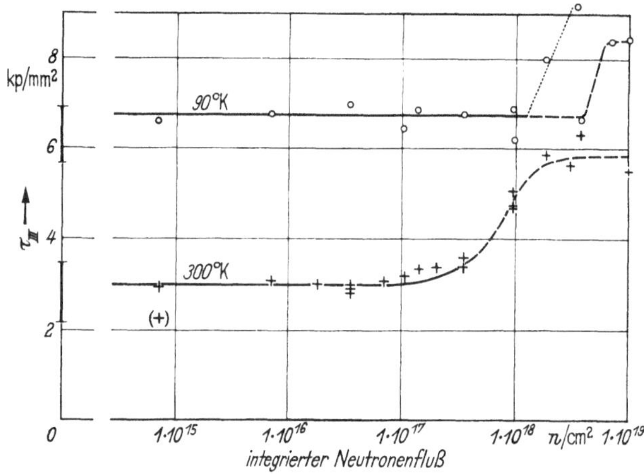

Fig. 40. Abhängigkeit der Einsatzspannung des Verfestigungsbereichs III neutronenbestrahlter Kupfereinkristalle von der Neutronendosis für zwei Verformungstemperaturen

Geraden im wesentlichen durch die Stapelfehlerenergie und der auf 0° K extrapolierte Wert $\tau_{III}(0)$ durch die Anzahl der in einer Aufstauung enthaltenen Versetzungen bestimmt.

Fig. 40 zeigt die Dosisabhängigkeit von τ_{III} bei zwei Verformungstemperaturen für neutronenbestrahlte Kupferkristalle einheitlicher Orientierung nach Messungen von RUKWIED [*121*]. Daraus geht hervor, daß im Bereich kleiner Dosis, für den wir uns hier vornehmlich interessieren, τ_{III} sich bei beiden Temperaturen mit der Bestrahlung praktisch nicht ändert. Dies bedeutet offenbar, daß die Neutronenbestrahlung in diesem Dosisbereich den Beginn der Quergleitung nicht beinflußt. (Der Anstieg von τ_{III} in Fig. 40 bei höherer Dosis ist dem Übergang zu dem hier nicht näher behandelten Verfestigungsverhalten stark bestrahlter Kristalle zuzuordnen.)

Dieses Ergebnis ist im Hinblick auf die oben gegebene Interpretation der Verfestigung im Bereich II sehr befriedigend. Denn die Dosisunabhängigkeit von τ_{III} ist eigentlich nur so zu verstehen, daß die Versetzungsaufstauungen, die den überwiegenden Beitrag zum Verfestigungsanstieg im Bereich II bei unbestrahlten Kristallen liefern, in nicht zu stark bestrahlten Kristallen in gleicher Weise gebildet werden wie in unbestrahlten Proben. Dies rechtfertigt unsere Hypothese, daß der Verfestigungsmechanismus im Bereich II durch mäßige Bestrahlung nicht grundlegend verändert wird. Entsprechendes gilt auf Grund der Ergebnisse in Fig. 40 natürlich auch für den Verformungsmechanismus im Bereich III.

Die vorstehende Diskussion über die Veränderung der einzelnen Verfestigungsparameter durch Neutronenbestrahlung bestätigten insgesamt das an Hand der Verfestigungskurve im Bereich niedriger Bestrahlungsdosis gewonnene Bild über das allmähliche Verschwinden des Bestrahlungseinflusses im Laufe der Verformung. Dabei haben wir uns hier hauptsächlich auf mechanische Messungen bezogen. Essmann, Mader und Seeger [*130*] kamen an Hand von elektronenmikroskopischen Untersuchungen über die Entwicklung der Gleitspuren im Laufe der Verformung bei niedrig bestrahlten Kupferkristallen zu ganz analogen Ergebnissen. Sie fanden, daß das Gleitlinienbild mit zunehmender Verformung demjenigen unbestrahlter Kristalle immer ähnlicher wird.

Abschließend läßt sich feststellen, daß es die Seegerschen Zonen nicht nur ermöglichen, die Bestrahlungsverfestigung im engeren Sinne, d.h. Dosis- und Temperaturabhängigkeit des Streckgrenzenanstiegs infolge Neutronenbestrahlung zu erklären, sondern, daß auch einige wichtige Phänomene der Verformungsverfestigung neutronenbestrahlter Einkristalle mit Hilfe dieser Zonen und ihres allmählichen Verschwindens interpretiert werden können.

Literatur

[*1*] Huntington, H.B., and F. Seitz: Phys. Rev. **61**, 315 (1942).
[*2*] Huntington, H.B.: Phys. Rev. **61**, 325 (1942).
[*3*] Kirkendall, E.O.: Trans. AIME **147**, 104 (1942). — Smigelskas, A.D., and E.O. Kirkendall: Trans. AIME **171**, 130 (1947).
[*4*] Siehe z.B. die zusammenfassenden Darstellungen von A.D. LeClaire: Progr. in Metal Phys. **1** (1949); **4** (1954).
[*5*] Molenaar, J., and W. H. Aarts: Nature **166**, 690 (1950).
[*6*] Frenkel, J.: Z. Physik **35**, 652 (1926).
[*7*] Wagner, C., u. W. Schottky: Z. physik. Chem., B **11**, 163 (1930).
[*8*] Jost, W.: J. Chem. Phys. **1**, 466 (1933).
[*9*] Simmons, R.O., and R.W. Balluffi: Phys. Rev. **117**, 52 (1960) (Al); **119**, 600 (1960) (Ag); **125**, 862 (1962) (Au); **129**, 1533 (1963) (Cu); R. O. Simmons: Radiation Damage in Solids (Rendiconti della Scuola Internazionale di Fisica „Enrico Fermi", XVIII Corso), New York and London: Academic Press 1962, S. 568.
[*10*] Feder, R., and A.S. Nowick: Phys. Rev. **109**, 1959 (1958).
[*11*] Eshelby, J.D.: Solid State Physics (herausgeg. v. F. Seitz u. D. Turnbull), Bd. 3, S. 79. New York: Academic Press 1956.
[*12*] Seitz, F.: Advances in Phys. **1**, 43 (1952).
[*13*] Friedel, J.: Les Dislocations. Paris: Gauthier-Villars 1956.

[14] PFEFFER, K.H.: Diplomarbeit Stuttgart 1962.
[15] SEEGER, A.: Phil. Mag. **46**, 1194 (1955).
[16] Diskussion in: Dislocations and Mechanical Properties of Crystals (International Conference held at Lake Placid 1956), herausgeg. v. J.C. FISHER, W.G. JOHNSTON, R. THOMSON and T. VRELAND jr. New York: John Wiley & Sons 1957.
[17] VOOK, R., and C. WERT: Phys. Rev. **109**, 1529 (1958).
[18] SIMMONS, R.O., and R.W. BALLUFFI: Phys. Rev. **109**, 1142 (1958).
[19] DIENES, G.J., and G.H. VINEYARD: Radiation Effects in Solids. New York: Interscience Publishers, Inc. 1957.
[20] SEITZ, F., and J.S. KOEHLER: Solid State Physics, herausgeg. v. F. SEITZ u. D. TURNBULL), Bd. 2, S. 305. New York: Academic Press 1956.
[21] LINTNER, K., u. E. SCHMID: Ergeb. exakt. Naturw. **28**, 302 (1955).
[22] BILLINGTON, D.S., and J.H. CRAWFORD jr.: Radiation Damage in Solids. Princeton: Princeton University Press 1961.
[23] HOLMES, D.K.: Radiation Damage in Solids (Rendiconti della Scuola Internazionale di Fisica „Enrico Fermi" XVIII Corso), New York and London: Academic Press 1962, S. 182.
[24] LEIBFRIED, G.: Radiation Damage in Solids (Rendiconti della Scuola Internazionale di Fisica „Enrico Fermi" XVIII Corso), New York and London: Academic Press 1962, S. 227.
[24a] SEEGER, A.: Proc. International Conference on Crystal Lattice Defects, Kyoto; J. Phys. Soc. Japan **18**, Suppl. III, 260 (1963) — A. SEEGER u. R. v. JAN: Phys. stat. sol. **3**, 465 (1963).
[25] BUEREN, H.G. VAN: Philips Research Rep. **12**, 1, 90 (1957).
[26] BUEREN, H.G. VAN: Imperfections in Crystals, 2. Aufl. Amsterdam: North-Holland Publishing Company 1961.
[27] MEECHAN, C.J., and R.R. EGGLESTON: Acta Met. **2**, 680 (1954).
[28] BAUERLE, J.E., and J.S. KOEHLER: Phys. Rev. **107**, 1493 (1957).
[29] SIMMONS, R. O., and R. W. BALLUFFI: Phys. Rev. **129**, 1533 (1963).
[29a] SCHOTTKY, G., A. SEEGER u. G. SCHMID: Phys. stat. sol. **4**, 439 (1964).
[30] DOYAMA, M., and J.S. KOEHLER: Phys. Rev. **119**, 939 (1960).
[31] QUÉRÉ, Y.: Compt. rend. **251**, 367 (1960).
[32] CUDDY, L.J., and E.S. MACHLIN: Phil. Mag. **7**, 745 (1962).
[33] GERTSRIKEN, S.D., i N.N. NOWIKOW: Fis. Metallow i Metallowed. **9**, 224 (1960).
[34] RAMSTEINER, F., W. SCHÜLE u. A. SEEGER: Phys. stat. sol. **2**, 1005 (1962).
[35] TAKAMURA, J.I.: Acta Met. **9**, 547 (1961).
[36] KOREVAAR, B.M.: Diss. Delft 1959; — Acta Met. **6**, 572 (1958).
[37] DESORBO, W.: Phys. Rev. **117**, 444 (1960).
[38] BRADSHAW, F.J., and S. PEARSON: Phil. Mag. **2**, 379 (1957).
[39] SCHÜLE, W., A. SEEGER, F. RAMSTEINER, D. SCHUMACHER u. K. KING: Z. Naturforsch. **16**a, 323 (1961).
[40] KUPER, A., H. LETAW jr., L. SLIFKIN, E. SONDER and C.F. TOMIZUKA: Phys. Rev. **96**, 1224 (1954); **98**, 1870 (1955).
[41] TOMIZUKA, C.T., and E. SONDER: Phys. Rev. **103**, 1182 (1956).
[42] MAKIN, S.J., A.H. ROWE and A.D. LECLAIRE: Proc. Phys. Soc. (London) **70**, 545 (1957).
[43] SEEGER, A.: Proc. 2nd Intern. Conf. Peaceful Uses Atomic Energy, Genf, Bd. 6, S. 250, United Nations, New York 1958.
[44] SCHÜLE, W., A. SEEGER, D. SCHUMACHER u. K. KING: Phys. stat. sol. **2**, 1199 (1962).
[45] SEEGER, A., u. E. MANN: J. Phys. Chem. Solids **12**, 326 (1959).
[46] MEECHAN, C.J., and J.A. BRINKMAN: Phys. Rev. **103**, 1193 (1956).

[46a] SCHOTTKY, G., A. SEEGER u. G. SCHMID: Phys. stat. sol. **4**, 419 (1964).

[47] SEEGER, A., E. MANN u. R. v. JAN: J. Phys. Chem. Solids **23**, 639 (1962).

[48] STEHLE, H.: Diss. Stuttgart 1952. Zit. in [43] u. ausführlicher in [48a].

[48a] SEEGER, A.: J. Physique Rad. **23**, 616 (1962).

[49] GIBSON, J.B., A.N. GOLAND, M. MILGRAM and G.H. VINEYARD: Phys. Rev. **120**, 1229 (1960).

[50] BENNEMANN, K.H.: Z. Physik **165**, 445 (1960).

[51] BRINKMAN, J.A., C.E. DIXON and C.J. MEECHAN: Acta Met. **2**, 38 (1954).

[52] SEEGER, A.: Theorie der Gitterfehlstellen. In: Handbuch der Physik, Bd. VII/1, S. 383. Berlin-Göttingen-Heidelberg: 1955.

[53] KRONMÜLLER, H., A. SEEGER u. P. SCHILLER: Z. Naturforsch. **15**a, 740 (1960).

[54] SEEGER, A., H. KRONMÜLLER, P. SCHILLER u. H. JÄGER: Radiation Damage in Solids (Rendiconti della Scuola Internazionale di Fisica „Enrico Fermi" XVIII Corso), New York and London: Academic Press 1962, S. 809.

[55] SEEGER, A., P. SCHILLER and H. KRONMÜLLER: Phil. Mag. **5**, 853 (1960).

[56] SCHUMACHER, D., W. SCHÜLE u. A. SEEGER: Z. Naturforsch. **17**a, 228 (1962).

[57] KRONMÜLLER, H., A. SEEGER, H. JÄGER and H. RIEGER: Phys. stat. sol. **2**, K 105 (1962).

[57a] VÖLKL, J., und W. SCHILLING: Phys. d. kondens. Materie **1**, 296 (1963).

[58] SOSIN, A., and J.A. BRINKMAN: Acta Met. **7**, 478 (1959).

[59] RAMSTEINER, F.: Diplomarbeit TH Stuttgart 1962.

[60] CORBETT, J.W., and R.M. WALKER: Phys. Rev. **110**, 767 (1958).

[61] CORBETT, J.W., R.B. SMITH and R.M. WALKER: Phys. Rev. **114**, 1452 (1959).

[62] MAGNUSON, G.D., W. PALMER and J.S. KOEHLER: Phys. Rev. **109**, 1990 (1958).

[63] GRANATO, A.V., and T.G. NILAN: Phys. Rev. Letters **6**, 171 (1961).

[64] BLEWITT, T.H.: Radiation Damage in Solids (Rendiconti della Scuola Internazionale di Fisica „Enrico Fermi" XVIII Corso), New York and London: Academic Press 1962, S. 630.

[65] MEECHAN, C.J., and A. SOSIN: Phys. Rev. **113**, 422 (1959).

[66] SEEGER, A., u. H. BROSS: Z. Physik **145**, 161 (1956); — J. Phys. Chem. Solids **16**, 253 (1960).

[67] DAMASK, A.C., G.J. DIENES and V. G. WEIZER: Phys. Rev. **113**, 781 (1959).

[68] SCHOTTKY, G.: Z. Physik **159**, 584 (1960).

[68a] DE JONG, M. and J. S. KOEHLER: Phys. Rev. **129**, 40 u. 49 (1963).

[68b] SEEGER, A., V. GEROLD u. M. RÜHLE: Z. Metallk. **54**, 493 (1963).

[68c] SEEGER, A., V. GEROLD, KIN PONG CHIK and M. RÜHLE: Phys. Letters **5**, 107 (1963).

[68d] DOYAMA, M. and J. S. KOEHLER: Phys. Rev. **127**, 21 (1962).

[68e] SEEGER, A.: Phys. Letters **9**, 311 (1964).

[68f] SCHOTTKY, G.: Z. Physik **160**, 16 (1960).

[69] BARTLETT, J.H., and G.J. DIENES: Phys. Rev. **89**, 848 (1953).

[70] KOEHLER, J.S., F. SEITZ and J.E. BAUERLE: Phys. Rev. **107**, 1499 (1957).

[71] DEHLINGER, U.: Theoretische Metallkunde. Berlin-Göttingen-Heidelberg: Springer 1955.

[72] KIMURA, H., R. MADDIN and D. KUHLMANN-WILSDORF: Acta Met. **7**, 145 (1959).

[73] COTTERILL, R.M.J., u. R.L. SEGALL: J. Australian Inst. of Metals **8**, 314 (1963); s. auch M.J. WHELAN: Electron Microscopy and Strength of Crystals, herausgeg. von G. THOMAS and J. WASHBURN. New York: Interscience Publ. 1963, S. 3.

[74] WESTMACOTT, K.H., R.S. BARNES, D. HULL and R.E. SMALLMAN: Phil. Mag. **6**, 929 (1961).

[75] KUHLMANN-WILSDORF, D.: Phil. Mag. **3**, 125 (1958).

[75a] CZJZEK, G., A. SEEGER u. S. MADER: Phys. stat. sol. **2**, 558 (1962).

[76] SILSBEE, R.H.: J. Appl. Phys. **28**, 1246 (1957).

[77] LEIBFRIED, G.: J. Appl. **31**, 117 (1960).
[77a] ROBINSON, M. T., and O. S. OEN: Phys. Rev. **132**, 2385; Appl. Phys. Letters **2**, 30, 83 (1963).
[78] LOMER, W., and A. H. COTTRELL: Phil. Mag. **46**, 711 (1955).
[79] BLEWITT, T. H., R. R. COLTMAN, D. K. HOLMES and T. S. NOGGLE: Creep and Recovery of Metals (A Seminar held in Cleveland, Oct. 8—12, 1956), American Society for Metals, 1957.
[80] PANETH, H.: Phys. Rev. **80**, 708 (1950).
[81] LEHMANN, CHR., u. G. LEIBFRIED: Z. Physik **162**, 203 (1961).
[81a] BURGER, G., H. MEISSNER u. W. SCHILLING: Phys. stat. sol. **4**, 281 (1964).
[82] NELSON, R. S., and M. W. THOMPSON: Proc. Roy. Soc. (London) A **259**, 458 (1961).
[83] THOMPSON, M. W.: Phil. Mag. **4**, 139 (1959).
[84] WEHNER, K. G.: Phys. Rev. **102**, 690 (1955), und frühere Arbeiten.
[85] BLEWITT, T. H., R. R. COLTMAN, C. KLABUNDE and J. K. REDMAN: Bull. Am. Phys. Soc., [II] **4**, 135 (1959); s. auch [64].
[86] BRANDON, D. G., and P. BAKER: Phil. Mag. **6**, 707 (1961).
[87] BRANDON, D. G., P. B. BOWDEN and A. J. BAKER, in: Properties of Reactor Materials and the Effects of Radiation Damage. Proc. of an Intern. Conf. held at Berkeley Castle, England 1961. London: Butterworths & Co. 1962, S. 120.
[88] LUCASSON, P. G., and R. M. WALKER: Zit. in [87] — Phys. Rev. **127**, 485 (1962).
[88a] BOWDEN, P., and D. G. BRANDON: J. Nucl. Materials **9**, 348 (1963).
[89] BRANDON, D. G., and P. B. BOWDEN: Persönliche Mitteilung, s. a. Electron Microscopy, Bd. 1, S. G1. New York-London: Academic Press 1962.
[90] BRINKMAN, J. A.: J. Appl. Phys. **25**, 961 (1954).
[91] BRINKMAN, J. A.: Am. J. Phys. **24**, 246 (1956).
[92] SEEGER, A., u. U. ESSMANN: Radiation Damage in Solids (Rendiconti della Scuola Internazionale di Fisica „Enrico Fermi" XVIII Corso), New York and London: Academic Press 1962, S. 717.
[92a] SCHILLING, W. u. W. SCHMATZ: Phys. stat. sol. **4**, 95 (1964).
[93] SILCOX, J., and P. B. HIRSCH: Phil. Mag. **4**, 1356 (1959).
[94] MAKIN, M. J., A. D. WHAPHAM and F. J. MINTER: Phil. Mag. **6**, 465 (1961).
[95] MAKIN, M. J., A. D. WHAPHAM and F. J. MINTER: Phil. Mag. **7**, 285 (1962).
[96] BARNES, R. S., and D. J. MAZEY: Phil. Mag. **5**, 1247 (1960).
[97] CORBETT, J. W., J. M. DENNEY, M. D. FISKE and R. M. WALKER: Phys. Rev. **108**, 954 (1957).
[98] COOPER, H. G., J. S. KOEHLER and J. W. MARX: Phys. Rev. **97**, 599 (1955).
[99] WALKER, R. M.: Radiation Damage in Solids (Rendiconti della Scuola Internazionale di Fisica „Enrico Fermi" XVIII Corso), New York and London: Academic Press 1962, S. 594.
[100] LITTLER, D. J. (Herausg.): Properties of Reactor Materials and the Effects of Radiation Damage. Proceedings of an Intern. Conf. held at Berkeley Castle, England. London: Butterworths & Co. 1962.
[101] HOLMES, D. K., J. W. CORBETT, R. M. WALKER, J. S. KOEHLER and F. SEITZ: Proc. 2nd Intern. Conf. Peaceful Uses of Atomic Energy, Genf, Bd. 6, S. 274. New York: United Nations 1958.
[101a] SIMMONS, R., J. S. KOEHLER and R. W. BALLUFFI: Symposium on Radiation Damage in Solids and Reactor Materials, Venedig, Bd. I, S. 155. Wien: Intern. Atomic Energy Agency 1962.
[102] Proceedings of the Lattice Defects in Noble Metals Conference, Canoga Park, Oct. 1958, NAA-SR-3250.
[103] MEECHAN, C. J., A. SOSIN and J. A. BRINKMAN: Phys. Rev. **120**, 411 (1960).
[104] SEEGER, A.: Symposium on Radiation Damage in Solids and Reactor Materials, Venedig, Bd. I, S. 101. Wien: Intern. Atomic Energy Agency 1962.

[*104a*] SEEGER, A.: Proc. Intern. Conference on Crystal Lattice Defects, Kyoto, J. Phys. Soc. Japan **18**, Suppl. III, 260 (1963).
[*104b*] A. SEEGER: Phys. Let. **8**, 296 (1964).
[*105*] CORBETT, J.W., R.B. SMITH and R.M. WALKER: Phys. Rev. **114**, 1452 (1959).
[*106*] CORBETT, J.W., R.B. SMITH and R.M. WALKER: Phys. Rev. **114**, 1460 (1959).
[*107*] CORBETT, J.W., and R.M. WALKER: Phys. Rev. **115**, 67 (1959).
[*107a*] SOSIN, A.: Phys. Rev. **126**, 1698 (1962).
[*108*] WARD, J.B., and J.W. KAUFFMAN: Phys. Rev. **123**, 90 (1961).
[*108a*] KOEHLER, J.S.: Proc. Intern. Conference on Crystal Lattice Defects, Kyoto; J. Phys. Soc. Japan **18**, Suppl. III, 271 (1963).
[*109*] WAITE, T.R.: Phys. Rev. **107**, 463, 471 (1957).
[*110*] LUCASSON, F. G., and R. M. WALKER: Phys. Rev. **127**, 485 (1962).
[*111*] MARTIN, D.G.: Phil. Mag. **6**, 839 (1961).
[*112*] SOSIN, A., and L.L. BIENVENUE: J. Appl. Phys. **31**, 249 (1960).
[*113*] BLEWITT, T.H., R.R. COLTMAN, C.E. KLABUNDE, J.K. REDMAN and J. DIEHL: Bull. Am. Phys. Soc. [II] **4**, 135 (1959); s. auch [*113a*].
[*113a*] COLTMAN, R. R., C. E. KLABUNDE, D. L. MCDONALD, and J. K. REDMAN: J. appl. Phys. **33**, 3509 (1962).
[*113b*] DIEHL, J., CHR. LEITZ, and W. SCHILLING: Phys. Letters **4**, 236 (1963).
[*114*] THOMPSON, D.O., and V. K. PARÉ: J. Appl. Phys. **31**, 528 (1960).
[*114a*] BURGER, G., H. MEISSNER u. W. SCHILLING: Phys. stat. sol. **4**, 267 (1964).
[*115*] PARÉ, V. K., and D.O. THOMPSON: Acta Met. **10**, 382 (1962).
[*116*] REDMAN, J.K., R.R. COLTMAN and T.H. BLEWITT: Phys. Rev. **91**, 448 (A) (1953).
[*117*] BLEWITT, T.H., R.R. COLTMAN, R.E. JAMISON and J.K. REDMAN: J. Nucl. Materials **2**, 277 (1960).
[*118*] MEECHAN, J.C.: J. Appl. Phys. **28**, 197 (1957).
[*119*] MESHI, M., and J.W. KAUFFMAN: Acta Met. **7**, 180 (1959).
[*120*] MAKIN, M.J., and T.H. BLEWITT: Acta Met. **10**, 241 (1962).
[*121*] RUKWIED, A.: Z. Metallk. **55**, 146 u. 205 (1964); s. auch [*123*], [*124*].
[*122*] RUKWIED, A. u. J. DIEHL: Z. Metallk. **55**, 266 (1964).
[*123*] SEEGER, A., u. J. DIEHL, in: Properties of Reactor Materials and the Effects of Radiation Damage. Proc. of an Intern. Conf. held at Berkeley Castle, England 1961. London: Butterworth & Co. 1962, S. 269.
[*124*] DIEHL, J.: Symposium on Radiation Damage in Solids and Reactor Materials, Venedig Bd. I, S. 129. Wien: Intern. Atomic Energy Agency 1962.
[*125*] FÖRSTNER, A.: Diplomarbeit Stuttgart 1962 (Veröffentlichung demnächst).
[*126*] DIEHL, J., u. G.P. SEIDEL: Unveröffentlicht. — G.P. SEIDEL, Diplomarbeit Stuttgart 1963.
[*127*] MAKIN, M.J., and F.J. MINTER: Acta Met. **8**, 691 (1960).
[*128*] FISCHER, J.: Z. Naturforsch. **17**a, 603 (1962).
[*129*] MAKIN, M.J., in: Properties of Reactor Materials and the Effects of Radiation Damage. Proc. of an Intern. Conf. held at Berkeley Castle, England 1961. London: Butterworth & Co. 1962, S. 302.
[*129a*] ESSMANN, U., u. M. WILKENS: Phys. stat. sol. **4**, K 53 (1964).
[*130*] ESSMANN, U., S. MADER u. A. SEEGER: Z. Metallk. **52**, 443 (1961).
[*131*] DEHLINGER, U.: Z. Metallk. **49**, 416 (1958).
[*132*] ESSMANN, U., u. A. SEEGER: Phys. stat. sol. **4**, 177 (1964).
[*133*] MAKIN, M.J.: Acta Met. **8**, 233 (1958).
[*134*] DIEHL, J., u. R. BERNER: Z. Metallk. **51**, 522 (1960).
[*135*] DIEHL, J., S. MADER u. A. SEEGER: Z. Metallk. **46**, 650 (1955).

Sechstes Kapitel

Elektronentheorie der Metalle

Von

H. Bross

Mit 19 Figuren

1. Einleitung

Die Elektronentheorie der Metalle hat durch die Entwicklung der modernen Quantentheorie vor etwa 30 Jahren einen großen Aufschwung genommen. Innerhalb weniger Jahre gelang es, auf Grund von allgemeinen quantenmechanischen Überlegungen und mit verhältnismäßig einfachen Modellen die wichtigsten Eigenschaften der Metalle qualitativ zu erklären. Die weitere Durchführung dieser Gedanken mit dem Endziel, die verschiedenen Eigenschaften auch numerisch zu berechnen, stieß jedoch nicht nur auf sehr große mathematische, sondern auch auf nahezu unüberwindbar erscheinende physikalische Schwierigkeiten, weil die Zahl der Atome und Elektronen, die in einem Metall miteinander in Wechselwirkung stehen, sehr groß ist. Es ist deshalb nicht verwunderlich, daß sich das Interesse der theoretischen Physiker anderen Gebieten zugewandt hat.

Neue Impulse bekam die Elektronentheorie der Metalle von der experimentellen Seite, als man intensiv den Einfluß von Gitterfehlern auf die physikalischen Eigenschaften der Metalle zu untersuchen begann. Wie in dem vorangehenden Kapitel dargelegt wurde, ist eine Trennung der einzelnen Gitterfehlerarten mit Hilfe von Erholungsexperimenten möglich, wenn die Bildungs- und Wanderungsenergien der verschiedenen Fehlstellen bekannt sind; und aus Messungen des elektrischen Widerstandes kann nur dann auf die Fehlstellendichte zurückgeschlossen werden, wenn wir die Änderung des elektrischen Widerstandes durch einen Gitterfehler kennen. Zunächst hat man versucht, diese Größen und verschiedene andere, die für die einzelnen Gitterfehler charakteristisch sind, mit Hilfe von den gleichen Modellen zu berechnen, die sich bei der Erklärung der Eigenschaften des idealen Kristalls so gut bewährt haben. Aber bald stellte sich heraus, daß diese Modelle für die Beschreibung verschiedener Erscheinungen nicht ausreichend sind. Als Beispiel sei erwähnt, daß bei der Auswertung von Widerstandsmessungen bei Anwesenheit von punktförmigen Gitterfehlern Abweichungen von der sog. Matthiessenschen Regel auftraten, nach der der temperaturabhängige Widerstand und der Restwiderstand additiv sein sollten. Nach der ursprünglichen Theorie des elektrischen Widerstandes hätten jedoch solche Abweichungen in diesem speziellen Fall nicht auftreten dürfen. Die genauen Untersuchungen, die daraufhin angestellt wurden, ergaben, daß dieses Versagen der früheren Theorie auf einige Annahmen zurückzuführen ist, die in Wirklichkeit bei reinen Metallen nicht erfüllt sind und die auch dafür verantwortlich sind, daß in der früheren Theorie keine Änderung des elektrischen Widerstandes im Magnetfeld auftreten konnte.

Dieses Beispiel möge genügen, um zu zeigen, daß zu den vordringlichen Aufgaben der theoretischen Metallphysik die eingehende Erforschung der Elektronenstruktur und der sonstigen Eigenschaften der idealen Metalle gehört. Bei der Lösung dieser Aufgabe haben wir wesentlich bessere Ausgangspositionen als die Generation vor 30 Jahren, weil in der Zwischenzeit auf anderen Gebieten der Physik, vor allem auf dem Gebiet der Theorie der Elementarteilchen, äußerst elegante Methoden entwickelt worden sind, mit denen z. B. die Wechselwirkung zwischen den Elektronen besser als früher berücksichtigt werden kann. Auch können wir heute dank der Verfeinerung der experimentellen Methoden wesentlich mehr, vor allem auch genauere, Information über die elektronischen Eigenschaften der Metalle bekommen, so daß wir verschiedene Parameter, die theoretisch äußerst schwer zu erfassen sind, wenigstens auf halbempirische Weise bestimmen können.

In diesem Kapitel soll ein kurzer Überblick über den gegenwärtigen Stand der Elektronentheorie der Metalle gegeben werden, wobei dem durch Gitterfehlstellen gestörten Zustand besondere Beachtung geschenkt werden soll. Dieser Bericht zerfällt in drei Teile: Die Grundlagen der modernen Elektronentheorie der Metalle, die eng mit den Namen PAULI, SOMMERFELD und BLOCH verknüpft sind, werden im Abschnitt 2 kurz behandelt werden. Im Abschnitt 3 wird auf die Streuung der Elektronen durch Gitterschwingungen eingegangen werden, die für das Zustandekommen der elektrischen und thermischen Leitungserscheinungen verantwortlich ist. Im Abschnitt 4 werden wir zeigen, wie man mit den gegenwärtigen Methoden der Elektronentheorie die Eigenschaften eines gestörten Kristalls untersuchen, insbesondere wie man die Bildungs- und Wanderungsenergie von Fehlstellen und die durch diese verursachte Widerstandserhöhung berechnen kann. Der vorliegende Bericht bezieht sich im wesentlichen nur auf die einwertigen Metalle und gewisse ferromagnetische Übergangsmetalle, deren Elektronenstruktur noch am ehesten bekannt ist.

2. Die Grundlagen der Elektronentheorie der Metalle

2.1. Das Versagen der klassischen Elektronentheorie

Ein wesentliches Kennzeichen aller Metalle ist ihr großes Leitungsvermögen für den elektrischen Strom und die Wärme. Eng mit dieser Eigenschaft verknüpft ist außerdem ihr hohes Absorptions- und Reflexionsvermögen für sichtbares Licht, das zu dem für Metalle typischen Glanz führt. Zur Erklärung dieser Eigenschaft haben Drude und Lorentz etwa zu Beginn dieses Jahrhunderts die Hypothese aufgestellt, daß es in jedem Metall eine gewisse Anzahl von Ladungsträgern, die sog. Elektronen, gibt, die negativ geladen sind und sich nahezu ungehindert durch den Kristall hindurchbewegen können. Die Zahl dieser „freien“ Elektronen ist in den typischen Metallen von der Größenordnung der Zahl der Atome bzw. Ionen. Wegen der Wechselwirkung mit den Atomen des Gitters werden die Elektronen von einem äußeren Feld nur eine gewisse Zeit lang beschleunigt und geben dann den durch das Feld erhaltenen Geschwindigkeitszuwachs an das Gitter ab. Mit dieser Annahme für den Stoßmechanismus gelingt es auf sehr einfache Weise, das Ohmsche Gesetz abzuleiten, wobei die elektrische Leitfähigkeit

$$\sigma = n_0 e^2 \tau / m \tag{2.1}$$

im wesentlichen von der räumlichen Elektronenkonzentration n_0 und von der mittleren Stoßzeit τ — auch Relaxationszeit genannt — abhängig ist. e bzw. m ist die Ladung bzw. die Masse eines Elektrons. Der größte Erfolg der Drude-Lorentzschen Theorie war die theoretische Erklärung des Wiedemann-Franzschen Gesetzes, wonach verschiedene Metalle bei gleicher Temperatur das gleiche Verhältnis von thermischer und elektrischer Leitfähigkeit aufweisen und dieses Verhältnis proportional zur absoluten Temperatur T ist:

$$\frac{\varkappa}{\sigma} = 3\left(\frac{K}{e}\right)^2 T \tag{2.2}$$

K: Boltzmannsche Konstante.

Nach diesem Erfolg der klassischen Elektronentheorie ergaben sich jedoch eine Reihe von Schwierigkeiten, die sich nicht mehr im Rahmen dieser Theorie beheben ließen. Betrachten wir z. B. die spezifische Wärme eines Metalls: Nach der klassischen Theorie sind die Elektronen im thermischen Gleichgewicht mit dem Gitter und besitzen deshalb nach dem Gleichverteilungssatz der klassischen Statistik eine spezifische Wärme von 3 cal je Mol. Um diesen Betrag müßte die spezifische Wärme der Metalle höher als diejenige der Nichtleiter sein. Dies steht aber im Widerspruch zu der Dulong-Petitschen Regel, nach der alle Festkörper bei einer mittleren Temperatur eine spezifische Wärme von etwa 6 cal/Mol besitzen.

Ein weiterer Mangel der klassischen Elektronentheorie wurde offenbar, als man die Temperaturabhängigkeit des elektrischen Widerstandes zu berechnen versuchte. Es ergab sich eine Proportionalität zu $T^{\frac{1}{2}}$, während experimentell bei mittleren und höheren Temperaturen die bekannte Proportionalität zur absoluten Temperatur gefunden wurde. Bei der Erklärung der Temperaturabhängigkeit des elektrischen Widerstandes und der spezifischen Wärme bei tiefen Temperaturen versagte die klassische Theorie vollkommen. Im Jahr 1928 konnten PAULI und SOMMERFELD zeigen, daß sich alle diese Schwierigkeiten der klassischen Elektronentheorie beseitigen lassen, wenn man zwar an der Drude-Lorentzschen Vorstellung freier Elektronen festhält, aber außerdem noch das Pauli-Prinzip berücksichtigt, nach dem jeder energetisch mögliche Zustand in einem System höchstens von einem Teilchen besetzt werden kann. Wegen dieses Pauli-Verbotes gehorchen die Elektronen nicht mehr der bekannten klassischen Boltzmann-Statistik, sondern der Fermi-Diracschen Statistik, die außer auf dem Pauli-Prinzip nur noch auf der Ununterscheidbarkeit der Elektronen beruht. Noch im selben Jahr konnte BLOCH die Hypothese freier Elektronen durch eine quantenmechanische Behandlung des Gesamtkristalls theoretisch begründen. Gleichzeitig gab er auch die Grundlage für die quantitative Berechnung des elektrischen Widerstandes. BLOCH wurde damit zum Begründer der modernen Elektronentheorie der Metalle. Die wellenmechanische Theorie BLOCHs wurde von PEIERLS, BRILLOUIN u. a. erweitert und anschließend von vielen Autoren auf die Probleme der Metallphysik angewandt. Heute ist das Gebiet der Elektronentheorie der Metalle ein ziemlich abgerundetes Gebiet der Festkörperphysik, in dem sich die elektronischen Eigenschaften der Metalle einschließlich der komplizierteren Effekte wie der Supraleitfähigkeit aus den allgemeinen quantenmechanischen Prinzipien ableiten lassen. Im einzelnen sind hierbei jedoch sehr komplizierte Überlegungen notwendig, weil das Gesamtproblem sowohl alle Elektronen als auch alle Atomkerne eines Kristalls, d.h. 10^{23}—10^{25} Teilchen pro cm^3 umfaßt. In diesem Bericht wollen wir auf diese Ableitungen nicht näher eingehen, sondern versuchen, die typischen elektronischen Eigenschaften des festen Zustandes mittels einfacher Modellvorstellungen abzuleiten.

2.2. Die Näherung freier Elektronen (Sommerfeldsches Elektronengasmodell)

Die einfachste Modellvorstellung knüpft an die empirische Tatsache an, daß die Elektronen nicht ohne weiteres aus dem Metall entweichen können. Im Inneren des Metalls haben also die Elektronen eine wesentlich kleinere potentielle Energie als im Außenraum. Nehmen wir noch mit Drude und Lorentz an, daß die Elektronen im Metall sonst völlig frei beweglich sind, so führt das zu dem in Fig. 1 dargestellten Potentialverlauf: Im Inneren des Metalls bewegen sich die Elektronen in einem konstanten negativen Potential V_c, während das Potential im Außenraum ohne Beschränkung der Allgemeinheit gleich Null gesetzt werden kann.

Um auf dieses System das Pauli-Prinzip anwenden zu können, müssen wir zuerst die Energieeigenwerte des Elektronengases in diesem Potential berechnen. Aus der Quantenmechanik ist bekannt, daß die zulässigen Energiezustände die Eigenwerte der Schrödinger-Gleichung

$$\boldsymbol{H}\Psi = E\Psi \tag{2.3}$$

sind, wobei $\boldsymbol{H}$ der sog. Hamilton-Operator ist und in unserem Fall die Form

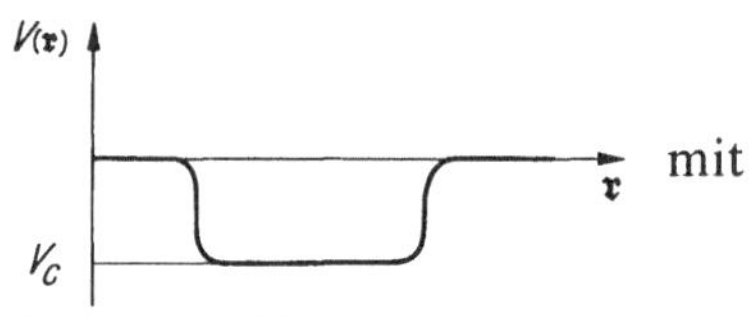

Fig. 1. Verlauf des Potentials beim Sommerfeldschen Bandmodell

$$\boldsymbol{H} = -\frac{\hbar^2 \Delta}{2m} + V_c \tag{2.4a}$$

mit

$$\Delta = \frac{\partial^2}{\partial x^2} + \frac{\partial^2}{\partial y^2} + \frac{\partial^2}{\partial z^2}, \tag{2.4b}$$

$2\pi\hbar$ = Plancksche Konstante, besitzt.

Die als Wellenfunktion bezeichnete Funktion $\Psi(\mathfrak{r})$ besitzt selbst keine unmittelbare physikalische Bedeutung; der Ausdruck

$$|\Psi(\mathfrak{r})|^2\, dx\, dy\, dz = \Psi(\mathfrak{r})\, \Psi^*(\mathfrak{r})\, dx\, dy\, dz \tag{2.5}$$

gibt hingegen die Wahrscheinlichkeit an, ein Elektron in dem Volumgebiet x bis $x+dx$, y bis $y+dy$, z bis $z+dz$ zu finden. Man kann sich leicht überzeugen, daß eine Lösung der obigen Schrödinger-Gleichung die Funktion

$$\Psi(\mathfrak{r}) = \sin k_x x \cdot \sin k_y y \cdot \sin k_z z \tag{2.6}$$

ist, wobei die zu dieser Funktion zugehörige Energie durch

$$E(\mathfrak{k}) = \frac{\hbar^2}{2m}(k_x^2 + k_y^2 + k_z^2) + V_c = \frac{\hbar^2 k^2}{2m} + V_c \tag{2.7}$$

gegeben ist. Die im Kristall möglichen Quantenzustände werden durch die Randbedingungen bestimmt. Alle physikalischen Eigenschaften, die volumenabhängig sind, wie z. B. die thermodynamischen Quantitätsgrößen und die meisten Transportgrößen, werden durch die Gestalt der Kristalloberfläche nicht beeinflußt. Den Metallblock nehmen wir deshalb als würfelförmig mit der Kantenlänge L an. Die Forderung, daß die Wellenfunktion auf der Oberfläche verschwinden muß, führt auf

$$\sin k_x L = 0, \quad \text{d.h.} \quad k_x = \frac{\pi}{L} n_x, \quad \text{mit} \quad n_x = 0, 1, 2, \ldots \tag{2.8}$$

und auf entsprechende Gleichungen für n_y und n_z.

Zur Darstellung der Eigenwerte führen wir in Fig. 2 ein weiteres Koordinatensystem ein, bei dem die Achsen nicht wie im gewöhnlichen Raum mit x, y, z, sondern mit k_x, k_y, k_z bezeichnet werden. In diesem sog. Wellenzahl- oder $\mathfrak{k}$-Raum sind die in dem Potentialtopf möglichen Eigenwerte durch die Gitterpunkte eines primitiv kubischen Gitters mit der Kantenlänge π/L gegeben. Einem Quantenzustand kann man deshalb das Volumen

$$\Delta V_{\mathfrak{k}} = \frac{\pi^3}{L^3} = \frac{\pi^3}{V_0} \tag{2.9}$$

zuordnen, wobei $V_0 = L^3$ das Volumen des Metallblocks ist *.

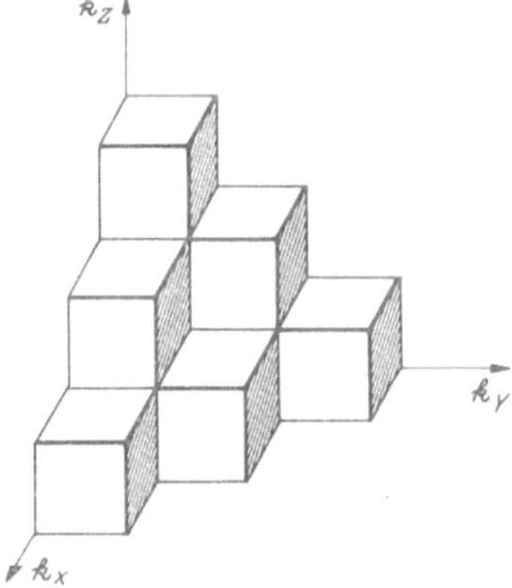

Fig. 2. Verteilung der Eigenwerte im Wellenzahl-Raum

Der wesentliche Unterschied zur klassischen Mechanik besteht darin, daß die im Metall vorhandenen freien Elektronen nicht alle im energetisch tiefsten Zustand mit $k=0$ sein dürfen, weil sonst das Pauli-Prinzip verletzt wäre. Auf Elektronen angewandt besagt dieses Prinzip, daß jeder durch einen Gitterpunkt im $\mathfrak{k}$-Raum oder durch Angabe eines Zahlentripels n_x, n_y, n_z gekennzeichnete Zustand höchstens mit zwei Elektronen besetzt werden kann, wobei das eine Elektron entgegengesetz-

* Außer den oben benützten Randbedingungen sind in der Festkörperphysik die sog. zyklischen Randbedingungen gebräuchlich. Man teilt hierbei zunächst einen unendlich großen Kristall in makroskopisch große, identische Elementargebiete ein und fordert, daß die physikalischen Eigenschaften in jedem Gebiet dieselben sein müssen. In diesem Fall verwendet man als Wellenfunktionen nicht stehende, sondern fortschreitende Wellen der Form $\Psi(\mathfrak{r}) = V_0^{-\frac{1}{2}} \exp(i\mathfrak{k}\cdot\mathfrak{r})$. Die zyklischen Randbedingungen führen auf

$$k_i = \frac{2\pi}{L} n_i \quad \text{mit} \quad n_i = 0, \pm 1, 2, \ldots \quad i = x, y, z, \tag{2.8a}$$

wenn jedes Elementargebiet als würfelförmig mit der Kantenlänge L angenommen wird. Bei zyklischen Randbedingungen ist also das Volumen, das einem Quantenzustand zugeordnet werden kann, achtmal größer als bei der obigen Überlegung. Es muß aber andererseits beachtet werden, daß bei zyklischen Randbedingungen der Wellenzahlvektor $\mathfrak{k}$ auch negative Werte annehmen kann, so daß die möglichen Quantenzustände nicht auf einen Oktanten beschränkt sind.

ten Spin zum anderen haben muß. Im Einklang mit dem Pauli-Prinzip besetzen wir nun jeden Quantenzustand mit einem Elektronenpaar, wobei wir bei dem energetisch tiefsten Zustand beginnen. Diese Auffüllung der Quantenzustände wird solange fortgesetzt, bis alle im Metall vorhandenen Elektronen untergebracht sind. Da die Elektronen-Energie nach Gl. (2.7) nur vom Betrage des Ausbreitungsvektors $\mathfrak{k}$ abhängig ist, liegen alle besetzten Zustände innerhalb einer Kugel mit Radius $k_{\max}$. Die Größe von $k_{\max}$ läßt sich aus der Forderung berechnen, daß in dem vom Kugeloktanten begrenzten Volumen genau so viele Quantenzustände enthalten sind, wie es freie Elektronen im Volumen V_0 des Metallblocks gibt. Das Produkt aus der Gesamtzahl der Elektronen $N=n_0 V_0$ (n_0 Zahl der freien Elektronen pro Volumeinheit) und dem Volumen eines Quantenzustandes muß somit gleich dem Volumen des obigen Kugeloktanten sein, also

$$n_0 V_0 \frac{\pi^3}{V_0} = \frac{2}{8} \frac{4\pi}{3} k_{\max}^3 \tag{2.10}$$

bzw.

$$k_{\max}^3 = 3\pi^2 n_0 , \tag{2.10a}$$

wobei wegen der beiden Spineinstellungen auf der rechten Seite von (2.10) ein Faktor 2 hinzugefügt wurde. Die dem maximalen Ausbreitungsvektor $k_{\max}$ zugeordnete maximale Energie $E_{\max}$ wird als Fermi-Energie bezeichnet. In der Elektronentheorie ist es gebräuchlich, alle Energien nicht auf den Zustand außerhalb des Metallblocks, sondern auf den energetisch tiefsten Zustand zu beziehen. Die auf diesen Nullzustand bezogene Fermi-Energie wird mit ζ bezeichnet und ist durch

$$\zeta = \frac{\hbar^2 k_{\max}^2}{2m} = \frac{\hbar^2 (3\pi^2 \cdot n_0)^{\frac{2}{3}}}{2m} \tag{2.11}$$

gegeben. In dem benützten Modell ist ihr Wert nur von der Zahl der Elektronen pro Volumeinheit abhängig und beträgt bei den meisten Metallen einige eV.

Für viele Untersuchungen in der Elektronentheorie der Metalle ist außerdem noch die sog. Zustandsdichte von Interesse, d.h. die auf $d\varepsilon = 1$ bezogene Zahl der in einer Kugelschale zwischen ε und $\varepsilon + d\varepsilon$ enthaltenen Quantenzustände. Mit einer ähnlichen Überlegung wie bei der Berechnung von $k_{\max}$ ergibt sich diese zu

$$N(\varepsilon) = \frac{V_0}{3\pi^2} \left(\frac{2m}{\hbar}\right)^{\frac{3}{2}} \varepsilon^{\frac{1}{2}} = \frac{V_0}{(2\pi)^3} \int \frac{1}{|\operatorname{grad} \varepsilon|} \, dS , \tag{2.12}$$

dS: Oberflächenelement auf der Fläche $\varepsilon = \text{const}$, wobei natürlich

$$N = \int_0^{\zeta} N(\varepsilon) \, d\varepsilon \tag{2.13}$$

sein muß.

Die zweite Hälfte der letzten Gleichung stellt die Verallgemeinerung für den Fall nichtsphärischer Energieflächen dar, auf den wir in der nächsten Ziffer geführt werden. Die Richtigkeit dieser Beziehung läßt sich beweisen, indem man die Zahl der Quantenzustände berechnet, die in dem von den Flächen $\varepsilon = \text{const.}$ und $\varepsilon + d\varepsilon = \text{const.}$ begrenzten Volumen enthalten sind.

Die bisherigen Betrachtungen bezogen sich auf die Verhältnisse am absoluten Nullpunkt, wo alle Energiezustände unterhalb der Fermi-Energie ζ besetzt sind, während die darüberliegenden Zustände völlig leer sind. Wenn wir nun den Elektronen Energie in Form von Wärme zuführen, so können einige Elektronen auf thermisch angeregte Zustände mit Energien größer als die Fermi-Energie gebracht werden. Da wegen des Pauli-Prinzips nur Übergänge in nicht besetzte Quantenzustände erlaubt sind, können nur jene Elektronen thermisch angeregt werden, deren Energie um nicht mehr als etwa KT kleiner als ζ ist. Die Zahl der in dem Energiebereich der Breite KT enthaltenen Zustände ist von der Größenordnung $N(\zeta)\,KT = \frac{3}{2} N \frac{KT}{\zeta}$ und kann wegen $KT \ll \zeta$ gegenüber der Gesamtzahl N der Elektronen völlig vernachlässigt werden. Wie wir weiter unten sehen werden, ist die geringe Zahl der angeregten Zustände dafür verantwortlich, daß die freien Elektronen im mittleren Temperaturbereich praktisch keinen Beitrag zur spezifischen Wärme liefern.

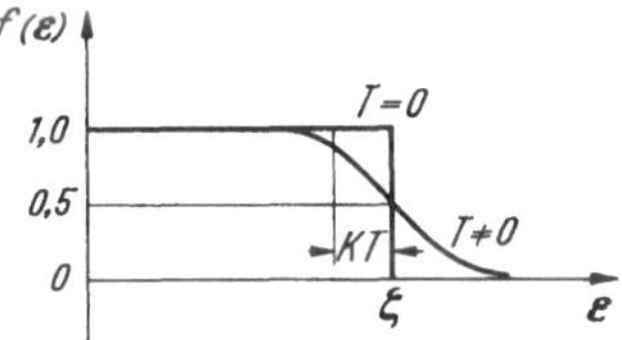

Fig. 3. Fermische Verteilungsfunktion

Quantitativ läßt sich die Frage, in welchem Maße die energetisch höheren Zustände bei zunehmender Temperatur aufgefüllt werden, mit Hilfe der Fermi-Dirac-Statistik beantworten, die im wesentlichen auf dem Pauli-Prinzip und auf der Ununterscheidbarkeit der Elektronen beruht. Diese liefert für die Wahrscheinlichkeit, daß bei einer bestimmten Temperatur T ein Zustand mit der Energie ε besetzt ist, folgende Verteilungsfunktion

$$f(\varepsilon) = \{\exp[(\varepsilon - \zeta)/KT] + 1\}^{-1}. \tag{2.14}$$

In Fig. 3 ist der Verlauf von $f(\varepsilon)$ für $T = 0$ und $T \neq 0$ wiedergegeben. Für $T = 0$ ergibt sich die bekannte Eigenschaft, daß alle Quantenzustände oberhalb der Fermi-Energie nicht besetzt sind. Mit steigender Temperatur werden die Ecken der Rechteckkurve abgerundet und es wird, wie wir schon qualitativ gezeigt haben, eine Zone der Breite KT aufgelockert. Aus der Beziehung (2.14) ist deutlich ersichtlich, daß die Fermische Verteilungsfunktion in die Boltzmannsche übergeht, wenn $KT \gg \zeta$ ist; dies entspricht aber einer Temperatur von einigen hunderttausend Grad, die bei festen Metallen nicht erreichbar ist. Mit Hilfe der Verteilungsfunktion $f(\varepsilon)$ kann die innere Energie des Elektronensystems bei einer Temperatur $T \neq 0$ und daraus durch Differentiation nach der absoluten Temperatur T die spezifische Wärme der freien Elektronen berechnet werden. Ohne irgendwelche Annahmen über die $\varepsilon-\mathfrak{k}$-Abhängigkeit zu machen, ergibt sich die spezifische Wärme bei konstantem Volumen zu

$$C_v = \frac{\pi^2}{3} N(\zeta) \cdot K^2 \cdot T. \tag{2.15}$$

Die spezifische Wärme der Elektronen ist also eine lineare Funktion der Temperatur. Da die Zustandsdichte an der Fermi-Kante im allgemeinen von der Größenordnung N/ζ und $KT \ll \zeta$ ist, kann der Beitrag der Elektronen zur spezifischen Wärme gegenüber dem von den Gitterschwingungen herrührenden Glied bei nicht zu tiefen Temperaturen vernachlässigt werden, wodurch eine der eingangs erwähnten Hauptschwierigkeiten der Elektronentheorie beseitigt ist. Bei sehr tiefen Temperaturen dagegen, wo die spezifische Wärme durch die Gitterschwingungen wie T^3 abnimmt, wird das elektronische Glied wichtig. Aus dem Verlauf der spezifischen Wärme in diesem Temperaturgebiet kann man den Wert der Zustandsdichte $N(\zeta)$ experimentell bestimmen.

2.3. Leitungselektronen im periodischen Potential

Der Haupterfolg des in der vorhergehenden Ziffer beschriebenen Modells freier Elektronen in einem konstanten Potential war, daß mit ihm in Verbindung mit der Fermi-Dirac-Statistik die Kleinheit der spezifischen Wärme der Elektronen, das Wiedemann-Franzsche Gesetz und auch jene Effekte erklärt werden können, die mit dem Austritt von Elektronen aus Metalloberflächen im Zusammenhang stehen. Die feineren Unterschiede zwischen den einzelnen Metallen, z.B. die Fragen, wodurch die unterschiedlichen elektrischen, optischen und magnetischen Eigenschaften bedingt sind, oder warum einzelne Metalle supraleitend werden, konnten mit diesem Modell nicht erklärt werden. Unseren weiteren Untersuchungen legen wir für den Festkörper ein Modell zugrunde, das der Wirklichkeit wesentlich näher kommt und das auf der Annahme beruht, daß sich die Elektronen unabhängig voneinander im Potential der Gitterionen und einem gemittelten Potential der übrigen Elektronen bewegen. Diese sog. Hartreesche Näherung hat sich bei der Erklärung der Spektren von Atomen gut bewährt. Die individuelle Coulombsche Wechselwirkung und die Wechselwirkung wegen des Spins der Elektronen wird jedoch völlig vernachlässigt. Wir werden dieses Vorgehen in Ziff. 2.4 eingehend begründen.

Wir nehmen weiter an, daß die Metallatome in erster Näherung auf den Gleichgewichtsplätzen sitzen, d.h. daß sie keine thermischen Schwingungen um ihre Ruhelage ausführen. In dieser Näherung werden wir in einem reinen Metall ohne Gitterfehler keinen elektrischen Widerstand erhalten, so daß wir diese Annahme später fallen lassen müssen. Wenn die Atome an den Gitterpunkten eines Raumgitters ruhen, können wir uns bei einem reinen Metall folgendes Bild über den Verlauf des Potentials machen: In der Nähe eines Atomkernes wird das Potential nur wenig von demjenigen eines freien Atoms abweichen, weil beim Einbringen des Atoms in den Metallverband nur die äußeren Elektronen eine Änderung erfahren. Längs einer Geraden durch die Gitterpunkte ergibt sich ein Verlauf wie in Fig. 4a dargestellt worden ist. In Fig. 4b haben wir den qualitativen Verlauf längs einer Geraden dargestellt, die keine Gitterpunkte berührt; die Potentialschwankungen sind hier wesentlich kleiner. Aus beiden Darstellungen ist ersichtlich, daß die potentielle Energie der Elektronen eine periodische Funktion des Ortes ist, wobei die Periodizität mit der des Gitters übereinstimmt. Ist $\mathfrak{R}_l$ ein Vektor, der vom Ursprung des Ortsraums zum l-ten Gitterpunkt führt, so gilt

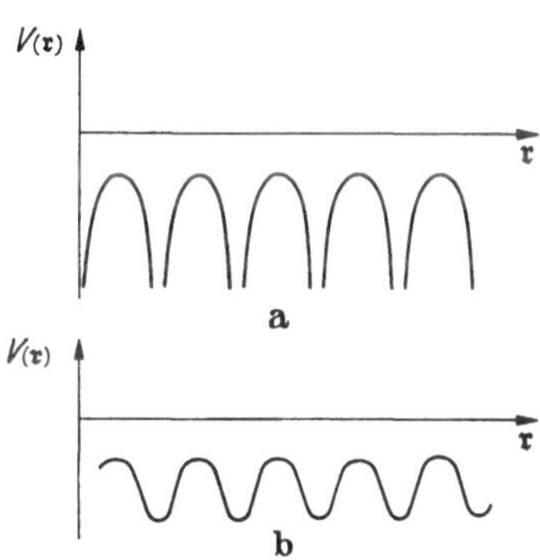

Fig. 4 a u. b. Potentialverlauf längs einer Geraden, die a) durch die Atomkerne bzw. die b) nicht durch die Atomkerne geht

$$V(\mathfrak{r}+\mathfrak{R}_l)=V(\mathfrak{r}). \tag{2.16}$$

F. Bloch konnte nun zeigen, daß die Lösungen der Schrödinger-Gleichung mit diesem Potential wieder ebene Wellen sind, die jedoch mit einer Funktion $u_{\mathfrak{k}}(\mathfrak{r})$ moduliert sind, die dieselbe Periodizität wie das Gitter besitzt, also

$$\Psi_{\mathfrak{k}}(\mathfrak{r})=e^{i\mathfrak{k}\cdot\mathfrak{r}}\,u_{\mathfrak{k}}(\mathfrak{r}) \tag{2.17a}$$

mit

$$u_{\mathfrak{k}}(\mathfrak{r}+\mathfrak{R}_l)=u_{\mathfrak{k}}(\mathfrak{r}). \tag{2.17b}$$

Für die Funktion $u_{\mathfrak{k}}(\mathfrak{r})$ ergibt sich folgende Differentialgleichung:

$$-\frac{\hbar^2}{2m}\left[\Delta u_{\mathfrak{k}}(\mathfrak{r})-2i\mathfrak{k}\,\mathrm{grad}_{\mathfrak{r}}\,u_{\mathfrak{k}}(\mathfrak{r})-k^2\,u_{\mathfrak{k}}(\mathfrak{r})\right]+V(\mathfrak{r})\,u_{\mathfrak{k}}(\mathfrak{r})=E_{\mathfrak{k}}u_{\mathfrak{k}}(\mathfrak{r}). \tag{2.18}$$

In dieser Gleichung ist der Ausbreitungsvektor $\mathfrak{k}$ ein fester Parameter. Für irgendeinen Wert von $\mathfrak{k}$ besitzt diese Differentialgleichung* die (un-

* Bei einem sehr großen Kristall ist $E_{\mathfrak{k}}$ eine nahezu kontinuierliche Funktion von $\mathfrak{k}$, so daß bei der Lösung von Gl. (2.18) die Randbedingungen zunächst keine Rolle spielen.

endlich vielen) Eigenwerte $E_{n\mathfrak{k}}$ und Eigenfunktionen $\Psi_{n\mathfrak{k}}$, die dann beide Funktionen des Parameters $\mathfrak{k}$ sind und im einzelnen durch den näheren Verlauf des Potentials V bestimmt werden. Eine eingehendere Untersuchung der obigen Differentialgleichung zeigt nun, daß die Energie eines Kristallgitters nicht wie bei einem freien Elektronengas jeden beliebigen Wert annehmen kann, sondern daß sie auf eine Reihe mehr oder weniger voneinander getrennter Energiebänder beschränkt ist, die durch die Quantenzahlen n voneinander unterschieden werden und die wir durch Schraffur in Fig. 5 angedeutet haben. Die Energiewerte aus den dazwischenliegenden, weißen Gebieten können nicht besetzt werden. Innerhalb eines Bandes ist das Energiespektrum eine stetige Funktion des quasi-kontinuierlichen Parameters $\mathfrak{k}$.

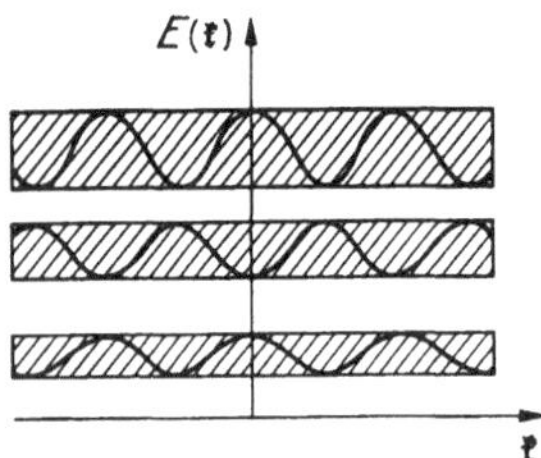

Fig. 5. Energiebänder in einem eindimensionalen Modell

Es läßt sich nun weiter zeigen, daß die Periodizität des Potentials im Ortsraum eine Periodizität von $E_{n\mathfrak{k}}$ und $\Psi_{n\mathfrak{k}}$ im $\mathfrak{k}$-Raum zur Folge hat. Wir müssen dazu im $\mathfrak{k}$-Raum das sog. reziproke Gitter einführen. Die Grundvektoren des um den Faktor 2π vervielfachten reziproken Gitters sind dadurch gekennzeichnet, daß ihr inneres Produkt mit den Grundvektoren der Elementarzellen des Ortsraumes den Wert 2π hat. Im Falle des einfach kubischen Gitters ist die Elementarzelle des reziproken Gitters wieder ein einfach kubisches Gitter mit der Kantenlänge $2\pi/a$. Wir fügen noch ergänzend hinzu, daß das reziproke Gitter des kubisch-raumzentrierten Gitters ein kubisch-flächenzentriertes ist und umgekehrt. Vektoren, die zu den Gitterpunkten des reziproken Gitters führen, werden als reziproke Gittervektoren $\mathfrak{K}^{(l)}$ bezeichnet. Auf Grund der obigen Definition ist sofort zu ersehen, daß das innere Produkt $\mathfrak{R}_l \cdot \mathfrak{K}^{(l')}$ Null oder ein ganzzahliges Vielfaches von 2π ist.

Um die Periodizität der Wellenfunktion $\Psi_{\mathfrak{k}}$ im $\mathfrak{k}$-Raum zu untersuchen, betrachten wir die Eigenfunktion

$$\Psi_{n,\mathfrak{k}+\mathfrak{K}^{(l)}}(\mathfrak{r}) = e^{i\mathfrak{k}\cdot\mathfrak{r}} \cdot e^{i\mathfrak{K}^{(l)}\cdot\mathfrak{r}} \cdot u_{n,\mathfrak{k}+\mathfrak{K}^{(l)}}(\mathfrak{r}). \tag{2.19}$$

Wenn $\mathfrak{K}^{(l)}$ ein reziproker Gittervektor ist, besitzt der Ausdruck $e^{i\mathfrak{K}^{(l)}\cdot\mathfrak{r}}\, u_{n,\mathfrak{k}+\mathfrak{K}^{(l)}}(\mathfrak{r})$ dieselbe Periodizität wie $u_{n,\mathfrak{k}}(\mathfrak{r})$; da er außerdem eine Lösung derselben Differentialgleichung ist, muß dieser Ausdruck – wenn keine Entartung vorliegt – mit $u_{n,\mathfrak{k}}(\mathfrak{r})$ identisch sein. Wir erhalten also die beiden Periodizitätseigenschaften

$$\Psi_{n,\mathfrak{k}+\mathfrak{K}^{(l)}}(\mathfrak{r}) = \Psi_{n,\mathfrak{k}}(\mathfrak{r}) \tag{2.20}$$

und

$$E_{n,\mathfrak{k}+\mathfrak{K}^{(l)}} = E_{n,\mathfrak{k}}. \tag{2.21}$$

Wie kommen die verbotenen Bänder im Energiespektrum der Elektronen zustande? Mit der soeben bewiesenen Periodizitätseigenschaft der Wellenfunktion $\Psi_{n,\mathfrak{k}}$ und der Elektronenenergie $E_{n,\mathfrak{k}}$ im $\mathfrak{k}$-Raum läßt sich diese Frage auf folgende Weise beantworten: Wenn die kinetische Energie der Elektronen wesentlich größer als die periodische Variation des Potentials ist, können wir als nullte Näherung dieses Problems das frühere Modell der Elektronen in einem konstanten Potential verwenden. Die Lösung der Schrödinger-Gleichung sind in dieser Näherung ebene Wellen, wobei die Energie der Elektronen eine quadratische Funktion der Ausbreitungsvektoren $\mathfrak{k}$ ist. Den periodischen Anteil des Potentials fassen wir nun als Störung auf. Wie wir vorher gezeigt haben, bewirkt die Periodizität des Potentials im Ortsraum eine Periodizität der $E-\mathfrak{k}$-Kurve im $\mathfrak{k}$-Raum. Im Spezialfall eines eindimensionalen Gitters erhält man als $E-\mathfrak{k}$-Kurven eine Schar paralleler Parabeln, die um den Abstand $2\pi/a$ verschoben sind. Wie aus der Fig. 6 ersichtlich ist, schneiden sich die Parabeln bei allen Ausbreitungsvektoren, die ein Vielfaches von π/a sind. Im allgemeinen Fall eines dreidimensionalen Gitters sind die Schnittflächen durch die Forderung festgelegt, daß die Energie der um einen reziproken Gittervektor verschobenen (vierdimensionalen Hyper-)Fläche dieselbe ist wie bei der ursprünglichen Fläche. Die Bedingung $E_{n\mathfrak{k}}=E_{n,\mathfrak{k}+\mathfrak{K}^{(l)}}$ führt auf

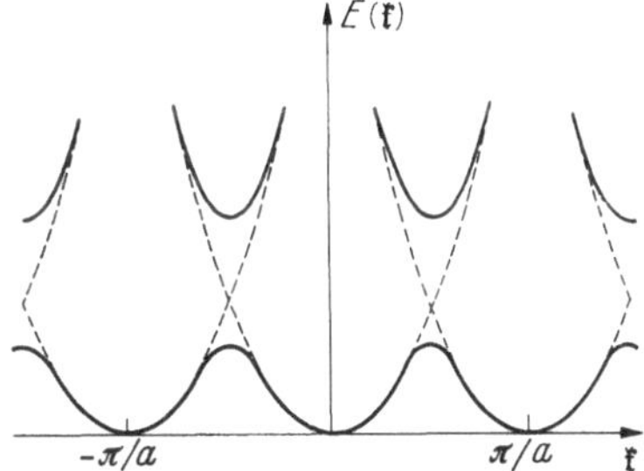

Fig. 6. Entstehung von Energiebändern durch Aufhebung der Energieentartung bei einem eindimensionalen Modell

$$\mathfrak{k}\cdot\mathfrak{K}^{(l)}=\tfrac{1}{2}\,\mathfrak{K}^{(l)}\cdot\mathfrak{K}^{(l)}. \tag{2.22}$$

In diesen Schnittpunkten (bzw. Flächen) sind also die zwei Elektronenzustände $\mathfrak{k}$ und $\mathfrak{k}'=\mathfrak{k}+\mathfrak{K}^{l}$, die zu zwei verschiedenen Energieflächen gehören, energetisch entartet. Bei der Störungsrechnung muß man daher als nullte Näherung der Schrödinger-Gleichung eine Linearkombination der beiden Elektronenzustände ansetzen

$$\Psi(\mathfrak{r})=\alpha\,e^{i\mathfrak{k}\cdot\mathfrak{r}}+\beta\,e^{i(\mathfrak{k}+\mathfrak{K}^{(l)})\cdot\mathfrak{r}}. \tag{2.23}$$

Dieser Ansatz bewirkt nun, daß die $E_{n\mathfrak{k}}$-Kurven in der Umgebung der kritischen Stellen einander ausweichen, wodurch die Energieentartung aufgehoben wird. Die Breite des dadurch verbotenen Energiebandes ist im wesentlichen durch die Schwankungen des Potentials bestimmt. Die Störungsrechnung zeigt ferner, daß die beiden Konstanten α und β der Entwicklung (2.23) denselben Betrag haben, d.h. daß in der Umgebung der kritischen Stelle keine fortschreitenden Wellen, sondern nur stehende Wellen möglich sind. Physikalisch kann man diese stehenden Wellen durch eine Braggsche Reflexion der Elektronenwellen mit Ausbreitungsvektoren $\mathfrak{k}$ an einer Netzebenenschar erklären, die durch den reziproken Gittervektor $\mathfrak{K}^{(l)}$ charakterisiert ist, weil der Ausbreitungsvektor der reflektierten Welle die Laue-Bedingung $\mathfrak{k}-\mathfrak{k}'=\mathfrak{K}^{(l)}$ erfüllt. Um dies noch deutlicher zu machen, betrachten wir den Spezialfall, daß $\mathfrak{K}^{(l)}$ ein reziproker Gittervektor eines einfach kubischen Gitters ist, der den Betrag $2\pi/a$ hat. Diesem Gitterpunkt im reziproken Gitter entsprechen die Gitterebenen des realen Gitters, deren Flächennormale zu $\mathfrak{K}^{(l)}$ parallel ist und die voneinander den Abstand a haben (vgl. Fig. 7). Bezeichnen wir den Winkel zwischen Flächennormale und Ausbreitungsvektor mit Θ, so geht die Beziehung (2.22) in die Braggsche Bedingung

$$2a\cos\Theta=\lambda \qquad (2.24)$$

über, wenn wir noch die Elektronenwellenlänge $\lambda=2\pi/|\mathfrak{k}|$ einführen. Die verbotenen Energiebänder werden also durch Braggsche Reflexionen der Elektronenwellen an den Gitterebenen hervorgerufen.

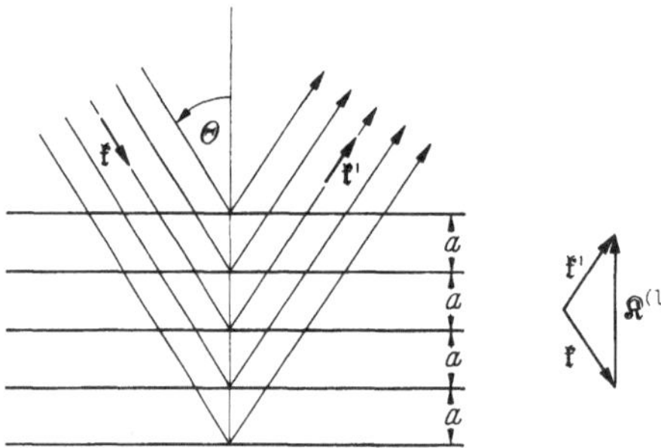

Fig. 7. Braggsche Reflexion der Elektronen an Gitterebenen, die durch den reziproken Gittervektor $\mathfrak{K}^{(l)}$ charakterisiert sind

Kommen wir nochmals zu Gl. (2.22) zurück, die angibt, in welchen Gebieten des $\mathfrak{k}$-Raums starke Abweichungen von der Näherung freier Elektronen auftreten. Im dreidimensionalen Fall treten diese Abweichungen in der Umgebung von Ebenen auf, die auf einem reziproken Gittervektor $\mathfrak{K}^{(l)}$ senkrecht stehen und von dem Ursprung des reziproken Gitters den Abstand $K^{(l)}/2$ haben. Durch diese Ebenen wird das reziproke Gitter in Zonen eingeteilt, die zum ersten Male von Brillouin eingeführt wurden und deshalb auch als Brillouinsche Zonen bezeichnet werden. Man kann sich leicht überzeugen, daß es wegen der Periodizität im $\mathfrak{k}$-Raum nur notwendig ist, den Verlauf der $E_{n,\mathfrak{k}}$-Kurven innerhalb der ersten – den Nullpunkt des reziproken Gitters umgebenden – Brillouin-Zone zu kennen. Die innerhalb der ersten Zone liegenden Vektoren $\mathfrak{k}$ werden als reduzierte Ausbreitungsvektoren bezeichnet.

Obwohl die vorherigen Betrachtungen an Hand eines sehr speziellen Modells durchgeführt worden sind, bei dem der periodische Anteil des Potentials als eine kleine Störung aufgefaßt wurde, geben sie doch wenigstens qualitativ die Abhängigkeit der Elektronenenergie vom Ausbreitungsvektor $\mathfrak{k}$ wieder: Die Energiekurve $E_{\mathfrak{k}}$ zerfällt in (unendlich viele) Zweige (Bänder), wobei auf jedem dieser Zweige die Energie eine periodische Funktion im $\mathfrak{k}$-Raum ist. In der Umgebung des Ursprungs des reziproken Gitters ist die Elektronenenergie eine quadratische Funktion des Ausbreitungsvektors $\mathfrak{k}$. Am Rande einer Brillouin-Zone nehmen die Energiewerte eines Zweiges einen Extremwert an. Im Unterschied zur Näherung freier Elektronen sind die Flächen konstanter Elektronen-

Fig. 8. Die Fermi-Oberfläche von Gold nach D. SHOENBERG (aus W. A. HARRISON and M. B. WEBB, The Fermi Surface, John Wiley and Sons, Inc. New York 1960)

energien keine Kugeloberflächen, sondern im allgemeinen kompliziertere Gebilde, die nicht mehr geschlossen zu sein brauchen und mehrfach zusammenhängend sein können. Als Beispiel für eine offene Fermi-Oberfläche ist in Fig. 8 die Fermi-Oberfläche von Gold dargestellt.

Kupfer und Silber besitzen sehr ähnliche, in gleicher Weise mehrfach zusammenhängende Fermi-Oberflächen.

Die genaue Kenntnis der Abhängigkeit der Energie vom Ausbreitungsvektor für die Leitungsbänder, die sog. Bandstruktur, insbesondere in der Umgebung der Fermi-Oberfläche, ist für die elektrischen, optischen und thermischen Eigenschaften der Metalle von großer Bedeutung. Für die theoretische Berechnung der $E-\mathfrak{k}$-Abhängigkeit gibt es eine Reihe von Näherungsverfahren (vgl. die zusammenfassenden Artikel [*1*] bis [*5*]), die sich im wesentlichen in zwei Gruppen einteilen lassen. Bei der ersten Gruppe werden als Ausgangsfunktionen für die näherungsweise Lösung der Schrödinger-Gleichung lokalisierte Funktionen (Atomfunktionen) verwendet (Blochsche Methode der gebundenen Elektronen [*6*], Methode mit orthogonalisierten Atomfunktionen [*7*], Methode mit Wannier-Funktionen [*8*], [*9*], [*10*], method of equivalent orbitals [*11*]); bei der zweiten Gruppe werden als Basisfunktionen ebene Wellen, die sich über den ganzen Kristall erstrecken (orthogonalized plane waves ([*12*] bis [*16*]), modified plane waves [*17*], augmented plane waves [*18*], [*19*], [*20*]), benützt. Die von Wigner und Seitz eingeführte [*21*], [*22*], [*23*], von Bardeen [*24*] und Brooks [*25*] verfeinerte Zellenmethode, die sich bei den Alkalimetallen gut bewährt hat, läßt sich in keine der beiden Gruppen einordnen. Bei dieser Methode wird jedem Atom eine Zelle zugeordnet, indem man auf der Mitte der Verbindungslinie zweier Gitterpunkte senkrechte Ebenen errichtet*. Innerhalb einer solchen Zelle, die man meistens durch eine Kugel gleichen Volumens annähert, wird die Schrödinger-Gleichung für ein bestimmtes Potential exakt gelöst, während den Rand- und Periodizitätsbedingungen nur näherungsweise Rechnung getragen wird. Eine Verknüpfung der Zellenmethode mit der von ebenen Wellen ausgehenden Methode stellt das von Korringa [*26*] und unabhängig davon von Kohn und Rostocker [*27*] entwickelte Verfahren mit Greenschen Funktionen dar. Hier wird zunächst die Schrödinger-Gleichung einschließlich der Rand- und der Periodizitätsbedingungen mittels einer Greenschen Funktion in eine Integralgleichung überführt und diese mit einem Variationsverfahren näherungsweise gelöst. Eine besonders übersichtliche Form bekommt diese Methode, wenn die potentielle Energie innerhalb der Kugel, die dem Atompolyeder einbeschrieben werden kann, radialsymmetrisch und in den übrigen Raumgebieten näherungsweise konstant ist. Wie die quantitativen Untersuchungen von Ham und Segall [*28*], [*29*], [*30*] bei den Alkali- und Edelmetallen sowie bei Aluminium gezeigt haben, ist dieses Verfahren wegen seiner guten Konvergenz allen anderen Methoden überlegen. Selbst an Punkten mit niederer Symmetrie, die man bisher nur

* Man wendet also im gewöhnlichen Gitter dasselbe Konstruktionsprinzip an, das im reziproken Gitter zu der ersten Brillouin-Zone führt.

mit Interpolationsverfahren erfassen konnte, bleibt der Rechenaufwand in vernünftigen Grenzen. Außerdem stimmt das für Kupfer erhaltene Ergebnis sehr gut mit jenem überein, das BURDICK [*31*] mit einer augmented plane wave method erhalten hat. Unter den soeben erwähnten Interpolationsverfahren hat sich das von PHILLIPS [*32*], [*33*] und ANTONČIK [*34*], [*35*] vorgeschlagene Verfahren mit Pseudopotentialen am besten bewährt. Es stellt eine Vereinfachung der Methode mit orthogonalisierten ebenen Wellen dar, bei der man die Orthogonalität zu den energetisch tiefer gelegenen Zuständen mit Hilfe eines abstoßenden Potentials erzwingt. Für die Form dieses Potentials macht man meistens einen Ansatz und legt die dabei noch freien Parameter durch Vergleich mit Energiewerten genauerer Rechnung fest. Nachdem es in jüngster Zeit gelungen ist, durch Verfeinerung der Meßmethoden auch experimentell die Bandstruktur – wenigstens in der Umgebung der Fermi-Oberfläche – zu bestimmen, werden solche halbempirischen Verfahren in Zukunft eine große Bedeutung bekommen.

Als Meßmethoden eignen sich alle Effekte, die sehr stark von der Bandstruktur abhängig sind. Hierzu gehören vor allem der de Haas-van Alphen-Effekt, die Methode der Zyklotron-Resonanzen, der anomale Skin-Effekt, die Dämpfung von Ultraschallwellen und verschiedene galvanomagnetische Effekte (vgl. die zusammenfassenden Artikel [*36*] bis [*40*]). Zur Kontrolle eines bestimmten Modells für die Fermi-Oberfläche kann die spezifische Wärme der Elektronen bei tiefen Temperaturen herangezogen werden. Wie wir gezeigt haben, ist diese proportional der Zustandsdichte der Elektronen an der Fermi-Oberfläche, die durch

$$N(\zeta)=\frac{2V_0}{(2\pi)^3}\int\frac{dS}{|\operatorname{grad}\varepsilon|}$$

gegeben ist, wobei dS ein Oberflächenelement der Fermi-Körper $\varepsilon=\zeta=$ const. ist.

2.4. Die Elektronen-Wechselwirkung

Bei den bisherigen Betrachtungen wurde die individuelle Wechselwirkung zwischen den einzelnen Elektronen völlig vernachlässigt. Dieses Vorgehen scheint zunächst äußerst problematisch zu sein, weil zwischen den Elektronen die weitreichende Coulomb-Wechselwirkung vorhanden ist, durch die die Bewegung der einzelnen Elektronen untereinander gekoppelt (korreliert) wird, und weil wegen des Antisymmetrieprinzipes Elektronen gleichen Spins einander nicht beliebig nahe kommen können. Dem zuletzt erwähnten Antisymmetrieprinzip, das eine Verallgemeinerung des Pauli-Prinzips für ein Vielteilchenproblem darstellt, wird in der Hartree-Fockschen Näherung dadurch Rechnung getragen, daß die

Gesamtwellenfunktion durch eine vollkommen antisymmetrische Kombination von zunächst noch unbekannten Einelektronen-Wellenfunktionen dargestellt wird. Die mit einer solchen Wellenfunktion berechnete Gesamtenergie des Elektronensystems muß minimal sein. Diese Forderung wird mit Hilfe des Euler-Lagrangeschen Variationsverfahrens erfüllt und führt zu einem System von Integrodifferentialgleichungen für die Einelektronen-Wellenfunktionen. Diese unterscheiden sich von der Hartreeschen Gleichung (Ziff. 2.3) dadurch, daß weitere Glieder auftreten, die von der Austauschwechselwirkung zwischen Elektronen gleichen Spins herrühren. Wie eingehende Rechnungen am Beispiel von freien Elektronen zeigen, wird durch diese Austauschwechselwirkung erreicht, daß die Aufenthaltswahrscheinlichkeit, in der Umgebung eines Elektrons ein weiteres Elektron gleichen Spins zu finden, nahezu Null ist. In der Ladungsverteilung der Elektronen gleichen Spins ist um jedes Elektron ein positives Austausch- oder Fermi-Loch vorhanden. Da die individuelle Coulombsche Abstoßung – die sog. Elektronenkorrelation – in der Hartree-Fockschen Näherung nicht enthalten ist, können sich dagegen Elektronen mit entgegengesetztem Spin beliebig nahe kommen.

Diese Elektronen-Korrelation kann erst seit einigen Jahren durch eine von BOHM und PINES *[41]* bis *[43]* entwickelte Methode in physikalisch anschaulicher Weise berücksichtigt werden. Für ein freies Elektronengas – eine Verallgemeinerung für die Elektronen in einem periodischen Potential wurde von HUBBARD *[44]* durchgeführt – konnten die beiden soeben genannten Autoren zeigen, daß sich der weitreichende Anteil der Coulomb-Abstoßung durch eine kollektive Bewegung aller Elektronen, den sog. Plasmaoszillationen, beschreiben läßt. Da die Anregungsenergie dieser Oszillationen wesentlich größer als die Fermi-Energie ist, kann bei niederenergetischen Elektronenprozessen keine Änderung der kollektiven Bewegung auftreten. Zwischen den einzelnen Elektronen ist dann noch eine sehr kurzreichweitige Abstoßung vorhanden, die sich näherungsweise durch ein abgeschirmtes Coulomb-Potential $-e\exp(-qr)/r$ beschreiben läßt, wobei q^{-1} von der Größenordnung des Gitterabstandes ist. Etwas vergröbernd kann man sagen, daß jedes Elektron von einem positiv geladenen Loch mit Radius q umgeben ist, durch das seine negative Ladung in größerem Abstand völlig abgeschirmt wird. Der wesentliche Vorteil der Methode von BOHM und PINES besteht darin, daß, obwohl mit ihr ein Vielkörperproblem behandelt wird, jeder Elektroneneigenwert eine Energieänderung erfährt, der nur von seinem Ausbreitungsvektor $\mathfrak{k}$ abhängig ist, so daß weiter mit der Vorstellung von Einelektronenenergien und damit mit dem Bandmodell gearbeitet werden darf. Damit hat die Hartreesche Näherung von Elektronen, die sich unabhängig voneinander bewegen können, eine nachträgliche Rechtfertigung erfahren. Die Abschätzungen von JONES *[45]* zeigen weiter, daß die gegenseitige Streuung der Elektronen an dem abgeschirmten Coulomb-Potential auf den elektrischen Widerstand der Nicht-Übergangs-Metalle einen vernachlässigbaren Einfluß hat.

3. Die Leitfähigkeitseigenschaften der Metalle

3.1. Die Bewegung der Leitungselektronen infolge eines äußeren Feldes

Der Haupterfolg der in Ziff. 2.3 beschriebenen Bändertheorie war, daß sie den Unterschied zwischen Leiter und Isolator erklären konnte. Wodurch kommt dieser Unterschied zustande? Zunächst zeigt die Quantenmechanik, daß jedem Elektron mit Ausbreitungsvektor $\mathfrak{k}$ aus dem n-ten Band eine mittlere Geschwindigkeit

$$\mathfrak{v} = \frac{1}{\hbar} \operatorname{grad}_{\mathfrak{k}} E_{n,\mathfrak{k}}, \qquad \operatorname{grad}_{\mathfrak{k}} = \begin{pmatrix} \partial/\partial k_x \\ \partial/\partial k_y \\ \partial/\partial k_z \end{pmatrix} \tag{3.1}$$

zugeordnet werden kann. Da die Energie eine gerade Funktion des Ausbreitungsvektors ist, gibt es innerhalb eines Bandes zu jedem Zustand mit der Geschwindigkeit $\mathfrak{v}$ genau einen mit der entgegengesetzten Geschwindigkeit, d.h. der Mittelwert der Geschwindigkeiten über ein Band und damit die Gesamtteilchenstromdichte verschwindet.

Wenn wir ein äußeres Feld an einen Kristall anlegen, können wir nicht erwarten, daß für die Elektronen im Metall die gleiche Bewegungsgleichung wie bei freien Teilchen gilt, weil diese sich ja in einem periodischen Potential bewegen. Wenn das äußere Feld auf die Elektronen die Kraft $\mathfrak{F}$ ausübt, so wird dadurch in der Zeit Δt die Energie eines Elektrons um

$$\Delta E_{n,\mathfrak{k}} = (\mathfrak{F} \cdot \mathfrak{v})\, \Delta t = \frac{1}{\hbar} (\mathfrak{F} \cdot \operatorname{grad}_{\mathfrak{k}} E_{n,\mathfrak{k}})\, \Delta t \tag{3.2a}$$

erhöht. Andererseits ist aber $E_{n,\mathfrak{k}}$ eine Funktion des Ausbreitungsvektors, so daß

$$\Delta E_{n,\mathfrak{k}} = (\operatorname{grad}_{\mathfrak{k}} E_{n,\mathfrak{k}} \cdot \Delta \mathfrak{k}) \tag{3.2b}$$

ist. Gleichsetzen dieser beiden Ausdrücke führt auf

$$\hbar \dot{\mathfrak{k}} = \mathfrak{F} = -e \left(\mathfrak{E} + \frac{c}{\hbar} \operatorname{grad}_{\mathfrak{k}} E_{n\mathfrak{k}} \times \mathfrak{H} \right), \tag{3.3}$$

wenn als äußere Kraft die elektrische Feldstärke $\mathfrak{E}$ und das Magnetfeld $\mathfrak{H}$ auf die Elektronen wirksam sind. ($-e$ Ladung eines Elektrons.) Die Größe $\hbar \mathfrak{k}$ genügt also derselben Differentialgleichung wie bei freien Teilchen der Impuls; sie wird deshalb verschiedentlich als Quasiimpuls bezeichnet. Es ist dabei zu beachten, daß der Quasiimpuls nur bis auf ein Vielfaches von $\hbar \mathfrak{K}^{(l)}$ festgelegt ist.

Unter dem Einfluß eines äußeren elektrischen Feldes nehmen zunächst gemäß Gl. (3.3) alle Ausbreitungsvektoren mit der Zeit zu. Bei einem Kristall mit einem nicht abgeschlossenen Band wird dadurch die punktsymmetrische Verteilung der Elektronen um den Ursprung des $\mathfrak{k}$-Raums gestört, so daß ein resultierender Teilchenstrom entsteht (vgl. Fig. 9a). Ganz anders sind dagegen die Verhältnisse bei einem vollbesetzten Band (Fig. 9b). Hier nehmen zwar auch die Ausbreitungsvektoren mit der Zeit zu, wodurch einige Elektronenzustände über die erste Brillouin-Zone hinausgeschoben werden; da jedoch alle Elektronenzustände periodische Funktionen im $\mathfrak{k}$-Raum sind, können diese Zustände um einen reziproken Gittervektor nach links verschoben werden, so daß wir wieder die ursprüngliche Elektronenanordnung erhalten, bei der nur

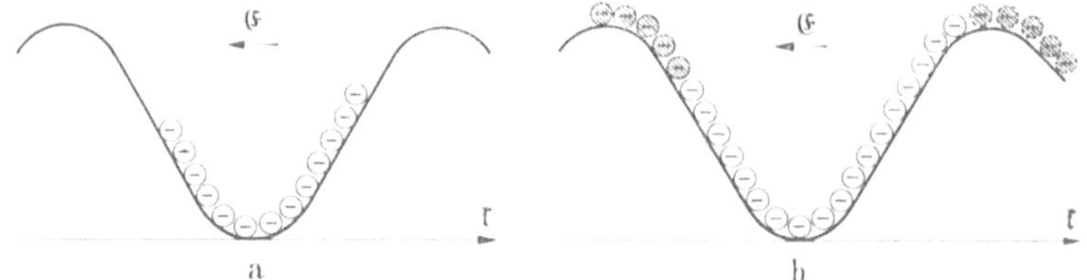

Fig. 9a u. b. Änderung der Elektronenverteilung durch ein äußeres elektrisches Feld bei a) einem unvollständig besetzten bzw. b) einem vollständig besetzten Band

die einzelnen Elektronen umgelagert worden sind, was aber wegen der Ununterscheidbarkeit der Elektronen belanglos ist. Durch ein äußeres elektrisches Feld kann deshalb nur dann in einem Kristall ein elektrischer Strom erzeugt werden, wenn dieser mindestens *ein* unvollständig besetztes Band enthält. Der Unterschied zwischen Metallen und Isolatoren besteht also in diesem Bilde darin, daß letztere nur vollbesetzte Energiebänder besitzen, während bei den Metallen mindestens ein Band nur teilweise besetzt ist. Die Elektronen aus den nicht vollbesetzten Bändern werden, da sie für die Leitungsphänomene verantwortlich sind, als Leitungselektronen und die entsprechenden Bänder als Leitungsbänder bezeichnet.

Auf Grund ihres Leitfähigkeitsvermögens stehen zwischen den Metallen und den Isolatoren noch die sog. Halbleiter, bei denen wir Eigenhalbleiter und Fremdhalbleiter unterscheiden können. Bei den Eigenhalbleitern ist der Abstand zwischen dem vollbesetzten Band und dem nächst höher gelegenen völlig leeren Band so klein, daß Elektronen durch thermische Anregung in das obere Band gelangen können. Eigenhalbleiter sind deshalb am absoluten Nullpunkt völlige Isolatoren; mit wachsender Temperatur nimmt ihre Leitfähigkeit immer weiter zu. Bei den Fremdhalbleitern sind infolge von Verunreinigungen weitere Energieniveaus zwischen dem obersten besetzten und dem darüberliegenden leeren Band vorhanden. Wenn diese Niveaus z.B. in der Nähe des oberen Bandes liegen, können Elektronen leicht in dieses Band überwechseln.

Auch bei dieser Klasse von Halbleitern nimmt die Leitfähigkeit im allgemeinen mit wachsender Temperatur zu. Damit haben wir gezeigt, daß der Unterschied zwischen Metallen, Halbleitern und Isolatoren auf die verschiedene Bandstruktur zurückzuführen ist.

3.2. Die Streuung der Elektronen durch die thermische Bewegung der Gitterionen

Wie in der vorhergehenden Ziffer gezeigt wurde, wird durch ein elektrisches Feld in einem Metall die punktsymmetrische Verteilung der Elektronen im $\mathfrak{k}$-Raum um $\mathfrak{k}=0$ derart gestört, daß ein elektrischer Strom entsteht. Schaltet man das äußere Feld nach einer gewissen Zeit ab, so wird in einem idealen Kristall der Strom seinen Endwert beibehalten, weil zwischen den einzelnen Quantenzuständen keinerlei Übergänge auftreten. In einem periodischen Kristall sind also stationäre Energiezustände mit nichtverschwindendem elektrischem Strom möglich. Diese unendliche Leitfähigkeit beruht – wie Bloch als erster gezeigt hat – auf der Annahme, daß die Elektronen sich in einem periodischen Potential bewegen. Bei einem wirklichen Kristall wird die Periodizität durch die thermische Bewegung der Gitterionen und durch die in jedem Kristall vorhandenen Gitterfehler gestört, was zur Folge hat, daß die Elektronen nicht mehr beliebig lange in einem bestimmten Quantenzustand verbleiben. In diesem Teil der Arbeit befassen wir uns nur mit der Streuung der Elektronen an den Gitterschwingungen; auf die Streuung der Elektronen an den statischen Gitterfehlern, wie z.B. Gitterlücken und Versetzungen, werden wir erst im nächsten Abschnitt eingehen.

Seit den grundlegenden Arbeiten von Einstein, Born und v. Karman, sowie von Debye ist bekannt, daß die Gitteratome in einem Kristall harmonische Schwingungen um ihre Gleichgewichtslagen ausführen, wobei sich die Auslenkung des durch einen Gittervektor $\mathfrak{R}_l$ charakterisierten Atoms auf folgende Weise durch Normalschwingungen darstellen läßt:

$$\mathfrak{s}(\mathfrak{R}_l)=\sum_{\mathfrak{q},j} a_{\mathfrak{q}}^j \mathfrak{e}_{\mathfrak{q}}^j e^{i(\mathfrak{q}\cdot\mathfrak{R}_l-\omega_{\mathfrak{q}}^j t)}. \tag{3.4}$$

Die Eigenwerte des Ausbreitungsvektors $\mathfrak{q}$ sind dabei durch dieselben Bedingungen festgelegt wie die Ausbreitungsvektoren der Elektronen. Die Theorie zeigt, daß es in einem einfachen Translationsgitter zu jedem Wert von $\mathfrak{q}$ drei verschiedene Frequenzen $\omega_{\mathfrak{q}}^j$ mit drei Polarisationsvektoren $\mathfrak{e}_{\mathfrak{q}}^j$ gibt, die durch die Indizes $j=1, 2, 3$ voneinander unterschieden sind. Die $\mathfrak{e}_{\mathfrak{q}}^j$ stehen senkrecht aufeinander; ihr Betrag wird auf 1 normiert. Mit $a_{\mathfrak{q}}^j$ wird die Amplitude der j-ten Partialwelle mit Ausbreitungsvektor $\mathfrak{q}$ bezeichnet.

Bei der Berechnung des elektrischen Widerstandes haben Bloch und die meisten anderen Autoren, die sich mit diesem Problem beschäftigt haben, das Schwingungsspektrum mit Hilfe der sog. Debyeschen Theorie berechnet, bei der man das Metall als ein elastisches und in den meisten Fällen auch isotropes Medium aufgefaßt hat. In dieser Betrachtungsweise gibt es für einen bestimmten Ausbreitungsvektor *eine* Gitterwelle, deren Verschiebungsvektor in die Ausbreitungsrichtung weist (longitudinale Welle) und *zwei* Gitterwellen, deren Polarisationsvektoren aufeinander und auf der Ausbreitungsrichtung (transversale Wellen) senkrecht stehen. Zwischen den Frequenzen $\omega_{\mathfrak{q}}^{j}$ und den Ausbreitungsvektoren besteht der lineare Zusammenhang

$$\omega_{\mathfrak{q}}^{j} = c^{j} \, |\mathfrak{q}| \, , \tag{3.5}$$

wobei c^j die Fortpflanzungsgeschwindigkeiten für die longitudinalen bzw. transversalen Schwingungen sind. In dem isotropen Modell sind die Fortpflanzungsgeschwindigkeiten der Gitterschwingungen unabhängig von der Ausbreitungsrichtung. Da in einem Kristall genau so viele Eigenschwingungszustände möglich sind, wie es Gitteratome gibt, muß man die $\omega - q$-Kurve bei einem bestimmten maximalen Ausbreitungsvektor $q_{\max}$ oder bei einer bestimmten Grenzfrequenz abschneiden. Beide Abschneideverfahren sind etwas willkürlich und weisen auf einen allgemeinen Mangel der Debyeschen Theorie hin: Sie versagt völlig, wenn die Wellenlänge der Gitterschwingungen mit dem Gitterabstand vergleichbar wird. Wie wir noch sehen werden, sind diese kurzwelligen Gitterschwingungen für die Streuungen der Elektronen und damit für den elektrischen Widerstand von großer Bedeutung. In jüngster Zeit [*46*], [*47*] wurde deshalb versucht, bei der Berechnung des elektrischen Widerstandes der atomistischen Struktur des Kristallgitters besser als bisher Rechnung zu tragen. Dies geschieht dadurch, daß man das Schwingungsspektrum nicht mit Hilfe der Elastizitätstheorie – also einer Kontinuumstheorie – sondern mit der sog. Gitterdynamik berechnet. Bei dieser geht man von der Annahme aus, daß zwischen den einzelnen Gitteratomen Kräfte vorhanden sind, die bei einer Auslenkung aus der Gleichgewichtslage wirksam werden. Durch die abschirmende Wirkung der Leitungselektronen nehmen diese Kräfte sehr schnell mit der Entfernung ab, so daß nur die Kopplung zwischen nähergelegenen Gitteratomen wirksam ist. Die Größe dieser Kopplungskonstanten läßt sich mit der diffusen Streuung von Röntgenstrahlen [*48*] bis [*55*] oder durch die unelastische Streuung von Neutronen [*56*] bis [*58*] experimentell bestimmen. Ein typischer Verlauf der $\omega_{\mathfrak{q}}$-Kurve ist in Fig. 10 wiedergegeben. Bei kleinen Werten von $|\mathfrak{q}|$ besteht ein linearer Zusammenhang zwischen der Frequenz ω und $|\mathfrak{q}|$. Kommt dagegen die Wellenlänge in die Größe des Gitterabstandes, so biegen die Dispersionskurven sehr stark ab. In der Abbildung ist außerdem die Größe $(\mathfrak{e}_{\mathfrak{q}}^{j} \cdot \mathfrak{q}^{0})$ eingezeichnet, die ein Maß für den Winkel zwischen Polarisationsrichtung und Ausbreitungsrichtung ist. Es gibt also weder reine longitudinale noch reine transversale Wellen, bei denen dieser Ausdruck entweder 1 oder 0 wäre. Wie die genaue numerische Rechnung zeigt, die am Beispiel von Kupfer mit den von JACOBSEN bestimmten Kopplungskonstanten durchgeführt wurde [*59*], sind die Frequenzen und die Polarisationsvektoren sehr stark von der Ausbreitungsrichtung abhängig. Diese Richtungsanisotropie kann bei Kupfer im Temperaturgebiet $20°\,K < T < 80°\,K$ zu starken Abweichungen von der sog. Matthiessenschen Regel führen, nach der der

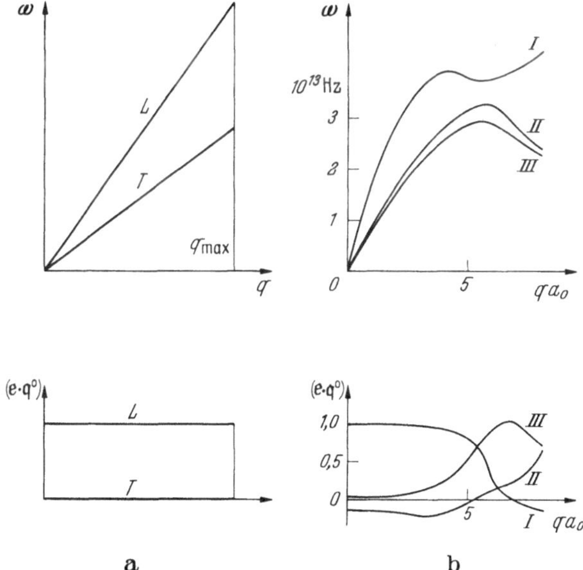

Fig. 10a u. b. Die Dispersionskurve $\omega_{\mathfrak{q}}$ und die Polarisationskurve $\mathfrak{e}_{\mathfrak{q}}$ nach a) der Debyeschen Theorie bzw. b) nach der Gitterdynamik. (In b) wurde das Schwingungsspektrum von Cu für die Richtung $q_x^0 = 0{,}89454$, $q_y^0 = 0{,}37053$, $q_z^0 = 0{,}25000$ dargestellt)

temperaturabhängige Widerstand und der Restwiderstand additiv sind. Neben diesen Abweichungen, auf die wir später noch zurückkommen werden, gibt diese Anisotropie im selben Temperaturgebiet auch einen Beitrag zur Erhöhung des elektrischen Widerstandes im Magnetfeld. Ergänzend bemerken wir noch, daß wie bei der Elektronenenergie die Periodizität des Gitters im Ortsraum eine Periodizität der Frequenzen und der Polarisationsvektoren im reziproken Gitter bedingt, so daß diese Größen nur innerhalb der ersten Brillouin-Zone im $\mathfrak{q}$-Raum bekannt sein müssen.

Die in Gl. (3.4) vorkommende Amplitude $a_{\mathfrak{q}}^j$ der Gitterschwingungen ist bei hohen Temperaturen auf Grund des Gleichverteilungssatzes proportional zu $T^{\frac{1}{2}}$. Um die Theorie auch auf tiefere Temperaturen anwenden zu können, hat F. BLOCH in seiner grundlegenden Arbeit über den elektrischen Widerstand das Verschiebungsfeld der Gitterionen gequantelt. Mit Hilfe der Darstellung des Verschiebungsfeldes durch Normalschwingungen ist diese Quantisierung leicht durchzuführen; die Gesamtenergie aller Schwingungen läßt sich nämlich als Summe der Energien von $3N$ voneinander völlig unabhängigen Oszillatoren darstellen, welche die Eigenfrequenzen $\omega_{\mathfrak{q}}^{j}$ besitzen. Wie aus der Quantenmechanik des harmonischen Oszillators bekannt ist, kann jeder Oszillator nur diskrete Energieniveaus besitzen, die durch $E_{\mathfrak{q}}^{j}=(2N_{\mathfrak{q}}^{j}+1)\,\hbar\omega_{\mathfrak{q}}^{j}/2$ gegeben sind, wobei $N_{\mathfrak{q}}^{j}$ die Folge der ganzen Zahlen 0, 1, 2 ... durchlaufen kann. Bei einem Übergang von einem Zustand $N_{\mathfrak{q}}^{j}$ zu dem nächst tiefer liegenden Zustand $(N_{\mathfrak{q}}^{j}-1)$ wird ein Energiequant $\hbar\omega_{\mathfrak{q}}^{j}$ abgegeben. In einem Teilchenbild kann man an Stelle der Gitterschwingungen von den sog. Phononen sprechen, die durch den Quasiimpuls $\hbar\mathfrak{q}$ und die Energie $\hbar\omega_{\mathfrak{q}}^{j}$ gekennzeichnet sind.

Bei der Berechnung der Wechselwirkung zwischen den Gitterschwingungen und den Elektronen müssen verschiedene Näherungen gemacht werden. Die erste Näherung beruht auf der Tatsache, daß die Geschwindigkeit der Elektronen wesentlich größer als die Geschwindigkeit der Gitterionen ist, so daß man annehmen kann, daß der Zustand der Elektronen im wesentlichen durch die augenblickliche Lage der Gitterionen, nicht dagegen durch deren Geschwindigkeit bestimmt ist. Die Gültigkeit dieser sog. adiabatischen Näherung, die von Born und Oppenheimer [*60*] zum ersten Male in der Molekülphysik angewandt wurde, ist in den vergangenen Jahren ausführlich untersucht worden [*61*] bis [*64*]. Weiter nehmen wir an, daß sich bei der Verschiebung aus der Gleichgewichtslage die Elektronen auf den inneren, abgeschlossenen „Schalen" starr mit den Atomkernen bewegen. Wenn die Verschiebung aus der Gleichgewichtslage klein ist und mit $u(\mathfrak{r})$ das Potential eines Gitterions bezeichnet wird, läßt sich das Gesamtpotential aller Gitterionen gemäß

$$V_{\mathrm{Ion}}=\sum_{\mathfrak{R}_l} u(\mathfrak{r}-\mathfrak{R}_l-\mathfrak{s}_l)=\sum_{\mathfrak{R}_l} u(\mathfrak{r}-\mathfrak{R}_l)-\sum_{\mathfrak{R}_l}\mathfrak{s}_l\,\mathrm{grad}_{\mathfrak{r}}\,u(\mathfrak{r}-\mathfrak{R}_l) \tag{3.6}$$

in einen periodischen Anteil, den wir schon im Bändermodell berücksichtigt haben, und in ein zusätzliches Störglied zerlegen. Durch dieses Störglied werden Übergänge zwischen den einzelnen Elektronenzuständen $\mathfrak{k}$ und $\mathfrak{k}'$ erzeugt, die sich mit der zeitabhängigen Störungsrechnung behandeln lassen. Bei diesen Übergängen müssen die Erhaltungssätze für die Energie und für den sog. Quasiimpuls erfüllt sein: Durch Absorption eines Phonons mit Ausbreitungsvektor $\mathfrak{q}$ und Energie $\hbar\omega_{\mathfrak{q}}^{j}$ wird nur dann ein Elektron vom Zustand $\mathfrak{k}$ in den Zustand $\mathfrak{k}'$ gestreut, wenn

$$\mathfrak{k}'-\mathfrak{k}=\mathfrak{q}+\mathfrak{K}^{(l)}, \tag{3.7a}$$

$$E_{\mathfrak{k}}-E_{\mathfrak{k}'}=\hbar\,\omega_{\mathfrak{q}}^{j} \tag{3.7b}$$

ist, wobei $\mathfrak{K}^{(l)}$ ein reziproker Gittervektor ist. Dieser wird so bestimmt, daß $\mathfrak{q}$ immer ein reduzierter Ausbreitungsvektor bleibt, auch wenn die Differenz $(\mathfrak{k}'-\mathfrak{k})$ außerhalb der ersten Brillouin-Zone liegen sollte. Prozesse, bei denen $\mathfrak{K}^{(l)} \neq 0$ ist, werden nach PEIERLS als Umklappprozesse bezeichnet. Für die Einstellung des thermischen Gleichgewichts der Gitterschwingungen in Gegenwart eines äußeren elektrischen Feldes sind diese Umklappprozesse von großer Bedeutung.

Die Wahrscheinlichkeit, daß in der Zeiteinheit eines der beiden Elektronen mit Ausbreitungsvektor $\mathfrak{k}$ durch Streuung an den Gitterschwingungen nach $\mathfrak{k}'$ kommt, ist nach SOMMERFELD und BETHE [65] gegeben durch

$$\left.\begin{aligned} W(\mathfrak{k},\mathfrak{k}') = \frac{n_0^2}{\gamma_0 V_0} \frac{2\pi}{\hbar} \sum_j \frac{(\mathfrak{e}_\mathfrak{q}^j \cdot \mathfrak{J}(\mathfrak{k},\mathfrak{k}'))^2}{2\hbar\,\omega_\mathfrak{q}^j} \times \\ \times \{(N_\mathfrak{q}^j+1)\,\delta(E_{\mathfrak{k}'}-E_\mathfrak{k}+\hbar\,\omega_\mathfrak{q}^j) + N_\mathfrak{q}^j\,\delta(E_{\mathfrak{k}'}-E_\mathfrak{k}-\hbar\,\omega_\mathfrak{q}^j)\} \end{aligned}\right\} \tag{3.8}$$

γ_0: Dichte des Kristalls,
V_0: Kristallvolumen,
n_0: Zahl der Leitungselektronen/Volumeinheit.

Mit den ersten Gliedern werden Prozesse beschrieben, bei denen das Elektron den Zustand $\mathfrak{k}'$ unter Abgabe eines Schwingungsquants erreicht; es ist $\mathfrak{k}'-\mathfrak{k} = -\mathfrak{q}+\mathfrak{K}^{(l)}$. Beim zweiten Glied nimmt das Elektron ein Schwingungsquant auf, so daß $\mathfrak{k}'-\mathfrak{k}=\mathfrak{q}+\mathfrak{K}^{(l)}$ ist. Die in Gl. (3.8) eingeführte Vektorfunktion $\mathfrak{J}(\mathfrak{k},\mathfrak{k}')$ ist definiert durch

$$\mathfrak{J}(\mathfrak{k},\mathfrak{k}') = \sum_l \int \Psi_{\mathfrak{k}'}^*(\mathfrak{r})\, e^{i\mathfrak{q}\cdot\mathfrak{R}_l}\, \mathrm{grad}_\mathfrak{r}\, u(\mathfrak{r}-\mathfrak{R}_l)\, \Psi_\mathfrak{k}(\mathfrak{r})\, d\tau_\mathfrak{r}. \tag{3.9}$$

Bei der Berechnung dieser Matrixelemente haben BLOCH und später auch BETHE nicht berücksichtigt, daß die Leitungselektronen das durch die Gitterschwingungen hervorgerufene Störpotential abschirmen können. Wie BARDEEN [66] mit Hilfe einer selbst-konsistenten Methode zeigen konnte, kann man diese Abschirmung wenigstens bei einem quasifreien Elektronengas durch einen von $|\mathfrak{k}'-\mathfrak{k}|$ abhängigen Faktor $S(|\mathfrak{k}'-\mathfrak{k}|)$ berücksichtigen, um den das starre Ionenpotential verringert wird. Die explizite Form für die Vektorfunktion ist aus der Arbeit von BARDEEN zu entnehmen. Für unsere Betrachtung ist nur notwendig, daß sie proportional zum Differenzvektor $(\mathfrak{k}'-\mathfrak{k})$ ist, so daß die Übergangswahrscheinlichkeit nur durch $\mathfrak{e}_\mathfrak{q}^j\cdot(\mathfrak{k}'-\mathfrak{k})$ von den Polarisationsvektoren der Gitterschwingungen abhängig ist. Auf die Versuche von BARDEEN und PINES u.a. ([67] bis [70]; s. auch Ziff. 4.5), bei der Abschirmung des Störpotentials der Gitterionen auch die Austauschwechselwirkung und die Korrelationswechselwirkung zu berücksichtigen sowie auf die Näherung freier Elektronen zu verzichten, wollen wir hier nicht eingehen.

Seit der Arbeit von Bloch ist es bei der Berechnung des elektrischen Widerstandes üblich anzunehmen, daß die Gitterschwingungen im thermischen Gleichgewicht sind, d.h., daß die Anzahl der Quanten, mit denen die Gitterschwingung $(\mathfrak{q}, j)$ angeregt ist, durch das Plancksche Gesetz

$$N_{\mathfrak{q}}^{j} = \frac{1}{\exp[\hbar\,\omega_{\mathfrak{q}}^{j}/KT] - 1} \tag{3.10}$$

gegeben ist. Wie Peierls [*71*] und später auch Klemens [*72*] durch eingehende Untersuchungen gezeigt haben, ist diese Näherung nur oberhalb von $^1/_{20}$ Debye-Temperatur gerechtfertigt, da in diesem Temperaturgebiet die Gitterschwingungen vorwiegend durch die Dreiphononenprozesse ins thermische Gleichgewicht kommen. In dem darunterliegenden Temperaturbereich ist diese Näherung – vor allem bei Untersuchungen der Thermokraft – nicht erlaubt, weil electron- und phonon-drag-Effekte auftreten können [*73*].

3.3. Die Gleichgewichtsverteilung der Elektronen in einem äußeren Feld

Durch die Wechselwirkung der Leitungselektronen mit den Gitterschwingungen wird verhindert, daß in einem äußeren elektrischen Feld der Quasiimpuls der Elektronen nach Gl. (3.3) immer weiter zunimmt. Vielmehr stellt sich nach einer gewissen Zeit ein neuer Gleichgewichtszustand ein, der dadurch gekennzeichnet ist, daß sich die Übergänge, die durch das äußere Feld verursacht werden, und die Übergänge durch die Streuung der Elektronen an den Gitterschwingungen gerade die Waage halten. Die Verteilungsfunktion $f(\mathfrak{k})$ für diesen neuen Gleichgewichtszustand ist im Unterschied zur früheren Fermischen Verteilungsfunktion des feldfreien Zustandes nicht mehr punktsymmetrisch in bezug auf den Ursprung des reziproken Gitters und durch folgende Forderung festgelegt

$$\left(\frac{\partial f}{\partial t}\right)_{\text{Felder}} + \left(\frac{\partial f}{\partial t}\right)_{\text{Stöße}} = 0, \tag{3.11}$$

wobei mit $(\partial f/\partial t)_{\text{Felder}}$ die Änderung der Verteilungsfunktion durch das äußere Feld und mit $(\partial f/\partial t)_{\text{Stöße}}$ die Änderung durch die Streuung der Elektronen an den Gitterschwingungen bezeichnet wird. Der Wert von $(\partial f/\partial t)_{\text{Felder}}$ läßt sich durch folgende Überlegung berechnen: Unter dem Einfluß eines äußeren Feldes wird die gesamte Verteilungsfunktion in Richtung des Feldes verschoben und ist nach einer kleinen Zeit Δt gegeben durch *

$$f(\mathfrak{k}, \Delta t) = f_0\left(\mathfrak{k} + \frac{e\,\mathfrak{E}}{\hbar}\,\Delta t\right), \tag{3.12a}$$

* Diese Gleichung stellt schon eine Näherung dar, weil an Stelle von f_0 die wirkliche Gleichgewichtsverteilung stehen müßte. Im Gültigkeitsbereich des Ohmschen Gesetzes, d.h. solange ein linearer Zusammenhang zwischen Strom und Spannung besteht, reicht diese Näherung aus.

weil der Ausbreitungsvektor der Elektronen sich in dieser Zeit um $-\frac{e\mathfrak{E}}{\hbar}\Delta t$ geändert hat. Differentiation nach der Zeit führt auf

$$\left(\frac{\partial f}{\partial t}\right)_{\text{Feld}} = +\frac{\partial f_0}{\partial E_{\mathfrak{k}}} \operatorname{grad}_{\mathfrak{k}} E_{\mathfrak{k}} \cdot \frac{e\mathfrak{E}}{\hbar}, \tag{3.12b}$$

wobei wir noch berücksichtigt haben, daß die Fermische Verteilungsfunktion nur von der Elektronenenergie abhängig ist. Da die erste Ableitung dieser Funktion nur in der Umgebung der Fermi-Energie wesentlich von Null verschieden ist, wird durch ein äußeres Feld nur die Zustandsdichte der Elektronen in der Umgebung der Fermi-Energie verändert. Ohne Beweis geben wir noch die Beziehung für $(\partial f/\partial t)_{\text{Felder}}$ an, wenn außer dem elektrischen Feld auch noch ein Temperaturgradient auf die Elektronen wirkt. Es gilt dann

$$\left.\begin{aligned}\left(\frac{\partial f}{\partial t}\right)_{\text{Felder}} &= -\frac{1}{\hbar}\operatorname{grad}_{\mathfrak{r}} f_0 \cdot \operatorname{grad}_{\mathfrak{k}} E_{\mathfrak{k}} + \\ &+\frac{e}{\hbar}\operatorname{grad}_{\mathfrak{k}} f_0 \cdot \left\{\mathfrak{E} + \frac{1}{c\hbar}\operatorname{grad}_{\mathfrak{k}} E_{\mathfrak{k}} \times \mathfrak{H}\right\}.\end{aligned}\right\} \tag{3.13}$$

Um die zeitliche Änderung der Verteilungsfunktion durch die Wechselwirkung mit den Gitterschwingungen zu berechnen, müssen wir uns überlegen, durch welche Übergänge die Zahl der Elektronen in einem Zustand geändert wird: Zunächst können Elektronen von allen übrigen Zuständen $\mathfrak{k}'$ nach $\mathfrak{k}$ gestreut werden. Ist $W(\mathfrak{k}', \mathfrak{k})$ die Wahrscheinlichkeit dafür, daß in der Zeiteinheit ein Elektron vom Zustand $\mathfrak{k}'$ in den Zustand $\mathfrak{k}$ gestreut wird, so ist die Zahl der Teilchen, die diesen Übergang machen, zunächst zu dieser Übergangswahrscheinlichkeit proportional, außerdem ist sie proportional zu der Zahl der Elektronen im Zustand $\mathfrak{k}'$. Da wegen des Pauli-Prinzips ein Übergang nur möglich ist, wenn der Zustand $\mathfrak{k}$ nicht besetzt ist, tritt außerdem noch der Faktor $(1-f(\mathfrak{k}))$ auf. Durch Summation über alle möglichen Zustände $\mathfrak{k}'$ ergibt sich die Gesamtzahl der Elektronen, die in den Zustand $\mathfrak{k}$ gestreut werden, zu

$$\sum_{\mathfrak{k}'} W(\mathfrak{k}', \mathfrak{k}) f(\mathfrak{k}') [1-f(\mathfrak{k})].$$

In gleicher Weise können wir nun die Zahl der Teilchen berechnen, die den Zustand $\mathfrak{k}$ verlassen und nach einem beliebigen $\mathfrak{k}'$-Wert gestreut werden. Wenn man die Summation über alle Zustände $\mathfrak{k}'$ durch eine Integration ersetzt, ergibt sich für die gesuchte Änderung der Verteilungsfunktion durch Stöße

$$\left.\begin{aligned}\left(\frac{\partial f}{\partial t}\right)_{\text{Stöße}} &= \frac{V_0}{(2\pi)^3} \times \\ &\times \int \{W(\mathfrak{k}', \mathfrak{k}) f(\mathfrak{k}') [1-f(\mathfrak{k})] - W(\mathfrak{k}, \mathfrak{k}') f(\mathfrak{k}) [1-f(\mathfrak{k}')]\}\, d\tau_{\mathfrak{k}'}.\end{aligned}\right\} \tag{3.14}$$

Bei Abwesenheit äußerer Felder muß $(\partial f/\partial t)_{\text{Stöße}}$ verschwinden. Für die Fermische Verteilungsfunktion $f_0(\mathfrak{k})$ gilt deshalb

$$W(\mathfrak{k}',\mathfrak{k}) f_0(\mathfrak{k}')[1-f_0(\mathfrak{k})] = W(\mathfrak{k},\mathfrak{k}') f_0(\mathfrak{k})[1-f_0(\mathfrak{k}')] \tag{3.15}$$

(Prinzip des detaillierten Gleichgewichts). Da diese Identität später öfter gebraucht wird, führen wir für den Ausdruck (3.15) die Abkürzung $V(\mathfrak{k},\mathfrak{k}')$ ein. $V(\mathfrak{k},\mathfrak{k}')$ muß dann symmetrisch in $\mathfrak{k}$ und $\mathfrak{k}'$ sein. Setzen wir die Ausdrücke für $(\partial f/\partial t)_{\text{Felder}}$ und $(\partial f/\partial t)_{\text{Stöße}}$ in die Stationäritätsforderung (3.11) ein, so erhalten wir eine Integralgleichung für die neue Verteilungsfunktion, die dieselbe Form wie die Boltzmannsche Gleichung in der kinetischen Gastheorie hat und deshalb öfter als Boltzmannsche Gleichung bezeichnet wird. Eine exakte Lösung dieser nichtlinearen Integralgleichung ist im allgemeinen nicht möglich. Da die Störung der Verteilungsfunktion meist sehr klein ist, können wir mit dem Ansatz

$$f(\mathfrak{k}) = f_0(\mathfrak{k}) - \frac{\partial f_0}{\partial E_{\mathfrak{k}}} \Phi(\mathfrak{k}) \tag{3.16}$$

eine Linearisierung vornehmen, wenn wir noch von der Symmetrie von $V(\mathfrak{k},\mathfrak{k}')$ Gebrauch machen. Es wird dann

$$\left.\begin{aligned} &\frac{1}{KT}\frac{V_0}{(2\pi)^3}\int V(\mathfrak{k},\mathfrak{k}')\{\Phi(\mathfrak{k})-\Phi(\mathfrak{k}')\}\,d\tau_{\mathfrak{k}'} \\ &\qquad = \frac{1}{\hbar}\frac{\partial f_0}{\partial E_{\mathfrak{k}}}\operatorname{grad}_{\mathfrak{k}} E_{\mathfrak{k}}\cdot\{\mathfrak{F}+E_{\mathfrak{k}}\mathfrak{G}\}, \end{aligned}\right\} \tag{3.17a}$$

wobei für die äußeren „Kräfte“ folgende Abkürzungen eingeführt worden sind:

$$\mathfrak{F} = -e\mathfrak{E} - T\operatorname{grad}_{\mathfrak{r}}\frac{\zeta}{T}, \tag{3.17b}$$

$$\mathfrak{G} = -\frac{1}{T}\operatorname{grad}_{\mathfrak{r}} T. \tag{3.17c}$$

Die obige Gleichung haben wir unter der Annahme abgeleitet, daß die Übergangswahrscheinlichkeit für die Streuung der Elektronen vom Zustand $\mathfrak{k}$ in den Zustand $\mathfrak{k}'$ bekannt ist; sie gilt deshalb sowohl für die in der vorherigen Ziffer behandelte Streuung der Elektronen an den Gitterschwingungen als auch für die Streuung an den Gitterfehlern, auf die wir in Ziff. 4.3 bis 4.5 eingehen werden. Da beide Streuprozesse unabhängig voneinander sind, werden sich in einem Kristall mit Gitterfehlern die Übergangswahrscheinlichkeiten und damit auch die Größen $V(\mathfrak{k},\mathfrak{k}')$ additiv aus dem Anteil der Gitterschwingungen V_{th} und aus dem Beitrag der Gitterfehler V_{Rest} zusammensetzen gemäß

$$V_{\text{ges}}(\mathfrak{k},\mathfrak{k}') = V_{\text{th}}(\mathfrak{k},\mathfrak{k}') + V_{\text{Rest}}(\mathfrak{k},\mathfrak{k}'). \tag{3.18}$$

3.4. Die Lösung der Boltzmannschen Gleichung

Ein zentrales Problem in der Theorie der Leitfähigkeitserscheinungen ist die Lösung der Boltzmannschen Gleichung. Eine exakte Lösung – selbst in der linearisierten Form 3.17 – ist, wenn wir von einigen weniger wichtigen Spezialfällen absehen, nur dann möglich, wenn

1. die Übergangswahrscheinlichkeit $W(\mathfrak{k}, \mathfrak{k}')$ außer vom Betrage von $\mathfrak{k}$ und $\mathfrak{k}'$ nur vom Winkel zwischen $\mathfrak{k}$ und $\mathfrak{k}'$ abhängig ist und wenn

2. bei der Streuung die Energie der Elektronen nicht geändert wird (elastische Streuung). Falls diese beiden Voraussetzungen erfüllt sind, läßt sich die zeitliche Änderung der Verteilungsfunktion durch die Stöße mit einer Relaxationszeit τ gemäß

$$\left(\frac{\partial \Phi}{\partial t}\right)_{\text{Stöße}} = -\frac{\Phi(\mathfrak{k})}{\tau} \tag{3.19}$$

ausdrücken, so daß nach Abschalten des äußeren Feldes $\Phi(\mathfrak{k})$ wie

$$\Phi(\mathfrak{k}, t) = \Phi(\mathfrak{k}, 0)\, e^{-t/\tau} \tag{3.20}$$

abklingt.

Physikalisch bedeutet die Existenz einer Relaxationszeit, daß alle Elektronen gleich lange in einem äußeren elektrischen Feld beschleunigt werden, bevor sie die dadurch gewonnene Energie durch Stöße an das Gitter abgeben. Im $\mathfrak{k}$-Raum wird also die Fermische Verteilungsfunktion als starres Gebilde um den Betrag

$$\Delta\mathfrak{k} = -\frac{e\mathfrak{E}}{\hbar}\tau \tag{3.21}$$

verschoben. Die stationäre Verteilung der Elektronen

$$\Phi(\mathfrak{k}) = \frac{e\mathfrak{E}}{\hbar} \cdot \operatorname{grad}_{\mathfrak{k}} E_{\mathfrak{k}}\, \tau \tag{3.22}$$

führt auf folgende Gleichung für die elektrische Leitfähigkeit ($d\tau_{\mathfrak{k}}$ = Volumelement im $\mathfrak{k}$-Raum):

$$\sigma_{ij} = -\frac{2}{(2\pi)^3}\frac{e^2}{\hbar^2}\int \frac{\partial f_0}{\partial E_{\mathfrak{k}}}\frac{\partial E_{\mathfrak{k}}}{\partial k_i}\frac{\partial E_{\mathfrak{k}}}{\partial k_j}\tau\, d\tau_{\mathfrak{k}}. \tag{3.23}$$

In einem isotropen Medium, das wir bei der Annahme einer Relaxationszeit vorausgesetzt haben, ist $\frac{\partial E_{\mathfrak{k}}}{\partial k_i} = \frac{dE_{\mathfrak{k}}}{dk}\frac{k_i}{k}$. Die elektrische Leitfähigkeit kann deshalb durch eine skalare Größe dargestellt werden. Bei der Integration über die Elektronenenergie können wegen der Funktion $\partial f_0/\partial E_{\mathfrak{k}}$ nur Beiträge von der Stelle $E_{\mathfrak{k}} = \zeta$ kommen, was auf

$$\sigma = \frac{e^2}{3\pi\hbar^2}\left(\tau k^2 \frac{dE_{\mathfrak{k}}}{dk}\right)_{E_{\mathfrak{k}}=\zeta} \tag{3.24}$$

führt. Wenn die Leitungselektronen außer von den Gitterschwingungen auch von anderen Gitterfehlern gestreut werden, die isotrope Eigenschaft haben sollen, setzt sich wegen (3.18) die zeitliche Änderung der Verteilungsfunktion aus zwei Gliedern additiv zusammen

$$\left(\frac{\partial \Phi}{\partial t}\right)_{\text{Stöße}} = -\frac{\Phi}{\tau_{\text{th}}} - \frac{\Phi}{\tau_R}, \tag{3.25}$$

wobei τ_{th} die Relaxationszeit für die Streuung der Elektronen an den Gitterschwingungen und τ_R die Relaxationszeit für die Streuung durch die Gitterfehler ist. Der elektrische Gesamtwiderstand läßt sich dann nach

$$\varrho_{\text{ges}} = \frac{3\pi^2\hbar^2}{e^2}\left\{\left(k^2\frac{dE_{\mathfrak{k}}}{dk}\tau_{\text{th}}\right)^{-1} + \left(k^2\frac{dE_{\mathfrak{k}}}{dk}\tau_R\right)^{-1}\right\} = \varrho_{\text{th}} + \varrho_R \tag{3.26}$$

aus dem temperaturabhängigen Teil ϱ_{th} und aus einem temperaturunabhängigen Teil ϱ_R, dem sog. Restwiderstand, zusammensetzen. Diese Aussage ist die Matthiessensche Regel, die schon lange experimentell bekannt ist. Elektronentheoretisch läßt sich diese Regel nur dann begründen, wenn – wie oben angenommen wurde – die Boltzmannsche Gleichung mittels einer Relaxationszeit gelöst werden kann. Wenn dies nicht der Fall ist, können Abweichungen von der Additivität des temperaturabhängigen Widerstandes und des Restwiderstandes auftreten. Wir müssen uns deshalb die Frage stellen, unter welchen Umständen die Streuung der Elektronen elastisch und isotrop erfolgt. Streng genommen ist nur die Streuung der Elektronen an den statischen Gitterfehlern elastisch. Wie aus den Untersuchungen von Bloch zu entnehmen ist, kann oberhalb der Debye-Temperatur auch die Streuung der Elektronen an den Gitterschwingungen als elastisch angesehen werden, weil dort $KT \gg \hbar\,\omega$ ist. Unterhalb der Debye-Temperatur – vor allem bei sehr tiefen Temperaturen – ist diese Näherung nicht gerechtfertigt. Verschiedene numerische Kontrollrechnungen ([*74*] bis [*76*]) haben jedoch ergeben, daß beim elektrischen Widerstand der Alkali- und Edelmetalle der Fehler nie größer als einige Prozent wird, wenn man in diesem Temperaturgebiet elastische Streuung annimmt, weil nur die Leitungselektronen an der Fermi-Kante am Zustandekommen des elektrischen Widerstandes beteiligt sind. Für die thermoelektrischen Erscheinungen, wie z.B. die Wärmeleitfähigkeit und die Thermokraft, sind dagegen die Elektronen in der Umgebung der Fermi-Kante verantwortlich, für die die Annahme elastischer Streuung nicht erlaubt ist.

Viel einschränkender ist dagegen die zweite Forderung, daß dic Streuung der Elektronen isotrop, d.h. nur vom Winkel zwischen $\mathfrak{k}$ und $\mathfrak{k}'$ abhängig sein soll. Solange das Gitterschwingungsspektrum mit der

Debyeschen Theorie und für ein isotropes Medium berechnet sowie Umklappprozesse vernachlässigt wurden, war die Bedingung bei der thermischen Streuung der Elektronen immer erfüllt, falls man letztere als frei oder quasifrei (sphärische Energieflächen) angenommen hat. Nach den Untersuchungen von ZIMAN [*77*], BAILYN [*78*] und BROSS [*79*] spielen Umklappprozesse beim elektrischen Widerstand eine entscheidende Rolle; außerdem kann das wirkliche Schwingungsspektrum sehr erheblich von dem mit der Debyeschen Theorie berechneten abweichen. Auch die Annahme freier oder quasifreier Elektronen ist auf Grund der neuesten Messungen nicht gerechtfertigt. Eine Lösung der Boltzmannschen Transportgleichung mittels einer Relaxationszeit ist unter diesen Umständen nicht möglich.

Auch bei der Berechnung des elektrischen Widerstandes von statischen Gitterfehlern darf dieses Lösungsverfahren nicht benützt werden, weil diese Fehlstellen im allgemeinen anisotrope Eigenschaften haben (vgl. z.B. Versetzungslinien). Für die Änderung des elektrischen Widerstandes oberhalb der Debye-Temperatur wurde für diesen Fall von MACKENZIE und SONDHEIMER [*80*] ein Näherungsverfahren angegeben *, das darauf beruht, daß die thermische Streuung der Elektronen groß gegen diejenige durch statische Gitterfehler ist, so daß in erster Näherung nur die Boltzmannsche Gleichung für die Streuung der Elektronen an den Gitterschwingungen gelöst zu werden braucht, was in einem isotropen Medium mittels einer Relaxationszeit möglich ist. Die zusätzliche Streuung der Elektronen an den Gitterfehlern wird als eine Störung aufgefaßt. Bei diesem Näherungsverfahren ist die Matthiessensche Regel für die Additivität der Widerstände immer erfüllt, auch wenn die Gitterfehler anisotrop streuen.

Zur Lösung der Transportgleichung, vor allem auch, wenn die Streuung der Elektronen an den Gitterschwingungen anisotrop ist, wurde von BROSS und SEEGER [*82*] ein Variationsverfahren abgeleitet, bei dem für die Verteilungsfunktionen Ansätze gemacht werden, die von vornherein mit der Symmetrie des Problems verträglich sind. In einem kubischen Kristall z.B. muß die Verteilungsfunktion Φ nur gegenüber einer sog. kubischen Deckoperation, nicht dagegen bei einer beliebigen Drehung, invariant sein. Es ist leicht einzusehen, daß alle Funktionen der Form

$$(E_x k_x^{2n+1} + E_y \cdot k_y^{2n+1} + E_z k_z^{2n+1})\, k^{2l}$$

diese Bedingung erfüllen, während bei vollständiger Isotropie nur Funktionen der Gestalt

$$(\mathfrak{E} \cdot \mathfrak{k}) \cdot k^{2n}$$

* Eine Verallgemeinerung des Verfahrens von MACKENZIE und SONDHEIMER wurde von A.W. SAENZ [*81*] vorgeschlagen.

erlaubt sind*. Der wesentliche Vorteil bei diesem Variationsverfahren ist, daß direkt die elektrische Leitfähigkeit zu einem Extremwert gemacht wird, so daß mit verhältnismäßig wenig Vergleichsfunktionen eine gute Konvergenz erzielt werden kann. Im Gegensatz zu dem vorher erwähnten Lösungsverfahren von Mackenzie und Sondheimer kann mit diesem Verfahren vor allem auch die Abweichung von der Matthiessenschen Regel quantitativ ermittelt werden.

3.5. Vergleich von Theorie und Experiment

Der Haupterfolg der Blochschen Theorie war, daß sie die Temperaturabhängigkeit des elektrischen Widerstandes bei hohen und tiefen Temperaturen theoretisch erklären konnte. Bei hohen Temperaturen nimmt die elektrische Leitfähigkeit zunächst linear mit der Temperatur zu, was in Übereinstimmung mit den experimentellen Messungen steht. Die bei höheren Temperaturen auftretenden Abweichungen von der Linearität können durch die Anharmonizität der Gitterschwingungen, die auch für die Volumausdehnung der Kristalle verantwortlich ist, erklärt werden. Wie die zahlenmäßigen Untersuchungen von Bardeen [*83*] und Bailyn [*84*] für die Alkalimetalle und von Bross [*85*] für Kupfer gezeigt haben, stimmen die absoluten Werte für den elektrischen Widerstand im Gebiet der Zimmertemperatur in befriedigender Weise mit den experimentellen Werten überein.

Eine Prüfung des bei sehr tiefen Temperaturen nach der Blochschen Theorie zu erwartenden T^5-Gesetzes konnte noch nicht durchgeführt werden, da es bis heute noch nicht gelungen ist, Kristalle mit so hoher Reinheit und geringer Fehlstellenkonzentration zu züchten, daß sich der temperaturabhängige Widerstand in eindeutiger Weise von dem Restwiderstand unterscheiden läßt. Vorläufige Messungen [*86*] an Na weisen jedoch im Bereich $2<T<10°$ K mehr auf ein T^6-Gesetz hin. Aus den Untersuchungen von Ziman [*87*], Bailyn [*84*], Bross [*85*] und Pfennig [*88*] ist zu entnehmen, daß infolge der Umklappprozesse schon bei wesentlich tieferen Temperaturen — im allgemeinen bei $T>(\frac{1}{20}-\frac{1}{30})$ Debye-Temperatur — als nach der ursprünglichen Theorie Abweichungen vom T^5-Gesetz zu erwarten sind. Eine Prüfung dieses Befundes ist nur in der Weise möglich, daß man den Temperaturverlauf des Widerstandes punktweise berechnet und mit den experimentellen Werten vergleicht. Bei höheren Temperaturen – aber unterhalb der Debye-Temperatur – hat in jüngerer Zeit Bailyn [*84*] bei den Alkalimetallen einen wesentlich anderen Temperaturgang für den elektrischen Widerstand berechnet als experimentell gemessen wurde und die vernachlässigte Elektronenkorrelation dafür verantwortlich gemacht. Da der elektrische

* Der Ansatz $\Phi(\mathfrak{k}) \sim \mathfrak{E}\cdot\mathfrak{k}$ ist äquivalent mit der Annahme einer Relaxationszeit.

Widerstand von Kupfer bei der Temperatur flüssigen Sauerstoffs, Stickstoffs und Wasserstoffs sehr gut mit den experimentellen Werten übereinstimmt, vermuten wir, daß die von BAILYN angewandten Mittelungen nicht gerechtfertigt sind und die benutzten Gitterschwingungsspektren nicht der Wirklichkeit entsprechen*.

Ein weiterer Erfolg der Blochschen Theorie war, daß sie im Gebiet oberhalb der Debye-Temperatur die Gültigkeit des Wiedemann-Franzschen Gesetzes

$$\frac{\varkappa}{T\cdot\sigma}=3\left(\frac{K}{e}\right)^2 \tag{3.27}$$

erklären konnte. Bei der Ableitung dieser Beziehung wurde nur die Annahme gemacht, daß der Streumechanismus elastisch sei. Infolgedessen gilt die gleiche Beziehung auch für die Änderung der elektrischen und der Wärmeleitfähigkeit durch statische Gitterfehler. Eingehende Untersuchungen der Wärmeleitfähigkeit bei tiefen Temperaturen, bei denen unter anderem auch die Umklappprozesse und ein Gitterschwingungsspektrum berücksichtigt werden, das mit Hilfe der Gitterdynamik berechnet wurde, sind bisher nur von BAILYN [*84*] durchgeführt worden. Wie bei der elektrischen Leitfähigkeit treten hierbei beträchtliche Unterschiede zwischen Theorie und Experiment auf. Der Fortschritt der Bailynschen Untersuchungen gegenüber den früheren besteht darin, daß in der Umgebung von $T=\frac{1}{4}$ Debye-Temperatur kein Minimum in der Wärmeleitfähigkeit auftritt, was seither auch nicht beobachtet worden ist, aber auf Grund von früheren Theorien [*89*] zu erwarten gewesen wäre.

Bei der Erklärung der Thermokraft der Edelmetalle hat die Blochsche Theorie zunächst völlig versagt, weil sie weder das Vorzeichen noch den Betrag der Thermokraft richtig wiedergeben konnte. Bei Verwendung eines Debyeschen Schwingungsspektrums und unter der Annahme freier Elektronen erhält man bei Kupfer einen Wert von $-4{,}4\ \mu V/°K$, während der experimentelle Wert zwischen 1,58 und $1{,}72\ \mu V/°K$ liegt. Erst in jüngster Zeit konnten BROSS und HÄCKER [*90*] zeigen, daß das Versagen der Blochschen Theorie nicht prinzipieller Art war, wie verschiedentlich vermutet wurde, sondern auf die oben erwähnten Näherungen zurückzuführen ist. Verwendet man nämlich an Stelle des Debyeschen Schwingungsspektrums ein mit der Gitterdynamik berechnetes Spektrum und nimmt weiter an, daß die Energie der Elektronen nur vom Betrag des Ausbreitungsvektors abhängig ist, d.h. daß folgende Entwicklung möglich ist

$$k^2=k_\zeta^2+\left(\frac{dk^2}{dE_{\mathfrak{k}}}\right)_\zeta(E_{\mathfrak{k}}-\zeta)+\frac{1}{2}\left(\frac{d^2k^2}{dE_{\mathfrak{k}}^2}\right)_\zeta(E_{\mathfrak{k}}-\zeta)^2, \tag{3.28}$$

* Siehe hierzu den *Nachtrag bei der Korrektur* am Ende dieses Kapitels.

so kann man durch passende Wahl des Parameters $(d^2k^2/dE_\mathfrak{k}^2)_\zeta$, der die Abweichungen von der Näherung freier Elektronen beschreibt, Übereinstimmung zwischen Theorie und Experiment erzielen. Der auf diese Weise ermittelte Zahlenwert von $(d^2k^2/dE_\mathfrak{k}^2)_\zeta = 35(a_0\,\zeta)^{-2}$ [a_0: Gitterkonstante] ist mit den heutigen Vorstellungen über die Form der Fermi-Oberfläche von Kupfer gut verträglich.

4. Elektronentheorie der Gitterfehler

4.1. Überblick

In einem realen Kristall sind immer Abweichungen vom periodischen Gitteraufbau vorhanden. Der Einfluß dieser Gitterfehler auf die Leitungselektronen soll in diesem Abschnitt besprochen werden. Das Endziel dieser Untersuchungen ist es, verschiedene für die Gitterfehler charakteristische Eigenschaften zahlenmäßig vorauszuberechnen. Es handelt sich im wesentlichen um den elektronischen Anteil der Bildungs- und Wanderungsenergien von Fehlstellen und um den Einfluß der Fehlstellen auf den elektrischen Widerstand. Wie in Kapitel 5 dargelegt wurde, wird die zahlenmäßige Kenntnis dieser Größen benötigt, um durch Erholungsexperimente verschiedene Gitterfehler unterscheiden und um aus Widerstandsmessungen auf die Fehlstellendichte zurückschließen zu können. Kompliziertere Erscheinungen, wie z.B. der Einfluß von Fehlstellen auf die Thermokraft oder die Änderung der Leitfähigkeit im Magnetfeld, sollen in der vorliegenden Darstellung außer Betracht bleiben, weil diese Effekte im idealen Kristall noch nicht quantitativ behandelt worden sind. Aus denselben Gründen beschränken sich unsere Untersuchungen auf einfache Metalle, wie die einwertigen Metalle, Aluminium und Nickel, deren Elektronenstruktur noch am ehesten bekannt ist.

Bei der elektronentheoretischen Untersuchung von Gitterfehlstellen treten die beiden folgenden Fragen auf:

1. In welcher Weise wird durch die Fehlstellen das ursprünglich vorhandene periodische Gitterpotential verändert?

2. Wie wird die Schrödinger-Gleichung mit dem gestörten Potential gelöst?

Die Beantwortung der ersten Frage ist bei den Metallen äußerst schwierig, weil die Leitungselektronen in der Umgebung einer Fehlstelle solange umgelagert werden, bis das weitreichende Zusatzpotential abgeschirmt ist. Wegen der Vielzahl der Teilchen, die daran beteiligt sind (zwischen denen außerdem noch starke Wechselwirkungskräfte bestehen), ist es ausgeschlossen, diese Abschirmung exakt zu behandeln. In den meisten bisher durchgeführten Untersuchungen versucht man deshalb, diese Abschirmung durch eine geeignete nullte Näherung für das Störpotential von vornherein zu berücksichtigen. Die passende Wahl dieser nullten Näherung erfordert eingehende Überlegungen und wird in Ziff. 4.4a und 4.5 an zwei besonders charakteristischen Beispielen erläutert. Das erste Beispiel behandelt die Streuung der Elektronen an einer negativen Ladung, was dem Modell einer Gitterlücke in einem Metall entspricht. Es ist jedoch ohne wesentliche Änderung auf Zwischengitteratome und Zusammenlagerungen von Leerstellen oder Zwischengitteratomen zu übertragen, ferner auch auf Fremdatome, deren Valenzelektronenzahl eine andere als die des Wirtsgitters ist. Im zweiten Beispiel (Ziff. 4.5) wird auf die Streuung von Elektronen an Verzerrungsfeldern, wie sie bei Versetzungen, aber infolge der Relaxation des Gitters auch bei Zwischengitteratomen auftreten, eingegangen. In Ziff. 4.6 werden wir versuchen, das Problem der Abschirmung mittels Störungsrechnung erster Ordnung in selbstkonsistenter Weise zu lösen. Außer der Coulomb-Wechselwirkung zwischen den Elektronen werden wir dabei außerdem die Austausch- und Korrelationswechselwirkung zwischen den Elektronen berücksichtigen.

Zur Lösung der Schrödinger-Gleichung mit einem Störpotential sind verschiedene Wege möglich, die im wesentlichen davon abhängen, auf welche Weise das ungestörte Problem behandelt wird. Besonders einfache Beziehungen bekommt man mit dem Sommerfeldschen Modell freier (oder quasifreier) Elektronen (vgl. Ziff. 2.2), die sich in einem konstanten Potential V_c bewegen und der Fermi-Statistik gehorchen. Die in einem Kristall mit Gitterfehlern vorhandenen Abweichungen von der Periodizität des Potentials kann man bei diesem Modell V_c überlagert denken, so daß sich die Elektronen im wesentlichen im Feld des Störpotentials bewegen. Diese Betrachtungsweise ist jedoch nur bei den Alkalimetallen angebracht, wo die Wellenfunktionen im idealen Kristall nur wenig von ebenen Wellen abweichen, so daß die Näherung freier oder wenigstens quasifreier Elektronen mit der Masse m^* erfüllt ist. Wie die neuesten Rechnungen von Segall [*91*] zeigen, versagt diese Näherung bei den Edelmetallen völlig. Man darf deshalb im gestörten Problem die Periodizität des Potentials nicht vernachlässigen und muß die Schrödinger-Gleichung für das Gesamtpotential lösen, das sich aus dem periodischen und dem Störanteil zusammensetzt. Falls die Störung nicht allzu groß ist und keine gebundenen Zustände erwartet werden, kann man dieses Problem mit der Störungstheorie behandeln. Für jene Fälle, bei denen diese Voraussetzungen nicht erfüllt sind, wurden von Slater, Wannier und Koster [*92*] bis [*94*] Lösungsmethoden entwikkelt, auf die wir in Ziff. 4.2 eingehen werden. Es handelt sich dabei im wesentlichen um Verfahren mit Greenschen Funktionen, durch die die Schrödingersche Differentialgleichung auf eine Differenzengleichung zurückgeführt wird *. Diese Methoden können auch dazu benützt werden, die Gültigkeit der Methode der effektiven Masse, wie sie von Tibbs [*96*] und Pekar [*97*] entwickelt worden ist, nachzuprüfen. In Ziff. 4.3 wird als Beispiel für die Differenzengleichungsmethode auf die Streuung von Elektronen an Stapelfehlern eingegangen, die in jüngster Zeit von Seeger und Statz [*98*] untersucht wurde.

4.2. Die Lösung der Schrödinger-Gleichung bei lokalisierten Gitterfehlstellen

Zur Beschreibung der Bewegung der Leitungselektronen in einem Potential, bei dem dem periodischen Teil noch ein Störglied überlagert ist, eignen sich am besten die Wannier-Funktionen $a_n(\mathfrak{r}-\mathfrak{R}_l)$. Man erhält sie durch Fourier-Entwicklung der Bloch-Funktionen [*92*]:

$$a_n(\mathfrak{r}-\mathfrak{R}_l)=N^{-\frac{1}{2}}\sum_{\mathfrak{k}}\Psi_{n\mathfrak{k}}(\mathfrak{r})\exp(-i\mathfrak{k}\cdot\mathfrak{R}_l)\,. \tag{4.1}$$

Die Summe geht dabei über alle N Eigenwerte $\mathfrak{k}$ der ersten Brillouin-Zone. Umgekehrt lassen sich die Bloch-Funktionen durch die unitäre Transformation

$$\Psi_{n\mathfrak{k}}(\mathfrak{r})=N^{-\frac{1}{2}}\sum_{\mathfrak{R}_l}\exp(i\mathfrak{k}\cdot\mathfrak{R}_l)\,a_n(\mathfrak{r}-\mathfrak{R}_l) \tag{4.2}$$

aus den Wannier-Funktionen gewinnen. Die Wannier-Funktionen sind ein vollständiges Funktionensystem. Mit Hilfe der Orthogonalität der Bloch-Funktionen läßt sich zeigen, daß die $a_n(\mathfrak{r}-\mathfrak{R}_l)$ desselben Bandes für verschiedene Gittervektoren aufeinander orthogonal sind:

$$\int a_n^*(\mathfrak{r}-\mathfrak{R}_l)\cdot a_n(\mathfrak{r}-\mathfrak{R}_{l'})\,d\tau_{\mathfrak{r}}=\delta(\mathfrak{R}_l-\mathfrak{R}_{l'})\,. \tag{4.3}$$

Der Vorteil der Wannier-Funktionen gegenüber den Bloch-Funktionen besteht darin, daß die $a_n(\mathfrak{r}-\mathfrak{R}_l)$ im Ortsraum nur in der Umgebung des Gitterpunktes $\mathfrak{R}_l$ wesentlich von Null verschieden sind, was auch in der Orthogonalität (4.3) zum Ausdruck kommt. Für den eindimensionalen Fall konnte Kohn [*99*] zeigen, daß die $a_n(\mathfrak{r}-\mathfrak{R}_l)$ exponentiell mit der Entfernung vom Gitterpunkt $\mathfrak{R}_l$ abnehmen, so daß sie ähnliche Eigenschaften wie Atomfunktionen besitzen. Nach Blount [*100*] ist ein solcher exponentieller Abfall der Wannier-Funktionen auch im Dreidimensionalen zu erwarten, wenn sich die einzelnen Energiebänder nicht überlappen. Für die Beschreibung von lokalisierten Gitterbaufehlern sind die Wannier-Funktionen dank dieser Eigenschaft wesentlich besser geeignet als die Bloch-Funktionen.

* Wesentlich früher wurde diese Methode der Greenschen Funktionen von I. M. Lifšic für lokalisierte Fehlstellen in der Gitterdynamik entwickelt [*95*].

Da die $a_n(\mathfrak{r}-\mathfrak{R}_l)$ Lösungen der ungestörten Schrödinger-Gleichung sind, genügen die Wannier-Funktionen der Differentialgleichung

$$\boldsymbol{H}_0\, a_n(\mathfrak{r}-\mathfrak{R}_l)=\sum_{\mathfrak{k},j} E_{n\mathfrak{k}}\, a_n(\mathfrak{r}-\mathfrak{R}_j)\, e^{i\mathfrak{k}\cdot(\mathfrak{R}_j-\mathfrak{R}_l)}, \tag{4.4}$$

wobei $\boldsymbol{H}_0$ der Hamilton-Operator des ungestörten Problems ist. Da die Einelektronenenergie $E_{n\mathfrak{k}}$ des n-ten Bandes eine periodische Funktion im $\mathfrak{k}$-Raum ist, können wir die folgende Fourier-Entwicklung durchführen:

$$E_{n\mathfrak{k}}=\sum_{\mathfrak{R}_l}\varepsilon_n(\mathfrak{R}_l)\cdot e^{-i\mathfrak{k}\cdot\mathfrak{R}_l}. \tag{4.5}$$

Setzt man diese Darstellung in Gl. (4.4) ein und führt die Summation über alle $\mathfrak{k}$ aus, dann erhält man ein System von Differenzengleichungen für die $a_n(\mathfrak{r}-\mathfrak{R}_l)$:

$$\boldsymbol{H}_0\, a_n(\mathfrak{r}-\mathfrak{R}_l)=\sum_{\mathfrak{R}_j}\varepsilon_n(\mathfrak{R}_j-\mathfrak{R}_l)\, a_n(\mathfrak{r}-\mathfrak{R}_j). \tag{4.6}$$

Unter Benützung der Orthogonalitätsrelation der Wannier-Funktionen läßt sich hieraus folgende Beziehung für die Fourier-Koeffizienten der Energie ableiten:

$$\varepsilon_n(\mathfrak{R}_j-\mathfrak{R}_l)=\int a_n^*(\mathfrak{r}-\mathfrak{R}_j)\,\boldsymbol{H}_0\, a_n(\mathfrak{r}-\mathfrak{R}_l)\, d\tau_{\mathfrak{r}}. \tag{4.7}$$

Durch einen Gitterfehler wird im allgemeinen die Periodizität des Potentials zerstört, so daß die Wellenfunktionen nicht mehr die Translationseigenschaft besitzen, die wir in Ziff. 2.3 besprochen haben. Zur Lösung der Schrödinger-Gleichung mit dem Störglied $\boldsymbol{H}_1$

$$(\boldsymbol{H}_0+\boldsymbol{H}_1)\,\Psi=E\Psi \tag{4.8}$$

werden wieder Linearkombinationen von Wannier-Funktionen benützt, wobei jedoch anstelle des Entwicklungskoeffizienten $\exp(i\,\mathfrak{k}\cdot\mathfrak{R}_l)$, durch den im *ungestörten* Problem die Translationssymmetrie zum Ausdruck kommt, der Faktor $\Phi_n(\mathfrak{R}_l)$ tritt, der durch die Schrödinger-Gleichung des *gestörten* Kristalls festgelegt ist. Geht man in diese mit dem Ansatz für die gestörte Wellenfunktion

$$\Psi(\mathfrak{r})=\sum_{n,\mathfrak{R}_l}\Phi_n(\mathfrak{R}_l)\, a_n(\mathfrak{r}-\mathfrak{R}_l) \tag{4.9}$$

ein, so führt eine einfache Zwischenrechnung zu folgendem System von Differenzengleichungen für die $\Phi_n(\mathfrak{R}_l)$:

$$\sum_{m,\mathfrak{R}_j}\Phi_m(\mathfrak{R}_j)\,\{\varepsilon_n(\mathfrak{R}_l-\mathfrak{R}_j)\,\delta_{nm}+V_{nm}(\mathfrak{R}_l,\mathfrak{R}_j)\}=E\,\Phi_n(\mathfrak{R}_l), \tag{4.10a}$$

wobei

$$V_{nm}(\mathfrak{R}_l,\mathfrak{R}_j)=\int a_n^*(\mathfrak{r}-\mathfrak{R}_l)\,\boldsymbol{H}_1\, a_m(\mathfrak{r}-\mathfrak{R}_j)\, d\tau_{\mathfrak{r}} \tag{4.10b}$$

ist. Bei verschwindender Störung ($H_1=0$) besitzt (4.10a) die Lösung

$$\Phi_n(\mathfrak{R}_j)=N^{-\frac{1}{2}}e^{-i\mathfrak{k}\cdot\mathfrak{R}_j} \tag{4.11}$$

des ungestörten Problems. Das Auffinden von Lösungen des Systems von Differenzengleichungen (4.10a) bei $\boldsymbol{H}_1\neq 0$ ist vergleichsweise wesentlich schwieriger als die Berechnung von Bloch-Funktionen im idealen Kristall. Ein Weg zur Behandlung dieses Problems besteht darin, daß man das Gleichungssystem (4.10a) in eine partielle Differentialgleichung überzuführen sucht. Man kommt dadurch zum sog. Wannier-Slater-Theorem [*8*], [*93*]. Hierzu faßt man die Koeffizienten $\Phi_n(\mathfrak{R}_l)$ als kontinuierliche Funktionen der Variablen $\mathfrak{R}$ auf und entwickelt den Faktor $\Phi_n(\mathfrak{R}_j)$ an der Stelle $\mathfrak{R}_l=\mathfrak{R}$ in eine Taylor-Reihe

$$\Phi_n(\mathfrak{R}_j)=\Phi_n(\mathfrak{R}+\mathfrak{R}_j-\mathfrak{R}_l)=\exp[-(\mathfrak{R}_l-\mathfrak{R}_j)\cdot\nabla_{\mathfrak{R}}]\,\Phi_n(\mathfrak{R}), \tag{4.12a}$$

wobei mit $\exp[\mathfrak{R}_l\cdot\nabla_{\mathfrak{R}}]$ der sog. Translationsoperator bezeichnet wird, der durch

$$\exp[\mathfrak{R}_l\cdot\nabla_R]=1+\mathfrak{R}_l\cdot\nabla_R+\frac{1}{2!}\sum_{i,j}X_{il}X_{jl}\frac{\partial^2}{\partial X_i\,\partial X_j}+\cdots \tag{4.12b}$$

definiert ist. Das erste auf der linken Seite von Gl. (4.10a) stehende Glied läßt sich deshalb umformen in

$$\sum_{\mathfrak{R}_j}\Phi_n(\mathfrak{R}_j)\,\varepsilon_n(\mathfrak{R}_l-\mathfrak{R}_j)=E_n\left(\frac{\nabla_{\mathfrak{R}}}{i}\right)\Phi_n(\mathfrak{R}), \tag{4.13}$$

wobei von der Entwicklung der Energie Gl. (4.5) Gebrauch gemacht wird. Durch diese Umformung wird $E_{n\mathfrak{k}}\equiv E_n(\mathfrak{k})$ zu einem Operator, der auf die Funktionen $\Phi_n(\mathfrak{R})$ wirkt. Die auf diese Weise erhaltene Differentialgleichung läßt sich weiter vereinfachen, wenn das Störpotential wenig vom Ort abhängig ist. Wir berücksichtigen dabei die Tatsache, daß die Wannier-Funktionen $a_n(\mathfrak{r}-\mathfrak{R}_l)$ nur in der Umgebung des zugehörigen Gitterpunktes $\mathfrak{R}_l$ wesentlich von Null verschieden sind. Es werden deshalb nur jene Matrixelemente $V_{nm}(\mathfrak{R}_l,\mathfrak{R}_j)$ verhältnismäßig groß sein, bei denen $\mathfrak{R}_l\approx\mathfrak{R}_j$ ist. Wenn nun noch H_1 wenig ortsabhängig ist, können wir in Gl. (4.10b) für $\boldsymbol{H}_1(\mathfrak{r})$ den Wert an der Stelle $\mathfrak{R}$ setzen und $\boldsymbol{H}_1(\mathfrak{R})$ vor das Integral ziehen. Die Orthogonalitätsrelation der Wannier-Funktionen führt dann zu

$$V_{nm}(\mathfrak{R}_l,\mathfrak{R}_j)=\boldsymbol{H}_1(\mathfrak{R})\,\delta(\mathfrak{R}_l-\mathfrak{R}_j)\,\delta_{nm}, \tag{4.14}$$

so daß wir folgende partielle Differentialgleichung für $\Phi(\mathfrak{R})$ erhalten:

$$E_n\left(\frac{\nabla_{\mathfrak{R}}}{i}\right)\Phi_n(\mathfrak{R})+H_1(\mathfrak{R})\,\Phi_n(\mathfrak{R})=E\,\Phi_n(\mathfrak{R}). \tag{4.15}$$

Eine besonders einfache Form bekommt diese Gleichung, wenn sich die Einelektronenenergie als eine quadratische Form des Ausbreitungsvektors darstellen läßt, was immer in der Umgebung eines Extremalwertes der Energiefläche $E_n(\mathfrak{k})$ möglich ist,

$$E_n(\mathfrak{k}) = E_0 + \sum_{i=1}^{3} \frac{\hbar^2 \cdot k_i^2}{2 m_i^*}, \tag{4.16}$$

wobei der Tensor der effektiven Masse m_i^* auf Hauptachsen transformiert angenommen werden kann. (4.15) beschreibt die Bewegung eines Teilchens mit den effektiven Massen $m_i^* = \hbar^2 \Big/ \frac{\partial^2 E_n}{\partial k_i^2}$ im Felde des Störpotentials. In einem Punkt mit kubischer Symmetrie ist $m_1^* = m_2^* = m_3^* = m^*$. Man bekommt dadurch eine nachträgliche Bestätigung für die Näherung der effektiven Masse. Der wesentliche Vorteil dieser Näherung besteht darin, daß vom idealen Kristall nur die effektive Masse, nicht dagegen die Wellenfunktionen bekannt sein müssen, was sich für viele quantitative Untersuchungen als nützlich erweist. Die soeben beschriebene Ableitung zeigt aber deutlich, wo die Grenzen dieser Näherung liegen. Sie versagt nämlich dann, wenn die Potenzreihenentwicklung von $E_n(\mathfrak{k})$ nicht bei quadratischen Gliedern abgebrochen werden darf. Wenn dies der Fall ist, treten in der partiellen Differentialgleichung auch höhere Ableitungen der Funktion $\Phi(\mathfrak{R})$ auf. Bei Metallen dürfen diese Glieder nicht vernachlässigt werden, da die Wellenfunktionen $\Phi(\mathfrak{R})$ stark lokalisiert sein können. Bei Halbleitern dagegen, wo wegen der großen Dielektrizitätskonstanten die Funktionen $\Phi(\mathfrak{R})$ sich über mehrere Atomabstände erstrecken, spielen diese Zusatzterme keine so große Rolle, so daß hier die Näherung der effektiven Masse auch dann benützt werden kann, wenn die Energie $E_n(\mathfrak{k})$ keine quadratische Funktion des Ausbreitungsvektors ist. Die Forderung, daß das Potential auf interatomaren Abständen wenig veränderlich sein darf, muß aber durchweg erfüllt sein.

Die Umformung der Differenzengleichung (4.10) in die Differentialgleichung ist nur dann lohnend, wenn die Elektronenenergie des ungestörten Kristalls durch eine einfache analytische Funktion in $\mathfrak{k}$ dargestellt werden kann. Wie die neuesten Bandrechnungen von Ham und Segall [*28*], [*29*], [*30*] zeigen, ist eine solche Darstellung bei den Edelmetallen nicht möglich. Um in einem solchen Metall die Streuung der Leitungselektronen an den Gitterfehlern beschreiben zu können, wird man auf das ursprüngliche System von Differenzengleichungen zurückgreifen. Dieses System besteht aus soviel Gleichungen, wie es Gitterpunkte im betrachteten Kristallvolumen gibt, so daß es in voller Allgemeinheit wohl nicht aufgelöst werden kann. Es wird jedoch durch die

Eigenschaft der Wannier-Funktionen $a_n(\mathfrak{r}-\mathfrak{R}_l)$, nur in der Umgebung des Gitterpunktes $\mathfrak{R}_l$ wesentlich von Null verschieden zu sein, vereinfacht. Eine weitere Vereinfachung tritt bei stark lokalisierten Störpotentialen H_1 auf, weil dann im Restvolumen des Kristalls dieselbe Differenzengleichung wie im ungestörten Kristall gültig ist*. Als Beispiel für ein solches Problem werden wir in Ziff. 4.3 auf die von SEEGER und STATZ [98] behandelte Streuung der Leitungselektronen an einem Stapelfehler eingehen, der dadurch gekennzeichnet ist, daß zwei Halbebenen um einen halben Gittervektor gegeneinander verschoben sind, so daß nur in der unmittelbaren Umgebung der Grenzebene ein von Null verschiedenes Störpotential angenommen zu werden braucht.

Bei lokalisierten Störpotentialen, wo nur wenige Matrixelemente $V_{nm}(\mathfrak{R}_l, \mathfrak{R}_j)$ nicht Null sind, empfiehlt es sich, das erste Glied von (4.10) auf Hauptachsen zu transformieren. Wir multiplizieren dazu Gl. (4.10) mit $\exp[-i\mathfrak{k}\cdot(\mathfrak{R}_l-\mathfrak{R}_i)]$ und summieren über alle $\mathfrak{R}_l$. Unter Benützung der Fourier-Entwicklung für die Energie $E_n(\mathfrak{k})$ ergibt sich

$$\sum_{\mathfrak{R}_l}[E_n(\mathfrak{k})-E]\,\Phi_n(\mathfrak{R}_l)\,e^{-i\mathfrak{k}\cdot(\mathfrak{R}_l-\mathfrak{R}_i)}+\sum_{\substack{\mathfrak{R}_l,\mathfrak{R}_j\\ m}}V_{nm}(\mathfrak{R}_l,\mathfrak{R}_j)\,\Phi_m(\mathfrak{R}_j)\,e^{-i\mathfrak{k}\cdot(\mathfrak{R}_l-\mathfrak{R}_i)}=0.$$

Division mit $E_n(\mathfrak{k})-E$ und Integration über alle $\mathfrak{k}$-Werte der ersten Brillouin-Zone führt auf die Differenzengleichung:

$$\Phi_n(\mathfrak{R}_l)+\frac{1}{N}\sum_{\substack{\mathfrak{R}_i,\mathfrak{R}_j,m\\ k}}V_{nm}(\mathfrak{R}_i,\mathfrak{R}_j)\,\frac{e^{-i\mathfrak{k}\cdot(\mathfrak{R}_i-\mathfrak{R}_l)}}{E_n(\mathfrak{k})-E}\,\Phi_m(\mathfrak{R}_j)=0\,, \qquad (4.17)$$

die zum ersten Male von SLATER und KOSTER [101] auf eine etwas andere Weise abgeleitet worden ist. Der Vorteil dieser Darstellung wird sofort bei der Berechnung der Energieeigenwerte des gestörten Zustandes sichtbar. Diese sind durch die Säkulardeterminante

$$\left|\delta_{mn}\,\delta_{jl}+\frac{1}{N}\sum_{\mathfrak{R}_i,k}V_{nm}(\mathfrak{R}_i,\mathfrak{R}_j)\,\frac{e^{-i\mathfrak{k}\cdot(\mathfrak{R}_i-\mathfrak{R}_l)}}{E_n(\mathfrak{k})-E}\right|=0 \qquad (4.18)$$

bestimmt, deren Nichtdiagonalelemente nur wegen der Matrixelemente $V_{nm}(\mathfrak{R}_i, \mathfrak{R}_j)$ des Störpotentials von Null verschieden sind. Bei lokalisierten Gitterfehlstellen, bei denen nur wenige nichtverschwindende Nichtdiagonalglieder vorkommen, ordnet man zweckmäßigerweise die Spalten der Determinante so lange um, bis alle $V_{nm}(\mathfrak{R}_i, \mathfrak{R}_j)$ auf der

* Es ist dabei zu beachten, daß außer den fortschreitenden Wellen $\exp(i\mathfrak{k}\cdot\mathfrak{R}_l)$ noch Wellen mit komplexen $\mathfrak{k}$ möglich sind, was vor allem bei lokalisierten Gitterfehlern der Fall sein kann.

linken Seite stehen. Es ergibt sich dadurch eine Determinante von nebenstehender Form, von der die rechts stehenden Einselemente einfach abgespalten werden können. Die übrigbleibende Säkulardeterminante ist bei lokalisierten Gitterfehlstellen von sehr niedriger Ordnung. Die in Gl. (4.17) vorkommende Größe

$$\left|\begin{array}{cc|cccccc} * & * & 0 & 0 & \dots & 0 & 0 \\ * & * & 0 & 0 & \dots & 0 & 0 \\ \hline * & * & 1 & 0 & \dots & 0 & 0 \\ * & * & 0 & 1 & \dots & 0 & 0 \\ \vdots & \vdots & \vdots & \vdots & & \vdots & \vdots \\ * & * & 0 & 0 & \dots & 1 & 0 \\ * & * & 0 & 0 & \dots & 0 & 1 \end{array}\right|$$

$$G_{nE}(\mathfrak{R}_i-\mathfrak{R}_l)=\frac{1}{N}\sum_{\mathfrak{k}}\frac{\exp[-i\mathfrak{k}\cdot(\mathfrak{R}_i-\mathfrak{R}_l)]}{E_n(\mathfrak{k})-E} \qquad (4.19\text{a})$$

verknüpft die Funktion $\Phi_n(\mathfrak{R}_l)$ mit der Störung an der Stelle $\mathfrak{R}_i$. Man kann sie als die Greensche Funktion des ungestörten Problems ansehen, die der Differenzengleichung

$$\sum_{\mathfrak{R}_j}\varepsilon_n(\mathfrak{R}_i-\mathfrak{R}_j)\,G_{nE}(\mathfrak{R}_j-\mathfrak{R}_l)-E\,G_{nE}(\mathfrak{R}_i-\mathfrak{R}_l)=\delta(\mathfrak{R}_i-\mathfrak{R}_l) \qquad (4.19\text{b})$$

genügt. Mit ihrer Hilfe hätte die Umwandlung der ursprünglichen Differenzengleichung (4.10) für das gestörte Problem auf die etwas handlichere Form (4.17) mit dem üblichen Formalismus der Greenschen Funktionen durchgeführt werden können. Die Funktion $G_{nE}(\mathfrak{R}_i-\mathfrak{R}_l)$ ist unabhängig von der Störung und nur durch die Bandstruktur des idealen Kristalls bestimmt. Sie ist – als Funktion von E betrachtet – überall bis auf die Stellen $E=E_n(\mathfrak{k})$ analytisch. Bei der Untersuchung der Energieeigenwerte des gestörten Zustandes muß man daher unterscheiden, ob E außerhalb oder innerhalb des Bandes liegt.

Betrachten wir zunächst den ersten Fall. Für einen solchen Energiewert sind beim ungestörten Problem nur Lösungen $\Phi_n(\mathfrak{R}_l)\sim\exp(-i\mathfrak{k}\cdot\mathfrak{R}_l)$ mit nicht reellem Ausbreitungsvektor $\mathfrak{k}$ möglich, die in einem unendlich ausgedehnten Kristall aber immer Null sein müssen. Durch die Aufhebung der Translationssymmetrie können in einem Kristall mit lokalisierten Gitterfehlstellen Eigenlösungen auftreten, deren Amplituden mit der Entfernung von dem jeweiligen Störzentrum sehr rasch abfallen. Solche gebundenen Zuständen sind nur bei ganz bestimmten Energiewerten möglich, die durch die Säkulargleichung (4.18) bestimmt sind. Als Beispiel betrachten wir ein sehr stark lokalisiertes Störpotential, das nur innerhalb einer Atomzelle ungleich Null ist, so daß

$$V_{nm}(\mathfrak{R}_i,\mathfrak{R}_j)=\delta(\mathfrak{R}_i)\,\delta(\mathfrak{R}_j)\,V(0)\,\delta_{nm} \qquad (4.20)$$

ist, wenn wir den Mittelpunkt des Störpotentials in den Koordinatenursprung legen und uns auf ein Band beschränken. Die Säkulardeterminante vereinfacht sich hierdurch zu

$$G_E(0)=-1/V(0). \qquad (4.21)$$

Bei der Berechnung der Greenschen Funktion $G_E(0)$ für den gebundenen Zustand können wir die Eigenwerte des Bandes als kontinuierlich verteilt ansehen und die Summation durch eine Integration über das ganze Band ersetzen. Nach Integration über die Winkelabhängigkeit bekommt man

$$G_E(0)=\frac{1}{N}\int_{\text{Band}}\frac{N(\varepsilon)}{\varepsilon-E}\,d\varepsilon, \tag{4.22}$$

wobei $N(\varepsilon)$ die Zustandsdichte ist (Ziff. 2.2). Da wir nur qualitativ verstehen wollen, unter welchen Umständen ein gebundener Zustand auftreten kann, benützen wir ein sehr einfaches Modell für die Verteilung der Energiezustände im Band. Die Verteilungsfunktion

$$N(E)=8\,\frac{N}{\pi}\,\frac{1}{E_B^2}\sqrt{E(E_B-E)} \tag{4.23}$$

besitzt die typischen Merkmale eines wirklichen Energiebandes. Sie beschreibt nämlich eine ellipsenförmige Verteilung der Energiezustände im Intervall $0<E<E_B$, die an den beiden Bandrändern mit senkrechter Tangente verschwindet. E_B ist die Bandbreite. Die angenommene Zustandsdichte hat den Vorteil, daß sich die Greensche Funktion durch eine geschlossene Integration berechnen läßt, und zwar ergibt sich

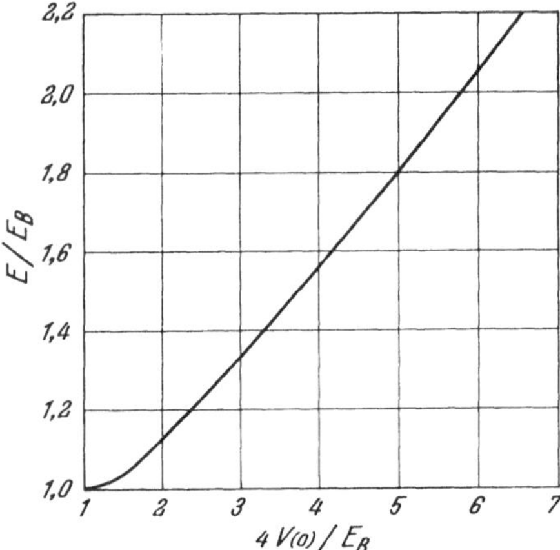

Fig. 11. Die Energie des gebundenen Zustandes als Funktion von $V(0)$. E_B ist die Bandbreite

$$G_E(0)=-\frac{4}{E_B^2}\{2E-E_B-2\sqrt{E(E-E_B)}\}, \tag{4.24}$$

wobei $E>E_B$ angenommen wurde. Über die Säkulargleichung (4.21) können wir nun sofort die Abhängigkeit des Energieeigenwertes des gebundenen Zustandes von der Größe $V(0)$ des Störpotentials ermitteln. Das Ergebnis dieser Rechnung ist in Fig. 11 dargestellt. Aus ihr ist zunächst ersichtlich, daß ein gebundener Zustand nur dann entstehen kann, wenn das Matrixelement des Störpotentials den Mindestwert $V(0)=E_B/4$ überschreitet. Wenn dieser Wert überschritten wird, löst sich der gebundene Zustand bei einem anziehenden Potential mit waagrechter Tangente vom unteren Bandrand ab. Bei einem abstoßenden Potential erfolgt die Abstoßung vom oberen Bandrand. Zum qualitativ gleichen Ergebnis kamen Slater und Koster [*101*], [*102*] mit einem etwas anderen Bandmodell. Bei ihren Untersuchungen wurde ein primitiv kubisches Gitter zugrunde gelegt, bei dem sich die Wannier-Funktionen benachbarter Gitterplätze so überlappen, daß die Koeffizienten $\varepsilon(\mathfrak{R}_i-\mathfrak{R}_j)$ für nächste Nachbarn und keine anderen ungleich Null sind. Die Berechnung der Greenschen Funktion konnte bei diesem Bandmodell nur numerisch durchgeführt werden. Ein gebundener Zustand tritt hier bei dem Mindestwert $V(0)\approx E_B/3$ auf. Von den genannten Autoren wurde außerdem noch ein etwas weiter reichendes Störpotential untersucht, bei dem noch die Matrixelemente $V(\mathfrak{R}_i, \mathfrak{R}_j)$ zwischen nächsten Nachbarn eine Rolle spielen. Außer dem vorher gefundenen Zustand treten noch weitere gebundene Zustände bei größeren Werten von $V(0)$ auf.

Die Berechnung der Wellenfunktion, die in unserem einfachen Beispiel durch

$$\Phi(\mathfrak{R}_l) = -V(0)\, G_E(\mathfrak{R}_l)\, \Phi(0) \tag{4.25}$$

gegeben ist, wobei über die Integrationskonstante $\Phi(0)$ durch die Normierungsbedingungen verfügt werden kann, stellt ein wesentlich komplizierteres Problem dar, weil nicht nur die Zustandsdichte $N(E)$, sondern die $\mathfrak{k}$-Abhängigkeit der Elektronenenergie $E_n(\mathfrak{k})$ explizit bekannt sein muß. Die bisherigen Untersuchungen [*102*] wurden deshalb nur für die Näherung freier Elektronen durchgeführt, wobei ein exponentieller Abfall der Amplitude von $\Phi(\mathfrak{R}_l)$ mit der Entfernung vom Störzentrum gefunden wurde.

Wenn die Energieeigenwerte für den gestörten Zustand im Innern eines Bandes liegen sollen, sind zwei verschiedene Fragestellungen möglich. Bei der einen interessiert man sich dafür, wie die Eigenwerte und die Wellenfunktionen durch die Störung geändert werden. Bei der anderen verzichtet man von vornherein auf den diskreten Charakter der Energiezustände und untersucht für einen bestimmten Wert von E das asymptotische Verhalten der Wellenfunktionen. Man behandelt also die Streuung der Elektronen mit der Energie E an den Fehlstellen. Die besondere Form der Determinanten (4.18) verdeckt etwas die Eigenschaft, daß durch sie auch beim gestörten Problem alle N Eigenwerte* eines Bandes festgelegt sind. Daß dies tatsächlich der Fall ist, läßt sich durch Wegschaffen der Energienenner $(E_n(\mathfrak{k})-E)$ in Gl. (4.18) zeigen, wodurch eine Säkulargleichung N-ten Grades für die Energie E entsteht. Die weiteren Untersuchungen sollen jedoch an der ursprünglichen Gleichung durchgeführt werden. Wir wollten mit dieser Überlegung nur zeigen, daß man bei der Berechnung der Greenschen Funktion $G_E(\mathfrak{R}_l)$ die diskrete Natur der Energiezustände nicht vernachlässigen darf, wenn

* Wenn gebundene Zustände auftreten, verringert sich N um die Zahl der gebundenen Zustände.

man im Band liegende Energieeigenwerte des gestörten Zustandes berechnen will. Diese diskrete Anordnung verhindert, daß in der Umgebung der kritischen Stellen $E=E(\mathfrak{k})$ der Energienenner von Gl. (4.19) verschwindet. Da bei einem großen Kristall die Eigenwerte sehr dicht liegen, begeht man jedoch nur einen geringen Fehler, wenn man bei einem größeren Abstand von der kritischen Stelle die Summation durch eine Integration ersetzt.

Als Beispiel betrachten wir wieder einen lokalisierten Gitterfehler, bei dem nur das Matrixelement $V(0)$ nicht verschwindet, so daß nur die Greensche Funktion $G_E(0)$ berechnet werden muß. Unter dem Einfluß dieser Störung werde ein Energieeigenwert $E(\mathfrak{k}_0)$ des idealen Kristalls um $\Delta E(\mathfrak{k}_0)$ geändert. Wie oben erwähnt wurde, kann die Summation in Gl. (4.19) durch eine Integration ersetzt werden, wenn man von der kritischen Stelle $\tilde{E}(\mathfrak{k}_0)=E(\mathfrak{k}_0)+\Delta E(\mathfrak{k}_0)$ genügend weit entfernt ist. Die verbleibende Integration läßt sich geschlossen ausführen, wenn man berücksichtigt, daß der Ausbreitungsvektor $\mathfrak{k}$ und damit auch die Energie von dem Tripel der Quantenzahlen n_i [s. Gl. (2.8)] abhängig ist*. Die Greensche Funktion zum gestörten Eigenwert $\tilde{E}(\mathfrak{k}_0)$ hat die Form

$$G_{\tilde{E}(\mathfrak{k}_0)}(0)=-\frac{\pi}{N}\frac{V_0}{(2\pi)^3}\int \operatorname{ctg}\left[\pi\frac{\Delta E(\mathfrak{k}_0)}{\partial E/\partial n_i}\right]\frac{dS}{|\operatorname{grad}_{\mathfrak{k}} E|}+\overline{G_{\tilde{E}(\mathfrak{k}_0)}(0)}, \quad (4.26)$$

wobei im ersten Ausdruck dS das Oberflächenelement auf der Energiefläche $E=E(\mathfrak{k}_0)$ und das Oberflächenintegral über diese Fläche zu erstrecken ist. Der partielle Differentialquotient $\partial E/\partial n_i$ kann mit einem der drei Quantenzahlen n_1, n_2 oder n_3 gebildet werden. Im allgemeinen ist $\partial E/\partial n_i$ auf der Energiefläche $E=E(\mathfrak{k}_0)$ nicht konstant und kann deshalb nicht vor das Integral gezogen werden. Mit $\overline{G_{\tilde{E}(\mathfrak{k}_0)}(0)}$ wird der Hauptwert des Integrals (4.22) bezeichnet. Da die Energieänderung eines Zustandes von der Größenordnung der Energiedifferenz im $\mathfrak{k}$-Raum benachbarter Quantenzustände ist, kann in $\overline{G_{\tilde{E}(\mathfrak{k}_0)}}$ die Größe $\tilde{E}(\mathfrak{k}_0)$ durch $E(\mathfrak{k}_0)$ ersetzt werden.

Bei sphärischen Energieflächen läßt sich das Integral (4.26) auf eine wesentlich einfachere Form bringen, wenn man die Eigenwerte von $\mathfrak{k}$ durch die Forderung bestimmt, daß die Wellenfunktion auf der Oberfläche einer Kugel vom Radius R verschwindet. Wie in Ziff. 4.4 gezeigt wird, führt dies zu diskreten Werten für den Betrag des Ausbreitungsvektors

$$k=\left(\frac{l}{2}+n\right)\frac{\pi}{R} \quad \text{mit} \quad n=0,1,2\ldots, \quad (4.27\text{a})$$

* Es wird dabei die Beziehung benützt

$$\operatorname{ctg}\pi x=\frac{1}{\pi}\sum_{n=-\infty}^{\infty}\frac{1}{x+n}.$$

wobei $l=0, 1, 2, \ldots$ die Drehimpulsquantenzahl bedeutet. Auf einer Fläche konstanter Energie ist dann auch

$$\frac{dE}{dn_i}=\frac{dE}{dk}\frac{dk}{dn}=\frac{\pi}{R}\frac{dE}{dk} \tag{4.27b}$$

konstant, so daß das ctg-Glied vor das Integral gezogen werden kann, was auf

$$G_{\tilde{E}(\mathfrak{k}_0)}(0)=-\frac{\pi}{N}\operatorname{ctg}\left[\frac{\pi\Delta E(\mathfrak{k}_0)}{dE/dn}\right]\cdot N(E(\mathfrak{k}_0))+\overline{G_{\tilde{E}(\mathfrak{k}_0)}(0)} \tag{4.27c}$$

führt.

Durch Einsetzen von Gl. (4.26) bzw. (4.27c) in Gl. (4.21) erhält man eine Bestimmungsgleichung für die Energieänderung $\Delta E(\mathfrak{k}_0)$. Diese ist nur über $E(\mathfrak{k}_0)$ von dem ausgezeichneten Quantenzustand $\mathfrak{k}_0$ abhängig, so daß alle auf der Fläche $E=E(\mathfrak{k}_0)$ liegenden, miteinander energetisch entarteten Zustände die gleiche Energieänderung erfahren. Nur bei sphärischen Energieflächen* läßt sich die Säkulargleichung für die gestörte Energie in geschlossener Weise auflösen und führt zu

$$\Delta E(\mathfrak{k}_0)=\tilde{E}(\mathfrak{k}_0)-E(\mathfrak{k}_0)=\frac{1}{\pi}\frac{dE(\mathfrak{k})}{dn}\operatorname{arctg}\left\{\frac{\frac{\pi}{N}N[E(\mathfrak{k}_0)]}{\frac{1}{V(0)}+\overline{G_{E(\mathfrak{k}_0)}(0)}}\right\}. \tag{4.28}$$

Die gesamte Energieänderung erhält man, wenn man mit der Zustandsdichte dn/dE multipliziert und über das Band integriert**.

$$E_{\text{ges}}=\frac{1}{\pi}\int_{\text{Band}} dE\operatorname{arctg}\left\{\frac{\frac{\pi}{N}N(E)}{\frac{1}{V(0)}+\overline{G_E(0)}}\right\}. \tag{4.29}$$

Ohne die Säkulargleichung für die einzelnen Eigenwerte aufzulösen, läßt sich diese Beziehung für die gesamte Energieänderung auf eine völlig andere Weise ableiten. Die zum ersten Male von WENTZEL [*104*] in der Paartheorie der Kernkräfte benützte Methode führt die Berechnung von ΔE_{ges} auf das Wegintegral

$$\left.\begin{aligned}\Delta E_{\text{ges}}&=\frac{1}{2\pi i}\int\sum_k\left\{\frac{1}{z-\tilde{E}(\mathfrak{k})}-\frac{1}{z-E(\mathfrak{k})}\right\}z\cdot dz\\&=\frac{1}{2\pi i}\int z\cdot dz\frac{d}{dz}\left(\ln\prod_{\mathfrak{k}}\frac{z-\tilde{E}(\mathfrak{k})}{z-E(\mathfrak{k})}\right)\end{aligned}\right\} \tag{4.30}$$

* Bei nichtsphärischen Energieflächen muß das Oberflächenintegral (4.26) für verschiedene Parameterwerte ΔE berechnet werden. Durch Auflösen der auf diese Weise erhaltenen Funktion nach ΔE kann die Energieänderung $\Delta E(\mathfrak{k})$ berechnet werden.

** Für Elektronen wurde diese Beziehung zum ersten Male von E. MANN [*103*] abgeleitet. Der Verfasser möchte an dieser Stelle Herrn E. MANN für viele Diskussionen über diesen Fragenkreis danken.

in der komplexen Ebene zurück, wobei der Weg im positiven Sinne um alle Pole von $z=\tilde{E}(\mathfrak{k})$ bzw. $z=E(\mathfrak{k})$ herumgeführt wird. Mit Hilfe des Residuensatzes kann man leicht zeigen, daß dieses Integral gerade den Wert $\Delta E_{\text{ges}}=\sum_{\mathfrak{k}}[\tilde{E}(\mathfrak{k})-E(\mathfrak{k})]$ besitzt.

Bei einem Umlauf auf dem obigen Weg kehrt der Logarithmus des N-fachen Produktes auf den Ausgangswert zurück, da gleich viele Nullstellen von $\tilde{E}(\mathfrak{k})$ und Pole von $E(\mathfrak{k})$ im Innern liegen. Durch partielle Integration erhält man deshalb

$$\Delta E_{\text{ges}}=-\frac{1}{2\pi i}\int\log\varphi(z)\,dz\,,\tag{4.31a}$$

wobei wir die Abkürzung

$$\varphi(z)=\prod_k\frac{z-\tilde{E}(\mathfrak{k})}{z-E(\mathfrak{k})}\tag{4.31b}$$

eingeführt haben. Da alle Nullstellen und Pole von $\varphi(z)$ auf der reellen positiven Achse liegen, führen wir das obige Integral in einer Schleife um diese Achse herum, wobei wir die Schleife der reellen Achse beliebig nähern. Es wird dann

$$\Delta E_{\text{ges}}=-\frac{1}{2\pi i}\lim_{y\to 0}\int_0^{\zeta}\log\frac{\varphi(x+iy)}{\varphi(x-iy)}\,dx.\tag{4.32}$$

Als Funktion der reellen Variablen $z=E$ ist $\varphi(z)$ durch den Quotienten der Säkulardeterminante für das gestörte und ungestörte Problem bestimmt. Die Säkulardeterminante bei einer sehr lokalisierten Gitterfehlstelle läßt sich auf Grund der Gl. (4.21) auf die Form

$$\prod_{\mathfrak{k}}(E-\tilde{E}(\mathfrak{k}))=\prod_{\mathfrak{k}}(E-E(\mathfrak{k}))\cdot[1+V(0)\,G_E(0)]\tag{4.33a}$$

bringen, so daß

$$\varphi(E)=1+V(0)\,G_E(0)=1+V(0)\frac{1}{N}\sum_{\mathfrak{k}}\frac{1}{E(\mathfrak{k})-E}\tag{4.33b}$$

ist. Diese Funktion setzen wir analytisch weiter in die komplexe z-Ebene fort. Da die Energieeigenwerte im $\mathfrak{k}$-Raum dicht liegen, können wir die Summation durch eine Integration über das Band ersetzen; hierbei können keine Singularitäten auftreten, weil an der kritischen Stelle $x=E(\mathfrak{k})$ der Imaginärteil von z im Nenner steht. Nach Integration über die Winkelabhängigkeit ergibt sich

$$\varphi(x+iy)=1+V(0)\frac{1}{N}\int\frac{N(E)}{E-x-iy}\,dE\,.\tag{4.34}$$

Für $E\neq x$ kann y vernachlässigt werden. An der kritischen Stelle $E=x$ wird es dadurch berücksichtigt, daß wir den Integrationsweg in die untere Halbebene ziehen. Man erhält dadurch

$$\varphi(x+iy)=1+\overline{G_x(0)}+\frac{V(0)}{N}\,2\pi i\,N(x),\tag{4.35}$$

wobei $\overline{G_x(0)}$ wieder den Hauptwert der Greenschen Funktion bezeichnet. Für die gesamte Energieänderung bekommt man wieder denselben Wert wie bei der ersten Ableitung, da

$$\lim_{y\to 0}\log\frac{\varphi(x+iy)}{\varphi(x-iy)}=2i\operatorname{arctg}\frac{\frac{\pi}{N}N(x)}{\frac{1}{V(0)}+\overline{G_x(0)}}\tag{4.36}$$

ist. Der hier beschriebene Formalismus ist ohne weiteres auf weniger lokalisierte Gitterfehlstellen zu erweitern. Wenn z. B. außer $V(0)$ auch noch $V(\mathfrak{R}_l)$ für nächste Nachbarn nicht verschwindet, bekommt man dieselben Beziehungen wie sie WENTZEL für ein Mesonenpaar mit endlichem Abstand abgeleitet hat.

Neben der gesamten Energieänderung, die durch eine Gitterfehlstelle verursacht wird, sind für verschiedene andere physikalische Eigenschaften – z. B. den elektrischen Widerstand, die Verschiebung der Knight-shift (s. Ziff. 4.6) – auch die Änderung der einzelnen Energieeigenwerte wesentlich. Wenn die Elektronenenergie nur vom Betrag des Ausbreitungsvektors abhängig ist, was wir bei der Ableitung der Gl. (4.28) angenommen haben, läßt sich diese Änderung durch die radiale Verschiebung

$$\Delta k = \frac{dk}{dE}\Delta E = \frac{1}{\pi}\frac{dk}{dn}\eta_0(E) \tag{4.37a}$$

der Quantenzustände im $\mathfrak{k}$-Raum ausdrücken, wobei wir die Abkürzung $\eta_0(E)$ für den Ausdruck

$$\eta_0(E) = -\operatorname{arctg}\left(\frac{\frac{\pi}{N}N(E)}{\frac{1}{V(0)} + \overline{G_E(0)}}\right) \tag{4.37b}$$

eingeführt haben. In der Ziff. 4.4 werden wir zeigen, daß sich die Funktion $\Phi_n(\mathfrak{R}_l)$ im großen Abstande vom Störzentrum im wesentlichen durch diese sog. Phasenkonstante beschreiben läßt. Von diesem asymptotischen Verhalten ist CLOGSTON bei der Definition von $\eta_0(E)$ ausgegangen [*105*]. Ihre Energieabhängigkeit ist in Fig. 12 für verschiedene Werte von $V(0)$ dargestellt. Dabei haben wir für die Berechnung des Hauptwertes der Greenschen Funktion $\overline{G_E(0)}$ wieder die ellipsenförmige Verteilung der Energiezustände [s. Gl. (4.23)] zu Grunde gelegt, die zu

$$\overline{G_E(0)} = -2\left(\frac{2}{E_B}\right)^2\left[E - \frac{E_B}{2}\right] \tag{4.38}$$

für $\overline{G_E(0)}$ führt. Für kleine Werte von $V(0)$ nimmt die Phase mit wachsender Energie stetig zu. Wenn bei einem anziehenden Potential $V(0)$ den Mindestwert überschreitet, bei dem am unteren Bandrand ein gebundener Zustand auftritt, springt die Phasenkonstante $\eta_0(0)$ plötzlich auf den Wert π; eine weitere Erhöhung des Potentials läßt $\eta_0(0)$ unverändert. Wenn das Potential den kritischen Wert überschritten hat, nehmen die Phasen $\eta_0(E)$ mit wachsendem E immer weiter ab. Dieses Verhalten ist charakteristisch für gebundene Zustände und wurde mit Hilfe von anderen Modellen schon ausführlich untersucht ([*106*] bis [*108*]).

In Ziff. 4.4 werden wir zeigen, daß die Fähigkeit der Leitungselektronen, ein weitreichendes Coulomb-Potential in einem Metall abzuschirmen, darin zum Ausdruck kommt, daß die Phasenkonstanten an der Fermi-Kante die sog. Friedelsche Bedingung [*108*] erfüllen müssen

$$Z = \frac{2}{\pi} \sum_{l=0}^{\infty} (2l+1)\,\eta_l(E_F), \tag{4.39}$$

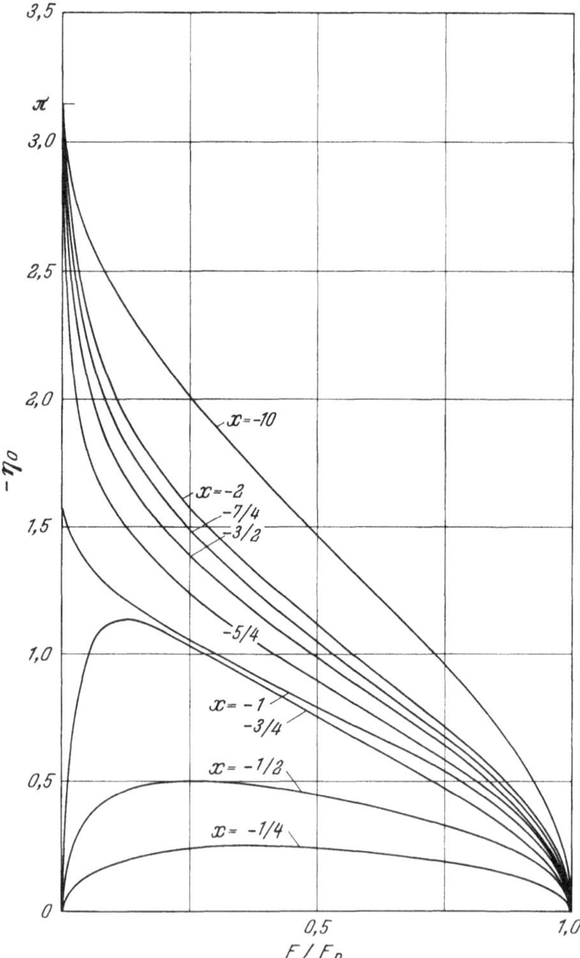

Fig. 12. Energieabhängigkeit der Phasen $\eta_0(E)$ bei einem stark lokalisierten Störpotential für verschiedene Werte von $x=4V(0)/E_B$

wobei Z die zusätzliche elektrostatische Ladung ist, die von den Elektronen abgeschirmt wird. Bei einem selbstkonsistenten Potential ist diese Bedingung natürlich von selbst erfüllt. Sehr oft wird sie jedoch dazu benützt, um einen zunächst unbekannten Parameter im Störpotential festzulegen, wodurch dieses auch selbstkonsistent gemacht wird. Im Fall einer stark lokalisierten Gitterfehlstelle ist nur die Phasenkonstante $\eta_0(E)$ von Null verschieden und deshalb durch die abzuschirmende Ladung vollständig bestimmt. Der Wert von $V(0)$ kann dann mit Hilfe von Gl. (4.37a) aus $\eta_0(E_F)$ berechnet werden, wenn die Zustandsdichte $N(E_F)$ bekannt ist. Nehmen wir für diese wieder elliptische Form an, dann ist bei einem einwertigen Metall das Band gerade halb gefüllt, d.h. $E_F = \frac{1}{2} E_B$. Aus Fig. 6.12 entnehmen wir, daß in diesem Fall die Leitungselektronen nur positive Ladungen mit $Z<1$ abschirmen können. Die Friedelsche Bedingung für $Z>1$ kann in dem zugrundegelegten Bandmodell nur dadurch erfüllt werden, daß man weniger lokalisierte Potentiale betrachtet, bei denen auch die $V(\mathfrak{R}_i, \mathfrak{R}_j)$ von weiter entfernt liegenden Nachbarn von Null verschieden sind. Ein solches Problem, bei dem auch die Phasenkonstanten $\eta_l(E_F)$ mit $l \neq 0$ nicht verschwinden, wurde von E. MANN [*103*] untersucht.

Wenn man die Streuung von Elektronen einer bestimmten Energie E am Störpotential einer Gitterfehlstelle betrachten will, muß man die Vorstellung diskreter Eigenzustände im idealen Kristall aufgeben. Zunächst ist die mit der Methode der Greenschen Funktion erhaltene Gl. (4.17) nur eine partikuläre Lösung der Differenzengleichung für den gestörten Kristall. Durch Hinzufügen von Lösungen des ungestörten Problems können wir erreichen, daß die singuläre Stelle $E(\mathfrak{k}) = E$ in der Greenschen Funktion beseitigt wird, und daß die Funktion $\Phi_n(\mathfrak{R}_l)$ das richtige asymptotische Verhalten bekommt: Im großen Abstand von der Fehlstelle erwarten wir nämlich für ein lokalisiertes Störpotential neben der einfallenden Welle der Energie E eine gestreute auslaufende Welle, deren Amplitudenquadrat wie $1/|\mathfrak{R}_l|^2$ mit der Entfernung vom Störzentrum abnimmt. Eine solche gestreute Welle können wir erhalten, wenn wir bei der Berechnung der Greenschen Funktion $G_{nE}(\mathfrak{R}_l)$ die Energieintegration in der komplexen Ebene ausführen, wobei der Weg längs der reellen Achse läuft und nur an der kritischen Stelle $E(\mathfrak{k}) = E$ in die untere komplexe Halbebene ausweicht. Als Greensche Funktion des n-ten Bandes definieren wir deshalb für Streuprobleme

$$G_{n, E-i\varepsilon}(\mathfrak{R}_l) = \frac{\Omega}{(2\pi)^3} \int \frac{e^{i\mathfrak{k}\cdot\mathfrak{R}_l}}{|\operatorname{grad} E'|} \frac{dS\, dE'}{E' - E - i\varepsilon}, \tag{4.40}$$

wobei Ω das Atomvolumen und dS ein Oberflächenelement auf einer Fläche $E' = \text{const}$ bezeichnet. Zur Berechnung dieser Funktion ist wieder die Kenntnis der Bandstruktur $E_n(\mathfrak{k})$ nötig. Nur für $\mathfrak{R}_l = 0$ und für große Werte von $\mathfrak{R}_l$ können wir $G_{n,E}(\mathfrak{R}_l)$ sofort angeben. Für $\mathfrak{R}_l = 0$ liefert die Winkelintegration die Zustandsdichte $N(E')$. Die E'-Integration zerfällt in ein Integral längs der reellen Achse, das gleich dem Hauptwert $\overline{G_{n,E}(0)}$ ist, und in ein Schlaufenintegral um die singuläre Stelle*:

$$G_{n,E-i\varepsilon}(0)=\overline{G_{n,E}}+\frac{i\pi}{N}N_n(E). \tag{4.41}$$

Für große Werte wurde $G_{n,E-i\varepsilon}(\mathfrak{R}_l)$ mit der Methode der stationären Phasen von Koster [*109*] berechnet**:

$$G_{n,E-i\varepsilon}(\mathfrak{R}_l)=\frac{\Omega}{2\pi}\frac{1}{\left[\frac{\partial^2 E}{\partial\varkappa_1^2}\frac{\partial^2 E}{\partial\varkappa_2^2}\right]^{\frac{1}{2}}}\cdot\frac{e^{i\mathfrak{k}_0\cdot\mathfrak{R}_l}}{|\mathfrak{R}_l|}. \tag{4.42}$$

Dabei ist der Vektor $\mathfrak{k}_0$ dadurch festgelegt, daß $E_n(\mathfrak{k}_0)=E$ und grad $E_n(\mathfrak{k})|_{\mathfrak{k}=\mathfrak{k}_0}$ parallel zu $\mathfrak{R}_l$ ist. Die $\varkappa_1$- und die $\varkappa_2$-Achsen liegen in der Ebene, die $E_n(\mathfrak{k})=E$ in der Stelle $\mathfrak{k}_0$ berührt; ihre Richtung ist so gewählt, daß $\partial^2 E/\partial\varkappa_1\,\partial\varkappa_2$ verschwindet. Die Differentialquotienten $\partial^2 E/\partial\varkappa_1^2$ und $\partial^2 E/\partial\varkappa_2^2$ sind an dem Berührpunkt zu nehmen. In der Näherung quasifreier Elektronen ergibt sich

$$G_{E-i\varepsilon}(\mathfrak{R}_l)=\frac{\Omega}{2\pi}\frac{m^*}{\hbar^2}\frac{e^{ik|\mathfrak{R}_l|}}{|\mathfrak{R}_l|}. \tag{4.43}$$

Mit Hilfe der so definierten Greenschen Funktion ist die gestreute Welle von

$$\Phi_n(\mathfrak{R}_l)=N^{-\frac{1}{2}}e^{i\mathfrak{k}\cdot\mathfrak{R}_l}+\Phi_n^s(\mathfrak{R}_l) \tag{4.44a}$$

durch die inhomogene Differenzengleichung

$$\left.\begin{aligned}&\Phi_n^s(\mathfrak{R}_l)+\sum_{\mathfrak{R}_i,\mathfrak{R}_j,m}G_{n,E-i\varepsilon}(\mathfrak{R}_i-\mathfrak{R}_l)\,V_{nm}(\mathfrak{R}_i,\mathfrak{R}_j)\,\Phi_m^s(\mathfrak{R}_j)\\&\quad=-\frac{1}{\sqrt{N}}\sum_{\mathfrak{R}_i,\mathfrak{R}_j,m}G_{n,E-i\varepsilon}(\mathfrak{R}_i-\mathfrak{R}_l)\,V_{nm}(\mathfrak{R}_i,\mathfrak{R}_j)\,e^{i\mathfrak{k}\cdot\mathfrak{R}_j}\end{aligned}\right\} \tag{4.44b}$$

* Hierbei wird die Beziehung benützt

$$\frac{1}{E'-E-i\varepsilon}=P\left(\frac{1}{E'-E}\right)+i\pi\,\delta(E'-E),$$

wobei P den Hauptwert des Integrals bezeichnet.

** Eine ähnliche Beziehung für $G_{n,E-i\varepsilon}(\mathfrak{R}_l)$ wurde von Roth [*110*] bzw. Lifšic [*111*] abgeleitet. Anstelle von $\left\{\frac{\partial^2 E}{\partial\varkappa_1^2}\frac{\partial^2 E}{\partial\varkappa_2^2}\right\}^{-\frac{1}{2}}$ tritt bei Roth der Ausdruck $\{|\mathfrak{R}_l\cdot\alpha^{-1}\cdot\mathfrak{R}_l\det\alpha|\}^{-\frac{1}{2}}e^{i\Phi}$ wobei $\alpha=\frac{1}{2}\nabla_{\mathfrak{k}}\nabla_{\mathfrak{k}}E(k)$ ist. Der Phasenfaktor Φ ist 0 oder π je nachdem α positiv oder negativ definit ist. Der Wert von Φ bei indefiniter Matrix α ist der Rothschen Dissertation zu entnehmen. Lifšic gibt anstelle von $\left\{\frac{\partial^2 E}{\partial\varkappa_1^2}\frac{\partial^2 E}{\partial\varkappa_2^2}\right\}^{\frac{1}{2}}$ den Ausdruck $|\text{grad}_{\mathfrak{k}}E(\mathfrak{k})|\cdot\sqrt{K(E)}$ an, wobei $K(E)$ die Gaußsche Krümmung der Fläche $E_n(\mathfrak{k})=E$ im Punkte $\mathfrak{k}_0$ ist.

bestimmt. Die hier angegebene Darstellung besitzt den großen Vorteil, daß Beiträge zu der gestreuten Welle nur von jenen Gitterpunkten kommen, an denen die Matrixelemente $V_{nm}(\mathfrak{R}_i, \mathfrak{R}_j)$ nicht verschwinden. Die Gleichung weicht darin wesentlich von der von KOSTER angegebenen Gleichung ([*109*], Gl. (19)) ab.

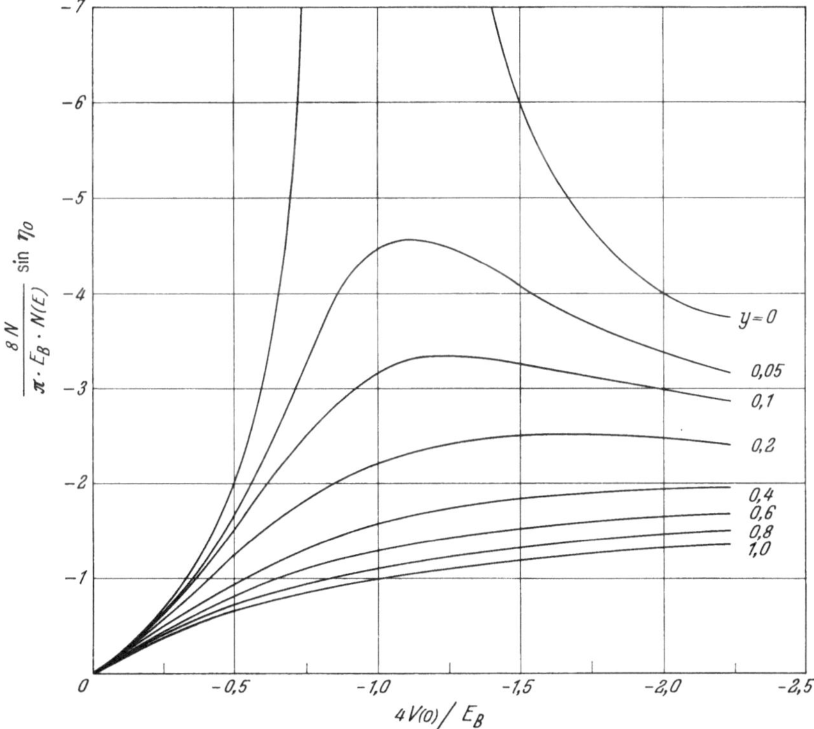

Fig. 13. Die Amplitude der von einer lokalisierten Fehlstelle gestreuten Welle als Funktion der Stärke des Potentials $x=4V(0)/E_B$ für verschiedene Werte von $y=E/E_B$

Für das lokalisierte Störproblem, bei dem nur $V(0) \neq 0$ ist, können wir die Lösung der inhomogenen Gleichung sofort angeben. Aus (4.44b) ergibt sich

$$\Phi_n^s(\mathfrak{R}_l) = -\frac{1}{\sqrt{N}} \frac{G_{n,E-i\varepsilon}(\mathfrak{R}_l)}{(1/V(0)) + G_{n,E-i\varepsilon}(0)}. \qquad (4.45\text{a})$$

Wie wir schon erwähnt haben, ist das asymptotische Verhalten der gestreuten Welle im wesentlichen durch die Phasen $\eta_0(E)$ bestimmt. Berücksichtigen wir ihre Definition (4.37b), dann läßt sich die vorhergehende Gleichung auf die Form

$$\Phi_n^s(\mathfrak{R}_l) = -\frac{1}{\sqrt{N}} \left[\frac{\pi}{N} N(E)\right]^{-1} \sin\eta_0 \cdot e^{-i\eta_0} \cdot G_{n,E-i\varepsilon}(\mathfrak{R}_l) \qquad (4.45\text{b})$$

bringen. In Fig. 13 haben wir die Größe

$$\left[\frac{\pi}{N} N(E)\right]^{-1} \sin \eta_0 ,$$

die ein Maß für die Amplitude der gestreuten Welle ist, als Funktion von $V(0)$ für verschiedene Parameterwerte E für das elliptische Bandmodell dargestellt. Wir entnehmen daraus, daß, wenn $V(0)$ den kritischen Wert erreicht, bei dem ein gebundener Zustand sich vom Band ablöst, die Amplitude der gestreuten Welle über alle Maßen wächst. Bei einer weiteren Erhöhung von $V(0)$ nimmt die Amplitude wieder ab.

4.3. Die Streuung von Elektronen an einem Stapelfehler

In einem kubisch flächenzentrierten Gitter kann ein flächenhaft ausgedehnter Gitterfehler dadurch erzeugt werden, daß man eine Kristallhälfte entlang einer dichtest gepackten $\{111\}$-Ebene starr um einen Vektor $a/6\,[2\bar{1}\bar{1}]$ verschiebt. Wenn die Schichtfolge der dichtest gepackten (111)-Ebenen in einem idealen kubisch flächenzentrierten Kristall mit $\ldots ABC\,ABC \ldots$ bezeichnet wird, so wird sie durch den Stapelfehler in die Folge $\ldots ABC\,BCA \ldots$ abgeändert. Der Stapelfehler kann als ein flächenhafter hexagonaler Einschluß aufgefaßt werden, was aus der Stapelfolge $\ldots BC\,BC \ldots$ ersichtlich ist. Die weiteren Eigenschaften dieser Fehlstellenart, z.B. daß sie durch Aufspalten von Versetzungen mit dem Burgers-Vektor $a/2\,\langle 110 \rangle$ in je zwei Halbversetzungen entstehen können, werden in der Versetzungs- und Verfestigungstheorie ausführlich behandelt (vgl. Seeger [*112*] sowie Kapitel 1 und 2) und brauchen hier nicht weiter erörtert zu werden.

Wir interessieren uns hier nur für die Frage, welchen Einfluß eine solche Fehlstelle auf die Leitungselektronen ausübt und welche Änderung des elektrischen Widerstandes dadurch hervorgerufen wird. Auf dieses Problem kann das in der vorhergehenden Ziffer behandelte Wannier-Slater-Theorem aus verschiedenen Gründen nicht angewandt werden. Als Störpotential ist in diesem Theorem die Differenz des Potentials im gestörten und ungestörten Zustand zu nehmen. Denken wir uns die linke Kristallhälfte festgehalten, dann hat das Störpotential in diesem Halbraum durchweg den Wert Null; im rechten Halbraum treten in dieser Beschreibung periodisch angeordnete positive und negative Ladungen auf, wobei das Gitter der positiven Ladungen um $a/6\,[2\bar{1}\bar{1}]$ gegenüber demjenigen der negativen Ladungen verschoben ist. Durch diese dipolartigen Ladungsverteilungen treten sehr starke räumliche Potentialänderungen auf, die beim Wannier-Slater-Theorem nicht erlaubt sind. Die Form dieses Störpotentials ist auch sonst nicht sehr realistisch. In beiden Halbräumen ist das Gitterpotential völlig periodisch; es ist deshalb zu erwarten, daß die Elektronen im großen Abstand von der Stapelfehlerebene nicht gestreut werden. Nur beim Übergang von einem Halbraum in den anderen erfahren die Elektronen eine Zustandsänderung. Ein effektives Störpotential kann deshalb nur in dem flächenhaften Raumgebiet entlang der Stapelfehlerebene vorhanden sein.

In den vergangenen Jahren wurde eine Reihe von Untersuchungen durchgeführt, um die Streuung der Leitungselektronen an einem Stapelfehler zu beschreiben*. Die dabei erhaltenen Ergebnisse waren teilweise sehr widersprechend. Durch die neuesten Untersuchungen von SEEGER und STATZ [*113*], die im folgenden beschrieben werden sollen, scheint dieses Problem prinzipiell gelöst zu sein. Die mangelhafte Kenntnis der Wannier-Funktionen in kubisch flächenzentrierten Kristallen gestattet jedoch zur Zeit lediglich, die für die einzelnen Metalle charakteristischen Zahlenwerte für die Änderung des elektrischen Widerstandes infolge von Stapelfehlern größenordnungsmäßig anzugeben [*114*].

Wie in der vorhergehenden Ziffer werden die Wellenfunktionen des gestörten Zustandes nach Wannier-Funktionen entwickelt. Das Neue an dem Verfahren von SEEGER und STATZ besteht darin, daß die Wannier-Funktionen an den wahren Atomlagen im gestörten Kristall und nicht an denjenigen des idealen Kristalls lokalisiert angenommen werden. In der Entwicklung

$$\Psi(\mathfrak{r}) = \sum_{m} \sum_{\mathfrak{R}_j} \Phi_m(\mathfrak{R}_j)\, a_m(\mathfrak{r}-\mathfrak{R}_j) \tag{4.46}$$

ist $\mathfrak{R}_j$ für den linken Halbraum direkt ein Gittervektor, während im rechten Halbraum $\mathfrak{R}_j$ sich um den Vektor $a/6\,[2\bar{1}\bar{1}]$ von einem Gittervektor unterscheidet. Mit m werden die verschiedenen Bänder bezeichnet. Wie bei dem im vorhergehenden Abschnitt beschriebenen Wannier-Slater-Formalismus kann man für $\Phi(\mathfrak{R}_j)$ die Differenzengleichung

$$\sum_{\mathfrak{R}_j,\, m} \Phi_m(\mathfrak{R}_j)\, H_{nm}(\mathfrak{R}_i, \mathfrak{R}_j) = \sum_{\mathfrak{R}_j} \Phi_n(\mathfrak{R}_j)\, U_n(\mathfrak{R}_i - \mathfrak{R}_j) \tag{4.47a}$$

ableiten, wobei

$$H_{nm}(\mathfrak{R}_i, \mathfrak{R}_j) = \int a_n^*(\mathfrak{r}-\mathfrak{R}_i)\, \boldsymbol{H} a_m(\mathfrak{r}-\mathfrak{R}_j)\, d\tau_{\mathfrak{r}}\,, \tag{4.47b}$$

$$U_n(\mathfrak{R}_i - \mathfrak{R}_j) = \int a_n^*(\mathfrak{r}-\mathfrak{R}_i)\, a_n(\mathfrak{r}-\mathfrak{R}_j)\, d\tau_{\mathfrak{r}} \tag{4.47c}$$

ist. Die Matrixelemente $H_{nm}(\mathfrak{R}_i, \mathfrak{R}_j)$ und $U_n(\mathfrak{R}_i - \mathfrak{R}_j)$ können zunächst nicht weiter vereinfacht werden, weil $\mathfrak{R}_i$ und $\mathfrak{R}_j$ keine Gittervektoren zu sein brauchen. Da bei einem unendlich ausgedehnten Stapelfehler in der (1 1 1)-Ebene weiterhin Translationssymmetrie herrscht, werden

* Eine ausführliche Diskussion dieser Untersuchungen findet sich bei SEEGER und STATZ [*113*].

neue Basisvektoren $\mathfrak{A}_i$ eingeführt, wobei die Vektoren $\mathfrak{A}_1$ und $\mathfrak{A}_2$ die Stapelfehlerebene aufspannen und $\mathfrak{A}_3$ auf dieser senkrecht steht. Ein Gittervektor in diesem Koordinatensystem ist gegeben durch

$$\mathfrak{R}=\left(\alpha+\frac{l}{3}\right)\mathfrak{A}_1+\left(\beta+\frac{l}{3}\right)\mathfrak{A}_2+\left(\gamma+\frac{l}{3}\right)\mathfrak{A}_3\,. \tag{4.48}$$

α, β, γ sind ganze Zahlen; l durchläuft die Werte 0, 1 oder 2. $\mathfrak{R}$ beschreibt im linken Halbraum ($\gamma<0$) die Lage eines Gitterions. Im rechten Halbraum ($\gamma>0$) sind die Ionen durch

$$\mathfrak{R}=\left(\alpha+\frac{l+1}{3}\right)\mathfrak{A}_1+\left(\beta+\frac{l+1}{3}\right)\mathfrak{A}_2+\left(\gamma+\frac{l+1}{3}\right)\mathfrak{A}_3 \tag{4.49}$$

bestimmt. In dieser Beschreibung ist also das kubisch raumzentrierte Gitter kein Translationsgitter mehr. Durch die Forderung

$$\mathfrak{A}_i\,\mathfrak{B}_j=\delta_{ij} \tag{4.50}$$

werden die reziproken Gittervektoren $\mathfrak{B}_j$ eingeführt. Der Ausbreitungsvektor der Elektronen ist dann durch

$$\mathfrak{k}=\nu\,\mathfrak{B}_1+\lambda\,\mathfrak{B}_2+\varkappa\,\mathfrak{B}_3 \tag{4.51}$$

gegeben, wobei ν, λ und $\varkappa$ im allgemeinen keine ganzen Zahlen sind.

Durch die oben erwähnte Eigenschaft, daß in den zu der Stapelfehlerebene parallelen Ebenen weiterhin Translationssymmetrie herrscht, läßt sich die dreidimensionale Differenzengleichung zu einer eindimensionalen vereinfachen. Mit dem Ansatz

$$\left.\begin{aligned}&\Phi_n\left(\alpha+\frac{l}{3},\beta+\frac{l}{3},\gamma+\frac{l}{3}\right)\\&\qquad=\exp\left\{i\left[\nu\left(\alpha+\frac{l}{3}\right)+\lambda\left(\beta+\frac{l}{3}\right)\right]\right\}C_n(\nu,\lambda\,|\,\gamma;l)\end{aligned}\right\} \tag{4.52}$$

geht diese über in

$$\left.\begin{aligned}&\sum_{\gamma_j,\lambda_j,m}H_{nm}(\nu,\lambda\,|\,\gamma_i,\gamma_j;l_i,l_j)\,C_m(\nu,\lambda\,|\,\gamma_j;l_j)\\&\qquad=E\sum_{\gamma_j,l_j}U_n\left(\nu,\lambda\,|\,\gamma_i+\frac{l_i}{3}-\gamma_j-\frac{l_j}{3}\right)C_n(\nu,\lambda\,|\,\gamma_j;l_j),\end{aligned}\right\} \tag{4.53a}$$

wobei die Abkürzungen

$$\left.\begin{aligned}&H_{nm}(\nu,\lambda\,|\,\gamma_i,\gamma_j;l_i,l_j)\\&\qquad=\sum_{\alpha,\beta}\exp\left\{i\left[\nu\left(\alpha+\frac{l_i}{3}\right)+\lambda\left(\beta+\frac{l_i}{3}\right)\right]\right\}H_{nm}(\mathfrak{R}_i,\mathfrak{R}_j)\end{aligned}\right\} \tag{4.53b}$$

und

$$\left.\begin{aligned} &U_n\left(\nu, \lambda \,|\, \gamma_i + \frac{l_i}{3} - \gamma_j - \frac{l_j}{3}\right) \\ &\qquad = \sum_{\alpha,\beta} \exp\left\{i\left[\nu\left(\alpha + \frac{l_i}{3}\right) + \lambda\left(\beta + \frac{l_i}{3}\right)\right]\right\} U_n(\mathfrak{R}_i - \mathfrak{R}_j) \end{aligned}\right\} \quad (4.53\,\mathrm{c})$$

eingeführt wurden. Trotz ihres zunächst sehr komplizierten Aussehens ist die Gl. (4.53a) wesentlich einfacher als die ursprüngliche. Im Rahmen einer Einelektronennäherung ist Gl. (4.53) noch völlig exakt. SEEGER und STATZ führen dann verschiedene Vereinfachungen durch, die im wesentlichen auf der Eigenschaft der Wannier-Funktionen beruhen, an den zugehörigen Gitterpunkten verhältnismäßig stark lokalisiert zu sein. Außerdem wird nur ein Leitungsband berücksichtigt. Durch diese Vereinfachungen, die wir nun besprechen werden, wird die Zahl der Parameter und die Größe des Gleichungssystems stark verringert.

In der Entwicklung der Elektronenenergie des ungestörten Kristalls werden nur die Fourier-Koeffizienten von nächsten und übernächsten Nachbarn als von Null verschieden angenommen. In den neuen Quantenzahlen ν, λ und $\varkappa$ gilt dann

$$\left.\begin{aligned} E(\mathfrak{k}) = \varepsilon(0) + 2\varepsilon(1) &\Big[\cos\nu + \cos\lambda + \cos(\nu - \lambda) + \\ &+ \cos\left(\frac{\nu+\lambda+\varkappa}{3} + \frac{-2\nu+\lambda+\varkappa}{3}\right) + \cos\frac{\nu - 2\lambda + \varkappa}{3}\Big] + \\ &+ 2\varepsilon(2)\left[\cos\frac{2\nu+2\lambda-\varkappa}{3} + \cos\frac{4\nu-2\lambda+\varkappa}{3} + \cos\frac{-2\nu+4\lambda+\varkappa}{3}\right]. \end{aligned}\right\} \quad (4.54)$$

Die auf diese Weise erhaltene Funktion $E(\mathfrak{k})$ läßt bei passender Wahl der Koeffizienten $\varepsilon(0)$, $\varepsilon(1)$ und $\varepsilon(2)$ auch offene Fermi-Oberflächen zu, so daß die in Ziff. 2.3 erwähnten Erkenntnisse über die Form der Fermi-Oberfläche von Edelmetallen berücksichtigt werden können. Wenn mit

$$\gamma_i + \frac{l_i}{3} \quad \text{und} \quad \gamma_j + \frac{l_j}{3}$$

die Komponenten zweier Vektoren bezeichnet werden, die auf derselben Seite des Stapelfehlers enden, ergeben sich für die Größen

$$U_n\left(\nu, \lambda \,|\, \gamma_i + \frac{l_i}{3} - \gamma_j - \frac{l_j}{3}\right)$$

die bekannten Orthonormalitätsrelationen der Wannier-Funktionen. Enden dagegen die beiden Ortsvektoren auf entgegengesetzten Seiten, dann ist zu erwarten, daß

$$U_n\left(\nu, \lambda \middle| \gamma_i + \frac{l_i}{3} - \gamma_j - \frac{l_j}{3}\right)$$

sehr klein wird, wenn die Differenz der beiden Vektoren genügend groß ist, weil die Überlappung zweier Wannier-Funktionen mit zunehmendem Abstand ihrer Bezugspunkte abnimmt. Der Hamilton-Operator H unterscheidet sich in jeder Halbebene nur in der Umgebung des Stapelfehlers von demjenigen des idealen Kristalls, weil durch die abschirmende Wirkung der Leitungselektronen das von dem Stapelfehler herrührende Streupotential abgeschirmt wird. Die Funktion $H_{nm}(\nu, \lambda | \gamma_i, \gamma_j, l_i, l_j)$ wird deshalb die gleichen Werte wie im ungestörten Kristall annehmen, wenn die beiden durch γ_i, γ_j und l_i, l_j charakterisierten Vektoren $\mathfrak{R}_i$ und $\mathfrak{R}_j$ in demselben Halbraum enden und von der Stapelfehlerebene genügend weit entfernt sind. Wie in der Energiebeziehung gehen Seeger und Statz bei den $H_{nm}(\mathfrak{R}_i, \mathfrak{R}_j)$ und $U_n(\mathfrak{R}_i - \mathfrak{R}_j)$ bis zu übernächsten Nachbarn. Bei der Berechnung von H_{nm} kann man deshalb das Potential des ungestörten Kristalls zugrundelegen, wenn die beiden Vektoren $\mathfrak{R}_i$ und $\mathfrak{R}_j$ nicht auf Ebenen enden, die der Stapelfehlerebene unmittelbar benachbart sind.

Das System der Differenzengleichung auf beiden Seiten des Stapelfehlers bekommt dieselbe Form, wenn man die Größen

$$\left.\begin{aligned} C(\gamma, l) &= C(\nu, \lambda | \gamma; l) && \text{für den linken Halbraum,} \\ C(\gamma, l) &= \exp\left\{\frac{i}{3}(\nu+\lambda)\right\} \cdot C(\nu, \lambda | \gamma; l) && \text{für den rechten Halbraum} \end{aligned}\right\} \tag{4.55}$$

einführt. In genügend großem Abstand sind unter den gemachten Näherungen die $C(\gamma, l)$ durch die Differenzengleichung des ungestörten Problems bestimmt:

$$C(\gamma, l+1)(P-E) + C(\gamma, l)\, Q + C(\gamma, l+2)\, Q^* = 0\,. \tag{4.56a}$$

Dabei sind P, Q und der komplex konjugierte Wert Q^* definiert durch

$$P = \varepsilon(0) + 2\varepsilon(1)\{\cos\nu + \cos\lambda + \cos(\nu-\lambda)\} \tag{4.56b}$$

$$Q = e^{-\frac{i}{3}(\nu+\lambda)}\{\varepsilon(1)[1 + e^{i\nu} + e^{i\lambda}] + \varepsilon(2)[2\cos(\nu-\lambda) + e^{i(\nu+\lambda)}]\}\,. \tag{4.56c}$$

Für die Koeffizienten in der unmittelbaren Umgebung der Stapelfehlerebene gelten die beiden Differenzengleichungen

$$C(-1, 2)(P+T-E) + C(-1, 1)\, Q + C(0, 0)\, S = 0\,, \tag{4.57a}$$

$$C(0, 0)(P+T-E) + C(-1, 2)\, S^* + C(0, 1)\, Q^* = 0\,. \tag{4.57b}$$

Der Koeffizient T ist aus derselben Gleichung wie P zu bestimmen; nur treten anstelle der Fourier-Koeffizienten des idealen Gitters $\varepsilon(i)$ die Koeffizienten $\varepsilon'(i)$ des gestörten Gebietes. In gleicher Weise ergibt sich S aus Q, indem man $\varepsilon(i)$ durch $V(i)$ ersetzt. Die soeben eingeführten Parameter sind definiert durch

$$\varepsilon'(h) = \int a^*(\mathfrak{r}-\mathfrak{R}_i)\,[\boldsymbol{H}-\boldsymbol{H}_0]\,a(\mathfrak{r}-\mathfrak{R}_j)\,d\tau_{\mathfrak{r}}\,, \tag{4.57c}$$

$$V(h) = \int a^*(\mathfrak{r}-\mathfrak{R}_i)\,\boldsymbol{H}\,a(\mathfrak{r}-\mathfrak{R}_j)\,d\tau_{\mathfrak{r}} - E\cdot U(\mathfrak{R}_i-\mathfrak{R}_j)\,, \tag{4.57d}$$

wobei $\boldsymbol{H}_0$ der Hamilton-Operator des ungestörten Problems ist. In der Näherung starrer Ionen, auf die wir in Ziff. 4.4 und 4.5 zu sprechen kommen, ist $\boldsymbol{H}-\boldsymbol{H}_0$ gleich der Differenz der Ionenpotentiale $V(\mathfrak{r}+\frac{1}{3}\mathfrak{A}_1+\frac{1}{3}\mathfrak{A}_2)$ im gestörten und $V(\mathfrak{r})$ im ungestörten Kristall. Der Fall $h=0$ bedeutet, daß $\mathfrak{R}_i=\mathfrak{R}_j$ ist und daß $\mathfrak{R}_j$ auf der unmittelbar der Stapelfehlerebene benachbarten Ebene liegt. Bei $\varepsilon'(1)$ beschreiben $\mathfrak{R}_i$ und $\mathfrak{R}_j$ zwei nächste Nachbarn, die in einer der zwei Stapelfehlerebenen unmittelbar benachbarten Ebene liegen. Wie die von SEEGER und STATZ durchgeführten Abschätzungen zeigen, sind die Glieder $\varepsilon'(h)$ sehr klein und können vernachlässigt werden. Bei $V(1)$ und $V(2)$ bezeichnen die beiden Vektoren $\mathfrak{R}_i$ und $\mathfrak{R}_j$ Gitterpunkte, die auf verschiedenen Seiten des Stapelfehlers auf den unmittelbar benachbarten $\{1\,1\,1\}$-Ebenen liegen und die zueinander nächste oder übernächste Nachbarn sind. In derselben Näherung, die zu $\varepsilon'(h)\approx 0$ geführt hat, findet man

$$V(h) = \varepsilon(h) - E\cdot U(\mathfrak{R}_i-\mathfrak{R}_j)\,. \tag{4.58}$$

Der Wert des Überlappungsintegrals U hängt stark von dem Verhalten der Wannier-Funktionen mit wachsender Entfernung vom zugehörigen Gitterpunkt ab. In der Näherung freier Elektronen nimmt $U(\mathfrak{R}_i-\mathfrak{R}_j)$ am schwächsten mit der Entfernung $\mathfrak{R}_i-\mathfrak{R}_j$ ab. Der mit dieser Näherung erhaltene Wert für

$$U(1) = +0{,}042$$

gibt wohl die richtige Größenordnung wieder, während der auf gleiche Weise berechnete Wert $U(2) = -0{,}1$ etwa um eine Zehnerpotenz zu groß sein dürfte.

Als Lösungen für die Differenzengleichungen in den beiden ungestörten Kristallgebieten rechts und links der Stapelfehlerebene ergeben sich

$$C(\gamma, l) = A_1\, e^{i\kappa(\gamma+l/3)} + A_2\, e^{i\kappa'(\gamma+l/3)} \tag{4.59a}$$

bzw.

$$C(\gamma, l) = B_1\, e^{i\kappa(\gamma+l/3)} + B_2\, e^{i\kappa'(\gamma+l/3)}\,. \tag{4.59b}$$

Wie bei den Brechungs- und Beugungsproblemen der Optik sind die beiden Komponenten $\varkappa$ und $\varkappa'$ des Ausbreitungsvektors senkrecht zur

Stapelfehlerebene durch die Energie E und die Komponenten λ und ν des Ausbreitungsvektors in der Stapelfehlerebene eindeutig bestimmt. In Gl. (4.59) stellt ein Glied immer eine auf den Stapelfehler zulaufende und das andere eine von ihm weglaufende Welle dar, weil $\varkappa$ und $\varkappa'$ entgegengesetztes Vorzeichen haben. Bei sphärischen Energieflächen ist $\varkappa = -\varkappa'$. In Analogie zur Optik spricht man in diesem Fall von einer spiegelnden Reflexion. Bei nichtsphärischen Energieflächen dagegen kann eine spiegelnde Reflexion nur in bestimmten Kristallrichtungen auftreten. Die Amplituden rechts und links des Stapelfehlers sind durch die beiden Differenzengleichungen (4.57a) und (4.57b) miteinander verknüpft. Es gilt

$$B_1 = \frac{[(T-e^{i\kappa/3}Q^*)^2 - SS^*]\,A_1 + [(T-e^{i\kappa/3}Q^*)^2 - SS^*]\,e^{-\frac{i}{3}(\kappa-\kappa')}A_2}{S\,e^{i\kappa'/3}(e^{i\kappa/3}Q^* - e^{-i\kappa/3}Q)}, \tag{4.60a}$$

$$B_2 = -\frac{[(T-e^{i\kappa/3}Q^*)^2 - SS^*]\,e^{\frac{i}{3}(\kappa-\kappa')}A_1 + [(T-e^{-i\kappa/3}Q)^2 - SS^*]\,A_2}{S\,e^{i\kappa'/3}(e^{i\kappa/3}Q^* - e^{-i\kappa/3}Q)}. \tag{4.60b}$$

Ein wesentliches Kennzeichen für einen Stapelfehler ist sein Reflexionsvermögen. Dieses ist definiert als das Quadrat des Amplitudenverhältnisses von reflektierter und einfallender Welle, wobei im anderen Halbraum nur eine auslaufende Welle (eine gebrochene Welle im Sinne der Optik) auftreten darf.

$$R = \left|\frac{A_2}{A_1}\right|^2_{B_2=0} \quad \text{bzw.} \quad R = \left|\frac{B_1}{B_2}\right|^2_{A_1=0}.$$

Die beiden Gln. (4.60a) und (4.60b) führen zu dem verallgemeinerten Reflexionskoeffizienten R mit*

$$R^{-1} = 1 + \left(\frac{2\,|S|\cdot|Q|\cdot\sin[(\varkappa-\varkappa')/6]}{|T-e^{i\kappa/3}Q^*|^2 - SS^*}\right)^2. \tag{4.61}$$

Dieser kann also nur Werte zwischen 0 und 1 annehmen. Im idealen Kristall mit $T=0$ und $S=Q$ tritt keine reflektierte Welle auf ($R=0$).

Aus der Größe des Reflexionskoeffizienten läßt sich die Änderung des elektrischen Widerstandes durch einen Stapelfehler berechnen. Die Zahl der Elektronen, die in der Zeiteinheit vom Zustand λ, ν, $\varkappa$ in den Zustand λ, ν, $\varkappa'$ durch den Stapelfehler gestreut werden, ist gegeben durch

$$\dot{N}_s = \frac{A}{V_0}\cdot R\cdot v_n, \tag{4.62}$$

* Wir wollen das Verhältnis R verallgemeinerten Reflexionskoeffizienten nennen, weil eine Reflexion im üblichen Sinne, bei der der Reflexionswinkel gleich dem Einfallswinkel ist, nicht vorliegt.

wobei A die gesamte Fläche des Stapelfehlers im Kristallvolumen V_0 bedeutet; v_n ist die Geschwindigkeitskomponente der Leitungselektronen senkrecht zum Stapelfehler. Ohne weitere Einschränkungen — vor allem ohne Annahme sphärischer Energieflächen — konnten SEEGER und STATZ die linearisierte Boltzmann-Gleichung für dieses Transportproblem lösen. Bei tiefen Temperaturen ergab sich der elektrische Widerstand eines Stapelfehlers zu

$$\varrho = \frac{A}{V_0} \frac{(2\pi)^3}{e^2} \hbar \Big/ \int \frac{|\cos\vartheta|}{R} \, d\omega_{\mathfrak{k}}, \tag{4.63}$$

wobei das Integral über die Fermi-Oberfläche auszuführen ist und $\cos\vartheta$ den Winkel zwischen $\operatorname{grad}_{\mathfrak{k}} E(\mathfrak{k})$ und der Flächennormalen des Stapelfehlers mißt. In einem Kristall, in dem außer dem Stapelfehler auch noch weitere Fehlstellen vorhanden sind, hat dieser Wert nur dann Bedeutung, wenn die Matthiessensche Regel auch für die Restwiderstände erfüllt ist, d.h. wenn sich die Widerstände der einzelnen Gitterfehler einfach addieren oder wenn überwiegend Stapelfehler vorhanden sind. Ist dies nicht der Fall, dann muß eine Boltzmann-Gleichung gelöst werden, in der alle Streumechanismen von vornherein enthalten sind.

Unter der Annahme, daß die Matthiessensche Regel bei hohen Temperaturen gültig ist und daß die Streuung der Elektronen an den Gitterschwingungen durch eine Relaxationszeit beschrieben werden kann, ergab sich für die Änderung des elektrischen Widerstandes durch einen Stapelfehler der Wert

$$\Delta\varrho = \frac{A}{V_0} \frac{\hbar}{e^2} (2\pi)^3 \frac{\int R\,|\cos\vartheta|\,(\operatorname{grad}_{\mathfrak{k}} E(\mathfrak{k}) \cdot \mathfrak{n})^2 \, d\omega_{\mathfrak{k}}}{\{\int |\cos\vartheta|\,(\operatorname{grad}_{\mathfrak{k}} E(\mathfrak{k}) \cdot \mathfrak{n})^2 d\omega_{\mathfrak{k}}\}^2}. \tag{4.64}$$

Auch bei diesem Integral ist über die Fermi-Oberfläche zu integrieren. Im Grenzfall sphärischer Energieflächen stimmen die auf diese Weise erhaltenen Beziehungen für ϱ und $\Delta\varrho$ mit jenen überein, die SEEGER und STEHLE [*115*], [*116*] mit anderen Methoden erhalten haben. Die numerischen Rechnungen [*114*], bei denen die neuesten experimentellen Ergebnisse über die Form der Fermi-Oberfläche von Cu berücksichtigt wurden, ergeben größenordnungsmäßig die früheren von SEEGER und STEHLE berechneten Werte.

Das oben beschriebene Verfahren wurde außerdem von STATZ [*117*] zur Berechnung der Stapelfehlerenergie von kubisch flächenzentrierten Kristallen benützt. Beschränkt man sich wieder auf die Wechselwirkung zwischen Wannier-Funktionen nächster und übernächster Nachbarn, dann kann die Verschiebung ΔE der einzelnen Energieniveaus beim Einbau eines Stapelfehlers geschlossen angegeben werden. Die Summation über alle besetzten Energiezustände ergibt die gesuchte Stapelfehlerenergie. Diese ist wesentlich empfindlicher von den eingehenden Parametern abhängig als der elektrische Widerstand, so daß man kaum hoffen darf, Stapelfehlerenergien elektronentheoretisch berechnen zu können.

4.4. Die Streuung der Leitungselektronen an geladenen Gitterfehlern

a) Beschreibung der Partialwellenmethode am Beispiel der Gitterlücke

In diesem Abschnitt untersuchen wir zunächst die Bewegung der Leitungselektronen in einem Kristall, aus dem ein Gitterion entfernt ist. Das dabei angewandte Lösungsverfahren ist jedoch so allgemein, daß mit ihm ohne weiteres auch die Streuung der Elektronen an anderen geladenen Gitterfehlern behandelt werden kann*. Es wird angenommen, daß die Einelektronenenergie eine quadratische Funktion des Ausbreitungsvektors ist (Näherung quasifreier Elektronen), und daß das Wannier-Slater-Verfahren in der Formulierung von Gl. (4.15) benützt werden kann. Das Problem vereinfacht sich dadurch auf die Lösung der Schrödinger-Gleichung eines Teilchens mit der effektiven Masse m^*, das sich im Potentialfelde $V_S(\mathfrak{r})$ der Gitterlücke bewegt. Nach dem Wannier-Slater-Theorem ist $V_S(\mathfrak{r})$ durch die Abweichungen der potentiellen Energie des gestörten Kristalls von derjenigen eines völlig fehlerfreien Kristalls gegeben. In der unmittelbaren Umgebung der Gitterlücke ist $V_S(\mathfrak{r})$ im wesentlichen gleich dem Potential des fehlenden Gitterions mit umgekehrten Vorzeichen. Da die inneren Schalen der Gitterionen beim Einbau in den Kristall wenig verändert werden, können wir z.B. für Kupfer das negative Potential eines freien Cu^+-Ions einsetzen. Die Gitterlücke wirkt also wie eine überschüssige Elementarladung und stößt die Leitungselektronen in ihrer Umgebung ab. Diese verteilen sich so, daß in einem Metall kein weitreichendes elektrisches Feld zustande kommt und daß die überschüssige Ladung vollständig abgeschirmt wird. Die Berechnung der Ladungsverteilung durch diese Abschirmung und damit des effektiv wirksamen Störpotentials ist ein schwieriges Problem, auf das wir erst im Abschnitt 4.6 ausführlich eingehen werden. Eine erste Näherung für das effektive Potential liefert das von Mott [*118*] auf geladene Gitterfehler angewandte Thomas-Fermi-Verfahren. Im Fall einer Gitterlücke erhält man ein abgeschirmtes Coulomb-Potential, wobei die Abschirmwellenzahl $q = 4\pi e^2 N(\zeta)$ [$N(\zeta)$: Zustandsdichte der Elektronen an der Fermi-Kante] ist und in Edelmetallen nahezu den Wert $2\,\text{Å}^{-1}$ besitzt. Dieses Ergebnis, ebenso wie der von Alfred und March [*119*] mit einer verbesserten Thomas-Fermi-Methode erhaltene Wert für die Bildungsenergie einer Gitterlücke in Silber, ist jedoch mit Vorsicht zu

* Wie wir noch sehen werden, müssen wir an die Schrödinger-Gleichung und damit an das Störpotential nur die Forderung der Separierbarkeit stellen.

betrachten, weil bei der Thomas-Fermi-Methode angenommen wird, daß das Potential sich räumlich nur wenig ändert. Bei allen weiteren Untersuchungen hat man an der Vorstellung eines abgeschirmten Coulomb-Potentials festgehalten, den Abschirmfaktor jedoch mit Hilfe anderer Näherungen bestimmt. Zum Beispiel hat P. JONGENBURGER [*120*] diese Abschirmung dadurch berücksichtigt, daß er in einer Kugel vom Radius r_s eine positive Elementarladung gleichmäßig verschmiert hat. Bei Verwendung des Hartree-Potentials des Cu^+-Ions führt dies zum Störpotential

$$V(\mathfrak{r}) = \frac{24\,e^2}{r}\, e^{-2,5\, r/a_H} \tag{4.65}$$

($a_H = 0{,}529$ Å Bohrscher Wasserstoffradius), wobei $\frac{4\pi}{3} r_s^3$ gleich dem Atomvolumen gesetzt wurde. Das Potential (4.65) erfüllt nicht die Ladungsbedingung, die von FRIEDEL angegeben worden ist und auf die wir im Abschnitt 4.4b weiter eingehen werden. Die von JONGENBURGER gefundene Übereinstimmung mit der Friedelschen Bedingung ist nur scheinbar, weil dabei störungstheoretische Methoden benützt worden sind. Eine exakte von dem Potential (4.65) ausgehende Berechnung zeigt jedoch, daß die Friedelsche Bedingung verletzt ist. Diesen Mangel besitzen die von STEHLE [*116, 121*] und von BLATT [*122*] angegebenen Potentiale nicht. STEHLE hat für $r < a_H$ den gleichen Potentialverlauf wie JONGENBURGER angenommen. Für $r > a_H$ wurde ein Potential der Form

$$V(\mathfrak{r}) = \frac{24\,e^2}{r}\, e^{-2,5 r/a_H}\, e^{-\mu^*(r - a_H)} \tag{4.65a}$$

zugrundegelegt, wobei die Größe μ^* mit der Friedelschen Bedingung festgelegt wurde. Bei BLATT wird der Radius der Kugel, in der die positive Ladung gleichmäßig verteilt ist, durch die Friedelsche Bedingung bestimmt.

Für viele praktische Untersuchungen ist das obige Störpotential zu kompliziert, weil die damit erhaltene Schrödinger-Gleichung numerisch gelöst werden muß. Von verschiedenen Autoren ([*123*] bis [*126*]) wurde deshalb ein einfacheres Modell für eine Gitterlücke vorgeschlagen. Es besteht darin, daß innerhalb eines Radius r_0 ein konstantes Potential V_c und außerhalb das Potential 0 angenommen wurde. Dieses Potential, das zwar die Abschirmung durch die Leitungselektronen berücksichtigt, scheint zunächst äußerst roh zu sein, durch passende Wahl der beiden Parameter r_0 und V_c können wir jedoch sinnvolle Ergebnisse erhalten. Für dieses Kastenpotential

$$V(\mathfrak{r}) = \begin{cases} V_c = \dfrac{\hbar^2 k_0^2}{2m^*} & r < r_0 \\ 0 & r > r_0 \end{cases} \tag{4.66}$$

lösen wir nun die Schrödinger-Gleichung

$$-\frac{\hbar^2}{2m^*}\Delta\psi+V(\mathfrak{r})\,\psi=E\psi\,. \tag{4.67}$$

Wegen der Kugelsymmetrie kann man genau wie beim Wasserstoffproblem mit dem Ansatz

$$\psi(\mathfrak{r})=R_n(r)\,Y_{nm}(\vartheta,\varphi) \tag{4.68}$$

eine Separation in Kugelkoordinaten r, ϑ, φ durchführen. $Y_{nm}(\vartheta, \varphi)$ sind normierte Kugelflächenfunktionen. Die Radialfunktion $R_n(r)$ ist durch folgende Differentialgleichung festgelegt:

$$\frac{d^2R_n}{dr^2}+\frac{2}{r}\frac{dR_n}{dr}+\left[k^2-\frac{n(n+1)}{r^2}+U(r)\right]R_n=0 \tag{4.69a}$$

mit

$$k^2=\frac{2m^*}{\hbar^2}E \tag{4.69b}$$

und

$$U(r)=\frac{2m^*}{\hbar^2}V(r)\,. \tag{4.69c}$$

Im speziellen Fall des Kastenpotentials lassen sich für beide Bereiche sofort die Lösungen angeben

$$R_n(r)=a_n\sqrt{\frac{\pi}{2k'r}}\,J_{n+\frac{1}{2}}(k'r) \qquad r<r_0 \tag{4.70a}$$

mit

$$k'^2=k^2-k_0^2=\frac{2m^*}{\hbar^2}(E-V_c)\,, \tag{4.70b}$$

$$R_n(r)=b_n\cdot\sqrt{\frac{\pi}{2kr}}\{\cos\eta_n\cdot J_{n+\frac{1}{2}}(kr)-\sin\eta_n\cdot N_{n+\frac{1}{2}}(kr)\} \qquad r>r_0\,. \tag{4.70c}$$

$J_{n+\frac{1}{2}}$ bzw. $N_{n+\frac{1}{2}}$ sind die Besselschen bzw. Neumannschen Funktionen mit halbzahligem Index. Die Konstante a_n dient zur Normierung der Wellenfunktion. b_n und η_n sind durch die Forderung, daß die Wellenfunktionen und ihre ersten Ableitungen an der Stelle $r=r_0$ stetig sein sollen, eindeutig bestimmt. Für die Phasen findet man

$$\operatorname{tg}\eta_n=\frac{k\cdot J_{n+\frac{1}{2}}(k'r_0)\cdot J_{n-\frac{1}{2}}(kr_0)-k'\cdot J_{n-\frac{1}{2}}(k'r_0)\,J_{n+\frac{1}{2}}(kr_0)}{k\cdot J_{n+\frac{1}{2}}(k'r_0)\cdot N_{n-\frac{1}{2}}(kr_0)-k'\cdot J_{n-\frac{1}{2}}(k'r_0)\,N_{n+\frac{1}{2}}(kr_0)}\,. \tag{4.70d}$$

Mit den bekannten asymptotischen Beziehungen der Besselschen Funktionen können wir Gl. (4.70c) für $r\gg r_0$ umformen in

$$R_n=C_n\frac{\sin(kr-\frac{1}{2}n\pi+\eta_n)}{kr}\,. \tag{4.70e}$$

Es läßt sich leicht zeigen, daß die asymptotischen Lösungen der Schrödinger-Gleichung mit dem abgeschirmten Coulomb-Potential die gleiche Form haben. Der Unterschied zwischen den einzelnen Potentialen wird allein durch die Phasen η_n ausgedrückt.

Um die Änderung der Einelektronenenergie infolge der Gitterlücke auszurechnen, wird das Elektronengas in eine Kugel vom Radius R eingeschlossen. Die Forderung, daß die Wellenfunktionen auf der Kugeloberfläche verschwinden sollen, führt im ungestörten Kristall auf

$$k_n = \left(l + \frac{1}{2}\,n\right)\frac{\pi}{R}$$

und bei dem Störpotential auf

$$k_n = \left(l + \frac{1}{2}\,n\right)\frac{\pi}{R} - \frac{\eta_n}{R},$$

so daß alle Eigenzustände im $\mathfrak{k}$-Raum eine radiale Verschiebung um

$$\Delta k_n = -\frac{\eta_n}{R} \tag{4.71}$$

erfahren. Bei einem abstoßenden Potential sind die Phasenkonstanten η_n immer negativ. Hierdurch wird die Energie eines Elektronenzustandes, der durch den Betrag des Ausbreitungsvektors $\mathfrak{k}$ und durch die Quantenzahl n gekennzeichnet ist, um

$$\Delta E_{n,\mathfrak{k}} = \frac{\hbar^2}{m^*}\,k \cdot \Delta k = -\frac{\hbar^2 k}{m^*}\,\frac{\eta_n}{R} \tag{4.72}$$

erhöht. Die gesamte Energiezunahme des Elektronengases durch Bildung einer Gitterlücke erhält man, indem man über die Quantenzahlen n und l sowie über die beiden Spinrichtungen summiert. Dabei muß beachtet werden, daß jeder durch n gekennzeichnete Quantenzustand $(2n+1)$-fach entartet ist. Die Summation über l geht über alle besetzten Zustände und kann, wenn R hinreichend groß ist, durch eine Integration mit der Eigenwertdichte R/π ersetzt werden. Für die gesamte Energieänderung des Elektronengases erhält man

$$\Delta E_{\mathrm{el}} = \frac{\hbar^2}{m^*}\int_0^{k_F} k \cdot Z(k)\,dk = \int_0^{\zeta} Z(E)\,dE, \tag{4.73a}$$

wenn für einen beliebigen Wert von k die Abkürzung

$$Z(k) = -\frac{2}{\pi}\sum_{n=0}^{\infty}(2n+1)\,\eta_n(k) \tag{4.73b}$$

verwendet wird.

Eine Gitterlücke kann man sich dadurch entstanden denken, daß man ein Gitterion aus dem Innern des Kristalls an die Oberfläche bringt. Hierdurch wird der den Elektronen zur Verfügung stehende Raum etwas vergrößert und die kinetische Energie aller Elektronen etwas verringert. Nach der Fermi-Statistik ist die Energie von N Elektronen durch

$$E_0 = \frac{3}{5} N\zeta = \frac{3}{5} \frac{\hbar^2}{2m^*} \left(3\pi^2 \frac{N}{V_0}\right)^{\frac{2}{3}} \tag{4.74}$$

gegeben, wenn V_0 das Volumen des ursprünglichen Kristalls ist. Wird nun ein Atom aus dem Innern des Kristalls an die Oberfläche gebracht, und kann von einer Verschiebung der übrigen Gitterionen abgesehen werden, so vergrößert sich dadurch das Volumen um $\delta V = V_0/N$, was einer Energieänderung von

$$\Delta E_v = \tfrac{3}{5} N\, \delta\zeta = -\tfrac{2}{5}\zeta \tag{4.75}$$

entspricht. Dieser Energieverlust ist dem Energiegewinn durch die Abstoßung der Elektronen am Störpotential entgegengerichtet. Die gesamte Bildungsenergie einer Gitterlücke, die gegeben ist durch

$$U = \Delta E_{el} + \Delta E_v, \tag{4.76}$$

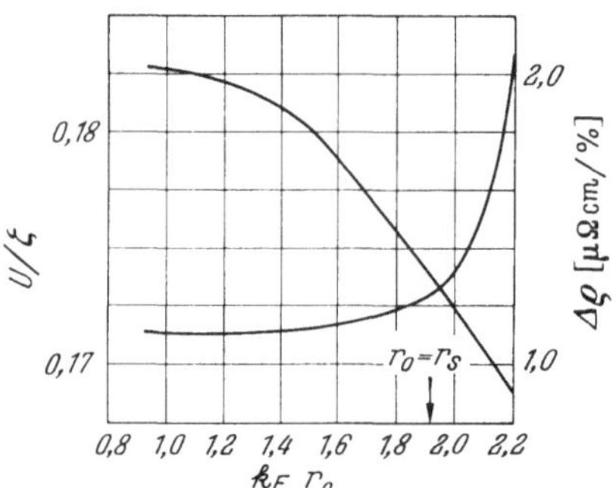

Fig. 14. Die Bildungsenergie U und die Änderung des elektrischen Widerstandes $\Delta\varrho$ als Funktion des Abschneideradius r_0 des Kastenpotentials. (Die Friedelsche Summe mit $Z=1$ kann nur für $r_0 k_F \geqq 0{,}94$ erfüllt werden)

ist in Fig. 14 als Funktion des Parameters r_0 des Kastenpotentials dargestellt. Der weitere zunächst noch willkürliche Parameter V_c wurde durch die Friedelsche Bedingung [*127*], auf die wir gleich näher eingehen werden, festgelegt. Diese Zahlenwerte für U sind zu vergleichen mit dem Wert $U = 0{,}167\zeta$, den STEHLE [*116, 121*] mit einem wesentlich besseren Potential erhalten hat. Die verschiedenen Potentiale liefern also nahezu denselben Wert, so daß es wohl erlaubt ist, bei einem komplizierteren Gitterfehler ein möglichst einfaches Störpotential zu verwenden.

Zur Berechnung der Erhöhung des elektrischen Widerstandes einer Gitterlücke machen wir folgendes Gedankenexperiment: Aus sehr großer Entfernung lassen wir einen Elektronenstrom, der durch die ebene Welle $\Psi_{\mathfrak{k}} = V_0^{-\frac{1}{2}} e^{i\mathfrak{k}\cdot\mathfrak{r}}$ charakterisiert sein soll, gegen das Störzentrum anlaufen. Die Elektronen, die in sehr kleinem Abstand am Störzentrum vorbeifliegen, werden bei einer Gitterlücke wegen der Coulomb-Abstoßung aus ihrer geradlinigen Bahn abgelenkt und in einer anderen Richtung, die durch den Wellenvektor $\mathfrak{k}'$ charakterisiert ist, davonfliegen. Elektronen, deren klassischer Bahndrehimpuls genügend groß ist, werden dagegen kaum gestreut werden. Hinter dem Störzentrum erwarten wir neben der etwas geschwächten ebenen Welle eine gestreute auslaufende Welle von der Form

$$\Psi_{\text{gestr}} = \frac{1}{r} f(\mathfrak{k}, \mathfrak{k}')\, e^{ikr}, \tag{4.77a}$$

wobei die Amplitude $f(\mathfrak{k}, \mathfrak{k}')$ nur vom Winkel Θ abhängig ist, den der Ausbreitungsvektor der einfallenden Welle mit dem der gestreuten Welle bildet. Es gilt

$$\left.\begin{aligned} f(\mathfrak{k}, \mathfrak{k}') &= \frac{1}{V_0^{\frac{1}{3}}} \frac{1}{2ki} \sum_{n=0}^{\infty} (2n+1)(e^{i\,2\eta_n} - 1)\, P_n(\cos\Theta) \\ &= \frac{1}{V_0^{\frac{1}{3}}} \frac{1}{k} \sum_{n=0}^{\infty} (2n+1) \sin\eta_n \cdot e^{i\eta_n} \cdot P_n(\cos\Theta)\,. \end{aligned}\right\} \tag{4.77b}$$

Wie nicht anders zu erwarten war, ist die Streuung der Elektronen an dem kugelsymmetrischen Potential isotrop, d.h. nur vom Winkel zwischen $\mathfrak{k}$ und $\mathfrak{k}'$ abhängig. Mit der bekannten Beziehung für den Teilchenstrom können wir nun die Anzahl der gestreuten Teilchen, die pro Zeiteinheit durch eine kleine Fläche im Abstand r vom Streuer hindurchgeht und damit – bei passender Normierung der einfallenden Welle – auch die Wahrscheinlichkeit $W(\mathfrak{k}, \mathfrak{k}')$, daß in der Zeiteinheit ein Elektron vom Zustand $\mathfrak{k}$ in den Zustand $\mathfrak{k}'$ gestreut wird, berechnen. Da bei einem Streuprozeß die Elektronenenergie erhalten bleibt (elastische Streuung), können wir nach dem in Abschnitt 3.4 Gesagten die Boltzmannsche Stoßgleichung mittels einer Relaxationszeit lösen. Der zusätzliche elektrische Widerstand bei einer Leerstellenkonzentration c ergibt sich zu

$$\Delta\varrho = \frac{\hbar k_F}{e^2}\, c\, A\,, \tag{4.78a}$$

wobei der effektive Streuquerschnitt A einer Gitterlücke durch

$$A = \frac{4\pi}{k_F^2} \sum_{n=0}^{\infty} (n+1) \sin^2(\eta_{n+1} - \eta_n) \tag{4.78b}$$

bestimmt ist [*128*], [*129*]. Der elektrische Widerstand ist also im wesentlichen durch die Differenz aufeinanderfolgender Phasen bestimmt. Dies hat zur Folge, daß er wesentlich stärker als die Bildungsenergie der Gitterlücke, die nur von der Summe der Phasen abhängig ist, von der genauen Form des Potentials abhängig wird. Für die gleichen Parameterwerte r_0 und V_c wie bei der Bildungsenergie ist in Fig. 14 die Erhöhung des elektrischen Widerstandes durch Gitterlücken aufgetragen. Übereinstimmung mit den genaueren Rechnungen von STEHLE [*116, 121*] bzw. BLATT [*122*], die bei einem abgeschirmten Coulomb-Potential den Wert

$$\Delta\varrho = 1{,}64 \quad \text{bzw.} \quad 1{,}53\ \mu\Omega\,\text{cm}/\%\text{Gitterlücken}$$

finden, kann mit einem $r_0=0{,}75\,r_s$ erreicht werden*. Das Volumen, in dem das Kastenpotential von Null verschieden ist, ist etwa halb so groß, wie die entsprechende Wigner-Seitz-Zelle. Für $r_0=r_s$ stimmen die vorstehend beschriebenen Rechnungen [*121*], [*125*], [*126*] mit denen von Jongenburger [*120*] und Abelès [*124*] überein.

b) Die Friedelsche Ladungsbedingung

Durch die Forderung, daß die Wellenfunktionen auf der Oberfläche einer großen Kugel verschwinden sollen, konnten wir zeigen, daß bei der Bildung einer Gitterlücke alle Eigenwerte um einen kleinen Betrag $|\eta_n|/R$ vergrößert werden [vgl. Fig. 15]. Insbesondere werden dabei die Eigenwerte an der Fermi-Oberfläche über ihren normalen Wert im idealen Kristall angehoben. Die Zahl $Z(k_F)$ der Elektronenzustände, die über die Fermi-Grenze hinausgeschoben werden, können wir sofort berechnen, wenn wir berücksichtigen, daß die Eigenwertdichte R/π ist und jeder Quantenzustand $(2n+1)$-fach entartet ist. Man erhält

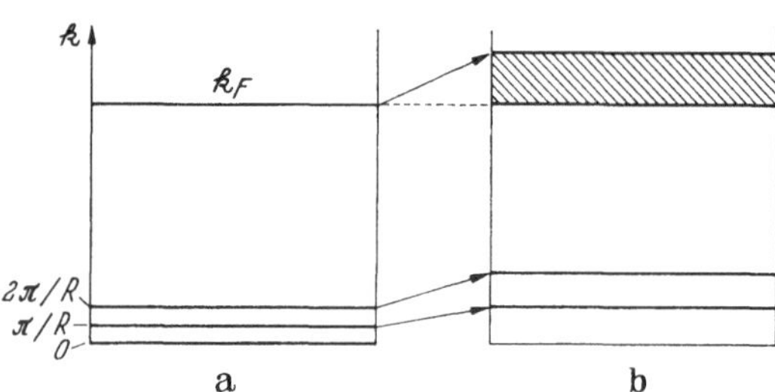

Fig. 15a u. b. Die Friedelsche Ladungsbedingung. a) Ungestörte Energieeigenwertverteilung, b) gestörte Eigenwertverteilung

$$Z(k_F) = -\frac{2}{\pi}\sum_{n=0}^{\infty}(2n+1)\,\eta_n(k_F), \tag{4.79}$$

wenn man außerdem noch mit dem Faktor 2 wegen der beiden Spinrichtungen multipliziert. Wie Friedel [*127*] bei der Behandlung von Verunreinigungen in Metallen gezeigt hat, kommt dieser Zahl eine wichtige physikalische Bedeutung zu: Wegen der Forderung der elektrischen Neutralität ist in einem durch eine Gitterlücke gestörten Kristall ein Elektron weniger als im idealen Kristall enthalten. Ferner muß aus thermodynamischen Gründen die Fermi-Energie, die ja mit der freien Enthalpie eines Elektrons identisch ist, im gestörten und im ungestörten Kristallgebiet denselben Wert haben, was nur möglich ist, wenn die über die Fermi-Kante hinausgeschobenen Zustände dem im gestörten Kristall weniger vorhandenen Elektronenzustand entsprechen. Bei einer Gitter-

* Das von Jongenburger benützte Potential erfüllt, wenn man die höheren Phasen nicht mit Bornscher Näherung, sondern exakt, berechnet, nicht die Friedelsche Bedingung und liefert deshalb auch einen zu kleinen Wert von

$$\Delta\varrho = 1{,}25\ \mu\Omega\ \text{cm}/\%\ \text{Gitterlücken}.$$

lücke muß also $Z=1$ sein. Ganz allgemein gibt Z in positiven Elementarladungen gemessen die Elektronenladungen an, die zum Abschirmen der Überschußladung in einem Kristall benötigt werden; die mit der Elektronenladung multiplizierte Größe Z ist deshalb direkt gleich der Überschußladung eines Gitterfehlers*. Diese Ladungsbedingung ist für viele praktische Untersuchungen von großem Wert, weil sie entweder zur Kontrolle eines gewählten Potentials verwendet oder mit ihr ein noch freier Parameter festgelegt werden kann, was wir im Fall des Kastenpotentials gemacht haben. Dort wurde zu jedem Wert von r_0 ein V_c so bestimmt, daß die Friedelsche Summe erfüllt war. Bei einem abgeschirmten Coulomb-Potential $Ze/r \cdot \exp(-qr)$ kann, um eine weitere Möglichkeit zu erwähnen, die reziproke Abschirmlänge q durch die obige Forderung festgelegt werden (Friedel [*127*], Stehle [*116, 121*]). Friedel konnte zeigen, daß der auf diese Weise ermittelte Wert für q bei einem abstoßenden Potential (d.h. $Z<0$) größer, bei einem anziehenden Potential (d.h. $Z>0$) dagegen kleiner ist als jener Wert, der mit der Thomas-Fermi-Methode ermittelt wurde. Dieses Ergebnis beruht im wesentlichen darin, daß die Störungsrechnung erster Ordnung, die der Thomas-Fermi-Methode zugrunde gelegt wird, bei einem abstoßenden Potential die Beiträge der Phasen η_n überschätzt und bei einem anziehenden Potential unterschätzt.

Bei den bisherigen Betrachtungen wurde angenommen, daß in großem Abstand von der Fehlstelle die Gitterionen auf den gleichen Lagen wie im idealen Kristall sitzen. Dies ist jedoch ganz selten der Fall, weil zwischen den abgeschlossenen Ionenrümpfen sehr stark abstoßende Kräfte wirksam sind. Diese Kräfte, die natürlich auch im idealen Kristall vorhanden sind, bewirken, daß bei der Bildung einer Fehlstelle die unmittelbar benachbarten Ionen eine Verschiebung erleiden, die sich in das übrige Kristallgebiet fortsetzen wird. Bei einer Gitterlücke zum Beispiel fallen durch das Entfernen eines Ions die nach außen gerichteten auf die Nachbarionen wirkenden Kräfte weg, so daß diese etwas nach innen verschoben werden. In die Kugel, die wir zur Bestimmung der Eigenwerte benützt haben, wird deshalb bei einer Gitterlücke Materie einfließen. Da diese elektrisch neutral ist, wird sich durch die Relaxation des Gitters die Zahl der Elektronen, die von der Kugel umschlossen werden, um $n_0\,\delta V$ ändern, wenn n_0 die Zahl der Elektronen pro Volumeinheit ist. Die Volumänderung δV berechnet sich als Oberflächenintegral der Verschiebungen über die Kugeloberfläche mit Radius R

$$\delta V = -\int_{R=\text{const.}} \mathfrak{s} \cdot d\mathfrak{F} = -\int \operatorname{div} \mathfrak{s}\, d\tau\,. \qquad (4.80)$$

* In Kristallen, bei denen zwischen den einzelnen Gitterfehlern Wechselwirkungen auftreten, besitzt die Fermi-Energie nicht denselben Wert wie im idealen Kristall, so daß auch die Friedelsche Bedingung nicht erfüllt zu sein braucht (vgl. Friedel [*130*]).

Die Forderung, daß im gestörten Gebiet die Fermi-Energie denselben Wert wie im idealen Kristall haben muß, führt auf die folgende modifizierte Friedelsche Bedingung

$$-\frac{2}{\pi}\sum_{n=0}^{\infty}(2n+1)\,\eta_n = Z - n_0\,\delta V. \tag{4.81}$$

Bei punktförmigen Gitterfehlern in einem elastischen Medium kann man sich diese Änderung der Ladung in der Umgebung der Fehlstelle lokalisiert denken, weil im übrigen Raumgebiet die Dilatation Null ist.

In 4.4a konnten wir nur an Hand der Zahlenwerte feststellen, daß die Bildungsenergie einer Gitterlücke von der Wahl des speziellen Potentials fast unabhängig ist. Diese Eigenschaft folgt direkt aus der Friedelschen Bedingung, durch die der Wert von $Z(k_F)$, der nach Gl. (4.73a) den größten Beitrag zur gesamten Änderung der Elektronenenergie liefert, festgelegt wird. Zum selben Ergebnis kann man auch mit Hilfe der Störungsrechnung erster Ordnung (Bornsche Näherung) ohne Benützung von Phasenkonstanten kommen ([*131*], [*132*]). In dieser Näherung bewirkt ein Störpotential $V(\mathfrak{r})$ eine Verschiebung des zur Wellenfunktion $\Psi_{\mathfrak{k}}$ gehörenden Energieeigenwertes um $\Delta E_{\mathfrak{k}}$

$$\Delta E_{\mathfrak{k}} = \int \psi_{\mathfrak{k}}^*(\mathfrak{r})\, V(\mathfrak{r})\, \psi_{\mathfrak{k}}(\mathfrak{r})\, d\tau\,. \tag{4.82}$$

Für quasifreie Elektronen ist $\Delta E_{\mathfrak{k}}$ unabhängig vom Quantenzustand $\mathfrak{k}$. Diese Änderung der Gesamtenergie ΔE_{el} eines Elektronengases ist daher

$$\Delta E_{\mathrm{el}} = \int_0^{\zeta} N(E)\,\Delta E\, dE = \Delta E \int_0^{\zeta} N(E)\, dE\,, \tag{4.83}$$

wenn $N(E)$ die Zustandsdichte pro Volumeinheit ist. Zwischen der abzuschirmenden Ladung Z (gemessen in Elektronenladungen) und der Energieänderung besteht wegen der Erhaltung der Fermi-Grenze (Friedelsche Bedingung) der Zusammenhang

$$Z = N(\zeta)\,\Delta E\,, \tag{4.84}$$

so daß

$$\Delta E_{\mathrm{el}} = \frac{Z}{N(\zeta)} \int_0^{\zeta} N(E)\, dE \tag{4.85}$$

unabhängig von der speziellen Wahl des Potentials ist. Bei einem freien Elektronengas wird wegen $N(E) \sim E^{\frac{1}{2}}$

$$E_{\mathrm{el}} = \tfrac{2}{3} Z\zeta\,. \tag{4.86}$$

Einen ähnlichen Zusammenhang zwischen ΔE_{el} und Z konnten Blandin [*132*] und Mann [*103*] auch für Bloch-Funktionen mittels Störungsrechnung erster Ordnung ableiten.

c) Verallgemeinerung der Partialwellenmethode auf beliebige sphärische Energieflächen

Die bisher beschriebene Formulierung der Partialwellenmethode beruhte im wesentlichen auf der Näherung freier oder quasifreier Elektronen. Eine Verallgemeinerung dieses Lösungsverfahrens für den Fall, daß die Energieflächen der Elektronen nur vom Betrage des Ausbreitungsvektors $\mathfrak{k}$ abhängig sind, wurde von L.M. ROTH [*133*] gegeben. Für den idealen Kristall wird dabei vorausgesetzt, daß die Atompolyeder durch die sog. Wigner-Seitz-Kugeln ersetzt werden können und daß innerhalb einer solchen Kugel die potentielle Energie radialsymmetrisch ist. In dieser sog. sphärischen Näherung, die zum ersten Male von WIGNER und SEITZ [*134*] gemacht und von BARDEEN [*135*] bzw. SILVERMANN [*136*] weiter entwickelt wurde, sind die Elektronenenergien $E_{\mathfrak{k}}$ nur von $|\mathfrak{k}|$ und die Bloch-Funktionen $\Psi_{\mathfrak{k}}(\mathfrak{r})$ außer von k und r nur vom Winkel zwischen $\mathfrak{k}$ und $\mathfrak{r}$ abhängig. In sphärischen Polarkoordinaten ist deshalb folgende Entwicklung möglich ($\mathfrak{k}^0$, $\mathfrak{r}^0$ = Einheitsvektoren)

$$\Psi_{\mathfrak{k}}(\mathfrak{r}) = \sum_{n=0}^{\infty} i^n \cdot (2n+1)\, P_n(\mathfrak{k}^0 \cdot \mathfrak{r}^0)\, b_n(r, E_{\mathfrak{k}}), \tag{4.87}$$

wobei P_n Legendresche Polynome sind. $b_n(r, E_{\mathfrak{k}})$ ist die Radialabhängigkeit der Lösung der Schrödinger-Gleichung innerhalb einer Wigner-Seitz-Kugel zur Energie $E_{\mathfrak{k}}$. Wenn der periodische Teil der Bloch-Funktion bekannt ist, kann $b_n(r, E_{\mathfrak{k}})$ mit der Operatorbeziehung

$$b_n(r, E_{\mathfrak{k}}) = u\left(k, r, \frac{\partial}{\partial r}\right) j_n(kr) \tag{4.88}$$

aus der sphärischen Bessel-Funktion $j_n(kr)$* berechnet werden. Der Operator $u(k, r, \partial/\partial r)$ wirkt dabei nur auf die nachfolgende Funktion. Man erhält ihn aus dem periodischen Teil der Bloch-Funktion $u(\mathfrak{k}, \mathfrak{r})$, indem man die Winkelabhängigkeit $\mathfrak{k}^0 \cdot \mathfrak{r}^0$ durch

$$\frac{\mathfrak{r} \cdot \nabla}{i r k} = \frac{1}{i k} \frac{\partial}{\partial r}$$

ersetzt.

ROTH konnte zeigen, daß, wenn innerhalb einer Wigner-Seitz-Kugel ein Ion durch ein Fremdion ersetzt wird, die Amplitude $f(\mathfrak{k}^0, \mathfrak{k}^{0\prime})$ der gestreuten Welle wie in Gl. (4.77b) allein durch die Phasen η_n bestimmt

---

* Sphärische Bessel-Funktionen sind definiert durch ($J_\nu(x)$ = Bessel-Funktion ν-ter Ordnung)

$$j_n(x) = \sqrt{\frac{\pi}{2x}}\, J_{n+\frac{1}{2}}(x).$$

ist. Für diese wurde folgende Beziehung abgeleitet

$$\operatorname{tg}\eta_n=\frac{\frac{k r^2}{\alpha} b_n^2\left[\frac{1}{b_n}\frac{\partial b_n}{\partial r}-\frac{1}{\Psi_n}\frac{\partial \Psi_n}{\partial r}\right]}{1+\frac{k r^2}{\alpha} b_n g_n\left[\frac{1}{b_n}\frac{\partial b_n}{\partial r}-\frac{1}{\Psi_n}\frac{\partial \Psi_n}{\partial r}\right]}, \tag{4.89a}$$

wobei alle Größen an der Oberfläche der Wigner-Seitz-Kugel zu nehmen sind. In Gl. (4.89a) bedeuten

$$\alpha=\frac{2}{\hbar^2}\frac{dE(\mathfrak{k})}{dk^2}, \tag{4.89b}$$

$$g_n=u\left(k, r, \frac{\partial}{\partial r}\right) n_n(k r), \tag{4.89c}$$

$$n_n(x)=\sqrt{\frac{\pi}{2x}}\cdot N_{n+\frac{1}{2}}(x) \tag{4.89d}$$

($N_{n+\frac{1}{2}}$:Neumannsche Funktionen). $\Psi_n(r)$ ist die Radialabhängigkeit der Lösung der Schrödinger-Gleichung für die Wigner-Seitz-Kugel, in der das Gitterion substituiert wurde. Auch der Fall, daß das Störpotential über eine Wigner-Seitz-Kugel hinausgeht (bei mehrwertigen Gitterfehlern oder durch die Relaxation des Gitters) wurde von Roth mit der Partialwellenmethode untersucht. Die Änderung der Phasen durch das Störpotential $\delta V(\mathfrak{r})$ im übrigen Raumgebiet ist durch

$$\frac{\alpha}{k}\sum_{n=0}^{\infty}(2n+1) P_n(\mathfrak{k}^0\cdot\mathfrak{k}^{0\prime})\,\Delta\eta_n\equiv-\frac{1}{4\pi}\int_{r>r_s}\psi_{\mathfrak{k}}^*(\mathfrak{r})\,\delta V(\mathfrak{r})\,\psi_{\mathfrak{k}}(\mathfrak{r})\,d\tau_{\mathfrak{r}} \tag{4.90}$$

gegeben, wobei $\delta V(\mathfrak{r})$ als klein angenommen wurde.

Roth konnte weiter zeigen, daß die Friedel-Summe in der sphärischen Näherung die gleiche Gestalt wie in der Näherung freier Elektronen [s. Gl. (4.79)] besitzt.

d) Anwendung der Partialwellenmethode auf andere Gitterfehler

α) Leerstellenpaare. Durch Zusammenlagerung zweier Gitterlücken entsteht eine sog. Doppelleerstelle. Die hierbei freiwerdende Assoziationsenergie kann nicht mit Hilfe der Störungstheorie erster Ordnung berechnet werden, weil bei dieser nach Gl. (4.86) nicht unterschieden wird, ob die beiden Fehlstellen assoziiert sind oder nicht. Seeger und Bross [*137*] haben deshalb die Streuung der Elektronen an einem solchen Fehlstellenkomplex mit der Partialwellenmethode untersucht. Der wichtigste Beitrag zum Störpotential kommt von den zwei fehlenden Gitterionen her. Er läßt sich näherungsweise durch das Feld zweier einwertiger Ionen beschreiben, die im Abstand nächster Nachbarn angeordnet sind. Ein weiterer Beitrag, der von den übrigen Elektronen herrührt, bewahrt im wesentlichen diesen allgemeinen Charakter der potentiellen Energie und schirmt die mit der Fehlstelle verbundene effektive negative Ladung nach außen ab. Damit die Schrödinger-Gleichung separierbar ist, was bei der Partialwellenmethode erforderlich ist, wurden rotations-elliptische Koordinaten benützt, wobei die beiden ausgezeichneten Gitterpunkte mit den Brennpunkten der als Koordinatenflächen dienenden gestreckten Rotationsellipsoide zusammenfallend angenommen wurden. Da die Bildungsenergie von Fehlstellen – wie das Beispiel der Gitterlücke gezeigt hat – von der genauen Form des Potentials wenig abhängt, wurde das wirkliche Differenzpotential durch ein Kastenpotential angenähert, das innerhalb eines Rotationsellipsoids negativ unendlich und außerhalb Null war. Die Größe dieses Rotationsellipsoides wurde durch die Friedelsche Bedingung mit $Z=2$ festgelegt. Mit diesem einfachen Modell ergab sich die Assoziationsenergie von Gitterlücken zu

$$\Delta E_{DL}=0{,}06\zeta\,. \tag{4.91}$$

Dieser Wert stellt eine obere Grenze dar, weil das Störpotential stark lokalisiert angenommen wurde. Eine untere Grenze für ΔE_{DL} erhält man, wenn man das Störpotential als sehr ausgedehnt annimmt. Wegen der Friedelschen Bedingung wird die Höhe des Kastenpotentials verhältnismäßig niedrig, so daß Störungsrechnung erster Ordnung angewandt werden kann, die den Wert Null ergibt. Der wirkliche Wert für die Assoziationsenergie von Gitterlücken wird deshalb bei Edelmetallen auf $\Delta E_{DL}=0{,}02$ bis $0{,}04\zeta$ geschätzt, was in guter Übereinstimmung mit den in Kapitel 5, Ziff. 3.2d mitgeteilten experimentellen Ergebnissen steht ($\zeta\approx 5$ eV).

Die Erhöhung des elektrischen Widerstandes durch Leerstellenpaare ist wie bei den Gitterlücken wesentlich stärker als ΔE_{DL} von dem genauen Potentialverlauf abhängig. Für den Widerstand in Richtung und senkrecht zur Rotationsachse liefert die Partialwellenmethode [*138*]

$$\Delta\varrho_{\parallel}=1{,}2\,\Delta\varrho_{\text{Lücke}}\,, \tag{4.92a}$$

$$\Delta\varrho_{\perp}=2{,}1\,\Delta\varrho_{\text{Lücke}}\,. \tag{4.92b}$$

Bei statistischer Verteilung der Leerstellenpaare erniedrigt sich der Zusatzwiderstand um höchstens 10% durch die Assoziation der Gitterlücken *.

Ähnliche Untersuchungen wurden von SCHOTTKY [*140*] auch für größere Fehlstellenkomplexe durchgeführt.

* Im Gegensatz zu FLYNN [*139*] wird vermutet, daß die Relaxation des Gitters in der Umgebung des Leerstellenpaares die obigen Zahlenwerte nicht wesentlich ändert.

β) Großwinkelkorngrenzen und Versetzungsstaffeln. Eine Großwinkelkorngrenze stellt in dichtest gepackten Kristallstrukturen ein Gebiet weniger dichter Packung und damit geringere Dichte als der ungestörte Kristall dar. Ein solcher Gitterfehler wirkt auf die Elektronen wie eine negativ aufgeladene Fläche. Die Leitungselektronen werden sich deshalb so umlagern, daß die effektive negative Ladung der Korngrenze abgeschirmt wird. Die mit dieser Abschirmung verbundene Energieerhöhung kann mit einer Partialwellenmethode berechnet werden und wird bei Silber und Kupfer in guter Übereinstimmung mit dem experimentellen Wert der Korngrenzenenergie gefunden [*141*]. Aus diesem Ergebnis ist zu schließen, daß die Umlagerung des Elektronengases den wichtigsten Beitrag zur Energie von Großwinkelkorngrenzen liefert.

Wenn die Einschnürung in Sprüngen (vgl. Kapitel 2 und 3) bei aufgespaltenen Versetzungen nicht vollständig ist, tritt eine sog. Staffel (auch Sprunglinie genannt) auf. Ein solcher linienförmiger Gitterfehler besitzt verschwindenden Burgers-Vektor und ein Spannungsfeld, das mit wachsendem Abstand ϱ wie $1/\varrho^2$ abnimmt. Der elektronische Anteil der Linienenergie T läßt sich im Spezialfall einer Sprunglinie in Stufenversetzungen berechnen. Eine solche Fehlstellenkonfiguration kann als eine Leerstellenreihe aufgefaßt werden, wobei jedoch eine Leerstelle in einem kubischflächenzentrierten Gitter über die Länge von drei Burgers-Vektoren b der vollständigen Versetzungen verteilt ist. An diesem negativ geladenen Gebiet von rotationszylindrischer Form werden die Leitungselektronen gestreut. Die hierdurch bedingte Energieänderung wird mit der Partialwellenmethode in Zylinderkoordinaten berechnet und ergibt als untere Grenze für die Linienenergie T der Staffel den Wert $0{,}1\zeta \cdot b$ [*142*].

γ) Zwischengitteratome. Bei den Edelmetallen wird zur Bildung eines Zwischengitteratoms eine wesentlich größere Energie als bei einer Gitterlücke benötigt, weil ihr Gitter aus verhältnismäßig großen und wenig kompressiblen Ionenrümpfen aufgebaut ist, die beim Einzwängen eines weiteren Atoms auf einen Zwischengitterplatz starke Verzerrungen des Kristallgitters erzwingen. Die Bildungsenergie eines Zwischengitteratoms setzt sich aus verschiedenen Anteilen zusammen, wobei der rein elektronische Anteil, der von der zusätzlichen positiven Ladung herrührt, mit der Partialwellenmethode berechnet werden kann. Dabei muß nur beachtet werden, daß die Friedel-Summe nicht $Z = -1$ ist, sondern daß der Betrag von Z kleiner sein muß, weil das Volumen des Kristalls durch das Einzwängen des Atoms vergrößert wird. Die numerischen Rechnungen zeigen, daß, obwohl das Zwischengitteratom auf die Leitungselektronen mit einem positiven Potential wirkt, bei einwertigen Metallen noch kein gebundener Zustand auftritt.

Der Einfluß der Relaxation des Gitters, der durch die starken zwischen den Ionenrümpfen wirkenden Abstoßungskräfte bedingt ist, auf die Bildungsenergie, auf die Änderung des Kristallvolumens und auf die Erhöhung des elektrischen Widerstandes bei der Schaffung eines Zwischengitteratoms ist in den vergangenen Jahren ausführlich untersucht worden ([*143*]–[*153*]). Die dabei erhaltenen Ergebnisse unterscheiden sich je nach dem verwendeten Modell sehr stark voneinander. Für die Erhöhung des elektrischen Widerstandes wurden z. B. Werte zwischen 1,4 und 10 $\mu\Omega$ cm/% Fehlstellen angegeben. Wohl die sorgfältigsten Untersuchungen wurden von SEEGER und MANN [*150*] bzw. SEEGER, MANN und von JAN [*153*] durchgeführt. Der wesentliche Fortschritt bei diesen Untersuchungen besteht darin, daß die Umgebung des Zwischengitteratoms atomistisch mittels der Bornschen Gittertheorie behandelt wird, deren Kräftekonstanten im Fall von Kupfer experimentell bekannt sind. In der unmittelbaren Umgebung der Fehlstelle nehmen die Verschiebungen so große Werte an, daß man den Gültigkeitsbereich der linearen Gitterstatik überschreitet. Zur Vermeidung dieser Schwierigkeit wird jener Anteil der Wechselwirkungsenergie, der auf die Abstoßung der Ionenrümpfe zurückzuführen ist und der sich mit dem Abstand der Ionen voneinander sehr stark ändert, nicht mit linearer Näherung, sondern mit einem Born-Mayer-Gesetz behandelt, dessen Konstanten empirisch bestimmt werden können [*154*].

Im großen Abstand von der Fehlstelle kann von der atomistischen Struktur abgesehen werden und das Verschiebungsfeld elastizitätstheoretisch behandelt werden. Bei den neueren Untersuchungen [*153*] wird dabei die Elastizitätstheorie für ein kubisches Medium zugrundegelegt, die auch anisotrope Verschiebungsfelder zu beschreiben erlaubt. In dem von SEEGER und MANN entwickelten Verfahren denkt man sich die Bildung des Zwischengitteratoms in zwei Schritten durchgeführt:

1. Verschiebung aller Atome des ursprünglich vorhandenen Gitters in die Endlagen, die sie nach Einbau des Zwischengitteratoms erreichen werden.

2. Wegnahme eines Atoms von der Kristalloberfläche und Einbau in den bei Vorgang 1 geschaffenen Raum.

Durch diesen Kunstgriff wird bei 1. die Änderung der Elektronenenergie durch die Relaxation des Gitters pauschal berücksichtigt. Bei Vorgang 2 lagert sich das Elektronengas solange um, bis die zusätzliche positive Elementarladung abgeschirmt ist. Die Friedel-Summe besitzt also bei dieser Betrachtungsweise den Wert $Z = -1$, ebenso ändert sich der den Elektronen zur Verfügung stehende Raum bei 2. um ein Atomvolumen. Diese Trennung in ein gitterstatisch-elastizitätstheoretisches Problem und ein rein elektronentheoretisches Problem ist ein wesentlicher Vorzug des von MANN entwickelten Verfahrens.

Auf die weiteren Einzelheiten soll hier nicht weiter eingegangen werden, weil diese Überlegungen über die Fragestellungen hinausgehen, die in diesem Kapitel erörtert werden sollen. Seeger, Mann und von Jan [*153*] finden, daß die sog. Hantellage, bei der das eingezwängte Atom ein unmittelbar benachbartes Atom so vor sich hergeschoben hat, daß beide symmetrisch zu einer ⟨100⟩-Ebene liegen, die energetisch tiefste Konfiguration ist. Für Kupfer beträgt die Bildungsenergie einer solchen Hantel 2,8 eV, die Volumvergrößerung ist 0,4 Atomvolumina. Die früher als stabile Gleichgewichtslage angenommene Zwischengitterkonfiguration in der Mitte des kubischen Elementarwürfels wird um etwa 0,5 eV größer gefunden (vgl. zu diesen Fragen Kapitel 5, Ziff. 3.2b).

Die Erhöhung des elektrischen Widerstandes durch ein Zwischengitteratom in Hantellage wurde noch nicht berechnet. Alle Untersuchungen, die bisher angestellt wurden ([*146*]–[*149*], [*152*]) gehen vom Verschiebungsfeld aus, das Huntington [*144*] für die Oktaederlage angegeben hat und unterscheiden sich voneinander im wesentlichen darin, wie die Streuung der Elektronen am Verzerrungsfeld beschrieben wird. Dabei wird im allgemeinen angenommen ([*146*]–[*149*]), daß die Streuung der Elektronen an der zusätzlichen positiven Elementarladung des Zwischengitteratoms unabhängig von der Streuung am Verschiebungsfeld erfolgt, so daß sich die elektrischen Widerstände der beiden Streumechanismen einfach addieren. Nur bei L.M. Roth [*152*] sowie bei Potter und Dexter [*149*] werden auch Interferenzeffekte berücksichtigt. Mit verschiedenen Modellen finden die zuletzt erwähnten Autoren für die Widerstandserhöhung in Kupfer Zahlenwerte zwischen 1,5 und 2,3 μΩ cm/% Zwischengitteratome.

δ) Verunreinigungsatome. Für die Berechnung der Zunahme des elektrischen Widerstandes durch Verunreinigungsatome ist die Partialwellenmethode gut geeignet, wenn man als Störpotential die Differenz der Potentiale der freien Ionen im gestörten und idealen Gitter zugrundelegt. Bei Vernachlässigung der Relaxation des Gitters wird das auf diese Weise erhaltene Störpotential radialsymmetrisch, so daß die Separation der Schrödinger-Gleichung in Kugelkoordinaten möglich ist. Außer von Friedel [*155*], [*156*] wurden bisher ausführliche Untersuchungen von F.J. Blatt [*157*] und L.M. Roth [*158*] an Verunreinigungen in Kupfer, Silber und Gold durchgeführt*. Die dabei erhaltenen Ergebnisse stimmen quantitativ gut mit den gemessenen Werten überein [*159*], wenn man in der Friedelschen Summe Korrekturen anbringt, die auf die Relaxation des Gitters zurückzuführen sind. Die Blattschen Rechnungen

* Mott [*160*] hat bei seinen Berechnungen nicht die Partialwellenmethode, sondern Störungsrechnungen erster Ordnung in Verbindung mit der Thomas-Fermi-Methode benützt.

zeigen außerdem, daß bei Verunreinigungen mit größeren Wertigkeiten als 2 die Abschirmung der zusätzlichen Ladungen durch gebundene Elektronenpaare erfolgt. Wie schon in 4.4c erwähnt wurde, hat sich L. M. ROTH nicht auf die Näherung freier Elektronen beschränkt, sondern nur angenommen, daß die Leitungselektronen durch die sog. sphärische Näherung beschrieben werden können.

4.5. Die Streuung der Leitungselektronen an einem Verzerrungsfeld

Neben den soeben behandelten Abweichungen von der Periodizität des Potentials infolge von zusätzlichen oder fehlenden Ladungen können in einem Kristall noch weitere Abweichungen dadurch auftreten, daß die Gitteratome etwas aus der Gleichgewichtslage ausgelenkt sind. Diese Auslenkung hat, wenn wir von den thermischen Schwingungen absehen, ihre Ursache in inneren Spannungen, die ihrerseits durch Gitterfehler (Versetzungen, Zwischengitteratome) bedingt sind. Es liegt zunächst nahe, die Streuung der Leitungselektronen am Verschiebungsfeld der Gitterfehler mit dem gleichen Formalismus wie die Streuung durch die Gitterschwingungen zu behandeln. In der Näherung starrer Ionen wird das Potential im verzerrten Kristall um

$$\sum_{\mathfrak{R}_l} \{v(\mathfrak{r}-\mathfrak{R}_l-\mathfrak{s}_l)-v(\mathfrak{r}-\mathfrak{R}_l)\}$$

von demjenigen des idealen Gitters abweichen, wenn $v(\mathfrak{r})$ das Potential eines Gitterions und $\mathfrak{s}_l$ den Verschiebungsvektor des Gitterpunkts $\mathfrak{R}_l$ bezeichnet. Da bei statischen Gitterfehlern der Verschiebungsvektor in gewissen Raumgebieten in die Größenordnung des Gitterabstandes kommt, kann der obige Ausdruck nicht in eine Taylor-Reihe nach steigenden Potenzen von $\mathfrak{s}_l$ entwickelt werden, wie es bei der Streuung der Elektronen an Gitterschwingungen gemacht wird, wobei im allgemeinen nur das erste Glied berücksichtigt wird. Bei Versetzungen tritt als weitere Schwierigkeit auf, daß das Verschiebungsfeld längs gewissen Netzebenen diskontinuierlich ist, so daß $\mathfrak{s}_l$ nicht eindeutig bestimmt ist. Der obige Ausdruck beschreibt nur jenen Teil des Störpotentials, der von den Gitterionen herrührt. Der Beitrag der Leitungselektronen, die die starken Schwankungen des Potentials abzuschirmen suchen, kann näherungsweise (in der Näherung der Störungstheorie erster Ordnung) mit einer auf BARDEEN [*161*] zurückgehenden selbst-konsistenten Methode erfaßt werden, auf die wir in Ziff. 4.6 weiter eingehen werden.

Selbst wenn das Störpotential bekannt wäre, stellte die Lösung der Schrödinger-Gleichung für den gestörten Kristall ein schwieriges Problem dar, sofern man sich nicht auf Störungsrechnung beschränken will. Das im Abschnitt 4.2 dargestellte Wannier-Slater-Verfahren kann bei diesem Problem nicht angewandt werden, weil die Differenz der Potentiale im verzerrten und idealen Kristall sowohl an den Punkten $\mathfrak{r}=\mathfrak{R}_l+\mathfrak{s}_l$ als auch bei $\mathfrak{r}=\mathfrak{R}_l$, nur mit umgekehrten Vorzeichen, unendlich groß wird. Solche starken Potentialänderungen sind aber beim Wannier-Slater-Verfahren ausgeschlossen.

Die meisten der oben erwähnten Schwierigkeiten lassen sich umgehen, wenn man nicht die Verschiebungen, sondern die Verzerrungen in einem Kristall als die Ursache für die Streuung der Elektronen ansieht. Hierdurch wird von vornherein eine konstante Verschiebung, die allen Verschiebungsvektoren $\mathfrak{s}_l$ gemeinsam sein kann, die aber den Elektronenzustand unverändert läßt, eliminiert. Das Beispiel einer homogenen Dilatation oder Scherung zeigt weiter, daß es die Ortsabhängigkeit des Verzerrungstensors ist, welche die Streuung der Elektronen verursacht. Bei einer homogenen Verformung werden zwar die Energiebänder und die Gitterschwingungen geändert, eine zusätzliche Streuung der Elektronen aber, die bei tiefen Temperaturen zu einem temperaturunabhängigen Restwiderstand führt, tritt nicht auf, weil die Periodizität des Kristalls erhalten bleibt. Eine strenge quantitative Beschreibung der Bewegung der Elektronen in einem verzerrten Kristall ist äußerst schwierig. Bis heute gibt es noch keine Theorie, die dieses Problem in vollkommen befriedigender Weise löst.

Im folgenden werden wir zunächst auf die Streuung der Elektronen an reinen Dilatationen eingehen, die wir im Augenblick am besten verstehen, weil in diesem Falle schon in der Näherung freier Elektronen ein Effekt zu erwarten ist ([*162*]–[*164*]). Im unverzerrten Kristall sei die positive Ladungsdichte $e n_0$ gleichmäßig über den Kristall verschmiert. Durch innere Spannungen wird ein kleines Volumen v_0 in das Volumen $v(\mathfrak{r})$ übergeführt. Wegen der Konstanz der positiven Ladungen, die in diesem Volumen enthalten sind, wird die Dichte der positiven Ladungen um

$$d\sigma_+ = e\frac{v_0}{v} - n_0 = -e\, n_0\, \Theta \tag{4.93}$$

geändert. Die Größe $\Theta=(v-v_0)/v$ ist die Dilatation des Kristalls in den Koordinaten des verzerrten Zustandes. Diese durch die Änderung der örtlichen Dichte verursachte elektrostatische Aufladung des komprimierten Gebietes wird nun teilweise durch eine Verschiebung des Elektronengases rückgängig gemacht, die mit Hilfe der Thomas-Fermi-Methode behandelt werden kann. Mit $U(\mathfrak{r})$ wird das selbst-konsistente Potential bezeichnet, das im verzerrten Kristall durch die Änderung der positiven und negativen Ladung hervorgerufen wird. Um den Wert dieses Potentials wird der untere Rand des Leitungsbandes gesenkt. Da im verzerrten und unverzerrten Kristall die Fermi-Energie die gleiche sein muß, führt dies zu einer Bandbreite von $\zeta + e\,U(\mathfrak{r})$. Im verzerrten Kristall ist die Dichte der Elektronen (Zahl der Elektronen/Volumeinheit) eine Funktion des Ortes und am absoluten Nullpunkt durch

$$n(\mathfrak{r}) = \int_0^{\zeta + eU(\mathfrak{r})} N(\varepsilon)\,d\varepsilon = n_0 + e\,U(\mathfrak{r})\,N(\zeta) + \frac{1}{2}\,[e\,U(\mathfrak{r})]^2 \left.\frac{dN}{d\varepsilon}\right|_\zeta + \cdots \tag{4.94}$$

gegeben, wenn man eine Entwicklung an der Stelle $\varepsilon = \zeta$ vornimmt, was wegen der Kleinheit von $e\,U(\mathfrak{r})$ gegenüber ζ immer erlaubt ist. [$N(\varepsilon)$ ist die in Ziff. 2.2 eingeführte Zustandsdichte der Elektronen.] Die Bedingung, daß $U(\mathfrak{r})$ das selbst-konsistente Potential ist, führt zu der Poisson-Gleichung

$$\left.\begin{aligned} \Delta U &= -4\pi[d\sigma_+ + d\sigma_-] \\ &= 4\pi e\,n_0 \left[\Theta(\mathfrak{r}) + e\,U(\mathfrak{r})\,\frac{N(\zeta)}{n_0} + \frac{1}{2}\,(e\,U(\mathfrak{r}))^2 \frac{1}{n_0} \left.\frac{dN(\varepsilon)}{d\varepsilon}\right|_\zeta\right]. \end{aligned}\right\} \tag{4.95}$$

Bei den üblichen Verzerrungen ist das Störpotential nur wenig ortsveränderlich, so daß wir ΔU vernachlässigen können. Bis zu quadratischen Gliedern in Θ ist deshalb

$$e\,U(\mathfrak{r}) = -\frac{n_0}{N(\zeta)}\,\Theta(\mathfrak{r}) \left[1 + \frac{1}{2}\,\frac{n_0}{(N(\zeta))^2}\,\left.\frac{dN(\varepsilon)}{d\varepsilon}\right|_\zeta \Theta\right]. \tag{4.96}$$

Bei einem quasifreien Elektronengas gilt

$$N(\zeta) = \frac{3}{2}\,\frac{n_0}{\zeta} \tag{4.97a}$$

und

$$\left.\frac{dN(\varepsilon)}{d\varepsilon}\right|_\zeta = \frac{3}{4}\,\frac{n_0}{\zeta^2}, \tag{4.97b}$$

so daß

$$e\,U(\mathfrak{r}) = -\tfrac{2}{3}\,\zeta\,\Theta\{1 + \tfrac{1}{6}\,\Theta\} \tag{4.97c}$$

ist. Wir sind hier gleich zu quadratischen Gliedern in Θ gegangen, weil bei der Streuung von Elektronen an Versetzungen die quadratischen Effekte wesentlich sind. In der linearen Näherung werden nämlich die quasifreien Elektronen an einer Schraubenversetzung nicht gestreut, weil dort die Dilatationen Null sind; bei den Stufenversetzungen führen – wie am Schluß des Abschnittes gezeigt wird – erst die nichtlinearen Glieder zu einer Widerstandsänderung, die in die Größenordnung der experimentell ermittelten Werte kommt. Bis zu linearen Gliedern in $\Theta(\mathfrak{r})$ wurde das Störpotential $U(\mathfrak{r})$ zum ersten Male von BARDEEN und SHOCKLEY [*162*] abgeleitet, die dafür die Bezeichnung Deformationspotential eingeführt haben.

Die bisherigen Betrachtungen bezogen sich auf den Fall, daß die positiven Ladungen im Kristall gleichmäßig verteilt sind. Sie sind also nur für freie oder quasifreie Elektronen streng richtig. Streuungen an Scherungen treten in diesem Modell nicht auf. Um einen solchen Effekt zu bekommen, muß die atomistische Struktur des Kristalls berücksichtigt werden, so daß mehr oder weniger starke Abweichungen von der Näherung freier Elektronen auftreten. HUNTER und NABARRO [*163*] haben die oben beschriebene Methode für gescherte Kristalle weiterentwickelt, indem sie ein Operator-Störpotential aus Invarianten des Verzerrungstensors und der Ausbreitungsvektoren der Elektronen zusammengesetzt haben. Bis heute ist es noch nicht gelungen, dieses heuristische Störpotential aus der Schrödinger-Gleichung für den verzerrten Kristall abzuleiten, was sich auch darin äußert, daß in einigen Ausdrücken die Reihenfolge der Operatoren nicht eindeutig festgelegt werden konnte. Ein weiterer Nachteil besteht außerdem noch darin, daß die Koeffizienten vor den Invarianten teilweise unbestimmt sind und erst mit Hilfe von Zusatzmodellen berechnet werden können. Wir haben daher versucht [*165*], ein Verfahren zu entwickeln, das zwar alle Vorteile der Methode des Deformationspotentials besitzt, bei dem jedoch das Störpotential direkt aus der Schrödinger-Gleichung des verzerrten Kristalls abgeleitet wird. Der Grundgedanke dieses Verfahrens besteht darin, daß man anstelle von raumfesten Koordinaten mittels einer unitären Transformation körperfeste Koordinaten einführt. Hierdurch wird erreicht, daß die potentielle Energie der Gitterionen im verzerrten Zustand in den neuen Koordinaten nahezu dieselbe Form wie im ungestörten Kristall besitzt. Bei der Transformation der kinetischen Energie auf das neue Koordinatensystem treten kleine Zusatzglieder auf, die im wesentlichen von den Verzerrungen abhängig sind und die man als eine Art Deformationspotential auffassen kann. Diese Glieder können mittels einer Störungsrechnung berücksichtigt werden. Die nullte Näherung dieses Problems sind wieder Bloch-Funktionen, die in der unmittelbaren Umgebung eines Atoms dieselbe Form wie im ungestörten Kristall besitzen. Da sie sich mit dem Kristall deformiert haben, wurden sie von WHITFIELD [*166*], der unabhängig von uns und H. STOLZ [*167*] ähnliche Überlegungen durchgeführt hat, als orthogonalisierte deformierte Bloch-Funktionen (ODB-functions) bezeichnet. Auf eine genaue Beschreibung, wie diese unitäre Transformation durchzuführen ist, soll hier nicht eingegangen werden. Wir geben vielmehr gleich das Ergebnis unserer Untersuchungen an. Durch die Transformation $\overline{x_k} = x_k - s_k(x_k)$ werden neue Koordinaten eingeführt, wobei mit $s_k(x_k)$ das Gesamtverschiebungsfeld bezeichnet wird.

Der zu $\overline{x_k}$ kanonisch konjugierte Impuls ist

$$\overline{p_k} = \frac{1}{2} \sum_{l=1}^{3} (A_{\bar{k}}^{l} p_l + p_l A_{\bar{k}}^{l}). \tag{4.98}$$

$A_{\bar{k}}^{l}$ ist die sog. JACOBIsche Matrix, deren Elemente durch

$$A_{\bar{k}}^{l} = \frac{d x_l}{d \overline{x}_k} \tag{4.99}$$

definiert sind. In den neuen Koordinaten läßt sich der Hamilton-Operator für den verzerrten Kristall in die beiden Anteile

$$\boldsymbol{H} = \boldsymbol{H}_0 + \boldsymbol{H}_1 \tag{4.100a}$$

zerlegen, wobei H_0 dieselbe Form wie der Hamilton-Operator des ungestörten Kristalls hat und in der Näherung starrer Ionen in der Form

$$\boldsymbol{H}_0 = \sum_{l=1}^{3} \frac{\overline{p}_l^{\,2}}{2m} + \sum_{\mathfrak{R}_l} v(\mathfrak{r} - \mathfrak{R}_l) \tag{4.100b}$$

mit

$$\overline{p}_l = \frac{\hbar}{i} \frac{\partial}{\partial \overline{x_l}} \tag{4.100c}$$

geschrieben werden kann. Der Operator $\boldsymbol{H}_1$ ist eine komplizierte Funktion des auf den Anfangszustand bezogenen Verzerrungstensors γ, der in der Elastizitätstheorie endlicher Verzerrungen durch

$$\gamma_{kl} = \frac{1}{2} \left(\sum_{m=1}^{3} A_k^m A_l^m - \delta_{kl} \right) \equiv \gamma_{kl}(\mathfrak{r}) \tag{4.101}$$

definiert ist. Bei Beschränkung auf quadratische Glieder im Verzerrungstensor wird *

$$\left.\begin{aligned} \boldsymbol{H}_1 = & -\frac{1}{2m} \sum_{k,l} \Big\{ \overline{p}_k \overline{p}_l \big(\gamma_{kl} - 2 \sum_m \gamma_{km} \gamma_{ml}\big) + \\ & + \big(\gamma_{kl} - 2 \sum_m \gamma_{km} \gamma_{lm}\big) \overline{p}_k \overline{p}_l + \\ & + \frac{\hbar^2}{2} \frac{\partial^2 \big(\gamma_{kl} - 2 \sum_m \gamma_{km} \gamma_{lm}\big)}{\partial \overline{x}_k \partial \overline{x}_l} + \hbar^2 \sum_m \gamma_{klm} \gamma_{mlk} \Big\} + \\ & + \sum_{\mathfrak{R}_l} \{ v(\mathfrak{r} - \mathfrak{R}_l - \mathfrak{s}(\mathfrak{R}_l) + \mathfrak{s}(\mathfrak{r})) - v(\mathfrak{r} - \mathfrak{R}_l) \} \end{aligned}\right\} \tag{4.102a}$$

---

* Diese Beziehung gilt nur für Gebiete verschwindender Versetzungsdichte, wo die Reihenfolge der Differentiationen vertauschbar ist. Im eigentlichen Versetzungskern versagen unsere Betrachtungen, weil dort das kontinuierliche Verschiebungsfeld s_k seinen Sinn verliert.

mit
$$\gamma_{mlk}=\frac{1}{2}\left\{\frac{\partial\gamma_{kl}}{\partial\bar{x}_m}+\frac{\partial\gamma_{km}}{\partial\bar{x}_l}-\frac{\partial\gamma_{lm}}{\partial\bar{x}_k}\right\}. \tag{4.102b}$$

Das letzte Glied, das die Abweichung der potentiellen Energie des verzerrten Zustandes von dem im $\bar{x}$-System streng periodischen Potential beschreibt, stellt im allgemeinen eine sehr kleine Korrektur dar, weil nur die Gitterionen mit Ortsvektor $\mathfrak{R}_l$ in der Umgebung des Aufpunktes $\mathfrak{r}$ einen wesentlichen Beitrag zum Potential liefern. Man kann daher unbedenklich eine Taylor-Entwicklung an der Gleichgewichtslage $\bar{\mathfrak{r}}=\mathfrak{R}_l$ durchführen.

Der Operator H_1 stellt nur den Teil des gesamten Störoperators dar, welcher auf die Verschiebung der Gitterionen zurückzuführen ist. Die Abschirmung des Störpotentials durch die Leitungselektronen muß auf selbst-konsistente Weise durchgeführt werden. In Ziff. 4.6 wird dieses äußerst schwierige Problem — wenigstens in der Näherung der Störungstheorie erster Ordnung — behandelt, wobei das auf Bardeen [*161*] zurückgehende Verfahren dahingehend erweitert wird, daß auch die Austausch- und Korrelationswechselwirkung der Elektronen untereinander berücksichtigt wird.

Das soeben beschriebene Verfahren wurde bisher noch nicht auf ein spezielles Problem angewandt, weil die Bloch-Funktionen des idealen Kristalls, die für die störungstheoretische Behandlung nach Gl. (4.100) gebraucht werden, nicht bekannt sind. Solange man sich auf die Näherung freier oder quasifreier Elektronen beschränkt — also annimmt, daß der periodische Teil der Bloch-Funktionen wenig von $\mathfrak{k}$ abhängig ist —, genügt es, die Streuung der Elektronen an Dilatationen nach Gl. (4.96) zu behandeln.

Am Beispiel einer Stufenversetzung soll die Streuung der Elektronen an einem Verzerrungsfeld beschrieben werden. Nach einer Reihe von Arbeiten wurde die Methode des Deformationspotentials zum ersten Male von Hunter und Nabarro [*163*] zur Berechnung des elektrischen Widerstandes einer Stufenversetzung benützt und ergab einen Zahlenwert, der gegenüber dem experimentell gemessenen Wert viel zu klein ist. Seeger und Bross [*164*] konnten zeigen, daß sich diese Diskrepanz zwischen Theorie und Experiment beseitigen läßt, wenn man für das Dilatationsfeld $\Theta(\mathfrak{r})$ den Ausdruck einsetzt, den man mit der nichtlinearen Elastizitätstheorie erhält, und für die Lösung der Schrödinger-Gleichung des verzerrten Kristalls nicht die sog. Bornsche Näherung (Störungstheorie erster Ordnung) benützt. Das Störpotential einer geradlinigen Stufenversetzung hat bei der nichtlinearen Behandlung folgende Gestalt
$$U(\mathfrak{r})=-\frac{\hbar^2}{2m^* e}\left\{\beta\, k_F\,\frac{\sin\varphi}{\varrho}+\frac{\varkappa}{\varrho^2}+\frac{\varkappa_2+\varkappa_3\ln(\varrho/\varrho_i)}{\varrho^2}\cos 2\varphi\right\}. \tag{4.103}$$

ϱ und φ sind hierbei Zylinderkoordinaten. Die Versetzungslinie liegt in der z-Achse. ϱ_i ist ein innerer Abschneideradius. Die mit den Konstanten $\varkappa$, $\varkappa_2$ und $\varkappa_3$ versehenen Glieder rühren von der nichtlinearen Elastizitätstheorie her. HUNTER und NABARRO haben bei ihren Untersuchungen nur das β-Glied mitgenommen. Wie SEEGER und STEHLE [*168*], [*169*] bei der Behandlung der Streuung freier Elektronen durch eine Schraubenversetzung zeigen konnten, bei der nur die Konstante $\varkappa$ von Null verschieden ist, läßt sich die Schrödinger-Gleichung mit dem ϱ^{-2}-Glied mit Hilfe einer Partialwellenmethode streng lösen. Die übrigen Terme des Störpotentials der Stufenversetzung (Gl. (4.103)) wurden störungstheoretisch berücksichtigt. Im Gegensatz zu HUNTER und NABARRO wurden als nullte Näherung für die Wellenfunktion nicht ebene Wellen, sondern die exakte Lösung der Schrödinger-Gleichung mit dem ϱ^{-2}-Glied benützt. Dieses Vorgehen hat zur Folge, daß die Matrixelemente des ersten Gliedes im großen Abstand von der Versetzung divergieren, so daß ein äußerer Abschneideradius R_0 eingeführt werden muß. Die genaue Durchrechnung für Kupfer, auf die wir nicht eingehen wollen, ergibt, daß der elektrische Widerstand der Stufenversetzung logarithmisch vom äußeren Abschneideradius R_0 abhängig ist.

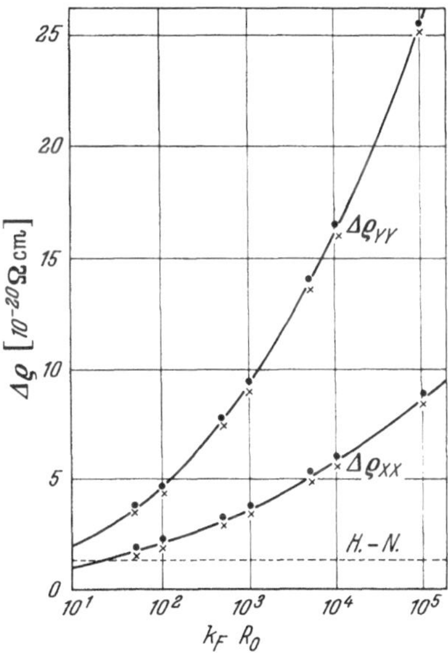

Fig. 16. Elektrischer Widerstand bei einer Stufenversetzung [$\Delta\varrho_{xx}$ Widerstandsänderung in Richtung des Burgers-Vektors, $\Delta\varrho_{yy}$ Widerstandsänderung in Richtung der Gleitebenen]

In Fig. 16 ist als Funktion von $k_F R_0$ die Änderung des spezifischen Widerstandes in Richtung der Gleitebenennormalen $\Delta\varrho_{yy}$ und in Richtung des Burgers-Vektors $\Delta\varrho_{xx}$ aufgetragen. Die gestrichelte Kurve beschreibt das Ergebnis der Rechnungen von HUNTER und NABARRO. Wie man sieht, liefert unsere Untersuchung in dem praktisch interessierenden Bereich ($10^2 < k_F R_0 < 10^5$) einen um rund eine Größenordnung größeren Wert, wodurch eine wesentlich bessere Übereinstimmung mit den Experimenten erzielt werden kann. Ein direkter Vergleich mit den experimentellen Messungen ist im Augenblick nicht möglich, weil bis heute Widerstandsmessungen nur an Versetzungsgruppen durchgeführt wurden. Eingehendere Untersuchungen für solche Fehlstellenanordnungen werden zur Zeit durchgeführt.

4.6. Das selbst-konsistente Potential einer Fehlstelle in der Näherung der Störungstheorie erster Ordnung

Wie schon in den vorhergehenden Abschnitten erwähnt wurde, sind in einem Metall keine weitreichenden Störpotentiale möglich, weil die Leitungselektronen jede Abweichung des Ionenpotentials von der Kristallperiodizität abzuschirmen suchen. Diese Abschirmung muß mit einer selbst-konsistenten Methode behandelt werden. Wegen der Vielzahl der Elektronen, die daran beteiligt sind, und zwischen denen sowohl rein elektrostatische als auch Austauschkräfte wirksam sind, ist dieses Problem äußerst verwickelt. In Abschnitt 4.4 haben wir gesehen, wie man mit Hilfe der Friedelschen Ladungsbedingung ein Potential auf selbstkonsistente Weise bestimmen kann. Das dort beschriebene Verfahren ist numerisch äußerst umfangreich, so daß man im allgemeinen von einem vernünftig gewählten Potential ausgehen muß. In diesem Abschnitt soll erläutert werden, wie man ein solches Ausgangspotential mit Hilfe der Störungsrechnung erster Ordnung ermitteln kann. Das hier angegebene Verfahren erlaubt ferner die Berechnung der Wellenfunktionen und der Energieänderung in jenen Fällen, bei denen die Partialwellenmethode versagt.

Die erste Berechnung des effektiven Störpotentials V_s einer punktförmigen Fehlstelle wurde von Mott [*170*] ausgeführt. Hierbei wurde angenommen, daß sich V_s additiv aus dem reinen Ionenpotential V_i des Gitterfehlers und aus dem Potential V_e zusammensetzt, das durch die Umlagerung der Elektronen erzeugt und mit der Thomas-Fermi-Methode behandelt wird. Wenn die Energie der Elektronen nur vom Betrag des Ausbreitungsvektors abhängig ist, ergibt sich folgende Poisson-Gleichung für das Potential V_e:

$$\Delta V_e - q^2 V_e = q^2 V_i \tag{4.104a}$$

mit

$$q^2 = 4\pi e^2 \cdot N(\zeta) . \tag{4.104b}$$

Mit den üblichen Werten der Zustandsdichte $N(\zeta)$ wird die reziproke Abschirmlänge q von der Größenordnung des Gitterabstandes. Als Lösung für diese Differentialgleichung bekommen wir bei punktförmigen Gitterfehlern mit der Überschußladung Ze das abgeschirmte Coulomb-Potential

$$V_e = Z e \cdot \frac{e^{-qr}}{r} . \tag{4.105}$$

Mit einem solchen Potential berechnete Mott die Änderung des elektrischen Widerstandes durch Verunreinigungsatome. Um Übereinstimmung mit den experimentellen Werten zu bekommen, mußte für q entweder ein größerer oder ein kleinerer Wert als nach Gl. (4.104b) zugrundegelegt werden. Es gibt daher begründete Zweifel, ob die Abschirmung der Überschußladung quantitativ mit der Thomas-Fermi-Methode erfaßt werden kann.

Im Zusammenhang mit dem Problem des elektrischen Widerstandes von reinen Metallen wurde von BARDEEN [*171*] eine wesentlich bessere Methode entwickelt, um das effektive Störpotential einer Fehlstelle zu berechnen. Man geht dabei von der Ein-Elektronen-Schrödinger-Gleichung des gestörten Kristalls mit dem Potential $V_s = V_i + V_e$ aus, berechnet mit Hilfe der Störungsrechnung erster Ordnung die Wellenfunktion und die Änderung der Elektronendichte. Aus der letzteren wird über die Poisson-Gleichung das Elektronenpotential V_e bestimmt. Durch die Forderung, daß V_s ein selbst-konsistentes Potential ist, läßt sich V_e durch das Ionenpotential ausdrücken. Bei diesem Verfahren wird nicht berücksichtigt, daß jedes Elektron infolge der Austausch- und Korrelationswechselwirkung von einem positiv geladenen Loch umgeben ist. Die Abschirmung des Störpotentials durch die Leitungselektronen wird also in Hartreescher Näherung behandelt*. Am Beispiel einer positiv geladenen Gitterfehlstelle ist leicht einzusehen, daß durch diese Näherung die Streuung der Elektronen unterschätzt wird, weil die positive Raumladung um die Elektronen, welche die Störstelle abschirmen, im selben Sinne wie die Störstelle selbst wirkt.

Dieses sog. anti-shielding wurde zum ersten Male von BAILYN [*172*] und später von HONE [*173*], SHINOHARA [*174*] und WALKER [*175*] behandelt. Man geht dabei von der Hartree-Fock-Gleichung für den gestörten Kristall aus, mit der die Abstoßung von Elektronen gleichen Spins erfaßt wird, die unter anderem zum Austauschloch um jedes Elektron führt. Wie bei der Berechnung der Zustandsdichte $N(\zeta)$ an der Fermi-Oberfläche bekommt man in dieser Näherung für das effektive Störpotential ein divergierendes Ergebnis, weil die individuelle elektrostatische Abstoßung zwischen den Elektronen vernachlässigt wird. Diese Schwierigkeiten lassen sich aber dadurch beheben, daß man nach BOHM und PINES [*176*] bis [*178*] den weitreichenden Anteil der Coulomb-Wechselwirkung durch die kollektive Bewegung aller Elektronen – die Plasmaoszillationen – ausdrückt.

Im folgenden wird ein Verfahren beschrieben, das verschiedene Vorzüge gegenüber den oben erwähnten Untersuchungen hat. Im gestörten Kristall lautet die Hartree-Fock-Gleichung

$$\left.\begin{aligned} -\frac{\hbar^2}{2m}\Delta\varphi_{\mathfrak{k}} + V_{i,g}\,\varphi_{\mathfrak{k}} + 2e^2\varphi_{\mathfrak{k}}\sum_{\mathfrak{k}'}\int\frac{\varphi_{\mathfrak{k}'}^*(\mathfrak{r}')\,\varphi_{\mathfrak{k}'}(\mathfrak{r}')}{|\mathfrak{r}-\mathfrak{r}'|}\,d\tau_{\mathfrak{r}'} - \\ -e^2\sum_{\mathfrak{k}'}\int\frac{\varphi_{\mathfrak{k}'}^*(\mathfrak{r}')\,\varphi_{\mathfrak{k}}(\mathfrak{r}')\,\varphi_{\mathfrak{k}'}(\mathfrak{r})}{|\mathfrak{r}-\mathfrak{r}'|}\,d\tau_{\mathfrak{r}'} = E_{\mathfrak{k}}\,\varphi_{\mathfrak{k}}, \end{aligned}\right\} \qquad (4.106)$$

---

* Auf der gleichen Näherung beruhen auch die Untersuchungen von LANGER und VOSKO [*180*], die die Abschirmung mit einer quantenmechanischen Vielkörpertheorie behandelt haben.

wobei die Summation $\mathfrak{k}'$ über alle besetzten Zustände auszuführen ist. Das reine Ionenpotential $V_{i,g}$ setzt sich additiv aus dem Anteil $V_{i,0}$ des idealen Kristalls und aus dem Störpotential V_i zusammen. $\Psi_{\mathfrak{k}}(\mathfrak{r})$ und $E_{\mathfrak{k}}^0$ seien die Lösungen der Hartree-Fock-Gleichung und die zugehörigen Energiewerte im ungestörten Kristall. Nach dem vollständigen Funktionensystem der $\Psi_{\mathfrak{k}}$ werde nun $\varphi_{\mathfrak{k}}$ entwickelt:

$$\varphi_{\mathfrak{k}}(\mathfrak{r}) = \Psi_{\mathfrak{k}}(\mathfrak{r}) + \sum_{\mathfrak{k}'} \frac{v_s(\mathfrak{k}', \mathfrak{k})}{E_{\mathfrak{k}}^0 - E_{\mathfrak{k}'}^0} \Psi_{\mathfrak{k}'}(\mathfrak{r}). \tag{4.107}$$

In linearer Näherung (Störungsrechnung erster Ordnung) sind die Entwicklungskoeffizienten $v_s(\mathfrak{k}', \mathfrak{k})$ bestimmt durch*

$$\left.\begin{aligned} v_s(\mathfrak{k}', \mathfrak{k}) + \sum_{\mathfrak{k}'', \mathfrak{k}'''} [A(\mathfrak{k}, \mathfrak{k}', \mathfrak{k}'', \mathfrak{k}''') - B(\mathfrak{k}, \mathfrak{k}', \mathfrak{k}'', \mathfrak{k}''')] \times \\ \times \frac{v_s(\mathfrak{k}''', \mathfrak{k}'') - v_s^*(\mathfrak{k}'', \mathfrak{k}''')}{E_{\mathfrak{k}'''}^0 - E_{\mathfrak{k}''}^0} = v_i(\mathfrak{k}', \mathfrak{k}). \end{aligned}\right\} \tag{4.108}$$

Das Matrixelement $v_i(\mathfrak{k}', \mathfrak{k})$ des Ionen-Störpotentials ist definiert durch

$$v_i(\mathfrak{k}', \mathfrak{k}) = \int \Psi_{\mathfrak{k}'}^*(\mathfrak{r}) V_i(\mathfrak{r}) \Psi_{\mathfrak{k}}(\mathfrak{r}) d\tau_{\mathfrak{r}}. \tag{4.108 b}$$

Wegen $\Psi_{-\mathfrak{k}} = \Psi_{\mathfrak{k}}^*$ ist

$$v_i(\mathfrak{k}', \mathfrak{k}) = v_i(-\mathfrak{k}, -\mathfrak{k}') = v_i^*(-\mathfrak{k}', -\mathfrak{k}). \tag{4.108 c}$$

Entsprechend läßt sich $v_s(\mathfrak{k}', \mathfrak{k})$ als Matrixelement des selbst-konsistenten Potentials V_s ansehen. Weiter wurden die folgenden Abkürzungen benützt

$$A(\mathfrak{k}, \mathfrak{k}', \mathfrak{k}'', \mathfrak{k}''') = 2e^2 \int \frac{\Psi_{\mathfrak{k}}(\mathfrak{r}) \Psi_{\mathfrak{k}'}^*(\mathfrak{r}) \Psi_{\mathfrak{k}''}^*(\mathfrak{r}') \Psi_{\mathfrak{k}'''}(\mathfrak{r}')}{|\mathfrak{r} - \mathfrak{r}'|} d\tau_{\mathfrak{r}} d\tau_{\mathfrak{r}'}, \tag{4.108 d}$$

$$B(\mathfrak{k}, \mathfrak{k}', \mathfrak{k}'', \mathfrak{k}''') = e^2 \int \frac{\Psi_{\mathfrak{k}}(\mathfrak{r}) \Psi_{\mathfrak{k}'}^*(\mathfrak{r}') \Psi_{\mathfrak{k}''}^*(\mathfrak{r}) \Psi_{\mathfrak{k}'''}(\mathfrak{r}')}{|\mathfrak{r} - \mathfrak{r}'|} d\tau_{\mathfrak{r}} d\tau_{\mathfrak{r}'}. \tag{4.108 e}$$

Gl. (4.108) stellt eine Integralgleichung für das unbekannte Matrixelement $v_s(\mathfrak{k}', \mathfrak{k})$ mit dem unsymmetrischen Kern $[A(\mathfrak{k}, \mathfrak{k}', \mathfrak{k}'', \mathfrak{k}''') - B(\mathfrak{k}, \mathfrak{k}', \mathfrak{k}'', \mathfrak{k}''')]/(E_{\mathfrak{k}'''}^0 - E_{\mathfrak{k}''}^0)$ dar. Im Spezialfall freier Elektronen nimmt dieser Kern eine besonders einfache Form an, die es ermöglicht, die Integralgleichung in nahezu geschlossener Form zu lösen. Mit

$$\Psi_{\mathfrak{k}}(\mathfrak{r}) = \frac{1}{\sqrt{V_0}} e^{i \mathfrak{k} \cdot \mathfrak{r}}$$

wird

$$A(\mathfrak{k}, \mathfrak{k}', \mathfrak{k}'', \mathfrak{k}''') = \frac{8\pi e^2}{V_0} \frac{1}{|\mathfrak{k} - \mathfrak{k}'|^2} \delta_{\mathfrak{k} - \mathfrak{k}' - \mathfrak{k}'' + \mathfrak{k}'''}, \tag{4.109 a}$$

$$B(\mathfrak{k}, \mathfrak{k}', \mathfrak{k}'', \mathfrak{k}''') = \frac{4\pi e^2}{V_0} \frac{1}{|\mathfrak{k} - \mathfrak{k}''|^2} \delta_{\mathfrak{k} - \mathfrak{k}' - \mathfrak{k}'' + \mathfrak{k}'''}. \tag{4.109 b}$$

* Es ist zu beachten, daß der Ausdruck $v_s(\mathfrak{k}, \mathfrak{k}')$ gleich Null ist, wenn sich $\mathfrak{k}'$ auf einen nicht besetzten Elektronenzustand bezieht.

In dieser Näherung läßt sich zeigen, daß aus der Eigenschaft des Matrixelementes $v_i(\mathfrak{k}, \mathfrak{k}') = v_i^*(-\mathfrak{k}, -\mathfrak{k}')$ die Beziehung

$$v_s^*(-\mathfrak{k}', -\mathfrak{k}) = v_s(\mathfrak{k}', \mathfrak{k}) \tag{4.110}$$

folgt. Weiter unterscheiden sich in der Integralgleichung die beiden Vektoren $\mathfrak{k}'''$ und $\mathfrak{k}''$ in $v_s(\mathfrak{k}''', \mathfrak{k}'')$ wegen der δ-Funktion nur um den konstanten Vektor $\mathfrak{k}''' - \mathfrak{k}'' = \mathfrak{k}' - \mathfrak{k} = \mathfrak{q}$, wodurch die Dimension der Integralgleichung von 6 auf 3 verringert wird. In der Näherung freier Elektronen bekommt die Integralgleichung die folgende einfache Form

$$\left.\begin{aligned} v_s(\mathfrak{k}+\mathfrak{q}, \mathfrak{k}) + \frac{4\pi e^2}{V_0} \sum_{\mathfrak{k}'} \left\{ \frac{4}{q^2} - \frac{1}{|\mathfrak{k}-\mathfrak{k}'|^2} - \frac{1}{|\mathfrak{k}+\mathfrak{k}'+\mathfrak{q}|^2} \right\} \times \\ \times \frac{v_s(\mathfrak{k}'+\mathfrak{q}, \mathfrak{k}')}{E^0_{\mathfrak{k}'+\mathfrak{q}} - E^0_{\mathfrak{k}'}} = v_i(\mathfrak{k}+\mathfrak{q}, \mathfrak{k}). \end{aligned}\right\} \tag{4.111}$$

Das erste Glied in der geschweiften Klammer rührt von der Coulomb-Wechselwirkung her, während die beiden anderen Glieder auf die Austauschwechselwirkung zurückzuführen sind. Vernachlässigt man diese beiden Terme (Hartreesche Näherung), dann kommt man zu dem von Bardeen erhaltenen Ergebnis

$$v_s(\mathfrak{k}+\mathfrak{q}, \mathfrak{k}) = + \frac{v_i(\mathfrak{k}+\mathfrak{q}, \mathfrak{k})}{1+f(q)}, \tag{4.112a}$$

wobei noch berücksichtigt wurde, daß in der Näherung freier Elektronen das Matrixelement $v_i(\mathfrak{k}+\mathfrak{q}, \mathfrak{k})$ von $\mathfrak{k}$ unabhängig ist. Die Funktion $f(q)$ ist definiert durch

$$\left.\begin{aligned} f(q) &= \frac{16\pi e^2}{V_0 q^2} \sum_{\mathfrak{k}} \frac{1}{E^0_{\mathfrak{k}+\mathfrak{q}} - E^0_{\mathfrak{k}}} \\ &= \frac{4}{\pi} \frac{k_F}{q^2 a_H} \left\{ \frac{1}{2} + \frac{4k_F^2 - q^2}{8k_F q} \ln \frac{2k_F + q}{2k_F - q} \right\}. \end{aligned}\right\} \tag{4.112b}$$

a_H ist der Bohrsche Wasserstoffradius. Wie man sich leicht überzeugen kann, wird durch die Coulombsche Wechselwirkung der weitreichende Teil des Störpotentials, der durch das Matrixelement $v_s(\mathfrak{k}+\mathfrak{q}, \mathfrak{k})$ mit kleinen Werten von $\mathfrak{q}$ beschrieben wird, völlig abgeschirmt. Ein weiteres Ergebnis der Bardeenschen Untersuchung ist, daß die Matrixelemente $v_s(\mathfrak{k}+\mathfrak{q}, \mathfrak{k})$ von $\mathfrak{k}$ unabhängig sind.

Die Austauschglieder in der geschweiften Klammer von Gl. (4.111) besitzen Pole zweiter Ordnung an der Stelle $\mathfrak{k} = \mathfrak{k}'$ bzw. $\mathfrak{k} = -\mathfrak{k}' - \mathfrak{q}$. Wie wir schon erwähnt haben, lassen sich diese Divergenzen vermeiden, wenn wir die Korrelation der Elektronen infolge ihrer wechselseitigen Coulomb-Abstoßung berücksichtigen. Nach dem Vorgehen von Bohm und

Pines wird der weitreichende Teil der Coulomb-Wechselwirkung durch Plasmaoszillationen ausgedrückt, deren Anregungsenergien im allgemeinen so hoch liegen, daß wir diese kollektive Bewegung aller Elektronen in dem vorliegenden Problem nicht weiter zu beachten brauchen. Zwischen den einzelnen Elektronen sind dann nur noch Abstoßungskräfte kurzer Reichweite vorhanden, deren Potential dadurch bestimmt ist, daß in der Fourier-Entwicklung

$$\frac{e^2}{|\mathfrak{r}-\mathfrak{r}'|}=\frac{4\pi e^2}{V_0}\sum_{\mathfrak{k}} e^{i\mathfrak{k}\cdot(\mathfrak{r}-\mathfrak{r}')}\frac{1}{k^2} \tag{4.113}$$

nicht von $k=0$, sondern von einem Wert $k=k_c$ an zu summieren ist. Durch diese Maßnahme wird erreicht, daß die Zustandsdichte an der Fermi-Kante im Unterschied zu der Hartree-Fock-Näherung den endlichen Wert

$$N(\zeta)_{BP}=N_{\text{Hartree}}(\zeta)\left\{1+\frac{1}{2\pi\, a_H\, k_F}\left(2\ln 2/\beta+\frac{\beta^2}{2}-2\right)\right\} \tag{4.114}$$

bekommt, wobei $\beta=k_c/k_F$ ist.

In gleicher Weise wird man den Einfluß der Elektronenkorrelation auf die Abschirmung des Störpotentials berücksichtigen. Eine Rechtfertigung hierfür wurde von Hone [*173*] gegeben, der, den Gedanken von Pines und Bardeen [*179*] folgend, in der Schrödinger-Gleichung des gestörten Kristalls durch eine unitäre Transformation zusätzliche kollektive Koordinaten eingeführt hat. Da die Zahl der Freiheitsgrade des gesamten Kristalls nicht geändert werden darf, hat man für den Ausdruck $e^2/|\mathfrak{r}-\mathfrak{r}'|$ in Gl. (4.108e) die Entwicklung Gl. (4.113) einzusetzen, wobei die Summation über $\mathfrak{k}$ bei dem unteren Abschneideradius k_c abzubrechen ist. Durch diese Maßnahme wird erreicht, daß die Koeffizienten $B(\mathfrak{k}, \mathfrak{k}', \mathfrak{k}'', \mathfrak{k}''')$ Null werden, wenn $|\mathfrak{k}-\mathfrak{k}''|<k_c$ wird, so daß die Pole zweiter Ordnung in der Integralgleichung (4.111) nicht mehr auftreten. Der Wert von k_c ist in der Theorie von Bohm und Pines nicht genau festgelegt. In einem physikalisch mehr realistischen Modell ist zu erwarten, daß die Fourier-Amplitude von $1/|\mathfrak{r}-\mathfrak{r}'|$ nicht plötzlich, sondern allmählich von $1/k^2$ auf den Wert Null übergeht. Ein solch kontinuierlicher Übergang kann zum Beispiel durch die Abschneidefunktion $1/(k^2+k_s^2)$ dargestellt werden, wobei k_s von derselben Größenordnung wie k_c ist. Diese Funktion, die Hone zum ersten Male vorgeschlagen hat, soll auch unseren weiteren Betrachtungen zugrundegelegt werden. Sie hat den Vor-

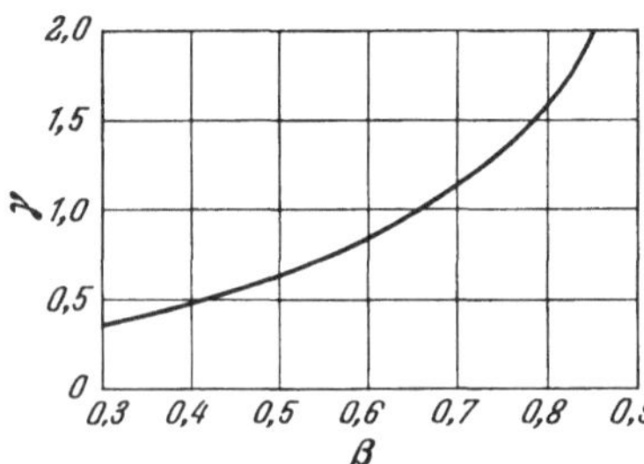

Fig. 17. Abschneideradius $\gamma=k_s/k_F$ als Funktion von $\beta=k_c/k_F$

teil, daß bei den Integrationen im $\mathfrak{k}$-Raum nicht gewisse Raumgebiete ausgespart werden müssen. Für die Zustandsdichte an der Fermi-Kante erhält man mit diesem Modell die Beziehung

$$N(\zeta)=N_{\text{Hartree}}(\zeta)\left\{1+\frac{1}{2\pi\, a_H\, k_F}\left[\left(1+\frac{1}{2}\gamma^2\right)\ln\frac{4+\gamma^2}{\gamma^2}-2\right]\right\} \tag{4.115}$$

mit

$$\gamma=k_s/k_F\,.$$

Durch Vergleich mit dem von Pines [178] angegebenen Wert für $N(\zeta)$ kann k_s als Funktion von k_c dargestellt werden, was in Fig. 17 geschehen ist.

Wird die Elektronenkorrelation auf die soeben beschriebene Weise berücksichtigt, dann bekommen wir die folgende Integralgleichung

$$\left.\begin{aligned} &v_s(\mathfrak{k}+\mathfrak{q},\mathfrak{k})+\frac{4\pi e^2}{V_0}\sum_{\mathfrak{k}'}\frac{v_s(\mathfrak{k}'+\mathfrak{q},\mathfrak{k}')}{E^0_{\mathfrak{k}'+\mathfrak{q}}-E^0_{\mathfrak{k}'}}\times\\ &\times\left[\frac{4}{q^2}-\frac{1}{|\mathfrak{k}-\mathfrak{k}'|^2+k_s^2}-\frac{1}{|\mathfrak{k}+\mathfrak{k}'+\mathfrak{q}|^2+k_s^2}\right]=v_i(\mathfrak{k}+\mathfrak{q},\mathfrak{k}),\end{aligned}\right\} \tag{4.116}$$

die nicht exakt zu lösen ist. Da bei kleinen Werten von q die Austauschglieder gegenüber dem Coulomb-Gliede $1/q^2$ völlig vernachlässigt werden können und das letztere auch bei beliebigen Werten von q der führende Term ist, versuchen wir, das Coulomb-Glied exakt zu berücksichtigen. Mit den beiden linearen Integraloperatoren

$$\mathscr{L}_0\{\chi_{\mathfrak{k}}\}=\frac{16\pi e^2}{V_0}\frac{1}{q^2}\sum_{\mathfrak{k}'}\frac{\chi_{\mathfrak{k}'}}{E^0_{\mathfrak{k}'+\mathfrak{q}}-E^0_{\mathfrak{k}'}}\,, \tag{4.117a}$$

$$\left.\begin{aligned} &\mathscr{L}_1\{\chi_{\mathfrak{k}}\}=-\frac{4\pi e^2}{V_0}\times\\ &\times\sum_{\mathfrak{k}'}\left[\frac{1}{|\mathfrak{k}-\mathfrak{k}'|^2+k_s^2}+\frac{1}{|\mathfrak{k}+\mathfrak{k}'+\mathfrak{q}|^2+k_s^2}\right]\frac{\chi_{\mathfrak{k}'}}{E^0_{\mathfrak{k}'+\mathfrak{q}}-E^0_{\mathfrak{k}'}}\end{aligned}\right\} \tag{4.117b}$$

nimmt die ursprüngliche Integralgleichung die Form an:

$$v_s(\mathfrak{k}+\mathfrak{q},\mathfrak{k})+\mathscr{L}_0\{v_s(\mathfrak{k}+\mathfrak{q},\mathfrak{k})\}+\mathscr{L}_1\{v_s(\mathfrak{k}+\mathfrak{q},\mathfrak{k})\}=v_i(\mathfrak{k}+\mathfrak{q},\mathfrak{k})\,. \tag{4.118}$$

Das Näherungsverfahren zur Lösung von (4.118) besteht darin, daß wir $\mathscr{L}_1$ um einen Faktor λ kleiner als $\mathscr{L}_0$ annehmen. Nach diesem Größenordnungsparameter wird auch das gesuchte Matrixelement $v_s(\mathfrak{k}+\mathfrak{q},\mathfrak{k})$ entwickelt. Da λ beliebig ist, ergibt sich folgendes System von Integralgleichungen

$$v_s^{(0)}(\mathfrak{k}+\mathfrak{q},\mathfrak{k})+\mathscr{L}_0\{v_s^{(0)}(\mathfrak{k}+\mathfrak{q},\mathfrak{k})\}=v_i(\mathfrak{k}+\mathfrak{q},\mathfrak{k})\,, \tag{4.119a}$$

$$v_s^{(n)}(\mathfrak{k}+\mathfrak{q},\mathfrak{k})+\mathscr{L}_0\{v_s^{(n)}(\mathfrak{k}+\mathfrak{q},\mathfrak{k})\}=-\mathscr{L}_1\{v_s^{(n-1)}(\mathfrak{k}+\mathfrak{q},\mathfrak{k})\}\quad n\geqq 1\,, \tag{4.119b}$$

die iterativ gelöst werden können. Hierbei kommt uns zugute, daß der Operator $\mathscr{L}_0$ auf eine Funktion $\chi_{\mathfrak{k}}$ angewandt zu einer neuen Funktion führt, die unabhängig von $\mathfrak{k}$ ist. Wegen dieser Eigenschaft erhält man

$$v_s^{(0)}(\mathfrak{k}+\mathfrak{q},\mathfrak{k})=\frac{v_i(\mathfrak{k}+\mathfrak{q},\mathfrak{k})}{1+\mathscr{L}_0\{1\}} \tag{4.120a}$$

mit

$$\mathscr{L}_0\{1\}\equiv f(q)$$

und

$$\left.\begin{aligned}v_s^{(n)}(\mathfrak{k}+\mathfrak{q},\mathfrak{k})=-\mathscr{L}\{v_s^{(n-1)}(\mathfrak{k}+\mathfrak{q},\mathfrak{k})\}+\frac{\mathscr{L}_0\{\mathscr{L}_1\{v_s^{(n-1)}(\mathfrak{k}+\mathfrak{q},\mathfrak{k})\}\}}{1+\mathscr{L}_0\{1\}}\\ n\geqq 1.\end{aligned}\right\} \tag{4.120b}$$

Bis zu linearen Gliedern in $\mathscr{L}_1$ ist

$$v_s(\mathfrak{k}+\mathfrak{q},\mathfrak{k})=\left[\frac{1-\mathscr{L}_1\{1\}}{1+\mathscr{L}_0\{1\}}+\frac{\mathscr{L}_0\{\mathscr{L}_1\{1\}\}}{(1+\mathscr{L}_0\{1\})^2}\right]v_i(\mathfrak{q}) \tag{4.121a}$$

$$\left.\begin{aligned}&=\left[\frac{1}{1+\mathscr{L}_0\{1\}}-\frac{\mathscr{L}_1\{1\}}{(1+\mathscr{L}_0\{1\})^2}+\right.\\&\left.+\frac{\mathscr{L}_0\{\mathscr{L}_1\{1\}\}-\mathscr{L}_1\{1\}\cdot\mathscr{L}_0\{1\}}{(1+\mathscr{L}_0\{1\})^2}\right]v_i(\mathfrak{q}).\end{aligned}\right\} \tag{4.121b}$$

Die Ausdrücke $\mathscr{L}_1\{1\}$ und $\mathscr{L}_0\{\mathscr{L}_1\{1\}\}$ erhält man aus Gl. (4.117), indem man für $\chi_{\mathfrak{k}}$ den Wert 1 bzw. $\mathscr{L}_1\{1\}$ einsetzt. Die Winkelintegration läßt sich in beiden Ausdrücken ausführen und führt auf*

$$\left.\begin{aligned}\mathscr{L}_1\{1\}=&-\frac{e^2}{2\pi}\frac{m}{\hbar^2 q}\times\\&\times\left\{\sum_{n=0}^{\infty}(-1)^n(2n+1)\,P_n(\mathfrak{k}^0\cdot\mathfrak{q}^0)\frac{1}{k}\times\right.\\&\times\int_0^{k_F}\mathfrak{Q}_n\left(\frac{k^2+k'^2+k_s^2}{2kk'}\right)\cdot\mathfrak{Q}_n\left(\frac{q}{2k'}\right)dk'+\\&+\sum_{n=0}^{\infty}(2n+1)\,P_n((\mathfrak{k}+\mathfrak{q})^0\cdot\mathfrak{q}^0)\frac{1}{|\mathfrak{k}+\mathfrak{q}|}\times\\&\left.\times\int_0^{k_F}\mathfrak{Q}_n\left(\frac{|\mathfrak{k}+\mathfrak{q}|^2+k'^2+k_s^2}{2|\mathfrak{k}+\mathfrak{q}|k'}\right)\mathfrak{Q}_n\left(\frac{q}{2k'}\right)dk'\right\},\end{aligned}\right\} \tag{4.122}$$

* Die Änderung der E-$\mathfrak{k}$-Abhängigkeit nach der Theorie von Bohm und Pines wird vernachlässigt.

$$\left.\begin{aligned}\mathcal{L}_0\{\mathcal{L}_1\{1\}\} &= \frac{e^4}{\pi^3}\frac{(2m)^2}{(\hbar^2 q)^2}\times\\ &\times\left\{\int\limits_{k=k_F-q}^{k_F}\int\limits_{k'=0}^{k_F}(-1)^n\cdot F_n(k,-q)\times\right.\\ &\times\mathfrak{Q}_n\left(\frac{k^2+k'^2+k_s^2}{2kk'}\right)\mathfrak{Q}_n\left(\frac{q}{2k'}\right)dk\,dk'+\\ &+\int\limits_{k=k_F}^{k_F+q}\int\limits_{k'=0}^{k_F}F_n(k,q)\,\mathfrak{Q}_n\left(\frac{k^2+k'^2+k_s^2}{2kk'}\right)\times\\ &\left.\times\mathfrak{Q}_n\left(\frac{q}{2k'}\right)dk\,dk'\right\}.\end{aligned}\right\}\quad(4.123\,\text{a})$$

P_n und $\mathfrak{Q}_n$ sind Kugelflächenfunktionen erster und zweiter Art. Die Funktion

$$F_n(k,q)=\int\limits_{-1}^{z_0}\frac{P_n(Z)}{(q/2k)-Z}dZ \qquad (4.123\,\text{b})$$

mit

$$z_0=(k_F^2-q^2-k^2)/2kq \qquad (4.123\,\text{c})$$

genügt der Rekursionsgleichung

$$\left.\begin{aligned}F_{n+1}(k,q)&=\frac{1}{n+1}\left[P_{n-1}(z_0)-P_{n+1}(z_0)\right]+\\ &+\frac{2n+1}{n+1}\frac{q}{2k}F_n(k,q)-\frac{n}{n+1}F_{n-1}(k,q)\end{aligned}\right\}\quad(4.123\,\text{d})$$

mit

$$F_0(k,q)=\ln\left|\frac{2k+q}{2k\,z_0-q}\right|, \qquad (4.123\,\text{e})$$

$$F_1(k,q)=-(1+z_0)+\frac{q}{2k}F_0(k,q). \qquad (4.123\,\text{f})$$

Wie bei Bailyn scheint $\mathcal{L}_1\{1\}$ und damit auch $v_s(\mathfrak{k},\mathfrak{k}+\mathfrak{q})$ von der Richtung des Ausbreitungsvektors $\mathfrak{k}$ abhängig zu sein. Dies ist jedoch in Wirklichkeit nicht der Fall. $v_s(\mathfrak{k},\mathfrak{k}+\mathfrak{q})$ ist das Matrixelement für einen Elektronenübergang vom Zustand $\mathfrak{k}$ in den Zustand $\mathfrak{k}'=\mathfrak{k}+\mathfrak{q}$. Ist Θ der Winkel zwischen $\mathfrak{k}$ und $\mathfrak{k}'$, dann sind die Argumente der Legendreschen Polynome $P_n(x)$ bestimmt durch

$$x=\mathfrak{k}^0\cdot\mathfrak{q}^0=\frac{\mathfrak{k}\cdot\mathfrak{q}}{|\mathfrak{k}|\cdot|\mathfrak{q}|}=\frac{\mathfrak{k}(\mathfrak{k}'-\mathfrak{k})}{|\mathfrak{k}|\cdot|\mathfrak{k}'-\mathfrak{k}|}=\frac{k'\cdot\cos\Theta-k}{(k^2+k'^2-2k\,k'\cos\Theta)^{\frac{1}{2}}} \qquad (4.124\,\text{a})$$

bzw.

$$x=(\mathfrak{k}+\mathfrak{q})^0\cdot\mathfrak{q}^0=\frac{\mathfrak{k}'\cdot(\mathfrak{k}'-\mathfrak{k})}{|\mathfrak{k}'|\cdot|\mathfrak{k}'-\mathfrak{k}|}=\frac{k'-k\cdot\cos\Theta}{(k^2+k'^2-2k\,k'\cos\Theta)^{\frac{1}{2}}}, \qquad (4.124\,\text{b})$$

d.h. beide Ausdrücke sind nur von k, k' und dem Winkel zwischen $\mathfrak{k}$ und $\mathfrak{k}'$ abhängig. Wie nicht anders zu erwarten war, liegt bei einem quasifreien Elektronengas vollständige Isotropie vor. Die obigen Beziehungen werden bei elektrischen Leitungserscheinungen wesentlich vereinfacht, weil an diesen nur die Elektronen an der Fermi-Oberfläche beteiligt sind, für die $k=k'=k_F$ ist. Das Matrixelement $\mathscr{L}_0\{\mathscr{L}_1\{1\}\}$ ist eine reine Zahl.

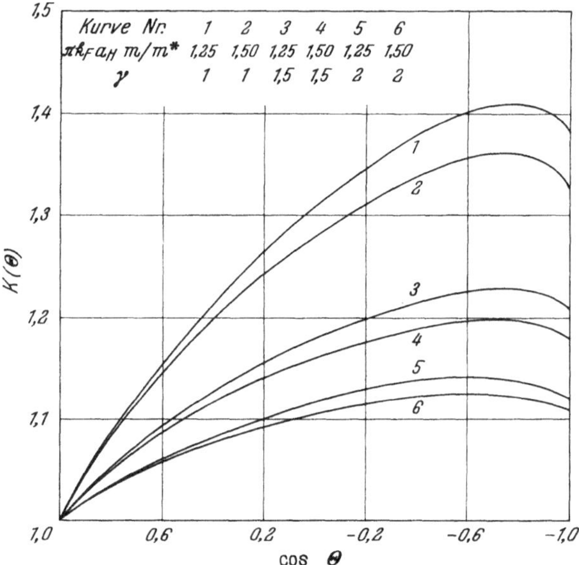

Fig. 18. Korrekturfaktor für die Ionenmatrixelemente infolge der Elektronenaustauschwechselwirkung

Die verbleibende Integration über k'' in Gl. (4.122) kann nur für kleine Werte von q geschlossen ausgeführt werden. Bis zu linearen Gliedern in q wird

$$\left.\begin{aligned}\mathscr{L}_1\{1\} = -\frac{1}{\pi a_H}\Bigg\{&\frac{1}{2k}\ln\frac{(k+k_F)^2+k_s^2}{(k-k_F)^2+k_s^2} - \frac{(\mathfrak{k}\cdot\mathfrak{q})}{4k^3}\times \\ &\times\left[\ln\frac{(k+k_F)^2+k_s^2}{(k-k_F)^2+k_s^2} - \frac{2k(k+k_F)}{(k+k_F)^2+k_s^2} + \frac{2k(k-k_F)}{(k-k_F)^2+k_s^2}\right]\Bigg\}.\end{aligned}\right\} \quad (4.125)$$

Für $q \neq 0$ werden die Integrale über k und k'' numerisch mittels einer elektronischen Rechenmaschine ausgeführt. Als Funktion von $\cos\Theta$ und für verschiedene Parameterwerte k_s/k_F ist in Fig. 18 der Korrekturfaktor $K(\mathfrak{k}+\mathfrak{q}, \mathfrak{k})$ angegeben, mit dem der Bardeensche Abschirmfaktor [Gl. (4.122a)] zu multiplizieren ist, um den Einfluß der Austausch- und Korrelationswechselwirkung zu berücksichtigen. Es ist

$$K(\mathfrak{k}+\mathfrak{q}, \mathfrak{k}) = \left\{1 - \frac{\mathscr{L}_1\{1\}}{1+\mathscr{L}_0\{1\}} + \frac{\mathscr{L}_0\{\mathscr{L}_1\{1\}\} - \mathscr{L}_1\{1\}\cdot\mathscr{L}_0\{1\}}{1+\mathscr{L}_0\{1\}}\right\}. \quad (4.126)$$

Für k und k' wurden dabei nur die Werte an der Fermi-Kante zugrundegelegt. Aus der Figur ist ersichtlich, daß im Grenzfall $\mathfrak{q}\to 0$ die Austausch- und Korrelationswechselwirkung völlig vernachlässigt werden kann. Stark bemerkbar macht sich das anti-shielding erst, wenn $q>k_F$ ist.

Die Änderung der Ladungsdichte der Elektronen infolge des Gitterfehlers läßt sich aus der gestörten Wellenfunktion berechnen zu

$$\left.\begin{aligned} -e\cdot\Delta n(\mathfrak{r}) &= -2e\sum_{\mathfrak{k}}\{\varphi_{\mathfrak{k}}^*(\mathfrak{r})\,\varphi_{\mathfrak{k}}(\mathfrak{r})-\Psi_{\mathfrak{k}}^*(\mathfrak{r})\,\Psi_{\mathfrak{k}}(\mathfrak{r})\}\\ &= 2\sum_{\mathfrak{k},\mathfrak{k}'}\frac{v_s(\mathfrak{k}',\mathfrak{k})\,\Psi_{\mathfrak{k}}^*(\mathfrak{r})\Psi_{\mathfrak{k}'}(\mathfrak{r})+v_s^*(\mathfrak{k}',\mathfrak{k})\Psi_{\mathfrak{k}}(\mathfrak{r})\Psi_{\mathfrak{k}'}^*(\mathfrak{r})}{E_{\mathfrak{k}'}^0-E_{\mathfrak{k}}^0}\,.\end{aligned}\right\}\tag{4.127}$$

Hierbei wurden im Sinne der Störungsrechnung erster Ordnung nur die linearen Glieder $v_s(\mathfrak{k}',\mathfrak{k})$ berücksichtigt. Der Faktor 2 rührt von den beiden Spinrichtungen her. Durch Integration über den ganzen Raum erhält man die gesamte von dem Gitterfehler verdrängte Ladung Z_e. Wegen der Orthogonalität der Wellenfunktionen wird diese

$$Z_e=2e\cdot\lim_{\mathfrak{q}\to 0}\sum_{\mathfrak{k}}\frac{v_s(\mathfrak{k}+\mathfrak{q},\mathfrak{k})+v_s^*(\mathfrak{k}+\mathfrak{q},\mathfrak{k})}{E_{\mathfrak{k}+\mathfrak{q}}^0-E_{\mathfrak{k}}^0}\,.\tag{4.128}$$

Wie aus Gl. (4.122) und (4.127) ersichtlich ist, sind selbst bei freien Elektronen die Matrixelemente des selbst-konsistenten Potentials noch von dem Vektor $\mathfrak{k}$ abhängig, wenn man Austausch- und Korrelationseffekte berücksichtigt. Mit Hilfe des Operators $\mathscr{L}_0$ und der Definitionsgleichung (4.126) für $v_s(\mathfrak{k}+\mathfrak{q},\mathfrak{k})$ läßt sich die obige Gleichung umschreiben in

$$\left.\begin{aligned} Z_e &= \frac{V_0}{8\pi e}\lim_{q\to 0}q^2\times\\ &\times\left\{\frac{\mathscr{L}_0\{1\}}{1+\mathscr{L}_0\{1\}}-\frac{\mathscr{L}_0\{\mathscr{L}_1\{1\}\}}{[1+\mathscr{L}_0\{1\}]^2}\right\}\{v_i(\mathfrak{q})+v_i^*(\mathfrak{q})\}\,.\end{aligned}\right\}\tag{4.129}$$

Für $q\to 0$ ist $\mathscr{L}_0\{1\}\gg 1$ und $\mathscr{L}_0\{\mathscr{L}_1\{1\}\}\ll(\mathscr{L}_0\{1\})^2$, so daß

$$Z_e=\frac{V_0}{8\pi e}\lim_{q\to 0}q^2[v_i(\mathfrak{q})+v_i^*(\mathfrak{q})]\tag{4.130}$$

wird. Setzen wir nun die Definitionsgleichung (4.108c) für das Ionenmatrixelement $v_i(\mathfrak{q})$ in der Näherung freier Elektronen ein und benützen den Greenschen Satz, dann wird

$$Z_e=-\frac{1}{4\pi}\int\Delta V_i(\mathfrak{r})\,d\tau\,.\tag{4.131}$$

Nun genügt aber das reine ionenartige Störpotential V_i der Poisson-Gleichung

$$\Delta V_i=-4\pi\,\varrho_i\,,\tag{4.132}$$

wobei ϱ_i die Dichte der positiven Ladung ist. Damit ist gezeigt, daß in der Näherung freier Elektronen unter Einschluß von Korrelationseffekten die verdrängte Elektronenladung gerade die Ionenladung kompensiert, so daß der Kristall elektrisch neutral bleibt. Diese Eigenschaft wurde mit Hilfe der Störungsrechnung erster Ordnung bewiesen. Es ist jedoch zu erwarten, daß eine genauere Behandlung der Abschirmung zum selben Ergebnis führt.

Für die Änderung der Elektronendichte an einer beliebigen Stelle im Raum erhält man auf Grund der gleichen Überlegungen

$$\left.\begin{aligned}\Delta n(\mathfrak{r}) = -\frac{1}{8\pi e^2}\sum_{\mathfrak{q}}\left\{\frac{\mathscr{L}_0\{1\}}{1+\mathscr{L}_0\{1\}} - \frac{\mathscr{L}_0\{\mathscr{L}_1\{1\}\}}{[1+\mathscr{L}_0\{1\}]^2}\right\}\times\\ \times\left\{v_i(\mathfrak{q})\, e^{i\mathfrak{q}\cdot\mathfrak{r}} + v_i^*(\mathfrak{q})\, e^{-i\mathfrak{q}\cdot\mathfrak{r}}\right\}.\end{aligned}\right\} \quad (4.133)$$

Wenn das Ionenpotential der Störstelle kugelsymmetrisch ist, kann die Winkelintegration sofort ausgeführt werden, weil sowohl $\mathscr{L}_0\{1\}$ als auch $\mathscr{L}_1\{\mathscr{L}_0\{1\}\}$ nur vom Betrag des Vektors $\mathfrak{q}$ abhängig ist:

$$\left.\begin{aligned}\Delta n(\mathfrak{r}) = -\frac{V_0}{(2\pi)^3}\frac{1}{e^2 r}\int_0^\infty q^3 \sin(q\,r)\times\\ \times\left\{\frac{\mathscr{L}_0\{1\}}{1+\mathscr{L}_0\{1\}} - \frac{\mathscr{L}_0\{\mathscr{L}_1\{1\}\}}{[1+\mathscr{L}_0\{1\}]^2}\right\} v_i(q)\, dq\,.\end{aligned}\right\} \quad (4.134)$$

Durch dieses Integral ist die Änderung der Elektronendichte an einer beliebigen Stelle bestimmt. Ohne weitere Kenntnis über das Ionenpotential läßt sich der obige Ausdruck nur in großem Abstand von der Fehlstelle weiter vereinfachen. Man nützt dabei die Eigenschaft aus, daß $\sin(qr)$ eine sehr rasch oszillierende Funktion ist, so daß man durch mehrmalige partielle Integration eine Reihe nach fallenden Potenzen in r bekommt. Nach zweimaliger partieller Integration wird

$$\left.\begin{aligned}\Delta n(\mathfrak{r}) = \frac{1}{r^3}\int_0^\infty \sin(q\,r)\times\\ \times\left\{6q\,F(q) + 6q^2\frac{dF}{dq} + q^3\frac{d^2F}{dq^2}\right\} dq\,,\end{aligned}\right\} \quad (4.135\text{a})$$

wobei

$$F(q) = \frac{V_0}{(2\pi)^3}\frac{1}{e^2}v_i(q)\left\{\frac{\mathscr{L}_0\{1\}}{1+\mathscr{L}_0\{1\}} - \frac{\mathscr{L}_0\{\mathscr{L}_1\{1\}\}}{[1+\mathscr{L}_0\{1\}]^2}\right\} \quad (4.135\text{b})$$

gesetzt wurde. Da die Funktion $F(q)$ aus physikalischen Gründen überall stetig und beschränkt sein muß, können wir bei den ersten beiden Ausdrücken von Gl. (4.135a) nochmals eine partielle Integration ausführen, wodurch Ausdrücke mit einer r^{-4}-Abhängigkeit entstehen. Diese können jedoch gegenüber dem letzten Glied vernachlässigt werden, weil d^2F/dq^2

in den meisten Fällen solche Unstetigkeiten besitzt, daß das Integral auch für große Werte von r endlich bleibt. Es wird deshalb

$$\Delta n(\mathfrak{r}) = \frac{1}{r^3} \int_0^\infty \sin(q\,r)\, q^3 \frac{d^2 F}{d q^2}\, d q + O(r^{-4}). \tag{4.136}$$

Aus den Gln. (4.122) und (4.126) ist ersichtlich, daß bei einem freien Elektronengas die Funktion d^2F/dq^2 Unstetigkeiten nur an der Stelle $q = 2k_F$ besitzt, wo sie in die folgende Laurent-Reihe entwickelt werden kann:

$$q^3 \frac{d^2 F}{d q^2} = f(k_F) \frac{1}{q - 2k_F} + O((q - 2k_F)^0), \tag{4.137a}$$

so daß

$$\Delta n(\mathfrak{r}) = \frac{\pi}{r^3} f(k_F) \cos 2k_F r + O\left(\frac{1}{r^4}\right) \tag{4.137b}$$

wird.

Im Unterschied zur Thomas-Fermi-Methode, bei der die Ladungsdichte nur in der Umgebung der Fehlstelle wesentlich geändert wird, fällt $n(\mathfrak{r})$ in unserer Betrachtungsweise wie r^{-3} oszillierend mit zunehmendem Abstand von der Störstelle ab. Dieses Ergebnis ist in Einklang mit FRIEDEL [*181*], der mit Hilfe der Partialwellenmethode für quasifreie Elektronen

$$\delta n(\mathfrak{r}) = -\frac{1}{2\pi^2 r^3} \sum_{l=0}^{\infty} (-1)^l (2l+1) \sin \eta_l(k_F) \cdot \cos[2k_F r + \eta_l(k_F)] \tag{4.138}$$

gefunden hat*.

Durch diese weitreichende Änderung der Ladungsdichte lassen sich verschiedene Effekte, die bei Kern-Resonanz-Experimenten an Legierungen aufgetreten sind, zwanglos erklären. In einem reinen Metall wird bei magnetischen Kern-Resonanzexperimenten das äußere Magnetfeld H durch die Leitungselektronen verstärkt [*184*]. Die hierdurch bedingte Verschiebung der Feldstärke, bei der die Kern-Resonanz auftritt, die sog. Knight shift, ist von der Dichte der Elektronen am Ort der Atomkerne des Gitters abhängig. In einem Kristall mit Gitterfehlern oder einer Legierung ist diese von Gitterplatz zu Gitterplatz verschieden, so daß zunächst eine relative Verschiebung der Knight shift

$$\frac{\Delta K_l}{K_l} = \frac{\delta n_F(\mathfrak{R}_l)}{n_0} \tag{4.139}$$

an dem Gitterpunkt $\mathfrak{R}_l$ auftritt, wenn $\delta n_F(\mathfrak{R}_l)$ die Dichte der Elektronen mit Energie $E \approx \zeta$ an dieser Stelle ist. Durch diese inhomogene Knight shift wird die Resonanzkurve verbreitert. Mit Hilfe einiger einleuchtender

* Ein ähnliches Ergebnis wurde auch von KOHN und VOSKO [*182*] bzw. FRIEDEL u. Mitarb. [*183*] für Elektronen mit sphärischen Energieflächen abgeleitet. Eine Anwendung auf Leerstellen und Doppelleerstellen in Edelmetallen gibt SEEGER [*121*].

Annahmen konnten Friedel, Blandin und Daniel ([*185*], [*186*]) zeigen, daß das Maximum der Resonanzkurve eine kleine Verschiebung erleidet, die der Fehlstellenkonzentration proportional ist, weil die Schwankungen der Elektronendichte verhältnismäßig weitreichend sind. Diese Vorstellungen wurden durch Messungen von Rowland an Ag^{109}-Legierungen bestätigt [*187*].

In den meisten Atomkernen sind die Protonen und Neutronen nicht kugelförmig angeordnet, so daß in einem elektrischen Feld verschiedene Einstellungen für die Kerne möglich sind (vgl. [*188*]). Zwischen diesen Zuständen, die sich energetisch voneinander unterscheiden, können durch ein äußeres Hochfrequenzfeld Übergänge erzeugt werden. Eine genaue Betrachtung ergibt, daß in einem reinen Metall mit kubischer Symmetrie wegen der Gültigkeit der Potentialgleichung für das elektrische Feld kein Quadrupoleffekt auftreten kann *. Dieser ist aber in Kristallen mit Gitterfehlern möglich, weil die Abweichung der Elektronendichte vom Mittelwert die kubische Symmetrie zerstört und zu einem verhältnismäßig großen Vektorgradienten für das elektrostatische Potential führt. Wie bei der Knightshift ist dieser Vektorgradient ortsabhängig, so daß keine scharfen Resonanzlinien zu erwarten sind. Experimentell wurde bisher an Metallen von Bloembergen und Rowland [*189*], [*190*] nicht der reine Quadrupoleffekt, sondern die magnetische Quadrupolwechselwirkung untersucht, bei der die Probe außerdem in ein konstantes Magnetfeld gebracht wird. Durch die Quadrupolwechselwirkung sind die im Magnetfeld möglichen Energiezustände, die sich um eine magnetische Kernquantenzahl voneinander unterscheiden, nicht gleich weit entfernt. Außer von der Quantenzahl m ist die Energiedifferenz von der Größe der elektrischen Feldstärke und von dem Winkel zwischen elektrischem und magnetischem Feld abhängig. Die bei einem idealen Kristall vorhandenen äquidistanten Resonanzlinien erfahren durch die magnetische Quadrupolwechselwirkung sowohl eine Verschiebung als auch eine Verbreiterung. In Gebieten, wo der Vektorgradient des Potentials sehr groß ist, kann diese Verbreiterung so stark sein, daß der Beitrag der Atome aus diesem Gebiet zur Resonanzlinie völlig vernachlässigt werden kann. Die Intensität der Signale bei magnetischen Kern-Resonanz-Experimenten wird deshalb schon durch kleine Mengen an Verunreinigungen verringert werden. Dies steht in Übereinstimmung mit dem experimentellen Befund, aus dem weiter zu entnehmen ist, daß die Änderung der Elektronendichte nicht auf die unmittelbare Umgebung der Fehlstelle begrenzt ist.

* Der Quadrupoleffekt ist vom Vektorgradienten der elektrischen Feldstärke E abhängig. In einem kubischen Kristall ist

$$\frac{\partial E_x}{\partial x}=\frac{\partial E_y}{\partial y}=\frac{\partial E_z}{\partial z}=\frac{1}{3}\Delta\varphi=0\,.$$

In der unmittelbaren Umgebung der Fehlstelle kann die Elektronendichte nur durch Integration von Gl. (4.134) bestimmt werden, wozu aber die Fourier-Koeffizienten des Störpotentials $v_i(\mathfrak{q})$ bekannt sein müssen. Bei einer punktförmigen Fehlstelle mit einer positiven Elementarladung wird

$$\delta n(\mathfrak{r}) = \frac{1}{2\pi^2 r} \int_0^\infty q \sin q r \left\{ \frac{\mathscr{L}_0\{1\}}{1+\mathscr{L}_0\{1\}} - \frac{\mathscr{L}_0\{\mathscr{L}_1\{1\}\}}{[1+\mathscr{L}_0\{1\}]^2} \right\} dq \,. \quad (4.140)$$

Ein ähnlicher Ausdruck wurde auch von LANGER und VOSKO [*180*] bzw. SHINOHARA [*174*] abgeleitet. Die beiden zuerst genannten Autoren haben die Abschirmung mittels quantenmechanischer Vielkörper-Störungstheorie behandelt, aber nur die Coulomb-Glieder berücksichtigt. SHINOHARA hat die Abschirmung auf ähnliche Weise wie wir betrachtet, aber die Integralgleichung mit einer äußerst rohen Näherung gelöst. Alle drei Untersuchungsmethoden ergeben, daß die Ladungsdichte für $r=0$ im Gegensatz zur Thomas-Fermi-Methode endlich bleibt. Dieses Ergebnis ist eine Eigentümlichkeit der Näherung freier Elektronen und beruht darauf, daß in

$$\mathscr{L}_0\{1\} = \frac{16\pi e^2}{V_0 \cdot q^2} \sum_{\mathfrak{k}} \frac{1}{E^0_{\mathfrak{k}+\mathfrak{q}} - E^0_{\mathfrak{k}}} \quad (4.141)$$

für große Werte von q die Energie $E^0_{\mathfrak{k}+\mathfrak{q}}$ sich wie $\hbar^2 q^2/2m$ verhält, so daß $\mathscr{L}_0\{1\}$ proportional zu q^{-4} wird, wodurch das Integral auch bei großen Werten von q – selbst wenn $r=0$ ist – endlich bleibt. Bei den Elektronen in einem periodischen Potential tritt ein solches Verhalten nicht auf, weil $E^0_{\mathfrak{k}}$ wegen der Bandstruktur endlich bleibt.

Nachtrag bei der Korrektur: In Ziff. 3.5 wurden die von BAILYN [*47*] durchgeführten Untersuchungen der Temperaturabhängigkeit des elektrischen Widerstandes der Alkalimetalle erwähnt, die in schlechter Übereinstimmung mit dem experimentellen Befund waren. Dieses Problem wurde deshalb von BROSS und HOLZ [*191*] von neuem aufgegriffen. Im Einklang mit den heutigen Vorstellungen über die Elektronenstruktur [*30*] wurde für Na und K die Näherung freier Elektronen zugrunde gelegt. Das Spektrum der Gitterschwingungen wurde mittels der Gitterdynamik berechnet, wobei die benötigten atomistischen Kopplungsparameter auf halbempirische Weise aus den elastischen Konstanten und der Temperaturabhängigkeit der spezifischen Wärme ermittelt wurden [*192*]. Die Übergangswahrscheinlichkeit $W(\mathfrak{k}, \mathfrak{k}')$ für die Streuung der Elektronen vom Zustand $\mathfrak{k}$ in den Zustand $\mathfrak{k}'$ ist deshalb nicht nur vom Winkel zwischen $\mathfrak{k}$ und $\mathfrak{k}'$ abhängig, so daß eine Lösung der Transportgleichung mit Hilfe von Relaxationszeiten nicht möglich ist. Es wurde deshalb das in Ziff. 3.4 erwähnte Variationsverfahren benützt, bei dem Vergleichsfunktionen zugrunde gelegt wurden, die von vornherein kubische Symmetrie besitzen. Die Übereinstimmung zwischen experimentellem und berechnetem Temperaturverlauf ist befriedigend.

Bei Li dagegen konnte mit der Näherung freier Elektronen – selbst wenn man den Parameter $V(r_s)-E_0$ variiert – keine Übereinstimmung erzielt werden (vgl. Fig. 19). Dieses Verhalten steht in Einklang mit

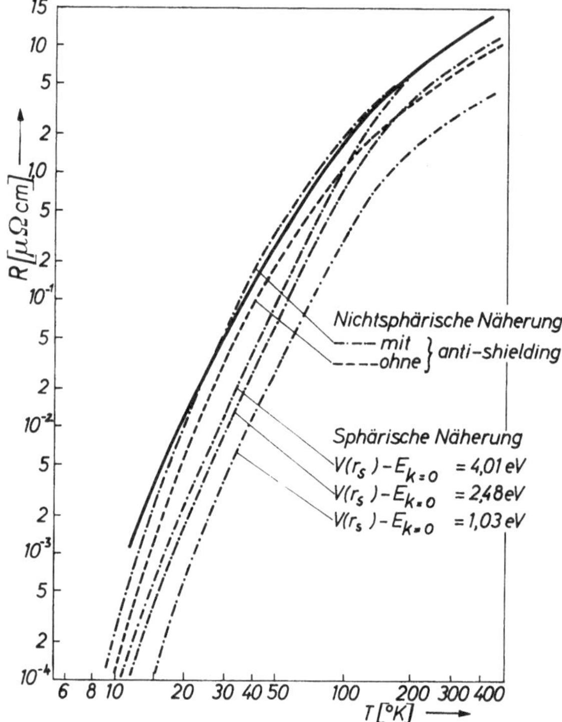

Fig. 19. Temperaturabhängigkeit des elektrischen Widerstandes von Li ——— exp. Kurve nach DUGDALE und GUGAN [*193*]; -·-·-·-; ----- theoretische Kurven

den Rechnungen von HAM [*30*], welcher gezeigt hat, daß bei Li die Fermi-Oberflächen in der ⟨110⟩-Richtung der ersten Brillouin-Ebene sehr nahe kommt, so daß die Elektronenenergie $E(\mathfrak{k})$ keine quadratische Funktion von $\mathfrak{k}$ ist. Eng mit dieser Eigenschaft ist die Tatsache verknüpft, daß die Elektronenwellenfunktionen nicht durch ebene Wellen dargestellt werden können. Für die Berechnung des elektrischen Widerstandes können die üblichen Verfahren der Bandtheorie zur Bestimmung der Wellenfunktionen und Elektronenenergien $E(\mathfrak{k})$ nicht benützt werden, weil diese nur für hochsymmetrische $\mathfrak{k}$-Richtungen genügend rasch konvergieren. $\Psi_{\mathfrak{k}}(\mathfrak{r})$ und $E(\mathfrak{k})$ wurden deshalb mittels der Methode des Pseudopotentials ([*32*] bis [*35*]) aus den entsprechenden Wellenfunktionen und Energien hochsymmetrischer $\mathfrak{k}$-Richtungen interpoliert. Mit dem so gewonnenen Satz von $\Psi_{\mathfrak{k}}(\mathfrak{r})$ und $E(\mathfrak{k})$ wurde die Übergangswahrscheinlichkeit $W(\mathfrak{k}, \mathfrak{k})$ für 115200 Paare von $\mathfrak{k}$ und $\mathfrak{k}'$ berechnet. Bei Li machen sich außerdem die Austausch- und Korrelationswechselwirkung, die zu dem in Ziff. 4.6 beschriebenen anti-shielding führen, stark bemerkbar. Um dies zu zeigen, wurde die Temperaturabhängigkeit des elektrischen Widerstandes mit und ohne anti-shielding berechnet. Aus Fig. 19 ist ersichtlich, daß wir nur dann befriedigende Übereinstimmung von Theorie und Experiment erzielen können, wenn wir die Vielelektroneneffekte berücksichtigen. Die auf diese Weise erzielte Übereinstimmung ist deshalb bemerkenswert, weil kein Parameter an die Experimente angepaßt wurde.

Literatur

Zusammenfassende Darstellungen zur Elektronentheorie der Metalle:

BRILLOUIN, L: Quantenstatistik. Berlin: Springer 1931.

PEIERLS, R.: Ergeb. exakt. Naturw. **11**, 264 (1932).

BLOCH, F.: Handbuch der Radiologie, Bd. 6/1. Leipzig 1933.

SOMMERFELD, A., u. H. BETHE: Handbuch der Physik (GEIGER-SCHEEL), Bd. 24/2, S. 333. Berlin: Springer 1933.

FRÖHLICH, H.: Elektronentheorie der Metalle. Berlin: Springer 1936.

MOTT, N.F., and H. JONES: The Theory of the Properties of Metals and Alloys. Oxford: Clarendon Press 1936.

SEITZ, F.: The Modern Theory of Solids. New York: McGraw-Hill Book Co. 1940.

WILSON, A.H.: The Theory of Metals. Cambridge: Cambridge University Press 1953.

PEIERLS, R.E.: Quantum Theory of Solids. Oxford: Clarendon Press 1955.

SLATER, J.C.: The Electronic Structure of Solids. In: Handbuch der Physik (FLÜGGE), Bd. XIX. Berlin-Göttingen-Heidelberg: Springer 1956.

JONES, H.: Theory of the Electrical and Thermal Conductivity. In: Handbuch der Physik (FLÜGGE), Bd. XIX. Berlin-Göttingen-Heidelberg: Springer 1956.

JONES, H.: The Theory of Brillouin Zones and Electronic States in Crystals. Amsterdam: North-Holland Publishing Company 1960.

ZIMAN, J.M.: Electrons and Phonons. Oxford: Clarendon Press 1960.

RAIMES, S.: The Wave Mechanics of Electrons in Metals. Amsterdam: North-Holland Publishing Company 1961.

In der folgenden Literaturzusammenstellung werden ältere Arbeiten, die in den obigen zusammenfassenden Darstellungen beschrieben worden sind, im allgemeinen nicht mehr aufgeführt.

[1] *RAYNOR, G.V.: Repts. Progr. in Phys. **15**, 173 (1952).

[2] *REITZ, J.R.: Solid State Physics, vol. **1**, p. 1. New York: Academic Press 1955.

[3] *HERMAN, F.: Proc. Inst. Radio Engrs. **43**, 1703 (1955); — Rev. Mod. Phys. **30**, 102 (1958).

[4] *CALLAWAY, J.: Solid State Physics, vol. **7**, p. 99. New York: Academic Press 1958.

[5] *PINCHERLE, L.: Repts. Progr. in Phys. **23**, 355 (1960).

[6] Bloch, F.: Z. Physik **52**, 555 (1929); **57**, 545 (1929).
[7] Löwdin, P.O.: J. Chem. Phys. **18**, 365 (1950).
[8] Wannier, G.H.: Phys. Rev. **52**, 191 (1937).
[9] Koster, G.F.: Phys. Rev. **89**, 67 (1953). — Parzen, G.: Phys. Rev. **89**, 237 (1953).
[10] Wainwright, T., and G. Parzen: Phys. Rev. **92**, 1129 (1953).
[11] Hall, G.G.: Phil. Mag. **43**, 338 (1952); **3**, 429 (1958).
[12] Herring, C.: Phys. Rev. **57**, 1169 (1940).
[13] Callaway, J.: Phys. Rev. **97**, 933 (1955).
[14] Heine, V.: Proc. Roy. Soc. (London) A **240**, 340, 354, 361 (1957).
[15] *Woodruff, T.O.: Solid State Physics, vol. **4**, p. 367. New York: Academic Press 1957.
[16] Kleinman, L., and J.C. Phillips: Phys. Rev. **116**, 880 (1959).
[17] Brown, E., and J.A. Krumhansl: Phys. Rev. **109**, 30 (1958).
[18] Slater, J.C.: Phys. Rev. **51**, 846 (1937); **92**, 603 (1953).
[19] Saffren, M.M., and J.C. Slater: Phys. Rev. **92**, 1126 (1953).
[20] Leigh, R.S.: Proc. Phys. Soc. (London) A **69**, 388 (1956).
[21] Wigner, E., and F. Seitz: Phys. Rev. **43**, 804 (1933); **46**, 509 (1934).
[22] Shockley, W.: Phys. Rev. **52**, 866 (1937).
[23] Lage, F.C. von der, and H.A. Bethe: Phys. Rev. **71**, 612 (1947).
[24] Bardeen, J.: J. Chem. Phys. **6**, 367 und 372 (1938).
[25] Brooks, H.: Phys. Rev. **91**, 1027 (1953).
[26] Korringa, J.: Physica **13**, 392 (1947).
[27] Kohn, W., and N. Rostocker: Phys. Rev. **94**, 1111 (1954).
[28] Ham, F.S., and B. Segall: Phys. Rev. **124**, 1786 (1961).
[29] Segall, B.: Phys. Rev. Letters **7**, 154 (1961); — Phys. Rev. **125**, 109 (1962).
[30] Ham, F.S.: Phys. Rev. **128**, 82, 2524 (1962).
[31] Burdick, G.A.: Phys. Rev. Letters **7**, 156 (1961); — Phys. Rev. **129**, 138 (1963).
[32] Phillips, J.C.: Phys. Rev. **112**, 685 (1958).
[33] Phillips, J.C., and L. Kleinman: Phys. Rev. **116**, 287 (1959).
[34] Antončik, E.: J. Phys. Chem. Sol. **10**, 314 (1959); — Czechoslov. J. Phys. **10**, 22 (1960).
[35] Cornwell, J.F.: Proc. Roy. Soc. (London) A **261**, 551 (1961).
[36] *Chambers, R.G.: Canad. J. Phys. **34**, 1395 (1956).
[37] *Lax, B.: Rev. Mod. Phys. **30**, 122 (1958).
[38] *Pippard, A.B.: Solvay Conf. **10**, p. 123. Bruxelles: R. Stoop 1955; — Repts. Progr. in Phys. **23**, 176 (1960).
[39] *Lax, B., and J.G. Mavroides: Solid State Physics, vol. **11**, p. 261. New York: Academic Press 1960.
[40] *Harrison, W.A., and M.B. Webb: The Fermi Surface (Proc. of the International Conference at Cooperstown, New York). New York: John Wiley & Sons 1960.
[41] Bohm, D., and D. Pines: Phys. Rev. **82**, 625 (1951); **92**, 609 (1953).
[42] Pines, D., and D. Bohm: Phys. Rev. **85**, 338 (1952).
[43] Pines, D.: Phys. Rev. **92**, 626 (1953); — *Solid State Physics, vol. **1**, p. 368. New York: Academic Press 1955.
[44] Hubbard, J.: Proc. Roy. Soc. (London) A **67**, 1058 (1954).
[45] *Jones, H.: Theory of Electrical and Thermal Conductivity. In: Handbuch der Physik (Flügge), Bd. XIX. Berlin-Göttingen-Heidelberg: Springer 1956.

[46] BROSS, H.: Z. Naturforsch. **14a**, 560 (1959).
[47] BAILYN, M.: Phys. Rev. **120**, 381 (1960).
[48] OLMER, P.: Acta Cryst. **1**, 57 (1948) (Al).
[49] CURIEN, H.: Acta Cryst. **5**, 393 (1952) (α-Fe).
[50] COLE, H., and B.E. WARREN: J. Appl. Phys. **23**, 335 (1952) (β-Messing).
[51] COLE, H.: J. Appl. Phys. **24**, 472 (1953) (AgCl).
[52] JOYNSON, R.E.: Phys. Rev. **94**, 851 (1954) (Zn).
[53] JACOBSEN, E.H.: Phys. Rev. **97**, 654 (1955) (Cu).
[54] WALKER, C.B.: Phys. Rev. **103**, 547 (1956) (Al).
[55] ANNAKA, S.: Sci. Rep. Tok. Kyo. Daig. **6**, 185 (1958) (Ag).
[56] BROCKHOUSE, B.N., and A.T. STEWART: Phys. Rev. **100**, 756 (1955); — Rev. Mod. Phys. **30**, 236 (1958).
[57] SCHMUNK, R.E., R.M. BRUGGER, P.D. RANDOLPH, and K.A. STRONG: Phys. Rev. **128**, 562 (1962) (Be).
[58] WOODS, A.D.B., B.N. BROCKHOUSE, R.H. MARCH, A.T. STEWART, and R. BOWERS: Phys. Rev. **128**, 1112 (1962) (Na).
[59] BROSS, H., l.c. [46].
[60] BORN, M., u. R. OPPENHEIMER: Ann. Physik **84**, 457 (1927).
[61] ZIMAN, J.M.: Proc. Cambridge Phil. Soc. **51**, 707 (1955).
[62] STUMPF, H.: Z. Naturforsch. **11a**, 259 (1956).
[63] HAUG, A.: Z. Physik **146**, 75 (1956); **148**, 504 (1957).
[64] GOODMAN, B.: Phys. Rev. **110**, 888 (1958).
[65] *SOMMERFELD, A., u. H. BETHE: Handbuch der Physik (GEIGER-SCHEEL), Bd. XXIV/2, S. 333. Berlin: Springer 1933.
[66] BARDEEN, J.: Phys. Rev. **52**, 688 (1937).
[67] BARDEEN, J., and D. PINES: Phys. Rev. **99**, 1140 (1955).
[68] BAILYN, M.: Phys. Rev. **117**, 974 (1960); **120**, 381 (1960).
[69] TOYA, T.: Progr. Theoret. Phys. (Kyoto) **20**, 971 (1958).
[70] HONE, D.: Phys. Rev. **120**, 1600 (1960).
[71] PEIERLS, R.: Ann. Physik (Lpz.) **4**, 121 (1930); **5**, 244 (1930); **12**, 154 (1932).
[72] KLEMENS, P.G.: Proc. Phys. Soc. (London) A **64**, 1030 (1951).
[73] KROPSCHOT, R.H., and F.J. BLATT: Phys. Rev. **116**, 617 (1959).
[74] KOHLER, M.: Z. Physik **125**, 679 (1949).
[75] BAILYN, M.: Thesis Harvard University, Cambridge 1956.
[76] HÄCKER, W.: Diplomarbeit Stuttgart 1961.
[77] ZIMAN, J.M.: Proc. Roy. Soc. (London) A **226**, 436 (1954).
[78] BAILYN, M.: l.c. [47].
[79] BROSS, H.: l.c. [46].
[80] MACKENZIE, J.K., and E.H. SONDHEIMER: Phys. Rev. **77**, 264 (1950).
[81] SÁENZ, A.W.: Phys. Rev. **91**, 1142 (1953).
[82] BROSS, H., and A. SEEGER: J. Phys. Chem. Sol. **4**, 161 (1958).
[83] BARDEEN, J.: l.c. [66].
[84] BAILYN, M.: l.c. [47].
[85] BROSS, H.: l.c. [46].
[86] MACDONALD, D.K.C., G.K. WHITE, and S.B. WOODS: Proc. Roy. Soc. (London) A **235**, 358 (1956).
[87] ZIMAN, J.M.: l.c. [77].
[88] PFENNIG, H.: Z. Physik **155**, 332 (1959).

[89] *WILSON, A.H.: Theory of Metals, S. 290. Cambridge: Cambridge University Press 1953.
[90] BROSS, H., u. W. HÄCKER: Z. Naturforsch. **16a**, 632 (1961).
[91] SEGALL, B.: l.c. [29].
[92] WANNIER, G.H.: l.c. [8].
[93] SLATER, J.C.: Phys. Rev. **76**, 1592 (1949).
[94] KOSTER, G.F., and J.C. SLATER: Phys. Rev. **95**, 1167 (1954).
[95] LIFŠIC, I.M.: Žur. Eksptl. i Teoret. Fiz. **17**, 1017, 1076 (1947); **18**, 293 (1948); – *Suppl. Nuovo cimento **3**, 716 (1956).
[96] TIBBS, S.R.: Trans. Faraday Soc. **35**, 1471 (1939).
[97] *PECKAR, S.: J. Phys. U.S.S.R. **10**, 431 (1946); — Untersuchungen über die Elektronentheorie der Kristalle. Berlin: Akademie-Verlag 1954.
[98] SEEGER, A., u. H. STATZ: Phys. stat. sol. **2**, 857 (1962).
[99] KOHN, W.: Phys. Rev. **115**, 809 (1959).
[100] *BLOUNT, E.I.: Solid State Physics, vol. **13**, p. 305. New York: Academic Press 1962.
[101] KOSTER, G.F., and J.C. SLATER: l.c. [94].
[102] KOSTER, G.F., and J.C. SLATER: Phys. Rev. **96**, 1208 (1954).
[103] MANN, E.: Unveröffentlichte Untersuchungen 1962/63. — Vorläufige Mitteilung: Phys. Let. **8**, 97 (1964) (s. auch [121]).
[104] WENTZEL, G.: Helv. Phys. Acta **15**, 111 (1952).
[105] CLOGSTON, A.M.: Phys. Rev. **125**, 439 (1962).
[106] *MORSE, P.M.: Rev. Mod. Phys. **4**, 577 (1932).
[107] *MOTT, N.F., and H.S.W. MASSEY: Theory of Atomic Collisions. Oxford: Clarendon Press 1949.
[108] FRIEDEL, J.: Phil. Mag. **43**, 53 (1952).
[109] KOSTER, G.F.: Phys. Rev. **95**, 1436 (1954).
[110] ROTH, L.M.: Thesis Harvard University, Cambridge 1957.
[111] LIFŠIC, I.M.: Žur. Eksptl. i Teoret. Fiz. **18**, 293 (1948); – Suppl. Nuovo cimento **3**, 716 (1956).
[112] *SEEGER, A.: Handbuch der Physik (FLÜGGE), Bd. VII/1. Berlin-Göttingen-Heidelberg: Springer 1955.
[113] SEEGER, A., u. H. STATZ: l.c. [98].
[114] STATZ, H.: Z. Naturforsch. **17a**, 994 (1962).
[115] SEEGER, A.: Can. J. Phys. **34**, 1219 (1956).
[116] STEHLE, H.: Diss. Stuttgart 1957.
[117] STATZ, H.: Z. Naturforsch. **17a**, 906 (1962).
[118] MOTT, N.F.: Proc. Cambridge Phil. Soc. **32**, 281 (1936).
[119] ALFRED, L.C.R., and N.H. MARCH: Phys. Rev. **103**, 877 (1956).
[120] JONGENBURGER, P.: Appl. Sci. Research B **3**, 237 (1953).
[121] *SEEGER, A.: J. Phys. Radium **23**, 616 (1962); — Metallic Solid Solutions (ed. J. FRIEDEL and A. GUINIER) p. VII, 1. New York: Benjamin 1963.
[122] BLATT, F.J.: Phys. Rev. **99**, 1708 (1955); **103**, 1905 (1956).
[123] FUMI, F.G.: Phil. Mag. **46**, 1007 (1955).
[124] ABELÈS, F.: Compt. rend. **237**, 796 (1953).
[125] BROSS, H.: Diplomarbeit Stuttgart 1956.
[126] SEEGER, A., u. H. BROSS: Z. Physik **145**, 161 (1956).
[127] FRIEDEL, J.: l.c. [108].
[128] HUANG, K.: Proc. Phys. Soc. (London) **60**, 161 (1948).

[*129*] FAGET DE CASTELJAU, P. DE, et J. FRIEDEL: J. phys. radium **17**, 27 (1956).
[*130*] *FRIEDEL, J.: Advances in Phys. **3**, 446 (1954).
[*131*] SEEGER, A., and H. BROSS: J. Phys. Chem. Sol. **16**, 253 (1960).
[*132*] FRIEDEL, J., u. H. BLANDIN: Persönliche Mitteilung.
[*133*] ROTH, L.M.: l.c. [*110*].
[*134*] WIGNER, E., and F. SEITZ: l.c. [*21*].
[*135*] BARDEEN, J.: l.c. [*24*].
[*136*] SILVERMAN, R.A.: Phys. Rev. **85**, 227 (1952).
[*137*] SEEGER, A., u. H. BROSS: l.c. [*126*].
[*138*] BROSS, H., and A. SEEGER: J. Phys. Chem. Sol. **6**, 324 (1958).
[*139*] FLYNN, C.P.: Phys. Rev. **126**, 533 (1962).
[*140*] SCHOTTKY, G.: Z. Physik **159**, 584 (1960).
[*141*] SEEGER, A., and G. SCHOTTKY: Acta Met. **7**, 495 (1959).
[*142*] SEEGER, A., and H. BROSS: J. Phys. Chem. Sol. **16**, 253 (1960).
[*143*] HUNTINGTON, H.B., and F. SEITZ: Phys. Rev. **61**, 315 (1942).
[*144*] HUNTINGTON, H.B.: Phys. Rev. **61**, 325 (1942); **91**, 1092 (1953); — Acta Met. **2**, 554 (1954).
[*145*] DEXTER, D.L.: Phys. Rev. **87**, 768 (1952).
[*146*] JONGENBURGER, P.: Nature **175**, 545 (1955).
[*147*] BLATT, F.J.: Phys. Rev. **99**, 1708 (1955).
[*148*] OVERHAUSER, A.W., and R.L. GORMAN: Phys. Rev. **102**, 676 (1956).
[*149*] POTTER, R.J., and D.L. DEXTER: Phys. Rev. **108**, 677 (1957).
[*150*] SEEGER, A., and E. MANN: J. Phys. Chem. Sol. **12**, 326 (1960).
[*151*] TEWORDT, L.: Phys. Rev. **109**, 61 (1958).
[*152*] ROTH, L.M.: l.c. [*110*].
[*153*] SEEGER, A., E. MANN and R. V. JAN: J. Phys. Chem. Sol. **23**, 639 (1962).
[*154*] MANN, E., u. A. SEEGER: J. Phys. Chem. Sol. **12**, 314 (1960).
[*155*] FRIEDEL, J.: l.c. [*108*].
[*156*] FAGET DE CASTELJAU, P. DE, et J. FRIEDEL: l.c. [*129*].
[*157*] BLATT, F.J.: Phys. Rev. **108**, 285, 1204 (1957).
[*158*] ROTH, L.M.: l.c. [*110*].
[*159*] LINDE, J.O.: Ann. Physik **15**, 219 (1932).
[*160*] MOTT, N.F.: l.c. [*118*].
[*161*] BARDEEN, J.: l.c. [*66*].
[*162*] BARDEEN, J., and W. SHOCKLEY: Phys. Rev. **80**, 72 (1950).
[*163*] HUNTER, S.C., and F.R.N. NABARRO: Proc. Roy. Soc. (London) A **220**, 542 (1953).
[*164*] SEEGER, A., u. H. BROSS: Z. Naturforsch. **15a**, 663 (1960).
[*165*] BROSS, H.: Unveröffentlichte Untersuchungen 1960.
[*166*] WHITFEILD, G.D.: Phys. Rev. Letters **5**, 528 (1960); — Phys. Rev. **121**, 720 (1961).
[*167*] STOLZ, H.: Ann. Physik (Lpz.) **7**, 353 (1961).
[*168*] STEHLE, H., u. A. SEEGER: Z. Physik **146**, 217 (1956).
[*169*] SEEGER, A., u. H. STEHLE: Z. Physik **146**, 242 (1956).
[*170*] MOTT, N.F.: l.c. [*118*].
[*171*] BARDEEN, J.: l.c. [*66*].
[*172*] BAILYN, M.: Phys. Rev. **117**, 974 (1960).
[*173*] HONE, D.: l.c. [*70*].

[*174*] SHINOHARA, S.: Progr. Theoret. Phys. (Kyoto) **26**, 240 (1961); — J. Phys. Soc. Japan **16**, 1963 (1961).

[*175*] WALKER, R.H.: Quarterly Progress Rep. January 15, 1962. Solid State and Molecular Theory Group, Massachusetts Institute of Technology, No. 48, p. 88.

[*176*] PINES, D., and D. BOHM: l.c. [*42*].

[*177*] BOHM, D., and D. PINES: l.c. [*41*].

[*178*] PINES, D.: l.c. [*43*]; — *Suppl. Nuovo cimento **7**, 329 (1958).

[*179*] BARDEEN, J., and D. PINES: l.c. [*67*].

[*180*] LANGER, J.S., and S.H. VOSKO: J. Phys. Chem. Sol. **12**, 196 (1960).

[*181*] *FRIEDEL, J.: Suppl. Nuovo cimento **7**, 287 (1958).

[*182*] KOHN, W., and S.H. VOSKO: Phys. Rev. **119**, 912 (1960).

[*183*] BLANDIN, A., et J. FRIEDEL: J. phys. radium **21**, 689 (1960).

[*184*] *KNIGHT, W.D.: Solid State Physics, vol. **2**, p. 93. New York: Academic Press 1956.

[*185*] BLANDIN, A., E. DANIEL and J. FRIEDEL: Phil. Mag. **4**, 180 (1959).

[*186*] BLANDIN, A., and E. DANIEL: J. Phys. Chem. Sol. **10**, 126 (1959).

[*187*] ROWLAND, T.J.: Phys. Rev. **125**, 459 (1962).

[*188*] *PAKE, G.E.: Solid State Physics, vol. **2**, p. 1. New York: Academic Press 1956.

[*189*] BLOEMBERGEN, N., and T.J. ROWLAND: Acta Met. **1**, 731 (1953).

[*190*] ROWLAND, T.J.: Acta Met. **3**, 74 (1955); — Phys. Rev. **119**, 900 (1960).

[*191*] BROSS H., u. A. HOLZ: Phys. stat. sol. **3**, 1141 (1963).

[*192*] BROSS H., u. A. HOLZ: Z. Naturforsch. **18a**, 765 (1963).

[*193*] DUGDALE J. S., and D. GUGAN: Proc. Roy. Soc. A **270**, 186 (1962).

Namenverzeichnis

Sachverzeichnis

Erratum

Die Diskussion des Versetzungsknotens auf S. 206 und 207 (Fig. 10 und 11) ist fehlerhaft infolge einer mangelnden Unterscheidung zwischen Linienenergie und Linienspannung. Während die Linien*energie* einer Stufenversetzung größer als diejenige einer Schraubenversetzung ist, gilt für die Linien*spannung* das umgekehrte. Bezeichnet $E_L(\vartheta)$ die Linienenergie einer geradlinigen Versetzung als Funktion des Winkels ϑ zwischen Burgers-Vektor und Versetzungslinie, so ist die Linienspannung durch $T(\vartheta) = E_L(\vartheta) + d^2 E_L(\vartheta)/d\vartheta^2$ gegeben. Das Zusatzglied rührt davon her, daß zur Linienspannung nicht nur die Energieerhöhung infolge der Verlängerung der Versetzungslinie, sondern auch die Energieänderung infolge einer Änderung des Versetzungscharakters durch Drehung der Linie beiträgt. Für das Gleichgewicht der Kräfte und Momente an einem Versetzungsknoten sind die Linien*spannungen* maßgebend. Die Interpretation von Fig. 10 und die dort angegebenen Burgers-Vektoren sind so zu ändern, daß die in $[11\bar{2}]$-Richtung verlaufende Versetzung einen Winkel von 30° zwischen Linienrichtung und Burgers-Vektor bildet, während die beiden andern sog. 60°-Versetzungen sind. — Eine korrekte ausführliche Behandlung der Knotenform im Spezialfall symmetrischer Knoten gibt L. M. Brown, Phil. Mag. **10**, 441 (1964).